CADERNO DE ESTUDOS

Geo

WAGNER RIBEIRO

Bacharel e licenciado em Geografia pela Universidade de São Paulo (USP).

Doutor em Geografia Humana pela Universidade de São Paulo (USP).

Professor Titular do Departamento de Geografia e dos programas de pós-graduação em Geografia Humana e em Ciência Ambiental da Universidade de São Paulo (USP).

CAROLINA GAMBA

Bacharel e licenciada em Geografia pela Universidade de São Paulo (USP).

Doutora em Geografia Humana pela Universidade de São Paulo (USP).

Docente e coordenadora do curso de bacharelado e licenciatura em Geografia em faculdade particular.

Professora do Ensino Fundamental II e Ensino Médio em escolas particulares.

LUCIANA ZIGLIO

Bacharel e licenciada em Geografia pela Universidade de São Paulo (USP).

Doutora em Geografia Humana pela Universidade de São Paulo (USP).

Pós-Doutoranda em Organizações e Sustentabilidade pela Escola de Artes, Ciências e Humanidades da Universidade de São Paulo (EACH/USP).

Professora do Ensino Médio na rede pública e em escolas particulares.

Direção geral: Guilherme Luz
Direção editorial: Luiz Tonolli e Renata Mascarenhas
Gestão de projeto editorial: Viviane Carpegiani
Gestão e coordenação de área: Wagner Nicaretta (ger.) e Brunna Paulussi (coord.)
Edição: Caren Midori Inoue, Lívia Navarro de Mendonça e Orlinda Teruya
Gerência de produção editorial: Ricardo de Gan Braga
Planejamento e controle de produção: Paula Godo, Roseli Said e Marcos Toledo
Revisão: Hélia de Jesus Gonsaga (ger.), Kátia Scaff Marques (coord.), Rosângela Muricy (coord.), Ana Curci, Arali Gomes, Carlos Eduardo Sigrist, Célia Carvalho, Celina I. Fugyama, Claudia Virgilio, Daniela Lima, Diego Carbone, Heloísa Schiavo, Hires Heglan, Luciana B. Azevedo, Luiz Gustavo Bazana, Patricia Cordeiro, Patrícia Travanca e Sueli Bossi
Arte: Daniela Amaral (ger.), Claudio Faustino (coord.), Yong Lee Kim (edição de arte)
Diagramação: JS Design
Iconografia: Sílvio Kligin (ger.), Denise Durand Kremer (coord.), Thaisi Albarracin Lima (pesquisa iconográfica)
Licenciamento de conteúdos de terceiros: Thiago Fontana (coord.), Luciana Sposito e Angra Marques (licenciamento de textos), Erika Ramires, Luciana Pedrosa Bierbauer, Luciana Cardoso Sousa e Claudia Rodrigues (analistas adm.)
Tratamento de imagem: Cesar Wolf e Fernanda Crevin
Ilustrações: Adilson Secco, Alex Argozino, Carlos Bourdiel, Luís Moura e Osni de Oliveira
Cartografia: Eric Fuzii (coord.), Robson Rosendo da Rocha (edit. arte) e Portal de Mapas
Design: Gláucia Correa Koller (ger.), Erika Yamauchi Asato, Filipe Dias (proj. gráfico) e Adilson Casarotti (capa)
Composição de capa: Segue Pro
Foto de capa: vaalaa/Shutterstock, Samuel Borges Photography/ Shutterstock, Zoom Team/Shutterstock, elRoce/Shutterstock

Avenida das Nações Unidas, 7221, 1º andar, Setor A –
Espaço 2 – Pinheiros – SP – CEP 05425-902
SAC 0800 011 7875
www.editorasaraiva.com.br

2018
Código da obra CL 800869
CAE 627918 (AL) / 627919 (PR)
1ª edição
1ª impressão

Impressão e acabamento: Brasilform Editora e Ind. Gráfica

Uma publicação

Apresentação

Caro estudante,

Este material foi elaborado especialmente para você, estudante do Ensino Médio que está se preparando para ingressar no Ensino Superior.

Além de todos os recursos do Conecte LIVE, como material digital integrado ao livro didático, banco de questões, acervo de simulados e trilhas de aprendizagem, você tem à sua disposição este Caderno de Estudos que o ajudará a se qualificar para as provas do Enem e de diversos vestibulares brasileiros.

O material foi estruturado para que você consiga utilizá-lo autonomamente, em seus estudos individuais além do horário escolar, ou sob orientação de seu professor, que poderá sugerir atividades complementares às dos livros.

Para cada ano do Ensino Médio, há um Caderno de Estudos com uma revisão completa dos conteúdos correspondentes, atividades de aplicação imediata dos conceitos trabalhados e grande seleção de questões de provas oficiais que abordam esses temas.

No Caderno de Estudos do 3º ano, há ainda um material complementar. Quando terminar de se dedicar aos conteúdos destinados a este ano escolar, você poderá se planejar para uma retomada final do Ensino Médio! Revisões estruturadas de todos os conteúdos desse ciclo são acompanhadas de simulados, propostos para que você os resolva como se realmente estivesse participando de uma prova oficial de vestibular ou Enem, de maneira que consiga fazer um bom uso do seu tempo.

Desejamos que seus estudos corram bem e que você tenha sucesso **Rumo ao Ensino Superior**!

Equipe Conecte LIVE!

Conheça este Caderno de Estudos

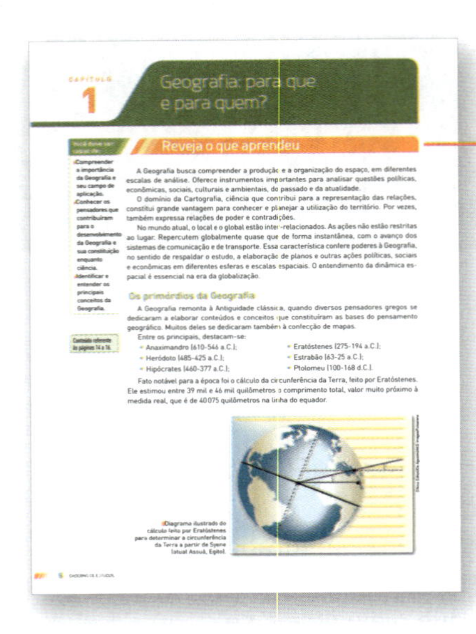
Capítulo 1
Geografia: para que e para quem?
Reveja o que aprendeu

Reveja o que aprendeu

Seção de retomada dos principais conteúdos e conceitos estudados em cada capítulo, de maneira resumida, para você recordar o que vem aprendendo ao longo do ano.

Aplique o que aprendeu

Depois de retomar os conteúdos no **Reveja o que aprendeu**, aplique seus conhecimentos resolvendo atividades. A seção tem início com a **Atividade resolvida**, que traz uma questão respondida e comentada. Em seguida, há uma seleção de atividades para você resolver. Se o seu desempenho estiver aquém de suas expectativas, consulte novamente o seu livro-texto e retome os assuntos trabalhados, individualmente ou em grupos de estudo.

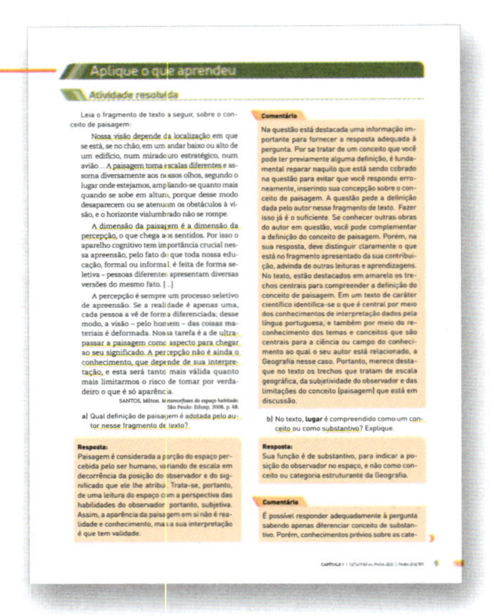
Aplique o que aprendeu
Atividade resolvida

Rumo ao Ensino Superior

Seção com uma seleção de atividades que envolvem conteúdos estudados ao longo de todo o 1º ano do Ensino Médio. Você encontrará questões do Enem e de diferentes vestibulares do Brasil.

Sumário

Já revi este conteúdo   Já apliquei este conteúdo

Capítulo 1
Geografia: para que e para quem? ... 6
- Reveja o que aprendeu ... 6
- Aplique o que aprendeu ... 9

Capítulo 2
Representações cartográficas ... 12
- Reveja o que aprendeu ... 12
- Aplique o que aprendeu ... 15

Capítulo 3
Cartografia: novas tecnologias ... 20
- Reveja o que aprendeu ... 20
- Aplique o que aprendeu ... 22

Capítulo 4
Estrutura geológica, relevo e solos ... 30
- Reveja o que aprendeu ... 30
- Aplique o que aprendeu ... 35

Capítulo 5
Clima e hidrografia: mudanças climáticas e crise da água ... 40
- Reveja o que aprendeu ... 40
- Aplique o que aprendeu ... 46

Capítulo 6
Biomas e conservação da biodiversidade ... 52
- Reveja o que aprendeu ... 52
- Aplique o que aprendeu ... 56

Capítulo 7
Grandes reuniões internacionais sobre o ambiente ... 60
- Reveja o que aprendeu ... 60
- Aplique o que aprendeu ... 63

Capítulo 8
Mudanças climáticas e conservação da biodiversidade ... 68
- Reveja o que aprendeu ... 68
- Aplique o que aprendeu ... 72

Capítulo 9
Resíduos perigosos e desertificação ... 76
- Reveja o que aprendeu ... 76
- Aplique o que aprendeu ... 78

Capítulo 10
Metrópoles, megalópoles e megacidades ... 84
- Reveja o que aprendeu ... 84
- Aplique o que aprendeu ... 87

Capítulo 11
Problemas ambientais urbanos ... 92
- Reveja o que aprendeu ... 92
- Aplique o que aprendeu ... 94

Capítulo 12
Urbanização brasileira e desigualdades sociais ... 100
- Reveja o que aprendeu ... 100
- Aplique o que aprendeu ... 104

Rumo ao Ensino Superior ... 110
Respostas ... 172
Siglas de vestibulares ... 176

CAPÍTULO 1

Geografia: para que e para quem?

Você deve ser capaz de:

- Compreender a importância da Geografia e seu campo de aplicação.
- Conhecer os pensadores que contribuíram para o desenvolvimento da Geografia e sua constituição enquanto ciência.
- Identificar e entender os principais conceitos da Geografia.

Conteúdo referente às páginas 14 a 16.

Reveja o que aprendeu

A Geografia busca compreender a produção e a organização do espaço, em diferentes escalas de análise. Oferece instrumentos importantes para analisar questões políticas, econômicas, sociais, culturais e ambientais, do passado e da atualidade.

O domínio da Cartografia, ciência que contribui para a representação das relações, constitui grande vantagem para conhecer e planejar a utilização do território. Por vezes, também expressa relações de poder e contradições.

No mundo atual, o local e o global estão inter-relacionados. As ações não estão restritas ao lugar. Repercutem globalmente quase que de forma instantânea, com o avanço dos sistemas de comunicação e de transporte. Essa característica confere poderes à Geografia, no sentido de respaldar o estudo, a elaboração de planos e outras ações políticas, sociais e econômicas em diferentes esferas e escalas espaciais. O entendimento da dinâmica espacial é essencial na era da globalização.

Os primórdios da Geografia

A Geografia remonta à Antiguidade clássica, quando diversos pensadores gregos se dedicaram a elaborar conteúdos e conceitos que constituíram as bases do pensamento geográfico. Muitos deles se dedicaram também à confecção de mapas.

Entre os principais, destacam-se:

- Anaximandro (610-546 a.C.);
- Heródoto (485-425 a.C.);
- Hipócrates (460-377 a.C.);
- Eratóstenes (275-194 a.C.);
- Estrabão (63-25 a.C.);
- Ptolomeu (100-168 d.C.).

Fato notável para a época foi o cálculo da circunferência da Terra, feito por Eratóstenes. Ele estimou entre 39 mil e 46 mil quilômetros o comprimento total, valor muito próximo à medida real, que é de 40 075 quilômetros na linha do equador.

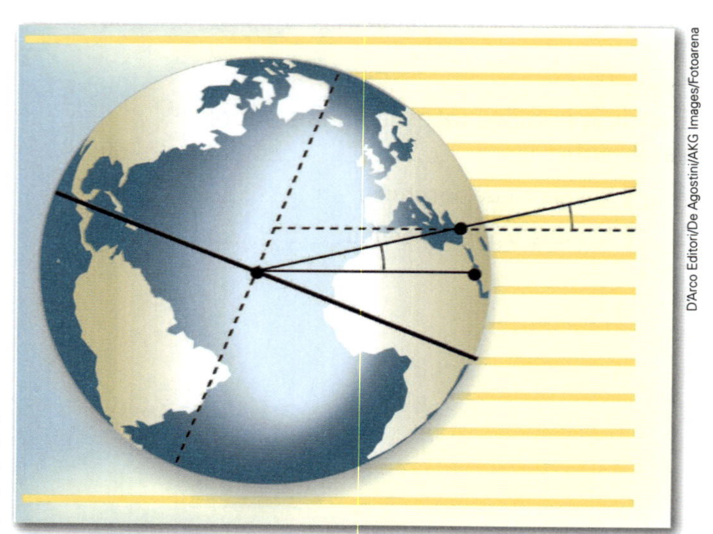

D'Arco Editori/De Agostini/AKG Images/Fotoarena

Diagrama ilustrado do cálculo feito por Eratóstenes para determinar a circunferência da Terra a partir de Syene (atual Assuã, Egito).

A Geografia como ciência

Conteúdo referente à página 17.

Os alemães Alexander von Humboldt e Carl Ritter sistematizaram a Geografia como ciência. Outros pensadores também contribuíram para o desenvolvimento dos conceitos teóricos da Geografia.

- **Humboldt** (1769-1859): a Geografia estuda a relação entre os seres vivos e a superfície inorgânica da Terra.
- **Ritter** (1779-1859): a Geografia estuda as relações entre a superfície terrestre e as atividades humanas. Defendia a ideia de que a Terra era palco da sociedade.
- **Friederich Ratzel** (1844-1904): populações necessitam de uma área, não existe sociedade sem solo. Criou o conceito de **espaço vital** – área mínima para a sobrevivência de um povo. Precursor do **determinismo geográfico** – processos naturais que determinam as ações humanas.
- **Paul Vidal de la Blache** (1845-1918): cunhou o conceito de **gênero de vida** – como as sociedades se apropriam das condições materiais de sua região. Antepõe-se a Ratzel ao elaborar o conceito de **possibilismo geográfico** – a ação humana pode se adaptar aos processos naturais e não ser limitada por eles. Essa adaptação e o domínio técnico da sociedade sobre a natureza diferenciaria os povos, hierarquizando-os como mais ou menos capazes, afirmação que foi objeto de críticas mais tarde.

Geografia no Brasil

Conteúdo referente às páginas 18 e 19.

A criação do Instituto Histórico e Geográfico Brasileiro (IHGB), em 1838, no Rio de Janeiro, com o objetivo de estudar, publicar e arquivar documentos sobre a História e a Geografia do Brasil, foi um marco institucional para a Geografia no país.

Entre outras datas importantes, destacam-se:

- **1934:** criação do primeiro curso universitário de Geografia, na Universidade de São Paulo.
- **1935:** criação do curso de Geografia na Universidade do Distrito Federal no Rio de Janeiro, atual Universidade Federal do Rio de Janeiro.
- **1938:** fundação do Instituto Brasileiro de Geografia e Estatística (IBGE), no Rio de Janeiro, resultado da concepção política do poder associado ao conhecimento do território. Tanto que, em 1940, o instituto mapeou e cartografou os municípios brasileiros.

Atualmente, há cursos de graduação e pós-graduação em Geografia em todo o território nacional voltados para formar profissionais com habilidades relacionadas aos temas ambientais, de planejamento (urbano, rural, regional, etc.), cartográficos, entre outros. Os pesquisadores analisam as relações entre ambiente e sociedade, considerando as diferentes escalas de ocorrência dos fenômenos (do local ao global).

Os estudos geográficos se valem de importantes categorias de análise, como **lugar**, **espaço geográfico**, **paisagem**, **território** e **geossistema**.

Lugar

Conteúdo referente à página 19.

Parcela do espaço onde as pessoas desenvolvem relações cotidianas, positivas ou negativas. Está associado ao sentimento de pertencimento e identidade, sendo, portanto, de caráter subjetivo.

Um mesmo local pode ter valor e significado distinto, ou seja, ser diferentes lugares, para grupos sociais distintos. Por exemplo, um trecho de rio pode ser lugar de rituais simbólicos para determinada comunidade indígena e lugar de pesca e lazer para uma comunidade urbana.

Conteúdo referente às páginas 20 e 21.

Espaço geográfico

Materialização espacial das relações sociais por meio do trabalho, com uso de variadas técnicas ao longo do tempo. As alterações na sociedade, nos seus valores, no seu conhecimento técnico e nos modos de vida, provocam novas necessidades de adequação do espaço. As ações humanas se dão em um espaço carregado de história, de heranças naturais e sociais.

O geógrafo Milton Santos nomeou essas heranças sociais, construções de outros tempos, de **rugosidades**. Trata-se das edificações que tiveram determinada finalidade no passado, mas que não atendem mais às demandas do presente. Algumas delas podem passar por adequações para exercer novas funções. Por exemplo, um galpão industrial desativado pode ser transformado em centro de compras ou em área de lazer.

As rugosidades, por suas características, são identificadas mais facilmente no espaço urbano. No Brasil, há muitos conflitos entre os novos usos do espaço com edificações do passado. O equacionamento desse conflito, por meio da requalificação do uso dos imóveis (reformas e adequações técnicas internas), pode trazer benefícios variados, como a exploração do turismo histórico.

Conteúdo referente às páginas 22 e 23.

Paisagem

Parcela percebida do espaço pelos diferentes sentidos humanos. Portanto, tem caráter subjetivo: cada um percebe a paisagem segundo seus valores e experiências. Expressa registros de um momento. Está, entretanto, em constante transformação.

- **Paisagem natural:** formada por elementos da natureza.
- **Paisagem cultural:** formada por ao menos um elemento resultante da ação humana.

Conteúdo referente à página 24.

Território

Parcela do espaço controlada por meio do poder político, representado pelas diferentes forças do Estado-Nação. Seus limites são estabelecidos por fronteiras políticas, como as que determinam países, estados e municípios. Há outras concepções para o conceito:

Rogério Haesbaert: para o geógrafo, o conceito de território está associado a três dimensões: *econômica*, que se expressa por meio do uso dos recursos; *política*, que se manifesta no poder de exploração e dominação da área; e *cultural*, que compreende a vivência dos grupos humanos.

Milton Santos: segundo o geógrafo, o território é determinado pela associação entre as forças hegemônicas (poder do Estado) e as dos agentes hegemonizados (aqueles que trabalham no território).

Os conflitos pela delimitação de terras indígenas e territórios quilombolas no Brasil são importantes exemplos da não aceitação das diferentes formas de compreensão sobre o que são territórios.

Conteúdo referente à página 25.

Geossistema

Trata-se da interação sistêmica entre atmosfera, litosfera, hidrosfera e biosfera, em uma relação interdependente.

- **Atmosfera:** camada de ar que envolve a Terra.
- **Litosfera:** camada externa sólida que envolve a Terra.
- **Hidrosfera:** conjunto de formas de ocorrência da água na Terra.
- **Biosfera:** conjunto formado por todos os seres vivos.

Aplique o que aprendeu

Atividade resolvida

Leia o fragmento de texto a seguir, sobre o conceito de paisagem:

> Nossa visão depende da localização em que se está, se no chão, em um andar baixo ou alto de um edifício, num miradouro estratégico, num avião... A paisagem toma escalas diferentes e assoma diversamente aos nossos olhos, segundo o lugar onde estejamos, ampliando-se quanto mais quando se sobe em altura, porque desse modo desaparecem ou se atenuam os obstáculos à visão, e o horizonte vislumbrado não se rompe.
>
> A dimensão da paisagem é a dimensão da percepção, o que chega aos sentidos. Por isso o aparelho cognitivo tem importância crucial nessa apreensão, pelo fato de que toda nossa educação, formal ou informal, é feita de forma seletiva – pessoas diferentes apresentam diversas versões do mesmo fato. [...]
>
> A percepção é sempre um processo seletivo de apreensão. Se a realidade é apenas uma, cada pessoa a vê de forma diferenciada; desse modo, a visão – pelo homem – das coisas materiais é deformada. Nossa tarefa é a de ultrapassar a paisagem como aspecto para chegar ao seu significado. A percepção não é ainda o conhecimento, que depende de sua interpretação, e esta será tanto mais válida quanto mais limitarmos o risco de tomar por verdadeiro o que é só aparência.
>
> SANTOS, Milton. *Metamorfoses do espaço habitado*. São Paulo: Edusp, 2008. p. 68.

a) Qual definição de paisagem é adotada pelo autor nesse fragmento de texto?

Resposta:
Paisagem é considerada a porção do espaço percebida pelo ser humano, variando de escala em decorrência da posição do observador e do significado que ele lhe atribui. Trata-se, portanto, de uma leitura do espaço com a perspectiva das habilidades do observador; portanto, subjetiva. Assim, a aparência da paisagem em si não é realidade e conhecimento, mas a sua interpretação é que tem validade.

Comentário

Na questão está destacada uma informação importante para fornecer a resposta adequada à pergunta. Por se tratar de um conceito que você pode ter previamente alguma definição, é fundamental reparar naquilo que está sendo cobrado na questão para evitar que você responda erroneamente, inserindo sua concepção sobre o conceito de paisagem. A questão pede a definição dada pelo autor nesse fragmento de texto. Fazer isso já é o suficiente. Se conhecer outras obras do autor, você pode complementar a definição do conceito de paisagem. Porém, na sua resposta, deve distinguir claramente o que está no fragmento apresentado da sua contribuição, advinda de outras leituras e aprendizagens.

No texto, estão destacados em amarelo os trechos centrais para compreender a definição do conceito de paisagem. Em um texto de caráter científico, identifica-se o que é central por meio dos conhecimentos de interpretação dados pela língua portuguesa e também por meio do reconhecimento dos temas e conceitos que são centrais para a ciência ou campo do conhecimento ao qual o seu autor está relacionado, a Geografia nesse caso. Portanto, merece destaque no texto os trechos que tratam de escala geográfica, da subjetividade do observador e das limitações do conceito (paisagem) que está em discussão.

b) No texto, **lugar** é compreendido como um conceito ou como substantivo? Explique.

Resposta:
Sua função é de substantivo, para indicar a posição do observador no espaço, e não como conceito ou categoria estruturante da Geografia.

Comentário

É possível responder adequadamente à pergunta sabendo apenas diferenciar conceito de substantivo. Porém, conhecimentos prévios sobre as categorias de análise da Geografia facilitam no reconhecimento de que a palavra **lugar** no texto não é utilizada no seu aspecto conceitual para a disciplina e, assim, melhor discriminar o seu sentido. Isso é algo recorrente com muitas categorias da Geografia, que apresentam caráter polissêmico, ou seja, denotam mais de um sentido, no mínimo dois: aquele do vocabulário cotidiano, do senso comum, e aquele do vocabulário científico, carregado por concepções teóricas. O mesmo se dá com **território**, **paisagem** e **região**, palavras de uso comum, diferente de termos mais específicos, como **placa tectônica**, que possui apenas um sentido.

Atividades

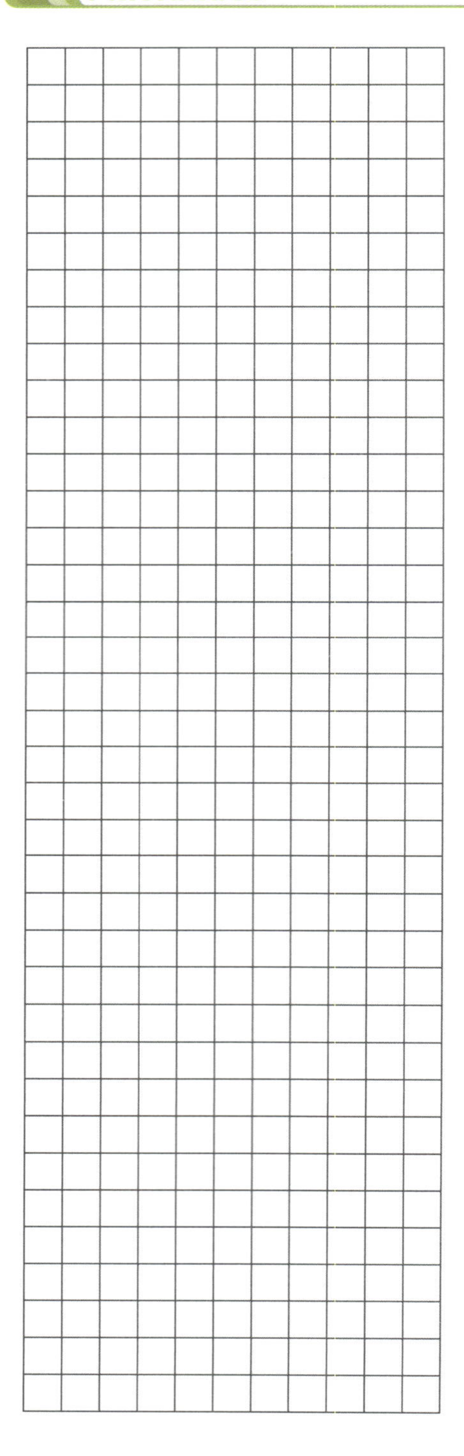

1.

> A teoria de Vidal de la Blache concebia o homem como hóspede antigo de vários pontos da superfície terrestre, que em cada lugar se adaptou ao meio que o envolvia, criando, no relacionamento constante e cumulativo com a natureza, um acervo de técnicas, hábitos, usos e costumes que lhe permitiram utilizar os recursos naturais disponíveis.
>
> SANTOS, Milton. *Metamorfoses do espaço habitado*. São Paulo: Edusp, 2008. p. 69.

Como foi nomeado esse conceito formulado por Vidal de la Blache, descrito no texto por Milton Santos?

a) Determinismo geográfico.
b) Possibilismo geográfico.
c) Modo de vida.
d) Gênero de vida.
e) Espaço vital.

2. Associe corretamente cada frase a apenas um dos conceitos geográficos listados:

A. Resultado espacial da relação entre ambiente e sociedade.
B. Relacionado ao sentimento de pertencimento e identidade, trata-se de parcela do espaço onde predominam relações cotidianas.
C. Área definida pelas relações de poder.
D. Dimensão percebida do espaço, é um fragmento da realidade.

( ) Lugar
( ) Paisagem
( ) Espaço geográfico
( ) Território

3. Compare os conceitos de determinismo geográfico e possibilismo geográfico.

4. Quais as possibilidades de ação do geógrafo no mundo atual?

5. Explique o que a imagem a seguir representa.

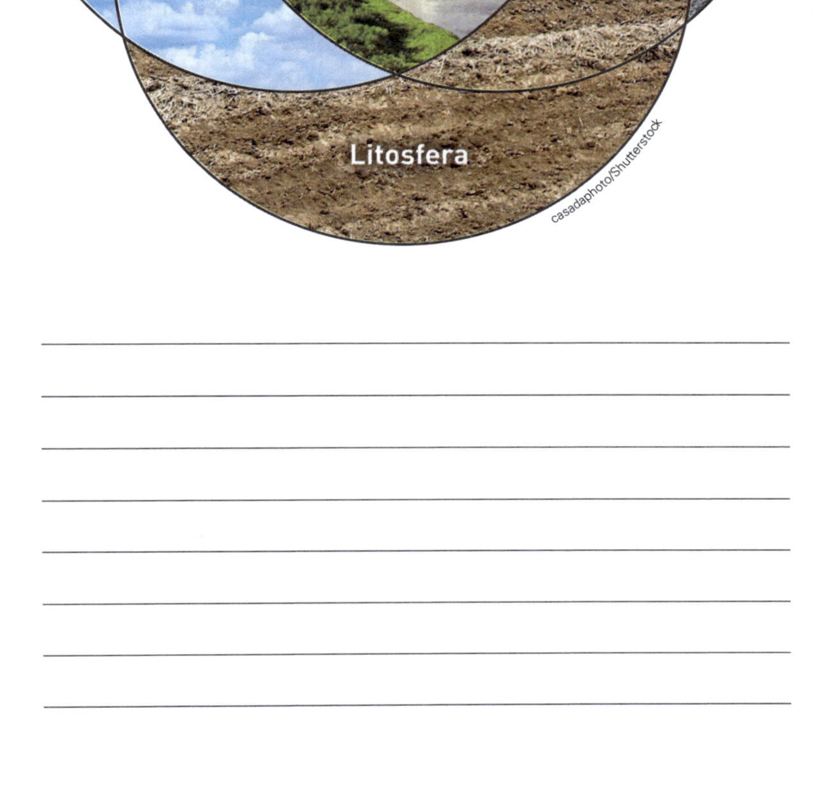

CAPÍTULO

2

Representações cartográficas

Você deve ser capaz de:

- Conhecer a história da Cartografia e o desenvolvimento de diferentes técnicas de representação.
- Compreender e dominar a linguagem cartográfica.

Conteúdo referente às páginas 30 a 32.

Reveja o que aprendeu

A representação do espaço de vivência do ser humano remonta à Antiguidade, quando foram feitos diversos registros em paredes de cavernas e até em objetos como chifres de animais. Atualmente, com os avanços tecnológicos e a popularização dos meios digitais, diferentes produtos cartográficos fazem parte do cotidiano, como os aplicativos de geolocalização em *smartphones*.

Cronologia das representações cartográficas

As técnicas cartográficas são utilizadas pela Geografia para comunicar informações e promover estudos espaciais. As diferentes possibilidades de uso das representações cartográficas evoluíram ao longo do tempo, de acordo com o domínio de procedimentos técnicos e do conhecimento do mundo em diferentes épocas.

- 40000 a.C a 5000 a.C.: muitas **pinturas rupestres** indicam locais de práticas do cotidiano.
- 2400 a.C.: o **mapa de Ga-Sur** representa o vale de um rio, provavelmente o Eufrates, no atual Iraque, em placa de argila.
- Século VI a.C.: o **mapa de Anaximandro** é considerado o primeiro mapa do mundo. A região da atual Grécia está representada ao centro de uma extensão de terras emersas rodeadas por oceano em um planeta circular, plano.
- 220 a.C.: o **mapa de Eratóstenes** representa o mundo com mais detalhes, incorporando paralelos e meridianos, resultado de seus cálculos sobre o tamanho da circunferência da Terra.
- Século II a.C.: o **mapa de Ptolomeu** representa o mundo com três continentes – Europa, Ásia e África – linhas imaginárias, coordenadas geográficas e representação da direção dos ventos.
- Séculos IV a XIII.: o **mapa dos bispos** é um exemplo de mapa T-O, cuja principal característica é representar Jerusalém ao centro, com os continentes circundados por oceanos e divididos por grandes rios.
- Século XIV.: os **mapas portulanos** introduzem as representações cartográficas com linhas geométricas e rosas dos ventos, o que possibilitou a execução de cálculos mais precisos para a navegação.
- 1569: o **mapa de Mercator** representa o mundo em 18 folhas a partir de projeção dos meridianos e paralelos, formando ângulos retos. A Europa é representada em destaque, ao centro e maior que as terras em direção aos polos.
- 1570: **atlas *Theatrum orbis terrarum***, o primeiro atlas do mundo. Apresenta um conjunto de 70 mapas distintos.
- Década de 1950: as **imagens de satélite** são obtidas a partir de equipamentos colocados em órbita com a finalidade de produzir imagens da superfície terrestre. Promoveram grande precisão e diversidade de informações.

- Década de 1960: é criado o **GPS** (*Global Position System*), um dispositivo portátil de navegação e mapeamento que capta sinais de satélite em tempo real.
- 1973: o **mapa de Peters-Gall**, com novas técnicas de Geometria (representação cilíndrica e equivalente), promove a proporção entre áreas dos continentes de maneira a aumentar a deformação de suas formas.
- Década de 2000: são criados os **aplicativos de mapas**, sistemas computacionais que contribuem para que a cartografia se faça presente no cotidiano das pessoas, e os ***drones***, veículos aéreos não tripulados que podem ser utilizados para capturar imagens da superfície terrestre com maior nível de detalhe.

Linguagem cartográfica

Conteúdo referente às páginas 32 a 35.

A linguagem cartográfica é composta de linhas, pontos, áreas e cores utilizados segundo convenções internacionais, que servem para localização espacial e representação de informações quantitativas e qualitativas dos produtos cartográficos.

- **Representação quantitativa:** referente à quantidade, ao valor, proveniente de variáveis matemáticas e estatísticas. Por exemplo: mapas de densidade demográfica, de pluviosidade, de temperaturas médias, etc.
- **Representação qualitativa:** referente à qualidade da informação. Por exemplo, mapas de tipos de vegetação, tipos de clima, zoneamento urbano e rural, etc.

Os elementos do mapa são:

- **Título:** apresenta o que está sendo representado. Geralmente está na parte superior.
- **Orientação:** indica como o trecho representado está posicionado no planeta. É feita pela inserção de uma seta e da letra N, abreviatura de Norte.
- **Legenda:** traduz o significado dos símbolos utilizados no mapa.
- **Fonte:** indica o elaborador do mapa ou a origem das informações nele representadas.
- **Coordenadas geográficas:** determinam a posição dos locais, pessoas e objetos na superfície terrestre.
- **Escala:** indica a relação matemática entre o mapa e a realidade, o tamanho da redução da representação. Escalas grandes representam áreas menores; escalas pequenas, áreas maiores. Elas podem ser numéricas (fração matemática) ou gráficas (segmento de reta).

Os fusos horários e a linha internacional de data

Conteúdo referente às páginas 35 e 36.

Os meridianos são linhas verticais imaginárias traçadas sobre a superfície da Terra, formando semicírculos entre os dois polos do planeta. Veja o globo ao lado.

Os meridianos são utilizados como referência para definição das horas. A rotação completa do planeta dura cerca de 24 h. Toda rotação completa em torno de um eixo central mede 360º (ângulos geométricos). Assim, uma hora corresponde à rotação do planeta em 15º (360º ÷ 24 h = 15º/h).

Linhas imaginárias

Eixo polar
Meridianos oeste
Meridianos leste
Meridiano de Greenwich

Adilson Secco/Arquivo da editora

Elaborado com base em: GOMES, Samanta. Líneas imaginarias. *Mindmeister*. Disponível em: <www.mindmeister.com/pt/544632413/lineas-imaginarias>. Acesso em: 27 maio 2018.

Em razão da diferença entre dia e noite e dos desafios para as relações internacionais, foram estabelecidos, por convenção, os fusos horários para indicar a hora correspondente em cada faixa do planeta. Também por convenção, elegeu-se o meridiano de Greenwich como o marco zero. Seu meridiano oposto (180°) é a linha internacional da data, ou seja, ao passar por ela se adianta (sentido oeste) ou diminui (sentido leste) um dia.

Os traçados dos fusos horários, teoricamente retilíneos, foram adaptados por cada país em razão de escolhas políticas e econômicas relacionadas à gestão de seus territórios.

Conteúdo referente à página 37.

Classificação dos mapas

Os mapas são classificados de acordo com sua finalidade e uso.

- **Mapas físicos:** representam as características de determinada área, com informações de altimetria, cobertura vegetal, hidrografia e clima.
- **Mapas políticos:** representam limites traçados entre áreas (países, estados, regiões, municípios, etc.).
- **Croquis e plantas imobiliárias:** esboços com informações imprecisas, são representações sem escala, mas que, no entanto, atendem ao intuito de apresentar referenciais espaciais e de localização básicos.

Conteúdo referente às páginas 38 a 40.

Projeções cartográficas

A finalidade das projeções cartográficas é propor uma solução para representar na superfície plana, bidimensional (planisfério), o que, na realidade, é tridimensional, possui volume e curvas (a Terra).

- **Cilíndrica:** projeção em um cilindro que imaginariamente envolve a Terra. Meridianos e paralelos formam ângulos retos. Há distorção de área. Exemplo: projeção de Mercator.
- **Cônica:** projeção em um cone que imaginariamente envolve a Terra. Meridianos são retas convergentes e os paralelos estão em curvas concêntricas. Deformações são maiores nas extremidades, na base do cone. Exemplo: projeção de Lambert.
- **Plana (azimutal):** projeção em uma superfície plana tangente a qualquer ponto da superfície terrestre. Nomeada de polar ou normal quando feita nos polos. Deformações aumentam quanto mais distantes do centro do mapa.

Nas projeções **conformes**, os ângulos mantêm-se idênticos em todos os pontos. Nas projeções **equivalentes** as áreas não são alteradas, mas os ângulos são deformados. Nas projeções **equidistantes**, áreas e ângulos não apresentam conformidade e equivalência. As **anamorfoses** são representações que deformam a área dos territórios proporcionalmente à quantidade do fenômeno cartografado.

Projeções conforme, equivalente e equidistante

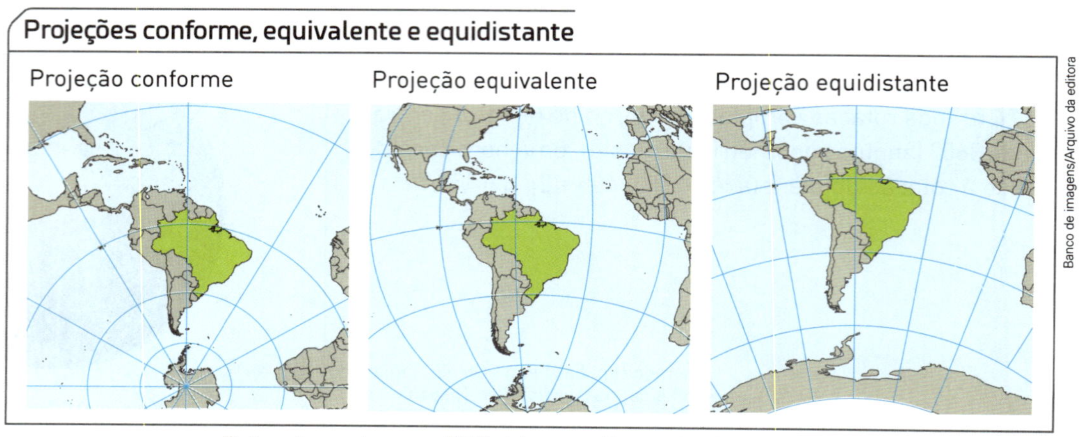

Elaborado com base em: IBGE. *Atlas geográfico escolar*. 7. ed. Rio de Janeiro: IBGE, 2016. p. 22.

Aplique o que aprendeu

Atividade resolvida

O Instituto Brasileiro de Geografia e Estatística (IBGE) calcula que atualmente há pouco mais de 207 milhões de pessoas vivendo no Brasil. Entretanto, a densidade demográfica do país varia bastante.

Compare os dois mapas a seguir e explique como evoluiu a densidade demográfica no país.

Brasil: população em valores absolutos, por município, segundo o Censo 1950

Brasil: população em valores absolutos, por município, segundo o Censo 2010

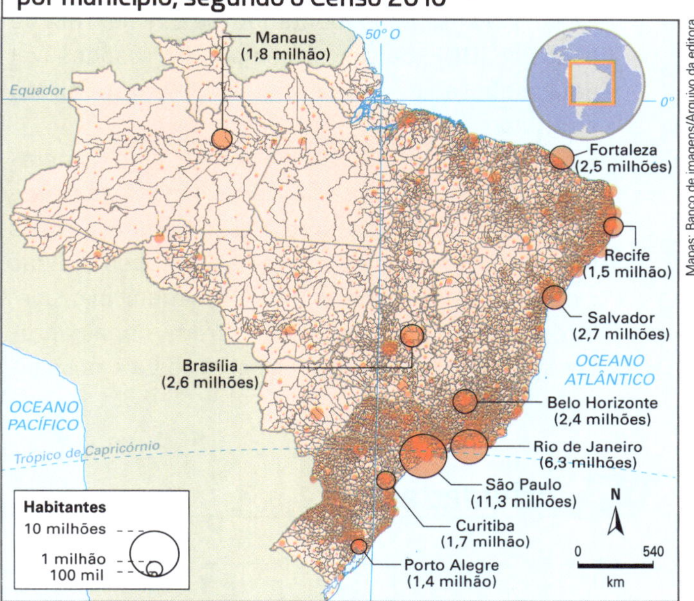

Elaborados com base em: RONCOLATO, Murilo; TONGLET, Ariel. Compare a densidade populacional das cidades neste mapa interativo. *Nexo*, 25 set. 2017. Disponível em: <www.nexojornal.com.br/interativo/2017/09/25/Compare-a-densidade-populacional-das-cidades-neste-mapa-interativo>. Acesso em: 27 maio 2018.

Resposta:

Os mapas representam as áreas dos municípios brasileiros e o número absoluto da população das cidades em dois momentos, 1950 e 2010. Em ambos, é possível identificar maior concentração populacional na faixa litorânea do país. De modo geral, cidades que eram populosas em 1950, como São Paulo e Rio de Janeiro, ficaram ainda maiores. No entanto, o mapa de 2010 representa relativa interiorização da população, com destaque para Brasília e Manaus. Mas, ainda assim, há grandes vazios demográficos, sobretudo nas regiões Norte e Centro-Oeste.

Simples descrição do que é representado nos mapas.

Texto comparando os mapas para identificar o que eles têm em comum.

Comparação para acentuar as transformações ao longo do tempo, a fim de explicitar a dinâmica no território.

Outra comparação para relativizar o que foi destacado anteriormente. É um complemento que torna a análise mais sofisticada.

Comentário

Atividades com mapas exigem a mobilização de habilidades de leitura e interpretação cartográfica. Observe uma possível sequência de leitura: 1. Identificar o fenômeno representado, geralmente apresentado no título do mapa; 2. A linguagem escolhida para representação, que pode ou não estar explicitada na legenda (identificação dos símbolos, cores, por exemplo); 3. As datas e a fonte dos mapas (as datas estão explicitadas nos títulos e a fonte dos mapas é um artigo do jornal *Nexo*). No entanto, subentende-se que se trata de dados do IBGE, pois é o órgão público responsável pela elaboração dos censos, que foram citados no título.

Em seguida, parte-se para observação mais detalhada dos mapas para identificar o que está sendo efetivamente representado; nesse caso, os limites territoriais municipais e a população absoluta das cidades. Cidade é a parte urbana do município, portanto não são sinônimos. Por serem mapas apresentados em um suporte jornalístico há a possibilidade de equívoco conceitual, porém não é possível afirmar isso categoricamente e, assim, toma-se esse cuidado na redação da resposta, utilizando as palavras e os termos apresentados no mapa. Portanto, ao elaborar o texto interpretativo, como solicitado na questão, é indicado explorar as informações disponíveis, compará-las, como foi solicitado, e fazer algumas sínteses, observando o tema central da questão. Na comparação é esperado identificar o que há de semelhante e diferente nos mapas e fazer alguma dedução sobre a evolução dos dados ao longo do tempo.

Algumas vezes, atividades desse tipo apresentam uma segunda parte, na qual é solicitada a explicação da evolução do fenômeno, exigindo a mobilização de conteúdos conceituais não presentes nos mapas. Neste exemplo, poderia ser perguntado o que explica a evolução da densidade demográfica no Brasil. Portanto, além da leitura e interpretação dos mapas, são necessários conhecimentos prévios de variados temas.

Atividades

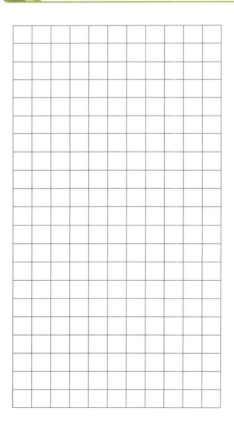

1.

"A primeira tentativa de representar o mundo foi babilônica, mas sua concepção de mundo era limitada à região entre os rios Eufrates e Tigre [...].

Entretanto, os gregos se destacam porque foram os primeiros a usar uma base científica e a observação. Usando-se da trigonometria, Eratóstenes (276-194 a.C.) mediu a circunferência da Terra chegando bem perto dos 40 076 km reais (segundo ele, eram 45 000 km) [...].

Mais tarde, Pitágoras defendeu que a Terra era esférica de acordo com suas observações práticas e filosóficas (para ele, a forma esférica era a mais perfeita) que só seriam aceitas no meio científico, anos depois, pela influência de Aristóteles. [...]

Mas, o trabalho mais importante da cartografia na época clássica foi, sem dúvida, a obra em oito volumes escrita por Claudius Ptolomeu. Sua obra, *Geographia*, contém as coordenadas de 8 000 lugares, a maioria calculada por ele próprio e, no último volume, ele dá dicas para a elaboração de mapas-múndi e discute alguns pontos fundamentais da cartografia. [...]."

FARIA, Caroline. História da cartografia. *Infoescola*. Disponível em: <www.infoescola.com/cartografia/historia-da-cartografia/>. Acesso em: 28 maio 2018.

Com base nas informações contidas no texto e em seus conhecimentos sobre cartografia, pode-se afirmar que

a) apesar de Claudius Ptolomeu ser considerado o "pai" da cartografia, os verdadeiros inventores são os babilônios, que, num período muito anterior, já tinham uma concepção muito avançada de mundo, fornecendo as coordenadas exatas de milhares de lugares ao redor do planeta.

b) apesar da indiscutível relevância de babilônios como pioneiros na tentativa de representação do planeta, foram os gregos, como Eratóstenes, Pitágoras e, principalmente, Ptolomeu, que contribuíram de forma mais significativa para o desenvolvimento da cartografia no período clássico.

c) foram os romanos, como Eratóstenes e sua teoria geocêntrica, que contribuíram, de forma decisiva, para o desenvolvimento da cartografia moderna.

d) a cartografia moderna foi inspirada em estudos de Trigonometria realizados entre os séculos III e II a.C. pelos egípcios.

e) embora os gregos tenham sido os pioneiros da cartografia, sua concepção limitada de mundo permitiu somente a representação da região localizada entre os rios Eufrates e Tigre.

2.

Planisfério: população urbana – 2014

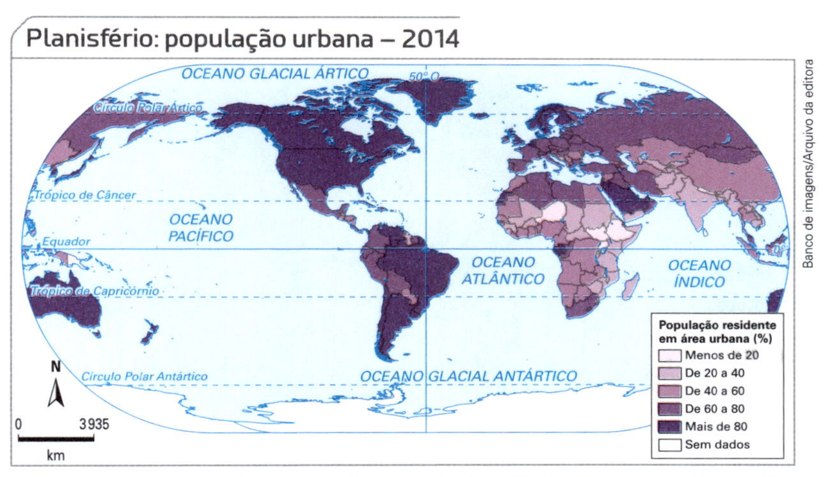

IBGE. Disponível em: <http://atlasescolar.ibge.gov.br>. Acesso em: 28 fev. 2018.

De acordo com as variáveis visuais da linguagem cartográfica, é correto afirmar que o mapa acima é uma representação

a) dinâmica, adequada para expressar fluxos de bens, pessoas ou informações no espaço geográfico.

b) em carta topográfica, que mostra as variações na topografia dos terrenos, como morros e vales.

c) da diversidade, em que cores variadas diferenciam áreas, a exemplo dos mapas de divisão política.

d) ordenada, em que os tons de cor destacam ordens ou hierarquias de determinado fenômeno.

e) em anamorfose, que deliberadamente altera as formas dos objetos para destacar fenômenos.

3.

Brasil: PIB 2012

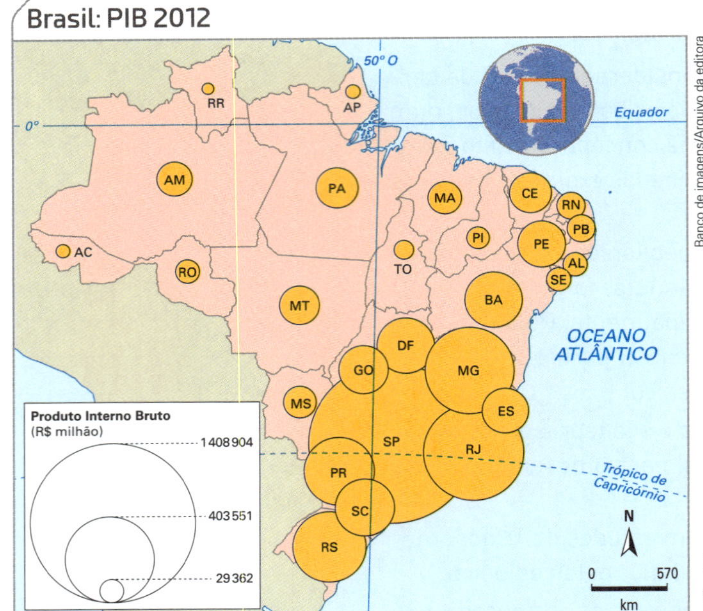

Elaborado com base em: IBGE. *Atlas geográfico escolar*. 7. ed. Rio de Janeiro: IBGE, 2016. p. 140.

Anamorfose Brasil: PIB 2012

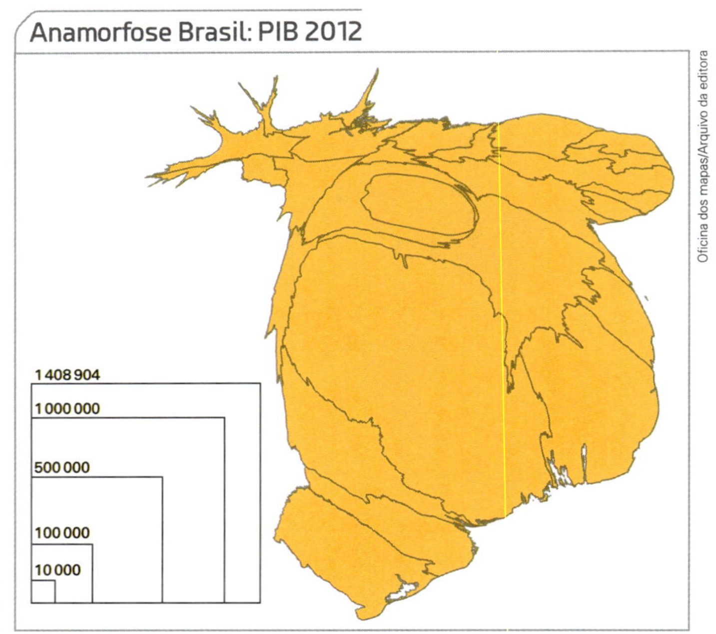

Elaborado com base em: IBGE. *Atlas geográfico escolar*. 7. ed. Rio de Janeiro: IBGE, 2016. p. 140.

Comparando-se as duas representações sobre o mesmo tema, infere-se que:

a) ambas deixam de representar as proporcionalidades entre as quantidades apresentadas, tornando-se inválidas enquanto representação.

b) a primeira é uma representação proporcional das quantidades, enquanto a segunda deixa de cumprir essa função, ao distorcer as formas.

c) ambas são representações válidas, a primeira em círculos proporcionais às quantidades e a segunda em anamorfose, que evidencia diferenças.

d) a primeira deixa de representar as quantidades em questão, enquanto a segunda apresenta o dado corretamente e evidencia diferenças entre as unidades.

e) ambas tornam-se inválidas enquanto representação do tema, já que não se baseiam em dados mensuráveis e grandezas comparáveis.

 Explique o que são representações cartográficas quantitativas e qualitativas e classifique os mapas a seguir.

Brasil: biomas

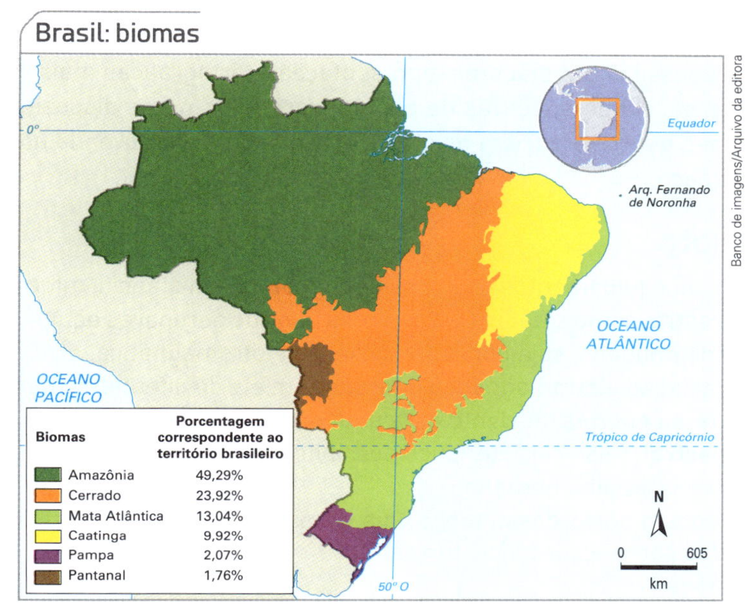

Elaborado com base em: BRASIL. Ministério do Meio Ambiente. Conheça os biomas brasileiros. Disponível em: <www.brasil.gov.br/meio-ambiente/2009/10/biomas-brasileiros/@@nitf_custom_galleria>. Acesso em: 30 abr. 2018.

Brasil: precipitação (médias anuais)

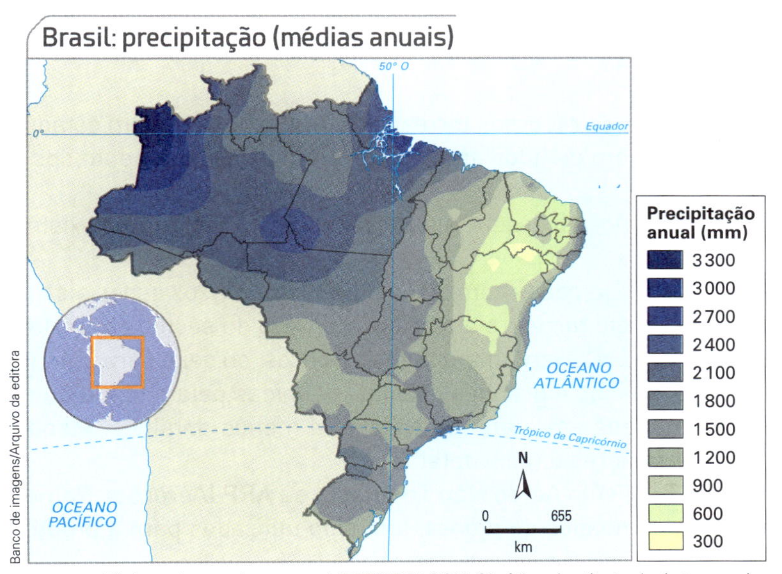

Elaborado com base em: METEOROLOGIA Sinótica. Instituto de Astronomia, Geofísica e Ciências Atmosféricas da Universidade de São Paulo. O clima do Brasil. Disponível em: <www.masterantiga.iag.usp.br/ensino/Sinotica/AULA04/AULA04.HTML>. Acesso em: 27 maio 2018.

CAPÍTULO

3

Cartografia: novas tecnologias

Você deve ser capaz de:

- Conhecer as novas tecnologias cartográficas.

Reveja o que aprendeu

Os avanços tecnológicos possibilitam elaborar representações cartográficas mais precisas e com mais informações. Há perspectivas de popularização dos novos dispositivos que, conectados pela internet, georreferenciam objetos e informações, promovendo novas possibilidades de uso do espaço.

Conteúdo referente às páginas 43 a 48.

Sensoriamento remoto

Trata-se de um conjunto de equipamentos que possibilitam obter, a distância, informações sobre a **superfície terrestre**, como satélites e diferentes tipos de aeronaves equipadas com sensores de captação de imagens, seja por calor, radiação eletromagnética, etc.

Ao atingir um objeto, a radiação eletromagnética interage com ele de diferentes maneiras. A absorção e reflexão dessa energia incidente gera uma onda, cujo comprimento define um **comportamento espectral**. Essa característica possibilita aos equipamentos registrarem informações não visíveis ao olho humano.

Os avanços técnicos obtidos a partir dessa tecnologia possibilitaram maior precisão e rapidez na obtenção de dados sobre a superfície terrestre.

Algumas de suas vantagens:

- Permite reunir muitas informações em uma mesma imagem, podendo abranger grandes áreas.
- Possibilita a obtenção de imagens de uma mesma área em várias épocas do ano e em diferentes anos, facilitando comparações da dinâmica de evolução dos fenômenos observados.
- Apresenta resoluções de imagens capazes de identificar os fenômenos em escalas variadas, do local ao global.

Desde o lançamento de satélites de recursos terrestres (Landsat), de origem estadunidense, o progresso e as pesquisas em estudos ambientais, além do levantamento dos recursos naturais, evoluíram muito.

Os avanços alcançados também foram essenciais para atualizar a cartografia existente e monitorar o território.

Nas **fotografias aéreas**, aviões, equipados com dispositivos fotográficos especiais, passaram a captar imagens da superfície terrestre a partir do começo do século XX. Trata-se de uma técnica utilizada sobretudo em levantamentos topográficos, ou seja, para obtenção de informações detalhadas, em médias e grandes escalas, definidas pela altitude do voo. Maiores altitudes produzem imagens em menores escalas e menos detalhes. Menores altitudes proporcionam escalas maiores e mais detalhes.

Mais recentemente, os **VANT** (Veículo Aéreo Não Tripulado) ou **ARP** (Aeronave Remotamente Pilotada), popularmente nomeados de *drones*, têm sido utilizados para a produção de imagens aéreas.

Os **satélites artificiais** são equipamentos colocados em órbita ao redor da Terra e de outros corpos celestes com distintas finalidades, como comunicação e captação de imagens.

No caso da Terra, giram, sobretudo, em trajetória circular que passa próxima aos polos do planeta.

Muitos países já colocaram satélites em órbita, como Estados Unidos, Rússia (que herdou tecnologia da extinta União Soviética), China, Índia, países europeus e também o Brasil.

O primeiro satélite Landsat foi lançado pelos Estados Unidos em 1972 e o mais recente, o Landsat 8, em 2013. Eles possibilitaram a obtenção do maior acervo mundial de dados de sensoriamento remoto sobre a superfície terrestre em escala moderada.

Outra importante série de lançamentos foram os satélites SPOT, da França, sendo que o primeiro foi lançado em 1986 e o mais recente, o SPOT 7, em 2014.

O Brasil recebe informações desses dois satélites, assim como de outros: Noaa, Aqua, Terra, Goes-12, Meteosar, GMS e CBERS. Este último é resultado de um projeto de parceria entre Brasil e China, que, até o momento, obteve êxito no lançamento de dois satélites. As informações obtidas por meio deles proporcionaram importantes contribuições científicas para o Brasil, sobretudo na área ambiental, com o monitoramento das condições. Os satélites e os avanços tecnológicos dos receptores dos seus sinais possibilitaram a invenção de diferentes sistemas de radionavegação. O mais popular no Brasil é o modelo americano, o **GPS** (Sistema de Posicionamento Global), criado no fim de 1970. O GLONASS é o sistema russo, herdado da antiga União Soviética; o Compass ou Beidou é o sistema chinês; e o Galileo, o sistema europeu. Esses sistemas se completam com dispositivos, hoje portáteis e também disponíveis em *smartphones*, que indicam com bastante precisão a localização (longitude e latitude), altitude, velocidade e hora.

Sorang/Shutterstock

Drone equipado com câmera de alta resolução sobrevoa a praia Scandrett em Auckland, Nova Zelândia, 2017.

Eureka_89/iStockphoto/Getty Images

Aparelho de GPS portátil.

Sistema de Informações Geográficas (SIG)

Conteúdo referente às páginas 49 e 50.

Potencializa o estudo da superfície terrestre por facilitar a combinação de muitos dados, organizados de formas diferentes, de acordo com critérios selecionados.

No sistema de georreferenciamento, cada informação é identificada por meio de sua localização em coordenadas geográficas – latitude e longitude. Os dados, ao serem georreferenciados e armazenados em computadores, podem ser combinados, como se muitos mapas translúcidos, com variadas informações, fossem sobrepostos (em *layers*, ou camadas em português). Isso possibilita o cruzamento de muitas informações variadas sobre uma mesma área e a elaboração de sínteses cartográficas que indicam correlação de fenômenos.

Trata-se de uma tecnologia relativamente cara e há movimentos para criação e divulgação de *softwares* livres com o intuito de possibilitar o acesso à informação para mais pessoas e instituições.

Maquetes e simulações de relevo em 3D

Conteúdo referente às páginas 50 a 52.

As maquetes são representações cartográficas tridimensionais que sintetizam informações geográficas. Possuem escala horizontal, assim como os mapas, e escala vertical. Destacam-se as curvas de nível, que são as diferentes altitudes do terreno localizadas em um mesmo plano. Possibilitam experiência tátil e lúdica.

Os avanços tecnológicos também têm transformado as possibilidades de uso dessa ferramenta, até então construída de forma artesanal. Hoje, as impressoras 3D proporcionam rapidez e precisão na sua elaboração. Além disso, projeções de imagens sobre as maquetes tornam a compreensão dos fatos e conceitos mais simples e atraentes para o público não especializado.

Aplique o que aprendeu

Atividade resolvida

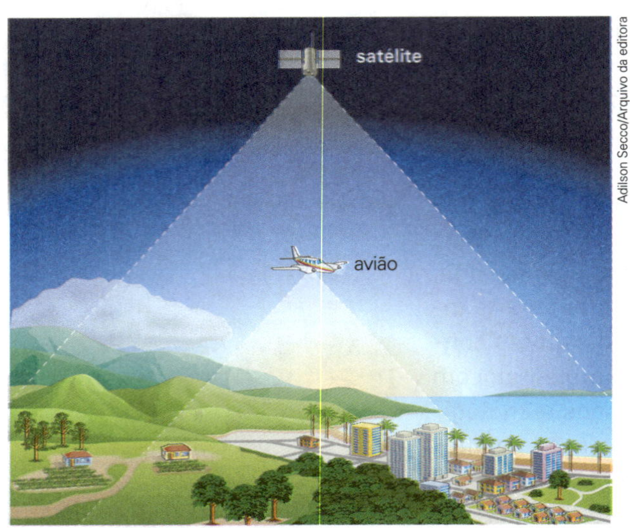

Elaborado com base em: *ATLAS universal ilustrado*. São Paulo: Martins Fontes, 1997. p. 4.

Na imagem estão representados:

a) O conjunto de técnicas que compõe o Sistema de Informações Geográficas (SIG), responsável pela produção de sofisticadas e precisas representações cartográficas, em pequena escala para proporcionar maior detalhamento da superfície terrestre. Esse sistema de obtenção de informação é superior aos demais por basear-se sobretudo em fotografias, a mais fiel forma de representação da realidade.

b) O plano paralelo e sobreposto de obtenção de fotografias aéreas e imagens de satélite necessário para a correção dos dados que precisam ser tratados para representar em imagens bidimensionais o que é tridimensional. Por apresentar planos de voos em diferentes altitudes, são produzidas representações cartográficas tanto em pequena escala, com poucos detalhes, quanto em grande escala, com mais detalhes.

c) Diferentes formas de obtenção de dados para elaboração de representações cartográficas exclusivamente. O dispositivo instalado em terra é fundamental para orientar a órbita do satélite e o plano de voo do avião para que seja possível produzir as ortofotos. As informações obtidas precisam ser tratadas para produzir mapas em diferentes escalas.

d) Distintas formas de levantamento de informações sobre a superfície terrestre. Os equipamentos aéreos compreendem duas técnicas de sensoriamento remoto. O avião produz aerofotografias em média e grande escala, úteis para detalhamento de informações. E o satélite capta, por meio de ondas, informações em escalas variadas, que precisam ser tratadas em computadores.

Comentário

É bastante importante observar a imagem atentamente para identificar o que é representado. Neste caso, um satélite artificial coletando informações (não apenas imagens) e um avião coletando imagens (aerofotografias). Além disso, a imagem apresenta uma síntese de diferentes ambientes (zona urbana e rural, parte sólida e parte líquida da superfície terrestre), sugerindo que os sensores coletam informações de todos eles (entretanto, essa leitura não foi exigida na solução da questão). E, por fim, a diferença de altitude dos equipamentos aéreos e a representação gráfica de suas respectivas coberturas sugerem suas escalas de abrangência.

Não é uma imagem complexa. No entanto, por se tratar de uma questão de múltipla escolha, com alternativas com textos longos e muitos conceitos diferentes apresentados, faz-se necessária uma leitura cuidadosa para identificar as informações erradas ou contraditórias. É essa característica que faz desta uma questão difícil. Dominar todos os conceitos presentes na questão e interpretar corretamente os textos são sempre o melhor caminho para encontrar a alternativa verdadeira. Porém, em questões de múltipla escolha, também é possível eliminar as alternativas ao identificar problemas pontuais.

a) As aerofotos não envolvem necessariamente um SIG. Porém, são decisivas para descartar da alternativa as demais informações apresentadas: são coletados dados para produções cartográficas em diferentes escalas; escala pequena oferece menos detalhes; e as fotos nem sempre são a melhor técnica de coleta de dados sobre a superfície terrestre, depende da escala e da finalidade do mapa que será produzido.

b) A primeira frase está totalmente errada. Não há obrigatoriedade de utilização conjunta das duas técnicas de sensoriamento remoto. Não há esse procedimento de planos paralelo e sobreposto entre os dois sensores. O restante das informações está correto, o que pode gerar dúvidas.

c) Os dados podem ser utilizados com outra finalidade além da elaboração de produtos cartográficos, como temperatura, umidade ou transmissão de informações para aparelhos do tipo GPS. O detalhe na frase é a palavra "exclusivamente". O restante das informações está correto.

Atividades

1. Sabine Moreau, de 67 anos, saiu no sábado, dia 5 de janeiro [2013], do vilarejo de Solre-sur-Sambre [na Bélgica] para encontrar uma amiga na capital [Bruxelas] e colocou o endereço no aparelho de navegação por satélite. Distraída, ela percebeu que o GPS a estava mandando seguir um caminho estranho, atravessando a Alemanha e outros países, mas, distraída, não ligou. [...]

"Eu vi todo tipo de tráfego passar. Primeiro em francês, depois em alemão. Colônia, Aachen, Frankfurt... mas eu não fazia nenhuma pergunta, apenas acelerava", disse ela, de acordo com o jornal belga *Het Niewsblad*. Na longa viagem, Sabine Moreau reabasteceu o carro duas vezes, se envolveu em um pequeno acidente e chegou a dormir algumas horas no carro, parando ao lado da estrada. Mas, ela garante que não percebeu o que estava acontecendo até que chegou a Zagreb [capital da Croácia]. A polícia chegou a vasculhar a casa da sexagenária atrás de pistas sobre seu desaparecimento e estavam prestes a ampliar a investigação quando ela ligou e disse onde estava. "Estranho? Talvez, mas eu só estava distraída e preocupada", disse Sabine. Em seguida, segundo o jornal belga *La Nouvelle Gazette*, ela dirigiu de volta à Bélgica ainda usando o GPS para se orientar.

BBC. Falha em GPS leva idosa para a Croácia em vez de Bruxelas, 14 jan. 2013. Disponível em: <http://www.bbc.co.uk/portuguese/noticias/2013/01/130114_gps_errobelgicarg.shtml>. Acesso em: 30 maio 2018.

A respeito do Sistema de Posicionamento Global (GPS) e suas aplicações, é correto afirmar que:

a) uma de suas aplicações práticas é a indicação de trajetos para automóveis, realizada por meio de aparelho eletrônico específico.

b) suas únicas aplicações práticas recomendadas são a indicação de trajetos para navios e aviões, sendo que seu funcionamento para este tipo de finalidade em automóveis ainda não tem precisão e eficácia comprovadas.

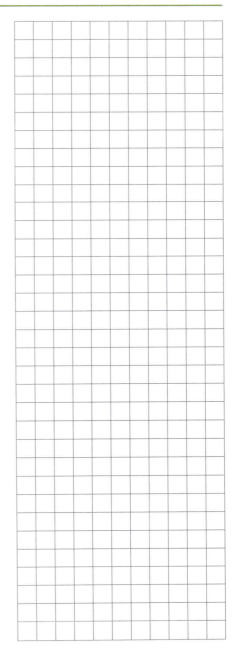

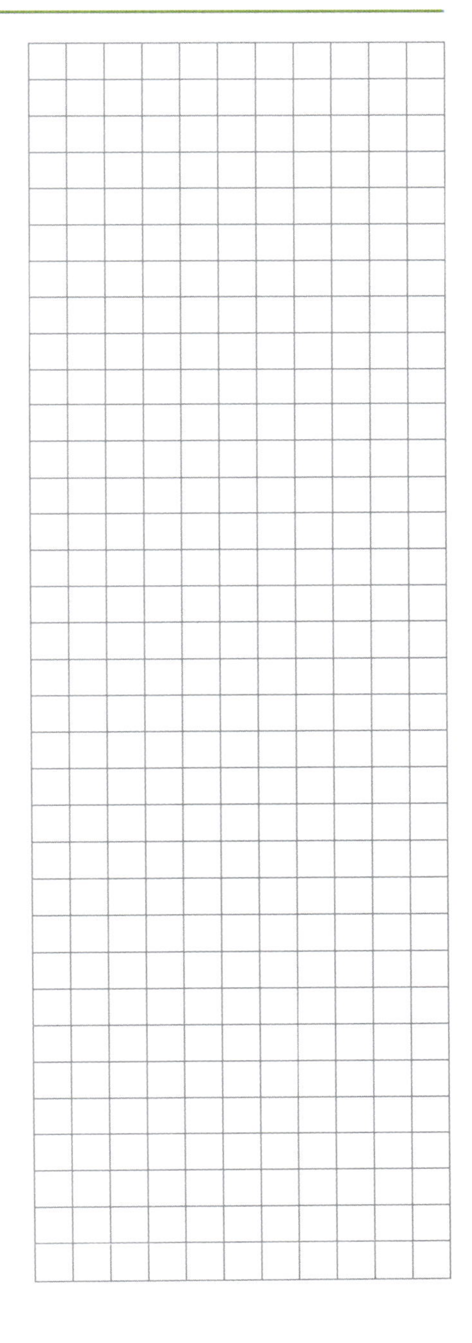

c) a utilização dessa tecnologia está autorizada somente para fins militares.

d) para fins de indicação de trajetos em automóveis, seu uso só está disponível nos Estados Unidos e na Europa ocidental e, mesmo assim, funcionando com grande deficiência.

e) seu uso mais frequente ocorre em operações de espionagem realizadas por agências de inteligência.

2. Um mapa lançado anteontem [16 jan. 2009] mostra que quase um quarto das comunidades de pequenos agricultores nos municípios de Santarém e Belterra foram reduzidas em razão da expansão das fazendas de grão. Duas delas desapareceram. A denúncia partiu dos próprios comunitários. Munidos de aparelhos de GPS (Sistema de Posicionamento Global), mais de 55 pequenos agricultores mapearam os efeitos da expansão da lavoura sobre rios, florestas e a demografia de 121 comunidades, que vivem boa parte delas cercadas de soja. [...]

Numa época em que até a grilagem de terras é feita com o auxílio de mapas de satélite, os caboclos dão o troco. [...]

ANGELO, Claudio. Mapas e GPS usados por populações locais para se contraporem a latifundiários, madeireiros e grileiros. *Folha de S.Paulo*, 18 jan. 2009. Disponível em: <www.ecodebate.com.br/2009/01/19/mapas-e-gps-usados-por-populacoes-locais-para-se-contraporem-a-latifundiarios-madeireiros-e-grileiros/>. Acesso em: 30 maio 2018.

Sobre a utilização de Sistemas de Informações Geográficas, pode-se afirmar que

a) essas técnicas podem ser usadas para corrigir eventuais distorções sociais e ambientais na ocupação de terras no Brasil.

b) os caboclos e pequenos agricultores estão equivocados, tendo em vista a necessidade de grande formação acadêmica para utilizar essa técnica.

c) nem os grileiros — falsificadores de títulos de terra — nem os pequenos agricultores podem utilizar, já que apenas o exército possui esse tipo de equipamento.

d) o uso de mapas de satélite não tem relevância, tendo em vista que a escala de sua observação permite que se vejam poucos detalhes do território.

e) neste caso, os grileiros podem impedir que os pequenos agricultores tenham acesso às terras.

3. As cartas topográficas são a base de suporte de outras cartas e contêm dois tipos de informação: o traçado dos cursos de água, das estradas e caminhos, localização de áreas verdes, edifícios, etc.; e traçado do relevo.

Carta topográfica in *Artigos de apoio Infopédia*. Porto: Porto Editora, 2003-2018. Disponível em: <www.infopedia.pt/$carta-topografica >. Acesso em: 30 maio 2018.

Corresponde à definição a imagem retratada em:

a) Nova Friburgo – 1995

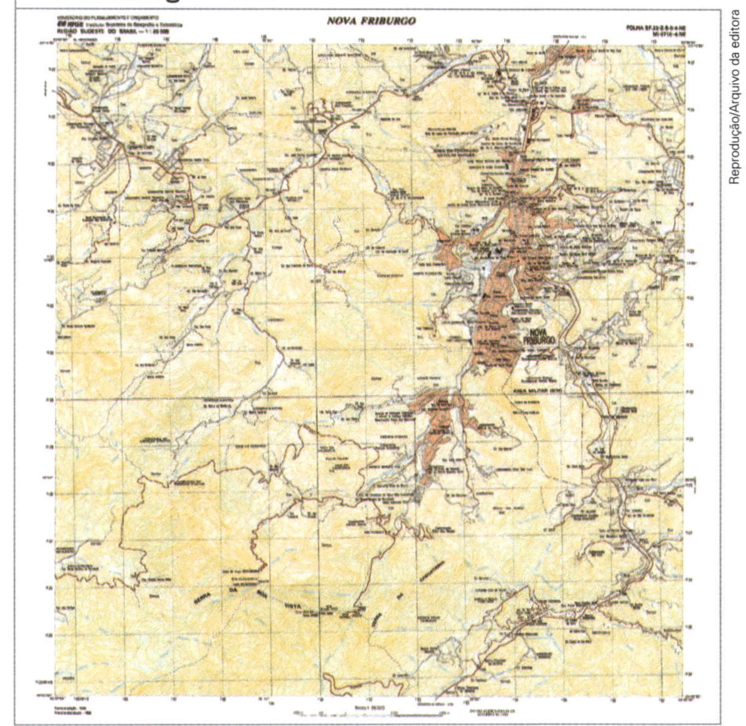

Reprodução/Arquivo da editora

Elaborado com base em: IBGE. Índice de cartas e mapas. Disponível em: <ftp://geoftp.ibge.gov.br>. Acesso em: 19 jul. 2018.

b)

Delfim Martins/Pulsar Imagens

Teresina, Piauí, em 2015.

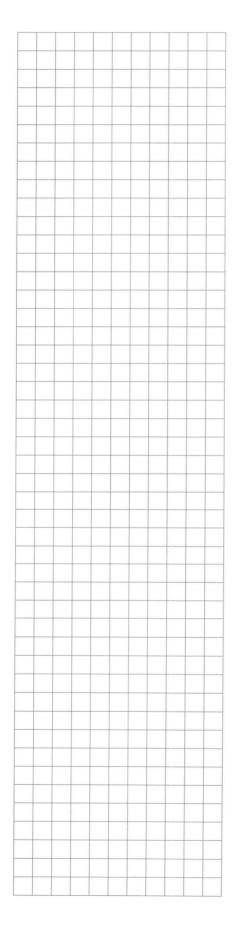

c) **Guarulhos – 2010**

Guia Quatro Rodas/Abril Comunicações S.A.

Divisa de São Paulo e Guarulhos, 2010.

d) **Bairro da Tijuca – 2018**

Banco de imagens/Arquivo da editora

Elaborado com base em: Google Maps, 2018.

e) **Osasco – 2018**

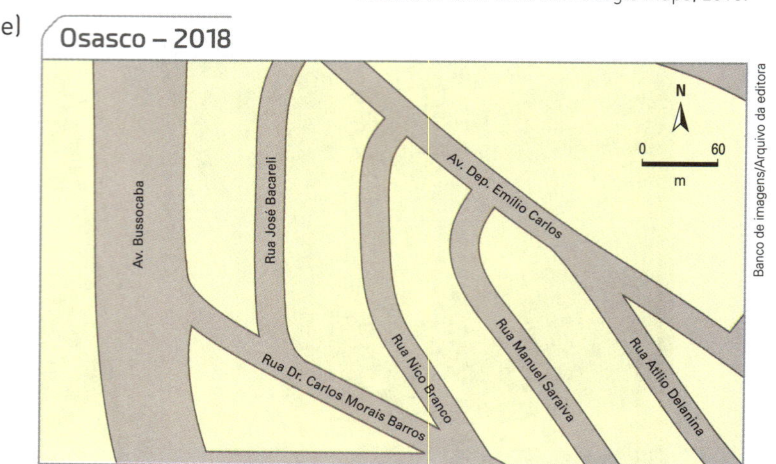

Banco de imagens/Arquivo da editora

Elaborado com base em: Google Maps, 2018.

4.

Planisfério: usuários de internet – 2010

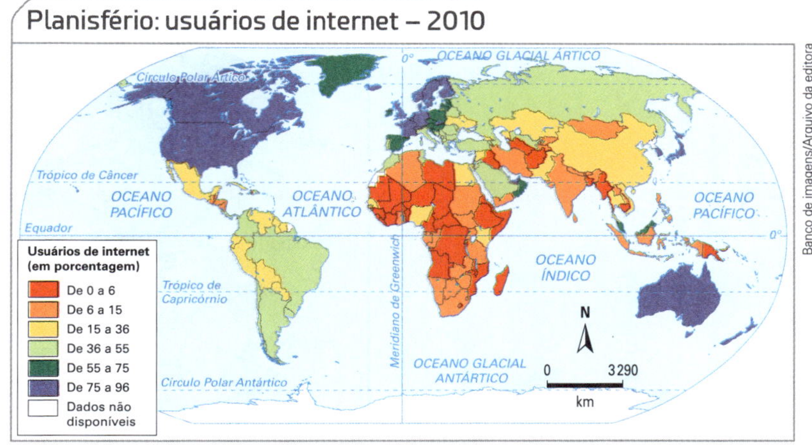

Elaborado com base em: LE MONDE Diplomatique. *L'Atlas 2013*. Paris: Vuibert, 2012. p. 71.

Planisfério: grandes polos industriais – a partir do século XIX

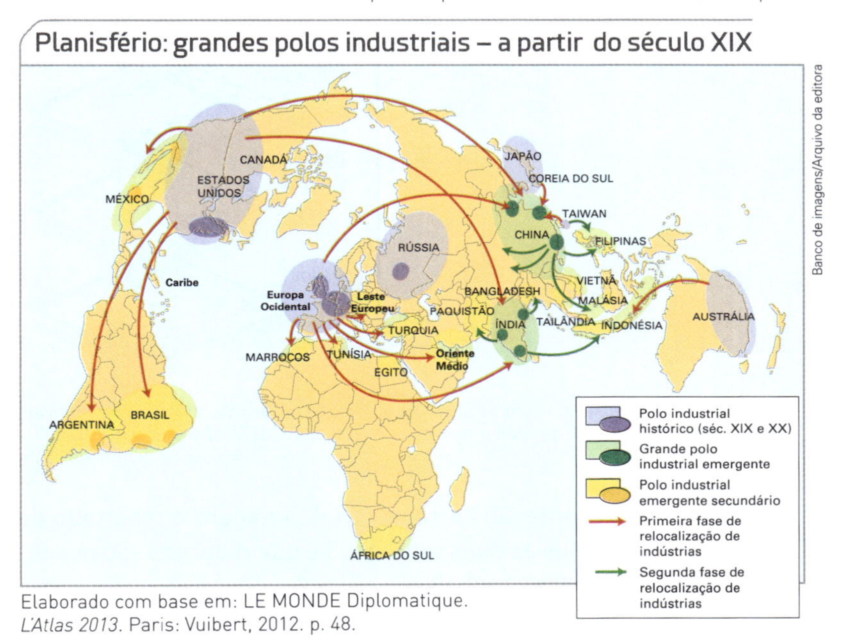

Elaborado com base em: LE MONDE Diplomatique. *L'Atlas 2013*. Paris: Vuibert, 2012. p. 48.

A partir da análise dos dois mapas e de seus conhecimentos sobre novas tecnologias e industrialização mundial, é correto afirmar que:

a) não existe relação entre a evolução da territorialização da indústria mundial ao longo dos séculos e o percentual de população com acesso à internet nos dias atuais.

b) o baixo percentual de acesso à internet em países como Índia e China indica o atraso e a precariedade de suas indústrias nacionais.

c) os países historicamente industrializados, que consolidaram sua hegemonia entre os séculos XIX e XX, são, via de regra, os mesmos que têm os maiores índices de população com acesso à internet atualmente.

d) os países de industrialização emergente são aqueles que têm os maiores índices de população com acesso à internet atualmente.

e) existe uma relação direta e proporcional entre o tamanho do parque industrial nacional de cada país e seu índice de população com acesso à internet.

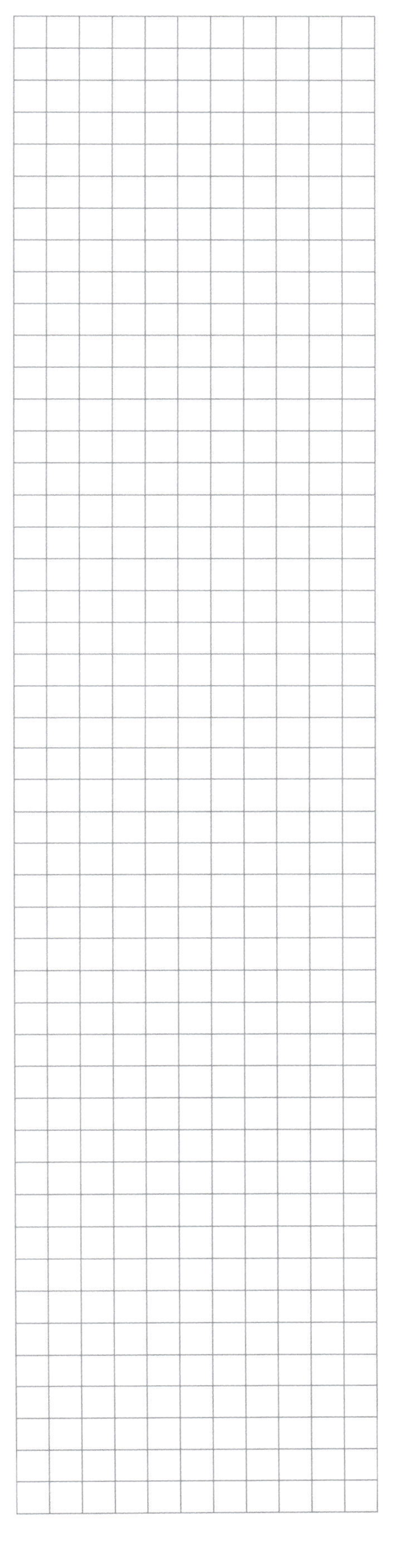

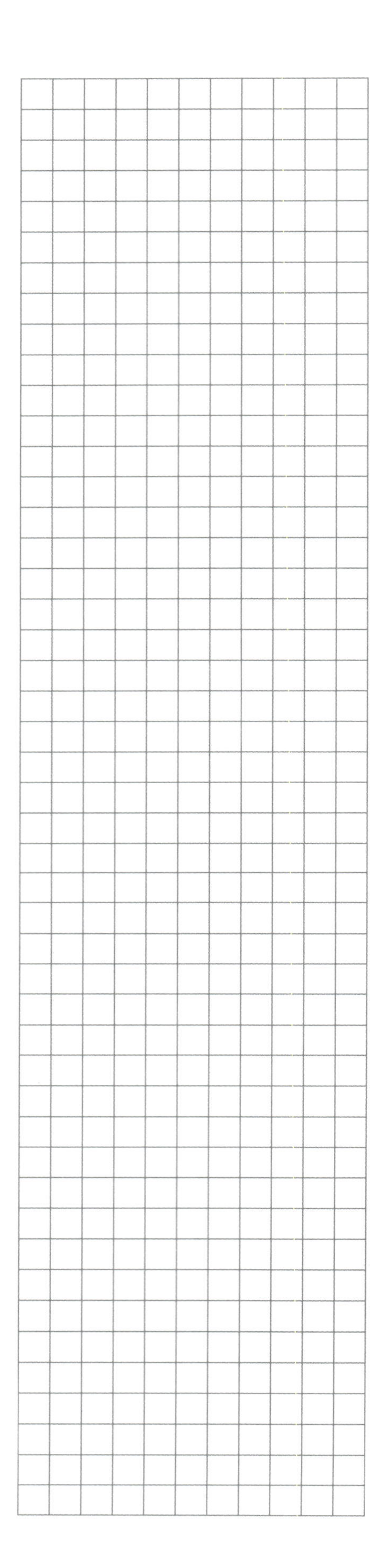

5.

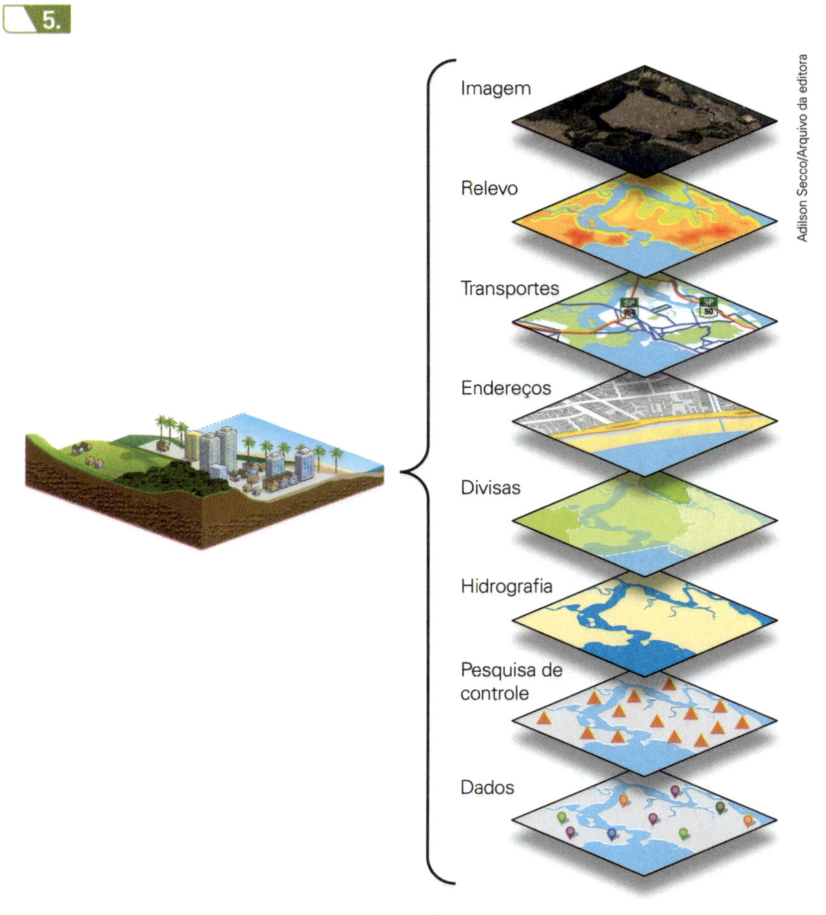

Elaborado com base em: BlogSIG. Ideas para Sistemas de Información Geográfica. Disponível em: <www.blogsig.com/2017/05/que-es-un-sig.html>. Acesso em: 30 maio 2018.

O tipo de representação cartográfica da imagem é resultado de qual técnica? Quais as suas vantagens e que recursos são necessários para sua viabilização?

6. (Unesp)

O sensoriamento remoto é a técnica que permite a obtenção de informações acerca de objetos, áreas ou fenômenos localizados na superfície terrestre. O termo restringe-se à utilização de energia eletromagnética no processo de obtenção de informações, as quais podem ser apresentadas na forma de imagens, sendo as mais utilizadas, atualmente, aquelas captadas por sensores ópticos orbitais instalados em satélites, como ilustrado na figura.

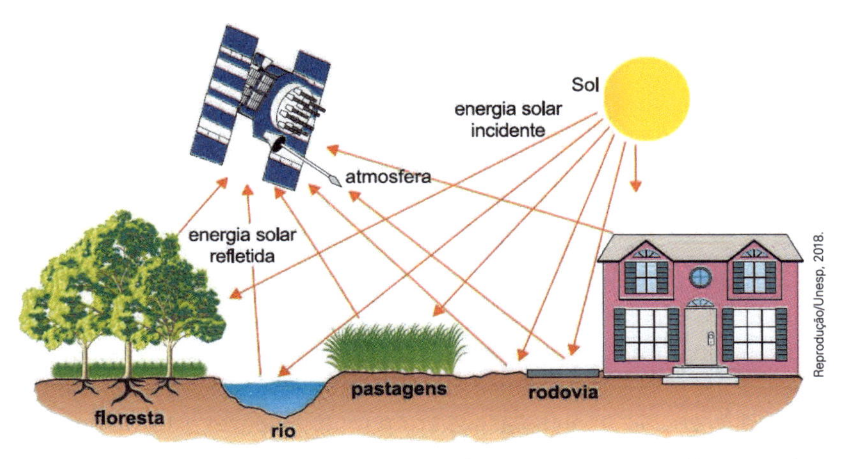

(IBGE. *Atlas geográfico escolar*, 216. Adaptado.)

a) Considerando a fonte de emissão de energia, especifique o tipo de sensor representado na figura e descreva o seu funcionamento.

b) Mencione duas aplicações dos produtos derivados do sensoriamento remoto.

CAPÍTULO

4

Estrutura geológica, relevo e solos

Você deve ser capaz de:

- Compreender o processo de formação do planeta e as diferentes eras geológicas.
- Analisar as teorias da deriva continental e da tectônica de placas e as consequências na dinâmica terrestre (abalos sísmicos, vulcanismo e formação do relevo).
- Identificar diferentes tipos de classificação do relevo brasileiro.
- Refletir sobre os processos de formação do solo, seus horizontes, classificação, formas de uso, importância social e conservação.

Conteúdo referente às páginas 61 a 64.

Reveja o que aprendeu

A paisagem natural é resultado da combinação de processos e forças da natureza ao longo do tempo e constitui a base material para a vida. Neste capítulo, especificamente, são abordados os processos internos e externos que caracterizam a dinâmica geomorfológica terrestre.

Formação da Terra e eras geológicas

A escala do tempo geológico, utilizada para estudar os processos de formação do planeta Terra, é da ordem de bilhões de anos, pois muitos dos processos naturais se dão em ritmo lento se comparados aos parâmetros humanos. Calcula-se que a Terra surgiu há 4,6 bilhões de anos e o universo entre 10 e 15 bilhões de anos, segundo a teoria do *big-bang*.

Diferentes materiais se diferenciaram ou se associaram tanto na parte externa quanto interna da Terra. A solidificação da crosta terrestre proporcionou a liberação de gases que formaram a atmosfera e a água, ação fundamental na redução da temperatura da superfície do planeta e, consequentemente, na formação dos ambientes naturais.

Vladi333/Shutterstock

Representação colorida do *big-bang*.

Eras geológicas

A história natural da Terra é organizada de acordo com os principais eventos que se sucederam ao longo do tempo geológico, cuja datação pode ser feita pela análise de fósseis.

- **Éon Hadeano** (4,6 bilhões de anos): formação do mundo.
- **Éon Arqueano** (3,8 bilhões de anos): formação de depósitos sedimentares no fundo de lagos e mares rasos, ambiente que possibilitou, com iluminação solar, a origem de aminoácidos, bactérias e cianobactérias.
- **Éon Proterozoico** (2,5 bilhões de anos): desenvolvimento dos eucariontes, propiciado pelo aumento da oferta do oxigênio na atmosfera.

- **Éon Fanerozoico**: divide-se em três eras: Paleozoica, Mesozoica e Cenozoica. A Era Paleozoica (545 milhões de anos) é dividida em sete períodos, quando surgem esponjas, crustáceos, além de formas de vida mais complexas como peixes, artrópodes, anfíbios, répteis e plantas. A Era Mesozoica (245 milhões de anos) é dividida em três períodos: no Triássico têm início transformações na Pangeia (continente único); no Jurássico, há registros fósseis de grandes dinossauros; e no Cretáceo a Pangeia se divide em dois blocos continentais, Gondwana e Laurásia; ocorre ainda a extinção dos dinossauros e são formadas cadeias montanhosas. Trata-se do período transicional entre a Era Mesozoica e a Cenozoica. A Era Cenozoica (66,4 milhões de anos) é dividida em dois períodos: no Terciário as cadeias montanhosas se formam por completo, o oceano Atlântico tem sua área ampliada e há a diversificação das espécies de mamíferos; o Quaternário tem como destaque o surgimento da espécie humana. As formações vegetais desse período permanecem até os dias de hoje. As glaciações e a presença humana marcam a definição de duas épocas do Quaternário: Pleistoceno e Holoceno.

Recentemente alguns cientistas têm proposto a diferenciação de uma nova era, o Antropoceno, em decorrência da intensa alteração da superfície terrestre e das marcas indeléveis que a humanidade já deixou no planeta. Entretanto, isso não é amplamente reconhecido.

Estrutura interna da Terra

Conteúdo referente às páginas 65 a 71.

Internamente a Terra é dividida em camadas:

- **Núcleo**: formado basicamente por ferro e níquel.
- **Manto**: acumula o magma, um material pastoso, denso e em alta temperatura, responsável pela formação de novas rochas. Dividido em litosfera, que é constituída das rochas e do solo, e astenosfera, camada de alta temperatura formada por rochas semissólidas.
- **Crosta terrestre**: parte mais externa das camadas que formam o planeta, composta de minerais e rochas. Ela está em constante transformação, sofrendo ação de agentes internos, como o tectonismo, e externos, como a erosão provocada pelas chuvas.

Alfred Wegener (1880-1930), no início do século XX, afirmava que os continentes estavam posicionados sobre placas tectônicas que se movimentavam. Essa teoria tornou-se conhecida como **deriva continental**. Atualmente, diversos estudos geológicos mostram que as massas continentais se deslocam lenta e continuamente. Continentes que hoje estão separados já estiveram unidos.

A crosta terrestre é formada por algumas enormes placas e várias outras menores, que estão em constante movimento. As placas **convergentes**, em colisão, podem elevar-se (formando as cordilheiras) ou afundar no manto, em um movimento denominado subducção.

Os movimentos **divergentes**, de ocorrência na superfície oceânica, são responsáveis pela expansão dos oceanos e pelo afastamento dos continentes, além da formação do relevo oceânico por meio do transporte de material do manto para a superfície. Há ainda os movimentos **conservativos** (falhas transformantes), que se dão paralelamente, no sentido contrário, gerando falhas e até mesmo terremotos.

Nas zonas de **convergência**, assim como nas zonas em que as placas se afastam mutuamente (zonas divergentes), é intensa a atividade vulcânica. As bordas das placas convergentes são as regiões onde mais se registram terremotos.

Terremotos: resultam do choque de placas tectônicas. Variam de intensidade e suas consequências dependem do local de ocorrência. De modo geral, os países pobres estão menos preparados para esses eventos que os países ricos e, portanto, os impactos da manifestação desse fenômeno são mais catastróficos.

Tsunamis: grandes ondas oceânicas, decorrentes de tectonismo no assoalho marinho, que podem atingir o continente e provocar grandes prejuízos.

Vulcanismo: erupções vulcânicas que expelem material quente – magma – do interior da Terra para a superfície. Esse material, ao resfriar, forma novas rochas e minerais.

Na Terra predominam três estruturas geológicas: os escudos cristalinos, os dobramentos modernos e as bacias sedimentares.

Os **escudos cristalinos**, também chamados de **maciços antigos**, são as formações mais antigas do planeta e constituem os planaltos. Em razão de sua estrutura geológica, eles são ricos em minérios. Os **dobramentos modernos**, ou **cinturões orogênicos**, são formações mais novas e mais altas, situadas próximas às áreas de contato entre as placas tectônicas. As **bacias sedimentares**, por sua vez, são resultantes de depósitos de restos de animais, vegetais e rochas ao longo das eras geológicas nas depressões; as bacias oceânicas são locais de formação de combustíveis fósseis.

Conteúdo referente às páginas 71 e 72.

Tipos de rochas e uso social dos minerais

As rochas são formadas por um conjunto de minerais.

As **rochas ígneas** ou **magmáticas** resultam da solidificação do magma. São do tipo intrusivas quando a solidificação ocorre de forma lenta no interior da crosta terrestre e extrusivas quando a solidificação é rápida e ocorre na superfície.

As **rochas sedimentares** são formadas na crosta terrestre e compostas de fragmentos de rochas ígneas ou metamórficas. Podem conter conchas, esqueletos e restos de vegetação.

As **rochas metamórficas** são formadas pelas transformações de rochas ígneas ou sedimentares quando sujeitas a elevada pressão ou temperatura.

A maioria dos recursos minerais não é renovável.

O **minério de ferro** é a principal matéria-prima do aço, que é amplamente utilizado em muitos setores, como indústrias automobilísticas e de bens de consumo, como as de eletrodomésticos, por exemplo.

A **bauxita** é a matéria-prima do alumínio.

O **ouro** é o mineral historicamente mais conhecido por seus múltiplos recursos. Está presente em muitos componentes de celulares e computadores. Por causa de sua versatilidade, é bastante cobiçado, com alto valor financeiro e usado como reserva monetária.

Conteúdo referente às páginas 73 a 75.

Características geológicas do Brasil

Os **escudos cristalinos** (crátons e plataformas) são formações geológicas antigas que ocupam cerca de 36% do território brasileiro. Nos escudos cristalinos ocorrem minerais como ferro, ouro e cobre, com grande valor comercial. Minas Gerais e Pará apresentam grandes jazidas desses minerais.

Os **cinturões orogênicos** resultam de dobramentos antigos que ocorreram no Pré-Cambriano. São encontrados na área central do território brasileiro e também ao longo da costa, desde o nordeste até o sul do Brasil. Eles foram muito desgastados por processos erosivos, por isso apresentam altitudes que em poucos pontos ultrapassam os mil metros.

As **bacias sedimentares** são depressões do relevo que receberam sedimentos e que, ao longo da história geológica, tornaram-se propícias à ocorrência de reservas petrolíferas. Cerca de 64% do território do país é formado por bacias sedimentares.

No território brasileiro há grande diversidade de minerais metálicos, minerais não metálicos e minerais energéticos. Os estados do Pará e Minas Gerais concentram as principais jazidas, o que os torna os maiores produtores minerais do país. Os principais minerais explorados no país são minério de ferro, ouro, cobre e bauxita.

Conteúdo referente às páginas 76 a 81.

Relevo

Relevo é o nome dado ao conjunto de modelados presentes na crosta terrestre. As formas e irregularidades na superfície da Terra resultam da combinação de diversos agentes **endógenos** (estruturais) e **exógenos** (esculturais).

Os agentes morfoestruturais do relevo podem ser ativos, ou seja, decorrentes das dinâmicas verificadas no interior da Terra, ou passivos, de acordo com a resistência oferecida pelos diferentes tipos de rochas e sua disposição na superfície terrestre.

Orogênese: processos tectônicos intensos e de compressão que geram deformações e elevações da crosta terrestre.

Epirogênese: movimentos lentos e verticais de vastas áreas da crosta terrestre, responsáveis por soerguimentos ou rebaixamentos da crosta.

Intemperismo físico: forças físicas que desagregam as rochas (o impacto da pressão física de congelamento e descongelamento da água que penetra nas fraturas e poros de rochas e a ação dos ventos são exemplos). A amplitude térmica é um fator importante.

Intemperismo químico: alteração ou desgaste da rocha por meio da ação química, como aquela provocada pela acidez das águas pluviais nas rochas.

Intemperismo biológico: ação dos seres vivos (como bactérias, algas e liquens) nos processos de alteração das rochas.

Erosão: conjunto das fases ligadas ao intemperismo das rochas, o transporte e a deposição do material. A erosão ligada à ação da água (pluvial e fluvial) é intensa em áreas de climas tropicais úmidos. Em regiões semiáridas ou desérticas a erosão mecânica decorrente da ação dos ventos (eólica) é preponderante. Nas altas latitudes, destaca-se a erosão pela ação do gelo (glacial) na alteração das rochas e no transporte dos materiais. No litoral, ocorre a erosão costeira pela ação do mar.

Na história recente da Terra a ação humana tem provocado vastos e intensos processos erosivos, como desmatamento, técnicas equivocadas de manejo do solo, alteração da dinâmica superficial das águas e liberação de agentes químicos.

Formas do relevo

Os **planaltos** têm superfície relativamente elevada (acima de 300 m). Geralmente estão cercados por áreas deprimidas (depressões). As bordas de um planalto, quando marcadas por um grande declive, são denominadas **escarpas**. Quando apresenta todas as encostas escarpadas é chamada de chapada (planalto tabular). A *cuesta* possui um lado com uma escarpa bem marcada e outra borda com declive suave, é uma formação intermediária entre o planalto e outras formações mais irregulares.

As **montanhas** possuem altitudes elevadas e resultam de atividades vulcânicas, do movimento de placas tectônicas – dobramentos –, da erosão lenta das áreas do entorno ou mesmo de falhamentos de blocos de rochas. Uma cadeia de montanhas dispostas conjuntamente constitui uma cordilheira.

As **planícies** são áreas mais baixas e planas, com pouca variação de altitude. Nelas predomina a sedimentação, que pode ser marinha, lacustre e fluvial.

As **depressões** são formações de relevo que estão mais rebaixadas que seu entorno. Podem resultar de diversos processos, como erosão, impacto de meteoros, tectonismo e vulcanismo. Nas depressões os processos erosivos ligados à ação da água e dos ventos podem ser intensos.

Classificação do relevo brasileiro

O geógrafo **Aroldo de Azevedo** (1910-1974) definiu o relevo brasileiro em planaltos (altitudes com mais de 200 metros), predominantes no território, e planícies (altitudes inferiores a 200 metros). Assim, o Brasil foi dividido em oito unidades de relevo: planície Amazônica, planície do Pantanal, planície do Pampa e planície Costeira, planalto das Guianas, planalto Central, planalto Meridional e planalto Atlântico.

O geógrafo **Aziz Ab'Sáber** (1924-2012) apresentou outra classificação do relevo no Brasil, também amparada na divisão entre planalto e planície, porém subdivididos, aumentando assim para 10 as unidades de relevo.

Brasil: relevo (classificação de Aroldo Azevedo, de 1949)

Elaborado com base em: CALDINI, Vera L. de M.; ÍSOLA, Leda. *Atlas geográfico Saraiva*. 4. ed. São Paulo: Saraiva, 2013. p. 32.

O geógrafo **Jurandyr Ross** (1947-) utilizou imagens de radar do Projeto RadamBrasil para propor outra classificação do relevo brasileiro. Além dos planaltos e planícies, introduziu outro tipo de formação, as depressões, áreas rebaixadas em relação ao seu entorno por processos erosivos.

O solo

Resultante do intemperismo das rochas e composto de partículas mais finas que se fragmentam facilmente, os solos recobrem quase toda a superfície sólida do planeta, oferecem suporte ao desenvolvimento de plantas e são fundamentais à sobrevivência dos animais e da humanidade. O conjunto de processos (físicos, químicos e biológicos) de formação de solos é denominado **pedogênese**.

As características climáticas, o embasamento rochoso, o relevo e a presença da biodiversidade conferem propriedades específicas ao solo ao longo do tempo, ligadas a coloração, textura, estrutura, consistência, porosidade, umidade, composição química, nível de acidez, entre outras características observadas em camadas ou horizontes mais ou menos nítidos. Quanto mais distante da rocha originária, mais antigo é o processo de pedogênese e, logo, o solo.

Atividade pecuária na Floresta Amazônica, em São Félix do Xingu (PA), 2013.

Yasuyoshi Chiba/AFP

Os solos são fundamentais para os processos naturais e para a sociedade. Seu intenso e equivocado uso tem provocado sua degradação, com a contaminação por poluentes (agrotóxicos e fertilizantes no campo, efluentes líquidos nos centros urbanos), a compactação (pisoteio de animais, passagem de máquinas, etc.) e processos erosivos em diferentes intensidades.

No Brasil, a expansão do uso do solo para agricultura e pecuária avança no sentido do interior do país e já impacta a Amazônia.

Aplique o que aprendeu

Atividade resolvida

Compare as duas propostas de classificação do relevo brasileiro, a primeira do geógrafo Aziz Ab'Sáber e a segunda do geógrafo Jurandyr Ross. Na comparação, considere também o contexto de elaboração de cada uma delas.

Brasil: relevo (classificação de Aziz Ab'Sáber, de 1962)

Elaborado com base em: CALDINI, Vera L. de M.; ÍSOLA, Leda. *Atlas geográfico Saraiva*. 4. ed. São Paulo: Saraiva, 2013. p. 32.

Brasil: relevo (classificação de Jurandyr Ross, de 1990)

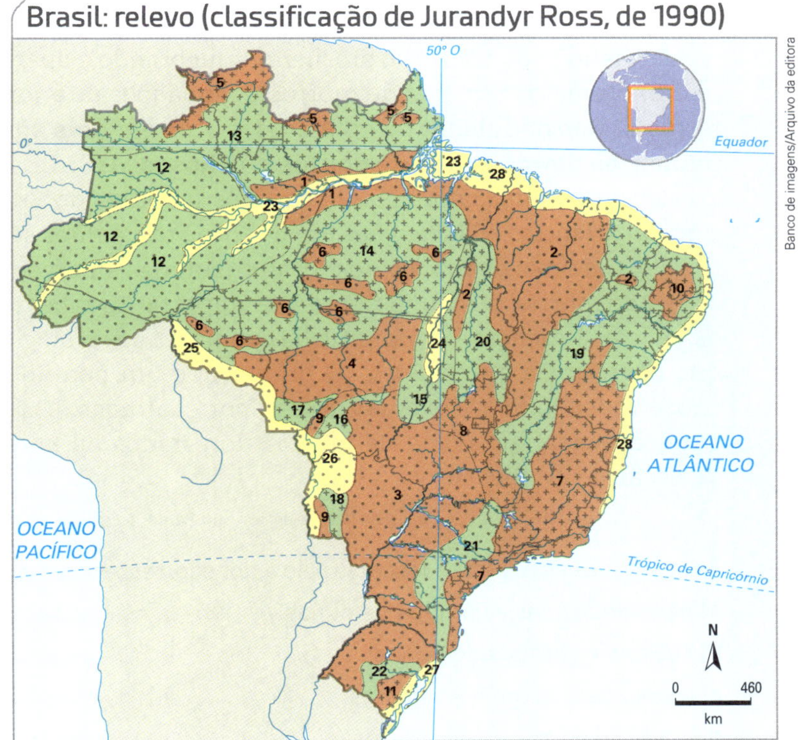

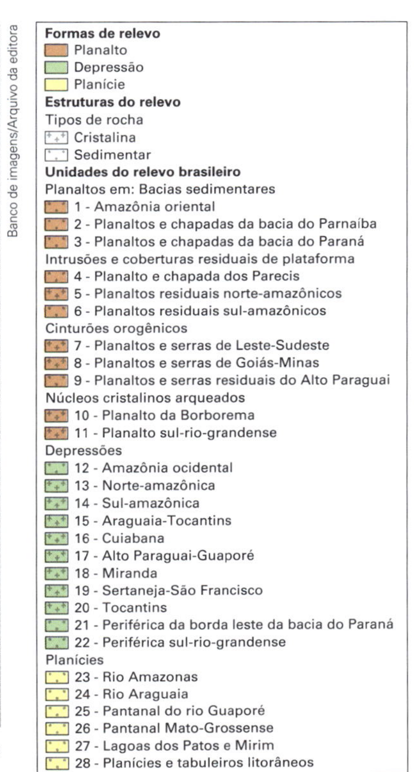

Elaborado com base em: CALDINI, Vera L. de M.; ÍSOLA, Leda. *Atlas geográfico Saraiva*. 4. ed. São Paulo: Saraiva, 2013. p. 33.

Resposta:

A proposta de Jurandyr Ross é mais recente (década de 1990) que a de Aziz Ab'Sáber (década de 1960) e por isso teve a oportunidade de usar esta como referência e também de contar com novas informações sobre o território brasileiro, obtidas por meio de novas tecnologias, como foi o caso do RadamBrasil, que realizou um levantamento e mapeamento sistemático dos recursos naturais de todo o território com o auxílio de imagens aéreas.

A proposta mais recente é mais complexa, há muito mais unidades de relevo (28) do que o proposto por Ab'Sáber (10) e considerou os processos de formação do relevo, sua altimetria e estrutura geológica.

Ab'Sáber identificou, segundo os processos de formação e de fisionomia, planícies e planaltos. Jurandyr Ross acrescentou as depressões a esse conjunto.

Comentário

A redação da resposta deve apresentar dados obtidos da simples comparação entre os mapas e de todas as informações neles disponíveis, como as datas de elaboração, e o que têm em comum (planalto e planície) e de diferente (depressão). Também deve apontar aquilo que mais evidente é possível identificar na comparação: o número de unidades de relevo.

Até aqui nenhum conhecimento prévio foi exigido, apenas a habilidade de observar e comparar. Para enriquecer a comparação, a inferência de que a proposta mais recente do relevo brasileiro pode se valer dos estudos anteriores, bem como dos avanços da tecnologia, é bem-vinda.

Por fim, espera-se que sejam acrescidas informações que não estão disponíveis na questão e devem fazer parte do repertório acadêmico do estudante, no caso, o uso de dados obtidos por meio do RadamBrasil e alguns critérios utilizados por cada autor nos estudos do relevo.

Atividades

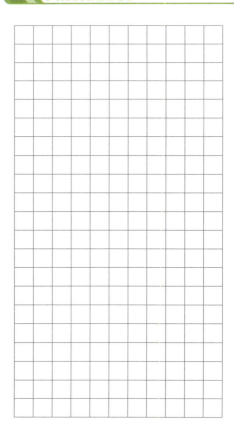

1.

Na vastidão do território brasileiro – quebrando a aparente monotonia dos "mares de morros", chapadões interiores, terras baixas onduladas ou colinosas –, ocorrem **dois agrupamentos distanciados de pontões rochosos**: ________ no Nordeste semiárido; ________ nos rebordos do Brasil tropical atlântico. [São] feições topográficas resistentes sempre dependentes de massas rochosas cristalinas emergentes acima de morros ou colinas. Torna-se importante saber que o que [os] diferencia é o conjunto de condições geoecológicas que envolve cada um deles. [O primeiro] é um pontão rochoso rodeado de colinas revestidas por caatingas. [Os segundos] emergem acima de morros florestados ou bordas de escarpas tropicais.

AB'SÁBER, Aziz N. *Escritos ecológicos*. São Paulo: Lazuli, 2006. p. 67.

As formações em questão descritas pelo autor são, respectivamente,

a) pães de açúcar e campos de dunas.

b) *cuestas* e campos de dunas.

c) mares de morros e *inselbergs*.

d) chapadas e mares de morros.

e) *inselbergs* e pães de açúcar.

2. Observe o mapa de sismos no Brasil.

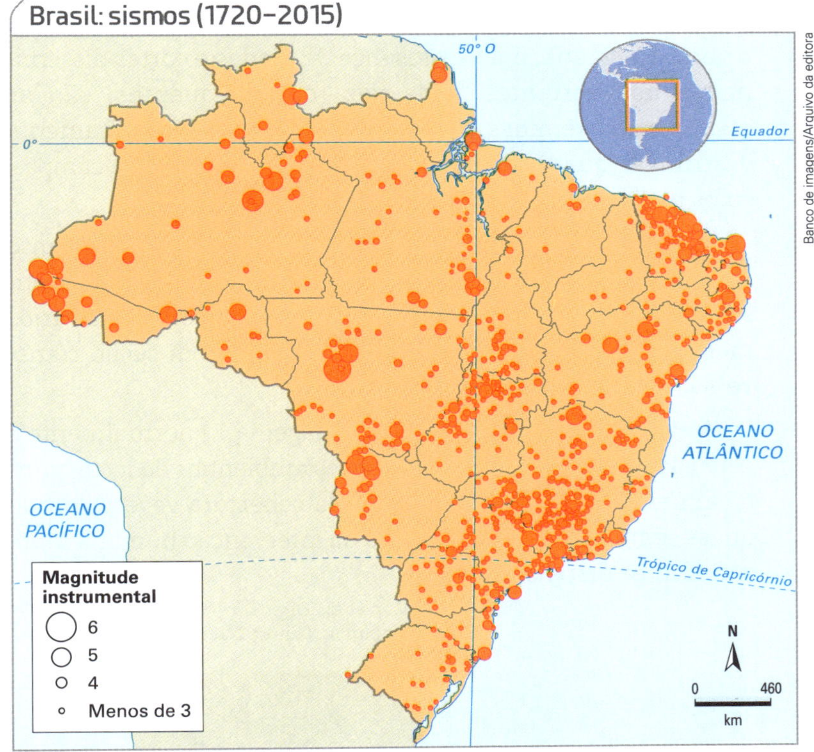

Elaborado com base em: SILVA, Lucimara J. da. *Levantamento histórico, cartográfico e análise da atividade sísmica na região Centro-Oeste do Brasil*: ênfase na Bacia sedimentar do Pantanal. Tese (Mestrado em Geografia) – Universidade Federal de Mato Grosso do Sul, Aquidauana, MS, 2017. p. 15. Disponível em: <https://posgraduacao.ufms.br/portal/trabalho-arquivos/download/4328>. Acesso em: 13 jun. 2018.

Sobre o tema em questão, considere as afirmações a seguir:

I. Ao contrário dos Andes, o território nacional está isento de sismos de quaisquer intensidades. Como não há evidências de sua ocorrência, dispensam-se os sistemas de monitoramento e preocupações com desabamentos no país.

II. Apesar da predominância de sismos de baixa intensidade, autoridades e população nacional devem se preparar para a sua ocorrência, em especial no Centro-Sul e Nordeste, áreas de ocupação mais densa.

III. Os sismos de magnitude mais elevada estão concentrados na bacia Amazônica, o que dispensa sistemas de proteção contra esses episódios em face da baixa ocupação e densidade populacional da área.

No que concerne à ocorrência de sismos no Brasil, está correto o que foi afirmado em:

a) I, II e III.
b) II e III.
c) II, apenas.
d) I e III.
e) III, apenas.

3.

Quem viaja pela Serra da Mantiqueira (sul de Minas Gerais) e vale do Paraíba, ou observa as colinas do oeste de São Paulo e norte do Paraná, nota a presença de fendas e cortes disseminados nas vertentes, cada vez mais frequentes: são as __________, temidas pelos moradores locais [...] altamente destrutivas, que rapidamente se ampliam, ameaçando campos, solos cultivados e zonas povoadas. [...]

Estes cortes que se instalam em vertentes sobre o manto intempérico, sedimentos ou rochas sedimentares pouco consolidadas, podem ter profundidades de decímetros até vários metros e paredes abruptas e fundo plano, com seção transversal em U. [...]

A evolução desses sulcos de drenagem [...] normalmente é causada pela alteração das condições ambientais do local, principalmente por causa da retirada da cobertura vegetal, sendo quase sempre uma consequência da intervenção humana sobre a dinâmica da paisagem.

TEIXEIRA, Wilson et al. (Org.). *Decifrando a Terra*. São Paulo: Companhia Editora Nacional, 2009 p. 200-201.

Fabio Colombini/Acervo do fotógrafo

Morro em Aparecida (SP), 2017.

O texto e a imagem se referem às feições erosivas chamadas:

a) morros-testemunho.

b) voçorocas (ou boçorocas).

c) frentes de *cuesta*.

d) rochas sedimentares.

e) relevo cárstico.

4.

Após tragédia, Haiti começa a preparar plano de reconstrução

O Haiti iniciou hoje [19 de fevereiro de 2010] a preparação de um plano de reconstrução baseado no chamado Relatório de Avaliação das Necessidades Pós-Desastre (PDNA), que delineará como o país se reerguerá da tragédia que matou mais de 217 mil pessoas e deixou outro 1,2 milhão sem casa.

EFE. Após tragédia, Haiti começa a preparar plano de reconstrução. *Terra*, 19 fev. 2010. Disponível em: <www.terra.com.br/noticias/mundo/america-latina/apos-tragedia-haiti-comeca-a-preparar-plano-de-reconstrucao,a5ba6355ccaea310VgnCLD200000bbcceb0aRCRD.html>. Acesso em: 13 jun. 2018.

O terremoto pode ser compreendido como uma consequência das movimentações das placas tectônicas. O tipo de movimentação que provocou o terremoto no Haiti, de 12 de janeiro de 2010, foi:

a) divergente: as placas se afastam, formando novas rochas com o magma que emerge para a superfície.
b) convergente: as placas se chocam, podendo gerar cadeias montanhosas.
c) convergente: as placas se chocam e a mais pesada afunda sob a placa mais leve, liberando grande quantidade de energia.
d) transcorrente: as placas colidem, devido à liberação de uma grande quantidade de energia acumulada por movimentações anteriores.
e) transcorrente: as placas deslizam uma ao lado da outra, liberando energia acumulada e provocando rupturas do material rochoso.

5.

No território brasileiro, as estruturas e formações litológicas são antigas, mas as formas do relevo são recentes.

ROSS, Jurandyr L. S. (Org.). *Geografia do Brasil*. São Paulo: Edusp, 2005. p. 45.

Em relação às estruturas litológicas e ao relevo do território brasileiro, pode-se afirmar que:

a) as formações litológicas são antigas porque em nosso território predominam os dobramentos modernos, como a cordilheira dos Andes.
b) embora o território brasileiro seja majoritariamente composto de estruturas antigas, como escudos cristalinos e bacias de sedimentação antiga, as feições do relevo são recentes porque sofrem um desgaste erosivo permanente, principalmente pelo clima dinâmico que prevalece no país.
c) a base litológica, isto é, as rochas e estruturas que sustentam as formas do relevo, é anterior à atual configuração do continente sul-americano, contudo essas estruturas são recentes devido à pouca erosão, provocada pelo clima ameno.
d) quanto mais antigas são as formações – cordilheira dos Andes –, mais novas são as formas do relevo – chapadas e serras brasileiras.
e) embora o relevo seja majoritariamente composto de estruturas antigas – escudos cristalinos e dobramentos modernos–, suas feições são recentes porque não se modificam, devido à pouca erosão eólica.

6.

Ações preventivas e o efetivo controle da erosão exigem medidas de ordem técnica, socioeconômica e política, direcionadas à manutenção ou ao aumento do potencial produtivo das terras agrícolas, à preservação ou melhoria das condições de moradia das populações urbanas e à adequação das obras de engenharia, de maneira a minimizar os efeitos danosos ao meio ambiente.

ABES (Associação Brasileira de Engenharia Sanitária e Ambiental). Prevenção e controle da erosão urbana no estado de São Paulo. Trabalho técnico IX-003 – *21º Congresso Brasileiro de Engenharia Sanitária e Ambiental*, São Paulo, 2001. Disponível em: <www.bvsde.paho.org/bvsaidis/saneab/brasil/ix-003.pdf>. Acesso em: 13 jun. 2018.

Quais ações podem prevenir as erosões ou controlar os danos causados por elas?

a) Plantios em terraços, curvas de nível e associação de culturas; desocupação de áreas de encosta com garantia de moradia digna em locais com infraestrutura urbana; combate ao desmatamento.
b) Desocupação de áreas de encosta com garantia de moradia digna em locais com infraestrutura urbana; impermeabilização do solo; incentivo à cultura de grãos como o algodão.
c) Plantios em terraços, curvas de nível e associação de culturas; incentivo à cultura de grãos como o algodão; aumento do escoamento superficial da água.
d) Combate ao desmatamento; impermeabilização do solo; aumento do escoamento superficial da água.
e) Planejamento da ocupação urbana; plantios em terraços, curvas de nível e associação de culturas; aumento do escoamento superficial da água.

CAPÍTULO
5

Clima e hidrografia: mudanças climáticas e crise da água

Você deve ser capaz de:

- Identificar os principais tipos de clima.
- Analisar as transformações climáticas na Terra e o papel da ação humana.
- Estabelecer relações entre clima e atividades humanas.
- Compreender o ciclo hidrológico.
- Analisar a distribuição irregular da água no mundo.
- Debater sobre o direito à água e os modelos de gestão de uso.

Conteúdo referente às páginas 92 a 94.

Conteúdo referente às páginas 94 a 98.

Reveja o que aprendeu

A água é uma substância fundamental para a sobrevivência dos seres vivos. As chuvas abastecem mananciais e permitem a reposição dos estoques de água. Para os seres humanos, além de saciar a sede e servir à higiene, é fundamental para a produção de alimentos. Cerca de 2 bilhões de pessoas não têm acesso adequado a esse recurso natural e as mudanças climáticas podem acentuar o problema.

A circulação geral da atmosfera

A atmosfera é formada por gases, além de partículas sólidas e líquidas. É dividida em camadas, com temperatura e pressão distintas.

A diferença da radiação solar entre as áreas do planeta altera o balanço de energia: o excesso de energia dos trópicos é levado às zonas temperadas e polares por meio das correntes atmosféricas e oceânicas. Na atmosfera, o ar quente tende a subir e o ar mais frio a descer. Essa circulação é diferenciada nas baixas, médias e altas latitudes.

Zonas de alta pressão atmosférica (anticiclonais) enviam ventos para as zonas de baixa pressão (ciclonais ou depressões).

- **Ventos alísios**: deslocam-se das regiões tropicais para o equador. Responsáveis pela grande regularidade da ocorrência de chuvas. Têm ação constante na Zona de Convergência Intertropical, faixa que circunda a Terra nas proximidades da linha do equador.
- **Ventos contra-alísios**: ventos secos que sopram do equador para os trópicos. Estão associados às calmarias secas em regiões tropicais.
- **Ventos de monções**: sazonais, resultam da grande diferença de temperatura e pressão, e são formados sobre continentes e oceanos. No verão, os ventos quentes e úmidos sopram do mar em direção ao continente, provocando chuvas intensas. No inverno, o ar se desloca no sentido inverso, dos continentes para os oceanos, com queda de temperatura e estiagem. Atuam sobretudo em algumas regiões do Sudeste Asiático e da Índia.

Tempo e clima

Tempo é o estado momentâneo da atmosfera, expressa as condições do dia. Clima é a sucessão habitual de tempos. Os elementos climáticos são:

- **Temperatura do ar**: quantidade de calor na atmosfera. A amplitude térmica é a diferença entre a temperatura máxima e a mínima medida em um local (diária, semanal, mensal ou anual).
- **Pressão atmosférica**: peso que o ar exerce sobre uma superfície. Varia de acordo com a altitude (maior em áreas mais baixas e menor em áreas mais altas) e com o calor (maior em áreas frias e menor em áreas quentes). Fator estrutural na circulação geral da atmosfera e na ocorrência de umidade.
- **Umidade**: quantidade de vapor de água existente na atmosfera que dá origem a nuvens e precipitações. A umidade relativa do ar refere-se à quantidade de vapor de água que o ar contém em relação ao seu ponto de saturação, ou seja, à sua capacidade máxima

de retenção da umidade antes da precipitação. A condensação do vapor de água pode originar orvalho, garoa, geada, neblina, nevoeiro e cerração. As nuvens são o conjunto visível de partículas de água em estado líquido ou sólido suspenso em diferentes altitudes na atmosfera e com variados formatos e aspectos. Algumas estão associadas à ocorrência de precipitação (chuva, granizo, neve), que ocorre quando o vapor de água suspenso na atmosfera se resfria, se condensa e cai na superfície terrestre.

- **Precipitação**: os tipos de chuva são:
  Chuvas de convecção ou **convectivas**: o ar quente e úmido sobe, resfria-se e causa precipitações, geralmente chuvas rápidas e intensas no fim do dia, sobretudo no verão.
  Chuvas orográficas: associadas à ação do relevo, que atua como uma barreira ao deslocamento horizontal das massas de ar. O ar úmido e quente sobe junto à encosta, esfria-se e forma chuvas de menor intensidade e com longa duração. As vertentes a barlavento são mais úmidas que aquelas a sotavento.
  Chuvas frontais: resultam do encontro de massas de ar com temperaturas distintas. Quando uma massa de ar quente e úmida entra em contato com uma massa fria (seca ou não), ela ganha altitude, resfria-se, condensa-se e provoca chuvas.

O que define um clima?

Conteúdo referente às páginas 99 a 104.

A definição e caracterização dos tipos climáticos dependem da associação de fatores como latitude, massas de ar, relevo, altitude, vegetação, correntes marítimas, maritimidade e continentalidade, além da ação humana.

- **Latitude**: define a existência de zonas climáticas distintas: equatorial, tropical, subtropical, temperada e polar. As regiões mais próximas à linha do equador são mais quentes e aquelas mais próximas aos polos são mais frias. Os raios solares chegam com inclinações desiguais na superfície terrestre em razão do formato do planeta, achatado nos polos.

Planisfério: zonas climáticas

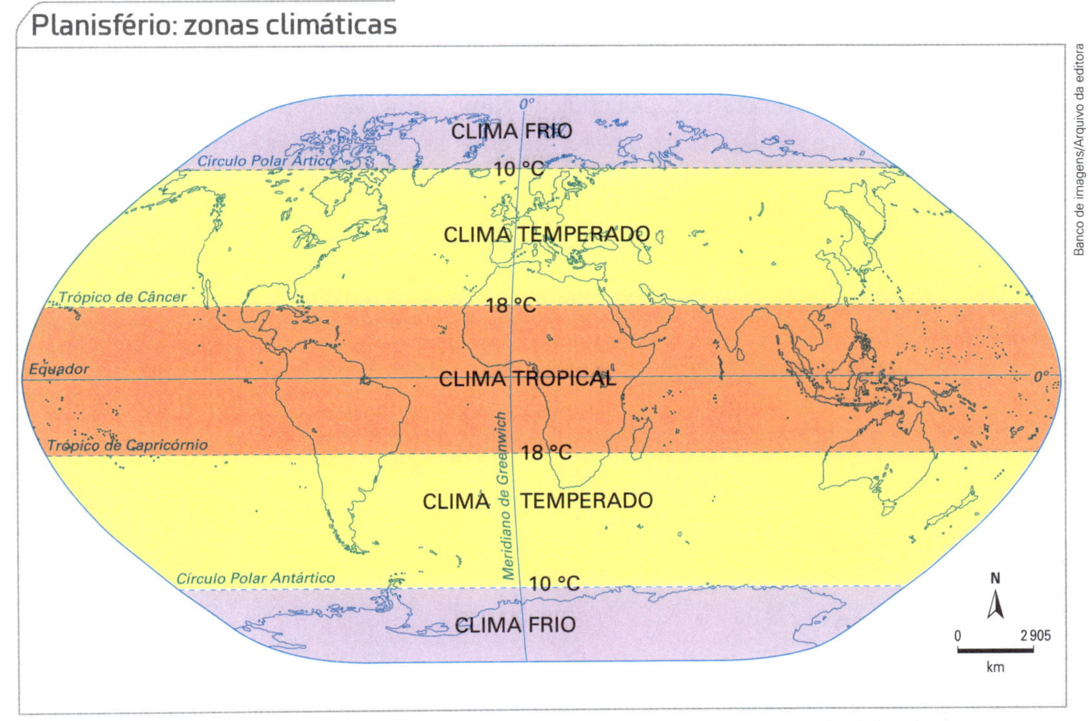

Elaborado com base em: FERREIRA, Graça Maria Lemos. *Atlas geográfico:* espaço mundial. 4. ed. São Paulo: Moderna, 2013. p. 22.

- **Massas de ar**: grande porção da atmosfera com características semelhantes, como umidade, pressão e temperatura. Diferenciam-se pela zona climática onde se originam (equatorial, tropical e polar) e por serem continentais ou oceânicas. Por isso, são quentes ou frias, secas ou úmidas. Ao se deslocarem, suas características iniciais se modificam conforme as áreas por onde passam. Quando duas massas de ar diferentes se encontram, formam-se frentes frias ou frentes quentes.
- **Relevo**: a variação de altitude influencia a temperatura. Os locais mais altos são mais frios que os locais mais baixos. E a disposição do relevo pode influir no fluxo de calor e umidade, atuando como barreiras ou canais de condução, e também sombrear alguma área, reduzindo a absorção do calor do Sol.
- **Vegetação**: atua na regulação da temperatura e umidade. Áreas de floresta reduzem a incidência direta dos raios solares no solo, refletindo parte do calor emitido. A vegetação também lança água na atmosfera por meio da evapotranspiração.
- **Albedo**: diretamente relacionado à radiação solar, é definido pela relação entre a quantidade de energia solar que chega à Terra e a quantidade de energia que cada objeto ou superfície reflete. Algumas superfícies refletem mais calor, como a neve, e outras absorvem mais calor, como os solos expostos, o que influencia diretamente a temperatura do ar.
- **Correntes marítimas**: influenciam diretamente a temperatura do ar das áreas por onde circulam. Aquelas formadas nas regiões equatoriais são quentes, e as formadas nas regiões polares são frias.
- **Maritimidade e continentalidade**: determinadas pela proximidade ou distância do mar, respectivamente. A maritimidade é mais influente nas faixas litorâneas, proporcionando mais umidade e menores amplitudes térmicas. A continentalidade é característica das áreas distantes de mares e oceanos, onde há tendência de ocorrer menos umidade e maiores amplitudes térmicas.

Conteúdo referente às páginas 104 e 105.

Paleoclima e mudanças climáticas

Ao longo da história do planeta, as condições ambientais variaram muito, desde a composição da atmosfera, a disposição das terras emersas, as mudanças nas altitudes pelo soerguimento da superfície, as alterações nos movimentos de rotação e translação, até a presença de vegetação. Isso, consequentemente, influenciou os tipos climáticos do passado, os **paleoclimas**. Há muitas heranças, biológicas e geológicas, dos períodos passados de esfriamento (períodos glaciais) e aquecimento da Terra (períodos interglaciais).

A influência humana nas mudanças climáticas ocorre, entre outros fatores, pela intensificação do **efeito estufa** – um fenômeno natural que retém a radiação infravermelha, mantendo parte do calor do Sol – por meio do lançamento de gases de efeito estufa na atmosfera, provenientes de processos industriais, da agropecuária e sobretudo da queima de combustíveis fósseis. Assim, mais calor é retido e isso provoca alterações em muitos ciclos naturais, com destaque para as mudanças de temperatura e umidade. Trata-se do **aquecimento global**.

Conteúdo referente às páginas 106 e 107.

Tipos de clima

Em escala global são definidos alguns tipos de clima: equatorial, tropical, subtropical, temperado, mediterrâneo, semiárido, desértico, frio, frio de altitude e polar, de acordo com as principais características de variação de temperatura e umidade.

O climograma é um gráfico específico para caracterizar os tipos de clima, que, em geral, indica as características sazonais de manifestações climáticas ao longo de um ano (médias mensais) em uma localidade. As colunas representam a variação de precipitação e a linha, a variação de temperatura.

Classificações dos climas no Brasil

Conteúdo referente às páginas 108 a 117.

O tamanho do território brasileiro, sua localização (maior parte na faixa tropical), seu extenso litoral e a configuração de relevo, vegetação e hidrografia explicam os tipos de clima que se manifestam no país.

As classificações dos climas brasileiros diferem em função da escala geográfica escolhida e dos fatores climáticos considerados. A classificação de Arthur Strahler é a mais utilizada e foi feita com base na movimentação das massas de ar. A de Wladimir Köppen, com a colaboração de Rudolf Geiger, especifica as características do clima. Já a classificação do IBGE considera as variações de temperatura, precipitação e sazonalidade.

A classificação de Strahler é a mais simples:

- **Equatorial úmido**: temperaturas e pluviosidade elevadas o ano todo.
- **Tropical**: tem duas estações bem definidas, uma quente e úmida, e outra amena e seca.
- **Tropical semiárido**: escassez e irregularidade de chuvas e calor o ano todo.
- **Litorâneo úmido**: quente e úmido o ano todo, porém com pequena redução de pluviosidade e de calor no inverno.
- **Subtropical úmido**: úmido o ano todo, temperaturas médias amenas, mas com amplitude térmica de cerca de 10 °C. As quatro estações do ano são mais marcadas do que no resto do país.

A classificação de Köppen-Geiger propõe para o Brasil mais categorias climáticas do que a de Strahler (12 tipos, sendo quatro tropicais – predominantes territorialmente –, um semiárido e sete subtropicais).

A classificação do IBGE é bastante detalhada, com identificação de 17 tipos climáticos, cinco deles climas zonais. É baseada na variação de temperatura, precipitação e sazonalidade.

O estudo do comportamento climático é essencial para a sociedade planejar a forma mais adequada de uso e organização do espaço. O clima influencia o tipo de habitação, as atividades econômicas, a agropecuária, a escolha do tipo de energia, etc. Quanto mais se conhece o clima, mais ele pode ser um aliado nos planejamentos.

Determinar a variação de temperatura e umidade ao longo do ano é essencial para a agricultura. O cultivo em áreas com escassez de água exige investimentos em irrigação, encarecendo o preço final do produto e com possibilidade de dano ambiental por causa da diminuição dos cursos de água e salinização do solo.

No Brasil, cerca de 60% da energia é proveniente das hidrelétricas. Isso é possível em razão da existência de rios perenes, alimentados por climas úmidos. O país, por suas características, ainda tem grande potencial para a exploração das energias eólica e solar.

Uma das características climáticas do país é a intensa pluviosidade em parte do território, o que pode provocar deslizamentos de terra nas encostas de morros e enchentes, que ameaçam a vida humana, sobretudo nos centros urbanos.

O contrário, a escassez de chuva, potencializa problemas sociais brasileiros, como a falta de água para pequenas plantações e para o abastecimento humano. Uma das formas para atenuar o problema é a construção de reservatórios de água e cisternas.

Hidrografia

Conteúdo referente às páginas 117 a 121.

A água, nos estados sólido, líquido e gasoso, está em um constante ciclo natural, chamado **ciclo hidrológico**, que passa por diferentes processos, como evaporação, condensação, precipitação, escoamento e infiltração no solo, movidos pela energia solar, gravitacional e de rotação da Terra. É influenciada e influencia as condições ambientais onde se encontra.

A ação humana, direta ou indiretamente, altera o ciclo hidrológico, pelo desvio ou represamento de água, desmatamento, impermeabilização do solo, urbanização e lançamento de efluentes líquidos e resíduos sólidos nos corpos de água.

Bacias hidrográficas

Trata-se de uma área de drenagem das águas para um rio principal e seus afluentes, que forma uma rede hidrográfica. Os divisores de água são as partes mais altas do relevo, que separam e delimitam as bacias hidrográficas. Os fundos de vale são as áreas mais baixas da bacia.

As bacias são classificadas em:

- **Exorreicas**: quando as águas são drenadas para os oceanos.
- **Endorreicas**: as águas são drenadas para um lago ou um corpo de água fechado, sem acesso ao mar.
- **Criptorreicas**: as águas se infiltram no solo e formam lagos subterrâneos.
- **Arreicas**: quando as águas secam ao longo da drenagem ou se infiltram no solo, alimentando o lençol freático.

Os rios podem ser **perenes**, que correm o ano todo, não secam; **intermitentes**, que secam no período de estiagem; **efêmeros**, aqueles temporários, quando ocorrem chuvas intensas. Ainda podem ser classificados em **rios de planalto**, com forte vazão em razão do relevo, naturalmente propícios à geração de energia hidrelétrica e difíceis para a navegação, e **rios de planície**, com vazão lenta e favorável à navegação, que exige inundação de extensas áreas para eventual aproveitamento hidrelétrico.

O regime de um rio é definido pela fonte principal de água. É **pluvial** quando é abastecido apenas pelas águas da chuva; **nival** quando é abastecido pelo derretimento de neve; **glacial** quando a água provém do derretimento de gelo dos glaciares; e **misto** quando combina ao menos dois regimes.

As partes de um rio são: **curso superior** (próximo à nascente, à cabeceira); **curso médio** (trecho intermediário entre o curso superior e o inferior) e **curso inferior** (próximo à foz, ao ponto de descarga, marcado pela redução da velocidade da água e depósito de sedimentos). A **foz**, onde o rio deságua, pode apresentar formato de estuário (único canal) ou de delta (canais variados). Podem-se definir ainda duas posições a partir de um ponto de referência: **a montante**, parte superior, mais elevada; **a jusante**, parte inferior, mais baixa.

As águas subterrâneas podem ser divididas em:

- **Lençol freático**: zona no subsolo saturada de água. Varia de profundidade de acordo com o tipo de solo, clima e relevo.
- **Aquíferos**: formações geológicas que armazenam água subterrânea em fissuras ou poros das rochas. Variam muito de tamanho e profundidade. Os aquíferos livres são mais superficiais e mais acessíveis. Os aquíferos confinados são aqueles que armazenam a água entre camadas impermeáveis.

Conteúdo referente às páginas 121 a 125.

Direito humano à água

A água é um recurso natural de uso múltiplo e essencial aos seres humanos, que garante desde a manutenção básica da vida – para saciar a sede, produzir e preparar alimentos e na higiene – até processos de geração de energia, produções industriais, atividade agropecuária (cerca de 70% do consumo) e lazer. É um recurso desigualmente distribuído tanto geográfica como socialmente. As indústrias dos países desenvolvidos consomem mais água do que toda a população mundial.

Apesar da sua significativa importância, a humanidade não tem feito um uso correto desse recurso. Rios, lagos, lençóis freáticos e oceanos são contaminados por meio do lançamento de diferentes efluentes e dejetos.

Da água doce disponível na superfície (cerca de 1%), apenas uma pequena parcela está localizada em lagos e rios (cerca de 0,266%), de onde a maior parte da humanidade retira a água para o consumo. Esse volume é suficiente para atender às demandas, entretanto, em razão da desigual distribuição geográfica da água e da população, a água não está acessível em quantidade e qualidade igual a todos. Além disso, o uso e a gestão inadequados da água acentuam o problema.

Um desafio é a gestão de bacias hidrográficas transfronteiriças, ou seja, aquelas que abrangem mais de um país e exigem articulação política para seu uso correto, para garantir acesso a todas as comunidades.

A quantidade de água necessária à manutenção da vida não é apenas uma questão fisiológica, depende da cultura das diferentes populações. Entretanto, a Organização Mundial de Saúde (OMS) recomenda que ao menos 2 litros sejam ingeridos diariamente por pessoa.

Hidrografia do Brasil

Conteúdo referente às páginas 125 e 126.

O Brasil possui cerca de 12% da água doce do planeta, a maior parte concentrada na região Norte (80%), onde estão os estados menos populosos. As áreas mais urbanizadas ao longo do litoral do país, com 26% da população brasileira, dispõem de menos de 3% da água doce.

O Conselho Nacional de Recursos Hídricos (CNRH) estabeleceu doze grandes regiões hidrográficas, compostas de bacias, grupos de bacias ou sub-bacias: Amazônica, Tocantins-Araguaia, Atlântico NE Ocidental, Parnaíba, Atlântico NE Oriental, São Francisco, Atlântico Leste, Atlântico Sudeste, Paraná, Paraguai, Uruguai e Atlântico Sul.

Gestão da água no Brasil

Conteúdo referente às páginas 127 a 129.

No Brasil, a gestão dos recursos hídricos pode ser estadual ou federal, no caso dos corpos de água que estão presentes em mais de um estado ou país.

Os Comitês de Bacias Hidrográficas, criados no fim da década de 1980, agregam diferentes setores da sociedade e têm participação garantida por lei na gestão das águas.

A Política Nacional de Recursos Hídricos, em 1997, estabeleceu regras fundamentais para uso da água (Lei das Águas), por exemplo, a definição da bacia hidrográfica como área a ser considerada na gestão dos recursos hídricos, superando os limites políticos entre municípios e estados. Também definiu que a água é um bem de domínio público, de uso múltiplo, cuja prioridade é o consumo humano e dos animais.

Em 2000, foi criada a Agência Nacional de Águas (ANA), que controla todas as águas de domínio nacional. Em 2017, em razão do contexto de escassez e contaminação, um novo objetivo foi incluído na lei: o aproveitamento das águas das chuvas.

Aquíferos no Brasil

Conteúdo referente à página 129.

O aquífero Guarani estende-se por uma vasta extensão territorial que abrange estados do Centro-Oeste, Sudeste e Sul do Brasil e também Argentina, Paraguai e Uruguai, e compreende um grande volume de água doce. Além da sua extensão e volume, é bastante importante em razão de sua localização, onde há grande demanda de água doce. Entretanto, estima-se que o maior aquífero presente no Brasil seja o Grande Amazônia, quatro vezes maior que o Guarani e o maior do mundo, e está totalmente localizado em território nacional. Esses dois aquíferos sofrem riscos de contaminação.

Aplique o que aprendeu

Atividade resolvida

Marque a alternativa que apresenta as associações corretas entre cidade e tipo de climograma que a caracteriza.

Mapa de localização das cidades

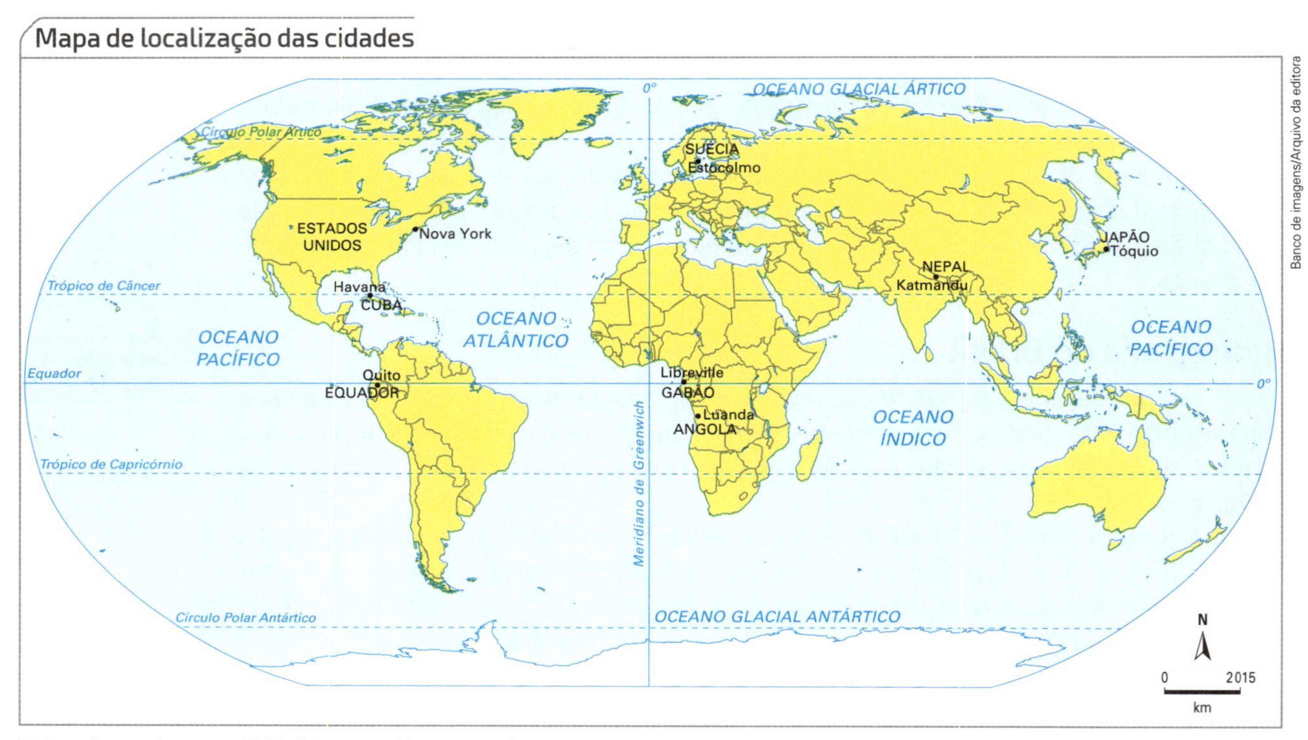

Elaborado com base em: IBGE. *Atlas geográfico escolar*. 7. ed. Rio de Janeiro, 2016. p. 32.

Cidade A

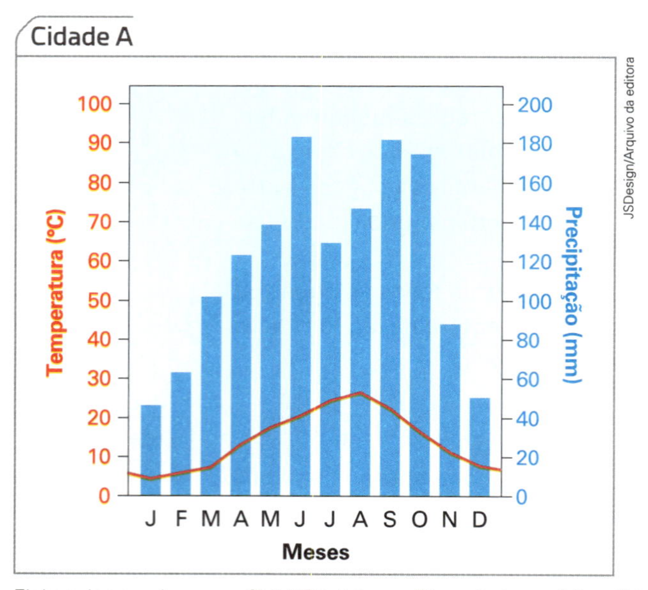

Cidade B

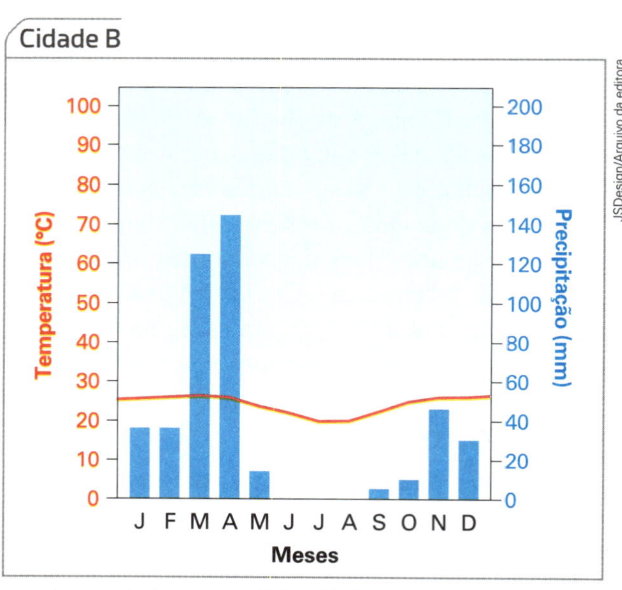

Elaborados com base em: CLIMATE-data.org. Disponível em: <https://pt.climate-data.org/>. Acesso em: 13 jun. 2018.

a) Cidade A: Libreville; Cidade B: Estocolmo.

b) Cidade A: Tóquio; Cidade B: Luanda.

c) Cidade A: Nova York; Cidade B: Katmandu.

d) Cidade A: Quito; Cidade B: Havana.

Comentário

Esse tipo de questão exige o domínio de muitas habilidades e alguns conceitos. É necessário saber ler o climograma e identificar o que é representado por cada um deles. No climograma da cidade A, o índice de precipitação ao longo do ano apresenta médias mais constantes do que o climograma da cidade B. E as médias de temperatura variam muito entre dois momentos, representando comportamento sazonal (estações do ano). Como os meses mais frios são dezembro, janeiro e fevereiro, é possível deduzir que se trata de uma localidade no hemisfério norte. É uma representação do tipo climático subtropical. Esse climograma poderia ser associado às cidades de Estocolmo, Tóquio e Nova York (todas localizadas no hemisfério norte, como pode ser observado no mapa). No climograma da cidade B, há grande variação de precipitação ao longo do ano e altas temperaturas o ano todo. Como as chuvas estão concentradas no fim do ano e no início do ano, primavera/verão no hemisfério sul, fica caracterizado o clima tropical nesse hemisfério. Portanto, esse segundo climograma só pode estar associado à cidade de Luanda.

Também é muito útil que os alunos saibam associar a localização de cada cidade às regiões climáticas (temperada, tropical, polar) e tenham conhecimento da distribuição das grandes cadeias montanhosas que influenciam o clima, como é o caso de Quito (Andes) e Katmandu (Himalaia). Isso auxilia a eliminar as alternativas que apresentam essas cidades.

Atividades

1. Observe o gráfico.

Distribuição das precipitações médias anuais

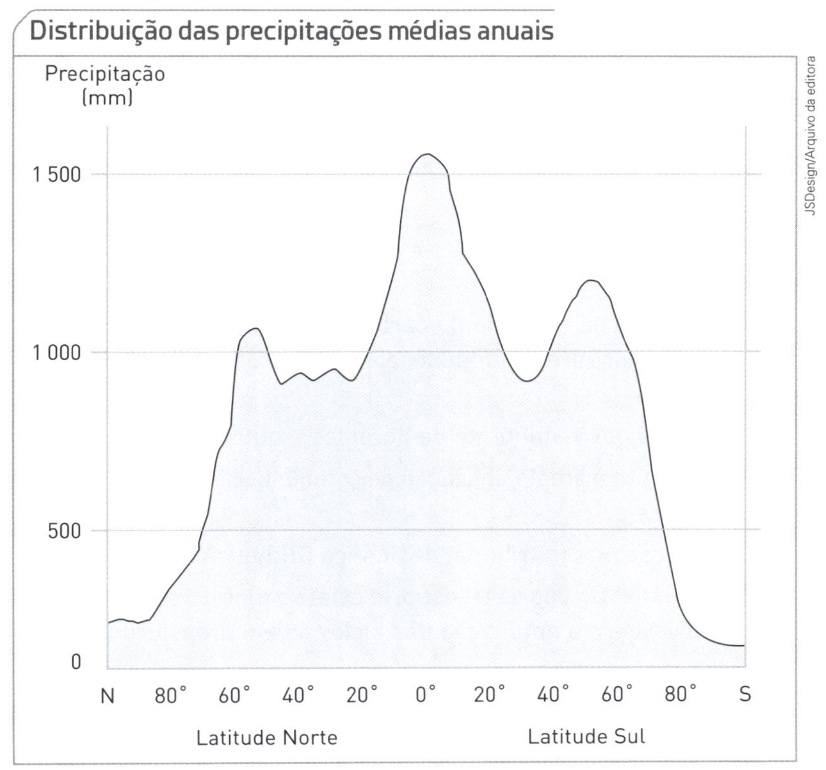

Elaborado com base em: ROSS, J. L. S. (Org.). *Geografia do Brasil*. São Paulo: Edusp, 2005. p. 96.

A partir do gráfico e de seus conhecimentos sobre o assunto, assinale a alternativa correta.

a) As latitudes entre 15° e 40° N e S são zonas de alta pressão atmosférica, e todas as áreas nesse intervalo de latitudes são desérticas.

b) As latitudes médias (40° a 60° N e S) também correspondem a zonas de constante baixa pressão atmosférica, onde as altas taxas pluviométricas possibilitam a formação de bosques tropicais.

c) As altas latitudes (60° a 90° N e S) são zonas de alta pressão atmosférica, de onde divergem sistemas circulatórios atmosféricos globais. Correspondem a áreas de altíssima pluviosidade e com desertos frios.

d) As áreas localizadas entre 40° e 60° S são mais chuvosas do que suas latitudes correspondentes no hemisfério norte, devido à presença da Amazônia e da Mata Atlântica nessas latitudes.

e) As latitudes baixas (0° a 15° N e S) correspondem a zonas onde as precipitações costumam ser mais elevadas devido à ocorrência de zonas de baixa pressão atmosférica constantes. Correspondem às áreas de bosques tropicais e equatoriais.

2.

O clima, entendido como manifestação habitual da atmosfera num determinado ponto, é um dos importantes recursos naturais à disposição do homem e foi considerado matéria de interesse comum da humanidade por decisão da ONU em 1989. É um dos principais fatores responsáveis pela repartição dos animais e vegetais sobre o globo.

ROSS, Jurandyr L. S. (Org.). *Geografia do Brasil*. São Paulo: Edusp. 2005. p. 87.

Das práticas mencionadas nas alternativas, a que não pode ser considerada uma iniciativa de proteção ao clima, como recurso natural, é:

a) a redução da emissão de carbono, especialmente nos países com maior nível de industrialização e consumo de recursos naturais.

b) o fim do desmatamento de florestas e outros biomas nativos.

c) o incentivo à ampla utilização de combustíveis renováveis, como os fósseis.

d) a criação de um tribunal de Justiça Climática mundial.

e) o incentivo ao uso de transporte coletivo movido a combustíveis renováveis e a ampliação das ciclovias em áreas urbanas.

3. A maior parte do território brasileiro encontra-se na Zona tropical, resultando em médias térmicas elevadas durante o ano todo. Entre outros fatores, a atuação das massas de ar deve ser levada em conta na compreensão das características das diferentes regiões climáticas brasileiras, pois provoca variações nas temperaturas e na umidade do ar. Observe os mapas.

Brasil: atuação das massas de ar no verão

Brasil: atuação das massas de ar no inverno

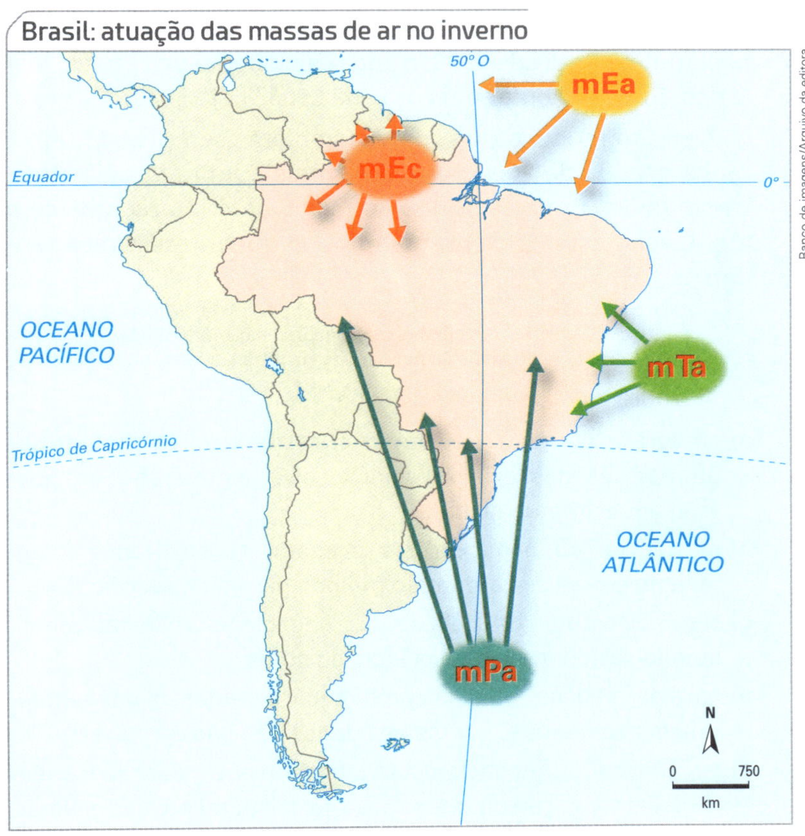

Elaborados com base em: CALDINI, Vera; ÍSOLA, Leda. *Atlas geográfico Saraiva*. São Paulo: Saraiva, 2009. p. 35.

Com base na observação dos mapas, vê-se que durante o:

a) verão a Massa Equatorial Continental é responsável pelo período de estiagem em grande parte da região Norte, já que é uma massa continental e, portanto, seca.

b) verão a grande quantidade de chuvas em quase todo o território é provocada pela atuação das massas Equatorial Continental e Tropical Atlântica, pois são massas quentes e úmidas.

c) verão a Massa Polar Atlântica provoca estiagem na região central do país, em virtude das suas baixas temperaturas.

d) inverno a Massa Polar Atlântica atua em todo o território brasileiro provocando acentuada queda de temperaturas e muita chuva, já que é fria e úmida.

e) inverno a Massa Tropical Atlântica provoca queda brusca de temperatura na faixa litorânea do território brasileiro, já que é muito úmida.

2005, o ano mais quente da história?

A esperteza – para não dizer coisa pior – dos "céticos" ou "negacionistas" da mudança do clima não tem limites. O negócio deles é semear a dúvida, lançar suspeitas e espalhar desinformação, mesmo que isso implique destruir a confiança na própria ciência. Um de seus argumentos é que o aquecimento global estaria virando desaquecimento global. Afinal, a temperatura média da troposfera (a camada mais baixa da atmosfera) não aumentou desde 1998, o ano mais quente no registro histórico. E se 2010 bater o recorde de 1998? [...]

De todo modo, o que os negacionistas sempre omitem é que a década de 2000-2009 foi a mais quente jamais registrada. Pouco importa se 1998 ou 2005 detêm o recorde com alguns centésimos de grau a mais. O que interessa é a tendência [...].

2005, o ano mais quente da história? *BOL Notícias*, 15 set. 2010. Disponível em: <https://noticias.bol.uol.com.br/ciencia/2010/09/15/2005-o-ano-mais-quente-da-historia.jhtm>. Acesso em: 15 jun. 2018.

A leitura do texto demonstra que:

a) embora as temperaturas atmosféricas tenham aumentado nas últimas décadas, existem opiniões divergentes sobre um possível aquecimento global.

b) os "céticos" ou "negacionistas" aceitam a teoria do aquecimento global, mas discordam do método para a sua verificação.

c) segundo o autor, os "céticos" ou "negacionistas" estão contribuindo para o avanço da ciência do clima.

d) para os "céticos", não há como medir a tendência das temperaturas do planeta, por isso os dados não são confiáveis.

e) os "céticos" ou "negacionistas" afirmam que o desaquecimento global vem ocorrendo em razão do derretimento das geleiras, o que tem provocado queda das temperaturas em algumas regiões do planeta.

5. Leia o texto e observe as imagens a seguir.

A maioria dos estudos sobre os rios emprega uma classificação fundamentada em quatro padrões básicos de canais, designados de retilíneo, meandrante, entrelaçado e anastomosado [...]. Os quatro padrões podem ser caracterizados em função de parâmetros morfométricos dos canais, como sinuosidade, grau de entrelaçamento e relação entre largura e profundidade.

TEIXEIRA, Wilson et al. (Org.). *Decifrando a Terra*. São Paulo: Companhia Editora Nacional, 2009. p. 311-312.

Eckhard Supp/Alamy/Fotoarena

Rio Dart, Glenorchy, na Nova Zelândia, 2018.

Flickr Open/Getty Images

Rio Sarawak, Bornéu, na Malásia, 2016.

As fotos 1 e 2 apresentam, respectivamente, paisagens marcadas por padrões de canais fluviais do tipo:

a) retilíneo e entrelaçado.

b) anastomosado e entrelaçado.

c) entrelaçado e anastomosado.

d) anastomosado e meandrante.

e) meandrante e retilíneo.

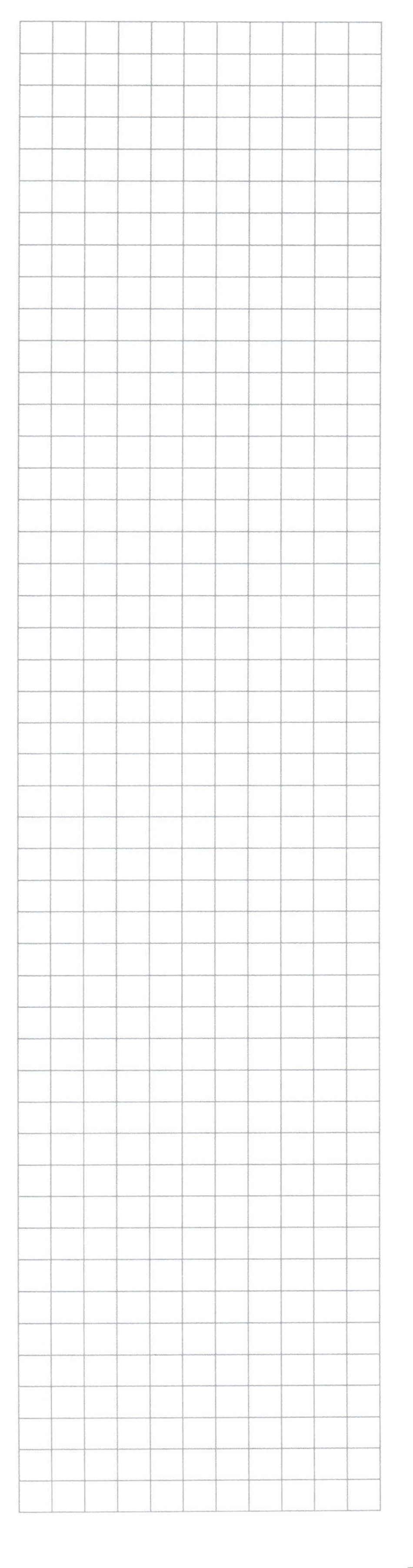

CAPÍTULO

6

Biomas e conservação da biodiversidade

Você deve ser capaz de:

- Conhecer os biomas terrestres e brasileiros.
- Compreender os conceitos básicos de Biogeografia.
- Conhecer os mecanismos de conservação da natureza.
- Reconhecer a importância da biodiversidade para o planeta.

Reveja o que aprendeu

Biodiversidade é o conjunto das variadas formas de vida. É essencial para a manutenção dos ciclos ecológicos e das condições ambientais adequadas à vida humana. É preciso conhecê-la, estudá-la e preservá-la.

Conteúdo referente às páginas 134 a 137.

Conceitos básicos de Ecologia e Biogeografia

A diversidade ambiental (clima, relevo e solo, por exemplo) possibilita a diversidade de espécies de seres vivos, que se desenvolvem e estão adaptados a certas características geográficas.

- **Endemismo**: espécie que se desenvolve e sobrevive apenas em áreas específicas do planeta, que se adapta às condições específicas de um determinado ambiente.
- **Especiação**: formação de uma nova espécie, derivada de uma outra população de espécies, que pode ocorrer por isolamento geográfico ou por modificações genéticas.
- **Adaptação**: alteração genética da espécie provocada por uma nova situação geográfica.
- **Migração**: espécies com capacidade de locomoção que buscam outros locais em razão da deterioração do ambiente onde originalmente viviam.
- **Extinção**: fim de todos os indivíduos de uma espécie.
- ***Habitat***: localização geográfica onde cada espécie encontra condições ambientais para se desenvolver.
- **Nicho**: relação que a espécie ou indivíduo apresenta com as demais espécies e com o ambiente.
- **Ecossistema**: área em que os seres vivos se relacionam entre si e com os demais elementos do ambiente.
- **Biota** ou **biocenose**: conjunto de seres vivos de um ecossistema.
- **Biótopo**: área física de um ecossistema.
- **Bioma**: zonas que resultam da combinação das condições de clima (temperatura, insolação e umidade) com a base geológica.

Conteúdo referente às páginas 138 a 140.

Biomas

Não há consenso científico sobre a quantidade de biomas no planeta. Cada bioma apresenta uma combinação particular de elementos naturais.

As formações de **gramíneas** ou **herbáceas** foram as primeiras na Terra. Conhecidas como colonizadoras, forneceram condições para o processo de surgimento de outras plantas. A vegetação **arbustiva** é composta de espécies intermediárias, que não apresentam um caule principal e são menores que as árvores. A vegetação **arbórea** é composta de espécies de grande porte, com troncos esguios.

Conteúdo referente às páginas 140 a 149.

Biomas do Brasil

Segundo o Ministério do Meio Ambiente há seis biomas no país: Amazônia, Cerrado, Mata Atlântica, Caatinga, Pampa e Pantanal.

O geógrafo Aziz Ab'Sáber dividiu o país em seis **domínios morfoclimáticos**, considerando clima, relevo e vegetação. Compreende os domínios florestais o Amazônico, o domínio das Araucárias e o domínio dos Mares de Morros. Nos outros três domínios (Caatinga, Cerrado e Pradarias) predomina a vegetação arbustiva e herbácea (rasteira).

- **Domínio Amazônico**: de maior extensão territorial nacional, localiza-se sobretudo na região Norte. Apresenta altas temperaturas, grande umidade e baixa amplitude térmica anual. Destaca-se pela grande diversidade vegetal e vasta rede hidrográfica que, em parte, tem sido aproveitada para variadas atividades econômicas que degradam o meio e que têm ameaçado o equilíbrio ambiental. Também estão presentes na área desse domínio muitos conflitos pelo uso e pela posse de terra (governo, indústrias, madeireiros, mineradores, agricultores, pecuaristas, povos originários e ribeirinhos).
- **Domínio das Araucárias**: caracterizado por temperaturas mais amenas, pela umidade e maior influência das estações do ano. Ocorre do norte do estado do Paraná ao estado do Rio Grande do Sul e também compreende as áreas mais altas do domínio dos Mares de Morros. Paisagem originalmente marcada por pinheiros (araucária), encontra-se muito devastada em razão da exploração madeireira e do processo de ocupação de grandes centros urbanos.
- **Domínio dos Mares de Morros**: disperso ao longo do litoral, é marcado por relevo de altas elevações e morros em forma de meia-laranja. Apresenta clima úmido e solos profundos. Predomina, originalmente, a Mata Atlântica. Muito devastado em razão dos anos de ocupação humana e atividades econômicas.
- **Domínio das Caatingas**: localizado sobretudo na região interiorana do Nordeste. Relevo constituído por depressão e planalto influencia a dinâmica das massas de ar e está relacionado à escassez e irregularidade das chuvas. Apresenta médias de temperatura elevadas ao longo do ano. Há predomínio da vegetação xerófita, caracterizada por espécies adaptadas às altas temperaturas e pouca umidade: folhas pequenas ou espinhos, caules com cascas grossas e raízes profundas. Possui floresta de pequeno porte, arbustos e formações rasteiras. Trata-se de uma das regiões semiáridas mais populosas do mundo.
- **Domínio do Cerrado**: apresenta a segunda maior extensão territorial entre os domínios brasileiros. As temperaturas são geralmente quentes (entre 20 °C e 26 °C) e a amplitude térmica é elevada. Em períodos de estiagem, a umidade relativa do ar chega a 15%, um índice muito baixo. Constituído por florestas (cerradão) combinadas com espécies de gramíneas, arbustos e árvores esparsas (campos sujos e campos limpos). Presença de palmeirais e veredas, que são áreas mais úmidas, às margens de cursos de água. Bioma bastante devastado pela pecuária e pela agricultura mecanizada nos latifúndios.
- **Domínio das Pradarias**: conhecido como Campanha Gaúcha ou Pampa, localiza-se no sul-sudoeste do estado do Rio Grande do Sul. É caracterizado por áreas planas e baixas, assim como também pelas coxilhas, pequenas elevações no terreno. Úmido o ano todo, com grande variação de temperaturas, é influenciado pela massa de ar polar e por fortes ventos. Predomina originalmente a vegetação gramínea, que é explorada para pecuária e agricultura (arroz e soja). Por conta do uso incorreto do solo neste bioma, algumas áreas passam pelo processo de arenização (formação de bancos de areia infértil).
- **Zonas de transição**: extensos corredores entre os domínios morfoclimáticos, nos quais a vegetação de dois ou mais domínios se combinam e não é possível estabelecer um limite exato entre eles.

Conteúdo referente às páginas 149 a 153.

Biogeografia e as teorias de dispersão das espécies

A **Biogeografia** consiste no estudo da distribuição dos seres vivos pela Terra. É dividida em dois ramos: Fitogeografia, que estuda a distribuição das plantas, e Zoogeografia, que analisa a distribuição dos animais.

Principais teorias sobre a dispersão das espécies:

- **Deriva continental**: associada aos deslocamentos dos continentes e à configuração dos oceanos em razão da movimentação das placas tectônicas. A semelhança entre as espécies encontradas na América do Sul e na África são uma evidência dessa teoria.
- **Refúgios morfoclimáticos**: explica a formação de biomas pelas condições ambientais provocadas em decorrência da alternância dos paleoclimas.
- **Teoria das ilhas**: defende a ideia de que grupos populacionais residentes em ilhas têm menor variedade que aqueles provenientes dos continentes. Nessa teoria a área reduzida dificulta o desenvolvimento.
- **Metapopulações**: o conjunto de manchas ocupadas por diversas populações de um bioma surge de migrações, extinções e colonizações das populações que estão em fragmentos de vegetação. Corredor ecológico é um exemplo da aplicação dessa teoria.

A **distribuição geográfica das espécies** está condicionada por fatores naturais físicos (insolação, temperatura, disponibilidade de água, tipos de solo e formas de relevo) e bióticos (relações entre as espécies).

Conteúdo referente às páginas 153 a 155.

Teorias da dispersão das espécies no Brasil

As variações das condições naturais ao longo da história geológica do planeta transformaram sucessivamente os ambientes e interferiram na distribuição das espécies, que se adaptaram ou não às mudanças. Basicamente, a configuração de áreas quentes ou frias, secas ou úmidas, que variaram ao longo do tempo, determinou as espécies capazes de se desenvolver e favoreceu a diversidade de biomas atualmente identificados no Brasil.

Conteúdo referente às páginas 156 a 158.

Uso social da biodiversidade

A biodiversidade é aproveitada na medicina, na produção de cosméticos, na alimentação e na manutenção da qualidade de vida.

A biotecnologia e a engenharia genética ampliam enormemente o potencial de uso de espécies vivas, que podem se tornar fontes renováveis de materiais, alimentos, energia, entre outras possibilidades. Porém, podem levar a uma sobrecarga nos sistemas de produção agrícola, em especial do solo e das reservas de água, já que propiciam o aumento de campos cultivados, que não fornecem apenas alimentos, como era no passado, mas também matérias-primas para setores industriais. Não existem ainda estudos que demonstrem os impactos do uso constante da engenharia genética e da biotecnologia, já que sua introdução é relativamente nova.

Os sistemas de produção agrícola atuais estão intimamente ligados à produção industrial, o que ocasiona a pressão para que áreas antes ocupadas por vegetação original, com ampla biodiversidade, passem a abrigar poucas espécies, fenômeno conhecido como **deserto verde**, tornando essas áreas muito vulneráveis às oscilações dos ciclos naturais e sensíveis aos desequilíbrios nos ecossistemas.

Em 1872, nos Estados Unidos, foi criada a primeira Unidade de Conservação da Natureza para a preservação ambiental: o Parque Nacional de Yellowstone. Essa área de proteção passou a ser modelo para diferentes tipos de parques e reservas com a finalidade de conservação ao redor do mundo, e foram criadas as **Reservas da Biosfera** pela Organização das Nações Unidas para a Educação, a Ciência e a Cultura (Unesco).

John Prior Images/Alamy/Fotoarena

Parque Nacional de Yellowstone, Wyoming, Estados Unidos, 2016. Criado em 1872, é considerado o parque mais antigo do mundo.

Biodiversidade brasileira: potencial e desafios

Conteúdo referente às páginas 158 a 160.

A fauna e a flora brasileiras são exploradas para a produção de uma infinidade de produtos, como cosméticos e medicamentos. E há grande potencial para usos futuros (bioprospecção).

O potencial econômico dessas descobertas desperta o interesse de empresas e do governo. A **biopirataria** – exploração ilegal de recursos da natureza e tráfico de animais – é uma realidade no território nacional. Em muitos casos, são explorados os conhecimentos tradicionais de povos indígenas sem que eles autorizem o uso e, consequentemente, sem o reconhecimento e a eventual remuneração.

A grande variedade de espécies animais e vegetais depende diretamente da manutenção desses ambientes para não se extinguir, o que exige, portanto, medidas efetivas de preservação, com a articulação entre a legislação e os órgãos fiscalizadores.

Sistema Nacional de Unidades de Conservação da Natureza

Conteúdo referente às páginas 160 a 162.

O Sistema Nacional de Unidades de Conservação da Natureza (SNUC), criado em 2000, diferencia as Unidades de Conservação segundo seus objetivos e estratégias de conservação e sua esfera política de responsabilidade.

Foram estabelecidas 12 categorias de manejo das áreas protegidas, que incluem desde a preservação total dos sistemas naturais sem a presença humana até a manutenção de estilos de vida em áreas protegidas.

- **Unidades de Uso Sustentável**: manutenção de comunidades que já viviam na área antes de ser transformada em Unidade de Conservação.
- **Unidades de Proteção Integral**: não é prevista a existência de comunidades dentro dos limites da Unidade de Conservação.

O Ministério do Meio Ambiente (MMA) tem a missão de coordenar todas as entidades públicas em suas tarefas. O Instituto Brasileiro de Meio Ambiente (Ibama) autoriza ou não um empreendimento em função dos impactos ambientais e sociais que ele venha a causar (licenciamento ambiental). A função do Instituto Chico Mendes de Conservação da Biodiversidade (ICMBio) é implantar, proteger, fiscalizar e monitorar as Unidades de Conservação.

Desde 1988 a Floresta Amazônica está sob monitoramento conjunto entre governos e institutos de pesquisa por meio de imagens de satélite com o objetivo de reduzir o desmatamento.

Pesquisas associam o desmatamento da Amazônia às secas em todas as regiões brasileiras. A vegetação é responsável pela umidade do ar que é deslocada pelos ventos – massas de ar – ocasionando chuvas em diferentes localidades (rios voadores). Outro problema do desmatamento é a perda da biodiversidade e a consequente redução dos recursos.

Aplique o que aprendeu

Atividade resolvida

Vários são os fatores a serem considerados quando se decide sobre a localização das áreas protegidas. A primeira prioridade é dada a áreas onde estudos independentes de duas ou mais autoridades indicam a existência de "*refúgios do Pleistoceno*", podendo ou não representar áreas atuais de maior diversidade de plantas e animais. Essas áreas são consideradas como sendo de *dispersão evolutiva*. A segunda prioridade é para áreas que representam tanto formações vegetais típicas como também refúgios do Pleistoceno. A terceira prioridade é para as áreas protegidas recomendadas pelos RADAMBRASIL, pela antiga SEMA, pelo IBDF e outras agências.

ROSS, Jurandyr L. S. (Org.). *Geografia do Brasil*. São Paulo: Edusp, 2005. p. 203 e 206.

a) Quais são os principais critérios adotados no Brasil para definir as áreas de proteção?

b) Qual a importância do estabelecimento de Unidades de Conservação?

c) Quais os principais órgãos federais responsáveis pela promoção da preservação e conservação ambiental?

Respostas:

a) A existência de refúgios do Pleistoceno, formações vegetais típicas e aquelas recomendadas por agências reguladoras e estudos oficiais, como Projeto RadamBrasil, Secretaria do Meio Ambiente (Sema), Instituto Brasileiro de Desenvolvimento Florestal (IBDF), dentre outras.

b) São muitas as justificativas para a criação de UCs. Uma das mais significativas é a conservação e preservação tanto de espécies como de ambientes, e no Brasil também há modalidade de UCs que visam a manutenção de modos tradicionais de exploração e convívio com ambientes naturais. As políticas de preservação têm como finalidade garantir as relações ecológicas entre os diferentes biomas e zelar pela qualidade de vida humana dependente direta e indiretamente deles. Também se valoriza a manutenção da biodiversidade com a perspectiva de bioprospecção e futuras descobertas de recursos úteis à humanidade (medicamentos, matéria-prima, compreensão do funcionamento sistêmico da natureza e sua aplicação na produção de alimentos, etc.).

c) Ministério do Meio Ambiente (MMA), Instituto Brasileiro do Meio Ambiente (Ibama) e Instituto Chico Mendes da Conservação da Biodiversidade (ICMBio).

Comentário

Questões que fazem uso de fragmentos de textos de terceiros costumam exigir diferentes tipos de habilidade, como leitura e interpretação de texto e articulação dos conteúdos apresentados com conceitos que o aluno deve conhecer.

O item **a** exige a simples localização da informação no texto e a redação de um texto sintético, uma frase nesse caso. Não há necessidade de explicar ou justificar.

O item **b** é o mais complexo porque solicita uma explicação que não está no fragmento oferecido, mas dialoga com seu conteúdo. E sua aparente simplicidade pode levar o aluno a elaborar uma resposta simplista, com muitos clichês. É necessário apresentar argumentações de caráter científico e evitar visões subjetivas.

O item **c** é daquele tipo que cobra conteúdo factual, uma informação memorizada. E se o aluno recorrer às informações do texto irá apresentar solução equivocada, de agências que foram substituídas por outras. Não é complexa, mas pode ser considerada difícil.

Atividades

1. Que fatores naturais físicos explicam a diversidade de espécies de fauna e flora no planeta?

2. Relacione cada domínio morfoclimático com suas principais características:

a) Domínio Amazônico

b) Domínio das Caatingas

c) Domínio do Cerrado

d) Domínio dos Mares de Morros

e) Domínio das Araucárias

f) Domínio das Pradarias

( ) Formado por chapadões tropicais com florestas de galerias. Ocupa o Brasil central. Nele predomina o clima tropical, com médias térmicas elevadas, chuvas concentradas no verão e estiagem no inverno.

( ) O clima equatorial caracteriza-se por médias térmicas e pluviosidade elevadas. A floresta é densa, higrófila, perenefólia, quase impenetrável. Forma o mais complexo sistema de água doce do mundo.

( ) Suas paisagens são compostas de numerosos morros arrendondados, que eram paisagens florestadas pela presença da Mata Atlântica, atualmente reduzida a cerca de 7% de sua dimensão original.

( ) Ocupa 10% do território brasileiro, com clima tropical semiárido, médias térmicas e pluviosidade reduzida e irregular. A vegetação xerófita reflete a escassez de água nesse domínio.

( ) Vegetação herbácea de Campos (os Pampas, que se estendem até a Argentina) e das coxilhas (relevo baixo, levemente arredondado). Está sob domínio do clima subtropical.

( ) Predomina o clima subtropical úmido, com as menores médias térmicas do Brasil, e chuvas bem distribuídas ao longo do ano. A vegetação característica é representada pelo pinheiro-do-paraná, que foi indiscriminadamente usado na fabricação de móveis e na construção de casas.

3. A Floresta Amazônica no Brasil corresponde a 82% de sua área original. No entanto, a devastação aumentou muito nos últimos 40 anos, tornando-se mais intensa a partir dos anos 1970 e ainda mais exacerbada nos últimos anos do século XX.

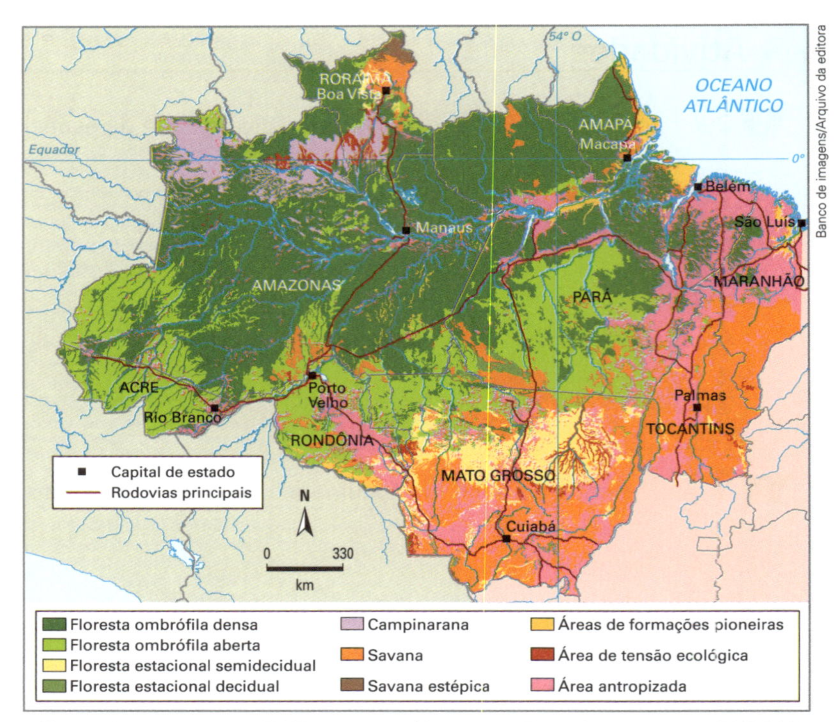

Elaborado com base em: IBGE. *Atlas geográfico escolar*. 7. ed. Rio de Janeiro: IBGE, 2016. p. 103.

Banco de imagens/Arquivo da editora

Qual título poderia descrever com mais precisão o mapa?

a) Amazônia: biodiversidade

b) Amazônia legal: cobertura vegetal e ação antrópica (fim do século XX)

c) Amazônia: focos de exploração de recursos naturais

d) Amazonas: jazidas metálicas

e) Amazônia legal: uso do solo

4. Observe o mapa e leia o texto a seguir:

Brasil: regionalismo literário

Elaborado com base em: IBGE. *Atlas geográfico escolar*. 7. ed. Rio de Janeiro: IBGE, 2016. p. 153.

Banco de imagens/Arquivo da editora

U – Um é ver, outro é contar / quem for reparar de perto / aquele mundo deserto / dá vontade de chorar, / ali só fica a teimar / o juazeiro copado, / o resto é tudo pelado / da chapada ao tabuleiro / onde o famoso vaqueiro / cantava tangendo o gado.

LITERATURA no vestibular. *Cordéis e outros poemas*. Fortaleza: Publicações CCV UFC, 2006. p. 98. Disponível em: <http://gege.fct.unesp.br/grupos/gepep/cordeis_poemas.pdf>. Acesso em: 18 jun. 2018.

O poema faz referência a uma das regiões destacadas no mapa anterior. Considerando suas características, depreende-se que a região corresponde:

a) ao Sertão do Cariri – por retratar a paisagem do semiárido nordestino.
b) à Zona do Cacau – por descrever o cenário típico de uma fazenda de cacau.
c) às Gerais – por fazer referência ao cenário sertanejo do norte de Minas Gerais.
d) à Campanha Gaúcha – por retratar a figura do vaqueiro típico dos pampas gaúchos.
e) ao Sertão de Goiás – pela referência à fisionomia do relevo goiano.

Apesar de não ter a mesma biodiversidade da Floresta Amazônica e da Mata Atlântica, a Caatinga – que tem como destaque plantas como a barriguda, o juazeiro e o xiquexique – está muito longe de ser considerada um deserto. Porém, é preciso lembrar que o quadro de degradação, intensificado por práticas agrícolas inadequadas, tem acelerado o processo de desertificação. Além disso, algumas espécies de sua rica fauna estão ameaçadas de extinção.

Revista *Discutindo Geografia*. Mata Branca. Ano 4, n. 19. São Paulo: Escala. p. 58.

Sabendo que a Caatinga é o bioma que se localiza no semiárido mais populoso do mundo, as medidas mais adequadas para sua proteção são:

a) a criação de reservas, parques e áreas de conservação; a implantação de mecanismos de irrigação; o incentivo à agropecuária tradicional, utilizando corretivos de solo e agrotóxicos.
b) a criação de reservas, parques e áreas de conservação; a implantação de programas de exploração não predatória; a contenção da expansão da fronteira agrícola.
c) a implantação de programas de exploração não predatória; a criação de mecanismos de irrigação; a expansão da fronteira agrícola.
d) a implantação de programas de exploração não predatória; o incentivo à agropecuária tradicional, utilizando corretivos de solo e agrotóxicos; a expansão da fronteira agrícola.
e) a criação de reservas, parques e áreas de conservação; o incentivo à agropecuária tradicional, utilizando corretivos de solo e agrotóxicos; o incentivo ao turismo.

CAPÍTULO

7

Grandes reuniões internacionais sobre o ambiente

Você deve ser capaz de:

- Compreender o contexto de surgimento das primeiras movimentações de cooperação internacional de temáticas ambientais.
- Avaliar o papel da Conferência de Estocolmo.
- Discutir a importância do Pnuma.
- Analisar o processo de negociação da Rio-92, principais agentes e resultados, além da Rio+10 e da Rio+20.

Conteúdo referente às páginas 176 e 177.

Reveja o que aprendeu

Há muitos problemas ambientais que são transfronteiriços. Para regular a relação entre os países nessa temática, surgiram acordos em reuniões e fóruns globais que contam com a participação da sociedade civil organizada e de empresas, constituindo a Ordem Ambiental Internacional.

A maior exploração dos recursos naturais no mundo moderno tem como uma de suas consequências o aumento da poluição. Como os recursos estão desigualmente distribuídos pela superfície terrestre e o nível de desenvolvimento econômico entre as nações também é diferente, estabeleceu-se uma relação de comércio mundial na qual os países mais pobres são fornecedores de matéria-prima e os mais ricos, de bens industrializados. Essa relação é denominada Divisão Internacional do Trabalho.

A extração, o transporte e a manipulação das matérias-primas são atividades geradoras de diferentes problemas ambientais. A maior parte desses problemas é mais sentida pelas populações dos países pobres, enquanto as populações dos países ricos desfrutam das benesses que o acesso a esses recursos possibilita.

Segunda Guerra Mundial e seus efeitos ambientais

O fim da Segunda Guerra Mundial (1939-1945) trouxe novos desafios para a humanidade. Muitos territórios estavam destruídos, com seus parques industriais e campos agrícolas sem condições de produzir o que as sociedades necessitavam. Além da destruição, havia muitas áreas com explosivos não detonados e outras contaminadas ou em risco de contaminação por diversos poluentes decorrentes da guerra.

Foi nesse contexto que foram criadas:

- **Organização das Nações Unidas para Agricultura e Alimentação (FAO)**: criada em 1945, tinha como meta recuperar os solos para que pudessem voltar a produzir alimentos.

- **Organização das Nações Unidas para a Educação, a Ciência e a Cultura (Unesco)**: criada em 1946, entre suas ações estavam temas relacionados à conservação ambiental. Convocou, em 1949, a Conferência Científica sobre a Conservação e Utilização de Recursos (UNSCCUR) para discutir como aproveitar melhor os recursos naturais.

Em 1968, foi organizada a Conferência da Biosfera, que elaborou o programa O Homem e a Biosfera, marcado pela análise dos impactos das ações humanas no ambiente, e passou a difundir um modelo de conservação ambiental denominado Reservas da Biosfera.

Os projetos de conservação ambiental de um país que ingressa no programa Reservas da Biosfera recebem apoio técnico e recursos financeiros. No Brasil, alguns programas contaram com esse apoio: Mata Atlântica e Cinturão Verde da cidade de São Paulo, Cerrado, Pantanal, Caatinga, Amazônia Central e Serra do Espinhaço.

Conferência de Estocolmo: zeristas *versus* desenvolvimentistas

Conteúdo referente às páginas 178 a 183.

A Conferência das Nações Unidas sobre Meio Ambiente Humano, realizada em Estocolmo, na Suécia, em 1972, foi o primeiro grande evento internacional voltado para a discussão ambiental. Nessa época, a preocupação ambiental se restringia aos países ricos do Ocidente, enquanto nos países pobres a temática premente era a necessidade de desenvolvimento econômico e social.

Nessa conferência, em que predominaram problemas internacionais como poluição do ar e chuva ácida, ganhou relevância a relação entre o crescimento populacional mundial e a disponibilidade finita de recursos naturais no planeta. O encaminhamento proposto foi o controle rígido do crescimento econômico e demográfico como estratégia para reduzir a pressão sobre o ambiente, o que ia contra a agenda dos países pobres, os quais buscavam o crescimento econômico para se livrar dos problemas sociais. Formaram-se dois grupos:

- **Zeristas**: países ricos que defendiam o crescimento zero de países mais pobres.
- **Desenvolvimentistas**: países mais pobres que se recusavam a aceitar qualquer acordo que estabelecesse restrições ao seu crescimento e defendiam o desenvolvimento.

O Brasil estava alinhado com os desenvolvimentistas. Não tinha interesse em que forças externas interferissem em sua agenda interna, tendo assim sua soberania ameaçada ao não poder decidir sobre a exploração de seus recursos naturais, além da possível redução de suas exportações.

Apesar das restrições e das desconfianças, a Conferência de Estocolmo foi muito significativa por colocar na agenda mundial questões ambientais.

O Pnuma

O Programa das Nações Unidas para o Meio Ambiente, resultado da Conferência de Estocolmo, é uma agência da ONU sediada em Nairóbi, Quênia, que trata especificamente de temas ambientais.

Entre seus objetivos estão: promover a conservação ambiental e o uso eficiente dos recursos naturais e fomentar a formação de uma rede entre governos e instituições não governamentais, universidades, empresas e outros agentes em torno de ações para a preservação do ambiente. Apesar de não dispor do mesmo prestígio e recursos dos demais órgãos da ONU, organiza diversos eventos nacionais e internacionais.

Rio-92: desenvolvimento sustentável e segurança ambiental

Conteúdo referente às páginas 183 a 188.

Em 1987, a publicação do relatório *Nosso futuro comum*, elaborado pela Comissão Mundial sobre Meio Ambiente e Desenvolvimento, na ONU, foi importante por divulgar o conceito de **desenvolvimento sustentável**, ou seja, atender às necessidades atuais sem comprometer as gerações futuras.

No início da década de 1990, o contexto mundial, marcado pelo fim do mundo bipolar, promoveu clima de otimismo com a possível cooperação entre países e perspectivas de crescimento da economia mundial. O Brasil foi escolhido como sede para a Conferência das Nações Unidas sobre o Meio Ambiente e o Desenvolvimento, conhecida como Rio-92 ou Eco-92. Reuniu representantes de mais de 170 países, denotando a crescente importância da temática ambiental na política mundial. Também foi relevante a intensa participação de organizações não governamentais.

A Rio-92 teve quatro grupos de trabalho:

- identificação de estratégias regionais e globais para o desenvolvimento sustentável;
- discussão sobre a relação entre a degradação ambiental e a economia mundial;
- estudo das questões ligadas a direitos humanos, educação ambiental, cooperação técnica e troca de informações;
- encaminhamento dos aspectos institucionais necessários para implantar as decisões que seriam tomadas no evento.

O resultado concreto desse encontro foi a **Declaração do Rio**, também chamada **Carta da Terra**, que apresenta princípios para nortear os Estados e outros agentes sociais a minimizar os impactos sobre o ambiente.

Agenda 21

Esse documento apresentava um planejamento para os países participantes do evento segundo os princípios do desenvolvimento sustentável. Previa o repasse de recursos dos países mais ricos para os mais pobres, o que não aconteceu.

No Brasil foi implantada em 2002; cada município criaria um fórum formado por governantes e pela sociedade civil para construir, juntos, um plano local de desenvolvimento sustentável com prioridades para curto, médio e longo prazos.

Outras resoluções importantes:

- Declaração de Princípios sobre Florestas: auxiliar na gestão, na conservação e no desenvolvimento sustentável das florestas, considerando suas funções e usos múltiplos, como os relacionados à sua importância para os povos tradicionais.
- Convenção-Quadro das Nações Unidas sobre Mudança do Clima.
- Convenção sobre Diversidade Biológica.

Fórum Global

Evento paralelo à Rio-92 conduzido por organizações não governamentais e movimentos sociais. Entre outros encaminhamentos foi apresentada a *Declaração do Povo da Terra*, documento que continha princípios e avaliação sobre as causas da degradação ambiental.

Conteúdo referente à página 188.

Rio+10: novas metas socioambientais

Em 2002, em Johannesburgo, na África do Sul, aconteceu a **Cúpula Mundial sobre Desenvolvimento Sustentável**, que ficou conhecida como Rio+10.

Nesse encontro, foram abordados os seguintes temas: redução da pobreza, proteção das condições do clima e da biodiversidade e a universalização do saneamento. A meta de reduzir pela metade até 2015 a população cuja renda fosse inferior a 1 dólar por dia e de pessoas em estado de fome e sem acesso a água potável ainda não foi conquistada.

Conteúdo referente à página 189.

Rio+20: modelo de governança ambiental

Em 2012, novamente no Rio de Janeiro, aconteceu a Conferência das Nações Unidas sobre Desenvolvimento Sustentável, conhecida como Rio+20.

Esse encontro buscava criar uma nova instituição no sistema das Nações Unidas específica para temas ambientais e o fortalecimento do Pnuma. Foram debatidos os seguintes temas:

- **economia verde**: conciliar o desenvolvimento econômico com a proteção ambiental e a inclusão social.
- **transição justa**: mudança na forma hegemônica de produzir para se adequar a um modelo que garanta direitos e oportunidades aos trabalhadores.

Aplique o que aprendeu

Atividade resolvida

Em 1972, a ONU, em função das pressões de movimentos ambientalistas e da maior consciência sobre a problemática ambiental, promoveu o primeiro encontro mundial sobre o meio ambiente com objetivo de envolver governos e instituições e buscar soluções universais para minimizar as ameaças à natureza: a Conferência das Nações Unidas sobre Meio Ambiente Humano, em Estocolmo (Suécia).

Nessa conferência, apesar do embate entre *zeristas e desenvolvimentistas*, foram delineados alguns princípios universais que orientaram o estabelecimento de metas e políticas ambientais futuras e associaram o conceito de qualidade de vida à qualidade ambiental e à justiça social.

a) O que defendiam os *zeristas* e os *desenvolvimentistas*?

b) Qual foi a importância dessa conferência?

Respostas:

a) O grupo dos *zeristas*, formado por alguns países ricos, defendia o crescimento zero de países mais pobres; e o grupo dos *desenvolvimentistas*, constituído de países mais pobres, recusava aceitar qualquer acordo que estabelecesse restrições a seu crescimento e defendia o desenvolvimento econômico.

b) Por ter sido a primeira conferência mundial sobre meio ambiente, foi importante para colocar na agenda mundial essa questão e abrir caminhos para propostas e acordos mais específicos no futuro.

Comentário

Essa questão busca contextualizar o tema que será objeto de reflexão. Entretanto, parte da resolução pode ser obtida pela interpretação do texto e pela identificação de trechos significativos para a elaboração da resposta do item **b** (veja os trechos destacados no texto). Entretanto, para responder ao item **a**, é preciso dominar o conteúdo exigido, pois não há no texto nenhuma referência aos grupos, exceto que tinham ideias opostas.

Atividades

1. Em 1992, o Rio de Janeiro abrigou a Conferência das Nações Unidas sobre o Ambiente e o Desenvolvimento, a chamada **Rio-92** ou **Eco 92**.

Plenário da Rio-92, uma conferência da ONU ocorrida no Rio de Janeiro (RJ), em 1992.

Da Rio-92 resultaram as seguintes metas e compromissos:

a) Pnuma, Economia Verde e Transição Justa.

b) Conceito de Desenvolvimento Sustentável, Convenção sobre Armas Químicas e Carta da Terra.

c) Declaração de Princípios sobre Florestas, Carta da Terra e Pnuma.

d) Agenda 21, Convenção da Biodiversidade, Convenção do Clima e Declaração de Princípios sobre Florestas.

e) Convenção do Clima, Carta da Terra e Transposição Justa.

2. (Udesc)

As represas armazenam recursos hídricos para produção de alimentos, geração de energia, controle de enchentes e uso doméstico. Na década de 1990, foram gastos, por ano, de 32 bilhões a 46 bilhões de dólares em grandes represas. Atualmente, quase 40% das terras irrigadas dependem de represas, e as usinas hidrelétricas geram 19% da eletricidade mundial. Mas a que custo?

CLARKE, R.; KING, J. *O atlas da água*. São Paulo: Publifolha, 2005. p. 44.

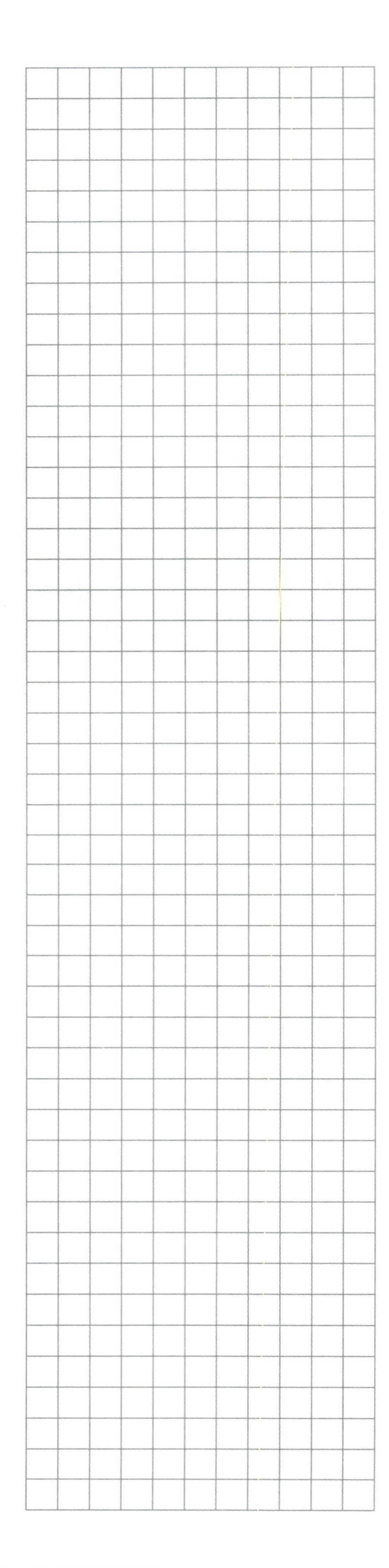

Sobre a questão enunciada, considere as seguintes afirmações:

I. A construção de grandes represas pode ajudar a proteger cidades e comunidades rurais das enchentes e gerar energia; mas provoca a perda de terras férteis, como as planícies aluviais, como ocorreu com a represa da usina hidrelétrica de Três Gargantas, na China.

II. Construída no rio Paraná ao longo da década de 1970, a Itaipu Binacional é uma importante fornecedora de energia elétrica ao Brasil e ao Paraguai. Entretanto, a construção do lago de 1 350 km^2 provocou, à época, o deslocamento de milhares de famílias e a eliminação de florestas tropicais.

III. A represa da usina de Assuã foi construída na década de 1960 no rio Nilo, no Egito, para apoiar a modernização agrícola e atividades industriais. Entre os efeitos da criação do lago de 5 mil km^2 estiveram o deslocamento de milhares de pessoas, redução da pesca e o aumento da erosão nas margens do rio.

Complementa corretamente o texto inicial o que foi afirmado em:

a) I, apenas.
b) II e III.
c) I, II e III.
d) III, apenas.
e) Nenhuma das alternativas.

 (IFTM)

Fonte: http://karlacunha.com.br/tag/charges/, acesso em 20/11/2012.

A Carta da Terra

Estamos diante de um momento crítico na história da Terra, numa época em que a humanidade deve escolher o seu futuro. À medida que o mundo torna-se cada vez mais interdependente e frágil, o futuro enfrenta, ao mesmo tempo, grandes perigos e grandes promessas. Para seguir adiante, devemos reconhecer que o meio de uma diversidade de culturas e formas de vida, somos uma família humana e uma comunidade terrestre com um destino comum. Devemos somar forças para gerar uma sociedade sustentável global baseada no respeito pela natureza, nos direitos humanos universais, na justiça econômica e numa cultura de paz. Para chegar a esse propósito, é imperativo que, nós, os povos da terra, declaremos nossa responsabilidade uns para os outros, com grande comunidade da vida, e com as futuras gerações. (...)

Preâmbulo da Carta da Terra. Em: www.earthcharter.org.

Diante das questões ambientais e do desenvolvimento sustentável que permeiam as discussões da sociedade atual, assinale a opção correta:

a) O conceito de desenvolvimento sustentável começou a ser elaborado no início do século XVI, antes mesmo da Primeira Revolução Industrial.

b) Em 1972, em Estocolmo, na Suécia, representantes de 113 países reuniram-se para debater questões relativas ao meio ambiente. Este encontro é considerado como a primeira mobilização em torno desse tema.

c) Em 1992, o Rio de Janeiro abrigou a Conferência das Nações Unidas sobre o Ambiente e o Desenvolvimento (Rio-92). Nesse encontro foi assinado o Protocolo de Kyoto por todos os países que participaram do evento.

d) Em 2002, foi a vez do Egito abrigar a Cúpula Mundial sobre o Desenvolvimento Sustentável; nesse encontro foram discutidas somente questões relacionadas ao meio ambiente. Esse encontro recebeu a denominação de Rio+10, pois aconteceu 10 anos após a conferência do Rio-92.

e) Em 2012, o Brasil foi o palco do encontro da maior conferência da ONU sobre desenvolvimento sustentável. Foram discutidas nessa ocasião a Agenda 21 e economia verde. Infelizmente, devido à crise econômica, países da União Europeia não participaram do evento.

4. (PUC)

Há algum tempo as preocupações ligadas ao relacionamento sociedade-natureza, bem como os prejuízos causados pelo homem ao meio ambiente natural, são pauta de muitos eventos, reuniões, conferências e acordos internacionais liderados pela ONU (Organização das Nações Unidas).

Sobre essa conjuntura, afirma-se:

I. Em 1972, realizou-se, em Viena, a 1ª Conferência Mundial do Meio Ambiente.

II. Movimentos ecológicos e entidades de proteção ao meio ambiente têm sido criados, tais como WWF (Fundo Mundial para a Natureza), Greenpeace e SOS Mata Atlântica.

III. A ONU lançou o relatório Nosso Futuro Comum, que incorpora o conceito de desenvolvimento sustentável.

IV. A conferência Rio+20 enfatizou a necessidade de a população mundial modificar seu modelo de consumo atual, independentemente do grau de riqueza nos diferentes países.

Estão corretas apenas as afirmativas

a) I e II.

b) I e IV.

c) III e IV.

d) I, II e III.

e) II, III e IV.

 **5.** (Uerj)

A ONU e o meio ambiente

Pode-se dizer que o movimento ambiental começou séculos atrás, como resposta à industrialização. Após a Segunda Guerra Mundial, a era nuclear fez surgir temores de um novo tipo de poluição por radiação. Em 1969, a primeira foto da Terra vista do espaço tocou o coração da humanidade com a sua beleza e simplicidade. Em 1972, a Organização das Nações Unidas convocou a Conferência das Nações Unidas sobre o Ambiente Humano, na Suécia, em Estocolmo. A declaração final do evento contém dezenove princípios que representam um manifesto ambiental para nossos tempos.

Adaptado de onu.org.br

Reprodução/UERJ, 2015.

A Conferência de Estocolmo e o surgimento de organizações ambientalistas, como Greenpeace e WWF, provocaram mudanças na percepção social da questão ambiental no final do século XX.

Dentre essas mudanças, a mais difundida foi a conscientização da:

a) limitação da tecnologia moderna

b) dimensão da interferência humana

c) recorrência do desmatamento intenso

d) insuficiência do abastecimento alimentar

6. (Uerj)

G-20 adota linha dura para combater crise

Grupo anuncia maior controle para o sistema financeiro

Cercada de expectativas, a reunião do G-20, grupo que congrega os países mais ricos e os principais emergentes do mundo, chegou ao fim, em Londres, com o consenso da necessidade de combate aos paraísos fiscais e da criação de novas regras de fiscalização para o sistema financeiro. Além disso, os líderes concordaram, dentre várias medidas, em injetar US$ 1,1 trilhão na economia para debelar a crise.

Adaptado de http://zerohora.clicrbs.com.br

A passagem da década de 1980 para a de 1990 ficou marcada como um momento histórico no qual se esgotou um arranjo geopolítico e teve início uma nova ordem política internacional, cuja configuração mais clara ainda está em andamento.

Conforme se observa na notícia, essa nova geopolítica possui a seguinte característica marcante:

a) diminuição dos fluxos internacionais de capital

b) aumento do número de polos de poder mundial

c) redução das desigualdades sociais entre o Norte e o Sul

d) crescimento da probabilidade de conflitos entre países centrais e periféricos

7. (Unesp)

As manchetes de jornal de junho de 2012 enfatizaram a Conferência das Nações Unidas sobre Desenvolvimento Sustentável. A Rio+20, como ficou conhecida, tinha o desafio de dar continuidade à conscientização global que teve início na Rio 92.

As diretrizes propostas por essas conferências têm por finalidade o desenvolvimento sustentável, o qual se refere a um modelo de

a) consumo que vise atender às necessidades das gerações presentes, sem comprometer o atendimento às necessidades das gerações futuras.

b) desenvolvimento social e econômico que objetive a satisfação financeira e cultural da sociedade.

c) consumo excessivo dos recursos naturais, com vistas à preservação, para as gerações futuras, das espécies animais em extinção.

d) desenvolvimento global que disponha dos recursos naturais para suprir as necessidades da geração atual.

e) desenvolvimento global que incorpore e priorize os aspectos do desenvolvimento econômico.

CAPÍTULO

8

Mudanças climáticas e conservação da biodiversidade

Você deve ser capaz de:

- Identificar e avaliar os impactos socioambientais relacionados às mudanças climáticas e a influência das atividades humanas no efeito estufa.
- Avaliar os acordos da Ordem Ambiental Internacional sobre mudanças climáticas.
- Analisar o posicionamento e as ações do Brasil no contexto das mudanças climáticas e da cooperação para a proteção da biodiversidade.

Reveja o que aprendeu

Conteúdo referente às páginas 194 e 195.

O aquecimento global e a conservação da biodiversidade são temas centrais da atual Ordem Ambiental Internacional, pois tanto suas causas quanto suas consequências ultrapassam as fronteiras nacionais.

O aquecimento global

O efeito estufa é um fenômeno natural de retenção de calor por gases dispersos na atmosfera responsáveis pela manutenção da temperatura média global em 14 °C. Atualmente se discute o aumento desses gases na atmosfera e o consequente aumento da temperatura média global, além das ameaças disso para os seres humanos e toda a biodiversidade.

O termo **mudanças climáticas** é mais correto para se referir a essa questão porque as mudanças não se limitam às temperaturas; elas compreendem também o regime de circulação das massas de ar, variações de precipitação e umidade, entre outros.

A maior parte das pesquisas indica que algumas atividades humanas são responsáveis pelo lançamento de gases que estão provocando o aumento da temperatura média global. Evidências do aquecimento global são o derretimento de geleiras e medições sistemáticas das médias de temperatura.

No entanto, há pesquisadores, conhecidos como céticos, que negam a influência humana sobre o clima global. Segundo eles, o eventual aumento de temperatura do planeta é resultado da variabilidade natural do clima decorrente de fenômenos nos quais os seres humanos não interferem, como os ciclos astronômicos.

A ciência ainda não consegue dar resposta definitiva para explicar o aumento das temperaturas médias do planeta. Entretanto, em decorrência da importância desse fenômeno, a comunidade científica e a política têm promovido muitos estudos, debates e acordos.

Conteúdo referente às páginas 196 e 197.

Painel Intergovernamental sobre Mudanças Climáticas (IPCC)

Em 1988 foi criado o Painel Intergovernamental sobre Mudanças Climáticas (IPCC, sigla em inglês para Intergovernmental Panel on Climate Change) pela Organização Meteorológica Mundial (OMM) e pelo Programa das Nações Unidas para o Meio Ambiente (Pnuma). Esta instituição conta com representantes indicados pelos governos dos países-membros e reúne centenas de cientistas de mais de 190 países.

Os objetivos do IPCC são apresentar as causas e os impactos ambientais, sociais e econômicos das mudanças climáticas, apontar possíveis respostas aos problemas e preparar documentos para as negociações internacionais sobre o tema.

Dentre os relatórios já elaborados, destaca-se o primeiro deles, publicado em 1990, que foi determinante para a criação da Convenção-Quadro das Nações Unidas sobre Mudança do Clima durante a Rio-92 e ainda hoje é o acordo mais importante sobre o assunto.

Em 2007 o conjunto das atividades do IPCC recebeu o Prêmio Nobel da Paz. Entretanto, apesar dos avanços metodológicos das pesquisas sobre a interferência humana no aquecimento global, o grupo de pesquisadores céticos ainda sustenta muitas críticas aos trabalhos realizados pelo IPCC.

Mudanças climáticas: desigualdades entre países

Conteúdo referente às páginas 197 e 198.

Tanto a contribuição para as mudanças climáticas quanto suas consequências variam entre os países. De modo geral, países com climas quentes e litorâneos tendem a sofrer com a escassez de chuvas e a elevação do nível do mar. Entre esses países, os mais pobres têm menos condições para se preparar para as eventuais mudanças climáticas e também têm pouco poder para contribuir para a solução dos problemas, pois é bem pequena sua emissão de gases de efeito estufa.

Atualmente, os responsáveis pela maior parte das emissões de gases de efeito estufa são as maiores economias do mundo desenvolvido, como Estados Unidos e países da União Europeia, além de países emergentes, como China, Brasil, Índia e África do Sul.

A Convenção do Clima

Conteúdo referente à página 199.

A Convenção do Clima, definida na Rio-92 e em vigor desde 1994, valorizava a tomada de ações preventivas e o desenvolvimento sustentável com o objetivo de que os países estabilizassem a emissão de gases de efeito estufa. Estabeleceu o princípio das responsabilidades comuns, porém diferenciadas, ou seja, todos os países devem contribuir para diminuir as emissões de gases de efeito estufa, a começar pelos que emitiram mais gases no passado e em quantidades maiores.

Foi reconhecida a prioridade de promoção do desenvolvimento dos países pobres com auxílio dos países ricos por meio de repasse de investimento e tecnologias menos poluentes. Houve o estabelecimento da Conferência das Partes (COP), órgão de monitoramento da Convenção do Clima, mas os demais objetivos traçados não foram atingidos.

Agentes das negociações sobre mudanças climáticas

Conteúdo referente às páginas 199 a 201.

Participam das negociações sobre mudanças climáticas instituições multilaterais, organizações não governamentais, instituições de ensino e pesquisa, empresas, sociedade civil e governos.

Estados Unidos, China e União Europeia são os principais agentes nas negociações sobre mudanças climáticas porque:

- são os maiores emissores de gases de efeito estufa do mundo;
- são importantes para o desenvolvimento de tecnologias que auxiliem na diminuição da emissão desses gases;
- financiam as ações desenvolvidas em países mais vulneráveis.

Os Estados Unidos se negam a reduzir a emissão de gases de efeito estufa se a China também não se comprometer a fazer isso. A China, por sua vez, alega que sua emissão *per capita* é menor que a do país norte-americano.

A União Europeia atua de modo favorável e conciliatório para concretizar os acordos sobre mudanças climáticas, apesar de suas diferenças internas.

O G77+China, formado por 134 países, entre eles o Brasil, em geral, representa os interesses dos países em desenvolvimento. Faz parte desse grupo a Aliança dos Pequenos Estados Insulares (Aosis), que luta pelas causas dos pequenos países-ilhas e países costeiros de baixa altitude, mais vulneráveis aos efeitos das mudanças climáticas.

Conteúdo referente às páginas 202 a 205.

Principais COPs: Kyoto (1997), Copenhague (2009) e Paris (2015)

Protocolo de Kyoto (COP-3)

Esta Conferência das Partes, realizada em 1997, estabeleceu compromissos efetivos de redução de emissões de gases de efeito estufa para países desenvolvidos – pelo menos 5% abaixo dos níveis de emissões verificados em 1990. Países de industrialização tardia não tiveram metas de redução determinadas, mas foram levados a desenvolver estudos e ações com a ajuda financeira e tecnológica dos países de renda mais elevada. O protocolo entrou em vigor apenas em 2005, pois dependia do compromisso de um número mínimo de países que o ratificassem; os Estados Unidos não o ratificaram.

Copenhague (COP-15)

Em 2009, apesar da grande expectativa de maior engajamento dos países na adoção de um conjunto de medidas efetivas e de curto prazo para a redução da emissão de gases de efeito estufa, muitas delas colocadas em pauta nas reuniões anteriores, a conferência terminou sem grandes avanços. O Protocolo de Kyoto foi estendido até 2020.

Acordo de Paris (COP-21)

Em 2015, mais de 190 países chegaram a um consenso sobre a necessidade de limitar o aumento da temperatura média do planeta ao máximo de 2 °C em relação aos níveis pré-industriais (com esforços para alcançar 1,5 °C). A grande novidade do Acordo de Paris foi que todos os países se comprometeram a reduzir suas emissões. Mas os compromissos ainda são voluntários, não há obrigações nem penalidades. O acordo passará a valer em 2020.

Entretanto, a decisão dos Estados Unidos de se retirar do acordo em 2017, muito criticada no mundo todo, ameaça sua efetividade.

Conteúdo referente às páginas 206 e 207.

O Brasil e as mudanças climáticas

A maior parte das emissões brasileiras de gases de efeito estufa ocorre por causa do desmatamento e da agropecuária.

Desde a primeira Convenção do Clima, em 1992, o Brasil criou estruturas políticas e de pesquisa para viabilizar a redução de suas emissões de gases de efeito estufa. O país teve participação ativa em todos os COPs e se destacou em Copenhague, em 2009, por assumir metas voluntárias de redução de emissão, antecipando as propostas do Acordo de Paris (2015), quando voltou a se comprometer com novas reduções.

Para atingir as metas estabelecidas, o Brasil adotará como estratégias o investimento na produção de bioenergia e o reflorestamento de grandes áreas de floresta.

Conteúdo referente às páginas 207 e 208.

Conservação da biodiversidade

Atualmente, a conservação da biodiversidade surge da necessidade de preservar seres vivos ameaçados de extinção e também de manter o funcionamento do sistema terrestre, expresso pela combinação de fatores climáticos, vegetação e litosfera. A demanda crescente por recursos naturais levou os países a pensar em propostas de regulação da exploração.

Conteúdo referente à página 208.

Convenção sobre Diversidade Biológica

Em 1988, o Pnuma convocou um grupo de especialistas para discutir a criação de uma convenção internacional sobre a diversidade biológica que acabou resultando no documento Convenção sobre Diversidade Biológica (CDB), assinado na Rio-92 e em vigor desde 1993.

A CDB visa à conservação da biodiversidade, ao uso sustentável da natureza, à justiça e à igualdade em relação ao acesso aos recursos naturais biológicos e à repartição dos benefícios decorrentes da sua utilização. Além disso, reconheceu o papel dos países e das populações tradicionais na conservação da biodiversidade.

O Protocolo de Cartagena

Conteúdo referente às páginas 208 e 209.

O Protocolo de Cartagena sobre Biossegurança surgiu diante dos riscos, ainda não avaliados profundamente, dos impactos dos Organismos Vivos Modificados (OVMs) na conservação da natureza e na saúde humana, e entrou em vigor em 2003.

Foram estabelecidas medidas sobre o transporte e a introdução de OVMs em um país que, conhecendo os riscos que eles apresentam, pode ou não autorizar a passagem ou a importação de produtos com OVMs.

Plataforma Intergovernamental sobre Biodiversidade e Serviços Ecossistêmicos

Conteúdo referente às páginas 210 e 211.

Em 2012, foi criada a Plataforma Intergovernamental sobre Biodiversidade e Serviços Ecossistêmicos (IPBES) com o objetivo de promover o desenvolvimento científico e o acesso a informações em relação a diferentes questões sobre a biodiversidade e de contribuir para a tomada de decisões que favoreçam a conservação, o desenvolvimento sustentável e a qualidade de vida humana.

É coordenada por quatro importantes agências da ONU: o Programa das Nações Unidas para o Meio Ambiente (Pnuma), o Programa das Nações Unidas para o Desenvolvimento (Pnud), a Organização das Nações Unidas para Agricultura e Alimentação (FAO) e a Organização das Nações Unidas para a Educação, a Ciência e a Cultura (Unesco).

Direitos das comunidades locais

Conteúdo referente às páginas 211 e 212.

A Convenção sobre Diversidade Biológica (CDB) reconheceu que as comunidades e os povos devem aprovar a exploração dos recursos genéticos dos lugares onde vivem e participar dela. Qualquer agente externo, como uma empresa multinacional ou outra organização, ao utilizar recursos ou conhecimento tradicional desses povos, deve repartir com eles os benefícios advindos dessa exploração.

Porém, os conhecimentos desses grupos sociais geralmente são difíceis de ser determinados. Assim, muitas empresas se apropriam indevidamente desses saberes e têm aval de organismos mundiais sobre propriedade intelectual e patentes ao registrarem em seu nome conhecimentos adquiridos de comunidades tradicionais.

O Brasil e a proteção da biodiversidade

Conteúdo referente à página 212.

O Brasil é o país com a maior biodiversidade do planeta: 20% das espécies do mundo estão em território brasileiro.

Também apresenta grande sociodiversidade, com centenas de povos indígenas e comunidades tradicionais (como quilombolas, caiçaras e seringueiros), que possuem conhecimento sobre a biodiversidade do país e sua conservação por meio de práticas sustentáveis.

A conservação do patrimônio ambiental brasileiro é uma questão cada vez mais urgente diante da fragmentação e da destruição de grandes porções de seus biomas.

O Brasil é um dos principais países nas discussões internacionais sobre a biodiversidade porque tem o maior número de espécies do planeta e também porque defende a soberania dos países em relação aos recursos existentes em seus territórios e atua no avanço dos processos de conservação da natureza e de valorização dos povos tradicionais.

Entretanto, há muito a avançar ainda na legislação e na fiscalização para evitar o desmatamento e garantir terras às comunidades tradicionais.

Aplique o que aprendeu

Atividade resolvida

Leia a charge a seguir e responda ao que se pede:

Charge de Adão Iturrusgarai, 2014.

a) Qual problema socioambiental é apresentado na charge?
b) Por que isso é um problema?
c) Qual é a regulação mundial sobre esse tema?

Respostas:

a) Biopirataria e/ou apropriação indevida de saberes de comunidades tradicionais.
b) Trata-se da expropriação de conhecimentos aprendidos na prática ao longo de muitos anos, ou seja, sem o consentimento de quem os detém.
c) A Convenção sobre Diversidade Biológica (CDB) reconhece que as comunidades e os povos devem aprovar a exploração dos recursos genéticos dos lugares onde vivem e participar dela.

Comentário

De modo geral, as charges abordam um tema de forma exagerada, estereotipada. Algumas são engraçadas, outras irônicas. O importante é captar a ideia central abordada; nesse caso, é a ação de estrangeiros na pesquisa de saberes de comunidades tradicionais. A leitura e a interpretação da charge possibilitam responder aos itens **a** e **b**. É possível inferir qual é o problema da exploração indevida de conhecimentos tradicionais e elaborar uma resposta satisfatória. Já o item **c** exige que sejam conhecidos conteúdos factuais não presentes na charge. É preciso saber que há uma convenção internacional que regula a exploração dos recursos genéticos. Caso a convenção não seja especificada, é preciso ao menos explicar que existe a regulamentação e o que ela prevê, em linhas gerais.

Atividades

1.

2010, o ano mais quente da história?

A esperteza – para não dizer coisa pior – dos "céticos" ou "negacionistas" da mudança do clima não tem limites. O negócio deles é semear a dúvida, lançar suspeitas e espalhar desinformação, mesmo que isso implique destruir a confiança na própria ciência.

Um de seus argumentos é que o aquecimento global estaria virando desaquecimento global. Afinal, a temperatura média da troposfera (a camada mais baixa da atmosfera) não aumentou desde 1998, o ano mais quente no registro histórico. E se 2010 bater o recorde de 1998? [...]

De todo modo, o que os negacionistas sempre omitem é que a década de 2000-2009 foi a mais quente jamais registrada. Pouco importa se 1998 ou 2005 detêm o recorde com alguns centésimos de grau a mais. O que interessa é a tendência [...].

LEITE, M. *Folha de S.Paulo*, 15 set. 2010. Disponível em: <www1.folha.uol.com.br/colunas/marceloleite/2010/09/797919-2010-o-ano-mais-quente-da-historia.shtml>. Acesso em: 29 jun. 2018.

A leitura do texto demonstra que:

a) embora as temperaturas atmosféricas tenham aumentado nas últimas décadas, existem opiniões divergentes sobre um possível aquecimento global.

b) os "céticos" ou "negacionistas" aceitam a teoria do aquecimento global, mas discordam do método para a sua verificação.

c) segundo o autor, os "céticos" ou "negacionistas" estão contribuindo para o avanço da ciência do clima.

d) para os "céticos", não há como medir a tendência das temperaturas do planeta, por isso os dados não são confiáveis.

e) os "céticos" ou "negacionistas" afirmam que o desaquecimento global vem ocorrendo em razão do derretimento das geleiras, o que tem provocado queda das temperaturas em algumas regiões do planeta.

2. (UFPA)

Dados do Protocolo de Kyoto indicam que em 1990 países como Alemanha, Austrália, Canadá, Estados Unidos da América, Federação Russa, Reino Unido da Grã-Bretanha e Irlanda do Norte, França, Itália, Japão e Polônia eram responsáveis por cerca de 87% das emissões de CO_2 na atmosfera. Em relação a esse Protocolo é correto afirmar:

a) O Protocolo de Kyoto representa uma grande inovação nas políticas globais para o meio ambiente, pois, além de fixar uma meta de redução sobre os níveis de emissão de gases na atmosfera, cria um sistema de créditos de emissões entre países.

b) O Protocolo de Kyoto determina a todos os países que, em curto prazo, estes reduzam os níveis de emissão de gases responsáveis pelo efeito estufa no planeta.

c) O Protocolo de Kyoto estabelece os mesmos níveis de emissão de gases (CO_2) conforme os padrões de industrialização, bem como o modelo energético adotado pelas economias nacionais.

d) O Protocolo de Kyoto tem como meta reduzir a industrialização no mundo. Países como China, Brasil, Índia e México, que experimentam forte crescimento econômico, vivenciam sérios problemas gerados por serem obrigados a reduzir seu crescimento.

e) O Protocolo de Kyoto resultou de negociações da Convenção sobre Mudanças Climáticas Globais, que foram fruto de um acordo liderado pelos Estados Unidos, tendo em oposição a União Europeia.

3. Ao estabelecer, como ação voluntária, a redução de emissões de CO_2 em um patamar entre 36,1% e 39%, o Brasil leva para Copenhague algo além de números a serem alcançados até 2020. O compromisso é uma evolução de paradigma nas negociações brasileiras junto à Conferência das Partes sobre o Clima, influenciando uma mudança de posição no processo de decisões. Nosso propósito é estabelecer um forte acordo político, um espaço possível e pragmático de negociação, tanto no grupo G-77, quanto entre os integrantes do Anexo I e do Protocolo de Kyoto, os países desenvolvidos que devem entrar com uma cota expressiva de reduções de emissões. De acordo com o IPCC (Painel Intergovernamental de Mudança Climática), o limite máximo de emissões previsto para o século XXI é de 1,8 trilhão de toneladas de CO_2 equivalente. Até 2005, já havíamos lançado 45 bilhões delas na atmosfera, ritmo que nos levará a estourar as previsões iniciais em 2030. Essa limitação nos conduz, sobretudo, à busca urgente de uma nova fórmula para abordar o delicado balanço emissões-desenvolvimento, estabelecendo como objetivo a ampliação de economias de baixo carbono.

MINC, Carlos; KAHN, Suzana. Compartilhar as responsabilidades. *Le Monde Diplomatique*, 3 dez. 2009. Disponível em: <https://diplomatique.org.br/compartilhar-as-responsabilidades/>. Acesso em: 30 jun. 2014.

Qual o significado da "evolução de paradigma nas negociações brasileiras junto à Conferência das Partes sobre o clima", conforme proferido pela posição do Brasil no encontro COP-15, realizado em Copenhague, em dezembro de 2009?

a) Diminuir a emissão de CO_2 seria fatalmente desindustrializar o Brasil, por isso a necessidade de defender a cota-parte de emissão dos países em desenvolvimento.

b) O Brasil, dada sua quantidade de biomassa disponível, pode se configurar como uma potência energética do século XXI. Daí sua capacidade de colocar propostas e negociar com todos os países nesses encontros.

c) Os países desenvolvidos costumeiramente aceitam bem e adotam as propostas de diminuição de emissão de gases-estufa.

d) O G-77, grupo dos países menos desenvolvidos, aceita tranquilamente quaisquer propostas dos países desenvolvidos do G-8.

e) O delicado balanço emissões-desenvolvimento revela a impossibilidade do desenvolvimento sustentável, conforme se verifica no teor do artigo.

4.

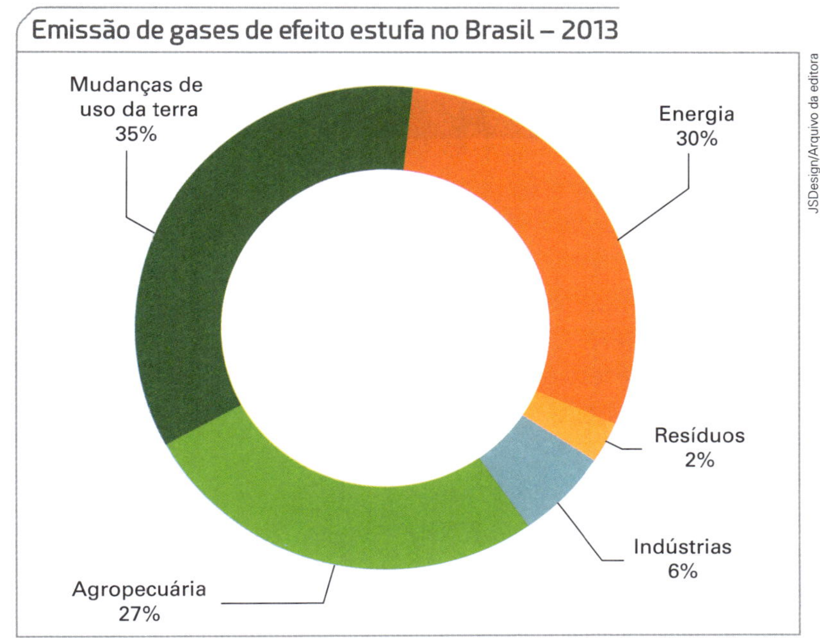

Elaborado com base em: Emissão de gases do efeito estufa no Brasil cresceu 7,8% no ano passado em comparação com 2012. *Globo Rural*. Disponível em: <https://revistagloborural.globo.com/Noticias/Sustentabilidade/noticia/2014/11/emissao-de-gases-do-efeito-estufa-no-brasil-cresceu-78-no-ano-passado-em-comparacao-com-2012.html>. Acesso em: 2 jul. 2018.

a) Segundo o gráfico, quais são as principais origens das emissões dos gases de efeito estufa no Brasil?

b) Que práticas e políticas devem ser adotadas prioritariamente pelo país para reduzir suas emissões de gases de efeito estufa?

5. Que argumentos o grupo de pesquisadores denominados "céticos" apresenta para sustentar sua posição diante do debate sobre o aquecimento global?

CAPÍTULO 9

Resíduos perigosos e desertificação

Você deve ser capaz de:

- Refletir sobre a geração de resíduos e analisar processos do descarte do lixo.
- Identificar fontes e impactos da produção e da destinação inadequada de resíduos no mundo.
- Analisar os impactos do avanço da desertificação e a importância da Convenção para o Combate à Desertificação nesse contexto.

Conteúdo referente às páginas 218 a 221

Reveja o que aprendeu

O atual ritmo de produção e consumo da economia capitalista globalizada aumenta a pressão sobre o meio ambiente não apenas no volume e na intensidade de exploração dos recursos naturais, mas também na necessidade de descarte dos mais variados resíduos e ocupação de biomas suscetíveis à desertificação.

Resíduos perigosos

Resíduo é tudo que é descartado após o uso. Pode ser sólido, semissólido, líquido ou gasoso. Os resíduos perigosos, por sua vez, são os resíduos que podem gerar riscos à saúde pública e contaminação, causando impactos sociais e ambientais.

O modo de produção atual é responsável pela geração de grande volume e variados tipos de resíduos. A formação de novos hábitos de vida associados ao elevado consumo e desperdício caracterizam o comportamento de sociedades industrializadas, definidas por alguns autores como **sociedades dos resíduos**.

Os lixões são áreas urbanas ou rurais a céu aberto que recebem todo tipo de resíduo sólido sem nenhum tipo de controle e normas de proteção ambiental e social. Provocam contaminação do solo, do lençol freático e do ar, além de riscos à saúde humana. Desde 2010 são proibidos no Brasil.

Fontes de resíduos perigosos

São variadas e estão associadas a diferentes atividades: industriais, agrárias, energéticas, serviços de saúde, etc.

Na indústria, a produção de muitos resíduos tóxicos fez com que alguns países adotassem processos mais adequados para lidar com o problema, por meio da elaboração de leis e técnicas de controle e gestão do lixo industrial:

- **coprocessamento**: parte dos resíduos é utilizada como combustível, controlando e dando tratamento às partículas resultantes desse processo, assim como às emissões gasosas;
- **reciclagem**: resíduos aproveitados em outras etapas do processo industrial;
- **estocagem**: resíduos muito tóxicos que não podem ser reciclados nem descartados (resíduos nucleares) são acondicionados em recipientes que os isolam de outras substâncias, da ação de intempéries e do contato com seres vivos e com a água;
- **aterros sanitários industriais**: áreas preparadas para a disposição de resíduos perigosos que consistem na construção de um ambiente isolado e controlado.

Na agricultura, o maior problema é o intenso uso de agrotóxicos e fertilizantes e o descarte de suas embalagens. Os impactos podem se dar diretamente nos seres humanos, por meio da contaminação por manipulação ou ingestão de alimentos contaminados, ou pela contaminação dos solos, de lençóis freáticos e do ar.

O serviço de saúde é uma atividade que envolve o uso e o descarte de material orgânico e de não orgânicos contaminados, como os **resíduos biológicos** (sangue, pele e órgãos humanos) e materiais de origem hospitalar contaminados. Também gera **resíduos químicos**, como os remédios.

A incorreta disposição dos resíduos radioativos pode causar grandes danos ao ambiente e aos seres humanos. Por permanecerem ativos (emitindo radiação) por muito tempo, é necessário isolá-los e armazená-los corretamente por muitos anos. Esses resíduos resultam de processos de geração de energia nuclear e de máquinas e equipamentos como os que fazem radiografia.

Convenção de Basileia

Conteúdo referente às páginas 222 e 223

A Convenção de Basileia sobre o Controle dos Movimentos Transfronteiriços de Resíduos Perigosos e seu Depósito é um acordo internacional que visa estabelecer orientações para o deslocamento de resíduos perigosos entre os países. Criada em 1989, passou a vigorar em 1992. Em 2018, contava com a participação de 186 países.

Resultou do intenso trânsito mundial de resíduos, sobretudo de países ricos que destinam parte de seus resíduos para países pobres. Atualmente também promove análises dos impactos dos novos resíduos que resultam dos avanços tecnológicos.

Os relatórios da Convenção de Basileia apontam que, anualmente, quase 180 milhões de toneladas de resíduos perigosos são gerados ao redor do mundo. Cerca de 10 milhões de toneladas desses resíduos circulam entre as nações, vistos como oportunidades de negócio. Alguns países lançam seus resíduos no oceano, infringindo leis internacionais, como a própria Convenção de Basileia e a Convenção das Nações Unidas sobre o Direito do Mar.

O Brasil é signatário da Convenção da Basileia desde 1993 e, segundo sua legislação, não pode receber resíduos de países que não tenham técnicas adequadas de tratamento.

Desertificação

Conteúdo referente às páginas 223 e 224

É o empobrecimento dos ecossistemas áridos, semiáridos e subúmidos, cujo solo perde a capacidade produtiva. Como consequência, ocorre a diminuição da biodiversidade.

Entre as causas da desertificação, estão o crescimento das cidades, o uso excessivo dos recursos naturais e de práticas agrícolas e pecuárias intensas, mudanças climáticas locais e desmatamento.

As consequências desse fenômeno são lentas e cumulativas. Cerca de 12 milhões de hectares de terras sofrem desertificação ou os efeitos da seca, com menor disponibilidade hídrica nos cursos de água, o rebaixamento ou o desaparecimento das águas subterrâneas, menos incidência de chuva em decorrência de mudanças do clima local e a perda de diversidade biológica. Há ainda a migração populacional em busca de terras férteis.

Convenção para o Combate à Desertificação

Conteúdo referente às páginas 225 e 226

Em 1977, foi realizada a primeira conferência organizada pela ONU para debater o problema da desertificação. Os países mais afetados pela desertificação propuseram em 1991 o texto inicial para a convenção, que foi concluído em 1994.

A Convenção das Nações Unidas para o Combate à Desertificação (UNCCD) entrou em vigor dois anos depois, em 1996. Em 2007, a Assembleia Geral da ONU definiu a Década das Nações Unidas para os Desertos e a Luta contra a Desertificação entre 2010 e 2020.

O combate à desertificação e à degradação do solo foi incluído nos Objetivos de Desenvolvimento Sustentável, que estabeleceram metas de recuperação ambiental para o mundo até 2030.

Desertificação no Brasil

Conteúdo referente às páginas 226 e 227

Cerca de 15% do território brasileiro está sujeito à desertificação. Grande parte dos estados do Nordeste brasileiro é afetada por esse fenômeno social e ambiental, além de Minas Gerais e Espírito Santo.

Há programas e ações estatais para combater a desertificação, como o Programa Um Milhão de Cisternas, que visa à construção de cisternas no semiárido para armazenar a água das chuvas tanto para o abastecimento familiar como para a prática agrícola.

Aplique o que aprendeu

Atividade resolvida

Observe o infográfico a seguir e responda às questões.

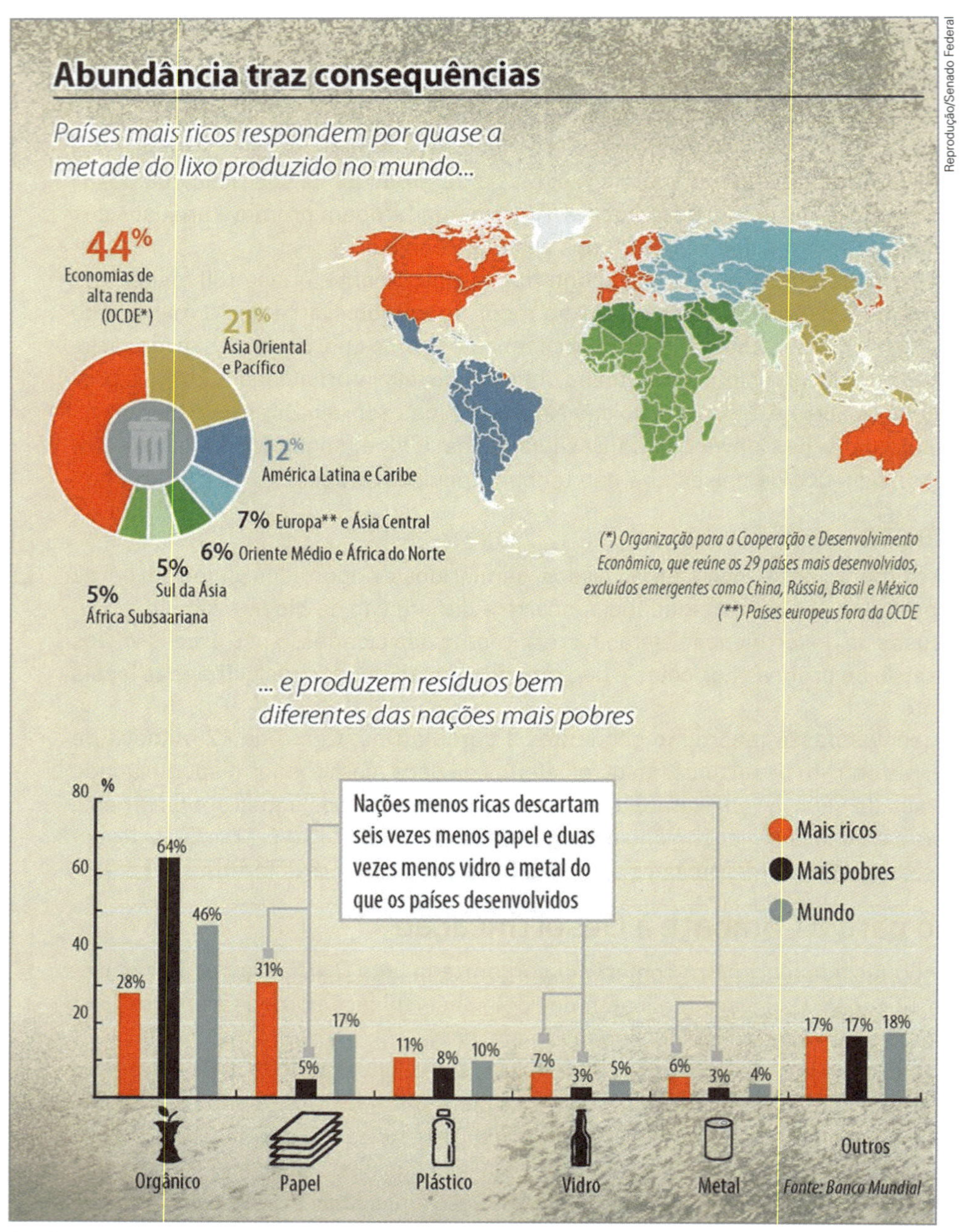

BRASIL. Rumo a 4 bilhões de toneladas por ano. *Em Discussão!*, ano 5, n. 22, p. 50, set. 2014.

a) Quais países ou regiões geram mais resíduos? E quais geram menos?

b) Qual a relação entre o nível de riqueza de um país e a geração de resíduos?

c) Entre os resíduos gerados, há muitos que precisam ser corretamente descartados ou armazenados, pois podem representar perigo para os seres humanos e o ambiente. Antes da Convenção de Basileia, de 1992, havia mais problemas internacionais relacionados aos resíduos. Sobre o que dispõe a Convenção de Basileia?

Respostas:

a) Estados Unidos, Canadá, Europa Ocidental, Japão e Austrália são os países que mais geram resíduos. África, Oriente Médio e sul da Ásia são as regiões com menor participação da produção de resíduos. Além disso, o total de habitantes dos países ricos é bem inferior ao de países pobres, portanto a diferença entre geração de resíduos *per capita* é enorme.

b) Os países mais ricos geram mais resíduos, e, dentre os tipos de resíduos gerados, descartam mais resíduos industrializados que os países mais pobres.

c) A Convenção de Basileia sobre o Controle dos Movimentos Transfronteiriços de Resíduos Perigosos e seu Depósito é um acordo internacional que visa estabelecer orientações para o deslocamento de resíduos perigosos entre os países. Criada em 1989, passou a vigorar em 1992.

Comentário

Esta atividade apresenta um infográfico com informações organizadas em mapa, dois tipos de gráfico e texto. A interpretação dessas informações possibilita responder adequadamente aos itens **a** e **b**. Pode-se enriquecer a resposta acrescentando dados não presentes no infográfico que revelem a habilidade de inferir, associar e fazer conclusões mais amplas. No caso da resposta sugerida ao item **a**, a simples relação entre o total de resíduo gerado pelo número da população expressa essa habilidade. No item **b**, responder apenas que os países ricos produzem mais resíduos que os mais pobres é muito simples; pode-se oferecer uma análise um pouco mais profunda, como qualificar o tipo de resíduo gerado. Já o item **c** exige conhecimento prévio para a sua resposta.

Atividades

1. O Brasil é o maior mercado de agrotóxicos do mundo e representa 16% da sua venda mundial. Em 2009, foram vendidas aqui 780 mil toneladas, com um faturamento estimado da ordem de 8 bilhões de dólares. Ao longo dos últimos 10 anos, na esteira do crescimento do agronegócio, esse mercado cresceu 176%, quase quatro vezes mais do que a média mundial, e as importações brasileiras desses produtos aumentaram 236% entre 2000 e 2007.

BAVA, S. C. Alimentos contaminados. *Le Monde Diplomatique Brasil*, 1º abr. 2010. Disponível em: <https://diplomatique.org.br/alimentos-contaminados/>. Acesso em: 30 jun. 2018.

Suponha que com base nessa informação você deva encaminhar uma carta à Agência Nacional de Vigilância Sanitária (Anvisa), órgão governamental responsável pela fiscalização do uso de agrotóxicos no Brasil, pedindo mais controle do governo em relação ao uso desses insumos. Um dos argumentos utilizados pode ser:

a) O uso de agrotóxicos compromete o lucro das agroindústrias nacionais, já que esses produtos são, em grande parte, fabricados por multinacionais.

b) O uso de agrotóxicos tem prejudicado a imagem dos produtos agrícolas brasileiros no exterior, derrubando nossas exportações.

c) O uso de agrotóxicos compromete nossos aquíferos, destrói a vida animal e vegetal, trazendo prejuízos econômicos e ambientais.

d) O consumidor brasileiro já tem amplo conhecimento dos males provocados ao ambiente e à saúde do trabalhador.

e) O agronegócio brasileiro não é dependente de agrotóxicos, por isso eles podem ser proibidos no Brasil.

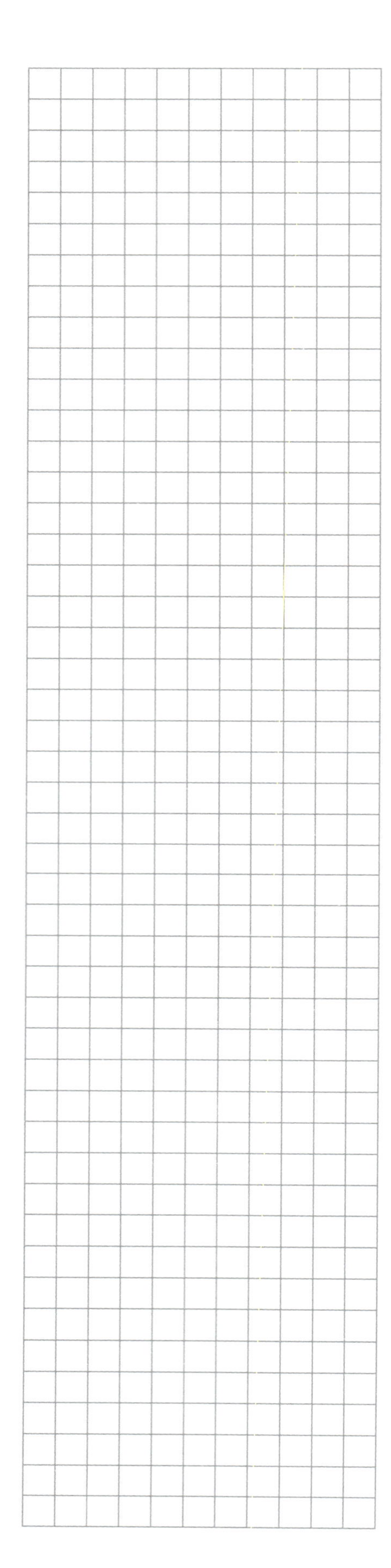

2. O lixo tem sido um dos grandes problemas resultantes do modo de vida das sociedades contemporâneas. Atualmente, soma-se a isso a questão da produção e da destinação do lixo eletrônico.

Lixo eletrônico no Brasil

O consumo de eletroeletrônicos cresceu muito no Brasil e, com ele, a geração de lixo. O gráfico mostra as vendas de três produtos e o tempo que levam para serem descartados.

Equipamentos vendidos no Brasil (em milhões de unidades)

	2004	2006	2008	2010
CELULARES Vida útil: **4 anos**	28,9	33,4	48,6	47,6
TVs Vida útil: **8 anos**	7,8	12	11	11
PCs Vida útil: **5 a 8 anos**	4	8,2	11,7	13,5

Adilson Secco/Arquivo da editora

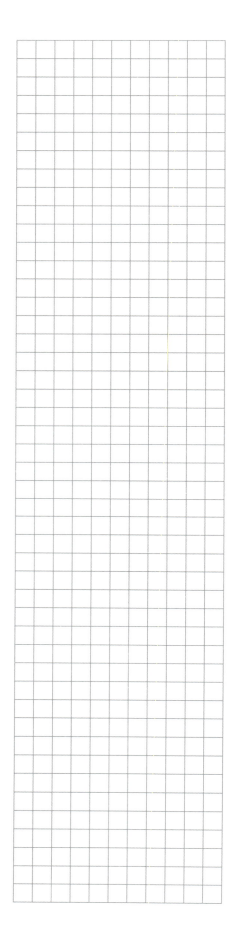

Elaborado com base em: *Guia Exame Sustentabilidade 2010*, nov. 2010, p. 88.

Os dados do gráfico apresentam um aspecto relacionado à problemática do lixo, que é:

a) embora tenha aumentado em quantidade, o lixo eletrônico não causa problemas ao meio ambiente, já que não é produzido com materiais tóxicos:

b) o Brasil não é um grande produtor de lixo eletrônico, pois ainda não possui um mercado de consumo consolidado.

c) a produção de lixo eletrônico começou a se estabilizar a partir de 2010, tendo em vista que o pico de vendas desses equipamentos foi atingido em 2008.

d) a responsabilidade pelo descarte correto de produtos eletrônicos deve ser compartilhada pelos fabricantes, distribuidores, importadores e consumidores, conforme determina lei recentemente aprovada.

e) não há interesse dos fabricantes em reciclar os eletrônicos descartados porque não é possível reaproveitar seus componentes.

3. Durante a sanção do projeto de lei que cria a Política Nacional de Resíduos Sólidos (lixo) [Lei Federal n. 12 305, de 02/08/2010] no país, o presidente Luiz Inácio Lula da Silva disse que a lei é uma revolução em termos ambientais no Brasil. [...]

Com a sanção da lei, o Brasil passa a ter um marco regulatório na área de resíduos sólidos. A lei faz a distinção entre resíduo (lixo que pode ser reaproveitado ou reciclado) e rejeito (o que não é passível de reaproveitamento). A lei se refere a todo tipo de resíduo: doméstico, industrial, construção civil, eletroeletrônico, lâmpadas de vapores mercuriais, agrossilvopastoril, da área de saúde, perigosos etc.

A Política Nacional de Resíduos Sólidos reúne princípios, objetivos, instrumentos e diretrizes para a gestão dos resíduos sólidos. O projeto de lei, que tramitou por mais de 20 anos no Congresso Nacional até que fosse aprovado, responsabiliza as empresas pelo recolhimento de produtos descartáveis (logística reversa), estabelece a integração de municípios na gestão dos resíduos e responsabiliza toda a sociedade pela geração de lixo.

RICHARD, Ivan. Lula sanciona lei sobre política nacional de reciclagem. *Exame*, 10 out. 2010. Disponível em: <http://exame.abril.com.br/economia/meio-ambiente-eenergia/noticias/lula-sanciona-lei-politica-nacional-reciclagem-583969>. Acesso em: 30 jun. 2018.

[Marco regulatório] é um conjunto de normas, leis e diretrizes que regulam o funcionamento dos setores nos quais agentes privados prestam serviços de utilidade pública. Parece complicado, mas não é. Um exemplo clássico de setor que precisa de marco regulatório no Brasil é o de telefonia. Em 1998, empresas privadas passaram a atuar no ramo e foi necessário o estabelecimento de critérios rígidos para garantir a continuidade, a qualidade e a confiabilidade dos serviços prestados à população. O mesmo aconteceu com a área de energia elétrica e a de administração de rodovias.

WOLFFENBÜTTEL, Andréa. O que é? – Marco regulatório. *Desafios do Desenvolvimento*, n. 19, ano 3, fev. 2006. Disponível em: <http://www.ipea.gov.br/desafios/index.php?option=com_content&view=article&id=2093&catid=41&/temid=49>. Acesso em: 30 jun. 2018.

Com base na leitura dos dois textos e em seus conhecimentos sobre políticas públicas ambientais, assinale a afirmativa correta:

a) A lei, que faz distinção entre resíduo sólido e rejeito, trata exclusivamente do primeiro, pois nenhum rejeito pode ser reaproveitado e, portanto, não faz parte da Política Nacional de Resíduos Sólidos.

b) A instituição do marco regulatório coloca a questão da corresponsabilidade de agentes públicos e privados quanto ao tratamento dado aos resíduos sólidos, no caso citado acima.

c) Os impactos ambientais, que ocorrem apenas em áreas urbanas, são provenientes do mau direcionamento dos resíduos sólidos, daí a importância da referida lei.

d) A grande diversidade de resíduos sólidos, provenientes de todas as formas de consumo da sociedade contemporânea, exige que a lei desobrigue o Estado da gestão desses resíduos, bem como seu tratamento e destino final.

e) A logística reversa diz respeito à responsabilidade que o Estado tem sobre o tratamento dos resíduos gerados a partir do consumo das mercadorias produzidas pelas indústrias.

 (FGV)

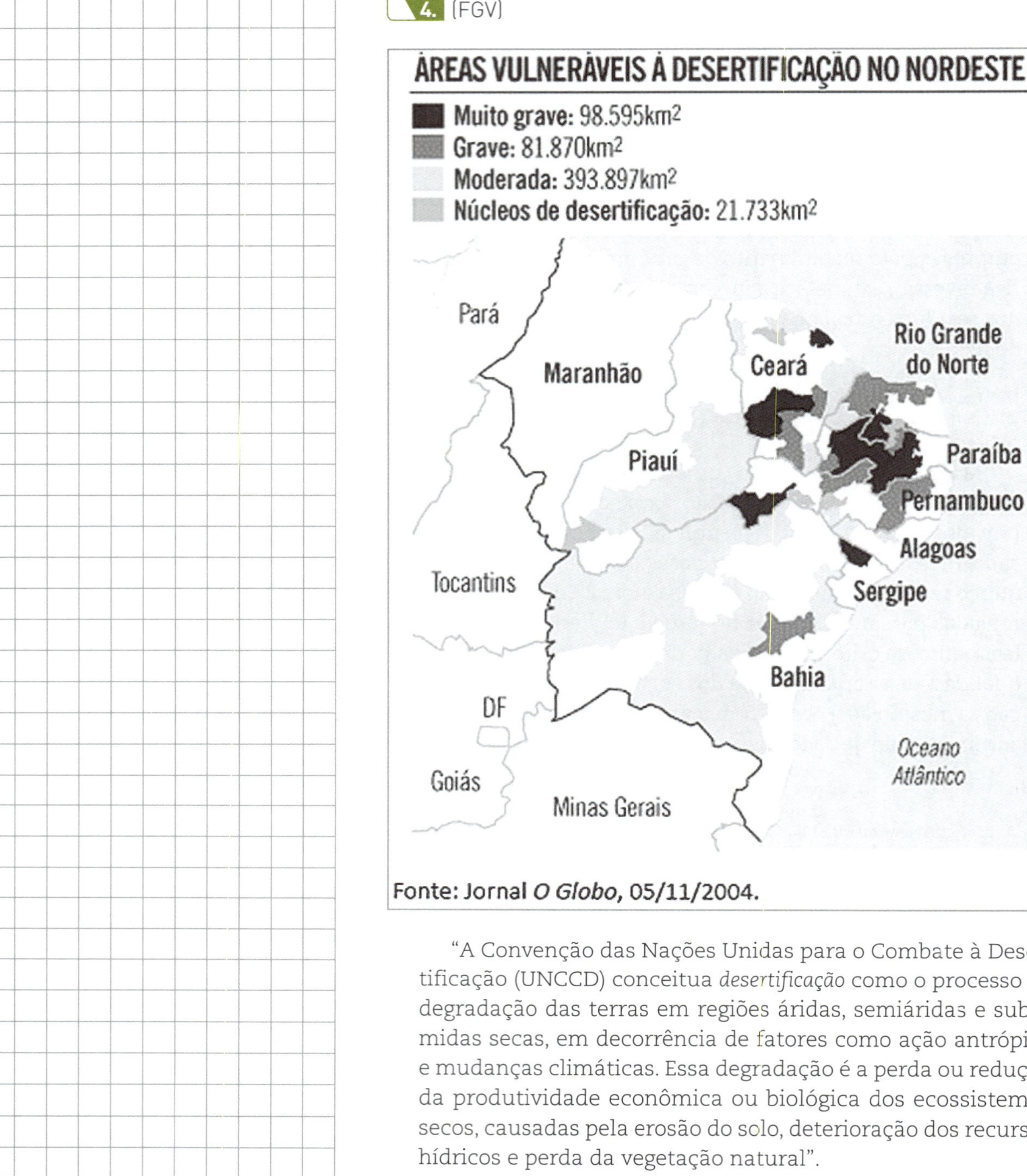

Fonte: Jornal *O Globo*, 05/11/2004.

"A Convenção das Nações Unidas para o Combate à Desertificação (UNCCD) conceitua *desertificação* como o processo de degradação das terras em regiões áridas, semiáridas e subúmidas secas, em decorrência de fatores como ação antrópica e mudanças climáticas. Essa degradação é a perda ou redução da produtividade econômica ou biológica dos ecossistemas secos, causadas pela erosão do solo, deterioração dos recursos hídricos e perda da vegetação natural".

CIRILO, José Almir, "Políticas públicas de recursos hídricos para o semiárido" *in Estudos Avançados*, 2008, vol. 22, n.63, p. 68.

Com base nas informações fornecidas, analise as afirmativas a respeito do impacto climático desse processo no semiárido brasileiro.

I. Entre as áreas do Nordeste afetadas pelo processo de desertificação encontram-se o "núcleo de Seridó", na região centro-sul do Rio Grande do Norte e centro-norte da Paraíba; o "núcleo de Irauçuba" no noroeste cearense; o "núcleo de Gilbués" no Piauí e o de Cabrobó em Pernambuco.

II. As mudanças climáticas globais em curso geram, na região semiárida brasileira, aumento da temperatura e da evaporação nos corpos d'água e consequente redução do volume neles escoado, além de concentração do período chuvoso em menor espaço de tempo, com redução da precipitação.

III. O semiárido brasileiro apresenta situações difíceis de serem superadas, pois os solos são, em sua maior parte, muito rasos, com a rocha quase aflorante, o que prejudica a formação de aquíferos, sua recarga e a qualidade de suas águas.

Assinale se:

a) somente a afirmativa I estiver correta.
b) somente a afirmativa II estiver correta.
c) somente a afirmativa III estiver correta.
d) somente as afirmativas I e II estiverem corretas.
e) todas as afirmativas estiverem corretas.

5.

Produção diária de lixo no estado de São Paulo – 2009 e 2010

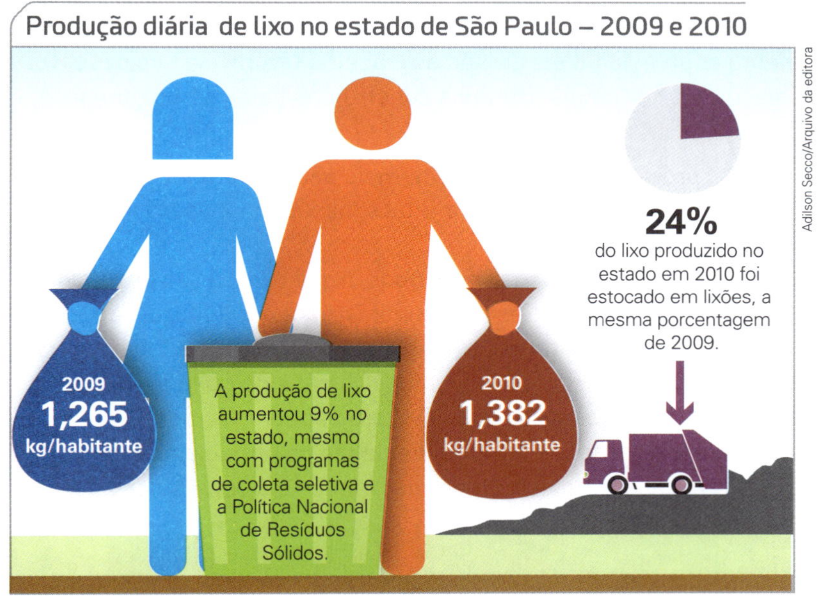

Elaborado com base em: GERAQUE, Eduardo. Produção de lixo por morador cresce 9% no estado de SP. *Folha de S.Paulo*, 26 abr. 2011. Cotidiano.

a) Formule uma hipótese para explicar o aumento de produção de lixo no estado de São Paulo entre os anos representados no infográfico.

b) Como os resíduos são dispostos nos lixões?

CAPÍTULO 10

Metrópoles, megalópoles e megacidades

Você deve ser capaz de:

- Compreender o processo de formação das cidades e conhecer conceitos de metrópole, megalópole e megacidade.
- Entender a importância do planejamento urbano e das redes urbanas no contexto social e econômico.

Reveja o que aprendeu

Apesar de as cidades terem surgido há muito tempo, é com a industrialização que o processo de urbanização se acentua. Com características muito diferentes, como funções e tamanhos, cada cidade tem sua própria escala de importância e influência.

Conteúdo referente às páginas 237 a 240.

O surgimento das cidades

Durante o Paleolítico (antes de 10000 a.C.), os agrupamentos humanos eram nômades. Pelo fato de pouco se fixarem no solo, não construíram estruturas complexas para organizar suas vidas, já que seus abrigos eram temporários.

Ao aprimorar técnicas de cultivo e criação de animais no Neolítico, entre 10000 a.C. e 5000 a.C., os agrupamentos humanos passaram a ter um modo de vida sedentário. Essa característica, o crescimento populacional e a divisão do trabalho favoreceram o desenvolvimento de núcleos populacionais com mais artefatos construídos pelos seres humanos.

As cidades na Antiguidade

Jericó, na atual Cisjordânia, provavelmente é a cidade mais antiga do mundo, com 8 mil anos e cerca de 3 mil habitantes. Damasco, na Síria, e Biblos, no Líbano, podem ter surgido no mesmo período.

As primeiras cidades se originaram em climas semiáridos, o que explica sua proximidade a cursos de água e o aproveitamento das planícies de inundação para agricultura. São exemplos: Ur e Babilônia, entre os rios Tigre e Eufrates (na Mesopotâmia); Mênfis e Tebas, no vale do rio Nilo (África); e cidades nos vales do rio Amarelo (atual China) e do rio Indo (Índia).

Na Grécia, as cidades-Estado de Esparta e Atenas tiveram papel fundamental na dissipação da cultura ocidental. Roma, por sua vez, foi a maior cidade da Antiguidade. O Império Romano tem relação direta com o aumento do número de cidades e a constituição de uma rede urbana com governo centralizado.

Cidades pré-industriais

Com o fim do Império Romano, houve migração da cidade para o campo e o fortalecimento da economia agrária e do feudalismo. Os feudos buscavam a autossuficiência e não havia um poder central, diminuindo as trocas entre os locais e desarticulando a rede urbana.

Na Idade Média havia dois tipos de aglomerados populacionais:

- **cidades episcopais**: centros administrativos da Igreja que sobreviviam de impostos, sem grande atividade urbana;
- **burgos**: cidades fortificadas localizadas em confluências de estradas ou em foz de rios, com comércio e artesanato.

O aumento da população piorou as condições de vida das cidades medievais em razão da falta de saneamento, condições insalubres, proliferação de doenças e incêndios.

Conteúdo referente às páginas 240 a 242.

Cidades industriais

A Primeira Revolução Industrial, no século XVIII, levou ao surgimento de cidades industriais, que se localizavam próximas a recursos minerais e fontes de energia, em locais com facilidade de transporte e disposição de mão de obra.

Entre essas cidades, destacam-se: Londres, Manchester, Leicester, Nottingham, Birmingham e Liverpool, na Inglaterra; Dublin, na Irlanda; Glasgow, na Escócia; Paris, na França; e Nova York, nos Estados Unidos.

Nesse período as cidades tiveram sérios problemas de saneamento e de focos de doença, sobretudo nos bairros operários. Com o tempo, o poder público promoveu a instalação de infraestrutura e reformas urbanas (planejamento territorial), com repressão aos movimentos sociais. A valorização do centro expulsou pobres para as periferias.

O desenvolvimento dos meios de transporte, como bondes e trens, favoreceu a mobilidade intra e interurbana.

Cidades atuais

Conteúdo referente à página 242.

O espaço urbano reflete as relações sociais de cada momento histórico. Atualmente o espaço está fragmentado e articulado por agentes como os proprietários dos meios de produção, os proprietários fundiários, os promotores imobiliários, o Estado e os grupos sociais excluídos.

As cidades atuais não estão mais associadas à atividade industrial, mas sim submetidas à circulação e ao consumo.

Metrópoles

Conteúdo referente à página 243.

O crescimento das cidades é um fenômeno crescente. Em 1950 havia no mundo cerca de 900 cidades com mais de 100 mil habitantes. Em 2016 havia 512 cidades com mais de um milhão de habitantes.

A **metrópole** possui concentração urbana contínua, envolvendo diversos municípios conurbados, aglomerados. Exerce influência sobre determinada área geográfica, mais extensa ou menos, além de abrigar as sedes de companhias e de instituições públicas e uma diversidade de oferta de bens e serviços.

Megalópoles

Conteúdo referente às páginas 244 a 246.

Megalópole é o nome dado a duas ou mais metrópoles que se interligam em um imenso conjunto urbano, com intensa circulação de mercadorias, pessoas, informações e capital.

Não é necessário haver conurbação total entre as cidades, pois também podem ter práticas agropecuárias nos espaços não caracterizados por atividades essencialmente urbanas. O importante é que haja uma integração entre as metrópoles que a compõem, assim como o poder de polarização delas em relação a outros espaços.

- **Boswash** (EUA): primeira megalópole da história. Estende-se por mais de mil quilômetros: Boston (Massachusetts), Nova York (NY), Filadélfia (Pensilvânia), Baltimore (Maryland) e Washington (DC). Possui cerca de 50 milhões de pessoas.
- **Chipitts** ou Megalópole dos Grandes Lagos (EUA e Canadá): Chicago, Detroit, Pittsburgh, Cleveland e Toronto.
- **Sansan** (EUA): entre São Francisco e San Diego.
- **Tokkaido** (Japão): maior megalópole do mundo, com mais de 80 milhões de habitantes. Tóquio, Kawasaki, Nagoya, Kyoto, Kobe, Nagasaki e Osaka.
- **Xangai** (China): entre Nanjing, Hangzhou, Suzhou e Wuxi.
- **Jing-Jin-Ji** (China): a região de Beijing e Tianjin.

Megacidades

Conteúdo referente às páginas 246 e 247.

Megacidades são cidades com mais de 10 milhões de habitantes. Em 2016, havia 31 megacidades no mundo. Estima-se que em 2030 haja a formação de mais 10 megacidades. Já **hipercidades** são cidades com mais 20 milhões de habitantes.

A maioria das megacidades está em países em desenvolvimento. Projeções indicam que os maiores crescimentos populacionais ocorrerão nas cidades médias desses países. A rápida urbanização nos países mais pobres acentua as desigualdades sociais.

O desemprego no campo e em cidades menores, eventos naturais extremos e situações de conflito provocam fluxos migratórios para os grandes centros urbanos. Entretanto, as pessoas não encontram trabalhos bem remunerados nem condições adequadas de moradia nesses centros. Estima-se que 30% da população urbana mundial viva em favelas.

Conteúdo referente às páginas 248 e 249.

Redes urbanas

São sistemas articulados de cidades, que assumem diferentes funções entre si. As conexões envolvem fluxos de mercadorias, pessoas, informações e capitais entre os lugares.

Atualmente, com o desenvolvimento de novas tecnologias, redes urbanas são construídas de maneira cada vez mais planejada, para atender, sobretudo, aos interesses políticos e econômicos hegemônicos. Há uma hierarquia urbana, em que as cidades exercem diferentes escalas de influência política, econômica e social. Há cidades globais, metrópoles nacionais e regionais, centros regionais e sub-regionais, além de centros locais.

Cidades globais são os principais "nós" da rede urbana mundializada, definidas pelas funções que exercem sobre as demais. Promovem grandes eventos políticos, econômicos, sociais, culturais e ambientais; possuem aeroportos de grande porte e sistema de transporte diversificado e eficiente; são sede de grandes empresas multinacionais; têm universidades e outros centros de pesquisa reconhecidos internacionalmente; possuem importantes instituições financeiras, infraestrutura de telecomunicações e uma diversidade de centros culturais, como museus. São exemplos de cidades globais: Nova York, Londres, Paris, Tóquio, Madri, Amsterdã, Cidade do México, Beijing, Seul, Hong Kong e São Paulo.

Conteúdo referente às páginas 249 e 250.

Planejamento urbano

É o planejamento das cidades para melhor aproveitamento do espaço urbano, com o estabelecimento de zoneamentos (áreas de usos específicos: residencial, comercial e industrial) e estudo do traçado do sistema viário. Cidades planejadas europeias e norte-americanas serviram de modelo para muitas outras, como Brasília.

Esse processo tem potencial para intensificar a segregação socioespacial ("expulsão" da população de baixa renda para áreas periféricas em razão da especulação imobiliária e aumentos dos impostos).

Gentrificação é a valorização de áreas centrais que, ao serem remodeladas em espaços mais nobres, seja pelo Estado, seja pela iniciativa privada, favorecem a especulação imobiliária e a expulsão de antigos moradores para áreas distantes e sem infraestrutura.

Formas das cidades

As áreas urbanas apresentam diferentes configurações espaciais.

- **Radial**: as ruas se expandem a partir de um centro (antigas cidades europeias).
- **Tabuleiro de xadrez**: distribuição relativamente uniforme de quarteirões e ruas paralelas (cidades europeias e norte-americanas mais recentes).
- **Sem padrão (irregular)**: o porte das habitações se sobrepõe ao traçado das ruas, marcadas por becos e vias sinuosas (antigas cidades árabes).
- **Cidade-jardim**: concilia as vantagens dos meios rural e urbano, em uma configuração radioconcêntrica com muita vegetação.

Atualmente, os traçados urbanos apontam o uso misto de padrões, resultado dos acúmulos de diferentes épocas.

Aplique o que aprendeu

Atividade resolvida

Considere a imagem do plano urbano da cidade de Barcelona para responder às questões.

Imagem de satélite de Barcelona, na Espanha, 2018.

a) Descreva a configuração espacial do tipo de plano urbano representado na imagem e explique como ele se formou.

b) Que consequências socioespaciais podem decorrer da constituição de planos urbanos semelhantes ao representado na imagem?

Respostas:

a) Trata-se de um plano urbano do tipo *tabuleiro de xadrez* (ou ortogonal ou em quadrícula) no qual há distribuição relativamente uniforme de quarteirões e ruas paralelas decorrente do processo de planejamento urbano. Esse tipo de organização territorial do espaço urbano teve início em cidades planejadas europeias e norte-americanas mais recentes, que serviram de modelo para a urbanização de outras cidades em diversos países, ricos e pobres.

b) As políticas de planejamento urbano sofrem pressão de diversos setores de interesse: Estado, mercado imobiliário, fundos de investimento, movimentos sociais, indústria, comércio, etc. Dependendo desse jogo de forças, pode-se intensificar a segregação socioespacial, com muitas pessoas e até comunidades sendo expulsas de suas moradias e das áreas de convívio coletivo devido à especulação imobiliária, que encarece o preço das terras e faz os impostos subirem. Além disso, há desalojamento ou deslocamento para as periferias de famílias que vivem em ocupações irregulares em áreas valorizadas (favelas no centro ou em áreas revitalizadas).

Comentário

O primeiro passo para elaborar a resposta é identificar o padrão quadriculado do plano urbano na imagem, informando se possível o nome que identifica esse plano urbano. Esse plano urbano resulta de um planejamento e não é uma formação espontânea, pois o padrão geométrico dos arruamentos e quarteirões revela a normatização do espaço. Além disso, citar que esse tipo de ordenamento territorial surgiu nas cidades europeias e estadunidenses mais recentes, que foram copiadas mundo afora, revela conhecimento do conteúdo. No item **b**, espera-se reforçar o papel do planejamento urbano na formação da configuração espacial exemplificada pela imagem e explicitar que não se trata de um procedimento técnico e imparcial, mas político e com interesses econômicos e sociais em jogo. Apontar os principais atores em conflito nesse processo e algumas das consequências negativas que atingem as classes sociais menos favorecidas complementa a resposta.

Atividades

1. Quando agrupamentos humanos desenvolveram determinados conhecimentos técnicos que possibilitaram que alterassem seu comportamento nômade para sedentário no período Neolítico (entre 10000 a.C. e 5000 a.C.), começaram a surgir alguns traços de vida urbana. Explique como se deram as formações das primeiras aglomerações humanas fixadas ao território.

2. Camille Pissarro (1830-1903), pintor nascido no Caribe, foi um dos principais expoentes do impressionismo francês.

The Hunteriam/Universidade de Glasgow, Glasgow, Escócia.

Misty Morning, Rouen, de Camille Pissarro, 1896. (Óleo sobre tela de dimensões desconhecidas.)

A obra *Misty Morning, Rouen* apresenta um retrato da(o)

a) precária situação dos trabalhadores na Primeira Revolução Industrial.

b) moderna cidade industrial da Europa do século XIX.

c) processo de urbanização ocorrido em cidades do Novo Mundo.

d) situação adversa dos transportes e da mobilidade humana na França.

e) êxodo de camponeses para as cidades na França industrial do século XIX.

3. Explique que fenômeno urbano está destacado no mapa.

Estados Unidos: principais cidades

Banco de imagens/Arquivo da editora

Elaborado com base em: WORLDATLAS. Largest cities in North America. Disponível em: <www.worldatlas.com/articles/largest-cities-in-north-america.html>. Acesso em: 24 jul. 2018.

4. O que os esquemas a seguir representam?

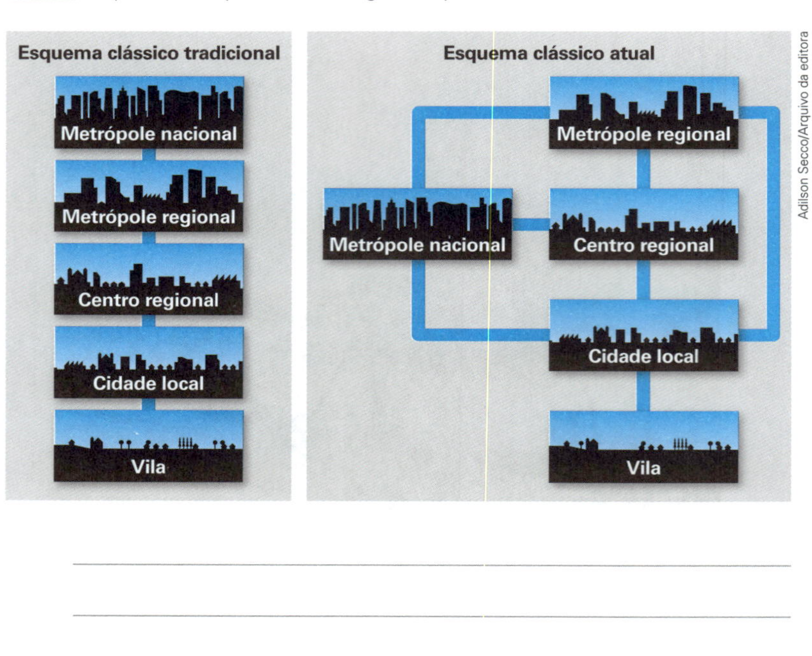

5. Li, em meados de 2000, um dos representantes mais destacados do ramo prevendo mais uma vez o fim das cidades e declarando que a internet seria a oportunidade de ouro para as regiões rurais do mundo, como a América do Sul – que, é claro, na mesma data já era pelo menos 80% urbana. Assim, os dados reais sobre a configuração espacial dos assentamentos humanos são um saudável lembrete das realidades de nosso mundo quando tentamos descobrir a dimensão espacial da internet. Mas, em segundo lugar, o que é ainda mais importante, a internet é de fato o meio tecnológico que permite que a concentração metropolitana e a interconexão global prossigam simultaneamente. [...]

CASTELLS, M. *A galáxia da internet*: reflexões sobre a internet, os negócios e a sociedade. Rio de Janeiro: Zahar, 2004. p. 185.

As áreas metropolitanas continuam a crescer em tamanho e complexidade mesmo havendo condições tecnológicas para trabalhar e interagir a distância. Isso ocorre porque a(s)

a) áreas rurais não se modernizam, acarretando um forte êxodo rural.

b) áreas rurais concentram as atividades que exigem maior qualificação profissional, quando comparadas com as grandes cidades.

c) áreas metropolitanas ainda são os centros culturais de inovação e difusão de conhecimento, portanto são áreas atrativas para a Economia da Informação e para todo tipo de mão de obra.

d) internet ainda não realiza de forma eficiente a comunicação entre fornecedores e clientes das grandes empresas nacionais e internacionais.

e) internet ainda não conseguiu conectar de forma eficiente as grandes áreas metropolitanas às áreas rurais.

6. [...] As grandes inovações que permitiram o crescimento e a verticalização das cidades aconteceram há mais de cem anos: eletricidade, automóvel, sistemas de abastecimento de água, concreto armado etc.

Hoje em dia, não acredito que inovações urbanas sejam necessariamente tecnologias milagrosas ou fórmulas mágicas que automaticamente resolverão todos os desafios. Inovações são processos – não são eventos pontuais [...].

Com frequência, apenas fazer com que a administração pública acompanhe as mudanças já necessita inovações. Além disso, enxergar a cidade de forma integrada, eliminar as fontes de corrupção, engajar a população [...], aumentar a transparência e o acesso aos serviços públicos são elementos comuns a várias cidades inovadoras.

Por exemplo, Curitiba mostrou que é possível controlar e direcionar seu crescimento. Em Seul, Coreia do Sul, os cidadãos participam de decisões sobre políticas públicas por meio de seus computadores. Na Índia, estado de Gujarat, os cidadãos usam o computador para monitorar a qualidade da água. Em Zâmbia, África, as administrações locais usam clínicas ambulantes em ônibus para levar saúde básica para áreas periféricas.

E mais: em Antígua e Barbuda, os ônibus são salas de aula para estudos de computação para crianças da periferia. [...]

RABINOVITCH, Jonas. O futuro do planeta está nas cidades. *Folha de S.Paulo*. 1º mar. 2010. Disponível em: <www1.folha.uol.com.br/fsp/opiniao/fz0103201008.htm>. Acesso em: 2 jul. 2018.

Com base no texto, é correto afirmar que cidades inovadoras são aquelas que

a) combinam a adoção de novas tecnologias com a participação dos cidadãos na gestão pública.

b) ampliam a adoção de tecnologias convencionais, como concreto armado e uso de automóveis.

c) estimulam a verticalização a partir de tecnologias, como concreto armado e uso de elevadores.

d) modernizam seu sistema de gestão sem adotar novas tecnologias, que são caras e inacessíveis.

e) suspendem sua expansão física e abandonam as tecnologias modernas, como computadores.

CAPÍTULO

11 Problemas ambientais urbanos

Você deve ser capaz de:

- Compreender e identificar os problemas ambientais urbanos.
- Analisar e compreender desastres socioambientais relacionados à água e a diversas formas de poluição.
- Discutir ilhas de calor e inversão térmica em ambientes urbanos.

Reveja o que aprendeu

O aumento da população urbana e a formação das grandes cidades provocaram problemas ambientais do meio urbano envolvendo, por exemplo, saneamento básico e destinação dos resíduos.

Conteúdo referente às páginas 255 a 257.

Lixo: problemas e soluções

Os diversos tipos de lixo demandam descarte específico para evitar ou reduzir impactos ambientais. Lixo seco pode ser reutilizado ou reciclado. Já o lixo úmido é um composto orgânico. A correta destinação do lixo exige sua separação para coleta seletiva, prática adotada por algumas cidades do mundo e do Brasil.

Aterro sanitário: deposição do lixo não reciclável sobre uma manta impermeabilizante que evita a infiltração do chorume no solo. O lixo é compactado e recebe uma camada de terra e assim sucessivamente. Deve possuir sistemas de drenagem e tratamento do chorume e dutos para transportar o gás que se forma da degradação do lixo.

Queima do lixo: pode servir para gerar energia elétrica. Entretanto, esse processo pode reduzir a reciclagem e emitir gases tóxicos.

Logística reversa: fabricantes são responsáveis pelo destino adequado dos produtos que fabricam depois que são usados.

Lixão: depósitos de lixo a céu aberto, formados em terrenos vazios sem nenhum controle. São inadequados e atualmente proibidos no Brasil, porém, ainda muito comuns.

Reutilização

Reúso de materiais e recipientes em novas funções. Entretanto, alguns materiais não podem ser reutilizados, como o lixo hospitalar, que deve ser queimado para reduzir a chance de contaminação por agentes patógenos.

Consumo consciente

O elevado consumo nos centros urbanos, formado por população com grande poder de compra, aumenta o volume de lixo formado, muitas vezes, por equipamentos que ainda estão em bom funcionamento ou podem ser reparados.

Conteúdo referente às páginas 258 e 259.

Saneamento básico

O lançamento direto de dejetos orgânicos humanos em corpos de água pode gerar grandes problemas ambientais, sobretudo quando o volume dos resíduos é elevado. Além disso, essa prática reduz a oferta de água potável e veicula muitas doenças.

O tratamento do esgoto é uma forma de economizar água ao possibilitar o seu reúso. A água renovada, dependendo do tipo de tratamento ao qual foi submetida, pode ser usada na indústria e na agricultura e até mesmo para abastecimento humano.

Apesar disso, o tratamento do esgoto adequado, o saneamento básico, não está disponível para toda a população mundial. Nas regiões mais ricas e desenvolvidas o percentual de saneamento é elevado, enquanto nos países pobres é baixo, como se passa no sul da África, onde o saneamento básico não atende mais de que 7% da população.

Áreas de risco ambiental e desastres

Conteúdo referente às páginas 259 a 263.

Áreas de risco ambiental são áreas em situação de equilíbrio ambiental precário que podem causar danos aos seres humanos que vivem ou atuam nelas. Por exemplo, várzeas de rios e encostas de morros.

A ocupação humana das várzeas dos rios, áreas naturalmente inundadas durante as cheias, deve ser evitada. No entanto, justamente por causa dos riscos ambientais, essas áreas são abandonadas ou mais baratas e assim ocupadas pela população de baixa renda.

Problema semelhante são as enchentes provocadas pela excessiva impermeabilização dos solos. Encostas desmatadas têm maior potencial de escorregamento do solo, ameaçando a vida das pessoas que moram nesses locais.

Os desastres

No passado, os desastres estavam associados a causas naturais, como chuvas, seca, erupções vulcânicas e terremotos. Atualmente, compreende-se que a principal causa de um desastre está na incapacidade de os grupos sociais afetados resistirem a um evento natural intenso.

Países com renda elevada sofrem menos com os eventos naturais extremos do que os países com renda baixa, isso porque esse países têm mais recursos e tecnologia para investir em construções mais seguras, em educação e treinamento em casos de emergência e também para organizar o uso do território de forma a evitar grandes perdas no caso de eventos naturais extremos. A população de baixa renda é a que mais está sujeita aos riscos dos desastres ambientais. Entre elas, crianças e idosos são os mais afetados.

Formas de poluição e impactos sociais

Conteúdo referente às páginas 263 a 268.

Poluição é toda forma de degradação ambiental que ameace ou piore as condições de vida. Pode ser de diferentes tipos.

A **poluição sonora** resulta de uma ação humana que produz ruído que incomoda os ouvintes. Ruídos que ultrapassam 80 decibéis podem provocar irritação e dor de cabeça. Alguns ambientes urbanos têm muita poluição sonora: vias de trânsito intenso, zonas industriais, aeroportos, estações de trem e metrô, casas de *shows*, casas noturnas, bares e até escolas. No Brasil, muitas cidades incluíram o direito ao silêncio em seus planos de controle ambiental por meio do Estatuto da Cidade, aprovado em 2001.

A **poluição visual** é causada pela concentração de cartazes, placas, faixas e demais objetos que saturam um ambiente.

A **poluição da água** decorre de diversas causas: vazamento de dejetos industriais sem tratamento em corpos de água, penetração de chorume no lençol freático, chuva ácida, lançamento de esgoto sem tratamento em rios, etc.

A **poluição do ar** resulta do lançamento de gases que sobram da queima de combustíveis associados aos que saem sem tratamento de indústrias. Um exemplo grave é a formação do ozônio nas baixas camadas da atmosfera.

A **chuva ácida** é formada pela mistura da umidade do ar com poluentes dispersos na atmosfera (dióxido de enxofre e os diversos óxidos de nitrogênio) pela queima de combustíveis fósseis. É mais frequente em áreas de grande concentração urbana, mas os ventos podem deslocar os poluentes para áreas mais distantes. Além da degradação das construções urbanas expostas às intempéries, a chuva ácida contamina lagos e desfolha árvores.

Ilha de calor urbana

É a área da cidade que apresenta temperaturas mais elevadas que seu entorno; é frequente em grandes áreas metropolitanas. As temperaturas mais quentes das cidades influenciam a dinâmica das chuvas, que passam a ser mais intensas.

A causa disso é o tipo e a densidade da urbanização (mais edifícios barram ventos), o calor emitido pelos motores de veículos, gases emitidos pelos motores que aumentam o efeito estufa local, a impermeabilização do solo (alteração do albedo) e o calor emitido pelos processos industriais.

Parques urbanos, bairros arborizados e lagos auxiliam na regulação da temperatura, sendo responsáveis por sua redução (ilhas de frescor).

Tanto uma ilha de calor urbano quanto uma ilha de frescor urbano são microclimas urbanos.

Inversão térmica

Acontece quando camadas de ar frias se instalam sobre uma camada de ar mais quente, impedindo a circulação natural ascendente do ar. São mais comuns no inverno.

As áreas urbanas estão mais sujeitas a esse fenômeno, pois as cidades absorvem mais calor durante o dia e o perdem à noite, fazendo com que as camadas de ar próximas ao solo estejam frias pela manhã. Com o passar das horas do dia, a cidade recebe insolação, produzindo uma camada de ar mais quente que a que está abaixo. Ao entrar em contato com a camada fria junto da superfície, a camada quente perde calor e se resfria, deixando de realizar seu movimento ascendente.

Nas grandes cidades, esse fenômeno piora muito a qualidade do ar, pois os poluentes ficam concentrados e mais próximos ao solo.

Aplique o que aprendeu

Atividade resolvida

Variações das temperaturas da superfície e do ar

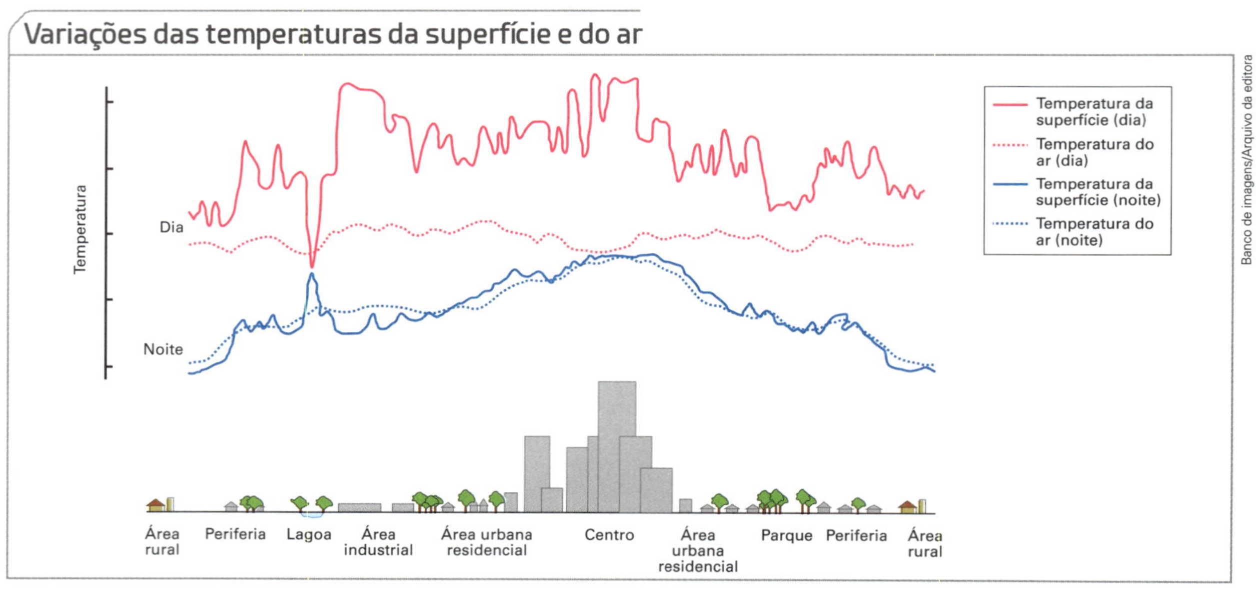

Elaborado com base em: UNITED States Environmental Protection Agency (EPA). *Reducing urban heat islands*: compendium of strategies. Urban heat island basics. p. 4. Disponível em: <www.epa.gov/sites/production/files/2014-06/documents/basicscompendium.pdf>. Acesso em: 2 jul. 2018.

a) Em quais tipos de superfície, ou de uso do solo, as amplitudes térmicas entre o dia e a noite são maiores? E em quais são menores?

b) Que problema ambiental está representado no infográfico?

c) Quais são as causas desse problema ambiental?

d) Que ações o poder público deve assumir para evitar esse tipo de problema?

Respostas:

a) As temperaturas do ar e da superfície variam conforme o uso do solo. Como se pode observar no gráfico, as temperaturas da superfície variam mais que as temperaturas do ar durante o dia, mas ambas são bastante semelhantes à noite. As superfícies das áreas edificadas apresentam maiores temperaturas que as áreas vegetadas e rurais. A queda e o aumento das temperaturas da superfície sobre a lagoa durante o dia e à noite, respectivamente, demonstram que a água mantém a temperatura relativamente constante, devido ao seu alto poder de retenção do calor.

b) Ilha de calor.

c) Tipo e densidade da urbanização (mais edifícios barram ventos), calor emitido pelos motores de veículos, gases emitidos pelos motores que aumentam o efeito estufa local, impermeabilização do solo (alteração do albedo), calor emitido pelos processos industriais.

d) O poder público deve legislar sobre o uso e a ocupação do solo urbano de forma a manter áreas verdes, cursos de água e lagos no tecido urbano, pois auxiliam na regulação da temperatura e limitam o adensamento de grandes edifícios. Além disso, deve estimular o uso de transporte coletivo e veículos não motorizados.

Comentário

O primeiro passo, depois de identificado o que cada questão pede, é ler as informações disponíveis no infográfico. As curvas indicam a variação de temperatura do ar e da superfície durante o dia e à noite. Em seguida, é preciso avaliar o comportamento de cada curva. A variação da temperatura do ar durante o dia é pequena, independentemente do uso do solo, mas não acompanha a variação da temperatura da superfície. Esta tende a ser mais elevada nas áreas com mais edificações, o que já indica o problema ambiental representado pelo infográfico, o fenômeno das ilhas de calor. Já as linhas que indicam a variação de temperatura do ar e da superfície à noite têm comportamento similar e também são mais altas nas áreas mais densamente edificadas. Entretanto, há um comportamento muito singular da temperatura da superfície em um local muito específico, na lagoa, e esse fato merece ser destacado na resposta. De modo geral, as respostas estão disponíveis no próprio infográfico, exceto o nome do fenômeno e o detalhamento de sua causa.

Atividades

1.

Marlon Costa/Futura Press

Enchente causa prejuízos à população de Recife (PE), 2018.

Sobre o episódio apresentado na foto, considere os seguintes itens:

1. Impermeabilização de vias e espaços públicos nas cidades.
2. Implantação de sistemas de coleta seletiva de lixo em centros urbanos.
3. Ausência de espaços com áreas verdes, que permitem a infiltração de água.
4. Construção de redes e equipamentos de saneamento básico.
5. Despejo de dejetos sólidos e outros resíduos em rios e córregos.

Colabora para reforçar situações como a mostrada na imagem o que está descrito nos itens:

a) 1, 2, 3, 4 e 5.

b) 2, 3 e 4.

c) 1, 2, 3 e 4.

d) 1, 3 e 4.

e) 1, 2, 4 e 5.

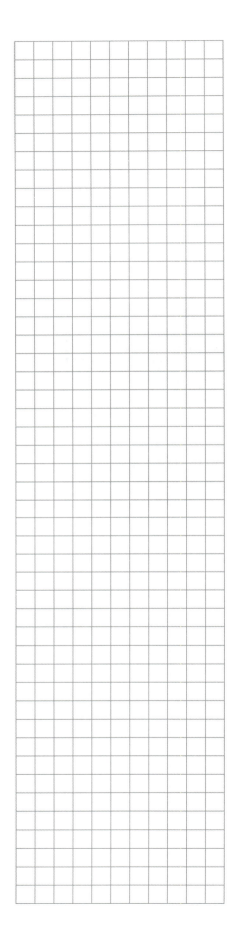

2. Uma das medidas que mais pesam sobre os projetos que podem afetar o meio ambiente é a obrigação de efetuar estudos e relatórios de impacto ambiental, cumprindo a Resolução 001/86 do Conama [Conselho Nacional do Meio Ambiente].

Esse relatório deve ser estabelecido quer seja para ordenamentos urbanos (trabalhos de urbanismo, zonas industriais, terraplanagens) e para a construção de infraestruturas (estradas, vias férreas, portos, aeroportos, oleodutos [...]), quer para a implantação de atividades econômicas (fábricas, exploração de minérios ou de florestas). No entanto, no que concerne à expansão urbana em grandes e médias cidades brasileiras, a pressão imobiliária é tão forte que transforma essa obrigação num simples ritual formal, e muitos loteamentos são abertos, constituindo projetos oficialmente menores e parcelados, de forma a não atingir o limite legal de 100 hectares e evitar tais obrigações.

THÉRY, H.; MELLO, N. *Atlas do Brasil*: disparidades e dinâmicas do território. São Paulo: Edusp, 2005. p. 82. (Com adaptações.)

Com base no exposto, conclui-se que no Brasil

a) as leis ambientais não valem para núcleos urbanos de médio e grande porte.
b) vários empreendedores procuram burlar leis ambientais para desenvolver seus projetos.
c) inexistem leis e medidas ambientais para conter avanços de projetos de expansão urbana.
d) as políticas públicas e as iniciativas privadas são hoje conduzidas por preocupações ambientais.
e) as leis em vigor eliminaram problemas ambientais derivados da especulação imobiliária.

3. [...] O ar é precioso para o homem vermelho, pois dele todos se alimentam. Os animais, as árvores, o homem, todos respiram o mesmo ar. O homem branco parece não se importar com o ar que respira. Como um cadáver em decomposição, ele é insensível ao mau cheiro. Mas, se vos vendermos nossa terra, deveis vos lembrar que o ar é precioso para nós, que o ar insufla seu espírito em todas as coisas que dele vivem. O ar que nossos avós inspiraram ao primeiro vagido foi o mesmo que lhes recebeu o último suspiro. [...]

CARTA do cacique Seattle, de 1855. Disponível em: <www.culturabrasil.org/seattle_cartadoindio.htm>. Acesso em: 1º jul. 2018.

Esse trecho faz parte de uma carta do chefe dos povos indígenas que habitavam o norte do atual estado de Washington ao então presidente dos Estados Unidos. Proferida em 1855, é considerada um dos mais belos manifestos ecológicos ainda hoje. Sobre as relações das diversas sociedades com a natureza, podemos afirmar que

a) os indígenas possuíam um modo de vida que alterava consideravelmente a qualidade do ar.
b) as atividades agropastoris contribuem para a elevação das taxas de poluição atmosférica devido à realização de queimadas e à criação de diferentes rebanhos, responsáveis pela produção de CO_2 e de gás metano.

c) a deterioração do ar nas grandes metrópoles é fruto, principalmente, das atividades industriais e do uso de veículos automotivos, responsáveis por uma alteração química irreversível da atmosfera.

d) a qualidade do ar se manteve estável ao longo do século XX, depois de encerrado o surto de expansão da atividade industrial, ocorrido nos séculos XVIII e XIX.

e) as nações autóctones deixaram valiosas lições para as sociedades contemporâneas, particularmente em relação aos ambientes naturais. Esse aprendizado foi totalmente posto em prática.

4. (PUC)

Má qualidade do meio ambiente causa 12,6 milhões de mortes por ano

A OMS calcula que 23% das mortes por ano se devem a ambientes pouco saudáveis

Fonte: http://brasil.elpais.com/brasil/2016/03/14/internacional/1457959254_712347.html. Acesso em 01. maio 2017 (Adaptado)

Na reportagem indicada pelo título acima, afirma-se, a partir de dados fornecidos pela Organização Mundial de Saúde (OMS), que quase ¼ das mortes por ano ocorrem devido a problemas ambientais. Por outro lado, as mortes geradas por doenças infecciosas vêm diminuindo progressivamente no mundo.

A partir dessas afirmações, responda ao que se pede.

a) Identifique **dois fatores de riscos ambientais** geradores dessas mortes na atualidade.

b) Explique duas causas espaciais para a redução de doenças infecciosas como a malária e a diarreia.

5. (Uerj)

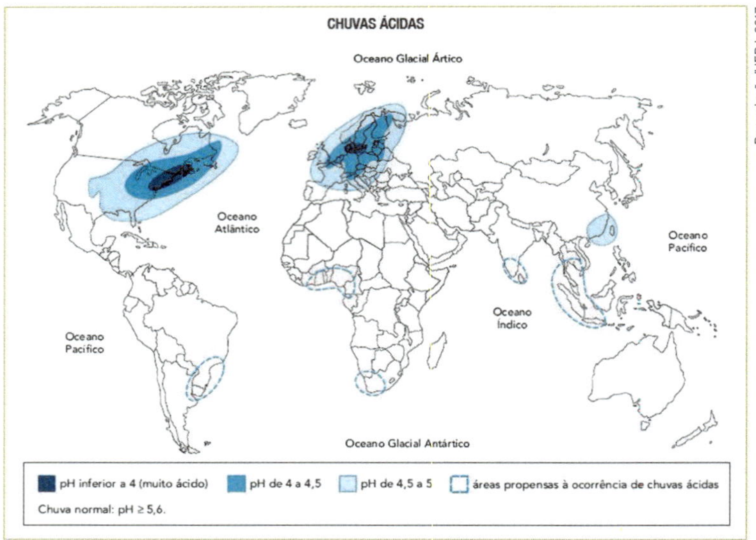

Adaptado de MOREIRA, J. C.; SENE, E. de. *Projeto Múltiplo*: geografia. São Paulo: Scipione, 2014.

De forma geral, as chuvas apresentam naturalmente uma ligeira acidez em sua composição devido à dissolução do dióxido de carbono. As chuvas com elevada deposição de ácidos, entretanto, são um problema gerado pelas atividades humanas e podem ocasionar graves danos sociais e econômicos.

Com base no mapa, identifique duas áreas onde acontecem chuvas ácidas com maior intensidade. Apresente, também, uma causa desse fenômeno e uma consequência para as áreas onde ele ocorre.

6. (USF) Analise as informações a seguir:

Fonte: Corpo de Bombeiros Infografia:Gazeta do Povo Ilustrações: Gilberto Yamamoto/Arquivo Gazeta do Povo

A representação explica um dos desastres naturais mais comuns em áreas urbanas – as enchentes e/ou inundações.

a) Aponte uma ação do poder público e uma ação individual ou familiar que pode minimizar esse problema.

b) Indique duas doenças oriundas desse tipo de desastre natural. Justifique sua resposta.

CAPÍTULO 12

Urbanização brasileira e desigualdades sociais

Você deve ser capaz de:

- Compreender o processo de urbanização no Brasil apropriando--se de suas tipologias: cidades coloniais, cidades planejadas, metrópoles e megacidades.
- Refletir sobre o fenômeno da urbanização tardia e o conceito de rede urbana no Brasil.

Conteúdo referente às páginas 272 a 277.

Reveja o que aprendeu

O processo de urbanização no Brasil foi tardio. Durante muito tempo as cidades estabeleceram pouca relação entre si, pois estavam organizadas para atender ao mercado externo.

Esse cenário começou a se alterar no fim do século XIX, com o aumento do número das cidades e a expansão da urbanização em direção ao interior. Na década de 1970 a população urbana ultrapassou a rural e algumas cidades transformaram-se em metrópoles regionais.

Atualmente há uma rede urbana complexa no país constituída de grandes cidades com problemas decorrentes da urbanização tardia.

Urbanização brasileira

A urbanização pode ser definida como o avanço das cidades sobre as áreas rurais (migração da população). As primeiras cidades brasileiras são do período colonial e foram criadas para atender às necessidades da metrópole. Assim, não foi constituída uma rede urbana para favorecer o desenvolvimento do país.

Com o processo de industrialização entre o fim do século XIX e o início do século XX, a urbanização brasileira ganhou um grande impulso. As áreas industriais, como as de São Paulo, receberam grandes fluxos de migrantes, e a população passou a crescer em ritmo acelerado.

Cidades coloniais

Durante o período colonial, as cidades estavam dispersas e recebiam equipamentos para as sedes administrativas, portos para escoar a produção e fortalezas para a defesa contra invasões. Os núcleos urbanos eram associados a atividades econômicas como exploração e transporte de ouro.

De modo geral, esses núcleos urbanos eram marcados pela presença de igrejas, praças, presídios, fortes e mercados. Entre eles, destacam-se: Ouro Preto, em Minas Gerais; São Luiz do Paraitinga, em São Paulo; Paraty, no Rio de Janeiro; Salvador, na Bahia; e Olinda, em Pernambuco.

Cidades planejadas

A maior parte das cidades planejadas resultou da ação de governos, mas houve também cidades planejadas pela iniciativa privada, como Maringá, no Paraná. São cidades projetadas com o objetivo de distribuir a população e os serviços urbanos. Há casos em que o planejamento foi abandonado e outros em que algumas diretrizes foram burladas ou alteradas.

Brasília é o símbolo do planejamento urbanístico no Brasil. Construída no governo Juscelino Kubitschek para ser a capital do país, foi inaugurada em 1960. É famosa por seu plano urbanístico (plano-piloto) e arquitetônico feito por Lucio Costa e Oscar Niemeyer. Além das estruturas administrativas ligadas às necessidades de uma capital nacional, outras foram criadas para que a cidade funcionasse de maneira ideal.

A transferência da capital do país do Rio de Janeiro para o interior representava os objetivos de um projeto integracionista, a implantação de uma cidade no centro do país para articular as regiões brasileiras, ainda bastante desconexas, principalmente em razão da ausência de ligações terrestres. Outro aspecto que resultou da mudança da capital para o interior do país foi o afastamento do governo federal dos grandes centros urbanos brasileiros e de eventuais pressões sociais.

Durante sua construção, um grande contingente de trabalhadores (candangos), sobretudo das regiões Norte e Nordeste, deslocou-se em busca de melhores condições de vida. Permaneceram na região, mas sem condições financeiras para viver na área do plano-piloto, e instalaram-se em outras localidades do Distrito Federal que não haviam sido planejadas. Marcadas por diversas vulnerabilidades socioeconômicas, as construções posteriores começaram a contrastar com a Brasília planejada.

Em 1897, Belo Horizonte substituiu a antiga capital de Minas Gerais, Ouro Preto. A localização da nova capital foi pensada como ponto estratégico para reorientar a economia mineira e deveria ser o símbolo de um novo momento histórico, o período republicano. Seu planejamento previa um centro para os serviços e a área administrativa da cidade e, nas áreas rurais ao redor, estava localizado o cinturão verde (produção de alimentos). O zoneamento urbano já destacava áreas para as distintas classes sociais. No entanto, o grande crescimento econômico e populacional da cidade desconfigurou seu planejamento urbano.

Goiânia foi projetada para ser a nova capital do estado de Goiás, em substituição à Cidade de Goiás (ou Goiás Velho). O objetivo era aparelhar Goiás para as necessidades capitalistas, marcando a "marcha para o Oeste" associada à agropecuária, que substituiu a exploração de metais e pedras preciosas da economia passada. O projeto valorizou a praça central, as avenidas principais e as áreas verdes, bem como a topografia e o zoneamento. Foi dividida em zonas com diferentes setores: administrativo, comercial, residencial e rural. A partir de 1950, quando o governo permitiu o parcelamento privado do solo, o acesso a ele tornou-se desigual, com as classes sociais menos favorecidas sendo deslocadas para as periferias, sem infraestrutura adequada e distantes do centro, que estava em processo de valorização.

Urbanização tardia e acelerada

Conteúdo referente às páginas 278 e 279.

Durante muito tempo, as poucas cidades brasileiras existentes comandavam apenas a economia do seu entorno, sem estabelecer relações entre si, como se fossem ilhas, o que levou o geógrafo Milton Santos a nomear esse fenômeno de "arquipélago".

Em 1900, havia apenas quatro cidades com mais de 100 mil habitantes: Rio de Janeiro, São Paulo, Salvador e Recife; e seis com mais de 50 mil: Belém, Porto Alegre, Niterói, Manaus, Curitiba e Fortaleza. Essas dez cidades concentravam cerca de 10% da população brasileira.

Entre o fim do século XIX e o início do XX, a industrialização estimulou a urbanização. Houve investimento em infraestrutura e complexificação do espaço urbano, com mais oferta de serviços. São Paulo tornou-se o centro da economia nacional em razão da produção e da exportação do café.

Entre 1940 e 1980, a população brasileira triplicou e a população urbana cresceu sete vezes. A região Sudeste concentrava as indústrias e na década de 1960 já tinha população urbana maior que a rural.

A modernização do campo e a concentração de terras levaram a mão de obra rural a buscar trabalho na cidade. O crescimento vegetativo também foi elevado nesse período.

A **especulação urbana** também estimula a urbanização ao empurrar a população para a periferia, que passa a ter infraestrutura e serviços urbanos instalados pelo poder público e privado.

Para a geógrafa Ana Fani Carlos, existe a financeirização do espaço geográfico. Os investidores constroem novos edifícios e ainda os exploram comercialmente por meio da locação para o setor de serviços ou para a moradia de executivos e trabalhadores temporários.

Taxa de urbanização brasileira

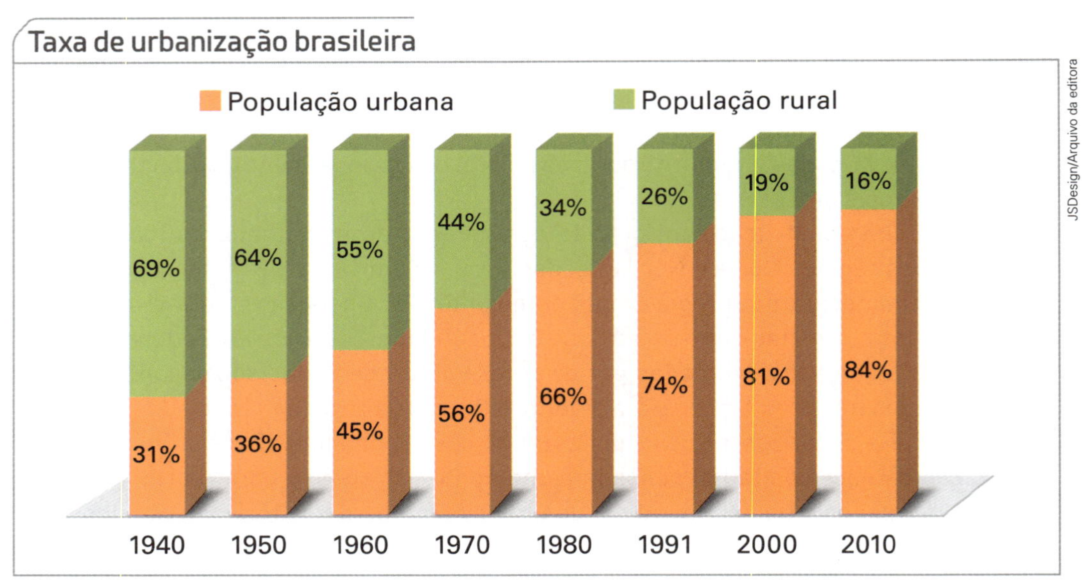

Elaborado com base em: GOBBI, Leonardo D. Urbanização brasileira. *Educação.geografia*. Disponível em: <http://educacao.globo.com/geografia/assunto/urbanizacao/urbanizacao-brasileira.html>. Acesso em: 2 jul. 2018.

Conteúdo referente às páginas 280 a 283.

Metropolização, megalópole e megacidades no Brasil

Metropolização é o crescimento acelerado da cidade que passa a influenciar cidades vizinhas e até o país. As duas principais metrópoles brasileiras são São Paulo e Rio de Janeiro.

No Brasil, as regiões metropolitanas, geralmente formadas por municípios conurbados, são definidas segundo os critérios e os interesses de cada Unidade da Federação. A gestão dessas regiões pode compartilhar serviços comuns, como transporte, coleta de lixo, abastecimento de água, entre outros.

Em 2017, cerca de 40% da população brasileira vivia em regiões metropolitanas, que concentram universidades, centros hospitalares, indústrias e comércio.

Megalópole em formação?

A região que compreende Rio de Janeiro e São Paulo é considerada por muitos especialistas uma megalópole em formação. Pesquisas indicam que no futuro a área entre Brasília e Goiânia também formará uma megalópole.

Poucas cidades brasileiras concentram grande parte da população. Em 2017 havia 17 municípios com mais de 1 milhão de habitantes, sendo São Paulo o maior deles, com 12 milhões. Porém, considerando a região metropolitana, São Paulo e Rio de Janeiro estão entre as maiores aglomerações urbanas do mundo.

Megacidade

Megacidades são municípios com mais de 10 milhões de habitantes. No Brasil, apenas São Paulo se encaixa nessa classificação e, no mundo, em 2016, havia 31 megacidades.

O Rio de Janeiro foi a capital do país entre 1763 e 1960. Abriga a sede de diversas grandes empresas estatais e privadas de setores como energia, siderurgia, metalurgia, mineração e construção civil, e muitas matrizes de empresas de telecomunicações. Comércio e serviços são bastante diversificados, e a cidade tem o turismo como destaque.

Em São Paulo, a economia cafeeira do fim século XIX e início do XX favoreceu o processo de industrialização e fez da cidade o centro econômico e financeiro do país. Concentra indústrias e abriga sedes de bancos e de grupos empresariais nacionais e internacionais, além da Bolsa de Valores mais importante do país. Oferece a maior quantidade e variedade de serviços e comércio do país.

A rede urbana no Brasil

Conteúdo referente às páginas 283 a 285.

Segundo o IBGE, há dez níveis hierárquicos entre as cidades brasileiras:

- Grande Metrópole Nacional – São Paulo.
- Metrópoles Nacionais – Rio de Janeiro e Brasília.
- Metrópoles – Recife, Salvador, Belo Horizonte, Curitiba e Porto Alegre.
- Capitais Regionais (três tipos, de acordo com o número de habitantes e a área de influência) – 11 Capitais Regionais A, como Teresina (PI), Vitória (ES) e Cuiabá (MT); 20 Capitais Regionais B, como Feira de Santana (BA), Joinville (SC) e Palmas (TO); 39 Capitais Regionais C, como Criciúma (SC), Uberaba (MG) e Mossoró (RN).
- Centros Sub-regionais – mais de 150 municípios.
- Centros de Zona – mais de 500 municípios de menor porte.

Até os anos 1970, havia forte concentração econômica em grandes centros do país, principalmente em São Paulo e Rio de Janeiro. A partir de então, o espraiamento da urbanização em direção a cidades com outros níveis hierárquicos levou à modificação de papéis e ao aumento da complexidade da rede urbana nacional.

Nos anos 1980, a crise do setor industrial no Brasil provocou um processo relativo de desmetropolização da economia. Cidades de pequeno e médio portes, localizadas fora dos centros metropolitanos, cresceram significativamente em razão do melhor desempenho nas atividades agropecuárias e de mineração.

As deseconomias de aglomeração, que são desvantagens ligadas a problemas como dificuldades na mobilidade (transporte de pessoas e de mercadorias), preço dos imóveis, impostos altos, violência, atuação de organizações sindicais, leis ambientais rígidas, entre outros aspectos, "expulsaram" as indústrias das regiões metropolitanas.

Isso causou uma desconcentração concentrada, ou seja, o espraiamento industrial ocorreu dentro de um limite espacial, associado à produtividade dos grandes centros urbanos no Centro-Sul do país.

O Estado teve papel importante na desconcentração econômica ao investir recursos e elaborar legislação. Por exemplo:

- no Nordeste, com a implantação de estruturas de irrigação em regiões como o Vale do Açu, no Rio Grande do Norte, e com a criação do complexo agroindustrial de Petrolina, em Pernambuco, e Juazeiro, na Bahia, além da criação do Polo Industrial de Camaçari, no Recôncavo Baiano;
- no Centro-Oeste, com os projetos de colonização e de estímulo à agricultura nos Cerrados, que levaram à instalação de grandes complexos agroindustriais;
- no Norte, com os programas ligados à geração de energia e à indústria extrativa mineral.

Desigualdade social e produção do espaço urbano

Conteúdo referente às páginas 286 a 288.

Grande percentual da população urbana é formado de pessoas que migraram do campo e de seus descendentes. Em sua imensa maioria são pessoas sem educação formal e que servem de mão de obra barata. A baixa remuneração e os altos preços das áreas urbanas centrais empurram essas pessoas para as periferias sem estrutura e áreas de risco. Isso implica terem de fazer longos deslocamentos diários para trabalhar ou obter algum serviço, além de não serem adequadamente atendidas pelo saneamento básico (água e esgoto) e outros serviços públicos (creches, escolas, serviços de saúde, áreas de lazer, coleta de lixo, etc.).

Dessa forma, o espaço das grandes cidades revela as desigualdades sociais. As classes médias e altas desfrutam de um meio urbano com muitos equipamentos e serviços públicos e privados, pois habitam bairros centrais, enquanto as classes mais pobres vivem em bairros periféricos, mal atendidos tanto por serviços públicos quanto privados e com altos índices de violência.

Aplique o que aprendeu

Atividade resolvida

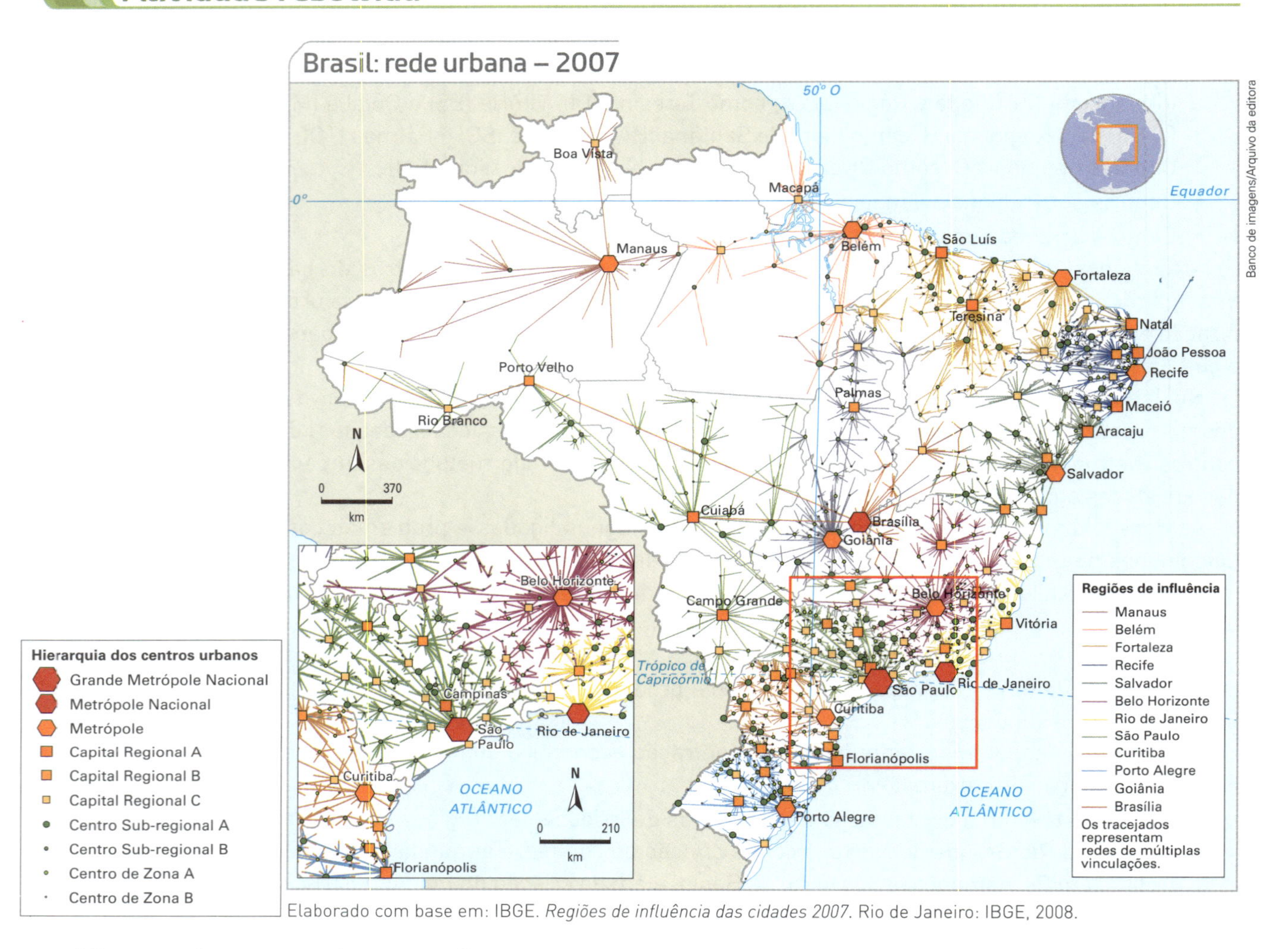

Elaborado com base em: IBGE. *Regiões de influência das cidades 2007*. Rio de Janeiro: IBGE, 2008.

a) O que está representado no mapa?

b) Quais hierarquias urbanas estão representadas no mapa e como elas são definidas?

c) Analise a distribuição espacial das principais cidades que formam a rede urbana brasileira.

d) O que explica a importância de São Paulo, Rio de Janeiro e Brasília?

Respostas:

a) A rede urbana brasileira formada pelas principais cidades, classificadas de acordo com sua importância.

b) Estão representadas: Grande Metrópole Nacional, Metrópoles Nacionais, Metrópoles, Capitais Regionais, Centros Sub-regionais e Centros de Zonas. São classificadas de acordo com a importância econômica, política, administrativa e populacional e a extensão das áreas de influência.

c) A maior parte das cidades mais importantes do país está ao longo do litoral. A exceção mais singular é Brasília, na região central do país. E as duas cidades mais importantes do país estão no Sudeste: São Paulo e Rio de Janeiro. Na região amazônica e no interior do Nordeste, há um grande vazio de cidades com papéis significativos na rede urbana nacional.

d) São Paulo é o centro econômico do país, a cidade mais populosa e que abriga as sedes de muitos bancos e empresas, além de oferecer modernos centros de ensino e pesquisa e atendimento médico especializado. Rio de Janeiro, por ter sido capital do país, tem uma grande população e é sede de grandes empresas estatais, além de abrigar importantes empresas de telecomunicações. Brasília é a atual sede política do país e as decisões tomadas lá têm impacto em todo o território nacional.

Comentário

Geralmente questões com representação cartográfica exigem a habilidade de leitura dessa linguagem, como identificar o que está sendo representado, localizar informações e fazer inferências e correlações, como foi solicitado nos itens **a**, **b** e **c**. Por isso, é importante ler com atenção o título do mapa, sua legenda e as informações cartografadas. Extrapolando as informações oferecidas, cobram-se outros conhecimentos, como os critérios para classificar as cidades na rede urbana e as características das principais cidades brasileiras que polarizam a rede urbana.

Atividades

1. Leia o texto a seguir.

[...] Os movimentos sociais ligados à causa [da reforma urbana e da reforma fundiária/imobiliária] se acomodaram no espaço institucional em que muitas das lideranças foram alocadas [nos últimos anos]. Sem tradição de controle sobre o uso do solo, as prefeituras viram a multiplicação de torres e veículos privados como progresso e desenvolvimento. [...]

Com exceção da oferta de emprego na indústria da construção, para a maioria sobrou o pior dos mundos. Em São Paulo, o preço dos imóveis aumentou 153% entre 2009 e 2012. No Rio de Janeiro, o aumento foi de 184%. A terra urbana permaneceu refém dos interesses do capital imobiliário e, para tanto, as leis foram flexibilizadas ou modificadas, diante de urbanistas perplexos. A disputa por terras entre o capital imobiliário e a força de trabalho na semiperiferia levou a fronteira da expansão urbana para ainda mais longe: os pobres foram para a periferia da periferia. [...]

Mas é com a condição dos transportes que as cidades acabam cobrando a maior dose de sacrifícios por parte de seus moradores. E embora a piora de mobilidade seja geral – isto é, atinge a todos –, é das camadas de rendas mais baixas que ela vai cobrar o maior preço. [...].

MARICATO, Ermínia. É a questão urbana, estúpido! *Le Monde Diplomatique Brasil*. 1º ago. 2013. Disponível em: <https://diplomatique.org.br/e-a-questao-urbana-estupido/>. Acesso em: 2 jul. 2018.

O texto relaciona um processo e uma questão problemáticos, comuns nas metrópoles brasileiras. Quais são?

a) Moradia e automóvel.
b) Aviação civil e habitação.
c) Urbanização e transportes.
d) Reforma agrária e industrialização.
e) Globalização e periferia.

2. Leia os dois textos a seguir.

Texto 1

[...] Desde a última quinta-feira, 25 de julho [de 2013], cerca de 250 famílias ocupam um terreno público e parte de um terreno privado abandonados no bairro Jardim Ideal, distrito do Grajaú, na Zona Sul da cidade de São Paulo. O movimento nasceu espontaneamente a partir da iniciativa de famílias da localidade [...], que não suportavam mais arcar com o alto custo dos aluguéis ou se acomodar em fundos de casa e em quartos de favor. [...]

Segundo as famílias que vão se alojando no local, a parte maior do terreno – a primeira a ser ocupada – pertence à Prefeitura de São Paulo e está há dez anos abandonada. [...] embora esteja destinada há muito tempo para a construção de um parque linear, tem servido apenas para abrigar diversas cenas de violência no bairro, como estupros e assassinatos. [...]

As famílias exigem que o próprio local se torne um conjunto habitacional [...].

"Povo unido para vencer" – nasce uma nova ocupação por moradia no Grajaú. *Passa Palavra*, 29 jul. 2013. Disponível em: <http://passapalavra.info/2013/07/81720>. Acesso em: 2 jul. 2018.

Texto 2

O extremo sul é uma das regiões mais verdes da cidade de São Paulo e que abriga mananciais que abastecem de água 30% da população. Mas, o avanço sobre o verde até as margens é antigo e nas mais variadas condições de legalidade [...].

A maior pressão, hoje, é sobre a Represa Billings, diz o ambientalista Eduardo Merlander Filho. "Houve [...] um *boom* de invasões nessa área. [...] São ocupações assim organizadas, resultantes, obviamente, da falta de moradia [...]".

O terreno pertence à Secretaria do Verde e Meio Ambiente e está destinado a virar um parque linear. A criação de parques lineares, que ficam em torno de cursos d'água, é uma das soluções propostas para evitar mais desmatamentos e recuperar parte do verde em regiões de mananciais.

A Secretaria de Habitação informa que vai identificar as famílias que ocupam a área que deve virar parque linear para encaminhá-las a programas habitacionais. [...]

Ocupações ilegais comprometem áreas de mananciais em SP. *G1*, 21 out. 2013. Disponível em: <http://g1.globo.com/sao-paulo/verdejando/noticia/2013/10/ocupacoes-ilegais-comprometem-areas-de-mananciais-em-sp.html>. Acesso em: 2 jul. 2018.

Com base nas informações contidas nos textos e em seus conhecimentos sobre questões de moradia urbana e ambiente, considere as afirmações:

I. A ocupação de áreas de mananciais no extremo sul do município de São Paulo é um fenômeno que tem como raiz a ineficácia das políticas públicas de planejamento urbano na cidade, que não privilegiam a população de baixo poder aquisitivo.

II. O problema apresentado como tema central do Texto 2 decorre do problema apresentado como tema central do Texto 1.

III. É justificável o uso da força policial para expulsar famílias que ocupam áreas de mananciais no extremo sul de São Paulo para a preservação da cidadania e da justiça social.

Está correto o que foi afirmado em:

a) I e II.

b) I, apenas.

c) II, apenas.

d) I, II e III.

e) II e III.

3. Leia a seguir o trecho de uma reportagem.

Tráfico "emprega" 16 mil no Rio, diz estudo

O tráfico emprega na cidade do Rio [de Janeiro] 16 mil pessoas, vende mais de cem toneladas de droga e arrecada R$ 633 milhões por ano, aponta estudo que dimensionou essa economia subterrânea.

Ou seja, gera tantos empregos quanto a Petrobras na capital fluminense, arrecada o mesmo que o setor têxtil no estado e vende o equivalente a cinco vezes mais do que o total de apreensão anual de cocaína pela Polícia Federal em todo o país.

O economista e professor do Ibmec-RJ Sérgio Ferreira Guimarães, subsecretário da Adolescência e Infância da Secretaria de Estado de Ação Social, usou pesquisas de consumo de entorpecentes, custos médios da venda de droga no varejo e no atacado calculados pela ONU e projeções de ocupação de mão de obra em favelas para fazer uma contabilidade simulada do tráfico: faturamento de R$ 317 milhões (versão mais conservadora) a R$ 633 milhões por ano (teto imaginado a partir dos números de que dispõe). [...]

FRAGA, Plínio; LAGE, Janaina. Tráfico "emprega" 16 mil no Rio, diz estudo. *Folha de S.Paulo*, 28 nov. 2010. Disponível em: <www1.folha.uol.com.br/fsp/cotidian/ff2811201033.html>. Acesso em: 2 jul. 2018.

Com base nos dados apresentados pela reportagem, é possível inferir que a:

a) ofensiva militar aos traficantes no Complexo do Alemão, com o objetivo de retomada do território, solucionará o problema de uso de drogas ilícitas.

b) ampliação do tráfico ganhou força na cidade do Rio de Janeiro porque não houve nenhuma forma de repressão ao uso de drogas ilícitas.

c) ampliação do mercado de drogas ilícitas é apenas uma questão econômica.

d) questão das drogas nas grandes metrópoles é reveladora de problemas complexos, como a baixa escolaridade da população mais pobre, a falta de perspectivas de inserção no mercado de trabalho para os mais jovens e as políticas de segurança pública inadequadas.

e) venda de drogas ilícitas deve ser resolvida pelos moradores das comunidades envolvidas, sem a intervenção do Estado.

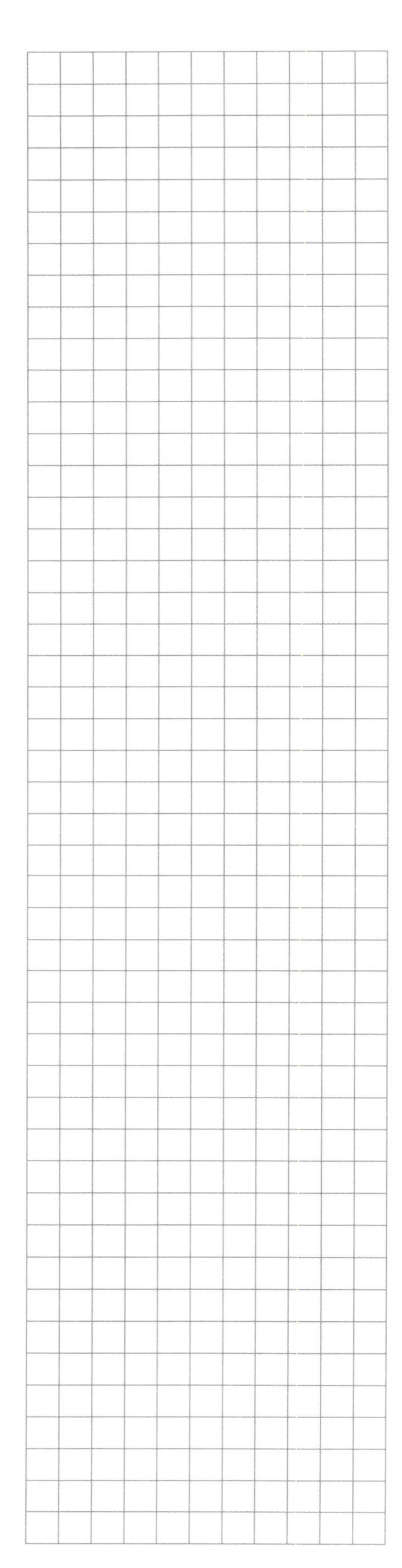

4. Observe duas imagens de cidades brasileiras.

Mauricio Simonetti/Pulsar Imagens

Fundada por Tomé de Sousa em 1549, Salvador situa-se entre o mar e as colinas da baía de Todos-os-Santos. Sua organização assemelha-se às cidades do Porto e Lisboa, com forte caráter defensivo. Ao nível do mar, a Cidade Baixa forma uma estreita faixa entre o litoral e uma escarpa, delimitando a Cidade Alta.

Thomaz Vita Neto/Pulsar Imagens

Em fins do século XVII, animados pela descoberta de ouro, bandeirantes e aventureiros embrenhavam-se pelo interior do Brasil. Às margens do córrego do Tijuco, foi fundado o arraial de mesmo nome, que mais tarde se tornou a cidade de Diamantina. Porém, foi a descoberta de diamantes que marcou a história de Diamantina, diferenciando-a de outras cidades mineradoras.

As duas cidades têm em comum o fato de:

a) terem sido declaradas como patrimônio cultural da humanidade.

b) constituírem dois núcleos históricos da região Nordeste do país.

c) serem metrópoles modernas, irradiando influências por vastos territórios.

d) terem sido criadas durante o período da mineração no Brasil.

e) possuírem traçado urbano e estilo arquitetônico modernos.

5. Leia o trecho para responder à questão.

Em menos de 40 anos, entre as décadas de 1940 e 1980, a população brasileira passou de predominantemente rural para majoritariamente urbana. Impulsionado pela migração de um vasto contingente de pobres, esse movimento socioterritorial, um dos mais rápidos e intensos de que se tem notícia, ocorreu sob a égide de um modelo de desenvolvimento urbano que privou as faixas de menor renda de condições básicas de urbanidade e de inserção efetiva à cidade. Além de excludente, tal modelo mostrou-se também altamente concentrador: 60% da população urbana vive hoje em 224 municípios com mais de 100 mil habitantes, dos quais 94 pertencem a aglomerados urbanos e regiões metropolitanas com mais de 1 milhão de habitantes. [...]

ROLNIK, R. A lógica da desordem. *Le Monde Diplomatique Brasil*, n. 13, ago. 2008. Disponível em: <https://diplomatique.org.br/a-logica-da-desordem/>. Acesso em: 2 jul. 2018.

Qual dos itens se refere ao processo de urbanização da população brasileira?

a) Êxodo urbano, conurbação, segregação urbana.
b) Metropolização, megacidades, hipertrofia urbana.
c) Êxodo urbano, favelização, hipertrofia urbana.
d) Megalopolização, desconcentração urbana, megacidades.
e) Metropolização, desconcentração urbana, segregação urbana.

6. Nas grandes cidades brasileiras, é muito comum encontrar anúncios de empreendimentos imobiliários voltados à habitação: casas, apartamentos, etc., comercializados pelo mercado imobiliário tradicional. No entanto, avalia-se que o *deficit* habitacional no Brasil em 2009 estava em 7 934 719 moradias, número correspondente a 14,5% dos domicílios do país, segundo a Fundação João Pinheiro, base de dados para o Ministério das Cidades. Marque a alternativa que mais esclarece esse paradoxo.

a) As moradias oferecidas pelo mercado imobiliário tradicional resolverão, em longo prazo, o *deficit* habitacional, pois verifica-se que, quanto mais moradias são construídas, mais famílias abandonam as moradias precárias.
b) A maior parte das moradias construídas e comercializadas está em áreas centrais e com maior quantidade de empregos, o que atrai as pessoas com menor renda para essas áreas, pois essas moradias são mais baratas.
c) Grande parte dos empreendimentos imobiliários lançados pelo mercado imobiliário tradicional exige uma renda familiar mensal maior do que a auferida pela maioria das famílias brasileiras.
d) Os programas habitacionais do passado e do presente, empreendidos pelo Estado, resolveram o problema habitacional no Brasil. No entanto, o crescimento vegetativo da população brasileira ainda é muito alto, o que dificulta a construção de novas moradias.
e) As maiores metrópoles do Brasil (São Paulo e Rio de Janeiro) são as que mais recebem os atuais fluxos migratórios do país, o que dificulta o acesso desse contingente populacional a moradias mais adequadas.

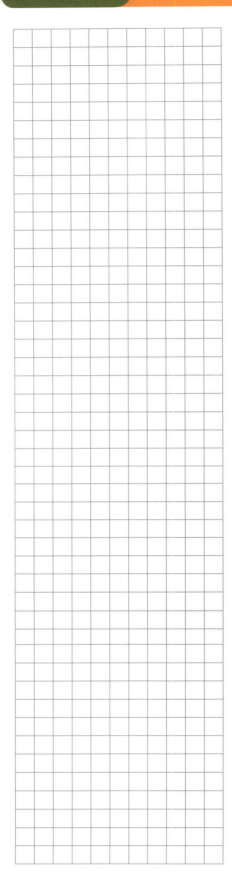

1. (UFPR) Considere o seguinte texto:

Na 21ª Conferência das Partes (COP21) da UNFCCC, em Paris, foi adotado um novo acordo com o objetivo central de fortalecer a resposta global à ameaça da mudança do clima e de reforçar a capacidade dos países para lidar com os impactos decorrentes dessas mudanças.

O Acordo de Paris foi aprovado pelos 195 países Parte da UNFCCC para reduzir emissões de gases de efeito estufa (GEE) no contexto do desenvolvimento sustentável. O compromisso ocorre no sentido de manter o aumento da temperatura média global em bem menos de 2 °C acima dos níveis pré-industriais e de envidar esforços para limitar o aumento da temperatura a 1,5 °C acima dos níveis pré-industriais.

Para que o acordo comece a vigorar, é necessária a ratificação de pelo menos 55 países, responsáveis por 55% das emissões de GEE. O secretário-geral da ONU, numa cerimônia em Nova York, no dia 22 de abril de 2016, abriu o período para assinatura oficial do acordo, pelos países signatários.

(Fonte: <http://www.mma.gov.br/clima/convencao-das-nacoes-unidas/acordo-de-paris>. Acessado em 03/07/2017.)

Com relação ao assunto, identifique as afirmativas a seguir como verdadeiras (V) ou falsas (F):

( ) O Brasil já ratificou o Acordo de Paris e se comprometeu junto às Nações Unidas a reduzir, em 2025, as emissões de GEE em 37% abaixo dos níveis de 2005, bem como reduzir as emissões de GEE em 43% abaixo dos níveis de 2005 em 2030.

( ) A União Europeia sugeriu a negociação direta com grandes empresas e estados dos EUA para redução de GEE, como alternativa à saída dos Estados Unidos do Acordo de Paris.

( ) A saída dos EUA do Acordo de Paris motivou a saída também da China, uma das principais emissoras de GEE do mundo.

( ) A Rússia, maior emissora de GEE do mundo, anunciou sua saída do Acordo de Paris para expandir sua atividade industrial e se manter competitiva em relação aos EUA.

Assinale a alternativa que apresenta a sequência correta, de cima para baixo.

a) V – V – F – V.

b) V – F – V – F.

c) F – V – F – V.

d) V – V – F – F.

e) F – F – V – V.

2. (UFRGS) Observe a figura abaixo.

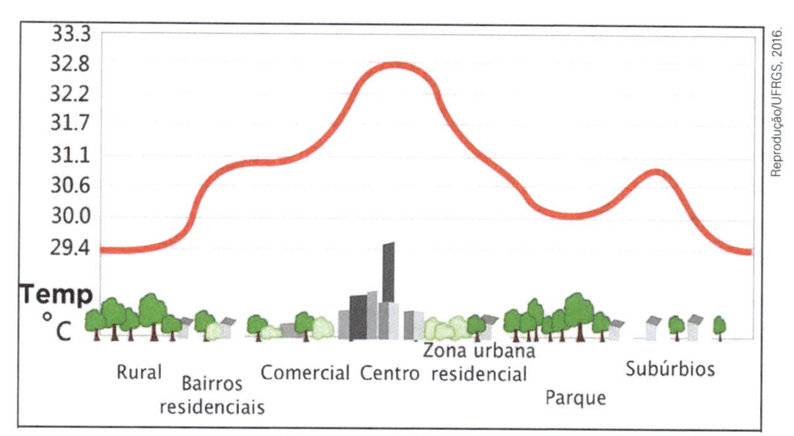

Fonte: <reurb.blogspot.com>. Acesso em: 07 jul. 2015.

O fenômeno representado na figura é chamado de

a) Chuva Ácida.

b) Efeito Estufa.

c) Ilha de Frescor.

d) Ilha de Calor.

e) Inversão Térmica.

3. (Mackenzie) Observe a imagem para responder à questão.

Fonte: Prefeitura de São Paulo, Secretaria Municipal de Coordenação das Subprefeituras.

A imagem retrata um tipo de ocupação muito comum no Brasil, relacionada muitas vezes a um grave problema socioambiental. A esse respeito, considere as afirmativas a seguir:

I. A ocupação irregular das encostas tende a elevar a exposição dos solos às enxurradas, contribuindo para deslizamentos que trazem perdas humanas e materiais.

II. Os escorregamentos de solos ocorrem por ocasiões das chuvas mais fortes, evidenciando o caráter acidental desse fenômeno. O processo erosivo provocado pelas chuvas de menor intensidade não é um fator de maior importância neste caso.

III. A ocupação das encostas é uma decorrência da exclusão social que dificulta o acesso de muitas pessoas à moradia. Portanto, esse fenômeno nunca atinge pessoas com melhores condições socioeconômicas, pois suas moradias estão sempre localizadas em áreas fora de risco.

IV. A irregular ocupação das encostas envolve problemas diferentes que, combinados, resultam nos deslizamentos de solos. Entre esses problemas estão: ineficiência da fiscalização dos agentes públicos na ocupação de áreas de risco; dificuldade de acesso a habitação entre os mais pobres; monitoramento inexistente ou insuficiente para minimizar o problema.

Estão corretas apenas as afirmativas

a) I e II. b) I e III. c) II e IV. d) II e III. e) I e IV.

4. (UFPR)

As formas ou conjuntos de formas de relevo participam da composição das paisagens em diferentes escalas. Relevos de grandes dimensões, ao serem observados em um curto espaço de tempo, mostram aparência estática e imutável; entretanto, estão sendo permanentemente trabalhados por processos erosivos ou deposicionais, desencadeados pelas condições climáticas existentes. Esses processos, originados pelas forças exógenas, promovendo, ao longo de grandes períodos de tempo, a degradação (erosão) das áreas topograficamente elevadas e a agradação (deposição) nas áreas topograficamente baixas, conduzem a uma tendência de nivelamento da superfície terrestre. Isso só se completará caso não haja interferência das forças endógenas, que podem promover soerguimentos ou rebaixamentos terrestres. Há que se considerar, ainda, a ação conjunta das duas forças e as implicações altimétricas geradas por ocorrências de variações do nível do mar.

Adaptado de MARQUES, J. S. Ciência Geomorfológica. In: GUERRA, A. J. T.; CUNHA, S. B. (Orgs.). *Geomorfologia: uma atualização de bases e conceitos*. Rio de Janeiro: Bertrand,1994, p. 23-45.

Tendo como referência o texto acima e os conhecimentos de geomorfologia, a ciência que estuda as formas do relevo, identifique as seguintes afirmativas como verdadeiras (V) ou falsas (F):

( ) O relevo é o resultado da atuação das chamadas forças endógenas e exógenas. Os processos endógenos estão associados à dinâmica das Placas Tectônicas e os exógenos relacionados à atuação climática.

( ) Durante a era Cenozoica, as formas de relevo, em grande escala, permaneceram estáveis em consequência do equilíbrio entre forças exógenas e endógenas.

( ) Os deslizamentos de terra, fluxos de lama e detritos, que ocorrem em grandes maciços rochosos, como é o caso da Serra do Mar, apesar de resultarem muitas vezes em catástrofes e danos à população, podem ser processos naturais de degradação, que participam da evolução das formas do relevo.

( ) Os processos de agradação ocorrem predominantemente no Brasil em relevo de planícies.

Assinale a alternativa que apresenta a sequência correta, de cima para baixo.

a) V – V – F – F.
b) F – V – F – V.
c) F – F – V – V.
d) V – F – V – V.
e) V – F – V – F.

5. (UFRGS) Observe a charge.

Fonte: QUINO, J.L. *Toda Mafalda*. São Paulo: Martins Fonte, 2003. p. 32.

Assinale a alternativa correta sobre os fusos horários e suas consequências.

a) As áreas de fuso horário iguais foram definidas mundialmente, com base na relação entre latitude, rotação da Terra e hora.
b) O relógio deve, a cada vez que se ultrapassar o limite do fuso horário ao percorrer de Leste em direção a Oeste, ser atrasado uma hora.
c) O relógio deve ser atrasado em um dia quando se viaja de Oeste para Leste, na passagem da Linha Internacional de Data.
d) O terceiro fuso brasileiro abrange os estados de Mato Grosso, Mato Grosso do Sul, Rondônia, Roraima, parte do Amazonas e parte do Pará.
e) O quarto fuso brasileiro abrange o Estado do Acre, parte Oeste do Amazonas e parte do Pará.

6. (Colégio Naval)

"A urbanização é um dos traçoes fundamentais da modernidade. Há urbanização quando o crescimento da população urbana supera o da população rural – um fenômeno que se verifica há mais de dois séculos na Europa e que adquiriu contornos mundiais ao longo do século XX."

MAGNOLI, Demétrio. *Geografia para o ensino médio*. São Paulo: Atual. 2008, p. 225.

O Brasil inicia sua caminhada rumo à modernidade industrial notadamente a partir da década de 1930. O crescente êxodo rural, além de uma drástica aceleração no ritmo do crescimento vegetativo, resultaram, inevitavelmente, em uma rápida e, por vezes, desorganizada urbanização.

Sobre esse processo, assinale a opção que apresenta corretamente o conceito e sua respectiva definição.

a) Megalópole – local, no sentido topográfico, onde nasceu a cidade.
b) Rede urbana – posição que uma cidade ocupa em relação aos fatores naturais ou geográficos da sua região.

c) Megacidade – conjunto de áreas contíguas e integradas socioeconomicamente a uma cidade principal.

d) Conurbação – superposição ou encontro de duas ou mais cidades em razão de seu crescimento.

e) Região metropolitana – "cidade-mãe", dotada dos melhores equipamentos urbanos de uma país ou de uma região.

7. (Fuvest) Analise o mapa e assinale a alternativa que completa corretamente a frase:

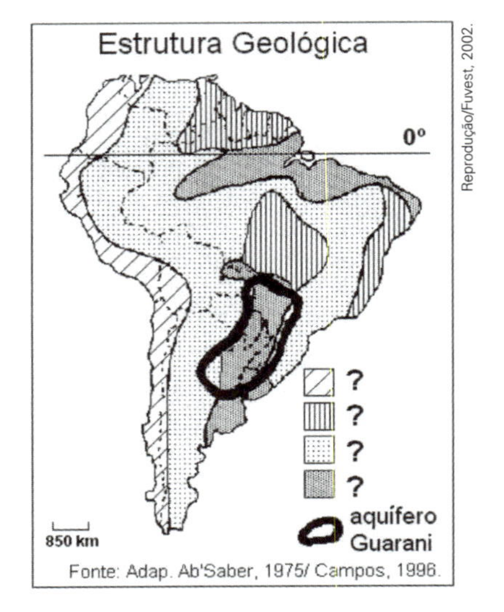

O estratégico reservatório de água subterrânea, denominado aquífero Guarani, ocorre em áreas de __________, e se estende __________.

a) terrenos cristalinos; pelo Brasil, Argentina, Uruguai e Paraguai.

b) dobramentos antigos; pelos países do Cone Sul.

c) planícies; pelos países do Cone Sul.

d) sedimentação; pelo Brasil, Argentina, Uruguai e Paraguai.

e) terrenos arqueados; pelo Brasil, Argentina e Uruguai.

8. (Ufscar) Observe o mapa.

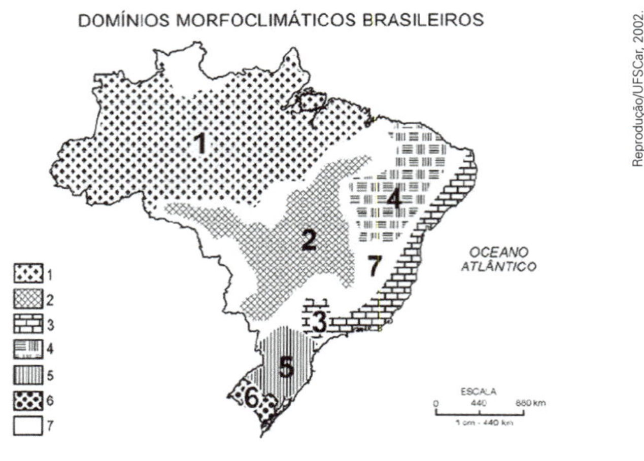

Fonte: Aziz Ab'Sáber

Considere as afirmações seguintes.

I. O número 3 refere-se ao domínio dos mares de morros.
II. O número 7 refere-se às faixas de transição.
III. O número 1 refere-se ao domínio subtropical.
IV. O número 4 refere-se ao domínio da caatinga.

Estão corretas as afirmações

a) I e III, somente.
b) II e III, somente.
c) III e IV, somente.
d) I, II e IV, somente.
e) II, III e IV, somente.

9. (Enem)

Figura 1

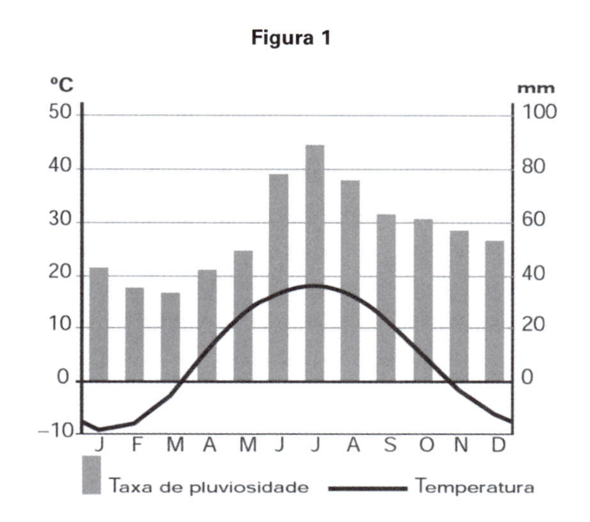

Figura 2

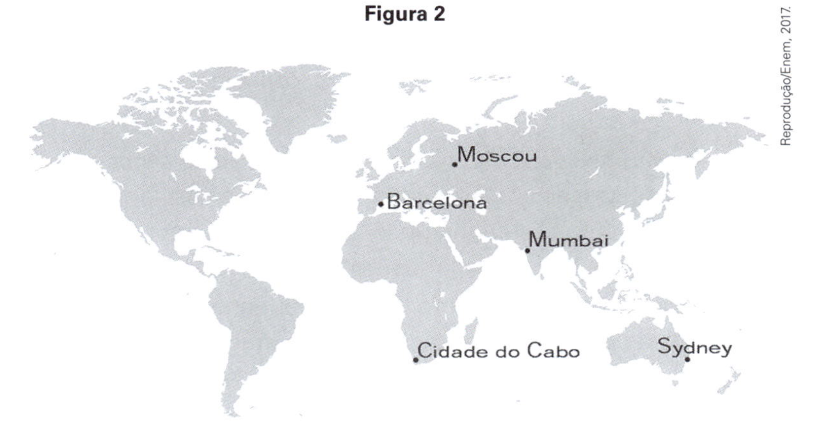

Disponível em: https://pt.climate-data.org. Acesso em: 12 maio 2017 (adaptado).

As temperaturas médias mensais e as taxas de pluviosidade expressas no climograma apresentam o clima típico da seguinte cidade:

a) Cidade do Cabo (África do Sul), marcado pela reduzida amplitude térmica anual.

b) Sydney (Austrália), caracterizado por precipitações abundantes no decorrer do ano.
c) Mumbai (Índia), definido pelas chuvas monçônicas torrenciais.
d) Barcelona (Espanha), afetado por massas de ar seco.
e) Moscou (Rússia), influenciado pela localização geográfica em alta latitude.

10. (Udesc) A Geografia é uma ciência que transita por muitas áreas de conhecimento e agrega esses saberes de uma forma particular, procurando sempre dar-lhes significado espacial. Assim sendo, observe a expressão destacada e assinale a alternativa **incorreta** em relação ao seu conceito.

a) **Biosfera** – chamada de esfera da vida, ela compreende desde o topo das mais altas montanhas até as profundezas dos oceanos. Ela é delimitada pela presença de seres vivos.
b) **Biodiversidade** – total de espécies da flora e da fauna encontradas em um ecossistema. Quanto maior o número de espécies, maior a biodiversidade.
c) **Biodinâmica** – ramo da Geografia que estuda o clima, em especial as dinâmicas do tempo que mudam várias vezes ao dia.
d) **Bioma** – complexo biótico de plantas e animais observados no ambiente físico ou habitat.
e) **Biomassa** – qualquer matéria orgânica, de origem animal ou vegetal, utilizada como fonte renovável de energia.

11. (UFSM)

O conceito de domínios morfoclimáticos pode ser entendido como um conjunto espacial em que haja uma interação entre os processos ecológicos e as paisagens.

Fonte: OLIC, N. B.; SILVA, A. C. da; LOZANO, R. *Vereda digital geografia*. São Paulo: Moderna, 2012. p.169.

A partir desse conceito e da compreensão dos domínios de natureza que existem no território brasileiro, considere as afirmativas a seguir.

I. São reconhecidos seis grandes domínios paisagísticos e macroecológicos, dos quais quatro são intertropicais (amazônico, dos cerrados, das caatingas e dos mares de morros) e dois subtropicais (o das pradarias e o das araucárias).
II. Os ecossistemas que caracterizam os domínios são constituídos de grande diversidade biológica, que se torna cada dia mais preciosa para as indústrias de alimentos, cosméticos e fármacos.
III. As potencialidades paisagísticas são definidas pela relação entre diversos elementos, como o relevo, os solos, a vegetação e as condições climático-hidrológicas.
IV. Entre o núcleo de um domínio paisagístico e ecológico e as áreas centrais de outros domínios vizinhos, existe uma área de transição que afeta os componentes naturais, como, por exemplo, os solos e a vegetação.

Está(ão) correta(s)

a) apenas III.
b) apenas IV.
c) apenas I e II.
d) apenas III e IV.
e) I, II, III e IV.

12. (UPE) A Cartografia, uma ciência auxiliar da Geografia, vem utilizando intensamente as informações obtidas de satélites artificiais, que se deslocam em torno da Terra. Essas imagens servem para usos os mais diversos, como a Geologia, a Climatologia e a Hidrografia. A imagem a seguir é um exemplo desse avanço alcançado pela Cartografia. Observe-a.

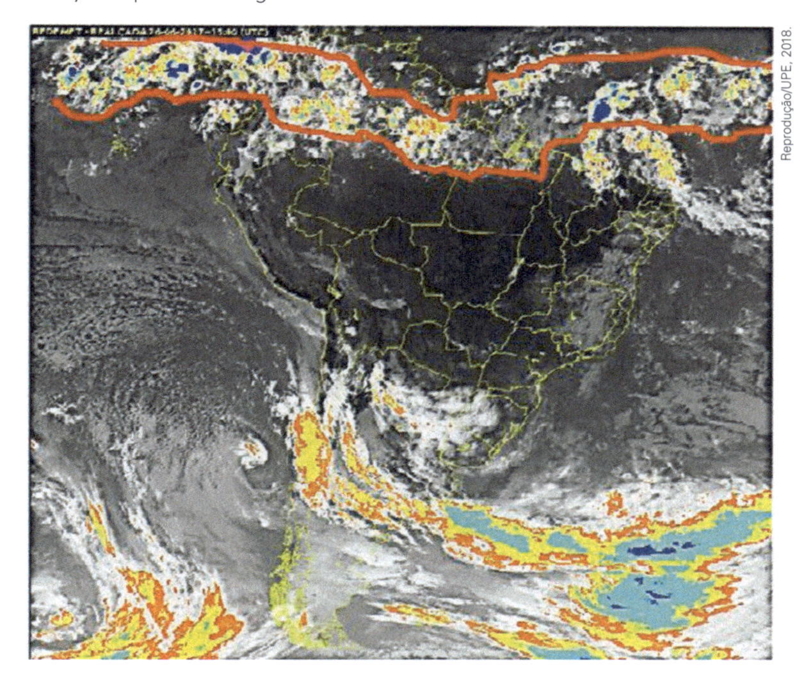

Reprodução/UPE, 2018.

Podem ser vistos, nessa imagem de satélite, os seguintes fenômenos climáticos, **EXCETO**

a) Frentes frias.
b) Zona de Convergência Intertropical.
c) Áreas de instabilidade.
d) Faixas de baixa nebulosidade.
e) Ciclone tropical.

13. (Unesp)

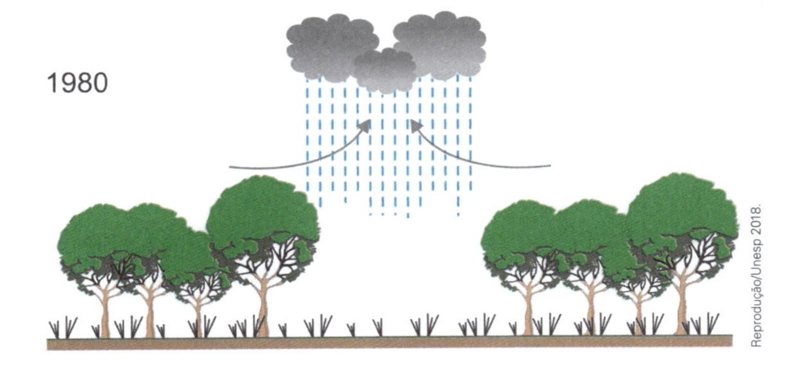

Reprodução/Unesp 2018.

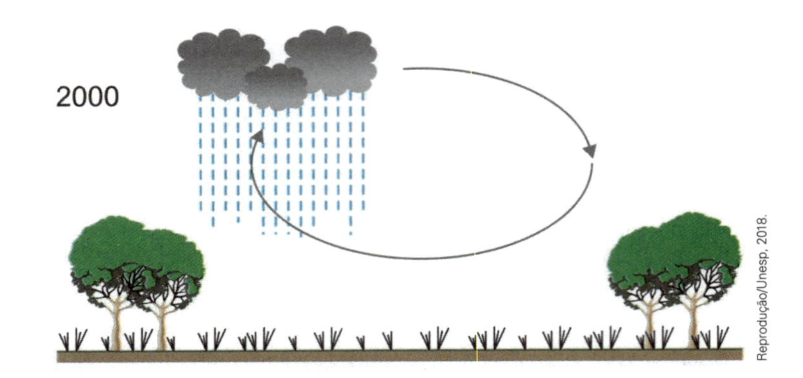

A figura ilustra a alteração na distribuição das _________ como resultado de três décadas de desmatamento em certo setor da Floresta Amazônica. O "deslocamento" desse tipo de precipitação é um efeito das variações horizontais da rugosidade da superfície, que promovem a concentração da pluviosidade nas bordas das áreas desmatadas. Essa mudança na circulação atmosférica pode ter como consequência _________ na região.

(Jaya Khanna *et al.* "Regional dry-season climate changes due to three decades of Amazonian deforestation". *Nature Climate Change*, março de 2017. Adaptado.)

As lacunas do texto devem ser preenchidas por

a) chuvas convectivas – a manutenção dos serviços ecológicos.
b) chuvas frontais – a diminuição da evapotranspiração.
c) chuvas convectivas – a redução da produtividade agrícola.
d) chuvas orográficas – o empobrecimento do solo.
e) chuvas frontais – o aumento na frequência de incêndios.

14. (PUC) Em 1997, foi instituída a Política Nacional de Recursos Hídricos. Em sua implementação, ela considera, como unidade territorial, para avaliar e monitorar a quantidade de água disponível, "a área de captação da água precipitada, demarcada por divisores topográficos, na qual toda a água captada converge para um único ponto de saída".

A unidade territorial a que o texto se refere é:

a) o fluxo basal.
b) a bacia hidrográfica.
c) o regime fluvial.
d) a rede hidrográfica.
e) o balanço hídrico.

15. (Uece) Leia atentamente o seguinte excerto sobre desenvolvimento sustentável:

"A natureza se levanta de sua opressão e toma vida, revelando-se à produção de objetos mortos e à coisificação do mundo. A superexploração dos ecossistemas, que os processos produtivos mantinham sob silêncio, desencadeou uma força destrutiva que [...] gera as mudanças globais que ameaçam a estabilidade e sustentabilidade do planeta [...]. O impacto dessas mudanças ambientais na ordem ecológica e social do mundo ameaça a economia como um câncer generalizado e incontrolável, mais grave ainda do que as crises cíclicas do capital".

LEFF, Enrique. In: *Saber ambiental* – sustentabilidade, racionalidade, complexidade, poder. Petrópolis: Vozes, 2001. p. 56.

Considerando o excerto, assinale a afirmação verdadeira.

a) A discussão levantada pelo texto fortalece a tese de que o ambiente necessita ser interpretado cada vez mais a partir de bases ecológicas, com destaque para projetos de restauração e descontaminação de ecossistemas em desequilíbrio.

b) O texto apresenta-se otimista, sobretudo ao informar que a natureza entrou em sintonia com o progresso econômico e se converteu em um suporte para o desenvolvimento justo da sociedade.

c) Uma das interpretações do texto que pode ser realizada é a de que a sustentabilidade ambiental depende marcadamente do desenvolvimento do mercado globalizado, da eficácia da tecnologia e da racionalidade instrumental.

d) O texto sugere que a questão ambiental é um campo de ação política e econômica, inscrevendo-se nas grandes mudanças produtivas e de consumo contemporâneas.

16. (Unicamp)

A figura anterior destaca um domínio natural marcado por especificidades físicas e de ocupação pela população.

Assinale a alternativa que indica corretamente as características naturais e humanas predominantes nesse domínio.

a) Relevo de Mares de Morro; solos de tipo latossolos; grande concentração da população ao longo dos cursos d'água da região.

b) Relevo de Altiplanos Basálticos; solos de tipo podzólicos; grande dispersão da população pelos diversos ecossistemas regionais.

c) Relevo Residual de Colinas com afloramento rochoso; solos de tipo litólicos; grande dispersão da população pelo espaço regional.

d) Relevo de Terras Baixas; solos de tipo gleissolos; grande concentração da população nas áreas inundáveis sazonalmente.

17. (Uece) As megalópoles são as formas urbanas mais originais e mais específicas entre aquelas que geram o processo de metropolização. Considerando as muitas interpretações desse conceito, é correto afirmar que

a) megalópoles correspondem a vastas regiões, de forma geralmente dispersa, sobre várias centenas de quilômetros, caracterizadas por uma urbanização intensa, mas não necessariamente contínua, que são articuladas por uma densa rede de metrópoles próximas umas das outras.

b) a originalidade geográfica das megalópoles está no fato de serem hierarquias urbanas, cujo comando é exercido por uma metrópole a subordinar cidades médias e pequenas.

c) se entende por megalópole, um processo de urbanização predatório, que amplia diferenças econômicas entre certas zonas urbanas e rurais, cria bolsões de pobreza nos grandes centros urbanos e generaliza problemas de saúde pública, marginalidade, desemprego e carência de serviços.

d) megalópole é o grande centro urbano/metropolitano que comanda uma economia internacional e materializa, na paisagem, suntuosos eixos de prosperidade imobiliária e centralidade financeiro-empresarial.

18. (Fatec) Observe o perfil do relevo Oeste-Leste de uma faixa do território brasileiro.

Fonte: J. L. Ross. "Geografia do Brasil". São Paulo: Edusp, 1995. p. 63.

Os algarismos I - II - III - IV indicados no perfil acima correspondem, na sequência, a:

a) I - planícies e tabuleiros do rio Amazonas; II - rio São Francisco; III - depressão sertaneja; IV - planaltos e serras do atlântico.

b) I - planaltos residuais sul-amazônicos; II - rio Parnaíba; III - depressão sertaneja; IV - planalto da Borborema.

c) I - planaltos e chapadas da bacia Platina; II - rio Paraguai; III - depressão periférica sul rio-grandense; IV - planalto da Lagoa dos Patos e Mirim.

d) I - bacia sedimentar amazônica; II - rio Amazonas; III - depressão marginal sul amazônica; IV - planaltos residuais sul-amazônicos.

e) I - pantanal mato-grossense; II - rio Paraná; III - depressão periférica da borda leste da Bacia do Paraná; IV - planaltos e serras do leste-sudeste.

19. (UPE) Analise o texto a seguir:

> Na atual fase da economia mundial, é precisamente a combinação da dispersão global das atividades econômicas e da integração global, mediante uma concentração contínua do controle econômico e da propriedade, que tem contribuído para o papel estratégico desempenhado por certas grandes cidades, que denomino cidades globais.
>
> SASSEN, Saskia. *As cidades na economia mundial*. 2001.

Considere as afirmativas relativas ao texto:

1. Nos territórios dos países que compõem a teia de fluxos integrados à economia globalizada, as conexões com a economia global são feitas a partir das cidades locais.
2. As cidades regionais se caracterizam por serem pontos de comando na organização das economias globais. Os territórios periféricos das cidades estão, cada vez mais, incluídos nos processos econômicos mundiais.
3. As cidades globais se notabilizam por sediarem grandes corporações multinacionais com acentuada influência na economia mundial, destacando-se como centros financeiros e serviços especializados.
4. A produção de inovações, as empresas de alta tecnologia, os imensos conglomerados de mídia e o desenvolvimento de polos empresariais constituem funções características das cidades globais.

Estão **CORRETAS** apenas

a) 1, 3 e 4.

b) 3 e 4.

c) 1, 2 e 3.

d) 1 e 2.

e) 2, 3 e 4.

20. (Uefs) O relevo resulta da dinâmica de fenômenos internos e externos sobre a camada mais superficial da Terra, a litosfera.

A partir dos conhecimentos acerca dos agentes internos e externos do relevo terrestre, é correto afirmar:

a) O reajustamento isostático de áreas da superfície terrestre resulta de processos de soerguimento ou rebaixamento de porções da litosfera.

b) O diastrofismo orogenético constitui um tipo de deformação estrutural sofrida pelas rochas devido à ação de forças verticais ou inclinadas.

c) O intemperismo físico ocorre em função do contato da rocha com a água, provocando reações de destruição dessa rocha, sendo mais intenso nas áreas equatoriais.

d) Todo rio, devido à ação erosiva da água, tende a originar deltas e planícies de várzea, cuja forma dependerá do nível de resistência das rochas do seu leito e de suas margens.

e) Os vulcões não explosivos aparecem nos pontos de contato entre duas placas tectônicas e caracterizam-se pelo fato de a lava ser quase sólida, em função de sua origem nas profundezas da Terra.

21. (Unesp) Observe as figuras.

passado

presente

(Analúcia Giometti et al. (orgs.). *Pedagogia cidadã* – ensino de Geografia, 2006. Adaptado.)

Faça uma análise espaço-temporal da paisagem, identificando quatro transformações feitas pelo homem.

22. (UPE) Um dos temas que vêm sendo muito debatidos na comunidade geográfica brasileira diz respeito ao que se conhece como Desertificação, que, segundo a UNCED - United Nations Conference on Environment and Development, corresponde à degradação ambiental de terras em áreas áridas, semiáridas e subúmidas secas, resultantes de vários fatores, incluindo variações climáticas e atividades humanas.

Sobre esse tema, analise as afirmativas a seguir:

1. A desertificação aumentará a perda de biomassa e de produtividade do planeta, contribuindo para o esgotamento das reservas de húmus, perturbando, assim, as transformações biogeoquímicas nas áreas afetadas por esse processo.
2. A desertificação é um processo de degradação ecológica, no qual o solo fértil e produtivo perde, total ou parcialmente, o potencial de produção.
3. A desertificação contribui para a mudança climática global, aumentando o albedo da superfície terrestre e diminuindo a taxa de evapotranspiração, modificando, portanto, o equilíbrio energético da superfície e a temperatura do ar.
4. A desertificação converte pessoas que vivem nas áreas atingidas pelo processo em refugiados ambientais, buscando melhores terras para realizar atividades agrícolas.
5. A desertificação no Brasil intensificou-se nas últimas décadas e vem atingindo, indistintamente, espaços geográficos situados em faixas semiáridas, tropicais subúmidas e, até, em áreas úmidas, submetidas ao processo de arenização.

Estão **CORRETAS**

a) apenas 1 e 4.
b) apenas 2 e 3.
c) apenas 1, 2 e 4.
d) apenas 2, 4 e 5.
e) 1, 2, 3, 4 e 5.

23. (PUC) Associe algumas formas de relevo do território brasileiro com sua descrição.

1. chapada 2. planalto 3. planície 4. depressão

( ) Relevo aplainado, rebaixado em relação ao seu entorno e com predominância de processos erosivos.

( ) Forma predominantemente plana em que os processos de sedimentação superam os de erosão.

( ) Terreno com extensa superfície plana em área elevada.

A sequência correta de preenchimento dos parênteses, de cima para baixo, é

a) 1 – 2 – 3
b) 3 – 1 – 4
c) 3 – 4 – 2
d) 4 – 3 – 1
e) 4 – 1 – 2

24. (Unisc) Analise as afirmativas a seguir.

I. Cilíndrica, Cônica e Plana são as três principais classificações das projeções cartográficas.

II. Nas Projeções Cartográficas Equivalentes, busca-se manter a proporcionalidade das áreas representadas e, principalmente, a exatidão dos ângulos e das formas como ocorre, por exemplo, na Projeção de Peters.

III. Uma das mais conhecidas Projeções Cartográficas Conformes é a de Mercator. Neste caso, as áreas de latitudes altas apresentam menos distorções em relação às de latitudes baixas.

Assinale a alternativa correta.

a) Somente a afirmativa I está correta.
b) Somente a afirmativa II está correta.
c) Somente as afirmativas II e III estão corretas.
d) Somente as afirmativas I e III estão corretas.
e) Nenhuma das alternativas está correta.

25. (Fuvest) Identifique, entre as fotos a seguir, aquela que melhor corresponde a aspectos relativos à VEGETAÇÃO, na paisagem descrita por Guimarães Rosa em "Grande sertão: veredas".

"Entre os currais e o céu, tinha só um gramado limpo e uma restinga de cerrado, de onde descem borboletas brancas...".

a) 

b) 

c) 

d) 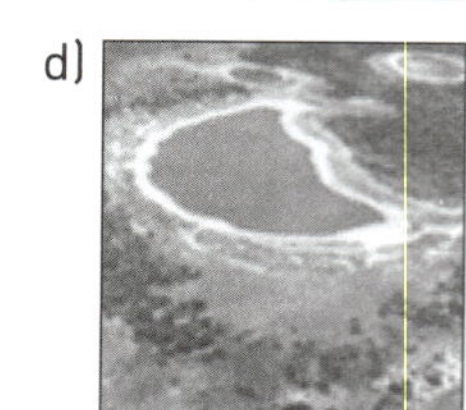

e) 

Fonte: Adap. Romariz, 1996.

26. (IFPE)

Forte terremoto atinge a Cidade do México no aniversário do tremor de 1985

"Um terremoto de magnitude 7.1 atingiu o México na tarde desta terça-feira (19). O forte tremor foi sentido em 18 municípios, incluindo a Cidade do México, onde edifícios caíram e pessoas estão soterradas. Na atualização mais recente, as autoridades do país confirmaram que ao menos 224 pessoas morreram na região central mexicana."

Reportagem do UOL notícias de 19/09/2017. Disponível em: <https://noticias.uol.com.br/internacional/ultimas-noticias/2017/09/19/terremoto-cidade-do-mexico.htm>. Acesso em: 08 out. 2017.

No que se refere à dinâmica da litosfera terrestre, podemos afirmar que

a) eventos como o que ocorreu recentemente no México estão diretamente relacionados com a dinâmica das placas tectônicas.
b) a magnitude do terremoto retratado não tem capacidade de destruição em grande proporção, os desastres ocorridos foram acarretados por ação humana.
c) os limites divergentes de placas tectônicas são os que desencadearam os maiores tremores já registrados.
d) ocorrem grandes tremores quando duas placas tectônicas colidem, mas isso não provoca deformação na sua estrutura.
e) surgem estruturas como as grandes cordilheiras, a exemplo dos Andes, Alpes e Himalaia, a partir de movimentos divergentes de placas tectônicas.

27. (UEL) A distância entre as cidades mineiras de Belo Horizonte e Montes Claros, em um mapa representado em escala 1 : 7.000.000, é de 6,5 cm.

Assinale a alternativa que apresenta, corretamente, a distância real entre essas duas cidades.

a) 045,5 km
b) 092,8 km
c) 107,0 km
d) 455,0 km
e) 928,0 km

28. (UFG) Analise a imagem e leia o texto apresentados a seguir.

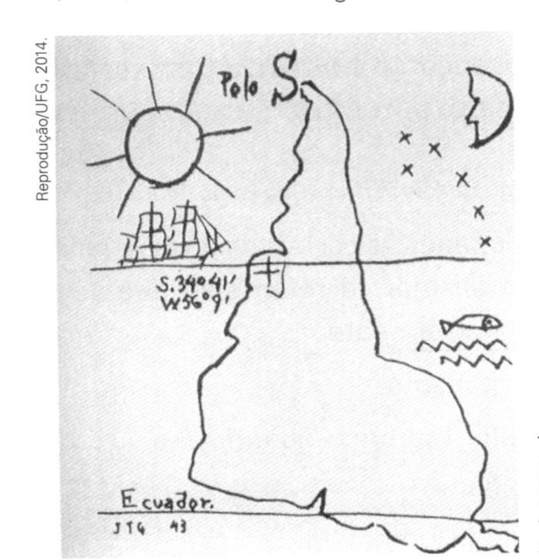

TORRES GARCÍA, Joaquín. *América invertida.* Tinta sobre papel, 1946. Disponível em: <http://www.uruguayeduca.edu.uy>. Acesso em: 11 set. 2013.

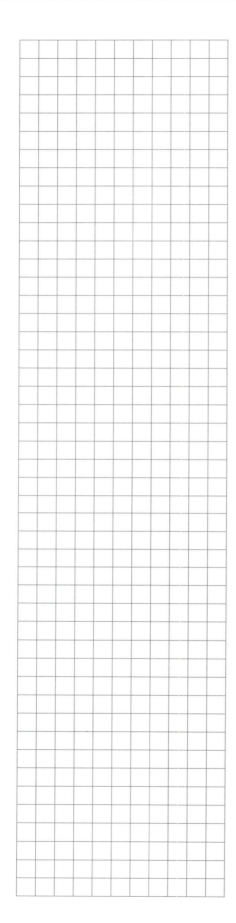

A ponta da América, a partir de agora, assinala insistentemente o Sul, o nosso norte.

TORRES GARCÍA, Joaquín. Universalismo constructivo (Manifesto). Buenos Aires: Poseidón, 1941. Disponível em: <http://www.uruguayeduca.edu.uy>. Acesso em: 11 set. 2013.

O quadro e o manifesto do artista uruguaio Torres García inserem-se na denominada arte modernista, elaborada durante a primeira metade do século XX pelas vanguardas americanistas. Ao fazer referência ao mapa do continente americano, a imagem e o manifesto expressam uma crítica

a) à base tecnológica do século XIX, que tinha no conhecimento astronômico limitado um empecilho à elaboração de uma projeção fiel à realidade.

b) aos valores da cultura ocidental, que tinham no sistema de coordenadas um instrumento de imposição do imperialismo norte-americano.

c) ao imaginário dos descobrimentos, que inseria nas projeções cartográficas da Era Moderna figuras míticas e pontos de referência inexistentes.

d) ao sistema de representação cartográfica europeu, com o objetivo de reforçar os princípios formadores da identidade latino-americana.

e) ao isolamento político dos países da América do Sul, com o objetivo de colocar o continente no centro das atenções internacionais.

29. (Uece) Atente para os excertos abaixo.

(1) "Seus defensores afirmam que as condições naturais especialmente as climáticas interferem na sua capacidade de progredir. Estabeleceu-se uma relação causal entre o comportamento humano e a natureza na qual tiveram esteio as teorias darwinistas sobre a sobrevivência e a adaptação dos indivíduos ao meio circundante."

CORREA, R. L. *Região e Organização Espacial*. São Paulo: Ática, 2007.

(2) "Neste processo de trocas mútuas com a natureza, o homem transforma a matéria natural, cria formas sobre a superfície terrestre. Nesta concepção o homem é um ser ativo que sofre a influência do meio, porém que atua sobre este transformando-o."

MORAES, A. C. R. *Geografia:* Pequena História Crítica. São Paulo: HUCITEC, 1986.

Os excertos acima estão relacionados às correntes do pensamento geográfico. Assim, pode-se afirmar corretamente que os excertos 1 e 2 representam respectivamente

a) a Geografia Crítica e o Possibilismo.

b) o Determinismo e a Geografia Teorético-quantitativa.

c) o Determinismo e o Possibilismo.

d) o Determinismo e a Geografia Humanista.

30. (Fuvest) Observe a figura, com destaque para a Dorsal Atlântica.

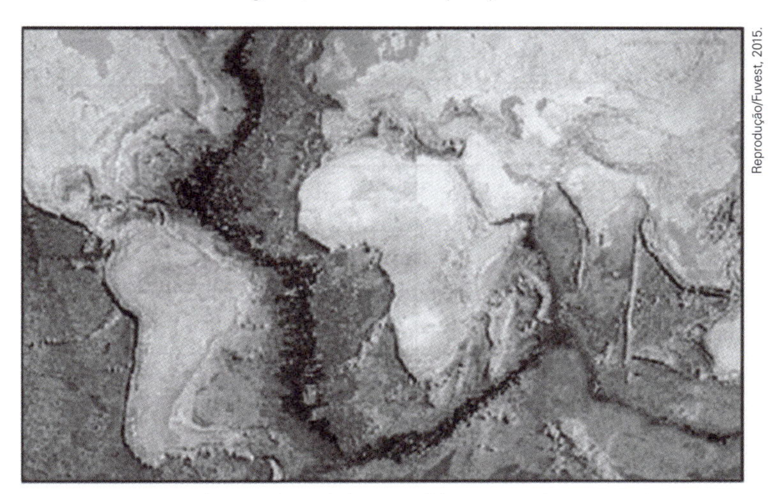

Student Atlas of the World. National Geographic, 2009.

Avalie as seguintes afirmações:

I. Segundo a teoria da tectônica de placas, os continentes africano e americano continuam se afastando um do outro.

II. A presença de rochas mais jovens próximas à Dorsal Atlântica comparada à de rochas mais antigas, em locais mais distantes, é um indicativo da existência de limites entre placas tectônicas divergentes no assoalho oceânico.

III. Semelhanças entre rochas e fósseis encontrados nos continentes que, hoje, estão separados pelo Oceano Atlântico são consideradas evidências de que um dia esses continentes estiveram unidos.

IV. A formação da cadeia montanhosa Dorsal Atlântica resultou de um choque entre as placas tectônicas norte-americana e africana.

Está correto o que se afirma em

a) I, II e III, apenas.
b) I, II e IV, apenas.
c) II, III e IV, apenas.
d) I, III e IV, apenas.
e) I, II, III e IV.

31. (Uece) A partir dos anos 1980, quando gradativamente espalharam-se pelo mundo as grandes empresas e as novas tecnologias, como a internet, os satélites e os meios digitais, ocorreu um fenômeno global que favoreceu o aumento da produtividade econômica e a aceleração dos fluxos de capitais, mercadorias, informações e pessoas. Este processo, predominante em países desenvolvidos e alguns países emergentes, formou, nos territórios, um meio conhecido como

a) científico-agrário.
b) técnico-científico-informacional.
c) técnico-informacional-agroindustrial.
d) acadêmico-industrial.

32. (UEL) Bacia hidrográfica é a área abrangida por um rio principal e sua rede de afluentes e subafluentes.

Sobre as bacias hidrográficas brasileiras e sua utilização, é correto afirmar:

a) O potencial hidrelétrico da Bacia do Paraná é o mais aproveitado do país em função de sua proximidade com o Centro-Sul, área de maior demanda por energia elétrica.

b) A Bacia Amazônica caracteriza-se pelo predomínio de rios de planalto e hidrografia pouco densa; por isso, a navegação fluvial é inexpressiva na região.

c) A navegação na Bacia do Tocantins ocorre sazonalmente devido ao regime de intermitência de seus rios.

d) A Bacia do Uruguai possui a principal hidrovia que integra política e economicamente os países do Mercosul.

e) A Bacia do São Francisco sofre grande impacto em função da transposição de seu rio principal.

33. (UEG) A Assembleia Geral das Nações Unidas declarou o ano de 2010 como o Ano Internacional da Biodiversidade, com o propósito de evidenciar a importância da diversidade biológica para a qualidade de vida da população humana. Sobre esse tema, é correto afirmar:

a) ao longo do processo de sucessão ecológica, observa-se uma diminuição progressiva na diversidade de espécies e na biomassa total.

b) a degradação física de hábitats inclui perda de solo e desertificação causada pela agricultura intensiva, gerando aumento na diversidade biológica local e regional.

c) a execução de projetos de reflorestamento com espécies introduzidas possibilita a recomposição vegetacional, o que favorece o aumento da diversidade local.

d) a elaboração de planos de sobrevivência para determinadas espécies em cativeiro favorece a conservação *in situ,* o que sugere a permanência destas espécies em ambiente natural.

34. (Mackenzie) Observe a imagem.

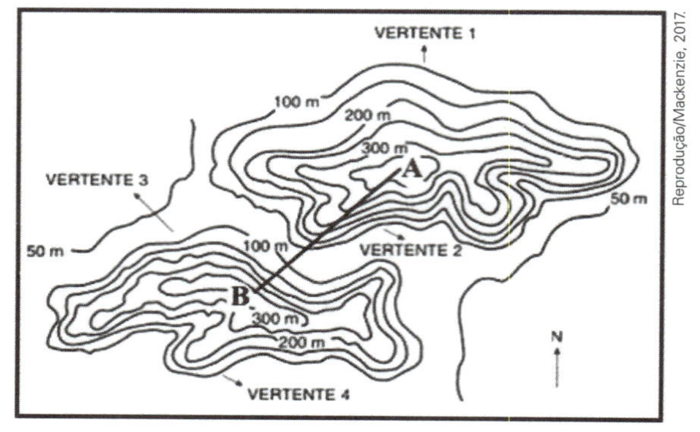

Escala 1:50 000

(Fonte da Imagem: http://geografalando.blogspot.com.br/2013/03/cartografia-questões-dos-melhores.html)

Na representação, pode-se observar a presença de duas elevações no relevo, identificadas pelas letras A e B. Tendo a imagem como base e seus conhecimentos, julgue as afirmativas a seguir:

I. As linhas representadas, esquematicamente na imagem, são denominadas de Isoípsas ou curvas de nível, pois unem pontos de mesma altitude.
II. A porção mais íngreme do Morro A aparece na imagem identificada como Vertente 2, pois as linhas se apresentam mais próximas umas das outras nesse compartimento do relevo.
III. Sabendo-se que a distância linear entre os morros A e B é de 4 cm, a distância real entre os dois pontos, utilizando-se a Escala indicada no mapa será de, aproximadamente, 2.000 metros.

É correto o que se afirma em

a) I, apenas.
b) I e II, apenas.
c) II e III, apenas.
d) I e III, apenas.
e) I, II e III.

35. (UFRGS) O Painel Intergovernamental sobre Mudanças Climáticas (http://www.ipcc.ch) é uma das maiores redes globais de cooperação e coordenação de pesquisas sobre mudanças climáticas globais. O aquecimento global é uma das maiores preocupações desse vasto grupo de cientistas do mundo todo.

Considere as afirmações abaixo, sobre as consequências do aquecimento global.

I. O Monte Kilimanjaro na África, porções da Cordilheira dos Andes e da Cordilheira do Himalaia provavelmente perderão a maioria de seu gelo glacial nas próximas duas décadas.
II. A intensidade dos ciclones tropicais, correlacionada à elevação das temperaturas da superfície do mar em regiões tropicais, aumentará.
III. Secas mais longas e intensas, particularmente nos trópicos e subtrópicos, como as regiões do Sahel, Mediterrâneo, África meridional, Oeste dos Estados Unidos, já estão sendo observadas e aumentarão de intensidade.

Quais estão corretas?

a) Apenas I.
b) Apenas II.
c) Apenas I e III.
d) Apenas II e III.
e) I, II e III.

36. (Unesp) A escala cartográfica define a proporcionalidade entre a superfície do terreno e sua representação no mapa, podendo ser apresentada de modo gráfico ou numérico.

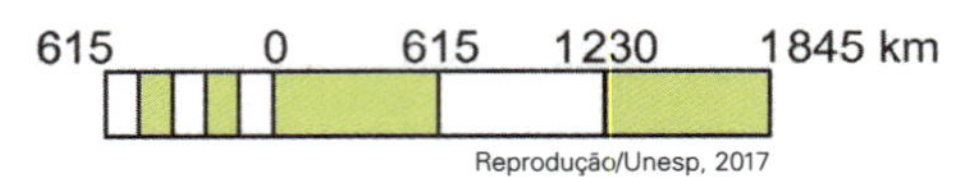

Reprodução/Unesp, 2017

A escala numérica correspondente à escala gráfica apresentada é:

a) 1 : 184.500.000.
b) 1 : 615.000.
c) 1 : 1.845.000.
d) 1 : 123.000.000.
e) 1 : 61.500.000.

37. (UPF)

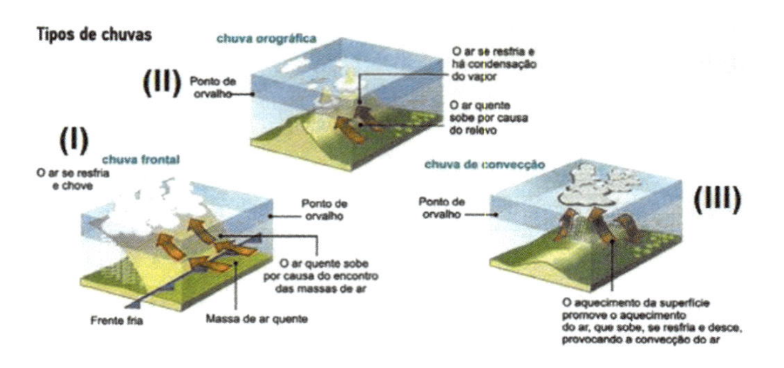

Reprodução/UPF, 2015.

(Fonte: SENE; MOREIRA. *Geografia geral e do Brasil*. São Paulo: Scipione, 2010, p. 125)

Associe as figuras I, II e III às características das chuvas

( ) A evaporação e a ascensão de ar úmido e o resfriamento adiabático desse ar provocam esse tipo de chuva comum no verão.

( ) Resultam do encontro de duas massas de ar, com características diferentes, uma fria e a outra quente.

( ) Quando nuvens encontram obstáculos como serras ou montanhas, ocasionando o seu resfriamento e provocando condensação e precipitação.

A sequência **correta** de preenchimento dos parênteses, de cima para baixo, é:

a) I, II, III.
b) III, I, II.
c) III, II, I.
d) I, III, II.
e) II, III, I.

38. (Enem)

Figura 1

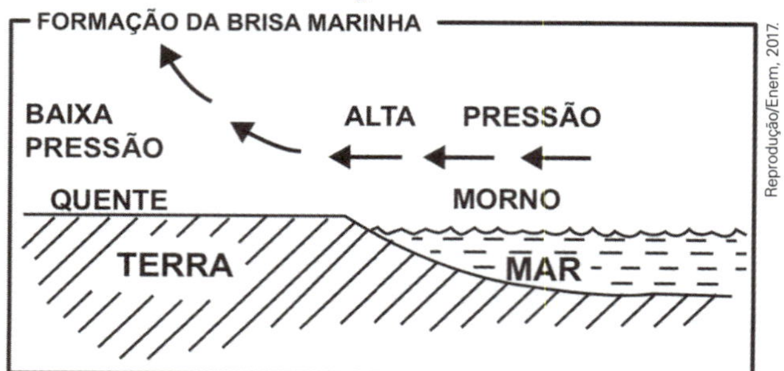

Reprodução/Enem, 2017.

Figura 2

FORMAÇÃO DO TERRAL
ALTA PRESSÃO
BAIXA PRESSÃO
FRIO
MORNO
TERRA
MAR

Reprodução/Enem, 2017.

SALGADO-LABOURIAU, M. L. **História ecológica da Terra**. São Paulo: Edgard Blucher, 1994 (adaptado).

Nas imagens constam informações sobre a formação de brisas em áreas litorâneas. Esse processo é resultado de

a) uniformidade do gradiente de pressão atmosférica.

b) aquecimento diferencial da superfície.

c) quedas acentuadas de médias térmicas.

d) mudanças na umidade relativa do ar.

e) variações altimétricas acentuadas.

39. (FMP) Considere a imagem a seguir.

Reprodução/FMP, 2018.

Disponível em: <http://2.bp.blogspot.com/-ZFAfAvmwU2Y/UXkb-V4XbHDI/AAAAAAAAGkU/2Y11VcYAS8A/w710-h526/moher--ucurumlar%25C4%25B13.jpg>. Acesso em: 12 jul. 2017.

A forma de relevo registrada na imagem acima é denominada

a) *inselberg*

b) chapada

c) *cuesta*

d) falésia

e) restinga

40. (UFPA) O mapa e o climograma são ferramentas utilizadas para representar informações sobre o meio físico.

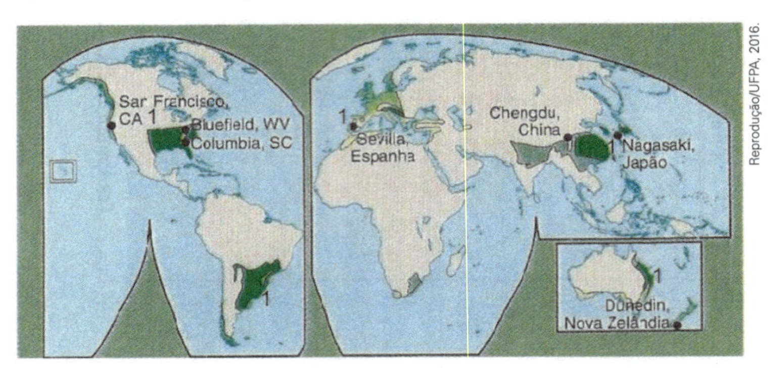

Fonte: CHRISTOPHERSON, R.W. Geossistemas: Uma introdução à Geografia Física, 7ª ed. Porto Alegre, Bookman, 2012. Páginas 289-290.

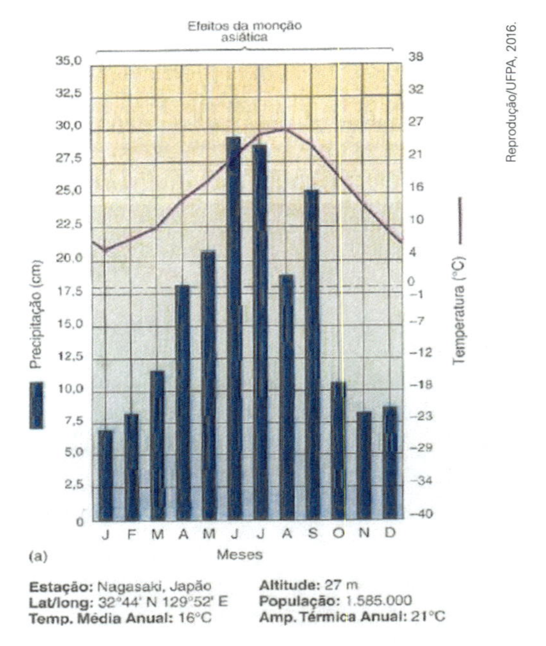

Sobre as informações contidas no mapa e climograma, pode-se dizer que o tipo climático apresentado na área 1 é

a) tropical.

b) desértico.

c) equatorial.

d) tropical de altitude.

e) subtropical úmido.

41. (Cefet) As Geotecnologias correspondem a um conjunto de tecnologias para coleta, processamento, análise e disponibilização de dados espaciais. Incluem qualquer informação que possua localização na superfície terrestre com referência espacial, diferenciando-se em Sistemas de Informação Geográfica (SIGs) e técnicas de geoprocessamento.

O uso do geoprocessamento para o planejamento urbano pode ser verificado na

a) coleta de dados estatísticos.
b) busca de informações em sites.
c) consulta de guias turísticos online.
d) produção de imagens digitalizadas.
e) procura de rotas de um determinado endereço.

42. (Unicamp)

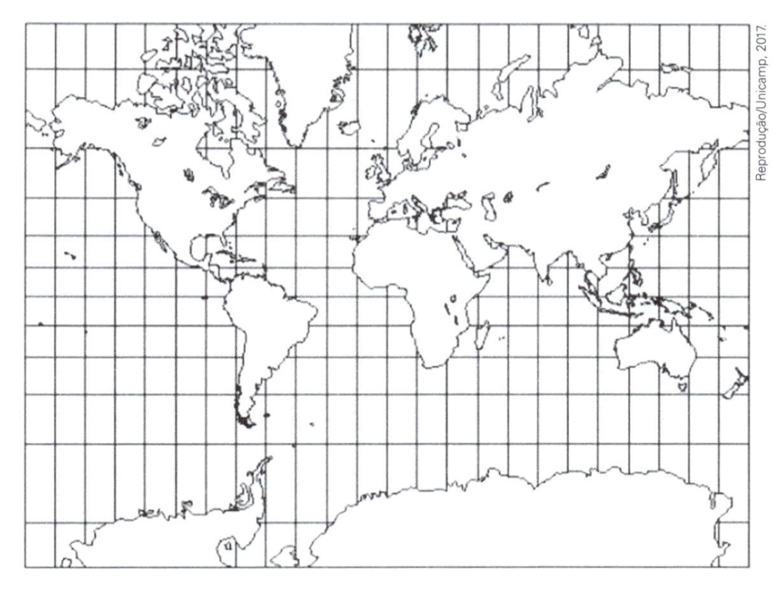

a) Explique por que a Groenlândia e a Península Arábica, que possuem aproximadamente a mesma superfície em km², no mapa-múndi acima apresentam dimensões tão discrepantes, e indique qual é a projeção desse mapa-múndi.

b) Defina escala cartográfica e indique se o mapa acima apresenta uma escala grande ou pequena.

43. (Enem)

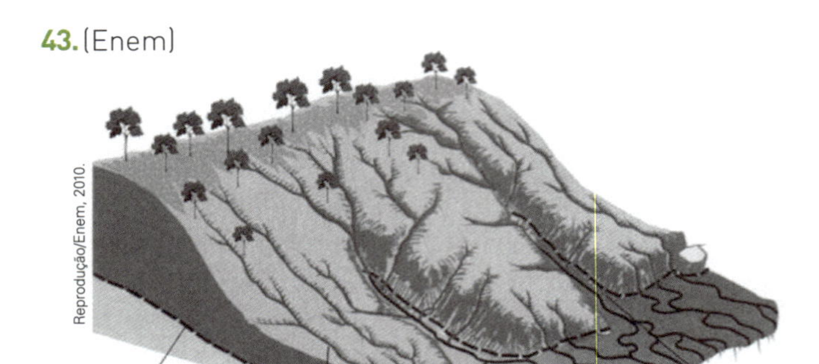

TEIXEIRA, W. et al. (Orgs). *Decifrando a Terra*. São Paulo: Companhia Editora Nacional, 2009.

Muitos processos erosivos se concentram nas encostas, principalmente aqueles motivados pela água e pelo vento.

No entanto, os reflexos também são sentidos nas áreas de baixada, onde geralmente há ocupação urbana.

Um exemplo desses reflexos na vida cotidiana de muitas cidades brasileiras é

a) a maior ocorrência de enchentes, já que os rios assoreados comportam menos água em seus leitos.

b) a contaminação da população pelos sedimentos trazidos pelo rio e carregados de matéria orgânica.

c) o desgaste do solo nas áreas urbanas, causado pela redução do escoamento superficial pluvial na encosta.

d) a maior facilidade de captação de água potável para o abastecimento público, já que é maior o efeito do escoamento sobre a infiltração.

e) o aumento da incidência de doenças como a amebíase na população urbana, em decorrência do escoamento de água poluída do topo das encostas.

44. (Cefet) Analise o mapa e leia o trecho a seguir.

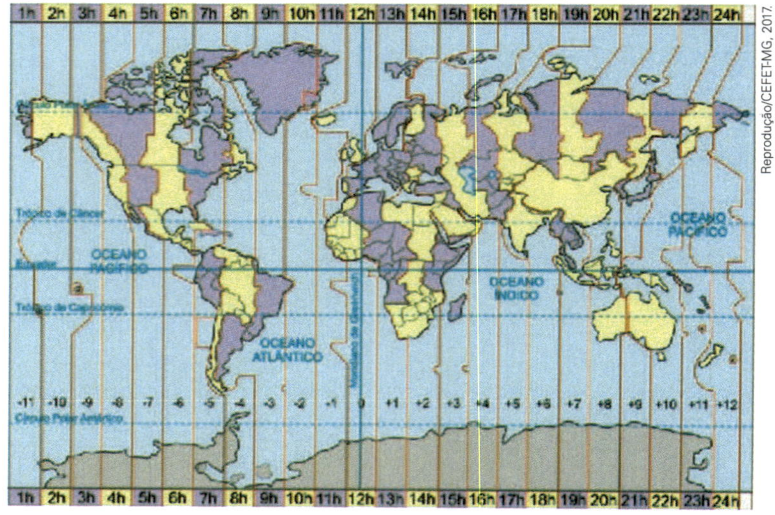

SIMIELLI, Maria Elena. *Geoatlas*. São Paulo: Ática, 2013. (adaptado).

A cerimônia de abertura dos jogos olímpicos Rio 2016 foi transmitida ao vivo no dia 5 de agosto de 2016, às 20h (BRT). Telespectadores do mundo inteiro assistiram à transmissão simultânea a partir de diferentes emissoras de sistemas de comunicação. A localidade que assistiu à transmissão pela hora oficial de seu país, em data posterior ao fuso brasileiro e mais próximo ao término do horário matutino, foi a capital da

a) Índia.
b) China.
c) Austrália.
d) Nova Zelândia.

45. (Acafe) A litosfera é a camada sólida mais superficial de nosso planeta. Ela é formada por rochas e minerais e faz parte do cenário onde se desenvolve a vida, juntamente com outras camadas ou esferas.

Sobre a litosfera, **todas** as alternativas estão corretas, **exceto** a:

a) As bacias sedimentares resultam de acúmulos de sedimentos em depressões a partir da era Paleozoica e nelas são encontrados os combustíveis fósseis como o carvão mineral e o petróleo.
b) A litosfera está dividida em placas tectônicas que flutuam sobre um material pastoso e cujos limites estão sempre em movimento, provocando instabilidades geológicas como vulcanismo e abalos sísmicos.
c) As relações entre a litosfera, a atmosfera e a hidrosfera não interferem no modelado terrestre, não afetam o ciclo das águas e nem os fenômenos meteorológicos, pois cada camada ou esfera age independente uma da outra.
d) Das três estruturas geológicas que aparecem na crosta terrestre, ou seja, os maciços ou escudos antigos, as bacias sedimentares e os dobramentos modernos, somente a terceira estrutura não existe no Brasil.

46. (UPE) Observe atentamente a figura a seguir:

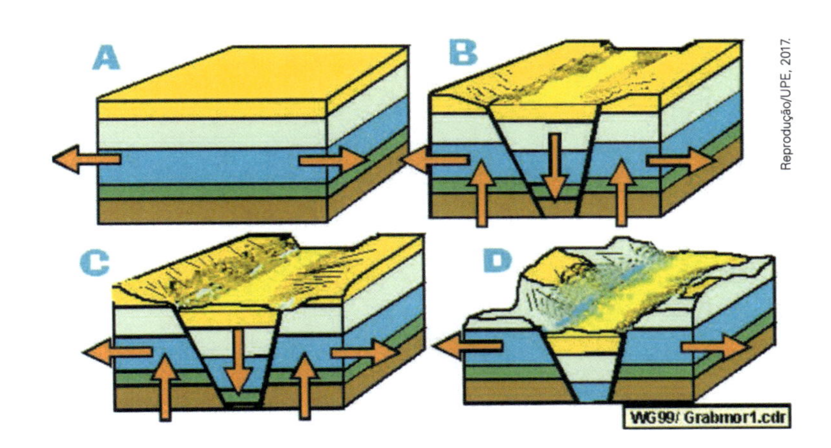

Reprodução/UPE, 2017.

Assinale o título que define CORRETAMENTE essa sucessão de ilustrações de um importante fato geológico.

a) A Formação de Dobras na Crosta Terrestre

b) O Desenvolvimento de um Graben Tectônico

c) A Evolução dos Processos de Erosão Eólica em Ambiente Árido

d) A Gênese de Pedimentos Tectônicos

e) A Zona de Subdução de Placas Litosféricas

47. (PUC) A maior parte do território brasileiro está localizada entre o Trópico de Capricórnio e o Equador. Isto torna o Brasil um dos países do mundo com excelentes condições para a geração de energia solar, mesmo com uma variação climática significativa entre suas regiões. Considere os climogramas e o mapa para responder à questão.

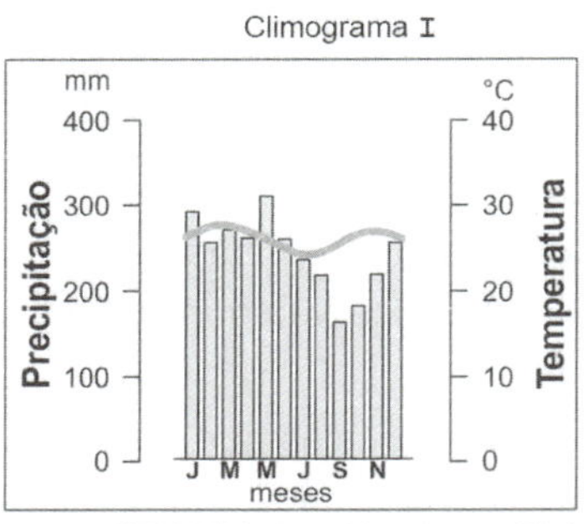

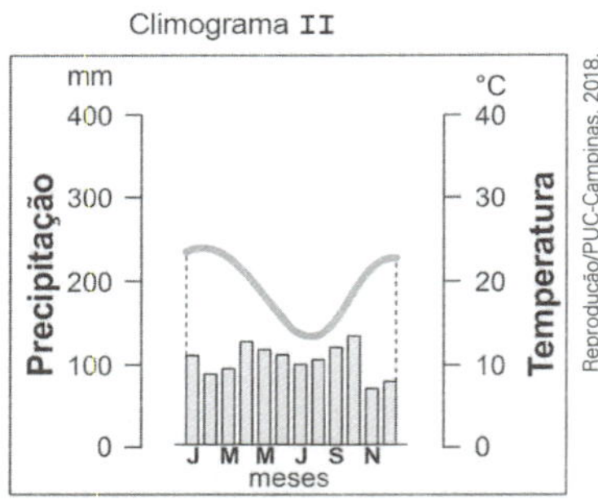

(FERREIRA, Graça Maria Lemos. **Moderno atlas geográfico.** São Paulo: Moderna, 2008, p. 6)

Os Climogramas **I** e **II** são, respectivamente, característicos das áreas indicadas no mapa pelos números

a) 2 e 4.
b) 1 e 3.
c) 4 e 5.
d) 3 e 2.
e) 5 e 3.

48. (UPF) Analise as informações sobre os tipos de vegetação e sua ocorrência no espaço mundial.

- Trata-se de uma vegetação rasteira, de ciclo vegetativo muito curto, limitando-se aos meses de primavera e verão. É típica de regiões de altas latitudes, aparecendo nos continentes americano, europeu e asiático.
- Vegetação típica de clima frio é encontrada em altas latitudes do Hemisfério Norte, cobrindo grande parte do território russo. Predominam as coníferas, utilizadas na produção de madeira, papel e celulose.
- Trata-se de uma vegetação arbustiva. Embora encontrada em pequenas áreas da América e da Austrália, seu reduto característico é o sul da Europa e norte da África, região marcada por verões quentes e secos. Destaca-se o cultivo da oliveira.

É **correto** afirmar que as descrições apresentadas, pela ordem, de cima para baixo, identificam:

a) pradaria, taiga, mediterrânea.
b) estepe, floresta tropical, savana.
c) manguezal, tundra, cerrado.
d) tundra, taiga, floresta equatorial.
e) tundra, taiga, mediterrânea.

49. (Unicamp)

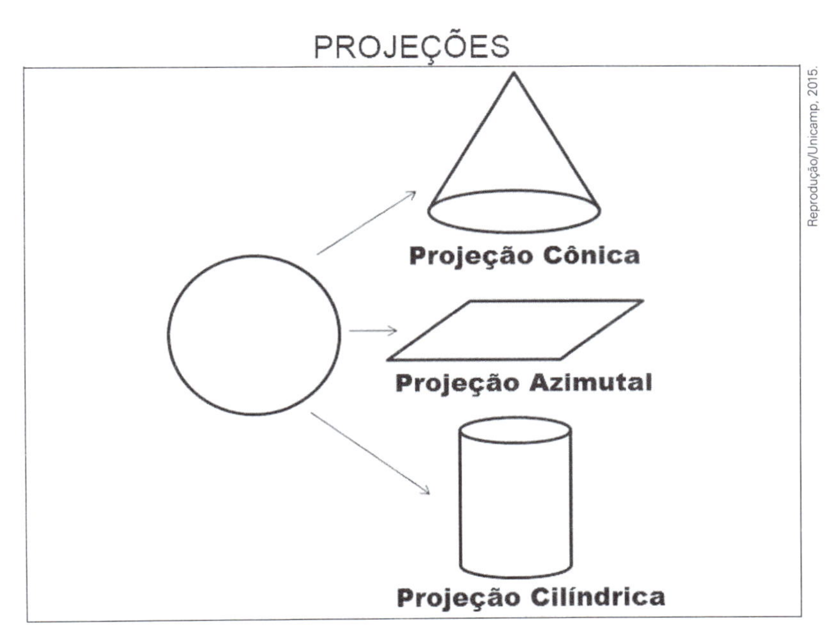

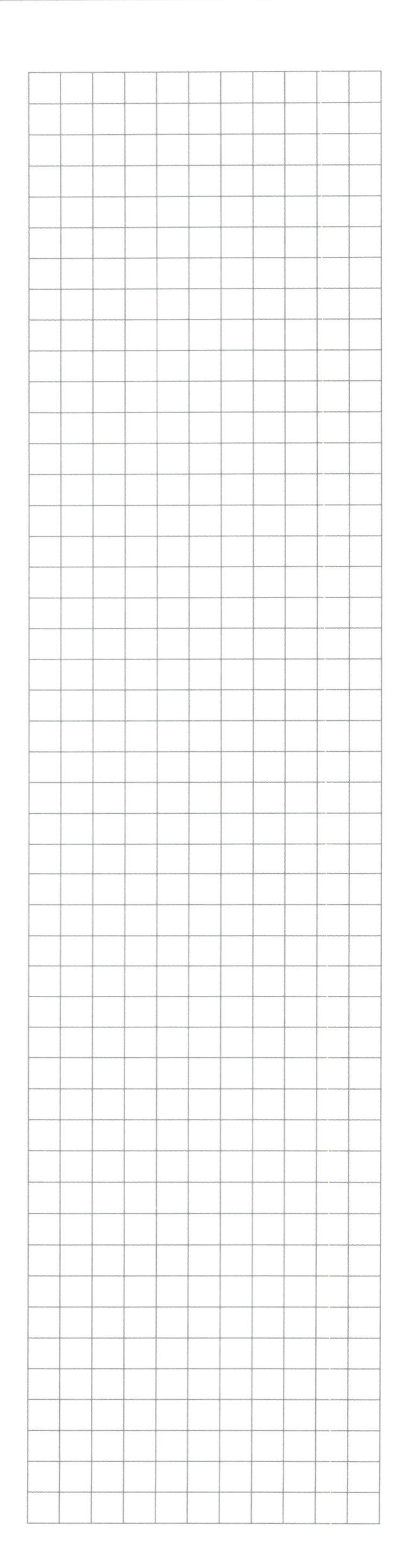

MAPAS

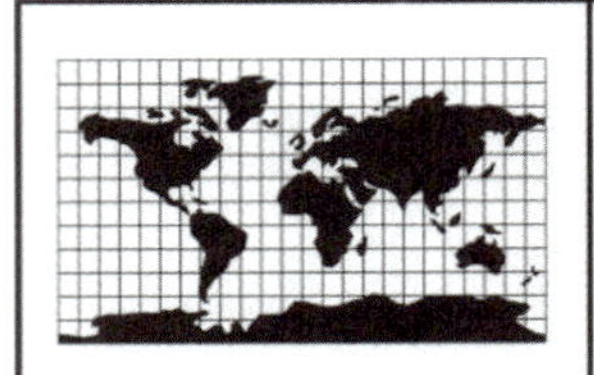

Mapa A	Mapa B	Mapa C

A representação de uma esfera num plano estabelece um desafio técnico resolvido a partir de distintas formas de projeção, cada uma delas adequada a um objetivo. Faça a correspondência entre cada um dos mapas e sua correta projeção.

a) A, cônica; B, azimutal; C, cilíndrica.

b) A, cilíndrica; B, cônica; C, azimutal.

c) A, azimutal; B, cilíndrica; C, cônica.

d) A, cilíndrica; B, azimutal; C, cônica.

50. (UEG) Observe a figura a seguir.

O domínio morfoclimático assinalado na figura acima apresenta as seguintes características:

a) predomínio de estação chuvosa, com temperatura média anual de 26 °C e vegetação ombrófila.

b) cobertura vegetal densa, sob influência da brisa marinha, com umidade relativa anual superior a 50%.

c) localização entre os paralelos 34º S e 36º S com estações bem definidas e vegetação gramínea arbustiva.

d) ocorrência sobre regiões de planalto em condições de clima ameno e apresenta vegetação do tipo conífera.

e) índice de evapotranspiração maior que a precipitação e predomínio de vegetação xerófila na porção oriental.

51. (PUC) Leia e observe o mapa:

"Todo mundo sabe que a literatura e a arte, da pintura à música, refletem uma sociedade e uma cultura. Menos conhecido, híbrido da escrita e da imagem, o mapa, representação gráfica do mundo, é também o retrato da época que o produziu."

(Prefeitura de Paris. *A descoberta dos Planos de Paris do XVI ao XVIII séculos*. Paris: Agência Cultural de Paris, 1994. p.5)

Mapa-múndi de Waldseemuller, 1507

Considerando o texto e o mapa como uma linguagem é correto dizer que

a) mapas de qualquer época são produtos científicos que não têm valor documental algum, se suas representações não forem precisas em relação ao espaço representado.

b) um valor de um mapa histórico está no fato, entre outros, de que ele representa as técnicas de representação de uma época e os saberes que se possuíam sobre os lugares.

c) a equiparação do mapa com obras de arte se deve ao fato de que mapas históricos não tinham a pretensão da verdade, apenas pretensões estéticas.

d) um mapa revela sua época, pois essa representação se caracteriza pela estrita expressão apenas daquilo que se conhece, não dando espaço para a imaginação.

52. (Udesc) A centralização do mapa-múndi na Europa foi criada e sedimentada pela projeção de Mercator e pelo seu uso dominante ao longo de séculos. Essa projeção é originalmente de 1569 e a Europa ficou centrada após a inclusão das Américas, com o acréscimo do "novo mundo" ao mapa de Ptolomeu.

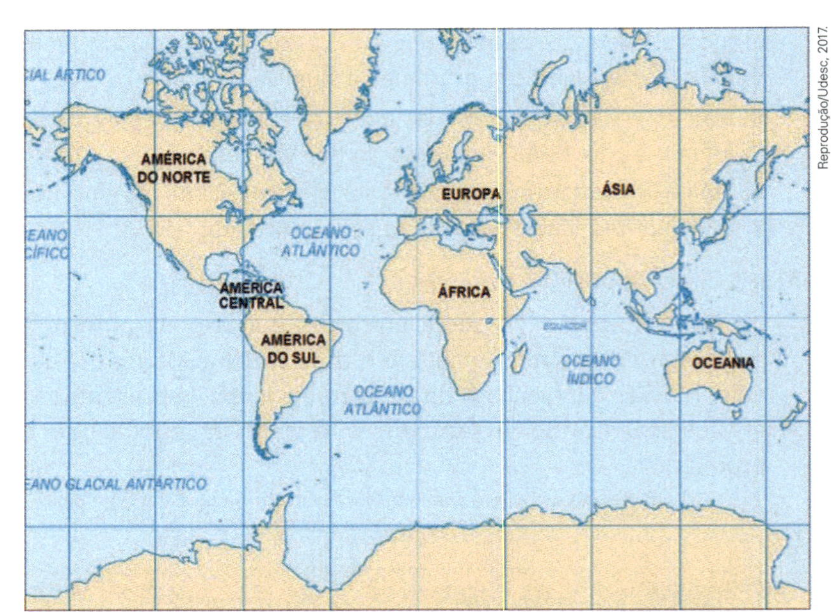

Reprodução/Udesc, 2017.

Disponível em: http://www.uff.br/geoden/index_arquivos/godef_projecoes.htm. Acessado em agosto/2016.

Com base no mapa e na informação acima, analise as proposições.

I. A projeção de Mercator faz com que a precisão na medição das distâncias seja tanto prejudicada quanto maior for a longitude da rota medida.

II. Os primeiros mapas do cartógrafo belga foram elaborados no intuito de orientar os navegantes na expansão marítima e comercial do século 16.

III. Há vários tipos de projeções que são classificadas em três grupos básicos: cilíndricas, cônicas e azimutais. A referida projeção de Mercator é um exemplo de projeção cilíndrica.

IV. A projeção de Mercator presta-se à comparação das áreas das superfícies ou para medir distâncias.

Assinale a alternativa **correta**.

a) Somente as afirmativas II e III são verdadeiras.

b) Somente as afirmativas I e IV são verdadeiras.

c) Somente as afirmativas I e III são verdadeiras.

d) Somente as afirmativas II, III e IV são verdadeiras.

e) Somente as afirmativas I, II e IV são verdadeiras.

53. (IFBA) O Sistema de Posicionamento Global (*Global Position System*, em inglês) ou GPS, que até alguns anos atrás era uma tecnologia desconhecida por grande parte da população e utilizada quase que exclusivamente para fins militares e científicos, tornou-se objeto comum no dia a dia de milhares de pessoas no Brasil e no mundo.

A imagem que segue sintetiza o funcionamento dessa geotecnologia:

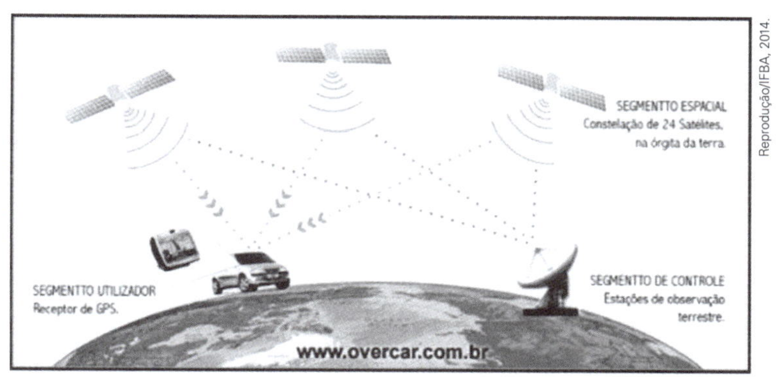

Reprodução/IFBA, 2014.

Disponível em: geografiaedivertido.blogspot.com
Acesso em: 10 de setembro de 2013.

As afirmações abaixo são sobre o GPS e outras geotecnologias, cada vez mais comuns em nosso cotidiano. Identifique quais delas são verdadeiras:

I. A disseminação dessas novas tecnologias reafirma o poder estratégico do conhecimento geográfico para pessoas, empresas e nações.

II. Atualmente, é possível encontrar programas e aplicativos gratuitos na internet que possibilitam localizar e mapear objetos em diversas regiões do planeta e interagir com mapas.

III. O conhecimento sobre as geotecnologias e as condições técnicas necessárias para acessá-las tornou-se universal com o processo de globalização da economia nos últimos anos.

IV. O cruzamento de informações enviadas por satélites artificiais possibilita a localização de objetos na superfície terrestre com precisão a partir do conceito de coordenadas geográficas.

Estão corretas as alternativas:

a) I, III e IV.
b) II e IV.
c) II, III e IV.
d) I, II e IV.
e) I e IV.

54. (Uece) Atente ao seguinte excerto:

"Os solos são corpos naturais da superfície terrestre que ocupam áreas e expressam características (cor, textura, estrutura etc.) da ação combinada dos fatores associados aos mecanismos e processos de formação do solo".

Palmieri, F. e Larach, J. O. I. Pedologia e Geomorfologia. Pág. 70. In *Geomorfologia e Meio Ambiente*. Guerra, A. J. T. e Cunha, S. B. da. Rio de Janeiro. 1996. Bertrand Brasil.

Considerando o excerto acima e os conceitos de formação do solo, é correto afirmar que solo pedológico é formado

a) por uma camada de sedimentos silicosos de origem distrófica que recobre a superfície terrestre.

b) por sedimentos alíticos distróficos com elevada acidez, fator que favorece a sua fertilidade natural.

c) por material mineral pouco espesso, com boa presença de sódio geralmente derivado de rochas do cristalino.

d) por um conjunto de fatores, dentre os quais encontra-se a ação integrada do clima e dos organismos sobre o material de origem.

55. (IFSP) Sobre Greenwich e os fusos horários, é correto o que se afirma em:

I. Os fusos horários estão estabelecidos no planeta com base em uma linha longitudinal de referência que é a do meridiano de Greenwich.

II. Ao todo são vinte e quatro fusos horários ao todo.

III. Ao todo são vinte e seis fusos horários ao todo.

IV. Greenwich é o meridiano que divide o globo terrestre em dois hemisférios: oriental e ocidental.

V. Greenwich é o meridiano que divide o globo terrestre em dois hemisférios: norte e sul.

VI. Greenwich é o nome de uma cidade que está localizada na Inglaterra e no meio do planeta.

a) Somente II, III e VI são corretas.

b) Somente I, II e V são corretas.

c) Somente I, III, IV e V são corretas.

d) Somente II, IV e V são corretas.

e) Somente I, II, IV e VI são corretas.

56. (Uefs)

Numa paisagem podem ser observados edifícios, áreas cultivadas, ruas, ferrovias, igrejas, aeroportos, veículos, enfim vários objetos construídos e modificados pela sociedade humana ao longo da História, além de formas naturais (animais e plantas, em geral) e as próprias pessoas. [...]

A simples observação da paisagem não nos traz explicações sobre as funções de cada uma das edificações, a organização do sistema de produção, as tecnologias empregadas, as relações comerciais, as relações de trabalho, a organização política e social, etc.

LUCCI, Elian A.; BRANCO, Anselmo; MENDONÇA, Cláudio. *Geografia Geral e do Brasil*: Território e sociedade no mundo globalizado. São Paulo: Saraiva, 2005, p. 12.

O estudo da Geografia propõe o conhecimento dessa realidade dinâmica, investigando as causas, os efeitos, a intensidade e a extensão dos fenômenos, inclusive os da natureza.

A partir da leitura do texto, da informação e dos conhecimentos sobre a temática apresentada, pode-se corretamente afirmar que o objeto de estudo da Geografia é

a) o lugar.

b) a região.

c) o território.

d) a paisagem.

e) o espaço geográfico.

57. (Fatec) A cartografia temática trata da representação de temas específicos, como geologia, geomorfologia, pedologia, uso e ocupação do solo de um determinado espaço geográfico.

O mapa de uso e ocupação do solo é elaborado a partir da interpretação de imagens de satélites e fotografias aéreas, e é amplamente empregado no planejamento

a) agrícola, pois nesse mapa está indicada a profundidade do solo, fator determinante para a definição de áreas prioritárias para conservação ambiental.

b) agrícola, pois nesse mapa estão indicadas as áreas mais férteis para o desenvolvimento de determinadas culturas.

c) agrícola, pois nesse mapa estão definidos os tamanhos dos lotes e o índice pluviométrico da área cartografada.

d) urbano, pois nesse mapa estão presentes informações que podem ser utilizadas no direcionamento da expansão das cidades.

e) urbano, pois nesse mapa estão localizadas e detalhadas as informações sobre os equipamentos urbanos existentes no subsolo de uma determinada área.

58. (Unesp)

A Pegada Hídrica é uma ferramenta de gestão de recursos hídricos que indica o consumo de água doce com base em seus usos direto e indireto. "Precisamos desconstruir a percepção de que a água vem apenas da torneira [um uso direto] e que simplesmente consertar um pequeno vazamento é o bastante para assumir uma atitude sustentável", ressalta Albano Araujo, coordenador da Estratégia de Água Doce da Nature Conservancy.

www.wwf.org.br. Adaptado.

Considerando o excerto e os conhecimentos acerca do consumo de água no planeta, é correto afirmar que o uso indireto de água doce corresponde

a) à comercialização de água sob a forma de produto final.

b) ao emprego de água extraída de reservas subterrâneas para o abastecimento público.

c) à quantidade de água utilizada para a fabricação de bens de consumo.

d) ao aproveitamento doméstico da água resultante de processos de despoluição.

e) à distribuição de água oriunda de represas distantes do consumidor final.

59. (Unesp)

Chancelado na cidade de mesmo nome no Canadá em 1987, o Protocolo de Montreal completa 30 anos em 2017. Esse tratado é considerado um dos mais bem-sucedidos da história, prescrevendo obrigações aos 197 países signatários em conformidade com o princípio das responsabilidades comuns, porém diferenciadas à luz das diversas circunstâncias nacionais.

(https://nacoesunidas.org. Adaptado.)

O protocolo evidenciado no excerto estabelece metas para

a) eliminação das substâncias prejudiciais à camada de ozônio, a qual funciona como um filtro ao redor do planeta, que protege os seres vivos dos raios ultravioleta.

b) contenção dos fatores que contribuem para o processo de desertificação, o qual é derivado do manejo inadequado dos recursos naturais nos espaços subtropicais úmidos.

c) proteção no campo da transferência, da manipulação e do uso seguros dos organismos vivos modificados, resultantes da biotecnologia moderna.

d) redução das emissões de gases de efeito estufa mediante o incentivo de atividades do 2º setor que promovam a degradação florestal.

e) erradicação do conhecimento das comunidades locais e populações indígenas sobre a utilização sustentável da diversidade biológica.

60. (UFJF) Observe a figura.

Fonte: Disponível em: <http://www.aquafluxus.com.br/desastres-naturais-estatisticas-recentes/>. Acesso em: 7 out. 2016.

Segundo as Nações Unidas, cerca de 3,3 milhões de pessoas morreram no mundo em consequência de desastres naturais entre 1970 e 2010, com um aumento significativo dos atingidos nas últimas duas décadas. Desde o ano de 1990 até os dias de hoje, foram contabilizados 8,2 mil casos de desastres, nos quais 5,6 bilhões de pessoas foram atingidas.

Os desastres naturais vêm atingindo um contingente populacional cada vez maior em função

a) da crescente concentração urbana e o grau de vulnerabilidade da população.
b) do aquecimento global e aumento dos eventos extremos.
c) do aumento do volume e concentração das chuvas nas áreas urbanas.
d) da falta de confiança pela população na previsão de tempo.
e) da retirada da cobertura vegetal e aumento do volume de precipitações.

61. (Enem)

As intervenções da urbanização, com a modificação das formas ou substituição de materiais superficiais, alternam de maneira radical e irreversível os processos hidrodinâmicos nos sistemas geomorfológicos, sobretudo no meio tropical úmido, em que a dinâmica de circulação de água desempenha papel fundamental.

GUERRA, A. J. T.; JORGE, M. C. O. *Processos erosivos e recuperação de áreas degradadas*. São Paulo: Oficina de Textos, 2013 (adaptado).

Nesse contexto, a influência da urbanização, por meio das intervenções técnicas nesse ambiente, favorece o

a) abastecimento do lençol freático.
b) escoamento superficial concentrado.
c) acontecimento da evapotranspiração.
d) movimento de água em subsuperfície.
e) armazenamento das bacias hidrográficas.

62. (Uerj)

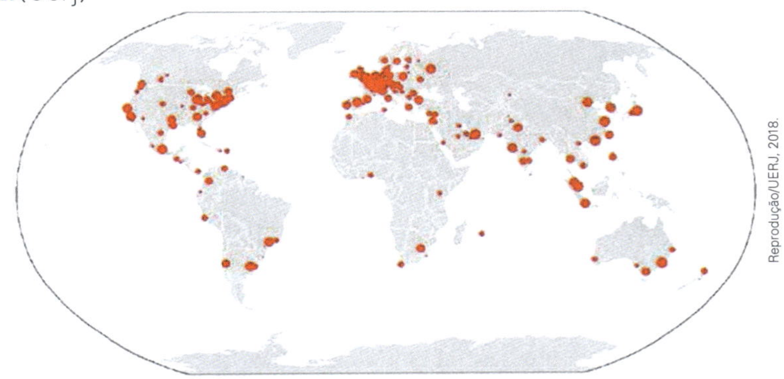

Fonte: www.geocurrents.info

Segundo análise qualitativa, as aglomerações urbanas apontadas no mapa exercem influência sobre outras, em diferentes intensidades, em várias partes do planeta.

Essas aglomerações são classificadas como:

a) globais
b) tecnopolos
c) megalópoles
d) megacidades

63. (UFU) O vertiginoso processo de urbanização pelo qual passou o Brasil originou, em poucas décadas, uma complexa rede urbana, composta por metrópoles, cidades médias e milhares de pequenas cidades. Estes centros urbanos ordenam fluxos de pessoas, de mercadorias, de informação e de capitais no interior do território brasileiro, configurando uma complexa rede geográfica.

De acordo com a hierarquia urbana apresentada pelo IBGE, é correto afirmar que:

a) As cidades de Rio de Janeiro e Brasília, devido ao poder político e econômico nelas centralizados, são as metrópoles que conectam o Brasil aos centros urbanos globais.

b) Os centros sub-regionais, formados por cidades médias, exercem forte influência regional e reúnem uma estrutura diversificada de comércio, serviços e indústrias.

c) A cidade de São Paulo, a grande metrópole nacional, encontra-se no ápice da hierarquia, conectando a rede urbana brasileira à rede de metrópoles mundiais.

d) As pequenas cidades, devido ao processo de interiorização promovido pela desconcentração industrial, são as que mais cresceram nas últimas décadas.

64. (IFPE) Adaptada ao clima semiárido, composta por arbustos espinhosos e cactáceas, como o mandacaru e o xique-xique, a formação vegetal da Caatinga estendia-se por uma área superior a 700 mil km².

FARIA, Marcus Vinicius Castro. *Dinâmica climática e vegetação no Brasil* (Adaptado). Portal Educação. Globo. Disponível em: <http://educacao.globo.com/geografia/assunto/geografia-fisica/dinamica-climatica-e-vegetacao-no-brasil.html>. Acesso: 05 out. 2016.

Na imagem, a localização da formação vegetal descrita está corretamente indicada no número

a) III. b) I. c) II. d) IV. e) V.

65. (IFPE) Quanto ao processo de urbanização mundial, é CORRETO afirmar que

a) as cidades surgiram já na Antiguidade, muitas delas como centros de poder e de negócios; apesar de algumas terem alcançado grande população, a exemplo de Roma, as taxas de urbanização mundiais permaneceram baixas durante muito tempo devido ao predomínio da atividade agrícola.

b) o desenvolvimento das cidades continuou ao longo de toda Idade Média, sendo ainda maior com o desenvolvimento do capitalismo comercial — momento no qual se consolidaram como centro de negócios — e com o capitalismo industrial, que acelerou o já iniciado processo de urbanização.

c) fatores atrativos estimularam as pessoas a irem para as cidades, dentre eles a industrialização e os empregos gerados no próprio setor industrial e de serviços, além da excelente qualidade de vida ofertada para todos que chegavam à cidade, sobretudo nos séculos XVIII e XIX.

d) apesar da estrutura fundiária bastante desconcentrada em países em desenvolvimento, alguns fatores ainda expulsaram as pessoas do campo, tais como péssimas condições de vida, baixos salários, falta de apoio aos pequenos agricultores e técnicas de cultivo pouco modernas, apesar da estrutura fundiária bastante desconcentrada em países em desenvolvimento.

e) no período após a Segunda Guerra Mundial, a expansão de empresas transnacionais e da industrialização nos demais países do mundo promoveu a aceleração da urbanização; atualmente América Latina, Ásia e África apresentam elevada urbanização, comparável à Europa e aos Estados Unidos.

66. (Fuvest) Anamorfose geográfica representa superfícies dos países em áreas proporcionais a uma determinada quantidade.

Observe as seguintes anamorfoses:

I

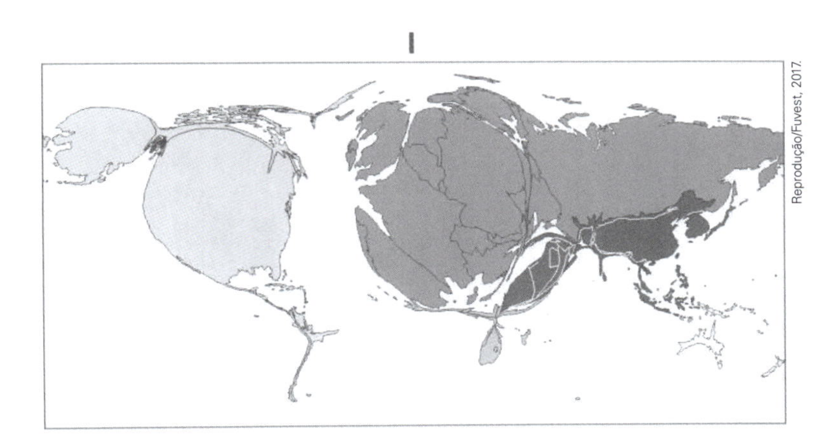

II

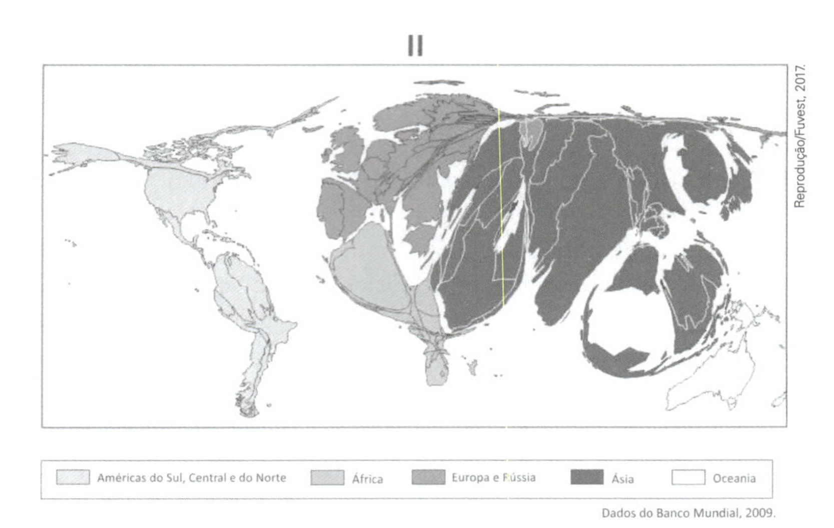

Dados do Banco Mundial, 2009.

Nota: Mapa de referência

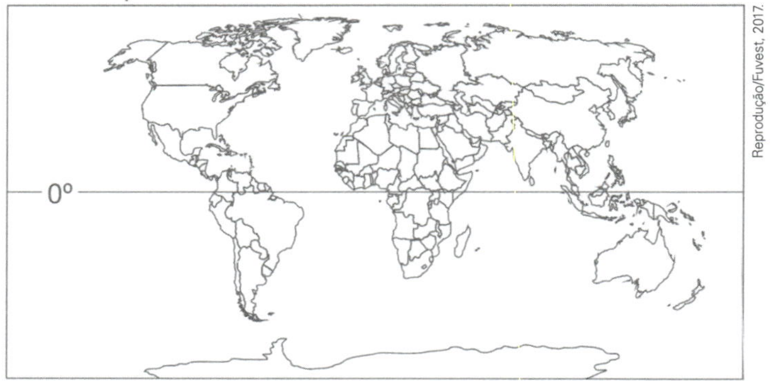

Nas alternativas apresentadas, os títulos que identificam de forma correta as anamorfoses **I** e **II** são, respectivamente:

a) Transporte aéreo e Transporte ferroviário.

b) População urbana e População rural.

c) População total e Produto Interno Bruto.

d) Ocorrência de HIV e Ocorrência de malária.

e) Exportação de armas e Importação de armas.

67. (UFRGS) Considere os climatogramas a seguir.

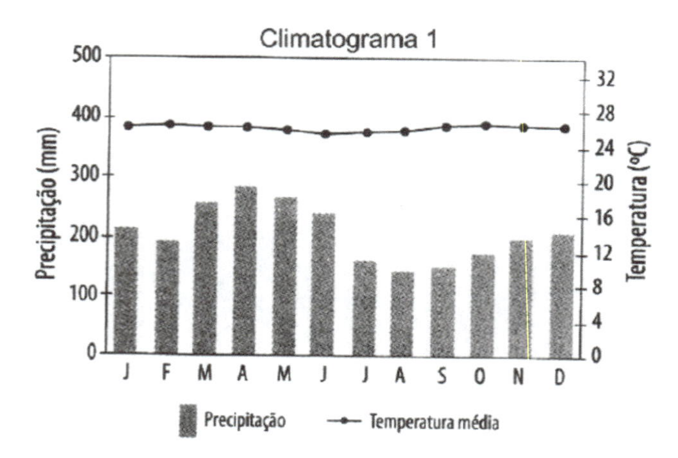

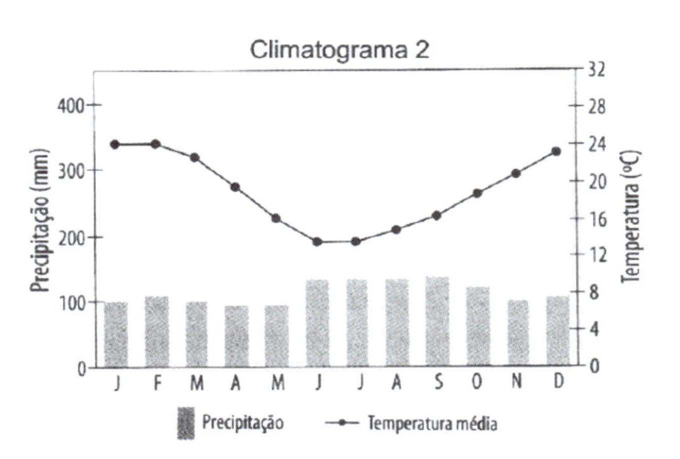

Fonte: MENDONÇA, F. & DANNI-OLIVEIRA, I.M. *Climatologia: noções básicas e climas do Brasil.* São Paulo: Oficina de Textos. 2007.

Assinale a alternativa correta sobre os climatogramas.

a) O clima equatorial pode ser representado pelo climatograma 1, em que se verificam elevados totais pluviométricos.

b) A elevada amplitude térmica pode ser observada no climatograma 1, o qual representa o clima equatorial.

c) A umidade climática representada no climatograma 2 também é garantida pelas temperaturas elevadas durante todo o ano e pela concentração de pluviosidade nos meses de junho a outubro.

d) A cidade de Cuiabá pode ser bem representada pelo climatograma 1, pois apresenta condições térmicas de maior aquecimento e índices de precipitação bem distribuídos ao longo do ano todo.

e) A variabilidade térmica da cidade de Porto Alegre, representada pelo climatograma 2, é bastante acentuada, e as médias anuais situam-se entre 2 °C e 35 °C.

68. (Unesp) Considerando os rios como agentes modeladores do relevo terrestre, é correto afirmar que:

a) em seus alto e baixo cursos, predominam tanto os processos de erosão do relevo como de remoção de materiais; em seu médio curso, predominam os processos de deposição e de sedimentação.

b) em seu alto curso, predominam os processos de deposição e de sedimentação de materiais; em seu baixo curso, predominam os processos de erosão do relevo e de remoção de materiais.

c) em seu alto curso, predominam os processos de erosão do relevo e de remoção de materiais; em seu baixo curso, predominam os processos de deposição e de sedimentação.

d) ao longo de todos os seus cursos, os processos de deposição e de sedimentação de materiais predominam sobre os processos de erosão do relevo e de remoção de materiais.

e) ao longo de todos os seus cursos, predomina o transporte de materiais, sem que os processos de erosão e de sedimentação tenham relevância sobre o esculpimento do relevo.

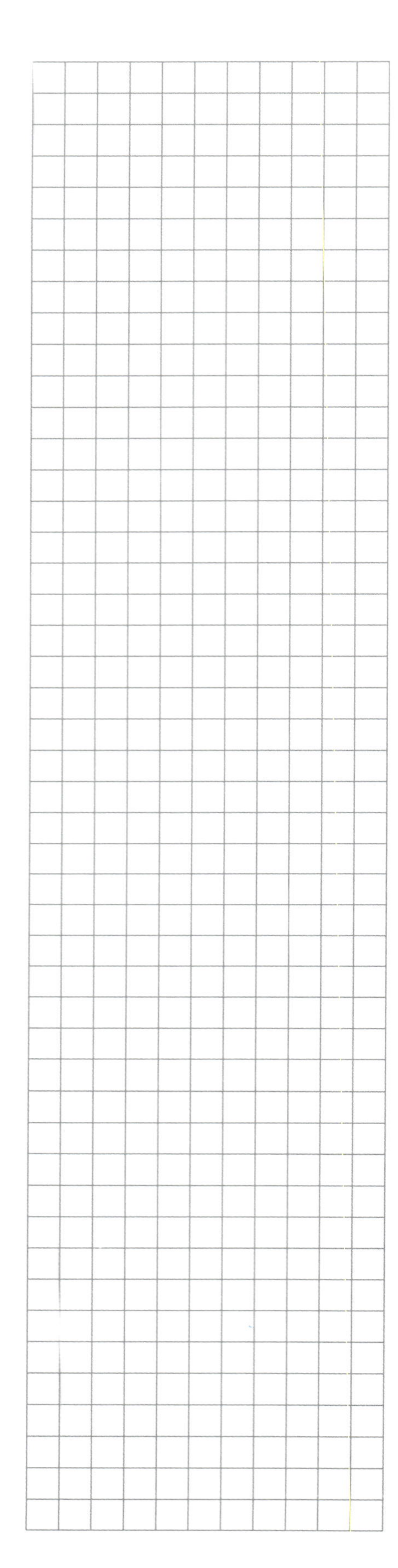

69. (Uerj) Observe a diferença entre a expansão das redes de metrô nas cidades do Rio de Janeiro e de Xangai.

Rio de Janeiro, 1993

Xangai, 1993

sem metrô

Rio de Janeiro, 2013

Xangai, 2013

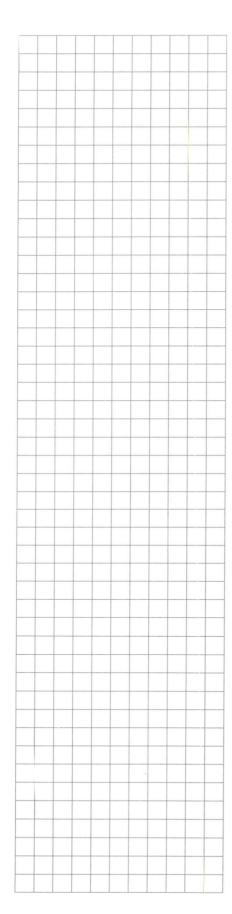

Adaptado de diariodorio.com.

As escolhas feitas pelo poder público, no que se refere às modalidades de transporte urbano, são muito importantes para a compreensão dos fenômenos sociais e ambientais verificados em cada cidade.

Caso a evolução do metrô de Xangai entre 1993 e 2013 tivesse ocorrido em proporção semelhante à do metrô carioca, uma provável consequência espacial sobre a metrópole chinesa seria:

a) supressão da inversão térmica
b) aumento da poluição atmosférica
c) redução da segregação residencial
d) crescimento da especialização comercial

70. (USF)

Trata-se de um neologismo, uma importação inglesa que ainda não consta de nossos dicionários, mas que tem frequentado o debate de urbanistas e arquitetos sobre favelas. O termo significa algo como "enobrecimento" e ocorre quando os efeitos colaterais desse processo – valorização do espaço e das construções, aumento dos aluguéis e bens de serviço – empurram os moradores tradicionais para mais longe, substituindo-os por outros de maior poder aquisitivo.

Jornal *O Globo*, 28/12/2013.

O fenômeno retratado na reportagem pode ser definido como

a) favelização.
b) desindustrialização.
c) gentrificação.
d) migração pendular.
e) êxodo urbano.

71. (PUC) Considere o texto e os itens que podem completá-lo.

A palavra mapa se origina, provavelmente, de Cartagena e significa "toalha de mesa". Os navegadores e os negociantes, ao discutirem sobre suas rotas em locais públicos, rabiscavam diretamente nas toalhas (mappas), originando um documento gráfico. Hoje, devido à complexidade do espaço geográfico, informações podem ser representadas, também, através de

1. perfis topográficos.
2. cartas batimétricas.
3. imagens de satélite.
4. anamorfoses.

Estão corretos os itens

a) 1 e 2 apenas.
b) 2 e 4 apenas.
c) 1, 2 e 3 apenas.
d) 2, 3 e 4 apenas.
e) 1, 2, 3 e 4.

72. (Fuvest) Às vésperas da Cúpula do G20, que teve início em 07 de julho de 2017, em Hamburgo, na Alemanha, a chanceler alemã, Angela Merkel, discursou no Parlamento e referiu-se a atores políticos importantes no cenário mundial, conforme os trechos transcritos a seguir.

Quem pensa que os problemas deste mundo podem ser resolvidos com o isolacionismo e o protecionismo está cometendo um enorme erro. Somente juntos podemos encontrar as respostas certas às questões centrais dos nossos tempos (...) Não podemos esperar até que a última pessoa na Terra esteja convencida da evidência científica das mudanças climáticas. Em outras palavras: o acordo climático (de Paris) é irreversível e não negociável.

www.jb.com.br/pais/noticias.

Analise as três afirmações seguintes, quanto aos objetivos e ao teor desses trechos do discurso.

I. Podem ser entendidos como uma crítica à saída dos EUA do acordo sobre as mudanças climáticas construído na COP21 de 2015, em Paris, à época assinado pelo ex-presidente Barack Obama. A saída foi justificada pelo atual presidente Donald Trump, afirmando que o acordo seria prejudicial à economia americana.

II. Trata-se de um elogio à recente postura de algumas autoridades do Reino Unido, o qual, em seu processo denominado *Brexit*, pretende proteger a economia britânica, mas sem afetar seus compromissos financeiros com o acordo de Paris de 2015 e os relacionados com as questões estratégicas coletivas da Comunidade Europeia.

III. Faz-se uma crítica direta à França, que, mesmo tendo sido a sede da COP21 de 2015, vem continuamente desobedecendo a esse acordo, pois contraria as metas firmadas de emissão de CO_2 em suas atividades industriais.

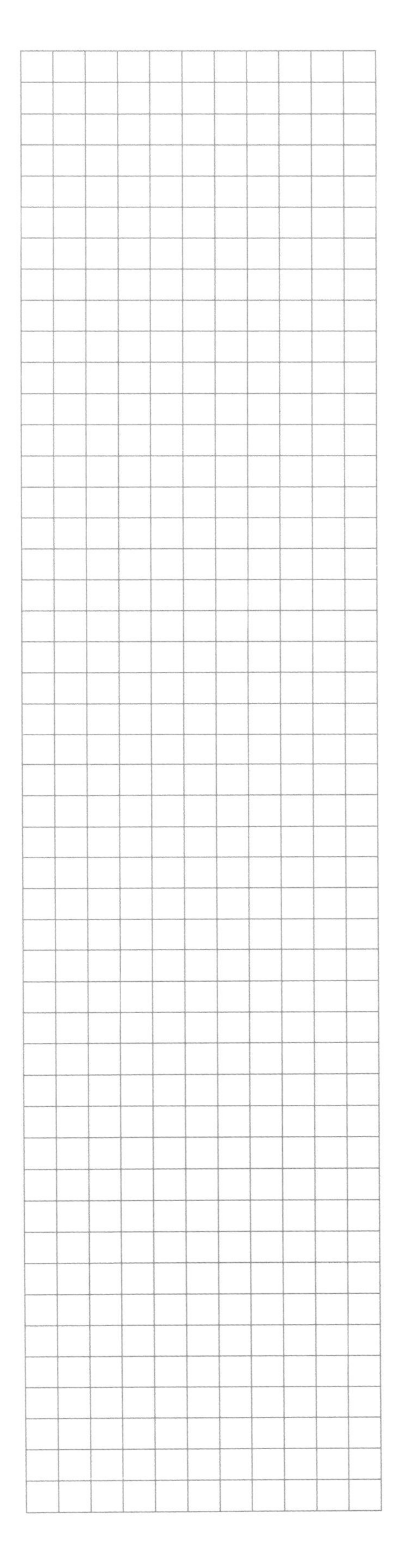

Está correto o que se afirma em

a) I, apenas.
b) II, apenas.
c) I e III, apenas.
d) II e III, apenas.
e) I, II e III.

73. (PUC)

Disponível em: <http://mundoeducacao.bol.uol.com.br/geografia>. Acesso em: 26 jul. 2017.

A divisão do território brasileiro apresentada no cartograma é baseada na(s) sua(s)

a) estrutura edáfica
b) divisão geológica
c) bacias hidrográficas
d) florestas nativas
e) formações do relevo

74. (Uece) Atente para o seguinte texto:

Serra da Boa Esperança, esperança que encerra
No coração do Brasil um punhado de terra
No coração de quem vai, no coração de quem vem
Serra da Boa Esperança meu último bem
Parto levando saudades, saudades deixando
Murchas caídas na serra lá perto de Deus
Oh minha serra eis a hora do adeus vou-me embora
Deixo a luz do olhar no teu olhar Adeus

BABO, Lamartine

O conceito de lugar foi utilizado durante muito tempo na geografia para expressar o sentido de localização de um determinado sítio. Atualmente, este conceito vai além da simples localização de fenômenos geográficos, expressando uma contextualização simbólica que compreende um conjunto de significados. Portanto, com base no texto e na perspectiva atual de lugar, pode-se afirmar corretamente que

a) para o autor do texto, a serra representa uma dimensão da paisagem na qual o sentimento de posse está relacionado a sua perspectiva econômica.
b) a simbologia representada pela serra é motivada por laços emocionais que foram construídos na dimensão do espaço vivido.
c) a relação sujeito-lugar é percebida na perspectiva de uma relação simplesmente natural envolvendo apenas os elementos da natureza.
d) a serra constitui-se enquanto aspecto morfológico como um espaço vazio de conteúdo, sem história, refletindo apenas uma porção da natureza desprovida de afetividade.

75. (Uece) Atente à seguinte descrição:

"Conjunto de correntes que caracterizou a geografia no período que se estende de 1870 aproximadamente, quando a geografia tornou-se uma disciplina institucionalizada nas universidades europeias, à década de 1950, quando se verificou a denominada revolução teorético-quantitativa [...]".

Correa, Roberto Lobato. Espaço um conceito chave da Geografia. p. 17. In: *Geografia: conceitos e temas*. 1995.

Essa descrição se refere ao conceito de geografia

a) tradicional. b) cultural. c) crítica. d) agrária.

76. (Unicamp) A imagem abaixo corresponde a um fragmento de uma carta topográfica em escala 1 : 50.000. Considere que a distância entre A e B é de 3,5 cm.

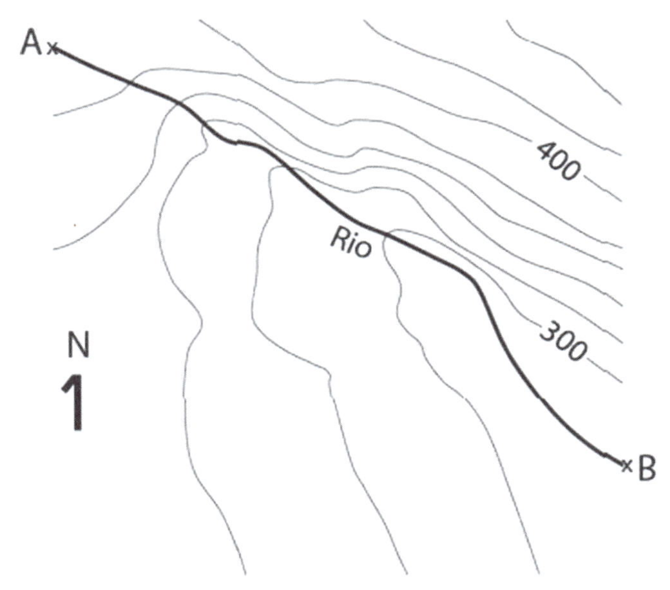

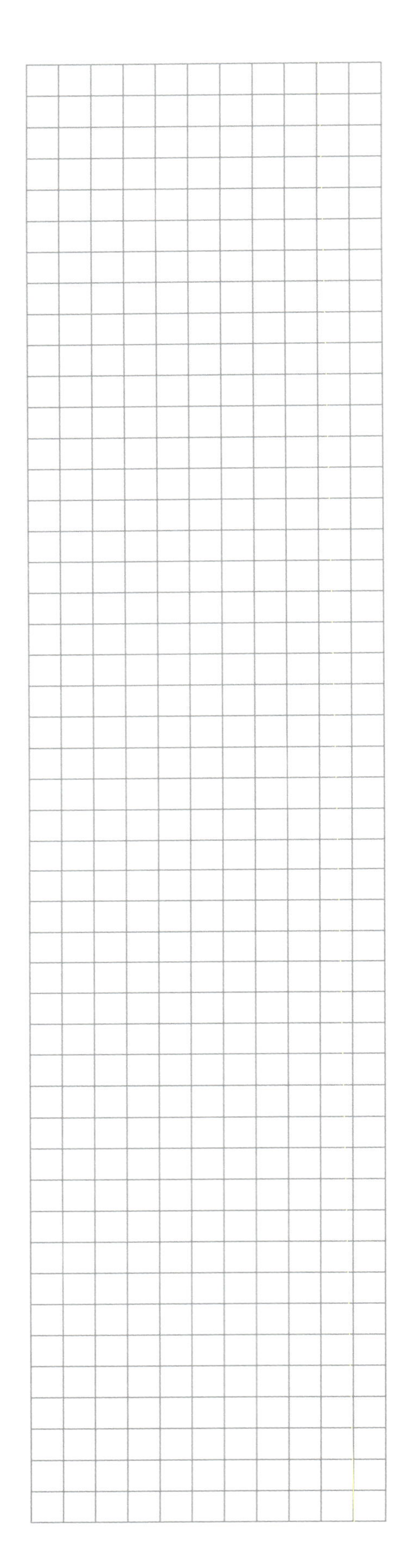

A partir dessas informações, é correto afirmar que:

a) O rio corre em direção sudeste, sendo sua margem esquerda a de maior declividade. Apresenta um comprimento total de 17.500 metros.
b) O rio corre em direção sudoeste, sendo a margem direita a de maior declividade. Apresenta um comprimento total de 1.750 quilômetros.
c) O rio corre em direção sudeste, sendo sua margem esquerda a de maior declividade. Apresenta um comprimento total de 1.750 metros.
d) O rio corre em direção sudoeste, sendo sua margem esquerda a de maior declividade. Apresenta um comprimento total de 175 metros.

77. (UPE) Analise a charge a seguir:

TRUMP ANUNCIA SAÍDA DOS EUA DO ACORDO DE PARIS

Reprodução/UPE, 2018.

Fonte: https://goo.gl/images/gt4feg

Sobre o Acordo referido na figura, considere as seguintes proposições:

1. Trata-se de um histórico acordo mundial sobre o aquecimento global, firmado em 2015, unindo países ricos e os que estão em desenvolvimento, com o propósito de reduzir emissões de gases causadores do efeito estufa.
2. Refere-se ao acordo entre Estados Unidos e União Europeia, para receber o fluxo de imigrantes que partem da Síria, do Afeganistão e do Norte da África para fugir da violência e guerra civil em seus países de origem.
3. Expõe medida polêmica do presidente americano Donald Trump que assinou decreto sobre a construção de muro que dividirá a fronteira entre México e Estados Unidos para conter a entrada de imigrantes e refugiados oriundos da América Latina.

4. Estabelece uma política imigratória de benefícios para fluxos de pessoas oriundas do Sudeste da Ásia e Oriente Médio que fogem de perseguições políticas e de guerras civis.
5. Defende medidas de proibição absoluta de emissão de metano, de gás carbônico e lançamento de resíduos orgânicos em corpos fluviais e lacustres, situados em áreas bastante urbanizadas.

Está **CORRETO** o que se afirma em

a) 1, apenas.
b) 2, apenas.
c) 2 e 3, apenas.
d) 1 e 3, apenas.
e) 1, 2, 3, 4 e 5.

78. (FGV) Em fins de abril de 2015, o vulcão Calbuco, localizado no Chile, 1.000 km ao sul de Santiago, produziu uma gigantesca quantidade de cinzas que atingiu Buenos Aires (provocando o fechamento dos aeroportos da cidade), Montevidéu e até mesmo Porto Alegre, no Rio Grande do Sul.

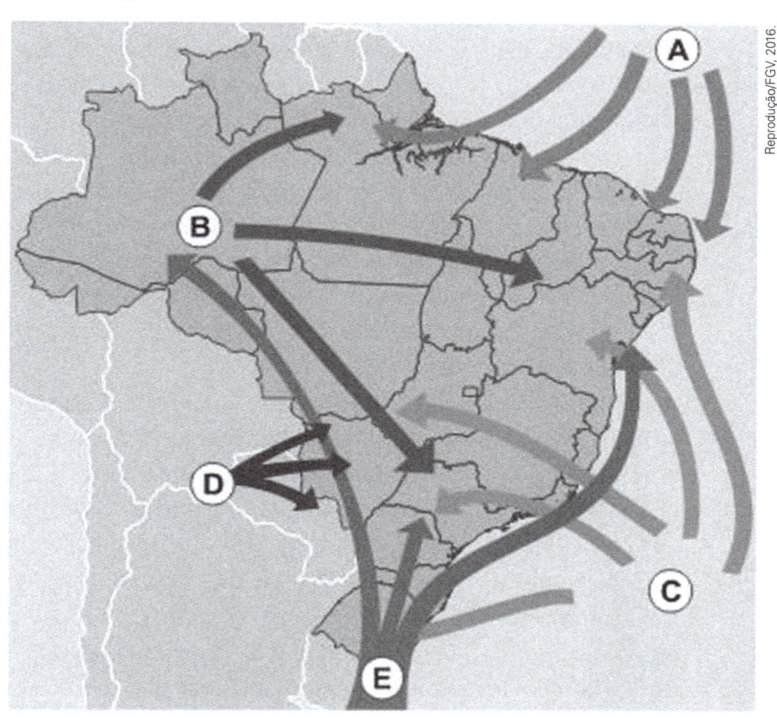

Para que essa cinza chegasse até o Rio Grande do Sul, é mais provável que tenha sido impulsionada pela massa de ar indicada no mapa por:

a) A – massa Equatorial Atlântica.
b) B – massa Equatorial Continental.
c) C – massa Tropical Atlântica.
d) D – massa Tropical Continental.
e) E – massa Polar Atlântica.

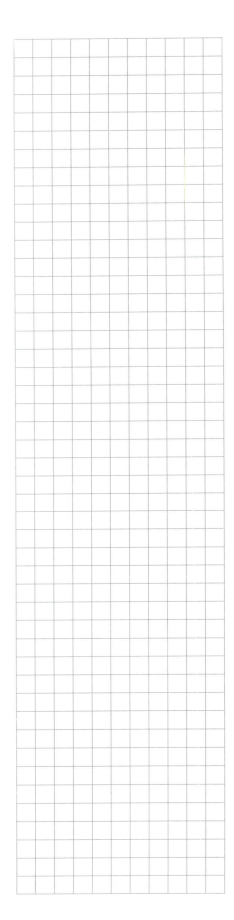

79. (IFPE) Na Geografia, a noção de escala é fundamental para se compreender a abrangência e o nível de repercussão espacial dos fenômenos. Assim, enquanto alguns problemas ambientais ultrapassam os limites dos países onde são gerados, outros, a despeito da intensidade e dos prejuízos causados, geram impacto no âmbito local ou, no máximo, regional.

Com base nisso, leia atentamente as proposições a seguir e analise a veracidade ou a falsidade das afirmativas, seja em relação à descrição do processo apresentado, seja em relação à escala espacial de sua manifestação.

I. A chuva ácida é resultado imediato do uso de combustíveis fósseis introduzidos pela industrialização, pois compostos químicos, como o dióxido de enxofre e o dióxido de nitrogênio, podem alcançar a estratosfera e provocar reações químicas que resultam na acidificação das chuvas em todo o globo. Escala de abrangência: global.

II. A erosão e a degradação dos solos podem ocorrer sem a intervenção humana, como no caso da lixiviação, do intemperismo e das inundações, porém o avanço dos desmatamentos e do uso de técnicas agrícolas inadequadas leva tais processos a se intensificarem e comprometerem o solo para a agricultura, com a formação de ravinas e voçorocas. Escala de abrangência: local.

III. Consideradas efeitos da ação humana como fator climático, as ilhas de calor ocorrem em grandes aglomerações urbanas, nas zonas mais densas da mancha urbana. As variações térmicas ocorrem basicamente por causa das diferenças de irradiação de calor entre as áreas impermeabilizadas e as áreas verdes e por causa da concentração de poluentes na atmosfera. Escala de abrangência: local.

IV. A queima de combustíveis fósseis por veículos motorizados e indústrias e os desmatamentos estariam contribuindo para o aumento da concentração de dióxido de carbono (CO_2) na atmosfera, tendo como principal efeito o aumento das médias térmicas, o que poderia elevar o derretimento das calotas polares e o nível dos oceanos. Escala de abrangência: global.

V. As inversões térmicas acontecem quando camadas mais elevadas da atmosfera são ocupadas com ar relativamente mais quente e leve, que não consegue descer. Como resultado, a circulação atmosférica global se detém por certo tempo, ocorrendo uma inversão das camadas habituais: o ar frio, mais pesado, fica embaixo e não sobe, e a camada quente fica em cima e não consegue descer. Escala de abrangência: global.

Tomando por base a descrição do processo e sua abrangência espacial, as únicas proposições verdadeiras são

a) I, III e V.

b) II, III e IV.

c) III, IV e V.

d) I e II.

e) II, IV e V.

80. (Udesc) Sobre o fenômeno da inversão térmica, assinale a alternativa **correta**.

a) Consiste no rápido resfriamento do ar próximo à superfície terrestre, o que torna a atmosfera estável e dificulta a dispersão de poluentes.

b) É provocado pela reação da água da chuva com ácidos lançados a partir da queima de combustíveis fósseis.

c) É provocado pela poluição das grandes cidades, a qual gera uma camada de ar frio próxima à superfície, enquanto o ar mais quente fica acima desta camada, agravando a concentração dos poluentes.

d) É formado pelo aquecimento diferencial de porções continentais e marítimas, fazendo com que o vento sopre do continente para o oceano durante a noite.

e) Pode agravar a ocorrência de enchentes e alagamentos nas zonas urbanas, pois situações de inversão térmica favorecem a ocorrência de fortes chuvas.

81. (Uepa) Leia o texto para responder à questão.

As técnicas, o tempo e o espaço geográfico

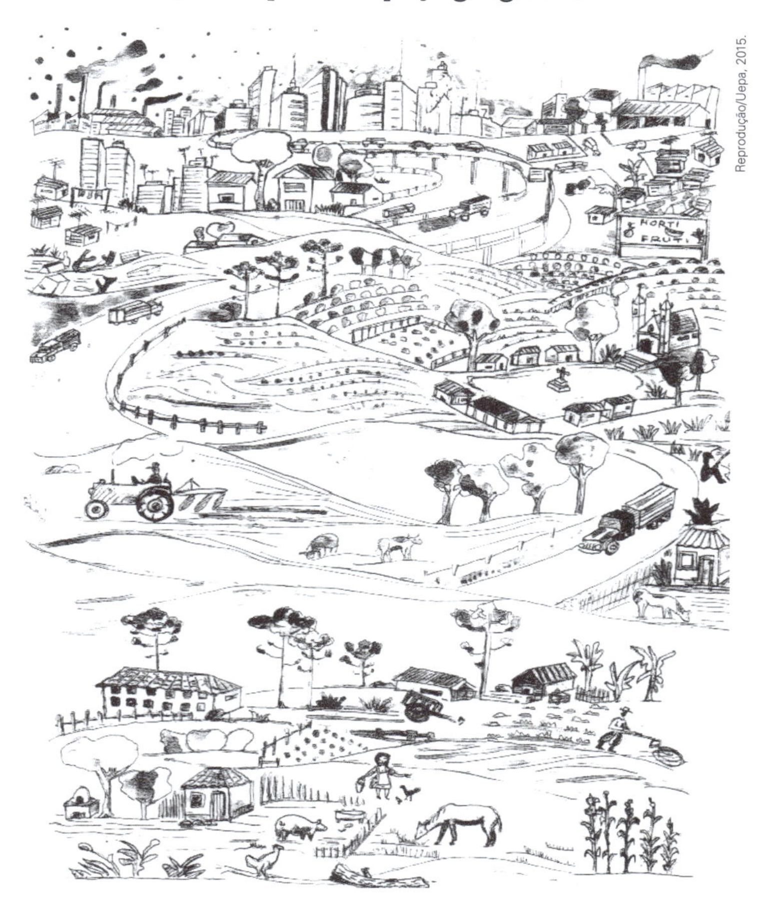

Reprodução/Uepa, 2015.

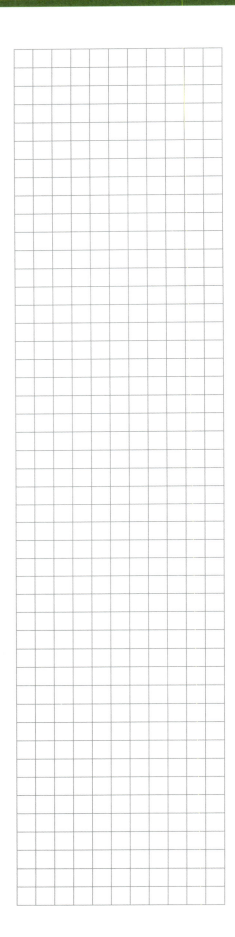

"É por demais sabido que a principal forma de relação entre o homem e a natureza, ou melhor, entre o homem e o meio, é dada pela técnica. As técnicas são um conjunto de meios instrumentais e sociais, com os quais o homem realiza sua vida, produz e, ao mesmo tempo, cria espaço [...]

Sem dúvida, o espaço é formado de objetos [...] o espaço visto como um conjunto de objetos organizados segundo uma lógica e utilizados (acionados) segundo uma lógica.

[...] Na realidade, toda técnica é história embutida. Através dos objetos, a técnica é história no momento da sua criação e no de sua instalação e revela o encontro, em cada lugar, das condições históricas (econômicas, socioculturais, políticas, geográficas) que permitiram a chegada desses objetos e presidiram à sua operação.

O uso dos objetos através do tempo mostra histórias sucessivas desenroladas no lugar e fora dele."

SANTOS, Milton. *A natureza do espaço: técnica e tempo/razão e emoção.* São Paulo: EDUSP, 2004 – p. 29-48

Partindo-se do princípio de que "[...] o espaço visto como um conjunto de objetos organizados segundo uma lógica" definida pelos modos de produção, e observando a figura do texto, sobre o resultado das relações históricas entre sociedade e natureza, é correto afirmar que:

a) ao tornar-se sedentária, a sociedade feudal faz da propriedade privada da terra e da agricultura comercial a atividade produtiva que define a lógica da organização espacial nesse modo de produção.

b) no espaço feudal, a igreja prestava ajuda espiritual, a nobreza se encarregava da proteção militar e a classe proletária pagava essas benesses, comercializando os produtos agrícolas cultivados em suas terras.

c) durante o socialismo, a lógica da organização espacial caracterizou-se pelas grandes propriedades rurais cultivadas pelos escravos que produziam e comercializavam para atender a exigência do plano estatal.

d) o espaço organizado sob o modo capitalista de produção tem na propriedade da terra o elemento principal, o comércio é pouco significativo e a sociedade é autossuficiente praticando uma economia de subsistência.

e) a lógica da produção do espaço no capitalismo está sob o comando do grande capital, responsável pela diferenciação socioespacial que resulta do acúmulo de excedente e concentração de riquezas em partes desse espaço.

82. (Unesp)

(Frank Press *et al. Para entender a Terra,* 2006.)

A estratificação observada na imagem constitui uma feição comum em rochas de origem

a) extrusiva.
b) sedimentar.
c) intrusiva.
d) metamórfica.
e) ígnea.

83. (UFJF) Observe a figura a seguir:

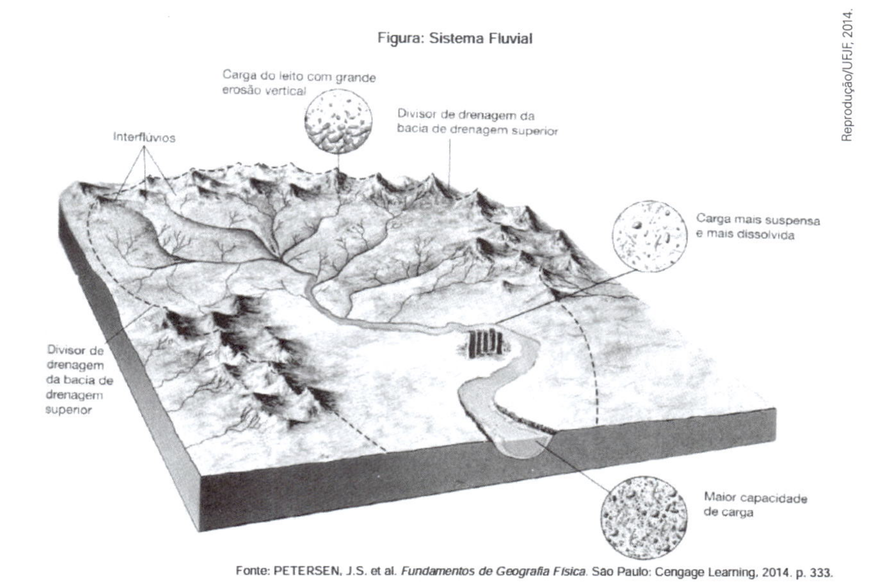

Fonte: PETERSEN, J.S. et al. *Fundamentos de Geografia Física.* São Paulo: Cengage Learning, 2014. p. 333.

Sobre o sistema fluvial, é correto afirmar que:

a) a erosão fluvial é menor na área de deposição, em função do menor fluxo de drenagem e capacidade de transporte.

b) o divisor de drenagem delimita a área da bacia hidrográfica, definindo a área de escoamento e infiltração no seu interior.

c) o ganho de água num sistema fluvial se dá pelo fluxo que chega aos oceanos, a evaporação e pelo escoamento de águas pluviais.

d) os rios dep sitam seus sedimentos adjacentes aos seus canais, principal nte no período das secas, em função do menor volume c as.

e) os sedir s transportados pelo sistema fluvial são importantes n tenção da qualidade e quantidade de água.

84. (UEL) Leia a seguir.

(Disponível em: <http://educacao.globo.com/geografia/assunto/atualidades/mobilidade-urbana.html>. Acesso em:10 jul. 2017.)

Descreva como o intemperismo físico e o químico participam na formação das bacias sedimentares ao longo do tempo geológico.

85. (Fuvest)

Nas últimas décadas, descobriu-se que os volumosos e inadequados descartes de resíduos p sticos e de outros materiais sintéticos, mesmo quando realizados nos continentes, podem resultar em consideráveis depósitos em ár distantes nos oceanos e mares, seja em seu fundo, na col na d'água, ou na sua superfície. Como consequência, ocorrem mud anças físicas, químicas e ecológicas nesses oceanos e mares, em que alguns desses depósitos já atingem a escala planetária, com o caso dos materiais plásticos flutuantes representados na fig ra.

www.revistapesquisafapesp.br, maio de 2016.

DEPÓSITOS FLUTUANTES DE RESÍDUOS PLÁSTICOS NOS OCEANOS

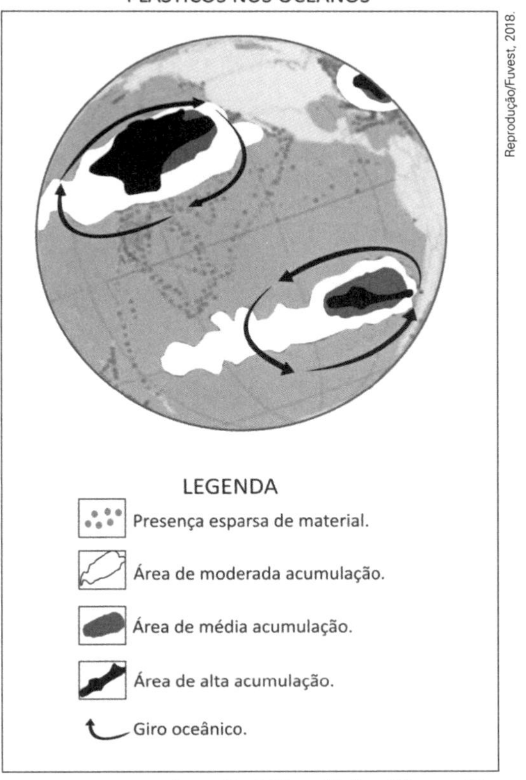

Ocean Trash Map - **National Geographic**.
www.news.nationalgeographic.com. Adaptado.

Os depósitos flutuantes representados na figura apresentam-se

a) com padrões concentrados na parte interna dos giros oceânicos do Pacífico norte e sul, locais de menor atividade das grandes correntes marinhas.

b) com maior acumulação no litoral de ambos os hemisférios, devido à atuação de importantes correntes marinhas nessas áreas.

c) mais volumosos no hemisfério norte, em função das menores temperaturas de suas águas, o que faz aumentar a velocidade de correntes, como a do Peru e a do Japão.

d) com concentrações idênticas em ambos os hemisférios, devido à forte atuação de importantes correntes marinhas que transitam do hemisfério norte ao sul.

e) mais concentrados e abundantes no hemisfério norte, devido à grande mobilidade de importantes correntes marinhas, como a de Humboldt e a de Madagascar.

86. (Imed) NÃO corresponde a um fator climático:

a) Altitude.

b) Latitude.

c) Pressão atmosférica.

d) Massas de ar.

e) Continentalidade.

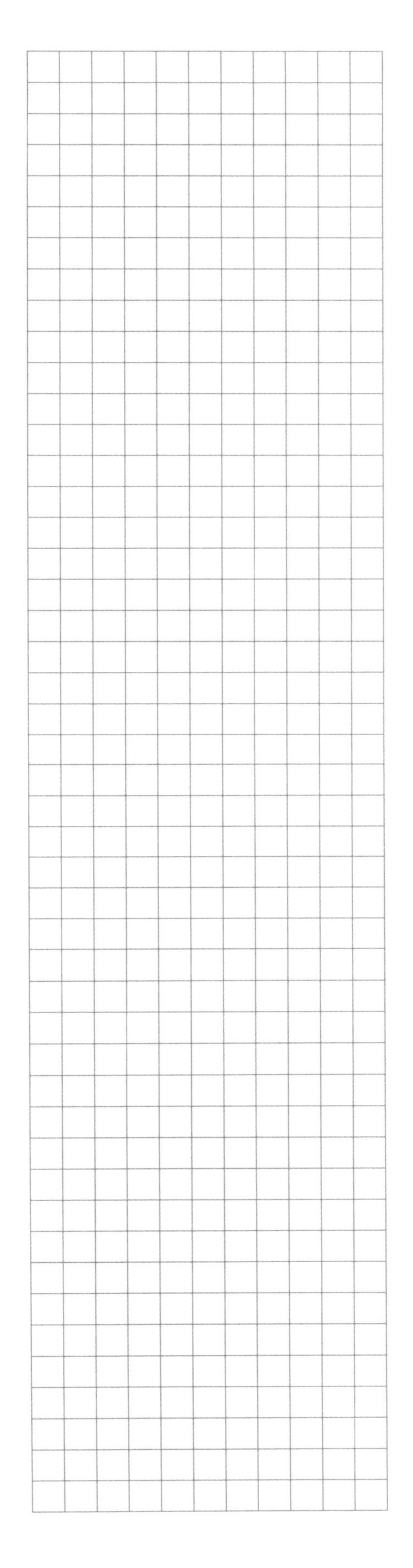

87. (PUC)

Fonte: https://br.pinterest.com/pin/539798705312156422/. Acesso: 01 mai 2017.

O tema central da charge apresentada se refere à (ao):

a) ar poluído nas cidades e à escassez de água no espaço rural.

b) baixa qualidade ambiental nos campos e nas cidades.

c) crise climática nas cidades e nos espaços rurais.

d) aumento de enchentes na cidade e à desertificação no campo.

e) poluição incontrolável nas cidades e nos campos.

88. (Enem)

Dubai é uma cidade-estado planejada para estarrecer os visitantes. São tamanhos e formatos grandiosos, em hotéis e centros comerciais reluzentes, numa colagem de estilos e atrações que parece testar diariamente os limites da arquitetura voltada para o lazer. O maior *shopping* do tórrido Oriente Médio abriga uma pista de esqui, a orla do Golfo Pérsico ganha milionárias ilhas artificiais, o centro financeiro anuncia para breve a torre mais alta do mundo (a Burj Dubai) e tem ainda o projeto de um campo de golfe coberto! Coberto e refrigerado, para usar com sol e chuva, inverno e verão.

Disponível em: http://viagem.uol.com.br. Acesso em: 30 jul. 2012 (adaptado).

No texto, são descritas algumas características da paisagem de uma cidade do Oriente Médio. Essas características descritas são resultado do(a)

a) criação de territórios políticos estratégicos.

b) preocupação ambiental pautada em decisões governamentais.

c) utilização de tecnologia para transformação do espaço.

d) demanda advinda da extração local de combustíveis fósseis.

e) emprego de recursos públicos na redução de desigualdades sociais.

89. (Fuvest) Leia o seguinte texto.

O quilombola Francisco Sales Coutinho Mandira até tentou sair da lama, mas logo percebeu que o mangue era o seu lar. Tivesse investido em continuar como ajudante de pedreiro, quando ficou dois anos fora do quilombo que leva seu sobrenome, certamente hoje não conheceria África do Sul, Dinamarca e Itália. Tudo porque organizou os quilombolas para fazer uso racional dos recursos naturais. Fez tão bem que virou exemplo internacional (...). A mudança começou em 1993, quando pesquisadores da USP e órgãos do governo passaram a divulgar o conceito de reserva extrativista, em que populações tradicionais continuam retirando seu sustento da natureza, mas de forma planejada.

Revista Unesp Ciência, maio de 2014.

Sobre o ecossistema manguezal, é correto afirmar:

a) É formado por uma rica biodiversidade vegetal, com presença principal de coníferas e nele vivem, sobretudo, crustáceos, os quais servem de alimento e renda para populações costeiras.

b) Define-se como formações rasteiras ou herbáceas que atingem até 60 cm, constituindo ambiente propício à reprodução de espécies marinhas e favorável à pesca artesanal, fonte de renda para populações tradicionais.

c) É constituído de solo predominantemente lodoso, deficiente em oxigênio, com espécies vegetais adaptadas à flutuação de salinidade, onde se reproduzem espécies de peixes, moluscos e crustáceos, fonte de alimento e renda para populações tradicionais.

d) Corresponde a cordão arenoso coberto por vegetação rasteira, rico em nutrientes, onde se alimentam mamíferos, aves, peixes, moluscos e crustáceos, constituindo-se fonte de alimento e renda para populações costeiras.

e) Caracteriza-se por vegetação caducifólia, predominantemente arbustiva, de raízes muito profundas e galhos retorcidos, abrigando o mineral ferro, com grande valor de mercado, o qual constitui fonte de renda para populações tradicionais.

90. (UPF) Registra o aparecimento dos seres humanos modernos (*Homo sapiens*) e é também conhecido como o período das grandes glaciações.

Considerando a escala de tempo geológico, os fatos apontados acima ocorreram no período

a) Cambriano.

b) Carbonífero.

c) Cretáceo.

d) Terciário.

e) Quaternário.

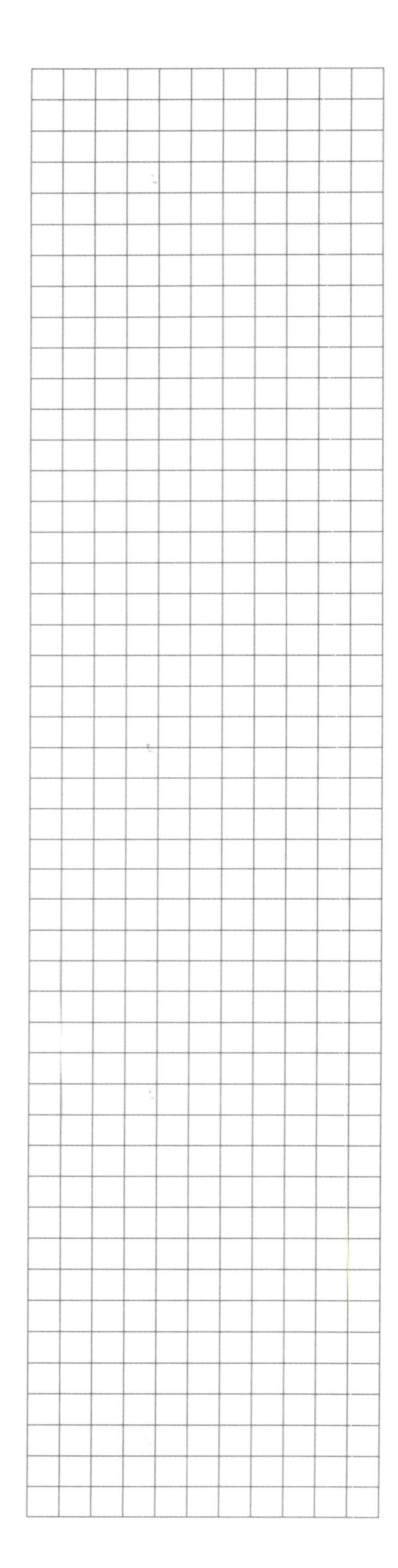

91. (PUC)

Serviço ambiental é a capacidade da natureza de fornecer qualidade de vida e comodidades, ou seja, garantir que a vida, como conhecemos, exista para todos e com qualidade (ar puro, água limpa e acessível, solos férteis, florestas ricas em biodiversidade, alimentos nutritivos e abundantes etc.), ou seja, a natureza trabalha (presta serviços) para a manutenção da vida e de seus processos e estes serviços realizados pela natureza são conhecidos como serviços ambientais.

NOVION, de Henry Phillippe Ibanes. O que são serviços ambientais? Disponível em: <https://uc.socioambiental.org/servicos-ambientais/o-que-sao-servicos-ambientais>. Acesso em: 26 jul. 2017.

Nesse contexto, são serviços ambientais prestados por uma floresta à vida do planeta, **EXCETO** a(o)

a) controle da erosão do solo e do assoreamento.

b) eliminação dos fungos presentes nos caules.

c) manutenção dos hábitats aquáticos.

d) redução da salinidade dos solos.

e) sequestro de carbono do ar.

92. (UPF) Os agentes externos desgastam, destroem e reconstroem o relevo, modelando a superfície terrestre numa ação denominada erosão. Relacione as colunas, ligando o tipo de erosão às características/informações correspondentes.

1. Erosão eólica	( ) Forma, como ação construtiva ou de acumulação, as restingas e os recifes, e, como ação destrutiva ou de desgaste, provoca as falésias.
2. Erosão fluvial	( ) Torna mais intensa sua ação sobre solos sem cobertura vegetal. Seu tipo mais agressivo forma as voçorocas, que resultam em prejuízos às lavouras.
3. Erosão glaciária	( ) É responsável por escavar o leito, modelando vertentes e formando vales. Transporta materiais de grandes altitudes e distâncias, originando planícies e deltas.
4. Erosão marinha	( ) Atua principalmente nos desertos e nas praias, onde o depósito de materiais resulta em uma acumulação típica de areias móveis, denominadas dunas.
5. Erosão pluvial	( ) Atua em regiões de altas latitudes ou de altas montanhas e, ao longo de eras geológicas, sua ação forma os fiordes. As morainas são ações típicas dessa forma de erosão.

A sequência **correta** de preenchimento dos parênteses, de cima para baixo, é:

a) 2 – 5 – 3 – 4 – 1.

b) 1 – 2 – 5 – 4 – 3.

c) 4 – 2 – 1 – 5 – 3.

d) 4 – 5 – 2 – 1 – 3.

e) 3 – 5 – 2 – 1 – 4.

93. (Enem)

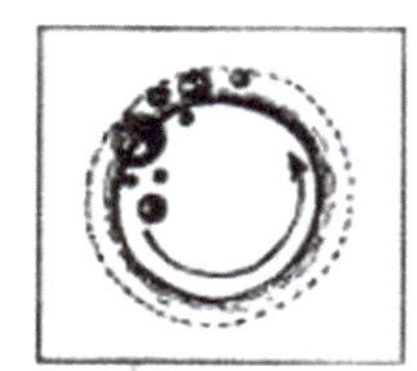

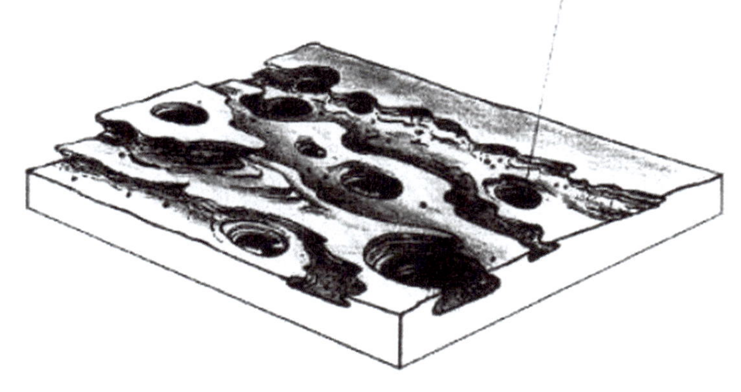

SUERTEGARAY, D. M. A. (Org.) *Terra*: feições ilustradas.
Porto Alegre: EdUFRGS, 2003 (adaptado).

A imagem representa o resultado da erosão que ocorre em rochas nos leitos dos rios, que decorre do processo natural de

a) fraturamento geológico, derivado da força dos agentes internos.
b) solapamento de camadas de argilas, transportadas pela correnteza.
c) movimento circular de seixos e areias, arrastados por águas turbilhonares.
d) decomposição das camadas sedimentares, resultante da alteração química.
e) assoreamento no fundo do rio, proporcionado pela chegada de material sedimentar.

94. (UEG) Observe a figura a seguir.

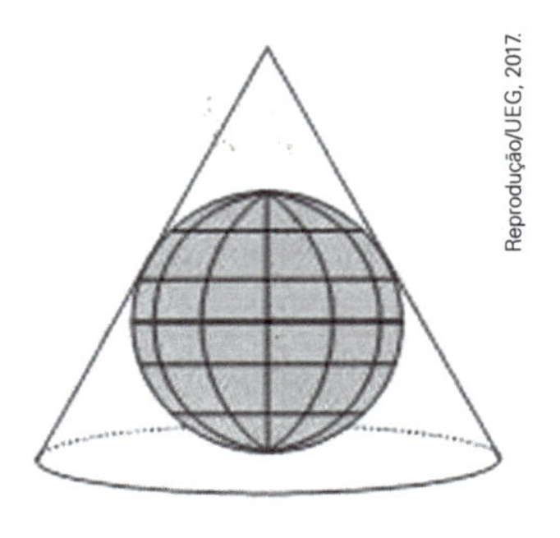

Fonte: <www.geografiaparatodos.com.br/index.prp?pag=cap_3_geoprocessamento_e_mapas>. Acesso em: 17 ago. 2016.

Os tipos de projeções cartográficas representados na figura são, respectivamente:

a) cilíndrica, azimutal e cônica
b) azimutal, cilíndrica e cônica
c) cônica, azimutal e cilíndrica
d) azimutal, cônica e cilíndrica
e) cilíndrica, cônica e azimutal

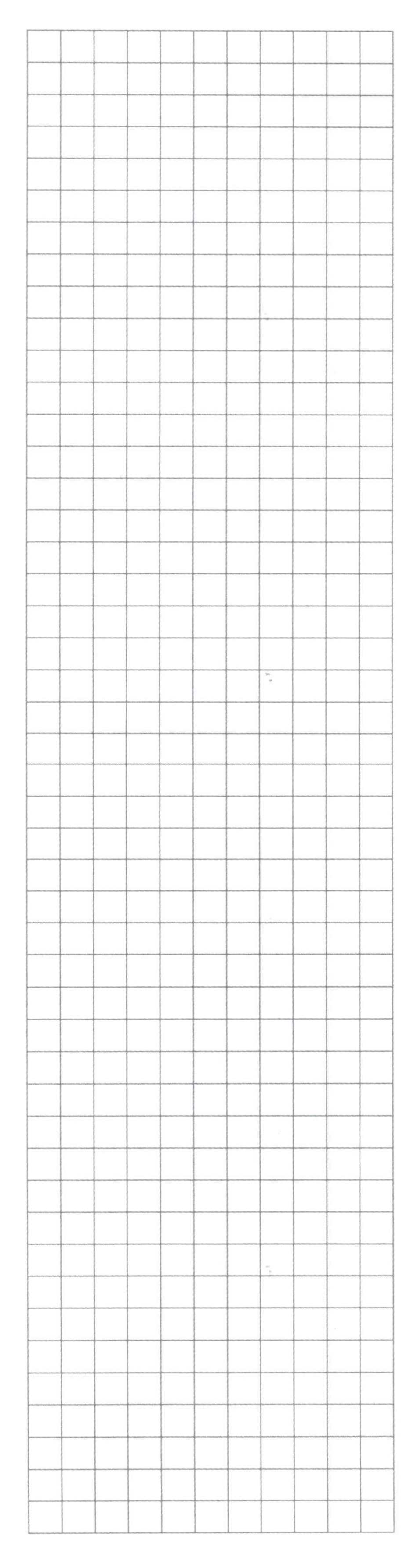

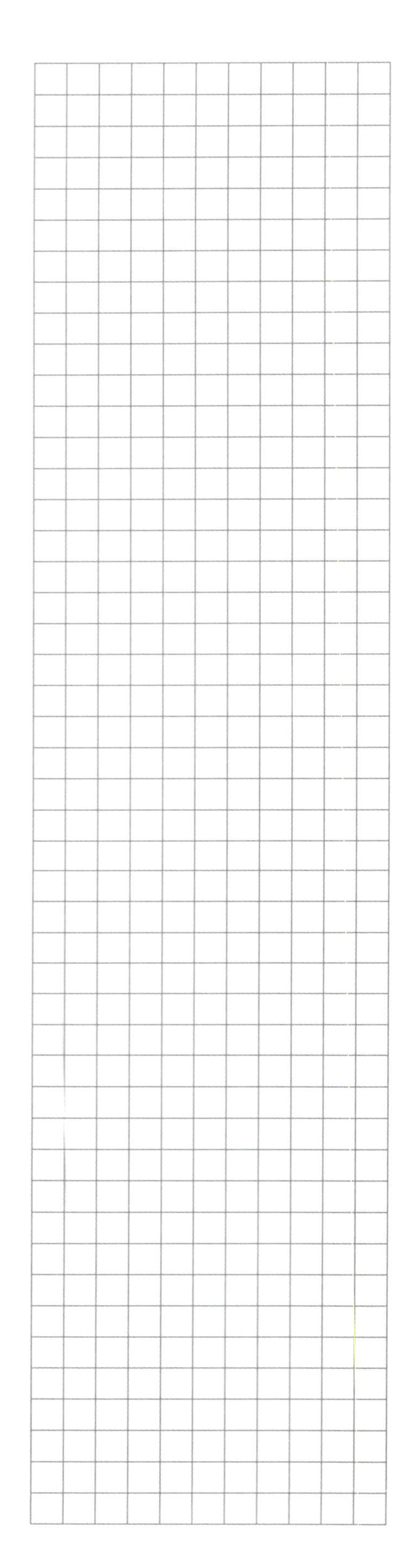

95. (IFCE) Característico de áreas onde o clima tem duas estações bem distintas, uma seca e outra chuvosa, apresenta dois tipos de vegetação: arbóreo-arbustivo, nas quais as espécies são tortuosas e têm os caules geralmente revestidos por uma casca espessa e herbácea, disposta em tufos. A descrição refere-se ao bioma

a) floresta tropical.
b) pantanal.
c) mata semiúmida.
d) caatinga.
e) cerrado.

96. (Uece) Leia atentamente o seguinte excerto:

> "Em resumo, a variabilidade natural do Clima não permite afirmar que o aquecimento de 0,7 °C seja decorrente da intensificação do efeito-estufa causada pelas atividades humanas, ou mesmo que essa tendência de aquecimento persistirá nas próximas décadas, como sugerem as projeções produzidas pelo Relatório da Quarta Avaliação do Painel Intergovernamental de Mudanças Climáticas (IPCC). A aparente consistência entre os registros históricos e as previsões dos modelos não significa que o aquecimento esteja ocorrendo".

Molion, L. C. B. *Desmistificando o aquecimento global*. Disponível em: www.icat.ufal.br/laboratorio/clima/data/uploads/pdf/molion_desmist.pdf

Grande parte da discussão sobre o aquecimento do planeta Terra envolve grupos de cientistas com ideias antagônicas. Analisando o texto, percebe-se o questionamento da ideia de aquecimento global antropogênico. Essa hipótese, segundo o excerto, fundamenta-se

a) nas evidências de recuo da linha de costa nas áreas litorâneas.
b) nas oscilações naturais do clima da Terra ao longo do tempo.
c) no cenário de resfriamento do planeta para as próximas décadas.
d) na redução das emissões de CO_2 pelos países industrializados.

97. (Uerj) Nas imagens, estão representadas a malha urbana da cidade de Toledo, com suas ruas estreitas de origem medieval, e a de um bairro de Los Angeles, cidade estadunidense que se expandiu principalmente após a Segunda Guerra Mundial.

CIDADE DE TOLEDO

google.com.br

SUBÚRBIO DA CIDADE DE LOS ANGELES

jalopnik.com.br

A diferença entre as duas malhas urbanas é explicada pela relação entre dois fatores que contribuíram para a organização desses espaços, embora em épocas bastante distintas.

Esses fatores estão apontados em:

a) concentração financeira – processo de verticalização
b) atividade econômica – especialização funcional
c) nível técnico – padrões de circulação
d) perfil de renda – segregação social

98. (UFRGS) Leia o segmento abaixo.

A realidade geográfica apresenta-se então como composta por três elementos fundamentais: um substrato plástico, uma energia de circulação, produzida pelos contatos entre forças opostas, e um conjunto de formas que são como que o efeito desta energia sobre o substrato, justamente sua inscrição. É este último plano, o das inscrições, entendido como fisionomia da Terra, que é o plano propriamente geográfico, aquele onde houve, efetivamente, escrita da Terra.

BESSE, J.M. *Ver a Terra*. São Paulo: Perspectiva, 2006. p. 71.

O conceito geográfico referido pelo texto é

a) lugar.
b) território.
c) espaço.
d) escala.
e) paisagem.

99. (EBM) Dados apresentados pela Comissão Oceanográfica Intergovenamental da Unesco dão uma noção clara da preocupante situação dos oceanos e do ecossistema marinho.

Com base nos conhecimentos sobre os impactos ambientais nos oceanos, pode-se afirmar:

a) O transporte marítimo é o maior agente poluidor das águas oceânicas, principalmente no Brasil onde ele é o mais utilizado.
b) A ação antrópica, em função do turismo, é responsável pelo desaparecimento dos recifes de corais nas regiões tropicais e temperadas.

c) Os ecossistemas marinhos ameaçados estão localizados nas regiões temperadas como a Islândia e o Alasca.

d) A ausência de um integrado engajamento nacional e de uma governança global, na questão das águas transfronteiriças, ameaça ampliar os impactos ambientais nos oceanos.

e) O Brasil é o único país que possui uma legislação ambiental de preservação dos oceanos, desde a década de 20 do século passado.

100. (UPE) Por volta de 1990, práticas agropecuárias inadequadas contribuíram para a degradação de cerca de 562 milhões de hectares, ou seja, algo aproximadamente em torno de 38% dos 3,5 bilhões de hectares de terras agricultáveis de todo o mundo. Esse fato continua até os dias atuais, acarretando graves consequências ao meio ambiente.

Reprodução/UPE, 2018.

Fonte: www.google.com.br

A fotografia acima exibe uma das consequências dessa degradação ambiental promovida por um processo específico, denominado

a) Erosão laminar.

b) Eolização.

c) Voçorocamento.

d) Assoreamento.

e) Lixiviação.

101. (Uece)

O "poder" corresponde à habilidade humana de não apenas agir, mas de agir em uníssono, em comum acordo. O poder jamais é propriedade de um indivíduo; pertence ele a um grupo e existe apenas enquanto o grupo se mantiver unido.

Arendt, H. Da violência. Brasília. Ed. UNB. 1985.

A ideia de poder proposta pelo autor está intrinsecamente ligada à concepção de

a) lugar.

b) paisagem.

c) território.

d) método.

102. (UFPR) Sobre a projeção plana ou azimutal, assinale a alternativa correta.

a) Na referida projeção, a partir da seleção de um ponto de interesse, próximo do qual haverá as maiores distorções no mapa, o cartógrafo representa os demais locais de interesse. Com o distanciamento do ponto central, que tangencia a superfície de referência terrestre, as distorções são cada vez menores.

b) Essa projeção, comumente utilizada para navegação, guarda ângulos de azimutes e seus meridianos passam pelo centro da projeção, sendo representados como retas.

c) É uma projeção classificada como plano-polar quando tangencia médias latitudes.

d) É uma projeção adequada para representar zonas de baixas latitudes e com poucas variações altimétricas, sendo evitada em regiões com altas latitudes.

e) É uma projeção classificada como plano-oblíqua quando tangente à linha do Equador.

103. (Unesp) Leia o fragmento do romance *O orfanato da srta. Peregrine para crianças peculiares*, de Ranson Riggs, e analise o mapa.

Apesar dos avisos e até das ameaças do conselho, no verão de 1908 meus irmãos e centenas de outros membros dessa facção renegada, todos traidores, viajaram para a tundra siberiana para levar a cabo seu experimento odioso. Escolheram uma velha fenda sem nome, que estava havia séculos sem uso.

(*O orfanato da srta. Peregrine para crianças peculiares*, 2015. Adaptado.)

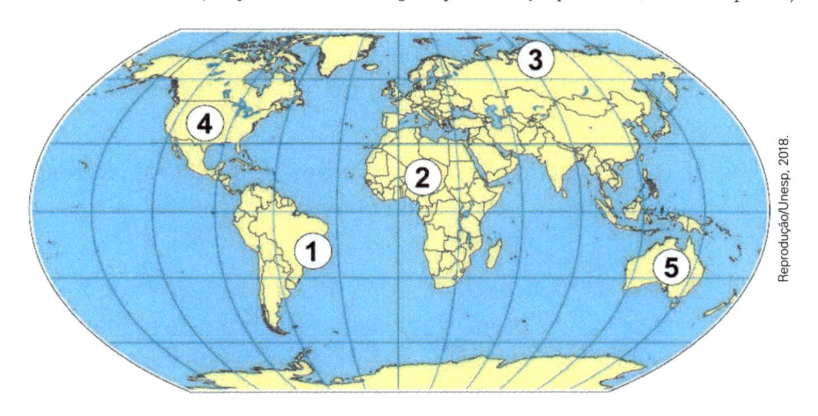

(IBGE. *Atlas geográfico escolar*, 2012. Adaptado.)

O bioma mencionado no fragmento está representado no mapa pelo número

a) 1.

b) 4.

c) 2.

d) 5.

e) 3.

104. (UPE) Analise a figura a seguir:

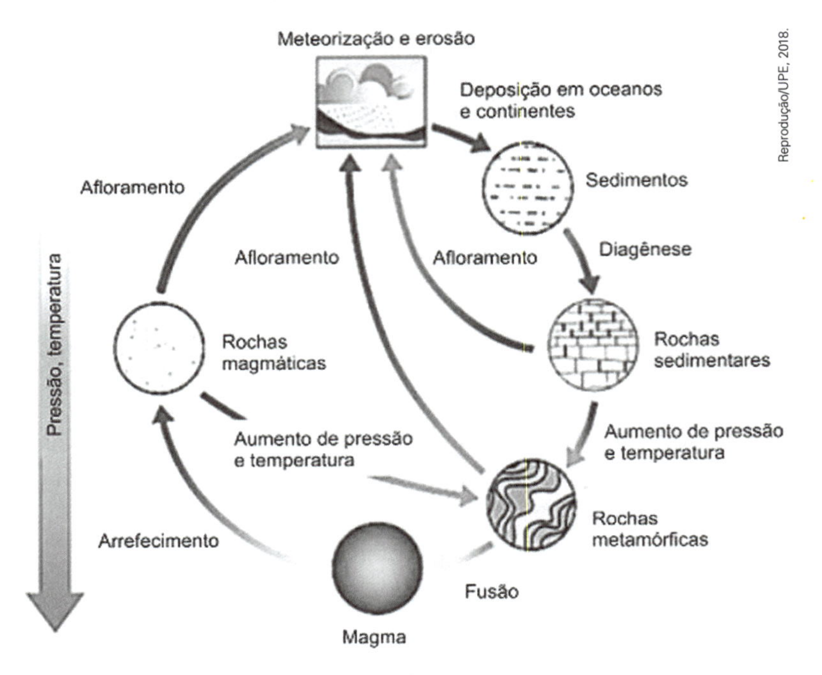

Fonte: //https.Pt.slideshare.net/mobile/catir/o-ciclo-das-rochas

Sobre os elementos nela contidos, analise as afirmativas a seguir:

1. As rochas magmáticas são aquelas que se originam pelo resfriamento lento ou rápido do material em estado de fusão, encontrado em áreas profundas da litosfera.
2. Dá-se a denominação de diagênese aos processos de lixiviação dos solos, fato esse que determina a redução da fertilidade dos sedimentos argilosos.
3. A meteorização pode ser de natureza química e mecânica ou física; esse fenômeno prepara os corpos rochosos para os processos de erosão.
4. As rochas sedimentares encontram-se, em geral, dispostas em camadas, a exemplo do gnaisse e dos diversos tipos de arenito.
5. Quando os processos erosivos retiram uma imensa quantidade de rochas preexistentes, que recobrem as rochas magmáticas intrusivas, estas podem aparecer na superfície terrestre, a exemplo dos granitos. Nesses casos, diz-se que houve um afloramento rochoso.

Estão CORRETAS

a) apenas 1, 3 e 5.

b) apenas 2, 4 e 5.

c) apenas 1, 2 e 3.

d) apenas 3, 4 e 5.

e) 1, 2, 3, 4 e 5.

105. (PUC)

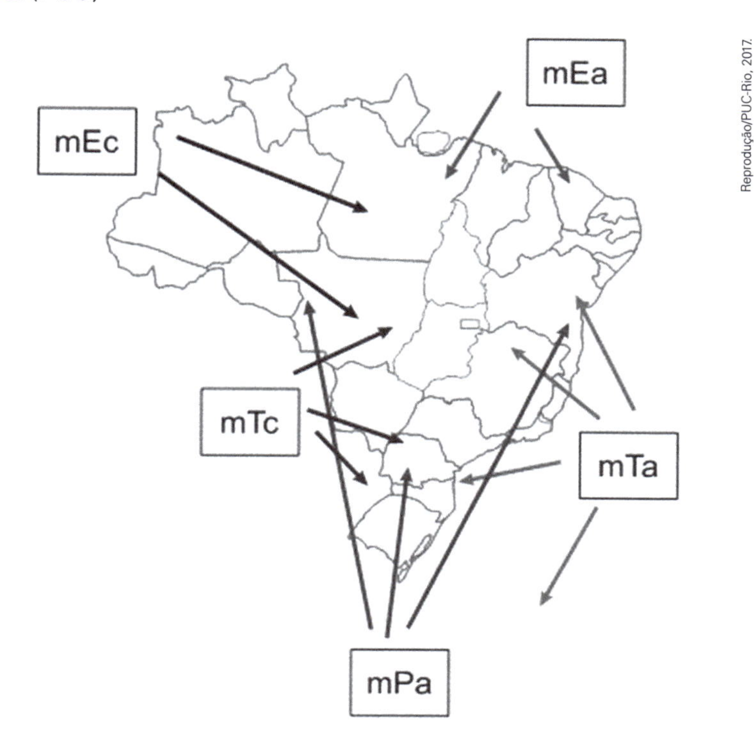

Disponível em: <http://slideplayer.com.br/slide/386189>.
Acesso em: 15 set. 2016. Adaptado.

A Massa Polar Atlântica (mPa) é um dos fatores climáticos que provocam as baixas temperaturas durante o período do inverno no território brasileiro. Todavia, há outros fatores climáticos que ajudam a baixar as temperaturas durante os meses de inverno.

a) Além da mPa, indique **dois** outros fatores climáticos que reforçam a ação dessa massa de ar, notadamente na faixa subtropical do território nacional.

b) A ação da mPa se estende além da faixa subtropical no território brasileiro, podendo gear ou nevar, durante o inverno, em regiões do Rio de Janeiro e de Minas Gerais. Por quê?

Respostas

Capítulo 1

1. d
2. (B) Lugar; (A) Espaço geográfico; (D) Paisagem; (C) Território
3. A corrente determinista acreditava que o meio natural limitava e condicionava a vida humana, impondo restrições que levariam as sociedades a serem mais ou menos desenvolvidas em razão do ambiente onde se instalaram. A corrente possibilista acreditava que a sociedade se adaptava às condições ambientais e não se limitava a elas. Ou seja, a natureza apresentava características e desafios aos seres humanos que, a partir de suas necessidades, poderiam desenvolver diferentes formas de se apropriarem dela e, assim, se desenvolverem. Seriam mais desenvolvidos aqueles capazes de criar formas de se relacionarem com a realidade natural.
4. Os geógrafos desenvolvem habilidades relacionadas aos temas ambientais, de planejamento (urbano, rural, regional, etc.), à cartografia, entre outras atribuições da profissão. Podem atuar em pesquisas e trabalhos que envolvem temas tanto da sociedade como da natureza e suas inter-relações, considerando as diferentes escalas de ocorrência (do local ao global) dos fenômenos.
5. Essa imagem representa a interdependência entre os elementos da natureza compreendidos em diferentes esferas: atmosfera, litosfera, hidrosfera e biosfera. Em Geografia, essa interação resulta no geossistema.

Capítulo 2

1. b
2. d
3. c
4. Representação quantitativa: referente à quantidade, ao valor, proveniente de variáveis matemáticas e estatísticas.
   Representação qualitativa: referente à qualidade da informação, à sua natureza, ao seu tipo.
   Mapa 1: qualitativo; mapa 2: quantitativo.

Capítulo 3

1. a
2. a
3. a
4. c
5. Trata-se de imagens em camadas (*layers*) produzidas por Sistema de Informações Geográficas, conjunto de computadores (*hardware*) e programas de computador (*software*), necessários para o tratamento e a articulação de informações georreferenciadas, obtidas sobretudo por satélites artificiais, mas não exclusivamente. Potencializam o estudo da superfície terrestre por facilitarem a combinação de muitos dados, organizados de formas diferentes, de acordo com critérios e objetivos selecionados.
6. a) Sensor remoto passivo que capta a energia (ondas eletromagnéticas) refletida de forma diferente pelos distintos objetos, naturais ou artificiais, a partir da radiação solar.
   b) São muitas e variadas as possibilidades de uso das imagens de sensoriamento remoto: elaboração de mapas, monitoramento ambiental, levantamento de recursos naturais, estudos sobre a dinâmica da ocupação do solo, etc. Possibilita a obtenção de imagens de uma mesma área em diferentes épocas do ano e em diferentes anos, facilitando comparações da dinâmica de evolução dos fenômenos observados.

Capítulo 4

1. e
2. c
3. b
4. e
5. b
6. a

Capítulo 5

1. e
2. e
3. b
4. a
5. d

Capítulo 6

1. As diferentes condições ambientais caracterizadas pela variação de temperatura, insolação e umidade explicam tanto a diversidade de espécies, mais adaptadas a cada característica natural, como também sua quantidade (áreas com mais oferta de energia e menos restritivas ambientalmente favorecem a proliferação de espécies). As alterações das características naturais

do planeta também influenciaram a seleção e a distribuição das espécies.

2. C – A – D – B – F – E

3. b

4. a

5. b

Capítulo 7

1. d
2. e
3. b
4. e
5. b
6. b
7. a

Capítulo 8

1. a

2. b

3. b

4. a) Segundo o gráfico, as principais fontes de gases de efeito estufa no Brasil são a mudança de uso do solo, a produção e o consumo de energia e as atividades agropecuárias.
b) Prioritariamente deve haver o combate ao desmatamento (mudança de uso do solo), a adoção de matriz energética menos poluente (solar, eólica, biomassa, etc.) e técnicas mais modernas na agropecuária, apesar de ser difícil reduzir a produção de gás metano pelo rebanho bovino.

5. Os pesquisadores "céticos" negam a influência humana sobre o sistema climático na escala global. De acordo com eles, o que se observa envolve apenas a variabilidade natural do clima, ou seja, oscilações da temperatura do planeta decorrentes de fenômenos maiores que qualquer ação humana, como os ligados a ciclos astronômicos.

Capítulo 9

1. c
2. d
3. b
4. e

5. a) Aumento do poder aquisitivo, maior consumo de bens industrializados, com muita embalagem, e desperdício podem ser as causas do aumento da produção de resíduos.
b) Lixões são áreas atualmente ilegais onde os resíduos são depositados a céu aberto, sem nenhum cuidado.

Capítulo 10

1. As relações da humanidade com os lugares se intensificaram quando houve a diminuição da mobilidade por causa da estocagem de alimentos, o que permitiu a fixação de pequenos povoamentos. O desenvolvimento da agricultura conduziu lentamente a um processo de sedentarização, marcado pelo plantio de um número cada vez maior de alimentos. Aos poucos, a vida nas aldeias tornou-se mais estável, à medida que se garantiam melhores condições de nutrição e proteção para uma população crescente. O excedente alimentar decorrente do avanço das técnicas de seleção de sementes e de cultivo foi fundamental para que as sociedades se tornassem mais complexas, com a intensificação da divisão do trabalho. Parte da população pôde se afastar das atividades primárias para desenvolver outras, como as ligadas à proteção, à construção de artefatos (cerâmicas, ferramentas) e às moradias.

2. b

3. As megalópoles estadunidenses de Boswash, Chipitts e Sansan. Interligação de metrópoles em um imenso conjunto urbano, com intensa circulação de mercadorias, pessoas, informações e capital.

4. Esses esquemas sintetizam dois modelos de redes e hierarquias urbanas, a clássica e a atual. As redes urbanas constituem-se em sistema articulado de cidades, que assumem diferentes funções entre si. De acordo com suas escalas de influência política, econômica e social é definida a hierarquia urbana.

5. c
6. a

Capítulo 11

1. d

2. a

3. c

4. a) Os riscos ambientais decorrentes da degradação da qualidade da água, dos solos e da atmosfera elevam o número de mortes em várias regiões do mundo. Entre os riscos, a poluição do ar nos centros urbanos, que aumenta a mortalidade por doenças respiratórias, e a falta de saneamento básico (fornecimento de água potável e coleta e tratamento do esgoto) favorecem a veiculação de muitas doenças.
   b) A redução das mortes no mundo por doenças infecciosas, como malária e doenças de veiculação hídrica (água contaminada por agentes biológicos), é causada pelo maior acesso a medicamentos e atendimento médico em vários países, inclusive os emergentes e os subdesenvolvidos. Outra causa é a instalação de infraestrutura de saneamento básico (água potável, rede coletora de esgotos e coleta de lixo) em vários países que, ainda que insuficiente, já tem impacto na redução das contaminações.

5. As áreas de maior intensidade de chuvas ácidas são Europa ocidental e nordeste dos Estados Unidos. A causa para a formação de chuvas ácidas é a emissão de gases poluentes (dióxido de enxofre e os diversos óxidos de nitrogênio) que reagem com a umidade e precipitam-se sob forma de ácido nítrico e sulfúrico. As chuvas ácidas podem ocasionar corrosão dos equipamentos urbanos, desflorestamento, contaminação de cursos de água, etc.

6. a) As enchentes são provocadas pela impermeabilização do solo, que reduz a infiltração da água e aumenta seu escoamento superficial. Uma ação do poder público para reduzir as enchentes é a manutenção de áreas verdes e a não ocupação das áreas de várzea. Uma ação individual ou familiar importante é o descarte adequado do lixo para que ele não obstrua bueiros.
   b) Diarreia e leptospirose, causadas por bactérias presentes na urina de roedores.

Capítulo 12

1. c
2. a
3. d
4. a
5. b
6. c

Rumo ao Ensino Superior

1. d
2. d
3. e
4. d
5. b
6. d
7. d
8. d
9. e
10. c
11. e
12. e
13. c
14. b
15. d
16. c
17. a
18. e
19. b
20. a

21. As imagens da transformação da paisagem ao longo do tempo explicitam as relações espaço-temporais que constituem o espaço geográfico. É possível identificar as mudanças e permanências ao longo do tempo. As alterações promovidas pela ação humana são: urbanização, representada pela edificação de prédios e instalação de sistema viário; desmatamento e ocupação de encostas e topos de morro; instalação de porto marítimo e instalação de sistema de transporte náutico; alteração da linha de costa; instalação de sistema de comunicação (antena no topo do morro); ocupação do espaço aéreo; aterro de faixa de praia, etc.

22. e
23. d
24. a
25. a
26. a
27. d
28. d
29. c
30. a
31. b
32. a
33. c
34. e
35. e
36. e
37. b
38. b
39. d
40. e
41. d

42. a) Groenlândia e península Arábica apresentam dimensões discrepantes no mapa porque a projeção cartográfica utilizada prioriza a forma em detrimento da área, aspecto que é acentuado nas regiões mais próximas aos polos, que são representadas em proporção maior que as demais regiões do globo. Trata-se da projeção de Mercator.

b) Escala cartográfica é a relação numérica, proporcional, entre a realidade e a representação, indicando quantas vezes o real foi reduzido. No mapa em questão a escala é pequena.

43. a

44. d

45. c

46. b

47. a

48. e

49. b

50. d

51. b

52. a

53. d

54. d

55. e

56. e

57. d

58. c

59. a

60. a

61. b

62. a

63. c

64. c

65. a

66. e

67. a

68. c

69. b

70. c

71. e

72. a

73. c

74. b

75. a

76. c

77. a

78. e

79. b

80. a

81. e

82. b

83. b

84. A desintegração e a decomposição das rochas ocorrem pela ação dos agentes atmosféricos, e esse processo é denominado intemperismo. O intemperismo físico é aquele provocado pela ação física dos fenômenos, como o impacto da chuva, o congelamento da água, a força do vento, o deslocamento de geleiras, mudanças de temperatura, etc. Já o intemperismo químico ocorre sobretudo pela reação química da água com os elementos químicos presentes nas rochas. Esses fenômenos desgastam as rochas em pequenos sedimentos que são transportados e depositados em áreas mais baixas ao longo de milhares de anos e que darão origem às bacias sedimentares.

85. a

86. c

87. b

88. c

89. c

90. e

91. b

92. d

93. c

94. b

95. e

96. b

97. c

98. e

99. d

100. c

101. c

102. b

103. e

104. a

105. a) Os fatores climáticos importantes que contribuem com a redução da temperatura são a posição geográfica, ou seja, as médias latitudes da faixa subtropical, e as altitudes mais elevadas.

b) No inverno, a mPa (Massa Polar Atlântica) aumenta sua pressão e ganha força para avançar sobre a mTa (Massa Tropical Atlântica), que contém bastante umidade. Ao resfriar a temperatura, sobretudo em locais mais altos e vegetados, durante a madrugada, a umidade dispersa no ar ou condensada na vegetação (orvalho) congela.

Siglas de vestibulares

Acafe: Associação Catarinense das Fundações Educacionais (SC)

Cefet: Centro Federal de Educação Tecnológica

EBM: Escola Bahiana de Medicina e Saúde Pública (BA)

Enem: Exame Nacional do Ensino Médio

Fatec: Faculdade de Tecnologia (SP)

FGV: Fundação Getúlio Vargas (RJ)

FMP: Faculdade de Medicina de Petrópolis (RJ)

Fuvest: Fundação Universitária para o Vestibular (SP)

IFBA: Instituto Federal de Educação, Ciência e Tecnologia da Bahia (BA)

IFCE: Instituto Federal de Educação, Ciência e Tecnologia do Ceará (CE)

IFPE: Instituto Federal de Educação, Ciência e Tecnologia de Pernambuco (PE)

IFSP: Instituto Federal de Educação, Ciência e Tecnologia de São Paulo (SP)

Mackenzie: Universidade Presbiteriana Mackenzie (SP)

PUC: Pontifícia Universidade Católica

Udesc: Universidade do Estado de Santa Catarina (SC)

Uece: Universidade Estadual do Ceará (CE)

Uefs: Universidade Estadual de Feira de Santana (BA)

UEG: Universidade Estadual de Goiás (GO)

UEL: Universidade Estadual de Londrina (PR)

Uepa: Universidade do Estado do Pará (PA)

Uerj: Universidade do Estado do Rio de Janeiro (RJ)

UFG: Universidade Federal de Goiás (GO)

UFJF: Universidade Federal de Juiz de Fora (MG)

UFPA: Universidade Federal do Pará (PA)

UFPR: Universidade Federal do Paraná (PR)

UFRGS: Universidade Federal do Rio Grande do Sul (RS)

Ufscar: Universidade Federal de São Carlos (SP)

UFSM: Universidade Federal de Santa Maria (RS)

UFU: Universidade Federal de Uberlândia (MG)

Unesp: Universidade Estadual Paulista "Júlio de Mesquita Filho" (SP)

Unicamp: Universidade Estadual de Campinas (SP)

Unisc: Universidade de Santa Cruz do Sul (RS)

UPE: Universidade de Pernambuco (PE)

UPF: Universidade de Passo Fundo (RS)

USF: Universidade São Francisco (SP)

Sumário geral

Parte 1

UNIDADE 1 – Geografia e Cartografia 10
CAPÍTULO 1 – Geografia: para que e para quem? 12
CAPÍTULO 2 – Representações cartográficas 28
CAPÍTULO 3 – Cartografia: novas tecnologias 42

UNIDADE 2 – Dinâmica e apropriação da paisagem natural 58
CAPÍTULO 4 – Estrutura geológica, relevo e solos 60
CAPÍTULO 5 – Clima e hidrografia: mudanças climáticas e crise da água 90
CAPÍTULO 6 – Biomas e conservação da biodiversidade 132

Parte 2

UNIDADE 3 – Ordem ambiental internacional 172
CAPÍTULO 7 – Grandes reuniões internacionais sobre o ambiente 174
CAPÍTULO 8 – Mudanças climáticas e conservação da biodiversidade 192
CAPÍTULO 9 – Resíduos perigosos e desertificação 216

UNIDADE 4 – Urbanização e desigualdades sociais 234
CAPÍTULO 10 – Metrópoles, megalópoles e megacidades 236
CAPÍTULO 11 – Problemas ambientais urbanos 254
CAPÍTULO 12 – Urbanização brasileira e desigualdades sociais 270

Sumário Parte 2

UNIDADE 3 – Ordem ambiental internacional ... 172

CAPÍTULO 7 – Grandes reuniões internacionais sobre o ambiente ... 174

1. Segunda Guerra Mundial e seus efeitos ambientais ... 176
2. Conferência de Estocolmo: zeristas *versus* desenvolvimentistas ... 178
3. Rio-92: desenvolvimento sustentável e segurança ambiental ... 183
4. Rio+10: novas metas socioambientais ... 188
5. Rio+20: modelo de governança ambiental ... 189

Reconecte ... 190

CAPÍTULO 8 – Mudanças climáticas e conservação da biodiversidade ... 192

1. O aquecimento global ... 194
2. Painel Intergovernamental sobre Mudanças Climáticas (IPCC) ... 196
3. Mudanças climáticas: desigualdades entre países ... 197
4. A Convenção do Clima ... 199
5. Agentes das negociações sobre mudanças climáticas ... 199
6. Principais COPs: Kyoto (1997), Copenhague (2009) e Paris (2015) ... 202
7. O Brasil e as mudanças climáticas ... 206
8. Conservação da biodiversidade ... 207
9. Convenção sobre Diversidade Biológica ... 208
10. O Protocolo de Cartagena ... 208
11. Plataforma Intergovernamental sobre Biodiversidade e Serviços Ecossistêmicos ... 210
12. Direitos das comunidades locais ... 211
13. O Brasil e a proteção da biodiversidade ... 212

Reconecte ... 213

CAPÍTULO 9 – Resíduos perigosos e desertificação ... 216

1. Resíduos perigosos ... 218
2. Convenção de Basileia ... 222
3. Desertificação ... 223
4. Convenção para o Combate à Desertificação ... 225
5. Desertificação no Brasil ... 226

Reconecte ... 228

Globalização e cidadania ... 230

Repercutindo ... 231

Enem e vestibulares ... 233

Danita Delimont/Gallo Images/Getty Images

UNIDADE 4 – Urbanização e desigualdades sociais 234

CAPÍTULO 10 – Metrópoles, megalópoles e megacidades 236

1. O surgimento das cidades 237
2. Cidades industriais 240
3. Cidades atuais 242
4. Metrópoles 243
5. Megalópoles 244
6. Megacidades 246
7. Redes urbanas 248
8. Planejamento urbano 249
Reconecte 251

CAPÍTULO 11 – Problemas ambientais urbanos 254

1. Lixo: problemas e soluções 255
2. Saneamento básico 258
3. Áreas de risco ambiental e desastres 259
4. Formas de poluição e impactos sociais 263
Reconecte 269

CAPÍTULO 12 – Urbanização brasileira e desigualdades sociais 270

1. Urbanização brasileira 272
2. Urbanização tardia e acelerada 278
3. Metropolização, megalópole e megacidades no Brasil 280
4. A rede urbana no Brasil 283
5. Desigualdade social e produção do espaço urbano 286
Reconecte 289
Globalização e cidadania 291
Repercutindo 292
Enem e vestibulares 294

Bibliografia 295

Sugestões de leitura 296

Siglas de vestibulares 296

Katrin Sauerwein/EyeEm/Getty Images

UNIDADE 3

Ordem ambiental internacional

O derretimento das calotas polares ameaça o *habitat* do urso-polar. Arquipélago Svalbard, Noruega, 2015.

Problemas ambientais como mudanças climáticas, destruição da biodiversidade e da sociodiversidade, desertificação, etc. ultrapassam fronteiras de países e repercutem em escala internacional. Para combater suas causas e efeitos, foi criada a Ordem Ambiental Internacional, um conjunto de acordos entre países que visa regular a ação humana no ambiente. Esses acordos são produzidos em reuniões internacionais nas quais, além dos países, atuam movimentos sociais e representantes de grandes empresas multinacionais.

Danita Delimont/Gallo Images/Getty Images

CAPÍTULO 7

Grandes reuniões internacionais sobre o ambiente

Os temas ambientais estão cada vez mais presentes nas relações entre países, com o avanço da demanda por recursos naturais e o aumento da poluição. Como a distribuição geográfica desses recursos é desigual, o fluxo de materiais é intenso, resultando na divisão territorial do trabalho, na qual alguns países se tornam fornecedores de matéria-prima e outros vendem produtos industrializados com alto valor agregado.

A produção dessas mercadorias causa diversos problemas. A retirada de minerais gera devastação ambiental. O transporte desses recursos até países industrializados emite muitos poluentes, agravando o aquecimento global. Para produzir é necessário utilizar muita energia, como a gerada pela queima de combustíveis fósseis, que emite gases de efeito estufa. Por fim, o descarte de mercadorias, muitas vezes em condições de uso, aumenta a demanda de materiais e energia e cria um círculo vicioso. No entanto, existe um limite: o esgotamento dos recursos naturais não renováveis.

O modelo consumista e a demanda por recursos naturais dispersos pelo planeta geram duas situações: alguns países usufruem dos bons resultados desse modelo hegemônico; outros arcam com o ônus, como a devastação de seus territórios provocada pela extração de matéria-prima.

Diante disso, iniciou-se a construção da Ordem Ambiental Internacional, um conjunto de convenções internacionais sobre o ambiente para regular as ações humanas. Os países, por meio de seus representantes, são seus principais agentes. Porém, grupos de pressão também influenciam as decisões, como grandes grupos empresariais e movimentos sociais.

A Organização das Nações Unidas (ONU), entre outros objetivos, visa discutir temas ambientais e para isso realiza conferências nas quais os países cooperam na busca de um mundo mais harmônico, não apenas na relação entre a sociedade e o ambiente, mas, principalmente, entre os seres humanos.

Zoran Milich/Moment Mobile/Getty

Lixo eletrônico em Massachusetts, Estados Unidos, 2014. Os Estados Unidos são os maiores produtores e exportadores de lixo do mundo. Toneladas de equipamentos eletroeletrônicos são enviadas para países da África e da Ásia, gerando um grande problema ambiental e de saúde nos países mais pobres.

EM FOCO

América Latina e Caribe adotam primeiro acordo regional vinculante sobre meio ambiente

Representantes de 24 países da América Latina e do Caribe reunidos em San José, na Costa Rica, adotaram no domingo [04/03/2018] o primeiro acordo regional vinculante para proteger direitos de acesso à informação, à participação pública e à Justiça em temas ambientais. O Princípio 10 da Declaração do Rio de Janeiro sobre o Meio Ambiente e o Desenvolvimento é um instrumento legal inédito para a região. [...]

O presidente da Costa Rica [Luis Guillermo Solís] disse ainda ser necessário consultar as pessoas sobre as decisões em matéria ambiental, fazê-las partícipes do desenvolvimento, já que "o direito a um meio ambiente saudável é um direito humano", declarou. Destacou também a relevância jurídica do acordo e a "democracia ambiental" como um novo termo legal que implica a participação de todos na proteção do meio ambiente.

[Alicia] Bárcena [secretária-executiva da Comissão Econômica para América Latina e o Caribe (CEPAL)] lembrou a importância desse processo encerrado no domingo com a adoção do primeiro acordo regional vinculante em matéria de democracia ambiental. "Com esse acordo, a América Latina e o Caribe atestam seu firme e inequívoco compromisso com um princípio democrático fundacional: o direito das pessoas a participar de forma significativa das decisões que afetam suas vidas e seu entorno", declarou.

A chefe da CEPAL lembrou ainda que este acordo regional, junto com a Agenda 2030 para o Desenvolvimento Sustentável das Nações Unidas e o Acordo de Paris para o clima, responde à busca de respostas da comunidade internacional para mudar o atual estilo de desenvolvimento e "para construir sociedades pacíficas, mais justas, solidárias e inclusivas, nas quais os direitos humanos sejam protegidos e a proteção do planeta e de seus recursos naturais seja garantida".

"O grande mérito desse acordo regional está em colocar a igualdade no centro dos direitos de acesso e, portanto, a sustentabilidade ambiental (no centro do) desenvolvimento", disse a alta funcionária das Nações Unidas. "Este é um acordo de segunda geração que vincula o meio ambiente com os direitos humanos e os direitos de acesso, e que sem dúvida vai contribuir para a realização dos Objetivos de Desenvolvimento Sustentável (ODS) e da Agenda 2030", disse.

Segundo o texto final aprovado no domingo, o objetivo do acordo é "garantir a implementação plena e efetiva na América Latina e no Caribe dos direitos de acesso à informação ambiental, participação pública nos processos de tomada de decisões ambientais e acesso à Justiça em assuntos ambientais, assim como a criação e o fortalecimento das capacidades e da cooperação, contribuindo para a proteção do direito de cada pessoa, das gerações atuais e futuras, de viver em um meio ambiente saudável e ao desenvolvimento sustentável" (artigo 1).

Além disso, afirma em seu artigo 9 que "cada parte garantirá um entorno seguro e propício no qual as pessoas, grupos e organizações que promovem e defendem os direitos humanos em assuntos ambientais possam atuar sem ameaças, restrições e insegurança". [...]

No ato final da 9ª Reunião do Comitê de Negociação do Acordo Regional sobre o Princípio 10, os países signatários convidam todos os Estados da América Latina e do Caribe a assinarem e ratificarem este acordo o mais rápido possível, e agradecem a CEPAL por seu apoio, e ao público por sua significativa participação durante o processo de negociação.

Além disso, solicitam à CEPAL que realize as gestões necessárias para enviar o texto final ao secretário-geral da ONU, com o objetivo de que ele seja o depositário do acordo, e informam que a adoção desse instrumento legal será divulgada durante o 37º período de sessões da CEPAL, máxima instância da instituição, que ocorrerá em Havana, Cuba, de 7 a 11 de maio [de 2018].

ONUBR – Nações Unidas no Brasil. América Latina e Caribe adotam primeiro acordo regional vinculante sobre meio ambiente, 5 mar. 2018. Disponível em: <https://nacoesunidas.org/america-latina-e-caribe-adotam-primeiro-acordo-regional-vinculante-sobre-meio-ambiente/>. Acesso em: 7 maio 2018.

1. Após a leitura do texto, debata com seus colegas sobre:

a) Democracia ambiental;

b) O artigo 9 citado no texto.

1. Segunda Guerra Mundial e seus efeitos ambientais

Guerras devastam a paisagem. Na Segunda Guerra Mundial (1939-1945), na qual países do Eixo (Alemanha, Itália e Japão) defendiam ideais totalitários e de dominação territorial do mundo contra os países Aliados (grande parte dos países europeus, apoiados pelos Estados Unidos e pela então União das Repúblicas Socialistas Soviéticas), que se opunham ao avanço do movimento nazifascista.

A destruição teve seu auge com o lançamento do primeiro artefato nuclear usado em um conflito. As bombas lançadas sobre as cidades de Hiroshima e Nagasaki, no Japão, demonstraram uma capacidade de destruição jamais vista até então.

Kyodo/AP Images/Glow Images

Cerimônia realizada no Memorial da Paz em Hiroshima, no Japão, em 2017, em reverência às pessoas que morreram em decorrência da bomba atômica que atingiu a cidade.

O uso de armas nucleares naquele momento representou uma demonstração de poder aos demais países do mundo, pois a derrota dos nazifascistas era iminente e a rendição do Japão já estava encaminhada. Esse fato inaugurou uma nova era hegemônica capitaneada pelos Estados Unidos.

Com o fim da Segunda Guerra, os países tinham de reestruturar suas economias. Para isso, era necessário também repensar o uso de recursos naturais e sua disponibilidade para as atividades industriais.

No entanto, surgiram novas dificuldades. Em muitos países, o solo continha minas – bombas enterradas e camufladas que eram acionadas pelo contato direto, causando ferimentos e mortes. Havia também o risco de que o material vazasse para o solo, caso a bomba não fosse acionada, contaminando-o. A distribuição dessas armas não foi controlada, e elas ainda hoje continuam dispersas pelos territórios de muitos países.

Um dos temores do pós-guerra era a incapacidade de produzir alimento, já que os solos poderiam estar contaminados ou impedidos de ser usados pela presença de minas. Por isso foi criada, em 1945, a Organização das Nações Unidas para Agricultura e Alimentação (FAO, sigla de Food and Agricultural Organization of United Nations, em inglês), cuja meta era recuperar os solos para que pudessem voltar a produzir alimentos.

Para tratar das consequências ambientais da Segunda Guerra, a ONU convocou a Conferência Científica sobre a Conservação e Utilização de Recursos (UNSCCUR), realizada em 1949 em Lake Success, nos Estados Unidos. Essa conferência reuniu representantes de 49 países para discutir como aproveitar melhor os recursos naturais.

A Organização das Nações Unidas para a Educação, a Ciência e a Cultura (Unesco) surgiu em 1945 após a Segunda Guerra. Apesar de ter como meta promover uma cultura da paz, os temas relacionados à conservação ambiental também foram destacados.

Em 1968, a Unesco organizou a Conferência da Biosfera, resultando no programa O Homem e a Biosfera, que foi marcado pela análise dos impactos das ações humanas no ambiente. As Reservas da Biosfera, modelo de conservação ambiental difundido pela organização, foi fruto dessa iniciativa. Em 2018, esse programa contava com 669 reservas em 120 países.

E no Brasil?

Reservas da Biosfera do Brasil

Quando uma Unidade de Conservação da natureza ingressa no Programa de Reservas da Biosfera, ela recebe, inicialmente, apoio técnico e recursos financeiros da Unesco. Passados alguns anos, porém, espera-se que os dirigentes da Unidade consigam financiar os custos por meio de ações que valorizem os moradores da área e, ao mesmo tempo, conservem o ambiente. As Reservas da Biosfera do Brasil passaram por esse processo e atualmente enfrentam dificuldades para financiar suas atividades.

Uma experiência inovadora desenvolvida na Reserva da Biosfera do Cinturão Verde da cidade de São Paulo foi o Programa de Jovens, iniciado em 1996, que mobilizou jovens estudantes do Ensino Médio de escolas públicas a se candidatarem a vagas com qualificação nas áreas de monitoria ambiental, apoio à guarda de parques, reciclagem de materiais, turismo ecológico, etc. Esse programa recebeu o reconhecimento da Unesco porque permitiu aumentar a renda de jovens da periferia, associando-a à conservação ambiental.

Brasil: Reservas da Biosfera

Nome	Ano de criação	Área (em hectares)	Bioma	Problemas
Mata Atlântica e Cinturão Verde da cidade de São Paulo (incorporada em 1993)	1994	29 473 484	Mata Atlântica	Desmatamento intensivo e contaminação industrial.
Cerrado	1993	29 652 514	Cerrado	Desmatamento.
Pantanal	2000	25 156 905	Pantanal	Contaminação de rios por agrotóxicos e desvio dos cursos de água para navegação.
Caatinga	2001	19 899 000	Caatinga	Secas severas.
Amazônia Central	2001	20 859 987	Amazônia	Desmatamento e mineração.
Serra do Espinhaço	2005	3 076 458	Cerrado, Caatinga e Mata Atlântica	Especulação imobiliária e exploração turística sem planejamento.

Elaborado com base em: UNESCO. World Network of Biosphere Reserves. Disponível em: <www.unesco.org/new/en/natural-sciences/environment/ecological-sciences/biosphere-reserves/world-network-wnbr/wnbr/>. Acesso em: 13 abr. 2018.

1. Reúna-se com três colegas e escolham uma das reservas, de preferência uma que esteja localizada no estado onde vivem, e façam uma pesquisa sobre como ela era no passado e como se encontra atualmente, além de levantar os projetos efetuados com a comunidade local.

2. Conferência de Estocolmo: zeristas *versus* desenvolvimentistas

A Conferência das Nações Unidas sobre Meio Ambiente Humano, realizada em Estocolmo, na Suécia, em 1972, entrou para a história como o primeiro grande evento internacional voltado para a discussão ambiental. Ela representa um marco fundamental nas lutas ambientais, principalmente em razão do contexto em que ocorreu.

Naquele período, as preocupações ambientais restringiam-se à sociedade civil dos países capitalistas ricos do Ocidente. Nos países então denominados de Terceiro Mundo, marcados por inúmeras fragilidades, predominavam debates sobre desenvolvimento econômico e social. Além disso, parte desses governos desenvolvia políticas econômicas que geravam muitos impactos ambientais.

No Brasil, entre 1969 e 1973, vivia-se o chamado "milagre econômico" – uma política do governo militar que buscava crescimento rápido e acelerado da economia, por meio de grande endividamento externo, acentuando a desigualdade social –, praticamente sem preocupação com os efeitos no ambiente.

Nair Benedicto/Olhar Imagem

Construção da rodovia Transamazônica em Marabá (PA), 1983. A construção da Transamazônica provocou grandes transformações e impactos na Floresta Amazônica.

Problemas ambientais que transcendem os limites territoriais motivaram a organização da Conferência de Estocolmo. A poluição do ar e a chuva ácida poderiam gerar conflitos internacionais, pois a poluição era transportada pelo vento e fazia um determinado país sofrer as consequências de um problema gerado em outro.

Essa conferência ficou marcada pela influência do relatório *Os limites do crescimento*, produzido por um grupo de especialistas de países que atuavam em diferentes áreas, conhecido como Clube de Roma. Esse estudo apontava um grande desequilíbrio entre o crescimento populacional mundial e a disponibilidade finita de recursos naturais no planeta. Sugeria a necessidade de reduzir a pressão sobre o ambiente, com um controle rígido do crescimento econômico e demográfico.

Para alcançar esse "estado de equilíbrio", porém, as soluções propostas pelo grupo apontavam medidas drásticas em países em desenvolvimento sem tocar nas verdadeiras origens da produção e da concentração da riqueza no mundo.

Essas ideias repercutiram na reunião. Países ricos defendiam o crescimento zero de países mais pobres, e por isso foram chamados de **zeristas**. Já os países mais pobres, os **desenvolvimentistas**, pretendiam o desenvolvimento e se recusaram a aceitar qualquer acordo que estabelecesse restrições ao seu crescimento.

Articulado com os desenvolvimentistas, o governo brasileiro deixou claro que não tinha interesse em discutir as questões ambientais, principalmente no âmbito internacional. Os representantes brasileiros no evento tinham instruções para evitar qualquer "fator externo" que interferisse de forma negativa nas políticas de desenvolvimento do Brasil.

Entre as premissas, estava a recusa de qualquer acordo que limitasse a soberania brasileira de explorar os recursos do país de acordo com seus interesses. A delegação também deveria impedir que fossem estabelecidos padrões produtivos que ampliassem as exigências internacionais, assim como novos padrões de consumo que dificultassem as exportações dos países em desenvolvimento, como mais tarifas alfandegárias.

Mesmo diante de tantos impasses, a Conferência de Estocolmo foi muito significativa para o estabelecimento da Ordem Ambiental Internacional. Um dos principais resultados dessa reunião da ONU foi a promoção do tema sobre ambiente de maneira nunca antes vista no mundo. Isso contribuiu para aumentar a participação social nas questões ambientais em muitos países, como no Brasil. A declaração final da Conferência estabeleceu princípios que deveriam nortear as ações para a conservação ambiental. Outro grande resultado da Conferência foi a criação do Programa das Nações Unidas para o Meio Ambiente (Pnuma).

A partir da reunião de Estocolmo, no início da década de 1970, o movimento ambientalista e as reuniões internacionais sobre o ambiente se intensificaram. Isso ocorreu, em grande parte, pelo deslocamento dos riscos socioambientais dos países ricos para os mais pobres. Indústrias com tecnologias ultrapassadas, poluidoras e que utilizavam grande quantidade de energia e outros recursos se instalaram em países em desenvolvimento – atraídas por mão de obra barata, incentivos fiscais e leis ambientais pouco rígidas ou ineficientes. Começavam a se ampliar os problemas socioambientais para além das fronteiras, alguns com caráter global, como o buraco na camada de ozônio, a poluição marítima e as mudanças climáticas.

Delegados na Conferência das Nações Unidas sobre o Meio Ambiente Humano, em Estocolmo, na Suécia, em 1972.

Popperfoto/Getty Images

Diálogo com Biologia e Sociologia

Balbina: boa de metano, ruim de energia

A pequena lancha é conduzida pelo barqueiro Francisco Ribeiro da Costa através do labirinto formado por enormes troncos de árvores que apodrecem em pé ao longo das águas escuras do lago de Balbina. Cinzentos, sem folhas ou flores, abrigam aqui ou ali, de maneira dispersa, orquídeas e outras plantas aéreas. "É muito desperdício", diz o barqueiro. Ele continua a conversa falando sobre a ideia, que não seguiu adiante, de que a madeira fosse toda retirada antes da formação do reservatório da hidrelétrica de Balbina, localizada no município de Presidente Figueiredo, estado do Amazonas. Essa foi uma das promessas não cumpridas da obra. A lista é longa e, segundo os críticos, muita floresta foi perdida, em troca de pouca energia.

Quando o barqueiro chegou à região, no início dos anos 90, o lago já estava lá. A usina foi construída na virada da década e começou a produzir energia em 1989, sem muito alarde. A barragem inundou uma área de 2 360 km² (ou 236 000 hectares), que se esparramam ao longo de 155 quilômetros do rio Uatumã, um afluente do lado esquerdo do rio Amazonas.

"Você demora uma hora de teco-teco para atravessar todo o lago", estima o biólogo Philip Fearnside, do Instituto Nacional de Pesquisas da Amazônia (Inpa). Ele afirma que a usina tem capacidade instalada de 260 MW, mas entrega apenas 109 MW em média para Manaus, menos de 10% da demanda da capital amazonense. "Um impacto grande, para um benefício pequeno", resume Fearnside.

De acordo com o pesquisador do Inpa, um dos problemas é que existe pouca água disponível na bacia do Uatumã para a produção de energia. Toda a área banhada pelo rio tem cerca de 18 mil quilômetros quadrados, pouco mais de 6 vezes a área do reservatório. O pesquisador explica que o resultado é uma quantidade pequena de água passando pelas turbinas durante os períodos de pouca chuva, apesar do lago muito grande. Na maior parte o tempo, Balbina opera com capacidade parcial. E só durante um mês existe água para movimentar os 5 geradores da usina, segundo Fearnside.

[...] Segundo estudo realizado pelo ecólogo Alexandre Kemenes, hoje pesquisador da Embrapa no Piauí, Balbina gera 10 vezes mais gases de efeito estufa por megawatt produzido do que uma termoelétrica.

As emissões não se limitam ao que ocorre no lago, como é comum se imaginar. Na superfície, onde ainda existe bastante oxigênio, o material orgânico decomposto se transforma em dióxido de carbono. Mas, segundo Kemenes explica, nas partes mais profundas o lago produz metano, que tem um efeito estufa 25 vezes maior do que o dióxido de carbono. Este metano fica armazenado, devido à pressão da água, mas é expelido durante a passagem pelas turbinas e continua a ser liberado para a atmosfera quilômetros abaixo. No caso de Balbina, as emissões foram registradas 45 quilômetros a vazante, em uma queda-d'água conhecida como Cachoeira da Morena.

"Costumo dizer que Balbina é uma fábrica de gases de efeito estufa", afirma Fearnside. Não são apenas as árvores que apodrecem sob as águas, conforme ele explica. A grande variação no nível do reservatório durante o ano contribui para a tragédia de Balbina. "Quando seca, cresce a vegetação na várzea, que depois se decompõe na cheia. Quando o nível do reservatório aumenta, a matéria orgânica vira metano", explica Fearnside.

Lula Sampaio/Opção Brasil Imagens

Lago da Usina Hidrelétrica de Balbina, em Presidente Figueiredo (AM), 2016. As árvores que apodrecem no lago colaboram para a emissão de metano, um dos gases que agravam o efeito estufa.

Fearnside lembra que houve também impactos sobre a população indígena, os Waimiri-Atroari. Embora tenha alagado apenas uma pequena porção da Terra Indígena, o lago afetou justamente as aldeias principais, que tiveram de ser realocadas. Além disso, os tracajás, espécie de quelônio que era um importante recurso alimentar dos Waimiri-Atroari, agora não chegam até a reserva. Eles não migram até lá devido à barragem.

De acordo com ele, havia outras opções para abastecer Manaus. A interligação com Tucuruí, por exemplo, que só agora está sendo concluída. "Mas a energia de Tucuruí estava comprometida com a produção de alumínio", afirma. O lago de Balbina também foi nocivo aos peixes. Os bagres, que vivem no fundo da água, não resistem. Restam apenas os tucunarés, que preferem águas próximas da superfície. Então, mesmo com tanta água disponível, Balbina produz pouco peixe. A pesca comercial no lago foi fechada em 1997.

Contaminação

Os peixes que ficaram podem estar contaminados. Os rios da Amazônia carregam muito mercúrio mineral – de ocorrência natural – que não tem efeitos diretos sobre a saúde, mas que pode ser transformado em metil-mercúrio, forma orgânica do mineral que se acumula no organismo e causa problemas neurológicos. Esta transformação do metal em uma substância orgânica ocorre em áreas alagadas como o reservatório de Balbina. [...]

"Mesmo que não gerasse nenhum megawatt, os comerciantes de Manaus seriam favoráveis a Balbina", afirma Fearnside. Segundo ele, o que estava em jogo não era o fornecimento de energia, mas a obra pela obra, ou seja, os impactos na economia de um grande investimento do governo federal. Balbina significou a entrada de recursos do tesouro no Amazonas e aquecimento de negócios relacionados a sua construção. "Se fosse feito com recursos do contribuinte do estado do Amazonas, não sairia", afirma.

FONSECA, Vandré. Balbina: boa de metano, ruim de energia. *O Eco*, 4 dez. 2013.
Disponível em: <www.oeco.org.br/reportagens/27823-balbina-boa-de-metano-ruim-de-energia/>. Acesso em: 7 maio 2018.

1. Que processos levam muitos especialistas a afirmar que a Usina Hidrelétrica de Balbina é uma "fábrica de gases de efeito estufa"?
2. Que impactos esse empreendimento hidrelétrico gerou sobre a população da região, em Manaus e na bacia do rio Uatumã?
3. Como essa obra se relaciona com o posicionamento apresentado pelo governo brasileiro nas negociações ocorridas na Conferência de Estocolmo, em 1972?
4. Converse com seus colegas a respeito da usina de Balbina e a situação ambiental verificada no país hoje.

O Pnuma

O Programa das Nações Unidas para o Meio Ambiente foi estabelecido no mesmo ano da realização da Conferência de Estocolmo, em 1972. Originado no contexto dos debates entre zeristas e desenvolvimentistas, havia o receio de que essa agência especializada da ONU servisse aos interesses de países desenvolvidos no propósito de frear o desenvolvimento dos países mais pobres.

Uma das polêmicas foi a escolha do país que o sediaria. Os países desenvolvidos alegaram que era importante alocá-lo em um país periférico, pois, até então, todos os órgãos da ONU estavam nos Estados Unidos ou em países centrais na Europa. O país escolhido foi o Quênia e a capital Nairóbi, o que, para muitos, representou a intenção de reduzir as manifestações sociais e ambientais. Já os países em desenvolvimento criticaram a escolha, alegando que seria uma tentativa de fiscalizar suas políticas.

Sergey Mamontov/Sputnik/AFP

A instalação do artista Lorenzo Quinn revela como Veneza, na Itália, pode ser afetada pelos efeitos da mudança climática. Foto de 2017.

Mesmo com esse começo conturbado, o Pnuma passou a exercer um papel cada vez mais importante no cenário internacional. Seu objetivo principal é promover a conservação ambiental e o uso eficiente dos recursos naturais, além de fomentar a formação de uma rede entre governos e instituições não governamentais, universidades, empresas e outros agentes em torno de ações para a preservação do ambiente. O escritório do Pnuma no Brasil foi inaugurado em 2004.

Desde sua criação, a organização realizou diversos eventos nacionais e internacionais com a temática ambiental relacionados a mudanças climáticas, produção e uso de substâncias químicas, geração e disposição de resíduos, proteção da biodiversidade, entre outros.

Mesmo sem o prestígio de outros órgãos da ONU, dispondo de recursos humanos e financeiros limitados e sendo alvo de duras críticas, principalmente de organizações não governamentais pela insuficiência de ações diante de inúmeros e graves problemas socioambientais, o Pnuma tem grande importância na Ordem Ambiental Internacional.

CIDADANIA E PROBLEMAS MUNDIAIS

Pnuma lança Iniciativa de Direitos Ambientais

O Programa das Nações Unidas para o Meio Ambiente (Pnuma) lançou uma iniciativa para combater as ameaças, a intimidação, o assédio e o assassinato de defensores ambientais em todo o mundo. A Iniciativa para Direitos Ambientais das Nações Unidas, lançada em 6 de março de 2018, em Genebra, na Suíça, durante a 37ª sessão do Conselho de Direitos Humanos da ONU, visa melhorar a compreensão das pessoas sobre seus direitos e como defendê-los, assim como ajudar a garantir que governos defendam mais os direitos ambientais.

Os direitos ambientais cresceram mais rapidamente do que qualquer outro direito humano, estão consagrados em mais de cem constituições nacionais. Tribunais de pelo menos 44 países emitiram decisões que reforçam o direito constitucional a um meio ambiente saudável. Apesar disso, aproximadamente quatro defensores ambientais são mortos por semana, com o total real provavelmente maior, de acordo com a *Global Witness*. Muitos mais são perseguidos, intimidados e forçados a sair de suas terras. Aproximadamente 40-50% dos 197 defensores ambientais mortos em 2017 vieram de comunidades indígenas e locais. Entre 2002 e 2013, 908 pessoas foram mortas em 35 países, defendendo o ambiente e suas terras.

Além disso, alguns países estão limitando as atividades de organizações não governamentais (ONGs). Por exemplo, entre 1993 e 2016, 48 países promulgaram leis restringindo as atividades de ONGs locais que recebem financiamento estrangeiro, e 63 países adotaram leis restringindo as atividades de ONGs estrangeiras.

Ricardo Teles/Pulsar Imagens

Gado pastando em Ourilândia do Norte (PA), em 2017. O agronegócio promove a derrubada da Floresta Amazônica e foi responsável por conflitos que mataram 23 ambientalistas em 2016, no total de 49 mortes naquele ano, o que tornou o Brasil o país mais perigoso para ambientalistas.

A Iniciativa de Direitos Ambientais busca: engajar os governos para fortalecer as capacidades institucionais para desenvolver e implantar políticas e leis que protejam os direitos ambientais; trabalhar com a mídia para ampliar a cobertura do assunto e promover os direitos ambientais; apoiar a divulgação de informações sobre direitos ambientais por meio de um portal na internet; e apoiar o estabelecimento de redes pelas quais os defensores ambientais possam se conectar, assim como desenvolver e implantar estratégias de proteção ambiental. O Pnuma também solicita ao setor privado que vá além da cultura complacente, que alcance uma cultura na qual os direitos ambientais são defendidos.

[...] John Knox, Relator Especial da ONU para Direitos Humanos e Meio Ambiente, propôs ao Conselho de Direitos Humanos que a ONU se una a países para reconhecer o direito global a um meio ambiente saudável, e observou que, em muitos aspectos, a ONU precisa "alcançar" os países.

MEAD, Leila. Unep Launches Environmental Rights Iniciative. International Institute for Sustainable Development, 8 mar. 2018. Disponível em: <http://sdg.iisd.org/news/unep-launches-environmental-rights-initiative/>. Acesso em: 26 abr. 2018. (Texto traduzido pelos autores.)

1. Do que trata a Iniciativa de Direitos Ambientais do Pnuma? Dê exemplos de contextos nos quais ela é pertinente.

2. Quais são os objetivos específicos da Iniciativa?

3. Faça uma pesquisa e escreva um texto sobre líderes ambientalistas assassinados ou que sofreram algum tipo de ameaça, assédio ou intimidação no Brasil. Em seguida, converse com os colegas sobre o resultado da pesquisa.

3. Rio-92: desenvolvimento sustentável e segurança ambiental

Após a Conferência de Estocolmo de 1972, foram realizados diversos encontros internacionais para tratar de temáticas ambientais que se agravavam cada vez mais, com destaque para questões ligadas à poluição e à proteção da biodiversidade.

Na década de 1980, os trabalhos de um grupo criado pela Assembleia Geral da ONU, a Comissão Mundial sobre Meio Ambiente e Desenvolvimento, ganharam repercussão no mundo todo. Essa comissão, composta de 23 países, entre eles o Brasil, elaborou um relatório intitulado *Nosso futuro comum*, publicado em 1987.

Esse estudo entrou para a história por ter consolidado o conceito de **desenvolvimento sustentável**, ou seja, atender às necessidades atuais sem comprometer as gerações futuras, de modo que elas também consigam satisfazer suas necessidades. Esse é o significado original de um conceito muito utilizado nos dias de hoje, mas adaptado para atender a múltiplos interesses. Por isso esse conceito é criticado por muitos autores.

No início da década de 1990, o fim da ordem mundial bipolar, na qual o mundo se dividia em Estados capitalistas e socialistas durante a Guerra Fria, produziu um clima de otimismo com a possível cooperação entre países. A diminuição da possibilidade de um conflito mundial e as perspectivas de crescimento da economia global pela abertura dos mercados contribuíram para a formação de um ambiente político mais favorável à discussão dos chamados novos temas, como proteção do ambiente.

Nesse contexto, o Brasil se candidatou para sediar a nova conferência mundial que estava sendo planejada sobre o assunto. O fato de o país ter sido escolhido pela ONU envolve muitos elementos. Primeiro, porque era um país em desenvolvimento com altos níveis de degradação ambiental, conforme apontava o relatório *Nosso futuro comum*. Destacava-se pelo tamanho de seu território, que abriga a maior floresta tropical do planeta. Alguns especialistas ressaltam ainda que houve uma sensibilização da Assembleia Geral, responsável pela decisão, por parte de vários grupos ambientalistas – indignados com a devastação da Amazônia e com o assassinato do líder sindical e ambientalista Chico Mendes, em 1988.

Homero Sérgio/Folhapress

Chico Mendes (1944-1988), seringueiro, foi presidente do Sindicato de Trabalhadores Rurais em Xapuri (AC) e criou o **empate**, uma forma de luta que impedia o desmatamento. Por isso ganhou diversos prêmios internacionais. Foto de 1988.

Por outro lado, o governo brasileiro queria melhorar a imagem do país no cenário internacional, além de aumentar a confiança do povo em seu plano de governo e atrair maiores investimentos de outros países. Apesar desses interesses específicos, o fato de o Brasil sediar o evento apontou uma mudança importante no posicionamento do país na Ordem Ambiental Internacional. Exerceu o papel de anfitrião e conciliador, sem deixar de liderar os países em desenvolvimento.

A Conferência das Nações Unidas sobre o Meio Ambiente e o Desenvolvimento, conhecida como Rio-92 ou Eco-92, foi muito importante porque, pela primeira vez na história da ONU, reuniu representantes de mais de 170 países, dos quais 114 eram chefes de Estado. Finalmente o ambiente parecia assumir maior importância na agenda política mundial.

The Asahi Shimbun/Getty Images

Conferência na Rio-92, no Rio de Janeiro (RJ), 1992.

Outra inovação da Rio-92 foi a participação intensa de inúmeras organizações não governamentais e de movimentos sociais nas delegações. Esses grupos atuaram como observadores nas negociações realizadas pelos representantes dos governos, mas puderam falar e, de algum modo, influenciar as decisões, o que ampliou o debate.

Quatro grupos de trabalho atuaram na Rio-92. O primeiro tratou de identificar estratégias regionais e globais para o desenvolvimento sustentável. O segundo discutiu a relação entre a degradação ambiental e a economia mundial, assim como a necessidade de recursos financeiros para buscar soluções. O terceiro estudou questões ligadas aos direitos humanos, educação ambiental, cooperação técnica e troca de informações. Por fim, o quarto grupo se encarregou dos aspectos institucionais necessários para implantar as decisões que seriam tomadas no evento.

Ao final, a Rio-92 produziu resultados inéditos e muito importantes para a Ordem Ambiental Internacional, ainda relevantes nos dias atuais. A **Declaração do Rio**, também chamada **Carta da Terra**, apresenta princípios para nortear os Estados e outros agentes sociais a minimizar os impactos sobre o ambiente.

Tais princípios referem-se ao respeito e ao cuidado com a vida no planeta, à integridade ecológica, à justiça social e econômica, à democracia e à paz. Envolvem questões fundamentais, como o desenvolvimento sustentável e o princípio da precaução, ligado a ações preventivas mesmo diante de incertezas científicas sobre as causas e os impactos de um processo de degradação ambiental e suas implicações sociais. A Carta da Terra também estimula a eficiência na utilização dos recursos e a equidade de acesso a recursos e tecnologias ambientais mais adequados.

4 O ESTADO DE S. PAULO **Ambiente** 15 DE JUNHO DE 1992 - SEGUNDA-FEIRA

LEVANTAMENTO FINAL

Rio-92 foi a "mãe de todas as conferências"

Nos 12 dias da reunião, os participantes consumiram 260 mil xícaras de café e 300 mil litros de água; foram recolhidas 70 toneladas de lixo

CHICO OTAVIO

RIO — O secretário-geral da Rio-92, Maurice Strong, não exagerou ao chamar o evento de "mãe de todas as conferências", numa paródia à frase do ditador iraquiano Saddam Hussein. Desde o número de chefes de Estado e de governo presentes — 103 —, inédito em toda a história da ONU, as 260 mil xícaras de café [...]

[...] os 30 operadores do centro a acionar o alerta vermelho. A falta de luz no mezanino do presidente Fernando Collor e o furto de uma cafeteira do escritório da Malásia foram as ocorrências mais sérias registradas pela equipe.

'Beijoqueiro' — Segundo Cadaval, houve um momento de tensão, quando o centro recebeu uma ligação anônima anunciando que a adutora que abastece o Riocentro seria explodida. Agentes federais foram imediatamente acionados, mas nada [...]

Fim da quermesse global

No conto de J. L. Borges: "Começou no primeiro instante do mundo e prosseguirá quando nos tornarmos pó"

Arquivo/Estadão Conteúdo

A Rio-92 gerou grande repercussão na mídia nacional e também internacional. Reportagem do jornal *O Estado de S.Paulo*, publicada em 15 de junho de 1992.

Agenda 21

A Rio-92 deu origem a outro documento importante, a *Agenda 21*, que é um instrumento de planejamento para os países participantes do evento. Traz objetivos a serem alcançados em conjunto com diversos agentes sociais (governos, empresas, sociedade civil, organizações diversas, entre outros), em favor do desenvolvimento sustentável. Esse documento valoriza a busca por estratégias de maneira democrática e participativa, de forma a abordar de maneira integrada questões socioeconômicas, político-institucionais, culturais e ambientais. A *Agenda 21* previa o repasse financeiro de países mais ricos a países mais pobres para diminuir a degradação ambiental, o que não se concretizou.

O documento constituiu um instrumento inovador por ter um caráter multidimensional e participativo. Com base nele, cada país deveria desenvolver e implantar programas em seus territórios com metas, planos e ações específicas em diferentes escalas geográficas, como a local e a nacional.

A *Agenda 21* brasileira foi instituída somente em 2002. Um de seus objetivos centrais é orientar a elaboração e a implementação de *Agendas 21* locais. Cada município precisa criar um fórum formado por governantes e pela sociedade civil para construírem, juntos, um plano local de desenvolvimento sustentável com as prioridades para curto, médio e longo prazos (geralmente definidos em até cinco anos; de seis a 10 anos; e de 10 a 15 anos, respectivamente). Nesse plano também são definidas as responsabilidades de cada agente ou setor na implementação, no acompanhamento e na revisão das ações concebidas. Infelizmente, a *Agenda 21* não foi seguida por grande parte dos municípios brasileiros e, naqueles que a adotaram, as ações foram lentas.

Na Rio-92 foi assinada também a *Declaração de Princípios sobre Florestas*, que tinha por objetivo auxiliar na gestão, na conservação e no desenvolvimento sustentável das florestas, considerando suas funções e usos múltiplos, como os relacionados à sua importância para os povos tradicionais (povos indígenas, quilombolas, ribeirinhos, entre outros).

Vale ressaltar que na Rio-92 os países definiram importantes convenções, como a Convenção-Quadro das Nações Unidas sobre Mudança do Clima e a Convenção sobre Diversidade Biológica.

Apesar de todo o esforço, os resultados da Conferência do Rio receberam críticas porque não eram vinculantes, ou seja, constituíam princípios e intenções gerais sem que os países tivessem a obrigação de implementá-los. Apesar disso, foi um estímulo à cooperação internacional sobre questões ambientais que afetavam a todos.

Fórum Global

Em paralelo à Rio-92, organizações não governamentais e movimentos sociais realizaram o Fórum Global, com mais de 3 mil participantes em cerca de 2 mil eventos. Foi a primeira vez que lideranças do movimento ambiental se reuniram com lideranças de sindicatos e de movimentos sociais. Por isso, alguns autores indicam que no Fórum Global estava nascendo uma nova abordagem, que combinava temas sociais com os ambientais, ou seja, o movimento socioambiental.

Jorge Araújo/Folhapress

Passeata realizada durante o Fórum Global no Rio de Janeiro (RJ), 1992. No cartaz, "Se o povo liderar, os líderes irão segui-lo" (do inglês *If the people lead, the leaders will follow*).

Reunidos no aterro do Flamengo, na zona sul do Rio de Janeiro, os participantes do Fórum Global de 1992 definiram 33 tratados internacionais sobre temas mais amplos que a Rio-92. Entre eles, estavam o combate à pobreza e ao racismo, a dimensão urbana dos temas ambientais, entre outros. Além disso, foi lançada a *Declaração do Povo da Terra*, documento que continha princípios e avaliação sobre as razões da degradação ambiental.

Além dos instrumentos alcançados, esse evento trouxe outros resultados para o Brasil. Muitos negociadores e pesquisadores brasileiros passaram a ocupar posições de destaque nas negociações multilaterais sobre o ambiente. A diplomacia brasileira é reconhecida em todo o mundo e, muitas vezes, requisitada para facilitar a tomada de decisões em momentos cruciais. Além disso, compartilha seu conhecimento e tecnologia em algumas áreas, como ao dividir as experiências adquiridas no monitoramento da Amazônia com países africanos que também possuem floresta tropical.

Diálogo com Sociologia

Declaração do Povo da Terra

Nós, os participantes do Fórum Internacional de ONGs e Movimentos Sociais do Fórum Global 92, nos encontramos no Rio de Janeiro como cidadãos do planeta Terra para compartilhar os nossos interesses, nossos sonhos e nossos planos de criar um novo futuro para o nosso mundo. [...]

A urgência de nosso compromisso é intensificada pela escolha dos líderes políticos do mundo nas deliberações oficiais do encontro da Cúpula da Terra. Estes escolheram negligenciar muitas das mais fundamentais causas da acelerada devastação ecológica e social do nosso planeta. Enquanto se ocupam em ajustar o sistema econômico que serve aos interesses de curto prazo de alguns poucos às custas da maioria, a liderança por uma mudança mais fundamental recaiu, por desistência, sobre as organizações e movimentos da sociedade civil. Nós aceitamos este desafio.

[...] Nós alcançamos um consenso largamente compartilhado, de que os princípios que se seguem guiarão nosso esforço coletivo:

- o propósito fundamental da organização econômica é atender às necessidades básicas da comunidade, tais como alimento, abrigo, vestuário, educação, saúde e o prazer da cultura. Este propósito deve ter prioridade sobre todas as formas de consumo, particularmente as formas de consumo destrutivas e devastadoras, tais como o consumismo e as despesas militares – as quais têm que ser eliminadas imediatamente. Uma das outras prioridades imediatas inclui a conservação de energia, substituindo-a por energia solar e transformando a agricultura através de práticas sustentáveis que minimizam a dependência de insumos não renováveis e ecologicamente danosos;
- além de atender a necessidades físicas básicas, a qualidade da vida humana depende mais do desenvolvimento de relacionamentos sociais, criatividade, expressão cultural e artística, espiritualidade e da oportunidade de ser um membro produtivo da comunidade do que do crescente consumo de bens materiais. Todos, incluindo o deficiente físico, devem ter oportunidade integral de participar de todas estas formas de desenvolvimento;
- a organização de uma vida econômica em torno de uma economia local descentralizada, relativamente autossuficiente, que controle e administre seus próprios recursos produtivos, fornece a todas as pessoas uma participação equitativa no controle e nos benefícios dos recursos produtivos. Ter o direito de proteger seus próprios padrões ambientais e sociais é essencial para o desenvolvimento sustentável. Assim o vínculo local se fortalece, a administração local é encorajada, a segurança alimentar aumenta e identidades culturais distintas se acomodam. O comércio entre tais economias locais, assim como entre nações, deveria ser justo e equilibrado. Sempre que os interesses e direitos da corporação conflitarem com os direitos e interesses da comunidade, estes últimos devem prevalecer;
- todos os elementos da sociedade, independente de sexo, classe ou identidade étnica, têm o direito e a obrigação de participar integralmente na vida e nas decisões da comunidade. Especialmente os pobres e privados de direitos políticos, atualmente, têm que se tornar participantes ativos. A participação, as necessidades, os valores e a sabedoria das mulheres são cruciais para a tomada de decisão sobre o destino da Terra. Há uma necessidade urgente de envolver as mulheres, numa base igual à dos homens, em todos os níveis de execução, planejamento e implementação de políticas. O equilíbrio dos sexos é essencial ao desenvolvimento sustentável. Os povos indígenas também representam uma liderança vital na tarefa de conservar a terra e suas criaturas e de criar uma nova afirmação de vida de realidade global. A sabedoria indígena constitui um dos importantes e insubstituíveis recursos da sociedade humana. Os direitos e as contribuições dos povos indígenas precisam ser reconhecidos;
- enquanto que o crescimento geral da população é um perigo para o planeta, o crescimento do número de superconsumidores mundiais é uma ameaça mais imediata do que o crescimento da população entre os pobres. Assegurar a todas as pessoas os meios de manter as suas necessidades básicas é uma precondição essencial para estabilizar a população. Liberdade de reprodução e acesso à assistência de saúde reprodutiva e ao planejamento familiar são direitos humanos básicos;
- o conhecimento é o recurso infinitamente ampliável da humanidade. O conhecimento útil sob qualquer forma, incluindo a tecnologia, é parte da herança humana coletiva, e deve ser compartilhado gratuitamente com todos os que possam dele se beneficiar;

- sujeição por dívida de um indivíduo ou de um país é imoral e deve ser considerada inaplicável nas leis civis e nas leis internacionais;
- a transparência tem que ser premissa fundamental subjacente às tomadas de decisão de todas as instituições públicas, inclusive a nível internacional.

A implementação destes princípios, que objetivam a mudança, requererá um compromisso massivo com a educação. São necessárias novas formas de entendimento, valores e técnicas em todos os níveis e por todos os elementos da sociedade. É com este propósito que nós nos educaremos, às nossas comunidades e às nossas nações. [...]

Renato Soares/Pulsar Imagens

Mulheres indígenas em manifestação em Brasília (DF), 2017.

ASPAN – Associação Pernambucana de Defesa da Natureza. Declaração do Povo da Terra. Disponível em: <www.aspan.org.br/tratado_ongs/39-POVO_TERRA.PDF>. Acesso em: 7 maio 2018.

1. Depois de ler um trecho da Declaração do Povo da Terra, reúna-se com três colegas para discutirem dois princípios apresentados e sua aplicação nos dias atuais.
2. Em seguida, organizem uma apresentação desses princípios para a turma.

4. Rio+10: novas metas socioambientais

A Cúpula Mundial sobre Desenvolvimento Sustentável, ocorrida em 2002 em Joanesburgo, na África do Sul, foi chamada de Rio+10. Temas críticos, como redução da pobreza, proteção das condições do clima e da biodiversidade e a universalização do saneamento, pautaram a reunião. Além disso, nesse encontro deveriam ser resgatadas propostas consolidadas na Rio-92 para verificar seus avanços e impasses. Muitas ONGs se reuniram na Rio+10 com o objetivo de encontrar soluções para desemprego, impactos ambientais e fome.

Entre as decisões da Rio+10, estava reduzir pela metade até 2015 a população cuja renda fosse inferior a um dólar por dia e de pessoas em estado de fome e sem acesso à água potável. Infelizmente, essas metas não foram alcançadas.

Organização não governamental

A denominação organização não governamental (ONG), em inglês *non-governmental organization* (NGO), foi usada pela primeira vez na ONU, em 1950. Referia-se a uma organização sem fins lucrativos com atuação internacional e que não havia sido criada por nenhum governo.

Em 1996, essa definição foi ampliada, incorporando organizações com atividades regionais e nacionais. Uma ONG pode atuar em locais e situações em que a ação governamental seja inexistente ou deficiente, além de poder trabalhar em conjunto com os governos.

As ONGs são compostas de grupos de indivíduos, muitos deles voluntários, que têm interesses comuns. Os temas de atuação dependem dos objetivos do grupo. Existem ONGs voltadas a serviços humanitários, combate à fome, educação ambiental, gestão de resíduos, etc.

5. Rio+20: modelo de governança ambiental

A Conferência das Nações Unidas sobre Desenvolvimento Sustentável, conhecida como Rio+20, ocorrida em 2012, no Rio de Janeiro, buscou estabelecer um modelo de governança ambiental internacional.

Duas propostas de governança ambiental estavam em discussão: a criação de uma nova instituição no sistema das Nações Unidas específica para temas ambientais e o fortalecimento do Pnuma.

Foram debatidas também a economia verde e a transição justa. Em linhas gerais, a **economia verde** procura conciliar o desenvolvimento econômico com a proteção ambiental e a inclusão social. Isso se aproxima do desenvolvimento sustentável, que tem a preocupação com as gerações futuras. Muitos analistas, porém, destacam que a definição da economia verde não é clara e preferem **desenvolvimento sustentável**.

Já num fórum organizado pelas próprias ONGs, um tema ganhou destaque: a **transição justa**. Discutida principalmente por sindicatos de trabalhadores, a transição justa refere-se a uma mudança na forma hegemônica de produzir para se adequar a um modelo que garanta direitos e oportunidades aos trabalhadores. Reconhece também que o uso intensivo de combustíveis fósseis deve ser revisto para atenuar o aquecimento global. Esses fatores implicam novas formas de produção e devem gerar desemprego ou a requalificação da mão de obra. Por isso os sindicatos reivindicam um período de transição para que os trabalhadores possam se adaptar a essas novas condições, além de seguro-desemprego e cursos de qualificação profissional.

Dica de *site*

Projeto Bioart
Disponível em: <www.projetobioart.com>. Acesso em: 7 maio 2018.
O Projeto Bioart é um grupo musical da Amazônia criado pelo biólogo Danilo Degra e busca promover a conscientização ambiental em *shows* e palestras pelo Brasil. O primeiro videoclipe da banda, "Parábolas", foi feito especialmente para mostrar à população a importância das decisões tomadas na Rio+20.

Carsten Koall/Getty Images

Supermercado que vende produtos sem embalagem em Berlim, Alemanha, 2014. A venda de produtos a granel alia crescimento econômico com redução do uso de matérias-primas na fabricação de embalagens, um dos objetivos do desenvolvimento sustentável.

Cartografando

1. Reúna-se com quatro colegas. Com um mapa-múndi, localizem os eventos internacionais ambientais.
2. Com o mesmo grupo, escrevam um texto sobre as principais características de cada encontro.

Reconecte

Produção textual

1. Por que a ideia tradicional de segurança, pautada na dimensão política e militar, não responde a muitas questões ligadas ao ambiente? Que outra visão se faz necessária? Escreva uma redação dissertativa sobre o assunto.

Revisão

2. Qual a importância da Conferência de Estocolmo, realizada em 1972, para a cooperação ambiental internacional? Quais foram seus principais resultados?

3. Qual é a importância do Programa das Nações Unidas para o Meio Ambiente (Pnuma)?

4. Por que a Rio-92 representou um marco nas negociações internacionais sobre o ambiente? Quais foram seus principais resultados?

Análise de charge e produção textual

5. Com base nas charges a seguir, escreva um texto dissertativo sobre as possibilidades e as limitações verificadas nos processos ligados à Ordem Ambiental Internacional. Aborde o papel e as responsabilidades dos agentes que a compõem (Estados, sociedade civil, organizações não governamentais, empresas, etc.).

Charge de Santo publicada no *Diário do Rio Doce*, em 2012.

Charge de Lute, de 2012. Disponível em: <http://blogdolute.blogspot.com/>. Acesso em: 19 jun. 2018.

Análise comparativa

6. Faça um quadro comparativo sobre o posicionamento do Brasil na Conferência de Estocolmo e na Rio-92.

Pesquisa e produção de painel

7. Reúna-se com um colega para discutirem um dos temas abordados na *Agenda 21* (pobreza, padrões de consumo, demografia e sustentabilidade, saúde humana, desenvolvimento sustentável, assentamentos humanos, entre outros). Produzam um painel ou infográfico que retrate os desafios de se encontrar uma solução a essas questões no Brasil. Em seguida, apresente as informações obtidas para os colegas da classe.

8. Em trios, elaborem uma linha do tempo sobre as principais reuniões internacionais que tiveram como objetivo a discussão de temáticas ligadas ao meio ambiente. Registrem pelo menos três ocasiões em que países se reuniram para buscar soluções para problemas ambientais. A linha do tempo deve conter objetivos e resultados de cada encontro, além de fotografias, ilustrações ou outros materiais visuais. Ao final, apresentem sua pesquisa para a turma.

Pesquisa

9. Um dos objetivos da Rio+10 era diminuir o número de pessoas com renda *per capita* inferior a um dólar por dia até 2015. Pesquise sobre a renda *per capita* atual por país e verifique quais países não atingiram essa meta. Discuta com os colegas os dados coletados.

EXPLORANDO

10. Pesquise se no município ou na Unidade da Federação onde você mora existe alguma organização não governamental. Investigue a proposta de trabalho dessa ONG e o envolvimento dela nas reuniões ambientais internacionais. Relate sua experiência para os colegas.
11. Investigue quais são os principais problemas relacionados ao ambiente no município onde se localiza a escola. Busque informações sobre problemas ambientais diversos e de que maneira se relacionam com a política, a economia, a sociedade e a cultura local. Depois, siga o passo a passo:
    - Apresente suas observações aos demais colegas e, juntos, agrupem essas informações em eixos temáticos. Cada eixo temático deve ficar sob a responsabilidade de um grupo, que, por sua vez, deve ter um presidente.
    - Cada grupo deve buscar, por meio de consenso, soluções aos problemas de seu eixo, e a função do presidente é mediar a discussão.
    - Em seguida, criem um documento com as soluções apresentadas.
    - Cada presidente deve expor o documento produzido aos demais grupos – que vão apoiar total ou parcialmente as soluções propostas ou rejeitá-las. Ao final, toda a turma deve reelaborar um documento final, com as proposições aprovadas pelos grupos.
    - Esse documento pode ser apresentado na escola e até enviado aos governantes locais, como expressão do empenho da turma em relação às políticas necessárias para resolver os problemas ambientais do município.

Resumo

- As conferências ambientais internacionais levaram os países a refletir sobre proteção ambiental e social.
- A Conferência da Biosfera, organizada pela Unesco, foi a precursora dos fóruns. Nela a questão ambiental tornou-se um tema a ser discutido com embasamento em critérios científicos.
- A Conferência de Estocolmo, realizada em 1972, é considerada o primeiro fórum mundial em que chefes de Estado se reuniram para debater o desenvolvimento econômico e humano.
- A Rio-92 tratou de temas como conservação da biodiversidade e mudanças climáticas.
- A Rio+10 ressaltou o combate à pobreza.
- A Rio+20 tratou da governança da ordem ambiental internacional e de temas novos, como a economia verde e a transição justa.

CAPÍTULO 8

Mudanças climáticas e conservação da biodiversidade

Mitigação: em relação ao ambiente, intervenção humana com o intuito de reduzir impactos ambientais nocivos.

Diversas pesquisas indicam que o planeta está aquecendo e, ao mesmo tempo, as áreas com vegetação original são cada vez mais raras no mundo. Isso ocorre por conta do avanço da urbanização, da industrialização e da produção agrícola, associado ao uso intensivo de combustíveis fósseis. Por essa razão, a mitigação das mudanças climáticas e a conservação da biodiversidade tornaram-se temas centrais da Ordem Ambiental Internacional.

A poluição que leva ao aquecimento mais intenso da atmosfera não se restringe às fronteiras nacionais. Enquanto isso a exploração dos recursos naturais, o desmatamento, a produção e a circulação de mercadorias em escala cada vez mais globalizada também provocam sérios impactos sobre a vida no planeta.

O caráter global desses problemas, tanto de sua gênese como de sua resolução ou ao menos da diminuição dos impactos, levou à elaboração de acordos internacionais. As mudanças climáticas e a biodiversidade foram incorporadas à Ordem Ambiental Internacional e os agentes sociais de todo o mundo, com destaque para os países, organizam-se para buscar acordos importantes sobre esses temas visando à proteção da natureza.

John Minchillo/AP Images/Glow Images

Mais de 100 mil pessoas pedem ações urgentes contra as mudanças climáticas durante a Marcha do Clima do Povo, em Nova York, Estados Unidos, 2014.

EM FOCO

A mudança climática está se tornando uma grande ameaça à biodiversidade

[...] As mudanças climáticas, juntamente com fatores como a degradação da terra e a perda de *habitat*, estão surgindo como uma das principais ameaças à vida selvagem em todo o mundo [...]. Na África, isso pode levar à diminuição de alguns animais em até 50% até o fim do século e até 90% dos recifes de corais no oceano Pacífico podem sofrer branqueamento ou podem se degradar até 2050.

Os relatórios, divulgados na semana passada pela Plataforma Intergovernamental sobre Biodiversidade e Serviços Ecossistêmicos (IPBES), incluíram um amplo conjunto de avaliações de biodiversidade para quatro grandes regiões do mundo, com contribuições de mais de 500 especialistas. Outro relatório sobre degradação global do solo, lançado ontem, contou com mais de 100 autores. Ambos foram aprovados pelos 129 estados-membros do IPBES em uma sessão plenária em Medellín, na Colômbia.

Várias outras ameaças ainda desafiam a biodiversidade no mundo, da poluição e exploração excessiva às mudanças no uso da terra e à perda de *habitat*, e em muitos lugares elas ainda são perigos imediatos para a vida selvagem do mundo, mais graves que a mudança climática. Mas a nova série de relatórios enfatiza que a ação sobre o aquecimento global também é uma ação em favor de plantas e animais silvestres. E, por sua vez, proteger os ambientes naturais remanescentes do mundo também é um passo para proteger o clima.

"A degradação da terra, a perda de biodiversidade e as mudanças climáticas são três faces diferentes do mesmo desafio central: o impacto cada vez mais perigoso de nossas escolhas na saúde de nosso ambiente natural", disse o presidente do IPBES Robert Watson em um comunicado. "Não podemos nos dar ao luxo de enfrentar qualquer uma dessas três ameaças isoladamente – cada uma delas merece a mais alta prioridade política e deve ser abordada em conjunto." [...]

A degradação da terra também contribui significativamente para a mudança climática, alerta o relatório. O desmatamento, a destruição de áreas úmidas e outras formas de conversão da terra podem liberar grandes quantidades de carbono na atmosfera, o que pode piorar o aquecimento global. A mudança climática pode continuar o ciclo descongelando os ecossistemas congelados, criando condições mais difíceis para a sobrevivência da vegetação e aumentando a intensidade das tempestades e de outros desastres naturais, que também podem causar danos às paisagens naturais.

A vantagem é que abordar um pode ajudar o outro. Trabalhar para proteger as paisagens naturais pode ter um papel significativo na luta contra as alterações climáticas, sugere o relatório. Primeiramente, restaurar terras naturais ou impedi-las de serem destruídas poderia resultar em mais de um terço das ações necessárias até 2030 para manter o aquecimento global abaixo dos 2 graus centígrados, observam os autores. [...]

A África é particularmente vulnerável, sugerem os relatórios, com algumas espécies de aves e mamíferos enfrentando declínios de até 50% se não forem tomadas medidas urgentes. Os lagos da África também podem apresentar declínios na produtividade de até 30% até o fim do século.

Outras regiões do globo também enfrentam grandes riscos. Nas Américas, acredita-se que cerca de 31% de todas as espécies nativas desapareceram desde a chegada dos colonos europeus. Se a trajetória atual for seguida, e com outras ameaças como a perda de *habitat*, o relatório sugere que esse número pode subir até 40% até 2050.

HARVEY, Chelsea. Climate change is becoming a top threat to biodiversity. *Scientific American*, 28 mar. 2018. Disponível em: <www.scientificamerican.com/article/climate-change-is-becoming-a-top-threat-to-biodiversity/>. Acesso em: 27 abr. 2018. (Texto traduzido pelos autores.)

1. De acordo com o texto, quais são as implicações das mudanças climáticas sobre a perda de biodiversidade e vice-versa?

2. Que tipo de ações podem ser realizadas para minimizar os problemas apontados?

3. Monte um mapa conceitual com um colega, relacionando os elementos mencionados no texto e abordados nas respostas anteriores. Estabeleçam o máximo de conexões e organizem-no de modo que fiquem claras as causas e as consequências, as regiões afetadas e as ações possíveis.

1. O aquecimento global

As discussões sobre o aquecimento global ganharam cada vez mais força nas últimas décadas e se referem à ampliação dos estudos sobre o fenômeno do **efeito estufa** – presença de certos gases na atmosfera que absorvem a radiação infravermelha (calor) emitida pela superfície terrestre, pela própria atmosfera e pelas nuvens.

Por causa do efeito estufa, que é um processo natural, o calor fica retido na baixa atmosfera (troposfera) e isso contribui para a manutenção de uma temperatura média no planeta de cerca de 14 °C. Se esse processo não existisse, a dinâmica da vida, em geral, seria muito diferente, pois as temperaturas médias seriam em torno de −19 °C.

Apesar de a expressão aquecimento global ser amplamente utilizada, é mais correta a utilização do termo **mudanças climáticas**, porque elas não se referem apenas a mudanças nos padrões de temperatura, mas também de umidade, precipitação, circulação atmosférica, entre outros fatores.

Existem grandes polêmicas em torno das mudanças climáticas na escala global. Muitos pesquisadores afirmam que o grau de aquecimento da temperatura média da Terra nos últimos anos somente pode ser explicado pela emissão de grandes concentrações de gases de efeito estufa, que intensificam esse fenômeno. Portanto, tem ocorrido um desequilíbrio entre a energia que chega e a que sai do planeta em decorrência da ação humana.

Os gases lançados são provenientes de diversas atividades industriais, do setor de transportes e energia, do desmatamento e das mudanças no uso do solo, da agricultura e da pecuária. Afirma-se que esse contexto já tem provocado alterações significativas na oferta de alimentos e água, na dinâmica dos ecossistemas, na distribuição da população, na saúde e em áreas costeiras (sujeitas à elevação do nível do mar).

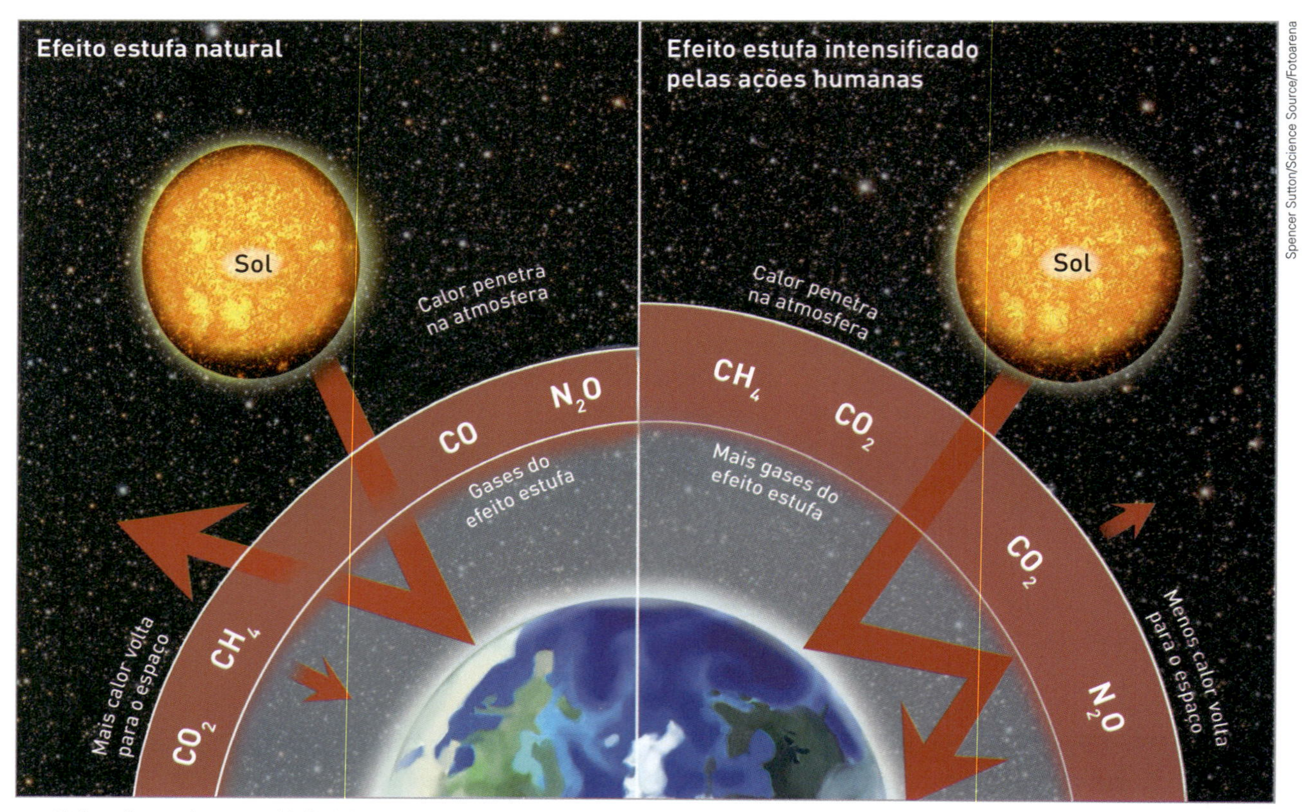

Elaborado com base em: ALAMY. Greenhouse gas effect comparison. Disponível em: <www.alamy.com/stock-photo-greenhouse-gas-effect-comparison-illustration-comparing-the-natural-103992526.html>. Acesso em: 4 jun. 2018.

Banco de imagens/Arquivo da editora

Principais gases de efeito estufa e suas origens

Gases	Origem
Vapor de água (H_2O)	É um dos principais gases de efeito estufa. Ocorre naturalmente na atmosfera.
Dióxido de carbono (CO_2)	Além de sua ocorrência natural, resulta da queima de combustíveis fósseis, da biomassa, de mudanças de uso do solo e de outros processos industriais. É considerado o principal gás de efeito estufa pelo grande volume de emissões e efeitos no balanço radiativo da Terra.
Óxido nitroso (N_2O)	Produzido da utilização de fertilizantes em atividades agrícolas, da queima de biomassa, de combustíveis fósseis e da fabricação de ácido nítrico.
Metano (CH_4)	Resulta da decomposição anaeróbica de resíduos de esgoto, decomposição de organismos, digestão animal, produção e distribuição de combustíveis fósseis.
Ozônio troposférico (O_3)	Na troposfera, em razão de fatores naturais e de reações fotoquímicas envolvendo gases resultantes de atividades humanas, atua como um gás de efeito estufa.
Hexafluoreto de enxofre (SF_6)	Na indústria pesada, é um isolante de equipamentos de alta voltagem e contribui para a produção de sistemas de resfriamento de cabos.
Hidrofluorcarbonos (HFCs)	Substitutos dos clorofluorcarbonos (CFCs), são utilizados na refrigeração e na fabricação de semicondutores.
Perfluorcarbonos (PFCs)	Subprodutos da fundição de alumínio e do enriquecimento de urânio, também substituem os CFCs na fabricação de semicondutores.

Elaborado com base em dados de: THE INTERGOVERNMENTAL Panel on Climate Change – IPCC. *Climate change 2007*: impacts, adaptation and vulnerability. Disponível em: <www.ipcc.ch/pdf/assessment-report/ar4/wg2/ar4_wg2_full_report.pdf>. Acesso em: 9 maio 2018.

Os cientistas que atribuem a intensificação do fenômeno do efeito estufa às atividades humanas formam um grupo mais numeroso e que, com o aumento das pesquisas, ganha cada vez mais adeptos. As evidências do aquecimento, como o derretimento de geleiras e o aumento médio da temperatura (comprovado por medição), são os principais argumentos que atraem pesquisadores para a tese do aquecimento causado pela ação humana.

Outro grupo de pesquisadores, conhecidos como céticos, nega a influência humana sobre o sistema climático na escala global. De acordo com eles, o que se observa envolve apenas a variabilidade natural do clima, ou seja, oscilações da temperatura do planeta decorrente de fenômenos muito maiores que qualquer ação humana, como aqueles ligados a ciclos astronômicos. Afirmam que é preciso evitar o "alarmismo" instigado pelos meios de comunicação e avaliar as intenções existentes no discurso do "aquecimentismo".

Mesmo diante de tantas polêmicas, é preciso reconhecer que a ciência ainda não consegue desvendar todos os processos referentes aos efeitos das mudanças climáticas.

No entanto, é importante ressaltar que, desde que o efeito estufa foi descoberto no início do século XIX até os dias de hoje, o conhecimento teve um avanço considerável. Nos últimos anos, a urgência de uma compreensão sobre o funcionamento das interações complexas entre os inúmeros fatores que influenciam o clima tem levado ao surgimento de novas narrativas sobre o problema. Destacam-se, nesse caso, os trabalhos do Painel Intergovernamental sobre Mudanças Climáticas, o qual será abordado a seguir.

2. Painel Intergovernamental sobre Mudanças Climáticas (IPCC)

Fotos: Cambridge University Press/Arquivo da editora

Por causa do aumento das discussões sobre as mudanças verificadas no sistema climático global, sobretudo a partir do último quarto do século XX, a Organização Meteorológica Mundial (OMM) e o Programa das Nações Unidas para o Meio Ambiente (Pnuma) criaram o Painel Intergovernamental sobre Mudanças Climáticas ou IPCC (sigla do nome em inglês: Intergovernmental Panel on Climate Change), com sede em Genebra, na Suíça, em 1988. É uma instituição aprovada pela Assembleia Geral da ONU, com representantes indicados pelos governos dos países-membros e que reúne centenas de cientistas de mais de 190 países.

Seu objetivo inicial era apresentar as causas e os impactos ambientais, sociais e econômicos das mudanças climáticas, assim como apontar possíveis respostas aos problemas verificados. Além disso, deveria preparar documentos para as negociações internacionais sobre o problema.

O IPCC não realiza pesquisas diretas sobre o tema. Os participantes reúnem e avaliam informações científicas, técnicas e socioeconômicas produzidas em todo o mundo, que sejam relevantes à compreensão das mudanças climáticas e suas consequências.

Desde seu surgimento, o IPCC divulgou relatórios científicos que tiveram papel fundamental nas negociações internacionais sobre mudanças climáticas, assim como na implantação dos acordos nos territórios nacionais. O primeiro *Relatório de Avaliação* foi publicado em 1990 e possibilitou a governos e outros agentes sociais que compreendessem a importância de se aprofundar nas discussões sobre o tema e, principalmente, a necessidade de cooperação entre os países na busca por soluções para as consequências que se anunciavam muito graves. Esse documento foi determinante para a criação da Convenção-Quadro das Nações Unidas sobre Mudança do Clima (UNFCCC) durante a Rio-92 – ainda hoje o acordo mais importante sobre o assunto.

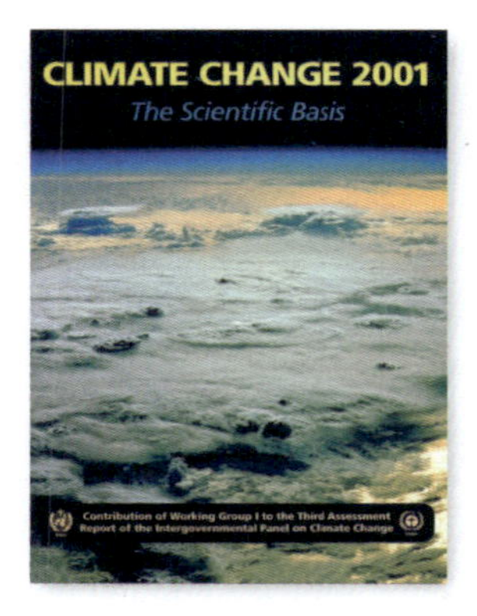

Outros relatórios de avaliação foram publicados posteriormente. Dos 831 especialistas que participaram da elaboração do último *Relatório de Avaliação*, 25 eram brasileiros. Até 2018, a pesquisadora brasileira do Instituto Nacional de Pesquisas Espaciais (INPE), Thelma Krug, era vice-presidente do IPCC. Diversos outros brasileiros também fizeram importantes contribuições, tanto na concepção do órgão como na elaboração dos relatórios.

Ao longo desse período, os relatórios apresentados por esse órgão intergovernamental foram feitos com base em metodologias cada vez mais modernas e os resultados mostram de maneira mais evidente as influências das atividades humanas no clima e os impactos econômicos e sociais em diversas regiões do mundo. O conjunto de atividades do IPCC teve seu reconhecimento em 2007, quando recebeu o Prêmio Nobel da Paz. Estima-se que o sexto relatório será finalizado em 2022. Também existem muitas polêmicas sobre os trabalhos desenvolvidos pelo IPCC, sobretudo em função das críticas feitas por pesquisadores de grupos céticos.

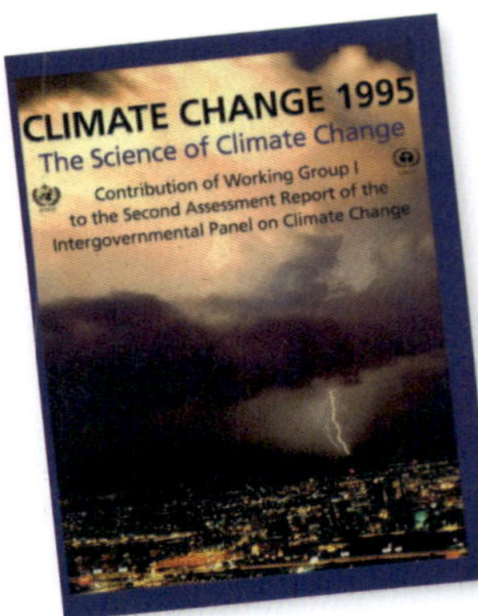

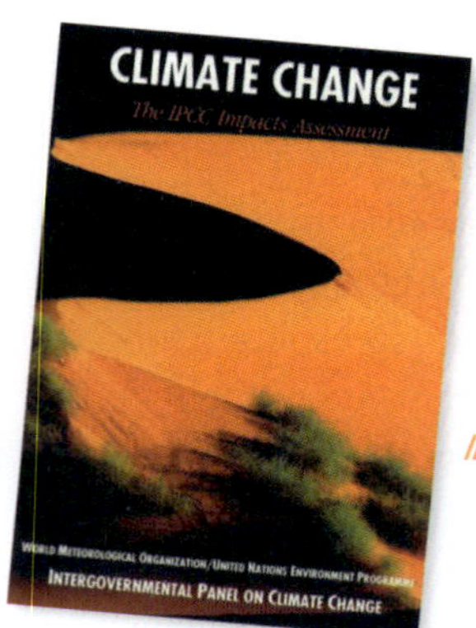

Capas dos cinco relatórios do IPCC publicados em 1990, 1995, 2001, 2007 e 2014. A última edição contou com a colaboração de 25 cientistas brasileiros.

CIDADANIA E PESQUISA CIENTÍFICA

A política da mudança climática

[...] O ceticismo é a força vital da ciência e é igualmente importante na elaboração de políticas públicas. É correto que todas as afirmações feitas sobre as mudanças climáticas e suas consequências sejam examinadas com olhar crítico e até hostil, e de maneira contínua. Não há dúvida de que a "ciência de grande porte" pode atingir uma dinâmica própria. O IPCC não é simplesmente um órgão científico, mas um órgão político e burocrático. Os céticos têm razão em dizer que, na mídia e às vezes nos discursos dos políticos, a mudança climática é invocada com frequência como se explicasse todos os episódios meteorológicos: "Toda vez que há algum tipo de evento climático inusitado – ondas de calor, tempestades, secas ou inundações –, podemos contar com algum apresentador a descrevê-lo como 'mais uma confirmação da mudança do clima'." [...]

Todavia, os céticos não detêm o monopólio do exame crítico rigoroso. O autoexame crítico é obrigação de todo cientista e pesquisador. O fato de os resultados do IPCC quase sempre se expressarem em termos de probabilidades e possibilidades dá o devido reconhecimento às muitas incertezas que existem, bem como às lacunas presentes em nossos conhecimentos. Além disso, os cientistas que contribuem com dados de pesquisa para o IPCC têm entre si muitas divergências quanto à progressão do aquecimento global e suas consequências prováveis.

O risco e a insegurança são uma faca de dois gumes. Dizem os céticos que os riscos são exagerados, mas é perfeitamente possível afirmar o inverso. Há quem diga que subestimamos tanto a extensão quanto a iminência dos perigos representados pela mudança climática. Essas pessoas afirmam que, na verdade, o IPCC é uma organização meio conservadora, que se mostra reservada em seus julgamentos, exatamente por ter que abarcar um amplo leque de opiniões científicas. [...]

GIDDENS, Anthony. *A política da mudança climática*. Rio de Janeiro: Zahar, 2010. p. 45.

1. De acordo com o texto, que tipo de críticas o IPCC recebe de cientistas céticos?
2. Como o autor avalia as críticas sobre a maneira como esse órgão desenvolve seus trabalhos?
3. Por que o autor aponta que o risco e a insegurança podem ser entendidos como uma "faca de dois gumes"?

3. Mudanças climáticas: desigualdades entre países

As mudanças climáticas afetam os países de modo diferente. A posição geográfica é uma variável importante, por exemplo: países de latitude mais elevada, como Rússia e Canadá, podem ser beneficiados pelo aquecimento, já que parte de suas terras hoje congeladas poderiam ficar em condições para a agricultura. Países na faixa tropical, porém, poderiam sofrer mais impactos com a alteração do regime de chuvas.

O IPCC projeta eventos mais intensos no futuro, como períodos de chuva e de seca mais severos. Por isso, os países devem enfrentar os desafios das mudanças climáticas de modo específico, de acordo com as variáveis que atuam em seus territórios, o que não constitui tarefa simples.

A maior parte dos estudos sobre as mudanças climáticas ocorre em países mais ricos e em função de seus interesses, o que nem sempre contempla as necessidades dos demais países do mundo. Grande parte das recomendações para o desenvolvimento de políticas de redução de emissão de gases nocivos e de adaptação aos efeitos das mudanças climáticas não corresponde à realidade da maioria dos países pobres, principalmente os mais vulneráveis às mudanças climáticas, como os pequenos países insulares.

País insular: país cujo território é composto de uma ilha ou um arquipélago.

Também existem diferentes níveis de responsabilidade em relação à intensificação do fenômeno do efeito estufa, pois os gases que causam o aquecimento têm determinado tempo de vida na atmosfera. Por exemplo, o gás carbônico pode permanecer no ar de 50 a 200 anos; o gás metano por 12 anos (porém seu efeito é mais intenso que o do CO_2); o óxido nitroso por mais de 120 anos, etc.

Desse modo, pode-se afirmar que os países que se desenvolveram com o surgimento da industrialização vêm emitindo gases de efeito estufa por mais tempo se comparado com os países de industrialização tardia.

Atualmente, os responsáveis pela maior parte das emissões de gases de efeito estufa são as maiores economias do mundo desenvolvido, como Estados Unidos e países da União Europeia, além de países emergentes, como China, Brasil, Índia e África do Sul. A participação de países menos desenvolvidos na emissão de gases nocivos é baixa.

Uma fábrica de cobre na Cornualha, de Jean Baptiste Henri Durand-Brager, séc. XIX (gravura de dimensões desconhecidas). Desde a Revolução Industrial, a Inglaterra vem emitindo gases de efeito estufa.

The Print Collector/Heritage-Images/Glow Images

Os países de renda mais baixa são os mais vulneráveis aos efeitos das mudanças climáticas. Eles não possuem recursos suficientes para desenvolver ações que reduzam os impactos econômicos, sociais e ambientais que já são observados em seus territórios e boa parte deles nem sequer consegue realizar pesquisas para avaliar os efeitos das mudanças climáticas em suas vidas.

Países como Estados Unidos e Alemanha estão bem mais preparados para lidar com os efeitos das mudanças climáticas do que a maioria dos países da África subsaariana e ilhas do Caribe e do Pacífico. Essas diferenças em relação às responsabilidades e possibilidades de acordo com o contexto de cada país são importantes para entender as dificuldades enfrentadas nas negociações internacionais sobre mudanças climáticas.

Mudas de mangue na ilha Funafula, em Tuvalu, 2015. Tuvalu é um pequeno país insular que está ameaçado de desaparecer com o aumento do nível do mar, por isso os moradores plantam mangue para proteger a costa.

Louisa Svensson/ Alamy/Fotoarena

4. A Convenção do Clima

Durante a Rio-92, foi definida a Convenção-Quadro das Nações Unidas sobre Mudança do Clima e, em 1994, entrou em vigor, sendo ratificada por 196 países e a União Europeia. Seu objetivo principal era fazer os países estabilizarem conjuntamente a concentração de gases do efeito estufa na atmosfera em um nível no qual a interferência humana não ameace o sistema climático.

A Convenção do Clima, como passou a ser chamada, valorizava a tomada de ações preventivas e o desenvolvimento sustentável. Além disso, estabeleceu um princípio importante que passou a ser referência para todas as negociações que se seguiram: o princípio das responsabilidades comuns, porém diferenciadas. Ou seja, todos os países devem contribuir para diminuir as emissões de gases de efeito estufa, mas os que emitiram mais gases no passado devem diminuir primeiro e em quantidades maiores.

A Convenção também reconheceu que o desenvolvimento econômico e a erradicação da pobreza deveriam ser prioridade para os países de renda mais baixa e que aqueles que se industrializaram antes precisavam contribuir com recursos financeiros e tecnologias para que os demais pudessem desenvolver ações de adaptação e de redução de emissões em seus territórios.

No documento, foi estabelecido que até o ano 2000 os países desenvolvidos deveriam agir para que alcançassem os mesmos níveis de emissão de gases de efeito estufa que apresentavam em 1990, uma redução significativa.

Os objetivos iniciais desse acordo não foram alcançados. A Convenção do Clima não estabeleceu metas ou prazos específicos para o cumprimento do que havia sido acordado.

Por outro lado, foi criada a Conferência das Partes (COP) como seu órgão mais importante. A COP monitora a implementação dos objetivos da Convenção e todos os instrumentos e as ações que os países desenvolvem. Todos que integram a Convenção podem participar das reuniões, que ocorrem ao menos uma vez ao ano. Nesse processo, eles podem, eventualmente, organizar-se em grupos de pressão política.

5. Agentes das negociações sobre mudanças climáticas

Diferentes agentes sociais atuam nas negociações sobre mudanças climáticas, como instituições multilaterais (ONU, por exemplo), organizações não governamentais, instituições de ensino e pesquisa, empresas, sociedade civil e governos, em seus diferentes níveis.

Cada país tem direito a um voto. No entanto, as decisões são tomadas por consenso, o que significa que as distintas visões devem ser acomodadas.

Estados Unidos, China e União Europeia são os principais agentes nas negociações sobre mudanças climáticas porque são os maiores emissores de gases de efeito estufa do mundo. Também são importantes para o desenvolvimento de tecnologias que auxiliem na diminuição da emissão desses gases. Além disso, Estados Unidos e países da União Europeia têm papel fundamental no financiamento das ações desenvolvidas em países mais vulneráveis.

Estados Unidos e China apresentam visões diferentes sobre as mudanças climáticas. Os Estados Unidos se negavam a assumir compromissos caso os chineses também não assumissem responsabilidades.

Por outro lado, o país asiático argumentava que, se o volume de emissões fosse dividido pela quantidade de pessoas, suas emissões seriam mais baixas por habitante em comparação aos Estados Unidos, usando o princípio das responsabilidades comuns, porém diferenciadas para fundamentar sua posição.

Gerald Herbert/AP Photo/Glow Images

Indústria petroquímica na Califórnia, Estados Unidos, 2018. Em 2012, os Estados Unidos eram o segundo país a emitir mais gases de efeito estufa no mundo.

Imaginechina/AP Images/Glow Images

Usina de energia a carvão em Shanxi, China, 2018. A China, em 2012, era a campeã de emissão de gases nocivos à atmosfera.

A União Europeia sempre defendeu o avanço nas negociações sobre mudanças climáticas e tem atuado de maneira decisiva para garantir a continuidade desse processo de cooperação. Muitas vezes, adota uma postura conciliadora diante das polarizações entre países. Por outro lado, precisa lidar com o fato de ser composta de países com características diferentes. Por exemplo: a Alemanha, apesar de ser o maior emissor de gases do efeito estufa na Europa, investe pesadamente em energias renováveis; a Polônia utiliza basicamente combustíveis fósseis para gerar energia, etc.

Além desses países, atuam nas negociações grupos formais e informais de países. O G77+China, diferentemente do que seu nome sugere, é formado por 134 países, entre eles o Brasil. Ainda que em seu interior existam posições muito diferentes, em geral, representa os interesses dos países em desenvolvimento.

Outro grupo atuante cujos países também fazem parte do G77 é a Aliança dos Pequenos Estados Insulares (Aosis). Ela tem a adesão de 44 países e observadores, provenientes da África, Caribe, oceanos Índico e Pacífico, Mediterrâneo, e mar do

País observador: país que aderiu a uma convenção internacional, mas não confirmou participação por meio de ratificação.

Sul da China. Esse grupo luta pelas causas dos pequenos países-ilhas e países costeiros de baixa altitude, que apresentam grande vulnerabilidade aos efeitos das mudanças climáticas, como a elevação do nível do mar, furacões e tempestades. Em geral, a Aosis clama por compromissos ambiciosos para todos os países e busca apoio tecnológico e financeiro para realizar ações de adaptação.

Outro agrupamento que participa das negociações sobre mudanças climáticas é o dos Países Menos Desenvolvidos. A presença ou não nesse grupo é definida e revista periodicamente pela ONU a partir de três critérios: renda *per capita*, recursos humanos (indicadores de nutrição, saúde, matrícula escolar e alfabetização) e vulnerabilidade econômica. Nos acordos realizados sobre mudanças climáticas, eles recebem atenção especial porque, ainda que contribuam pouco para o agravamento do efeito estufa por emitirem um volume pequeno de gases, são muito frágeis aos impactos que elas podem causar. Fazem parte desse grupo países como Sudão, Bangladesh e Haiti.

Além desses grupos, ainda há o Grupo Árabe, formado por produtores e exportadores de combustíveis fósseis que dificultam as negociações de redução de emissões de gases de efeito estufa, pois não querem diminuir seus ganhos com exportações de petróleo. O Grupo Africano, composto de 54 países que apresentam indicadores sociais baixos e que são mais vulneráveis à emissão de gases de efeito estufa dos países mais ricos, reivindica ações de cooperação com transferência de tecnologia. O Basic, grupo que reúne Brasil, África do Sul, Índia e China, cujos interesses estão mais próximos aos dos países mais pobres, argumenta que suas emissões *per capita* estão abaixo das emissões dos países mais ricos.

Planisfério: principais grupos de negociação sobre mudanças climáticas – 2015

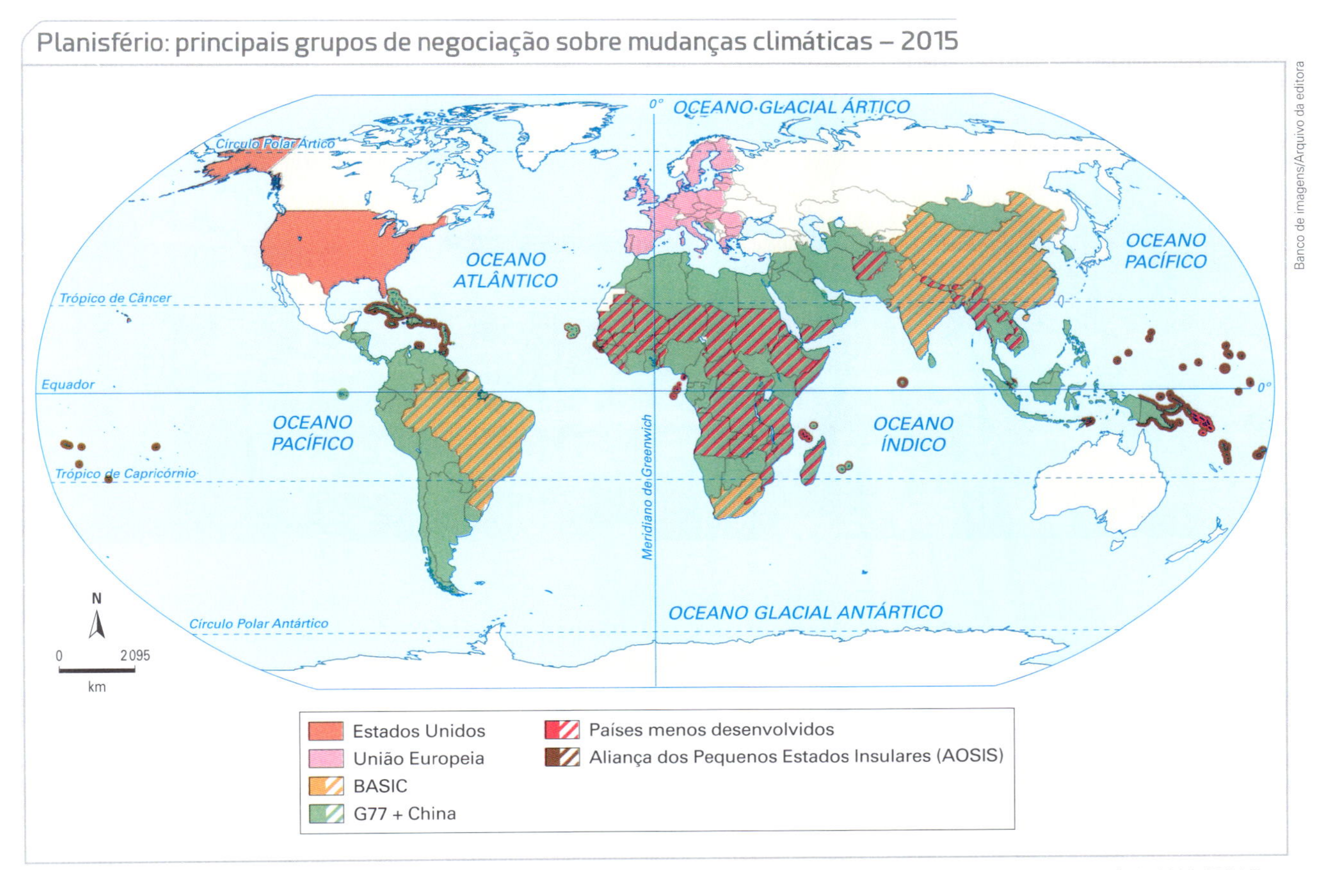

Elaborado com base em dados de: GAMBA, Carolina. *O Brasil na Ordem Ambiental Internacional sobre Mudanças Climáticas*: período 2009-2014. Tese (Doutorado em Geografia Humana) – Faculdade de Filosofia, Letras e Ciências Humanas, Universidade de São Paulo, São Paulo, 2015, p. 114-116.

6. Principais COPs: Kyoto (1997), Copenhague (2009) e Paris (2015)

Como a Convenção do Clima não tinha metas e data para a diminuição das emissões de cada país, foi preciso criar um protocolo adicional. Ele surgiu em 1997, cinco anos depois da conferência do Rio de Janeiro, durante a Conferência das Partes realizada em Kyoto, no Japão, conhecida como COP-3.

Protocolo de Kyoto

País de industrialização tardia: país cujo modelo de industrialização é voltado principalmente para bens de consumo não duráveis, com alta dependência tecnológica de outros países para seu desenvolvimento.

O Protocolo de Kyoto estabeleceu compromissos efetivos de redução de emissões de gases de efeito estufa para países desenvolvidos – pelo menos 5% abaixo dos níveis de emissões verificados em 1990. Os resultados de cada país seriam avaliados pela média dos anos 2008-2012, o primeiro período de compromisso. Países de industrialização tardia, como o Brasil, não tiveram metas de redução determinadas, mas deveriam desenvolver estudos e ações em seus territórios, com a ajuda financeira e tecnológica dos países de renda mais elevada.

Toshiyuki Aizawa/Reuters/Fotoarena

Plenário da Conferência das Partes da Convenção-Quadro das Nações Unidas sobre Mudanças Climáticas (COP-3), Kyoto, Japão, 1997.

Apesar de ter sido criado em 1997, o Protocolo de Kyoto demorou muito a entrar em vigor. Era preciso que pelo menos 55 países ratificassem o novo documento e que, em conjunto, somassem ao menos 55% das emissões mundiais, o que só ocorreu em 2005. O Protocolo de Kyoto passou a guiar as ações dos países em relação às mudanças climáticas.

Ainda que os Estados Unidos fizessem parte da Convenção do Clima e tivessem assinado o Protocolo de Kyoto, eles não o ratificaram. O maior emissor de gases de efeito estufa do planeta na época se recusou a cumprir as metas estabelecidas. Por outro lado, a União Europeia fez um importante esforço para garantir que o acordo fosse implementado.

Após a COP-3, outras Conferências das Partes foram realizadas com o objetivo de definir como o Protocolo de Kyoto seria implementado nos diferentes territórios. Por outro lado, diante da aproximação do término do primeiro período estabelecido pelo documento, houve uma preocupação crescente sobre o futuro das negociações sobre mudanças climáticas – principalmente por causa das afirmações cada vez mais enfáticas do IPCC sobre a influência humana no clima e sobre a gravidade dos impactos, que já eram sentidos em diversas regiões do mundo.

Copenhague: metas voluntárias, mas para poucos

Durante a COP-13, realizada em 2007 em Bali, na Indonésia, os países estabeleceram um plano chamado "mapa do caminho", ou seja, um conjunto de decisões para nortear o processo de cooperação entre eles. Eram tratados assuntos como a definição de meta global de redução de emissões de gases de efeito estufa – respeitando o princípio das responsabilidades comuns, porém diferenciadas –, o aumento das ações nacionais e internacionais de redução de emissões, a intensificação das medidas de adaptação, além da transferência de recursos financeiros e tecnológicos dos países mais ricos para os de renda mais baixa. O objetivo era chegar a um novo acordo, ainda mais ambicioso que o Protocolo de Kyoto, durante a COP-15 em 2009, a ser realizado em Copenhague, na Dinamarca, ou seja, em um prazo de dois anos.

Criou-se uma enorme expectativa sobre os resultados que seriam alcançados na Conferência das Partes de Copenhague. Sociedade civil, organizações não governamentais e veículos de comunicação do mundo todo pressionaram os governantes para que, finalmente, estabelecessem compromissos que realmente atendessem ao desafio de enfrentar as mudanças climáticas.

As esperanças aumentaram ainda mais quando diversos chefes de Estado confirmaram presença no evento, entre presidentes e primeiros-ministros, como Barack Obama (Estados Unidos), Nicolas Sarkozy (França), Gordon Brown (Reino Unido), Wen Jiabao (China), Yukio Hatoyama (Japão) e Luiz Inácio Lula da Silva (Brasil).

Uma das grandes dúvidas quanto ao alcance de um novo acordo envolvia a adoção de compromissos maiores de redução de emissões pelos países emergentes, como Brasil, China, Índia e África do Sul. Diversas nações, em especial os Estados Unidos, afirmavam que não aceitariam que esse grupo não tivesse maiores responsabilidades na Ordem Ambiental Internacional sobre mudanças climáticas.

Por outro lado, os países emergentes alegavam que os países mais ricos não cumpriram os compromissos assumidos na Convenção do Clima e no Protocolo de Kyoto – em relação tanto à redução das emissões de gases de efeito estufa quanto à transferência de recursos financeiros e tecnologias para os países mais pobres.

Após muitos impasses, a COP-15 foi vista por muitos como um fracasso político, pois o documento que resultou desse encontro foi considerado fraco. Ou seja, estabeleceu metas voluntárias para alguns países, mas que não seriam obrigados a cumpri-las, gerando incertezas quanto ao futuro das negociações internacionais sobre as mudanças climáticas. Crescia a insegurança diante da possibilidade de países com características e interesses tão diferentes chegarem a consensos sobre as ações a serem tomadas.

Nos anos seguintes, mesmo com muitas dificuldades, os países realizaram esforços em diferentes graus para ampliar a cooperação internacional sobre o tema. Durante a COP-18, realizada em Doha, no Catar, em 2012, o Protocolo de Kyoto foi estendido até o ano de 2020, com o estabelecimento de um segundo período de compromisso (2012-2020). Porém, nem todos os países concordaram em participar dessa decisão. Grandes economias como Canadá, Japão, Nova Zelândia, Rússia e Estados Unidos ficaram de fora. Além disso, aqueles que continuaram no acordo também não aumentaram significativamente seus compromissos, o que deixou o Protocolo ainda menos efetivo para a redução das emissões de gases de efeito estufa.

Planisfério: países que aderiram ao segundo compromisso do Protocolo de Kyoto – 2012-2020

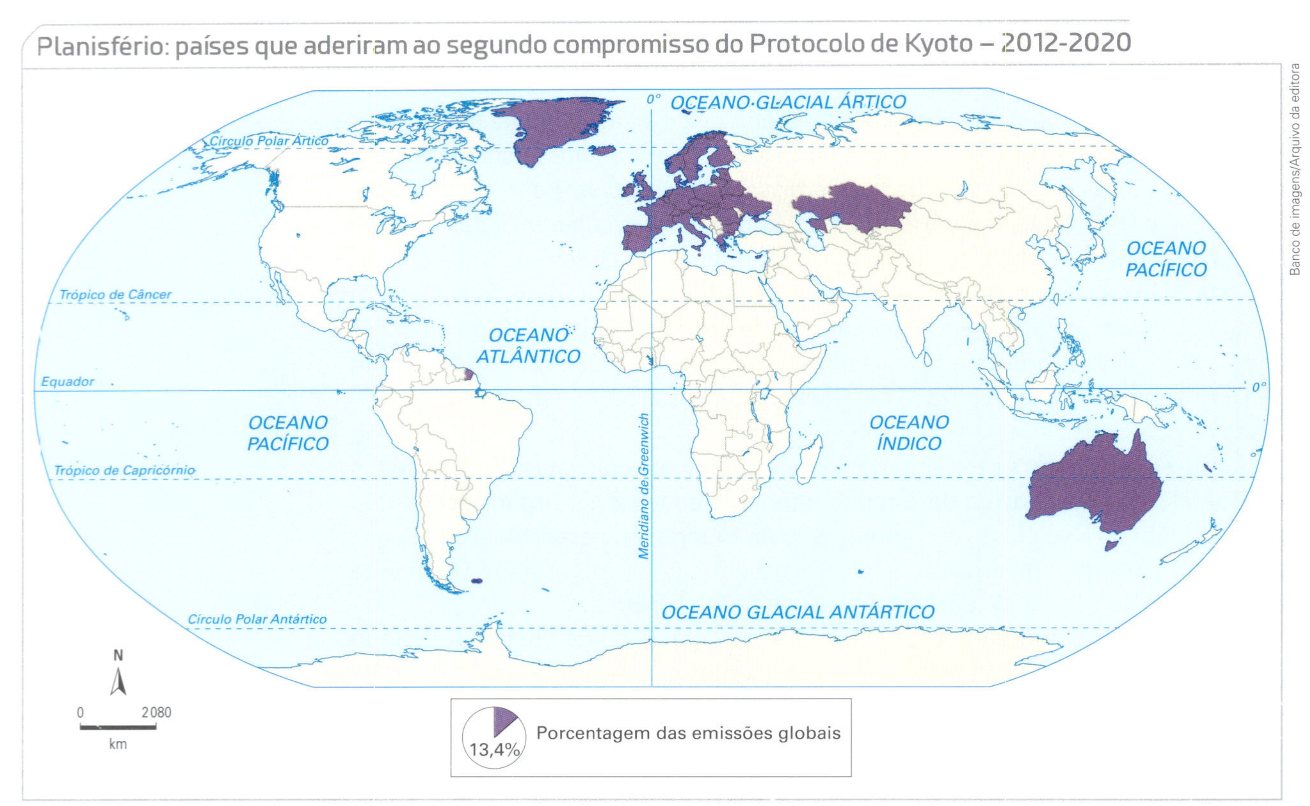

Banco de imagens/Arquivo da editora

Elaborado com base em: AUSTRALIA Government. Kyoto Protocol Second Commitment Period. Disponível em: <http://dfat.gov.au/international-relations/themes/climate-change/Pages/international-action-on-climate-change.aspx>. Acesso em: 9 maio 2018.

Acordo de Paris: metas para todos, mas voluntárias

Em 2015, na COP-21, realizada em Paris, França, conseguiu-se um novo acordo. Mais de 190 países chegaram a um consenso sobre a necessidade de limitar o aumento da temperatura média do planeta ao máximo de 2 °C em relação aos níveis pré-industriais (com esforços para alcançar 1,5 °C), de modo a diminuir os impactos das mudanças climáticas.

Além disso, os países mais ricos reforçaram o compromisso assumido em reuniões anteriores sobre o financiamento das ações para mitigar as emissões e de adaptação às mudanças climáticas em países mais pobres, o que totalizaria US$ 100 bilhões por ano em ajuda e em transferência de tecnologias, principalmente para os países mais vulneráveis.

A grande novidade do Acordo de Paris foi que todos os países se comprometeram a reduzir suas emissões. Todos os Estados devem fornecer informações sobre os níveis de emissão e as ações desenvolvidas serão revistas a cada cinco anos. Cada governo define suas metas conforme seu contexto econômico e social.

Há, no entanto, preocupações sobre a padronização das informações fornecidas pelos países e que elas realmente tenham sido feitas com base em ações reais e efetivas. Como os compromissos são voluntários, ou seja, não existe uma lista de obrigações como no Protocolo de Kyoto, gera-se muita desconfiança sobre os resultados desse novo documento.

No entanto, o Acordo de Paris foi histórico nas negociações sobre mudanças climáticas, principalmente diante do fracasso ocorrido em Copenhague em 2009. Ele entrará em vigor em 2020, quando o segundo período de compromisso do Protocolo de Kyoto se encerrará. Até lá, muitos detalhes para sua implantação ainda precisam ser definidos.

Esse contexto de relativo otimismo nas negociações sobre mudanças climáticas foi rompido quando Donald Trump assumiu a presidência dos Estados Unidos, em 2017, retirando-o do acordo afirmando que seria muito prejudicial para a economia do país. Essa decisão abalou o processo de negociações e recebeu críticas do mundo todo. Porém, governantes estaduais e outros agentes estadunidenses afirmaram que continuarão a cooperar na busca por soluções em relação às mudanças climáticas.

Kyodo/AP Images/Glow Images

Barack Obama, então presidente dos Estados Unidos, e Xi Jinping, presidente da China, em Beijing, China, 2014. Após décadas de impasses, os dois presidentes chegaram a um importante acordo sobre mudanças climáticas, fundamental para o estabelecimento do Acordo de Paris.

Omer Messinger/NurPhoto/Getty Images

Manifestantes e ativistas ambientais protestam em Berlim, Alemanha, em 2017, contra a decisão do presidente Donald Trump de sair do Acordo de Paris. No cartaz, "Fracassado total, tão triste!".

7. O Brasil e as mudanças climáticas

A maior parte das emissões brasileiras de gases de efeito estufa ocorre por causa do desmatamento e da agropecuária. Esse contexto é diferente nos países mais ricos, cujas emissões decorrem principalmente das atividades industriais e do setor de energia e transporte.

Desde a realização da Convenção do Clima, em 1992, o governo brasileiro criou estruturas para atingir as metas estabelecidas. A primeira ação foi a criação da Coordenação-Geral do Clima (no Ministério de Ciência e Tecnologia), órgão responsável por realizar o primeiro panorama da situação do país em relação às emissões internas de gases de efeito estufa. Os resultados foram apresentados somente na COP-10, realizada em Buenos Aires, na Argentina, em 2004.

Outras ações importantes foram tomadas no fim da década de 1990 e durante os anos 2000, como a criação da Comissão Interministerial de Mudança Global do Clima, formada por onze ministérios, cujo objetivo era desenvolver políticas de redução de emissões e de adaptação aos efeitos das mudanças climáticas no país; do Fórum Brasileiro de Mudanças Climáticas, que busca contribuir para a mobilização de toda a sociedade; e da Rede Brasileira de Pesquisas sobre Mudanças Climáticas Globais (Rede Clima), para estimular a produção científica sobre o assunto.

Nas negociações internacionais, o governo brasileiro buscou fazer valer seus interesses como nação em desenvolvimento e elaborou estratégias isoladas em conjunto com outros países, como os do G77+China e do Basic.

Na Conferência de Copenhague, em 2009, o Brasil se destacou pelo anúncio de metas voluntárias de redução de suas emissões de gases de efeito estufa, o que de certo modo antecipou o que se verificaria mais tarde no Acordo de Paris, em 2015. A redução seria de 36,1% a 38,9% das emissões até 2020, em relação a um cenário futuro de manutenção das emissões, que tendiam a 2,7 bilhões de toneladas de gases de efeito estufa.

Brasil: emissões de CO_2 – 1992-2016

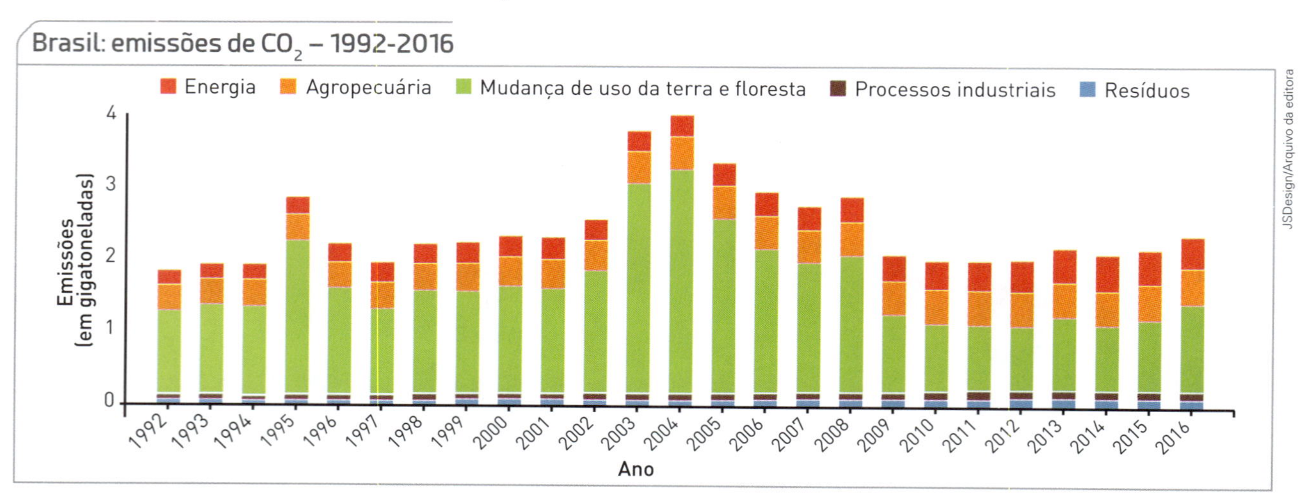

Elaborado com base em: SISTEMA de Estimativas de Emissões de Gases de Efeito Estufa – SEEG Brasil. Emissões totais. Disponível em: <http://plataforma.seeg.eco.br/total_emission>. Acesso em: 10 maio 2018.

// Apesar do aumento das emissões em 2016, é possível verificar no gráfico que o índice ainda continua abaixo do que foi verificado em 2008, antes da COP de Copenhague.

No Acordo de Paris, o Brasil comprometeu-se a reduzir, até o ano de 2025, as emissões de gases de efeito estufa em 37% abaixo dos níveis verificados em 2005. Para 2030, a meta é chegar abaixo dos 43%. Para alcançar tais números, propôs aumentar a produção de bioenergia – cerca de 18% de toda a energia gerada no território até 2030 –, e restaurar e reflorestar 12 milhões de hectares de floresta. As metas brasileiras consideram que a população do país ainda crescerá nos próximos anos, assim como seu Produto Interno Bruto (PIB).

Nas últimas décadas houve um esforço significativo para reduzir as emissões nacionais de gases de efeito estufa. Diversos programas foram desenvolvidos, com destaque para os de monitoramento e controle do desmatamento na Amazônia. Mas, infelizmente, nos últimos anos é possível verificar contradições entre as metas voluntárias e a realidade brasileira. Os níveis de desmatamento têm crescido e os recursos para o desenvolvimento de tecnologias mais sustentáveis e para a promoção do desenvolvimento social foram reduzidos, aumentando as incertezas sobre o cumprimento dos compromissos assumidos no nível internacional.

Januar/AFP

Desmatamento e queimada em Trumon, na Indonésia, em 2018. O desmatamento e a queimada de florestas tropicais no Sudeste Asiático ocorrem principalmente para abrir áreas com plantações de palmas.

8. Conservação da biodiversidade

As alterações no uso da terra e das florestas estão por trás de grande parte das emissões de gases de efeito estufa. Porém, o desmatamento envolve inúmeros outros impactos sociais e ambientais negativos. Com o modelo de desenvolvimento que rege as dinâmicas da sociedade atual, baseado na exploração descontrolada e insustentável dos recursos naturais e no estímulo ao consumismo, a conservação da biodiversidade está cada vez mais difícil.

Estima-se que no planeta existam entre 10 milhões e 50 milhões de espécies. Desse total, apenas 1,5 milhão é conhecido e catalogado. Ou seja, muito pouco.

Atualmente, a conservação da biodiversidade surge da necessidade de preservar seres vivos ameaçados de extinção e também de manter o funcionamento do sistema terrestre, expresso pela combinação de fatores climáticos, vegetação e litosfera. Isso porque a biodiversidade proporciona a manutenção das condições de vida no planeta.

Espécies criticamente ameaçadas de extinção – 2000-2017

Grupo	2000	2004	2008	2012	2016	2017
Mamíferos	180	162	188	196	204	202
Aves	182	179	190	197	225	222
Répteis	56	64	86	144	237	266
Anfíbios	25	413	475	509	546	552
Peixes	156	171	289	415	461	468
Insetos	45	47	70	91	226	273
Moluscos	222	265	268	549	586	625
Outros invertebrados	59	61	99	132	211	243
Plantas	1014	1 490	1575	1821	2506	2722
Fungos e protistas	0	1	2	2	8	10

Elaborado com base em: UNIÃO Internacional para a Conservação da Natureza – IUCN. Red list 2017. Disponível em: <http://cmsdocs.s3.amazonaws.com/summarystats/2017-3_Summary_Stats_Page_Documents/2017_3_RL_Stats_Table_2.pdf>. Acesso em: 10 maio 2018.

O avanço da globalização provoca uma demanda crescente por recursos naturais, atraindo o interesse de grandes empresas. Por isso, os países passaram a buscar a regulação da exploração dos recursos em todo o mundo. Os impasses e os conflitos ligados ao controle da biodiversidade nas diferentes regiões do planeta são cada vez mais intensos. Nesse cenário, destacam-se os debates sobre propriedade dos recursos genéticos e direitos das comunidades locais diante da ação de madeireiras, mineradoras, indústrias químicas e farmacêuticas, etc.

9. Convenção sobre Diversidade Biológica

Coleta de açaí na ilha de Marajó (PA), 2015. Com a CDB, manter comunidades tradicionais que conhecem a biodiversidade do território de um país pode se tornar uma vantagem no futuro.

Ricardo Azoury/Pulsar Imagens

Em 1988, o Pnuma convocou um grupo de especialistas para discutir a criação de uma convenção internacional sobre a diversidade biológica e, no ano seguinte, criou outro grupo para preparar um documento que tratasse da conservação e do uso sustentável da biodiversidade.

A Convenção sobre Diversidade Biológica (CDB) foi assinada durante a Rio-92 e entrou em vigor no ano seguinte. Atualmente, mais de 190 países são membros e mais de 180 a ratificaram. O Brasil ratificou-a em 1994. Os Estados Unidos, de maneira isolada, recusaram-se a integrar o acordo e, apesar de a assinarem, ainda não a ratificaram.

A CDB visa à conservação da biodiversidade, ao uso sustentável da natureza, à justiça e à igualdade em relação ao acesso aos recursos naturais biológicos e à repartição dos benefícios decorrentes da sua utilização (dos ecossistemas, das espécies e dos recursos genéticos).

A convenção estabeleceu que as tecnologias produzidas em países ricos devem ser transferidas para os países menos desenvolvidos, desde que elas estejam relacionadas à biodiversidade e ao conhecimento de comunidades tradicionais locais. Desse modo, a CDB reconheceu o papel dos países e das populações tradicionais na conservação da biodiversidade.

A CDB, como marco importante na definição dos direitos das comunidades locais, propõe princípios gerais para regular a exploração da biodiversidade, mas não determina obrigações para os países que fazem parte dela. Os detalhes sobre as ações que os países devem tomar são negociados nas Conferências das Partes (COPs).

10. O Protocolo de Cartagena

No ano 2000, os países que faziam parte da CDB chegaram a um acordo complementar para regular, diante dos avanços da biotecnologia, a manipulação, o uso e a transferência de Organismos Vivos Modificados (OVMs) entre os diferentes territórios. O Protocolo de Cartagena sobre Biossegurança surgiu diante dos riscos, ainda não avaliados profundamente, dos impactos dos OVMs na conservação da natureza e na saúde humana, e entrou em vigor em 2003.

Organismo Vivo Modificado (OVM): organismo que apresenta uma nova combinação genética, resultante do emprego de biotecnologia.

O Protocolo de Cartagena estabelece medidas que visam fornecer informações sobre o transporte e a introdução de OVMs em um país. A partir do aviso prévio, ou seja, do conhecimento dos riscos que eles apresentam, o país pode ou não autorizar a passagem ou a importação de produtos com OVMs.

Os OVMs recebem genes de outros organismos, muitas vezes de espécies bastante diferentes. Até o momento não existe conhecimento sobre os efeitos do contato de OVMs com áreas naturais protegidas. Especula-se que poderia ocorrer um desequilíbrio com a liberação de genes em áreas onde eles não ocorreriam naturalmente.

Assim como o Protocolo de Kyoto, o Protocolo de Cartagena também tem como base o princípio da precaução, ou seja, tomam-se medidas preventivas, mesmo sem saber ao certo as consequências da utilização desses organismos.

Em 2018, 171 países eram membros desse acordo. O Brasil ratificou o documento em 2004 e, desde então, desenvolveu ações para implantá-lo no território nacional, uma vez que havia conquistado grande demanda de exportação de alimentos e precisava assegurar que a utilização de OVMs não provocasse impactos negativos na biodiversidade brasileira.

Desde a criação do Protocolo de Cartagena, os países-membros do acordo se reuniram diversas vezes para discutir o cumprimento dos objetivos estabelecidos no documento. Houve um acordo suplementar a ele, o Protocolo de Nagoya-Kuala Lumpur, que estabelece regras e procedimentos em relação a responsabilidades e reparação de impactos dos OVMs. Esse acordo suplementar entrou em vigor em 2018 com 41 países-membros. Foi assinado pelo Brasil em 2012, mas até 2018 o país ainda não o havia ratificado.

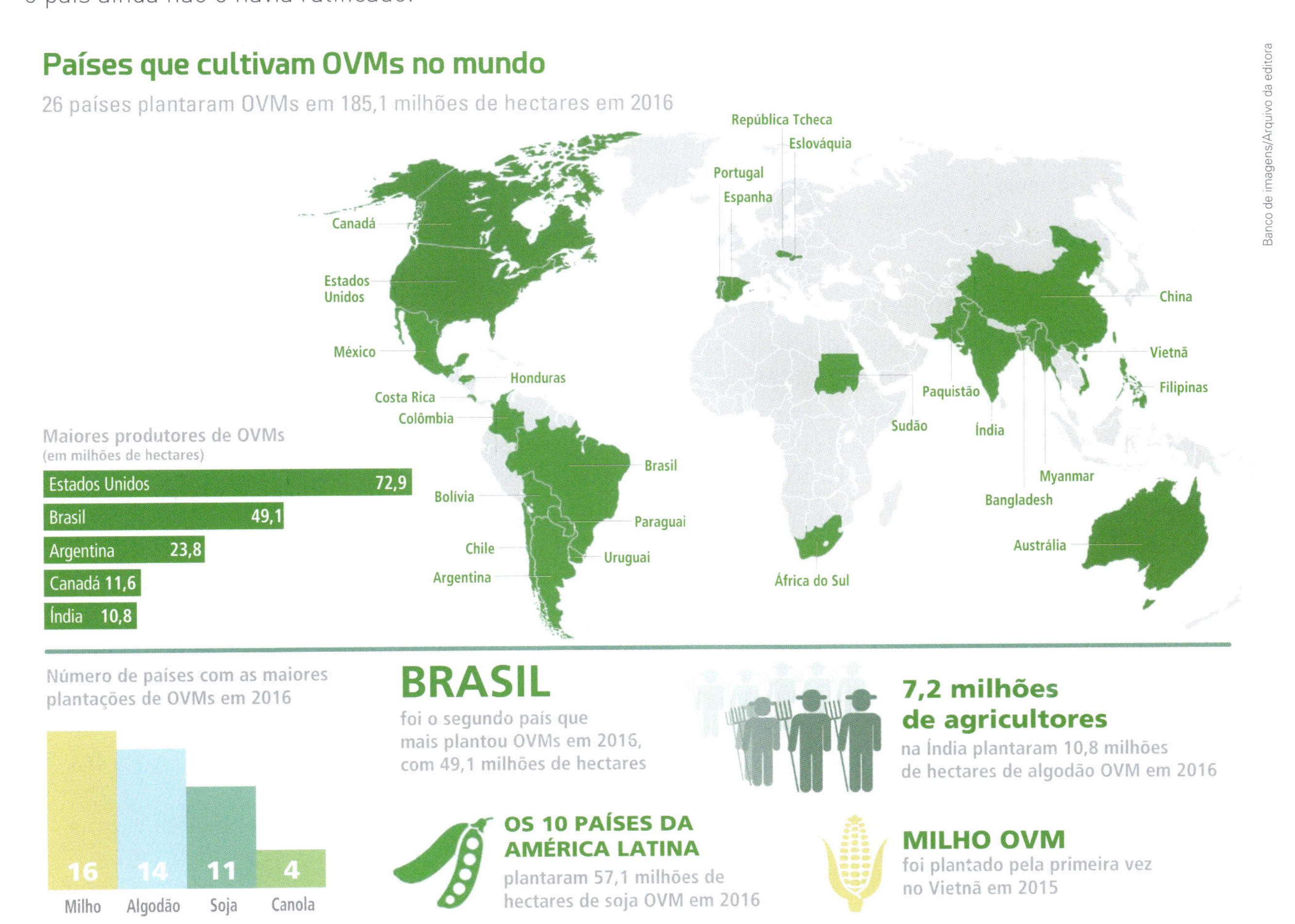

Elaborado com base em: ISAAA. Where are biotech crops grown in the world? Disponível em: <www.isaaa.org/resources/infographics/wherearebiotechcropsgrown/Where_Are_Biotech_Crops_Grown_in_the_World_August2017.pdf>. Acesso em: 10 maio 2018.

11. Plataforma Intergovernamental sobre Biodiversidade e Serviços Ecossistêmicos

Para promover o desenvolvimento científico e o acesso a informações em relação a diferentes questões sobre a biodiversidade, especialmente para contribuir para a tomada de decisões que favoreçam a conservação, o desenvolvimento sustentável e a qualidade de vida humana, um conjunto de 127 países criou, em 2012, a Plataforma Intergovernamental sobre Biodiversidade e Serviços Ecossistêmicos (IPBES).

A IPBES é independente, mas é coordenada por quatro importantes agências da ONU: o Programa das Nações Unidas para o Meio Ambiente (Pnuma), o Programa das Nações Unidas para o Desenvolvimento (Pnud), a Organização das Nações Unidas para Agricultura e Alimentação (FAO) e a Organização das Nações Unidas para a Educação, a Ciência e a Cultura (Unesco).

A IPBES busca gerar conhecimentos sobre a biodiversidade mundial, elaborar diagnósticos, desenvolver instrumentos que apoiem as decisões políticas tomadas pelos governos, além de promover capacitações de profissionais e instituições de seus países-membros. Apesar de ter sido criada com base na estrutura do Painel Intergovernamental sobre Mudanças Climáticas (IPCC), a IPBES tem uma abrangência maior, pois não somente aponta como também promove ações em favor da conservação da diversidade biológica. Procura envolver o maior número de agentes possível, como governos, organizações não governamentais, povos originários, populações tradicionais, universidades, entre outros.

Os países que a compõem se reúnem anualmente. O Brasil participa ativamente da IPBES desde a sua fundação.

Micorriza: associação de fungos e raízes de plantas superiores.

O que são serviços ambientais ou serviços ecossistêmicos

São os benefícios que as pessoas obtêm dos ecossistemas, ou seja, são serviços que o meio ambiente desempenha naturalmente e que resultam em benefícios para os seres humanos. [...]

Por que os serviços ambientais são importantes?

O ar que respiramos, o solo que cultivamos, o ciclo da água, as plantas que nos alimentam e muitos outros bens ecológicos são o resultado de um conjunto de processos mantidos por seres vivos ou pelos componentes bióticos que constituem os ecossistemas, juntamente do meio físico e não vivo ou abiótico. A biosfera, que é o conjunto dos ecossistemas existentes no planeta Terra, em si mesma, é o produto da vida na Terra. Por isso, a espécie humana é, em última instância, totalmente dependente das funções e dos serviços ecossistêmicos. São exemplos de serviços ambientais, importantes para a sociedade atual e suas gerações futuras, assim como para a sustentabilidade dos sistemas de produção:

1) manutenção da qualidade do ar e controle da poluição, por meio da regulação da composição dos gases atmosféricos, através de um maior sequestro de carbono e redução de gases causadores do efeito estufa;
2) controle da temperatura e do regime de chuvas, por meio do ciclo biogeoquímico do carbono e da evapotranspiração da vegetação que contribui para manter a umidade relativa do ar;
3) regulação do fluxo de águas superficiais, aumento do armazenamento, controle das enchentes, e transferência e recarga de aquíferos;
4) formação e manutenção do solo e da fertilidade do solo, pela decomposição da matéria orgânica e pelas interações entre raízes de plantas, bactérias e micorrizas; [...]
5) polinização de plantas agrícolas e de plantas silvestres através da dispersão de sementes; [...]

Mudanças no funcionamento natural dos ecossistemas podem ter efeitos diretos ou indiretos na produção dos serviços ambientais. E isto pode ocorrer de forma positiva ou negativa. Por exemplo, quando desmatamos a vegetação ao redor de nascentes, é muito provável que a quantidade de água provida por ela irá diminuir, podendo até secar, bem como a sua qualidade, pois a água estará exposta à contaminação por poluentes, sedimentos e coliformes. Essa alteração no ambiente causa efeito negativo na provisão de água, um serviço ambiental, que por sua vez impactará de forma negativa o abastecimento da população que se beneficiaria deste recurso em suas condições naturais. [...]

EMBRAPA. Serviços ambientais. Disponível em: <www.embrapa.br/tema-servicos-ambientais/perguntas-e-respostas>. Acesso em: 10 maio 2018.

12. Direitos das comunidades locais

A Convenção sobre Diversidade Biológica (CDB) representou uma conquista para as comunidades tradicionais e povos originários. O acordo reconheceu que, assim como o governo do território em questão, as comunidades e os povos devem aprovar e participar da exploração dos recursos genéticos dos lugares onde vivem. Qualquer agente externo, como uma empresa multinacional ou outra organização, ao utilizar recursos ou conhecimento tradicional desses povos, devem repartir com eles os benefícios advindos dessa exploração.

Porém, essas regras estabelecidas pela CDB diferem bastante de outros acordos internacionais, como as regras definidas para a proteção da propriedade intelectual, ou seja, os direitos dos criadores de conhecimentos, produtos, processos ou qualquer inovação humana. Depois da CDB, vários países produtores de tecnologia pressionaram a Organização Mundial do Comércio (OMC) para reforçar esses direitos. Em 1995, foram definidos os Direitos de Propriedade Intelectual relacionados ao Comércio. Esse acordo determinou que todas as patentes e outros tipos de direitos autorais e de propriedade industrial deveriam ser respeitados por todos os países que integram a OMC.

Passage/Getty Images

Árvore neem, popular na Índia, Sri Lanka e Myanmar, apresenta diversas propriedades medicinais, desde higiene oral até coadjuvante no tratamento de malária e dengue, foi patenteada por uma indústria farmacêutica, o que gerou uma disputa judicial internacional, que durou cerca de 10 anos. Por fim, a patente foi retirada e o fato constituiu um marco na luta contra a biopirataria, em que multinacionais tentam patentear os conhecimentos tradicionais dos povos.

Na prática, isso significa a sobreposição dos direitos de empresas, governos e outras instituições sobre os direitos das comunidades locais. Isso porque os conhecimentos desses grupos sociais geralmente são difíceis de ser determinados. São saberes coletivos e imateriais, passados de geração em geração sob diferentes formas – por meio de histórias, canções, folclore, rituais, certas práticas agrícolas, entre outras.

Para proteger os direitos dessas comunidades, a Unesco criou normas que salvaguardam seus conhecimentos e sua cultura. Apesar da existência de uma série de tratados internacionais, os povos tradicionais e originários enfrentam dificuldades para ser reconhecidos pela contribuição para a preservação da natureza ou pelos conhecimentos e usos dos recursos do meio no qual vivem por parte de outros agentes sociais.

13. O Brasil e a proteção da biodiversidade

Rob Hainer/Shutterstock

Mico-leão-dourado, animal endêmico da Mata Atlântica e ameaçado de extinção.

O Brasil é o país com a maior biodiversidade do planeta. Das espécies existentes no mundo, 20% delas são encontradas nos diferentes biomas brasileiros e uma parte significativa é endêmica. No entanto, é possível observar vasta degradação ambiental de áreas naturais para a realização de atividades econômicas no território.

A conservação do patrimônio ambiental brasileiro é uma questão cada vez mais urgente diante da fragmentação e da destruição de grandes porções de seus biomas. Assegurar a sobrevivência das espécies, o equilíbrio das relações ecológicas e de serviços ambientais – cujos benefícios vão além das fronteiras nacionais – é responsabilidade do governo brasileiro, assim como dos demais agentes sociais – organizações não governamentais, empresas, instituições de ensino e pesquisa e sociedade civil.

Além disso, o Brasil apresenta outro tipo de riqueza: a sociodiversidade. São centenas de povos indígenas e comunidades tradicionais (como quilombolas, caiçaras e seringueiros), que possuem conhecimento sobre a biodiversidade do país e sua conservação por meio de práticas mais sustentáveis.

Para implantar as decisões da CDB, o governo brasileiro criou o Programa Nacional da Diversidade Biológica (Pronabio) em 2003. Um ano antes foram instituídos os princípios e as diretrizes para implementar uma Política Nacional de Biodiversidade.

O Brasil é um dos principais países nas discussões internacionais sobre a biodiversidade não somente porque tem o maior número de espécies do planeta, mas também porque defende a soberania dos países em relação aos recursos existentes em seus territórios e atua no avanço dos processos de conservação da natureza e de valorização dos povos tradicionais. Porém, internamente ainda há muito que caminhar em nosso país.

As taxas de desmatamento crescem de maneira significativa, com inúmeros impactos sobre o ambiente e as pessoas, principalmente os grupos mais vulneráveis, como os povos indígenas e as comunidades tradicionais. Além disso, verifica-se uma diminuição de recursos materiais, humanos e financeiros destinados ao monitoramento ambiental.

Reconecte

Produção textual

1. Escreva uma síntese com os diferentes posicionamentos relacionados às mudanças climáticas.

Revisão

2. Por que o termo **aquecimento global** não pode ser considerado sinônimo de **mudanças climáticas**?
3. Qual é a importância do IPCC? Por que esse órgão é alvo de críticas?
4. Quais são os objetivos da Convenção do Clima? Destaque pontos positivos e negativos.
5. Quais são as maiores diferenças políticas entre o Acordo de Paris e os documentos que o antecederam?
6. Como a Convenção sobre Diversidade Biológica (CDB) preserva direitos de comunidades locais?
7. O que é o Protocolo de Cartagena? Quais são as implicações desse acordo para o Brasil?
8. O que é a Plataforma Intergovernamental sobre Biodiversidade e Serviços Ecossistêmicos (IPBES)? Qual é a sua importância e em que ela difere do Painel Intergovernamental sobre Mudanças Climáticas (IPCC)?

Análise de gráfico

9. Com base nas informações apresentadas ao longo do capítulo e no gráfico a seguir, faça uma análise comparativa das emissões de gases de efeito estufa das maiores economias mundiais no período de 1990 a 2020.

Emissões de gases de efeito estufa das maiores economias – 1990-2020

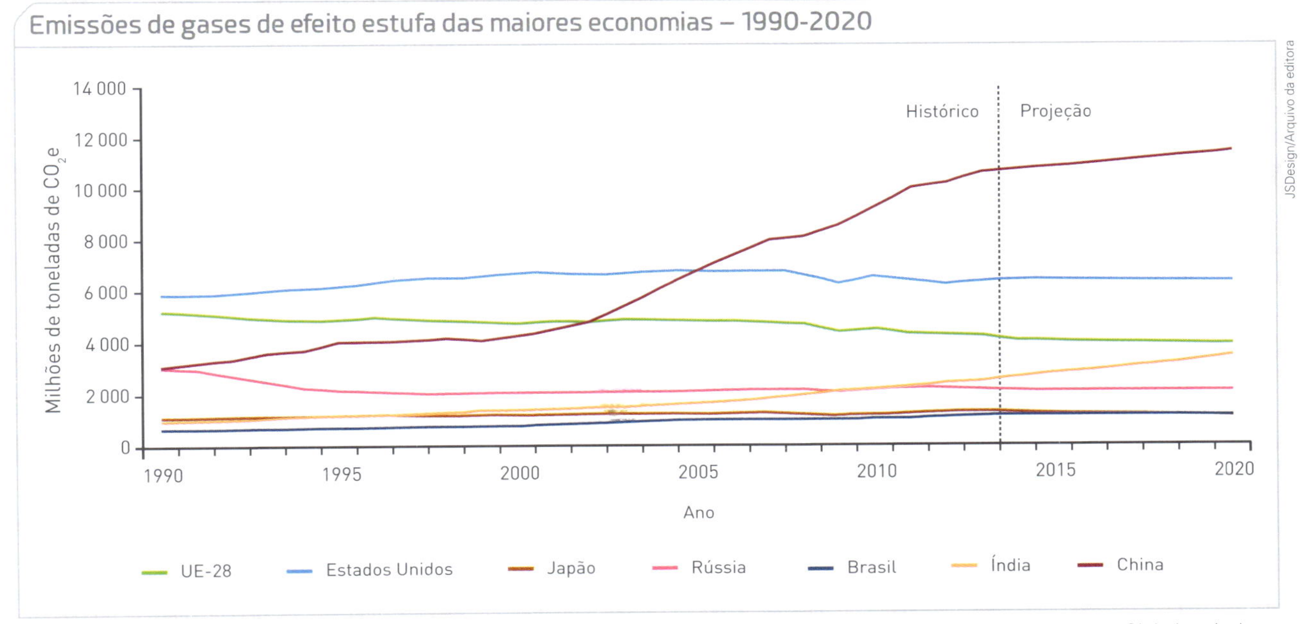

Elaborado com base em: CENTER for climate and energy solutions. Global emissions. Disponível em: <www.c2es.org/content/international-emissions/>. Acesso em: 4 maio 2018.

Pesquisa

10. Com base na representação do efeito estufa da página 194, pesquise exemplos de emissões de gases e atividades desenvolvidas no estado onde você vive.

Produção de linha do tempo

11. Organize uma linha do tempo de acordo com o modelo abaixo sobre os acordos apresentados no capítulo relativos às mudanças climáticas. Complemente-a com outras informações e acrescente imagens que retratem cada momento.

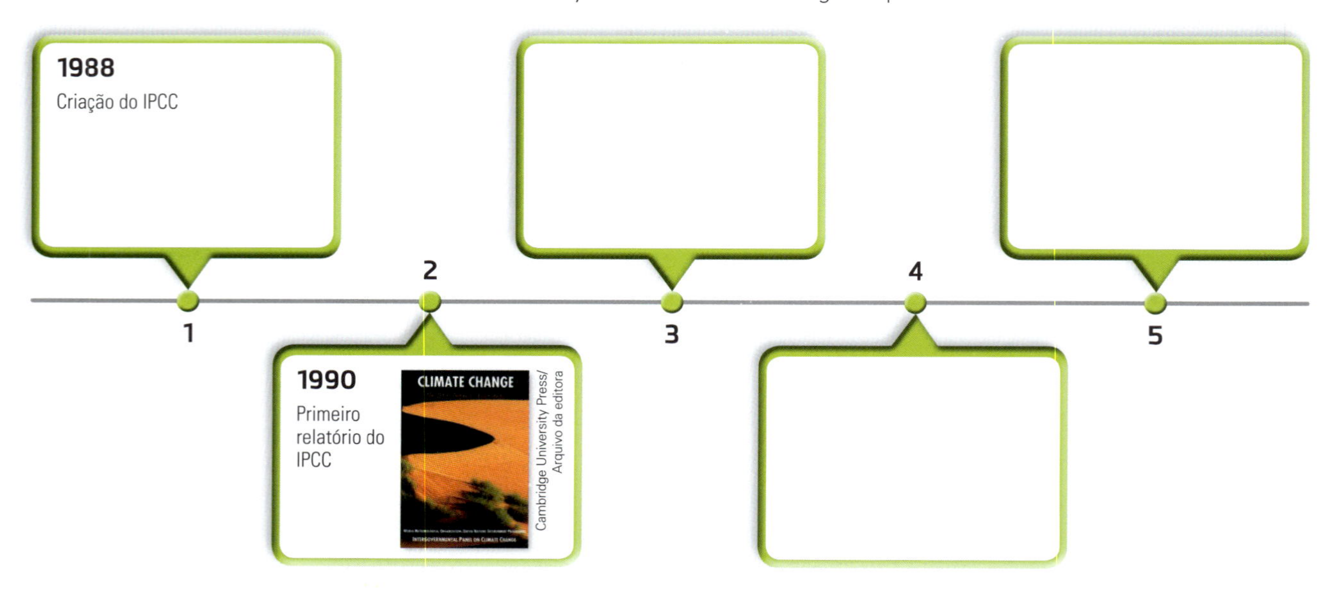

Pesquisa e apresentação

12. Em grupo, escolham um dos agrupamentos de países nas negociações sobre mudanças climáticas citados no capítulo e organizem um seminário sobre seus membros, principais posições e divergências com outros grupos.

13. Em dupla, escolham dois serviços ambientais e realizem uma pesquisa sobre seus processos e a importância para os ecossistemas e as sociedades humanas. Depois, produzam um cartaz, apresentem para a turma e exponham nas áreas comuns da escola.

Debate e produção textual

14. Em grupos, realizem um debate sobre os direitos das comunidades locais no Brasil. É importante considerar:

- as relações que estabelecem com o meio em que vivem;
- seus impactos econômicos, políticos e socioambientais;
- os conflitos com outros agentes sociais (empresas, Estado, organizações diversas);
- os instrumentos legais que as beneficiam e os instrumentos legais que as prejudicam.

Ao final, cada grupo produz um texto com as principais considerações feitas.

EXPLORANDO

15. Pesquise um município brasileiro que tenha política para diminuir as emissões de gases de efeito estufa. Em que consiste essa política? Ela é bem-sucedida?

Resumo

- Existe uma diferença nos conceitos de aquecimento global e mudanças climáticas. O segundo termo é mais apropriado, pois trata de mudanças de temperatura, umidade, precipitação, circulação atmosférica, entre outros fatores.
- O Painel Intergovernamental sobre Mudanças Climáticas (IPCC) foi criado em 1988 com o objetivo inicial de apresentar estudos sobre as mudanças climáticas e seus impactos no ambiente, além de apresentar propostas de soluções.
- A Convenção do Clima que entrou em vigor em 1994 preconizava a tomada de ações preventivas. Estabeleceu o princípio das responsabilidades comuns, porém diferenciadas, cujo significado era de que todos os países deveriam diminuir as emissões de gases nocivos à atmosfera, mas os países que mais emitiram gases no passado (no caso, a maioria dos países ricos) deveriam começar a diminuir mais cedo e em maior quantidade.
- Os principais agentes políticos da Ordem Ambiental Internacional das mudanças climáticas são Estados Unidos, China, União Europeia, o Brasil e diferentes grupos de países.
- As principais Conferências das Partes (COPs) são: Kyoto, na qual foi lançado um protocolo com metas de redução de emissões aos países que se industrializaram primeiro; Copenhague, na qual poucos países apresentaram metas voluntárias de redução; Paris, na qual todos concordaram em estabelecer metas de redução, mas ainda voluntárias.
- O Brasil organizou instituições para propor e implementar redução de gases de efeito estufa.
- O desmatamento relaciona-se a diversos problemas ambientais, como efeito estufa, mas principalmente ameaça a conservação da biodiversidade, e pode pôr em risco a sobrevivência de espécies e até o funcionamento do sistema terrestre.
- A Convenção sobre Diversidade Biológica (CDB) foi criada durante a Rio-92 e estabeleceu que os países ricos devem transferir aos países menos desenvolvidos tecnologias relacionadas à biodiversidade e ao conhecimento dos povos originários ou tradicionais locais. Ela reconhece a importância desses povos na conservação da biodiversidade, mas eles ainda enfrentam problemas para fazer valer seus direitos.
- A Plataforma Intergovernamental sobre Biodiversidade e Serviços Ecossistêmicos (IPBES) é mais abrangente que o IPCC, pois aponta e promove ações necessárias para conservar a diversidade biológica.
- O Brasil, um dos principais participantes nas discussões internacionais sobre biodiversidade, assume papel de defesa do ambiente e de valorização dos povos tradicionais no cenário internacional, mas enfrenta internamente problemas como o aumento do desmatamento.

CAPÍTULO

9

Resíduos perigosos e desertificação

Na escala de produção atual, que visa atender a um mercado globalizado, recursos naturais são usados intensivamente. Uma grave consequência desse modelo é o descarte de certos materiais, muitos dos quais capazes de pôr em risco o ambiente e a vida de seres humanos.

Resíduos perigosos são gerados diariamente tanto em atividades humanas como em processos de produção industrial e agrícola. Uma placa eletrônica e uma simples pilha são alguns exemplos desse tipo de resíduo, pois contêm substâncias como mercúrio e chumbo, extremamente tóxicos.

Já as atividades industrial e agrícola utilizam substâncias químicas que podem contaminar o solo, a água e o ar. Quando esses elementos são ingeridos por meio de alimentos, inalados pelo ar ou entram em contato direto com a pele, podem causar problemas à saúde humana.

Outro grave problema causado pela interferência das ações humanas na natureza é a desertificação. Em algumas localidades, o avanço da produção agrícola sobre áreas com pouca capacidade de absorver mudanças em seus processos naturais pode resultar na desertificação. Ela ocasiona muitas tensões sociais, levando à migração da população que vive nas áreas onde ela ocorre para outros locais, atingindo vários países, inclusive o Brasil.

Anton Raharjo/Anadolu Agency/AFP

Espuma de poluição provocada por dejetos industriais em rio de Jacarta, na Indonésia, 2018. Resíduos industriais lançados diretamente na natureza contaminam as águas, causando desequilíbrio no ambiente e doenças nas pessoas, além de provocar mau cheiro.

João Silva/The New York Times/Fotoarena

Menino leva galões de água em Kakuma, Quênia, 2017. A região sempre foi considerada árida, mas em razão das mudanças do clima ficou ainda mais quente e seca, configurando o processo de desertificação.

EM FOCO

Poluição por plástico ameaça a vida na Terra

A vida marinha corre o risco de sofrer danos irreparáveis em decorrência de milhões de toneladas de resíduos de plástico que vão parar no mar todos os anos.

"É uma crise planetária. Estamos acabando com o ecossistema oceânico", afirmou à BBC Lisa Svensson, diretora de oceanos do programa da ONU para o Meio Ambiente. [...]

Em artigo publicado na revista acadêmica *Science Advances*, em julho, o pesquisador Roland Geyer, da Universidade da Califórnia em Santa Bárbara, estima em 8,3 bilhões de toneladas a quantidade de plástico já produzida no mundo.

Desse total, cerca de 6,3 bilhões de toneladas são classificadas como resíduos – e 79% estariam em aterros ou na natureza. Ou seja, pouco material é reciclado ou reaproveitado.

A grande quantidade de resíduos de plástico é resultado do estilo de vida moderno, em que o plástico é usado como matéria-prima para diversos itens descartáveis ou "de uso único", como garrafas de bebida, fraldas, cotonetes e talheres. [...]

Em 2010, pesquisadores do Centro de Análises Ecológicas da Universidade da Georgia, nos Estados Unidos, contabilizaram 8 milhões de toneladas – e estimaram 9,1 milhões de toneladas para 2015. [...]

O mesmo estudo, publicado na revista acadêmica *Science* em 2015, analisou 192 países com território à beira-mar que estão contribuindo para o lançamento de resíduos de plástico nos oceanos. [...]

Enquanto a China está no topo da lista, [...]

O Brasil ocupa, por sua vez, o 16º lugar do ranking, que leva em conta o tamanho da população vivendo em áreas costeiras, o total de resíduos gerados e o total de plástico jogado fora.

O lixo plástico costuma acumular em áreas do oceano onde os ventos provocam correntes circulares giratórias, capazes de sugar qualquer detrito flutuante. Há cinco correntes desse tipo no mundo, mas uma das mais famosas é a do Pacífico Norte. [...]

As cinco correntes apresentam normalmente uma concentração maior de resíduos de plástico do que outras partes do oceano. Elas promovem ainda um fenômeno conhecido como "sopa de plástico", que faz com que pequenos fragmentos do material fiquem suspensos abaixo da superfície da água. [...]

Por que é prejudicial à vida marinha?

Para aves marinhas e animais de maior porte – como tartarugas, golfinhos e focas –, o perigo pode estar nas sacolas de plástico, nas quais acabam ficando presos. Esses animais também costumam confundir o plástico com comida.

Tartarugas não conseguem diferenciar, por exemplo, uma sacola de uma água-viva. Uma vez ingeridas, as sacolas de plástico podem causar obstrução interna e levar o animal à morte.

Pedaços maiores de plástico também causam danos ao sistema digestivo de aves e baleias – e são potencialmente fatais.

Com o tempo, os resíduos de plástico são degradados, dividindo-se em pequenos fragmentos. O processo, que é lento, também preocupa os cientistas.

Uma pesquisa da Universidade de Plymouth, na Inglaterra, mostrou que resíduos de plástico foram encontrados em um terço dos peixes capturados no Reino Unido, entre eles o bacalhau.

Além de resultar em desnutrição e fome para os peixes, os pesquisadores dizem que, ao consumir frutos do mar, os seres humanos podem estar se alimentando, por tabela, de fragmentos de plástico. E os efeitos disso ainda são desconhecidos [...]

CINCO gráficos que explicam como a poluição por plástico ameaça a vida na Terra. *BBC Brasil*, 16 dez. 2017. Disponível em: <www.bbc.com/portuguese/geral-42308171>. Acesso em: 20 abr. 2018.

Jeff Milisen/Alamy/Fotoarena

Lixo formado por objetos plásticos boiando na costa do Havaí, Estados Unidos, 2018. As correntes marítimas carregam o lixo para todos os oceanos.

1. Reúna-se com dois ou três colegas e discutam o texto. Em seguida, busquem alternativas para diminuir a geração de resíduos plásticos ou formas de evitar que eles contaminem os oceanos.

1. Resíduos perigosos

O modo de produção dominante tem gerado resíduos em grandes quantidades, especialmente nos centros urbanos. O grande desafio é administrá-los e garantir que problemas relacionados à poluição – doenças e impactos ambientais – sejam evitados.

O processo de urbanização, associado à renda elevada, intensifica a geração de resíduos sólidos urbanos. Por exemplo, consomem-se muitos alimentos industrializados, o que leva a uma grande produção de embalagens que irão para o lixo. Além disso, muitos produtos são descartados precocemente e em plenas condições de uso. Por isso, alguns autores chamam a sociedade atual de **sociedade dos resíduos**.

Quantidade de resíduos *per capita* por país – 2017

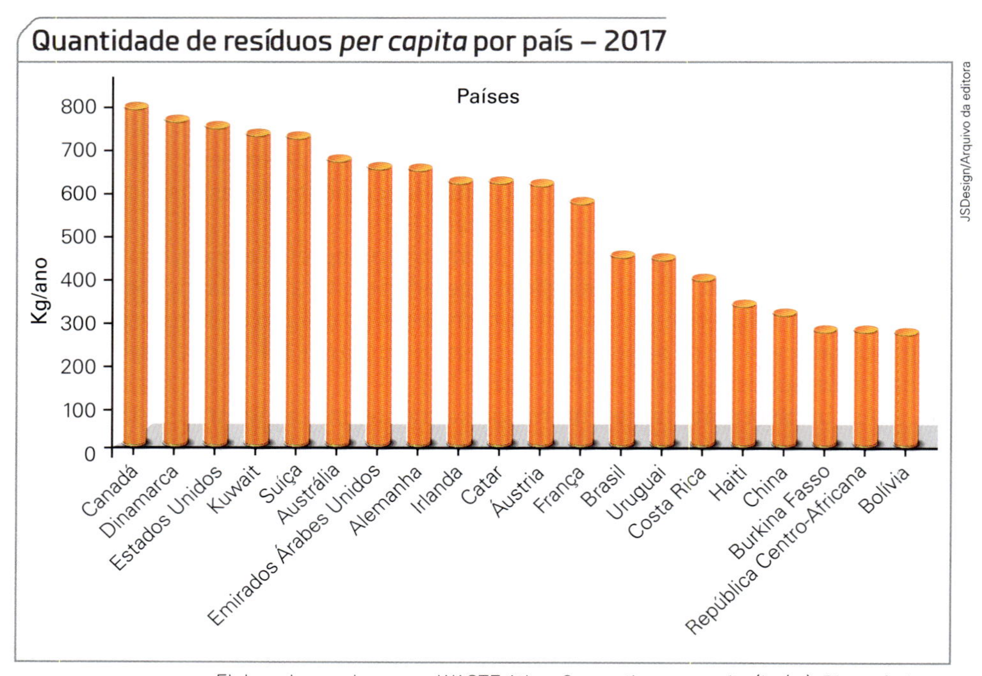

Elaborado com base em: WASTE Atlas. Generation per capita (kg/yr). Disponível em: <www.atlas.d-waste.com/>. Acesso em: 7 maio 2018.

Até recentemente, não havia muita preocupação com a quantidade de lixo produzida nem com os problemas sociais e ambientais gerados por ele. Por isso, cursos de água, zonas de nascentes dos rios e áreas não habitadas eram utilizadas para o descarte daquilo que era considerado sem utilidade.

Resíduo é definido como tudo o que é descartado após o uso. Ele pode se apresentar no estado sólido, como plásticos, vidros, metais, sucatas eletrônicas; no estado semissólido, como o lodo de esgoto; no estado líquido, como substâncias químicas provenientes da reação da água com o material usado para fazer um produto ou mesmo gerado pela sua disposição inadequada; e no estado gasoso, quando um gás resulta de um processo industrial ou quando ele está acondicionado em um cilindro.

Os **resíduos perigosos** são aqueles que podem gerar riscos à saúde pública e contaminação, causando impactos sociais e ambientais. Nos seres humanos, elevadas concentrações de determinados materiais contidos em resíduos perigosos podem ocasionar alergias, intoxicações e até transtornos mentais. Os efeitos dependem da quantidade do material e do tempo de contato com ele.

Quando animais entram em contato com resíduos por ingestão ou respiração, eles podem adoecer, ficar com sequelas e até morrer. A contaminação de animais pode ainda atingir seres humanos por meio do consumo de peixes contaminados, por exemplo.

Os impactos ao ambiente do descarte de resíduos perigosos também dependem do tipo de material e das substâncias liberadas no solo, no ar e na água. Como ocorre com os seres humanos, a quantidade de material e o tempo de exposição a ele são variáveis fundamentais para entender esses efeitos.

O que são lixões

Lixões são áreas urbanas ou rurais, a céu aberto, que recebem resíduos sólidos perigosos ou não. Os critérios de escolha dessas áreas são desconhecidos. Em geral, são áreas sem proteção ambiental e social. Esses locais não atendem a requisitos técnicos de gestão dos resíduos, nem mesmo os perigosos.

Como resultado, ocorrem a contaminação da bacia hidrográfica, por meio da penetração de substâncias nos corpos de água, a poluição atmosférica em razão da produção de gases decorrentes da decomposição dos resíduos orgânicos e a contaminação do solo pela infiltração de chorume. No Brasil, essas áreas são proibidas pela Lei n. 12.305/2010, que instituiu a Política Nacional dos Resíduos Sólidos (PNRS). Apesar disso, grande parte dos municípios do país ainda usa lixões para o destino de seus resíduos.

Leopoldo Silva/Agência Senado

Lixão da Estrutural, em Brasília (DF), 2017. Esse lixão funcionava desde a década de 1950 e foi desativado em 2018. Era o maior depósito de lixo a céu aberto da América Latina e o segundo maior do mundo.

Fontes de resíduos perigosos

As fontes de resíduos perigosos são diversas e estão associadas a atividades industriais, agricultura, serviços de saúde, etc.

Muitas atividades industriais produzem resíduos perigosos, principalmente nas etapas da produção que envolvem pintura, processamento de materiais, fundição de peças, entre outras.

Nas últimas décadas, ficou claro para muitos governos que a questão dos resíduos constituía um problema sério e que algo deveria ser feito. Os países europeus foram os primeiros a repensar seu modo de produção com base em casos de poluição industrial. Eles adotaram medidas para a gestão adequada dos resíduos, inclusive os perigosos. Foram seguidos por países como Japão, Estados Unidos e Canadá, que também adotaram leis e técnicas de controle e gestão do lixo.

Uma das alternativas de tratamento dos resíduos perigosos na indústria é o **coprocessamento**, que consiste em utilizar parte do material como combustível. Desse modo, além de eliminá-los, obtém-se outra fonte de energia, o que pode poupar recursos naturais. No entanto, vale ressaltar que as partículas resultantes desse processo, assim como as emissões gasosas, devem ser controladas, coletadas e tratadas antes de serem devolvidas ao ambiente.

Chorume: substância no estado semissólido ou líquido, formada pela atividade biológica de microrganismos na decomposição dos resíduos orgânicos.

Quando um resíduo industrial não pode ser reciclado, ocorre a **estocagem**. Nesse caso, ele fica acondicionado em recipientes que o isolam de outras substâncias, da ação de intempéries e do contato com seres vivos e com a água. Em geral, as próprias indústrias destinam locais para armazenar esse tipo de resíduo perigoso, assim como as usinas nucleares, que estocam suas sobras.

Existem situações nas quais o resíduo é reciclado ao ser aproveitado em outras etapas do processo industrial. Folhas de papel sulfite usadas, por exemplo, podem ser transformadas em papel reciclado. Porém, existem limites para a quantidade de reciclagens: o papel pode ser reciclado de cinco a sete vezes, pois em cada processo é preciso adicionar pasta de papel para recuperar as fibras de celulose. Já o vidro pode ser reciclado inúmeras vezes: ele é aquecido e misturado a novos materiais para compor uma nova peça. Quanto mais escura for a embalagem, maior é a presença de vidro reciclável.

Por fim, existem **aterros sanitários** nos quais os resíduos perigosos são depositados. Uma camada de concreto é revestida por uma manta de impermeabilização que recebe o resíduo, sendo depois encoberto por uma camada de terra para isolá-lo. Nesses aterros são introduzidos dutos para a coleta de substâncias líquidas e gasosas que podem se formar dos resíduos para que recebam destino adequado.

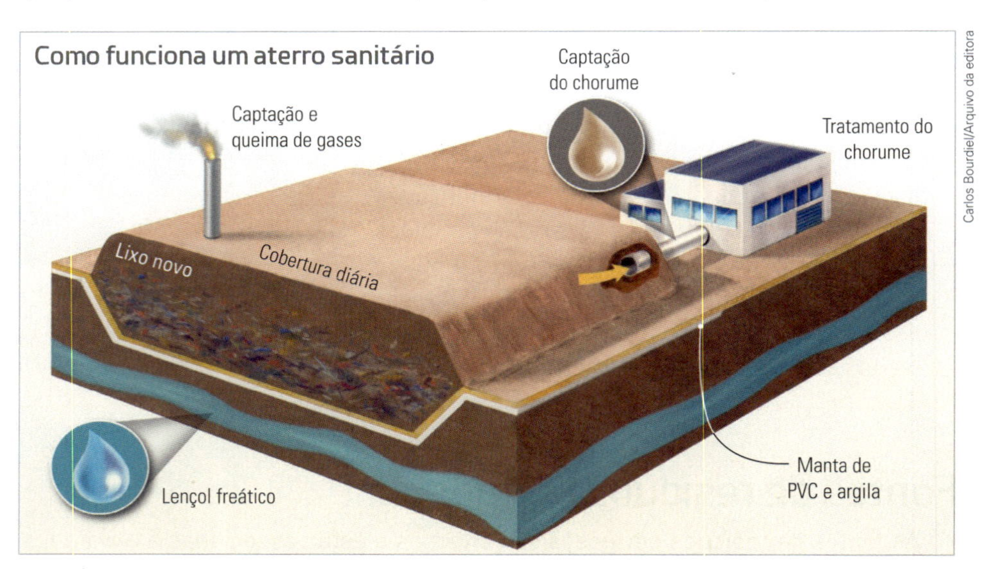

Elaborado com base em: MARTIN, Encarnita S. Política Nacional de Resíduos Sólidos: formas de destinação final. In: AMARO, Aurélio Bandeira; VERDUM, Roberto (Org.). *Política Nacional de Resíduos Sólidos e suas interfaces com o espaço geográfico*: entre conquistas e desafios. Porto Alegre: Letra1, 2016. p. 146.

Na agricultura, utilizam-se insumos altamente perigosos, como os **agrotóxicos**, substâncias químicas que servem para controlar e exterminar pragas e ervas daninhas prejudiciais às plantações.

O uso de agrotóxico pode causar impactos humanos e ambientais. Nos seres humanos, a forma de contaminação se dá pelo consumo de alimentos com resíduos dessas substâncias ou pelo contato direto, em consequência da manipulação de embalagens desse produto ou durante sua aplicação. Além disso, o descarte inadequado das embalagens pode contaminar o solo e a água e, consequentemente, as pessoas que utilizam esses recursos.

Alguns exemplos de efeitos na saúde: dor de cabeça, desregulação hormonal, distúrbios do sistema imunológico e doenças cancerígenas, que, de acordo com pesquisadores da área de saúde, desenvolvem-se pelo acúmulo dessas substâncias no corpo ao longo do tempo.

Os agrotóxicos podem ainda contaminar a água, o solo e o ar pela poluição difusa, transportada pelo vento.

Os serviços ligados à saúde também geram resíduos perigosos que podem afetar pacientes, trabalhadores da área e até a população em geral. Eles podem ser classificados como biológicos, químicos e radioativos.

Os **resíduos biológicos** são constituídos de sangue, pele e órgãos retirados de indivíduos, que podem se tornar fonte de risco à saúde humana, caso não sejam depositados adequadamente. Profissionais da área e pessoas saudáveis podem ser infectadas por bactérias ou vírus ao entrarem em contato com instrumentos, como agulhas de seringas descartadas de forma inadequada, por exemplo.

Os remédios são a principal fonte de **resíduos químicos** dos serviços de saúde. Seu descarte incorreto, como jogá-los em lixo comum ou em lixões, pode contaminar seres humanos, alterando funções do organismo, como a capacidade reprodutiva.

Os **resíduos radioativos**, por sua vez, causam grandes danos ao ambiente e às pessoas. Por conta da longa vida útil, é necessário aumentar os cuidados na hora de armazená-los. Os seres humanos que entraram em contato com a radiação nuclear precisam ser monitorados regularmente, para que se possa detectar eventuais alterações celulares.

Armazenamento de resíduos radioativos da antiga usina de Chernobyl, na Ucrânia, em 2016.

Gleb Garanich/Reuters/Latinstock

Diálogo com Sociologia

Não no meu quintal

O fenômeno **Não no meu quintal** [...] é uma expressão que significa a oposição de pessoas à construção de algo considerado indesejável em sua vizinhança. A frase parece ter surgido em meados da década de 1970. Foi usada no contexto do último grande esforço das concessionárias de energia elétrica de construir estações de usinas nucleares, especialmente as localizadas em Seabrook, New Hampshire, e em Midland, Michigan [nos Estados Unidos].

A frase "Não no meu quintal" [...] denota a resistência de indivíduos a aceitar a construção de projetos de grande escala, corporativos ou governamentais, na vizinhança, que podem afetar a qualidade de vida dos moradores e o valor das propriedades. [...]

KINDER, Peter D. Not in My Backyard phenomenon. *Encyclopædia Brittanica*. Disponível em: <www.britannica.com/topic/Not-in-My-Backyard-Phenomenon>. Acesso em: 7 maio 2018. (Texto traduzido pelos autores.)

1. Reúna-se com mais três colegas e discutam a expressão "Não no meu quintal" apresentada no texto, sob o ponto de vista dos moradores que vivem nas áreas onde foram construídas usinas nucleares.

2. Em seguida, façam um levantamento de movimentos que resistam à instalação de empreendimentos em sua vizinhança ou município, que podem prejudicar o ambiente ou a saúde das pessoas. Sigam o roteiro:
   a) Onde fica o empreendimento?
   b) Quais são as consequências da construção desse empreendimento?
   c) Quem se opôs e por quê?
   d) O caso foi resolvido? Se sim, quem ganhou?

2. Convenção de Basileia

Existe uma grande movimentação de resíduos pelo mundo, na qual alguns países de renda elevada transferem parte de seu lixo, inclusive resíduos perigosos, para países sul-americanos, asiáticos ou africanos. No início, argumentava-se que isso permitia o acesso da população de países mais pobres a equipamentos eletrônicos, veículos, pneus, entre outras coisas, a preços menores. Porém, com o passar dos anos, percebeu-se que a responsabilidade sobre o descarte final do lixo estava sendo transferida para outros países. Por esse motivo, foram criadas leis nacionais e internacionais para evitar abusos no comércio de lixo e auxiliar a gestão dos resíduos sólidos perigosos para diminuir os riscos à sociedade e ao ambiente.

A Convenção de Basileia sobre o Controle dos Movimentos Transfronteiriços de Resíduos Perigosos e seu Depósito, conhecida simplesmente como **Convenção de Basileia**, é um acordo internacional que visa estabelecer orientações para o deslocamento de resíduos perigosos entre os países. Criada em 1989, passou a vigorar em 1992. Em 2018, contava com a participação de 186 países.

A Convenção prevê a realização de reuniões técnicas para definir quais resíduos são perigosos. Isso é muito importante, pois o avanço tecnológico possibilitou a geração de novos tipos de resíduos. Há também as Conferências das Partes (COP), nas quais os países-membros enviam seus representantes para deliberar sobre os temas da Convenção, e os Comitês de Assessoramento, que são montados para tratar de temas específicos e propor alternativas a problemas que envolvem as partes.

Ao assinar a Convenção de Basileia, um país se compromete a seguir normas técnicas previamente estabelecidas para a movimentação de resíduos perigosos. Entre as regras está o aviso prévio aos países pelos quais a carga passará, que podem ou não autorizar a circulação do material. Além disso, o destino do material transportado deve ser a reciclagem ou a reutilização em atividades econômicas. O país que o recebe precisa ter capacidade técnica para reciclar ou reutilizar o material.

Thomas Imo/Photothek/Getty Images

Depósito de lixo eletrônico de Agbogbloshie, em Acra, Gana, 2016. Esse lixão recebe toneladas de lixo eletrônico dos Estados Unidos e da Europa. O lixo, quando queimado, pode causar doenças pela contaminação por chumbo, cádmio e mercúrio.

No entanto, as relações econômicas e sociais desiguais entre os países permitem que muitos dos resíduos recebidos por nações mais pobres não passem por técnicas de tratamento de reciclagem e reutilização adequadas, o que leva muitos pesquisadores a afirmarem que alguns países servem de depósitos de lixo gerado em países mais ricos.

Os relatórios da Convenção de Basileia apontam que, anualmente, quase 180 milhões de toneladas de resíduos perigosos são gerados ao redor do mundo. Cerca de 10 milhões de toneladas circulam entre as nações, vistos como oportunidades de negócio. Alguns países lançam seus resíduos no oceano, infringindo leis internacionais, como a própria Convenção de Basileia e a Convenção das Nações Unidas sobre o Direito do Mar.

Autoridades mundiais

Autoridades mundiais são os representantes dos países-membros da Convenção de Basileia para tratar do tema no país. Elas são responsáveis pelo cumprimento das decisões tomadas nas reuniões da Convenção em seu território.

Essas autoridades também devem organizar relatórios periódicos para informar as atividades desenvolvidas em relação ao transporte de resíduos, em fóruns mundiais e nas COPs. A tarefa mais importante de uma autoridade mundial é estabelecer o controle do transporte de resíduos em suas fronteiras nacionais terrestres ou marítimas, monitorando a movimentação perigosa ou ilegal de resíduos.

E no Brasil?

O Brasil na Convenção de Basileia

O Brasil é signatário da Convenção da Basileia desde 1993, confirmada pelo Decreto-lei n. 875/1993. Desde então, qualquer resíduo perigoso exportado ou importado do território brasileiro deve respeitar as regras do acordo internacional.

O Brasil não pode receber resíduos de países que não tenham técnicas adequadas de tratamento. Para fazer valer esse princípio, as fronteiras marítimas e terrestres devem ser monitoradas a fim de coibir o transporte ilegal, o que não é uma tarefa fácil. Nos portos brasileiros existe uma rotina diária de controle de cargas. Porém, infelizmente, ainda ocorrem violações por países signatários, que enviam materiais perigosos ao país.

Clemilson Campos/JC Imagem

Lixo hospitalar apreendido no porto de Suape, na região metropolitana do Recife (PE), vindo dos Estados Unidos, em 2011.

A autoridade nacional da Convenção de Basileia é determinada pelo Instituto Brasileiro do Meio Ambiente e dos Recursos Naturais Renováveis (Ibama). Esse órgão é responsável pelo registro de entrada e saída de resíduos perigosos. Ele atua com outras instituições, como o Ministério do Meio Ambiente, que realiza ações de educação ambiental; o Ministério das Relações Exteriores, que representa o país na Convenção; e o Ministério da Fazenda e a Polícia Federal, que atuam em conjunto no controle de fronteiras e para a cobrança de impostos.

1. Faça uma pesquisa na internet sobre outros casos de resíduos perigosos apreendidos no Brasil e em outros países. Depois, converse com os colegas da classe sobre as consequências que essas cargas poderiam provocar nesses países caso não tivessem sido interceptadas.

3. Desertificação

De acordo com o Programa das Nações Unidas para o Meio Ambiente (Pnuma), a **desertificação** é um fenômeno que resulta do empobrecimento dos ecossistemas áridos, semiáridos e subúmidos, cujo solo perde a capacidade produtiva e, como consequência, causa a diminuição da biodiversidade. As principais causas da desertificação estão associadas ao crescimento das cidades, ao uso excessivo dos recursos naturais e de práticas agrícolas e pecuárias intensas, às mudanças climáticas locais e ao desmatamento.

Planisfério: áreas sujeitas à desertificação – 2003

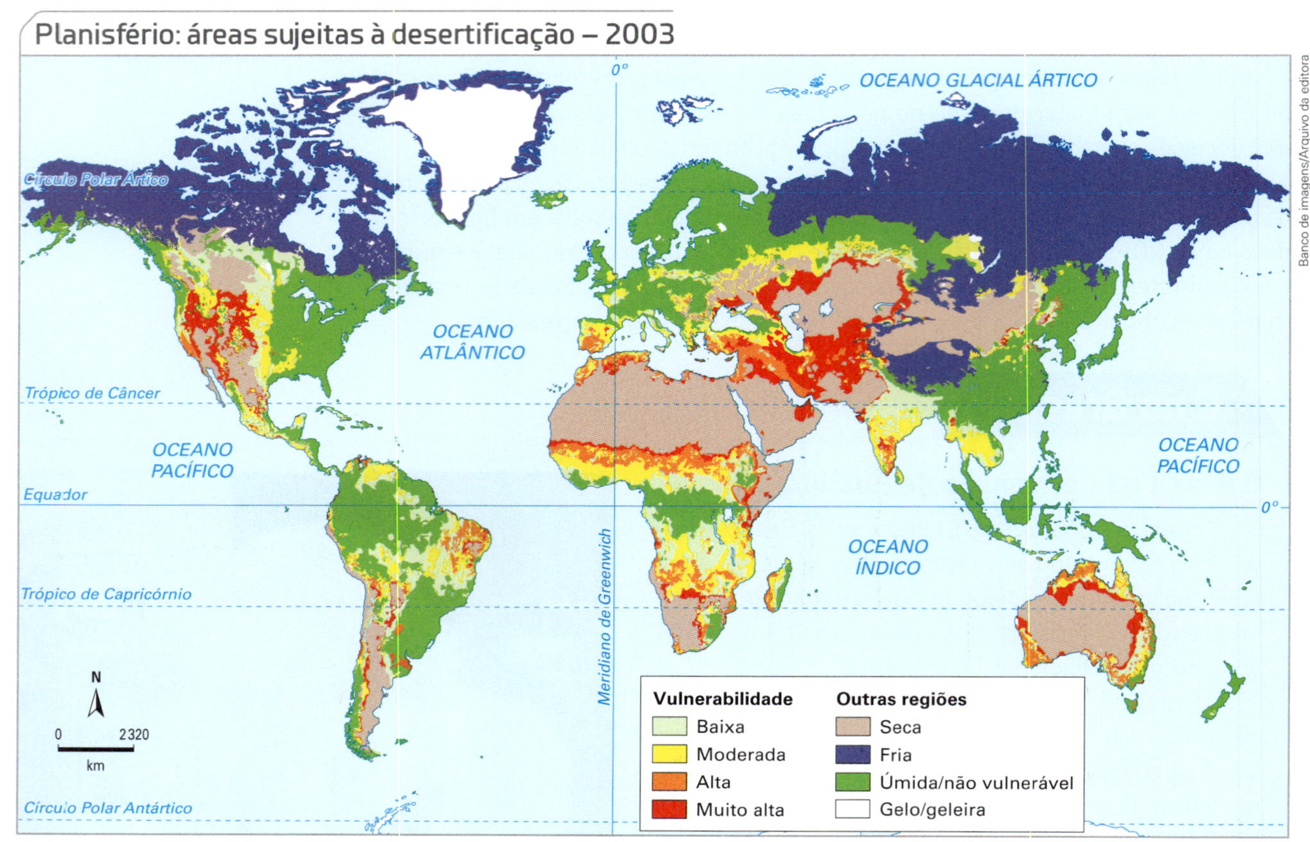

Elaborado com base em: UNITED States Department of Agriculture – USDA. Global desertification vulnerability map. Disponível em: <www.nrcs.usda.gov/wps/portal/nrcs/detail/soils/use/?cid=nrcs142p2_054003>. Acesso em: 8 maio 2018.

A ocorrência da desertificação não é recente. Relatos de historiadores demonstram que a Mesopotâmia, por volta de 2400 a.C., sofreu um processo de salinização e esgotamento de seus solos diante das aplicações de técnicas de irrigação nos rios Tigre e Eufrates. No século XX, foram relatadas situações nos Estados Unidos, em países africanos e no Brasil.

O maior problema da desertificação é a perda da capacidade do solo em manter a reprodução de plantas e de acumular água. A perda de nutrientes impede a produção agrícola e torna a área estéril para o surgimento de outras espécies.

A ONU estima que cerca de 75 bilhões de toneladas de solo fértil sejam perdidas a cada ano. Desse volume, cerca de 12 milhões de hectares de terras sofrem desertificação ou os efeitos da seca, que são registrados em 169 países. Essa área teria a capacidade de gerar 20 milhões de toneladas de grãos, que poderiam ser usados na produção alimentícia.

Os efeitos da desertificação são lentos e cumulativos. O empobrecimento dos solos é apenas a parte mais visível de uma área desertificada. É possível verificar também a menor disponibilidade hídrica nos cursos de água, o rebaixamento ou o desaparecimento das águas subterrâneas, menos incidência de chuva em decorrência de mudanças do clima local e a perda de diversidade biológica.

Quando ocorre em áreas de pecuária e agricultura, a desertificação costuma acarretar um problema social, pois leva a uma migração populacional em busca de terras férteis. De acordo com a ONU, até 2020 cerca de 60 milhões de pessoas imigrarão da África subsaariana para o norte da África e para países europeus em função da desertificação de suas regiões.

4. Convenção para o Combate à Desertificação

Na década de 1970, secas rigorosas afetaram o continente africano. Cientistas afirmaram na ocasião que o desmatamento foi a causa do empobrecimento do solo, que levou milhares de pessoas a morrer de fome. Como resposta ao problema, ocorreu, em 1977, a primeira conferência sobre desertificação, sob comando da ONU.

Essa reunião não gerou resultados contundentes nos países mais afetados pela desertificação. Em 1991, os mais prejudicados com o fenômeno decidiram propor um texto inicial para uma convenção. Essa iniciativa gerou uma mobilização de representantes de países, da sociedade civil e de organizações governamentais internacionais – principalmente as agências especializadas da ONU.

Esse movimento foi concluído três anos depois, em 1994, em Paris, a 17 de junho, data escolhida como o Dia Mundial do Combate à Seca e à Desertificação. Simultaneamente, foi aprovada a Convenção das Nações Unidas para o Combate à Desertificação (UNCCD), que entrou em vigor em 1996.

A Convenção para o Combate à Desertificação tinha, em 2018, 196 países-membros, dos quais 169 apontaram o problema em seus territórios. Esse número mostra que a questão não está circunscrita à África. Por isso, em 2007, a Assembleia Geral da ONU definiu a Década das Nações Unidas para os Desertos e a Luta contra a Desertificação entre 2010 e 2020. Uma série de ações passaram a ser implementadas para que pessoas e governos entendessem a importância da conservação dos solos.

A perda de áreas férteis é um grave problema mundial que pode inviabilizar a agricultura no futuro, caso não sejam adotadas medidas como diminuição da erosão, que cria sulcos no solo impedindo seu aproveitamento, e rotação de culturas, na qual parte do solo não é utilizada em um período do ano e as espécies cultivadas são alternadas para que ele possa recuperar seus nutrientes.

A contaminação pelo uso de agrotóxicos é outro fator de degradação do solo. O solo abriga muitas formas de vida e seu esgotamento pode acabar com essas espécies a curto prazo. Como consequência, a capacidade de produzir alimentos para consumo humano seria afetada, já que a terra é nutrida pela decomposição dos corpos dessas formas de vida. Esse processo é longo, um tempo que não é respeitado pelo uso intensivo do solo.

Entre os programas em curso no âmbito da Convenção para o Combate à Desertificação está o *A Terra é Vida*, que visa ampliar a visibilidade do problema. Outro programa de destaque é o *Degradação Neutra da Terra*, que busca recuperar o solo para manter suas características produtivas e de provedor de diversas formas de vida após um ciclo de cultivo.

O combate à desertificação e à degradação do solo foi incluído nos Objetivos de Desenvolvimento Sustentável, que estabeleceram metas de recuperação ambiental para o mundo até 2030.

Objetivos de Desenvolvimento Sustentável: consistem em 17 objetivos que envolvem temas como combate à pobreza, conservação ambiental, acesso à água e combate à desertificação, entre outros, que estabeleceram metas aos países que devem ser alcançadas até 2030.

Acervo/AFP

Uma grande seca no Sahel, ao sul do deserto do Saara, na África, causou a desertificação de grandes áreas e a migração em massa de pessoas em busca de comida na década de 1970. Atualmente, esse fenômeno já não se restringe ao continente africano e pode ser observado, inclusive, no Sertão brasileiro. Foto de 1973.

CIDADANIA E PROBLEMAS AMBIENTAIS

17 de junho: Dia Mundial de Combate à Desertificação

O Dia Mundial de Combate à Desertificação [...] é celebrado todos os anos para promover a conscientização pública dos esforços internacionais para combater a desertificação. O dia é um momento único para lembrar a todos que a neutralidade da degradação da terra é alcançável por meio da resolução de problemas, forte envolvimento da comunidade e cooperação em todos os níveis.

Para promover a conscientização pública sobre a degradação da terra e chamar a atenção para a implementação da UNCCD em países com grave seca e/ou desertificação, particularmente na África, a Assembleia Geral das Nações Unidas declarou 17 de junho como Dia Mundial de Combate à Seca e à Desertificação, em 1994. Desde então, [...] muitas organizações celebram o [dia] organizando uma grande variedade de atividades de divulgação e eventos de conscientização. [...]

UNITED Nations Convention to Combat Desertification – UNCCD. 17 June: World Day to Combat Desertification.Disponível em: <www2.unccd.int/actions/17-june-world-day-combat-desertification>. Acesso em: 8 maio 2018. (Texto traduzido pelos autores.)

1. Após a leitura do texto, em grupos, elaborem uma campanha para alertar sobre a desertificação. Pesquisem em jornais, revistas e internet a ocorrência da desertificação em um país africano e siga o seguinte roteiro:
   a) Apresentação do país (população, condições naturais e situação da desertificação).
   b) Possíveis causas da desertificação.
   c) Consequências da desertificação.
   d) Alternativas para solucionar e/ou atenuar o problema.

5. Desertificação no Brasil

Grande parte dos estados do Nordeste do Brasil é afetada por esse fenômeno social e ambiental, além de Minas Gerais e Espírito Santo. Segundo o Ministério do Meio Ambiente, cerca de 15% do território brasileiro está sujeito à desertificação.

O Brasil é membro da Convenção das Nações Unidas de Combate à Desertificação desde 1997 e sediou a terceira Conferência das Partes, em 1999, realizada no Recife. Como resultado, desenvolveu programas e ações estatais para combater a desertificação. O Programa de Ação Nacional de Combate à Desertificação (PAN-Brasil) faz parte desse processo. Sua atuação está focada principalmente no Semiárido brasileiro.

Brasil: áreas suscetíveis à desertificação – 2007

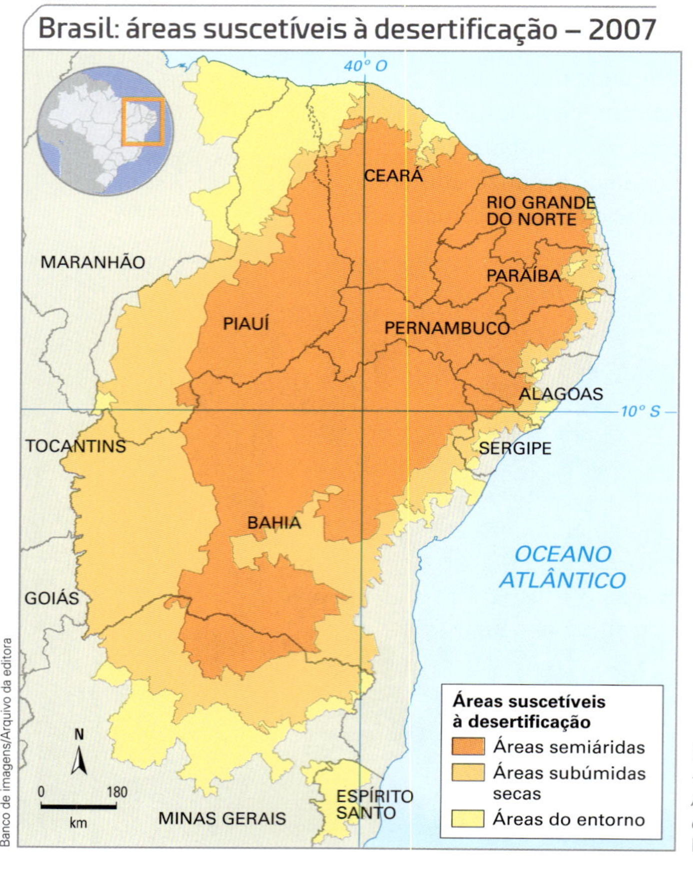

Elaborado com base em: BRASIL – Ministério do Meio Ambiente. *Atlas das áreas susceptíveis à desertificação do Brasil*. Brasília: MMA, 2007. p. 19.

Uma das ações propostas nesse plano foi o Programa Um Milhão de Cisternas. Por meio dele, foram construídas cisternas no Semiárido para armazenar a água das chuvas. Inicialmente, captava-se água para abastecimento familiar e, mais tarde, passou-se a captar também água para a prática agrícola.

Fernando Frazão/Agência Brasil

Cisterna de captação e armazenamento de água em moradia de Quixadá (CE), em 2015. As cisternas captam água das chuvas e garantem a sobrevivência tanto da população como de animais.

Diálogo com Química

O maior desastre ambiental brasileiro: de Mariana (MG) a Regência (ES)

Em 5 de novembro de 2015 ocorreu o rompimento da barragem de rejeitos minerários de Fundão (Mariana/MG), bem como de parte da barragem de Santarém, ambas pertencentes à empresa de mineração Samarco. Este rompimento, cuja vazão foi de mais de 55 milhões de metros cúbicos de rejeito de mineração, caracterizou o maior desastre ambiental do Brasil. O ferro é o metal mais utilizado do mundo, sendo extraído da natureza sob a forma de minério. Durante seu processamento, [...] a precipitação do minério de ferro é promovida pela adição de amido, enquanto a flotação do material restante na ganga (rejeito) é promovida pela adição de aminas. Estas últimas são altamente corrosivas e potencialmente tóxicas aos sistemas biológicos. O rompimento da barragem de rejeitos gerou impactos na qualidade e disponibilidade da água, vegetação ripária, fertilidade e microbiota do solo. Estes impactos foram ocasionados tanto pelo acúmulo de sedimentos quanto pela sua toxicidade (em especial devido à presença de aminas, que elevaram o pH da água e do solo). [...]

A partir de visitas à área afetada e análise técnica de diferentes relatórios [...], foram compilados os seguintes impactos ambientais:

Qualidade e disponibilidade da água:

- Assoreamento dos corpos d'água: este assoreamento é visível, [...] mas ainda não há registro da quantificação do material assoreado nem dentro da calha do rio, nem na mata ciliar. O rejeito está depositado sobre a mata ciliar, alterando geomorfologicamente a bacia.
- Acúmulo de sedimentos instáveis nas margens, com ravinamentos profundos, favorecendo intenso processo erosivo e lixiviação [...].
- Contaminação química por éter-aminas potencialmente tóxicas, oriundas do processo de [...] beneficiamento de minério de ferro da mineradora [...].
- Contaminação pelos metais: arsênio, (provavelmente oriundo da arsenopirita presente nas áreas mineradas), ferro, manganês, cobre, chumbo, magnésio e alumínio em valores superiores aos estabelecidos na legislação [...].
- Ressuspensão dos sedimentos estabilizados nas partes mais profundas no leito desses rios, aumentando para níveis tóxicos a concentração de metais pesados, tais como o mercúrio. Este efeito pode ser amplificado especialmente no período chuvoso.
- Perda drástica de biodiversidade da fauna e flora, ainda não quantificada.

SILVA, Danielle L. da; FERREIRA, Matteus C.; SCOTTI, Maria R. O maior desastre ambiental brasileiro: de Mariana (MG) a Regência (ES). In: *Arquivos do Museu de História Natural e Jardim Botânico*. Belo Horizonte: UFMG, 2015. v. 24, n.1. p.136 e 146.

1. Após a leitura do texto e, com base nos assuntos abordados neste capítulo:
   a) Discuta com seus colegas quais resíduos perigosos são citados no texto.
   b) Pesquise os efeitos desses resíduos na saúde humana.

Reconecte

Revisão

1. Defina no caderno o que é:
a) resíduo;
b) resíduo perigoso.

2. Quais são as principais fontes de resíduos perigosos? Quais alternativas podem ser usadas para evitar a geração desses resíduos?

3. O que é desertificação? Quais são as consequências sociais desse fenômeno?

4. Como o Brasil é afetado pela desertificação?

Leitura, interpretação e debate

5. Leia o texto a seguir:

Brasil denuncia Reino Unido por lixo tóxico

O Itamaraty informou ontem em nota oficial que o Brasil decidiu apresentar denúncia de tráfico de resíduos perigosos contra o Reino Unido na secretaria da Convenção de Basileia, que trata do assunto.

Segundo a nota, a delegação permanente do Brasil em Genebra foi instruída a apresentar a denúncia com base em comunicações do Ministério do Meio Ambiente, do Ministério Público Federal e do Ibama de que o Reino Unido enviou lixo tóxico para o Brasil.

O chanceler Celso Amorim também telefonou para seu equivalente britânico, David Miliband, para frisar que cabe ao país de origem da carga ilícita se responsabilizar pelo retorno dela. Citou para isso o artigo 9º da Convenção de Basileia. Segundo a nota, Miliband "se prontificou a dar ao assunto a importância que merece".

Nos últimos meses, 48 contêineres com resíduos como pilhas, seringas, banheiros químicos e fraldas chegaram ao Rio Grande do Sul e estão parados em Caxias do Sul e Rio Grande. Outros 41 foram mandados ao porto de Santos (SP). A Polícia Federal investiga o caso – o Reino Unido já aceitou receber o material de volta.

Os contêineres somam cerca de 1 500 toneladas. As empresas brasileiras que importaram a carga alegam que haviam comprado material para reciclagem e que as companhias inglesas mandaram lixo tóxico. [...]

BRASIL denuncia Reino Unido por lixo tóxico. *Folha de S.Paulo*, 23 jul. 2009. Disponível em: <www1.folha.uol.com.br/fsp/cotidian/ff2307200906.htm>. Acesso em: 18 maio 2018.

Com base na leitura, discuta com seus colegas:

a) Quais princípios da Convenção de Basileia o Reino Unido violou ao enviar a carga ao Brasil?

b) Cite quais são os direitos de um país afetado pelo lixo de outro país, de acordo com a Convenção de Basileia, se ambos forem signatários desse tratado.

Análise comparativa

6. Reveja o gráfico "Quantidade de resíduos *per capita* por país – 2017" (página 218). Compare a situação dos países a seguir, justificando sua resposta:
a) da Alemanha com a Áustria;
b) da Bolívia com o Brasil;
c) da China com os Estados Unidos.

7. Observe as tabelas a seguir.

Municípios inseridos na Nova Delimitação do Semiárido Brasileiro				
Estados do Semiárido	Nº total de municípios/estado	Nº de municípios no semiárido/estado	Área semiárida por estado	
			km²	%
Piauí	221	127	150 454,25	59,87
Ceará	184	150	126 514,87	85,47
Rio Grande do Norte	166	147	49 589,87	93,27
Paraíba	223	170	48 785,32	86,54
Pernambuco	185	122	86 710,44	85,83
Alagoas	101	38	12 686,86	45,81
Sergipe	75	29	11 175,64	51,11
Bahia	415	265	393 056,09	69,32
Minas Gerais	165	85	103 589,96	17,60
Total	1735	1133	982 563,30	--

Elaborado com base em: CENTRO de Gestão e Estudos Estratégicos – CGEE. *Desertificação, degradação da terra e secas no Brasil*. Brasília: CGEE, 2016. p. 40.

Área suscetível à desertificação no Brasil					
Estado	Área total por estado (km²)	Área de cada Estado Sujeito à Desertificação (ASD) (km²)	Proporção da ASD em relação à área total dos estados	População inserida no semiárido por estado	
				Nº de habitantes	%
Alagoas	27 774,993	17 640,4	63,62	900 549	3,99
Bahia	564 733,081	491 741,4	87,07	6 726 506	29,79
Ceará	148 886,308	148 886,31	100	4 724 705	20,92
Minas Gerais	586 519,727	178 850,93	30,49	1 232 389	5,46
Paraíba	56 469,744	53 421,9	94,60	2 092 400	9,27
Pernambuco	98 149,119	89 571,7	91,26	3 655 822	16,19
Piauí	251 611,932	238 901,5	94,94	1 043 107	4,62
Rio Grande do Norte	52 811,126	51 977,2	98,42	1 764 735	7,81
Sergipe	21 918,493	16 211,4	73,96	441 474	1,96
Área do estudo	218 6908,40	1 344 766,64	61,49	--	--

Elaborado com base em: CENTRO de Gestão e Estudos Estratégicos – CGEE. *Desertificação, degradação da terra e secas no Brasil*. Brasília: CGEE, 2016. p. 44.

a) Quais são os estados brasileiros com maiores áreas suscetíveis à desertificação em termos relativos e absolutos?

b) Quais são os estados com maior população em situação de desertificação?

Resumo

- A produção industrial e agrícola constante gera muitos resíduos, dos quais uma parte é perigosa.
- Os resíduos perigosos podem afetar seres humanos e também o ambiente.
- A Convenção de Basileia é um tratado internacional que visa coibir o fluxo ilegal de lixo entre países.
- A autoridade nacional deve fiscalizar a implementação da Convenção de Basileia no país.
- A desertificação possui causas sociais e naturais.
- Os impactos da desertificação podem inviabilizar a agricultura, o que acarreta problemas de produção de alimentos e migração.
- O Brasil tem muitas Unidades de Federação que sofrem com a desertificação.

Globalização e cidadania

Na globalização, a produção de mercadorias é realizada em unidades produtivas distribuídas por vários países. Esse modelo de dispersão da produção prevê a realização de atividades mais poluidoras em territórios de nações mais pobres ou que não têm leis tão rígidas de controle da contaminação ambiental.

Por isso, a globalização também pode ser analisada como um fator da Divisão Internacional dos Riscos Técnicos do Trabalho, já que distribui as etapas mais poluidoras e as mais limpas da produção a diferentes países. Como resultado, a população acaba sendo afetada de modo desigual. Logo, a justiça ambiental é uma bandeira que cresce nos últimos anos. Cada vez mais pessoas são afetadas pela poluição e se organizam para mudar a situação.

Justiça ambiental: inicialmente focado em casos de racismo na década de 1980, o movimento surgiu nos Estados Unidos por causa de empreendimentos que geravam risco ambiental em áreas habitadas pela população negra. O termo passou a ser usado como bandeira de luta para o acesso a um ambiente com menos ameaças à população, em especial de baixa renda, que, em muitas situações, sofre as consequências da degradação ambiental pela produção industrial, por exemplo.

Além disso, o modelo hegemônico se apoia na produção contínua de mercadorias, que precisam ser comercializadas para que o dono da empresa possa obter lucro e recursos para pagar as despesas de produção, o que inclui matéria-prima, energia e salários.

Uma das formas usadas para manter a produção é a **obsolescência programada**. Ela recebe esse nome porque algum componente do produto é projetado para funcionar por um tempo limitado, o que inviabiliza seu uso, ou seja, ele foi programado para se tornar obsoleto em um curto período. Por exemplo, os projetistas de um aparelho eletrônico dimensionam as partes para funcionarem por muitos anos, mas uma delas se desgasta mais rápido. Ela é calculada para deixar de funcionar antes das demais para estimular o abandono do equipamento e a compra de um novo.

A outra forma é a **obsolescência tecnológica**, que resulta da substituição de um produto por outro mais novo, com matriz tecnológica mais avançada, que impede a continuidade do uso do antigo produto. Por exemplo: aplicativos de celulares cada vez necessitam de mais memória para funcionar. O consumidor acaba tendo de comprar um novo *smartphone* com mais memória para poder continuar usando esses aplicativos.

Beawiharta/Reuters/Fotoarena

Operárias trabalham em fábrica de *smartphones* para atender à demanda mundial de produtos tecnológicos em Tangerang, Indonésia, 2016.

Repercutindo

Texto 1

Considerações sobre os programas de ação de combate à desertificação e mitigação dos efeitos de seca no Brasil e definição da Área Suscetível à Desertificação

A elaboração do Programa de Ação Nacional de Combate à Desertificação e Mitigação dos Efeitos de Seca (PAN-Brasil) foi iniciada em 2003 e concluída em 2004, sob a coordenação do Ministério do Meio Ambiente (MMA), seguindo uma metodologia participativa. Seu processo de elaboração foi apoiado em uma articulação institucional que envolveu órgãos federais, estaduais, organizações da sociedade civil e parlamentos das esferas Federal e estadual, por meio de fóruns [...].

O documento foi concebido em quatro eixos, correspondentes aos macro-objetivos do governo federal, definidos como:

- Combate à Pobreza e à Desigualdade;
- Ampliação Sustentável da Capacidade Produtiva;
- Preservação, Conservação e Manejo Sustentável de Recursos Naturais; e
- Gestão Democrática e Fortalecimento Institucional.

Com base nesses eixos, foi determinado um conjunto de ações e propostas para implementação do programa.

O documento ressalta as dimensões e os fatores responsáveis pelo processo de desertificação, aponta os espaços mais afetados pelas secas recorrentes na região Nordeste e define a Área Suscetível à Desertificação (ASD) e suas características. O documento destaca: (i) os Núcleos Desertificados, como áreas já reconhecidas pelo poder público como sendo de alto grau de degradação; (ii) as áreas semiáridas, definidas pelo governo federal a partir da isoieta de 800 mm; (iii) as áreas subúmidas secas, seguindo o Índice de Aridez definido pela UNCCD; (iv) as localidades do entorno das áreas semiáridas e subúmidas secas que, em algum momento, estiveram em estado de calamidade devido à estiagem prolongada, e; (v) as novas áreas em processo de desertificação, indicadas pelos diagnósticos estaduais, elaborados a partir de 2004; (vi) a relação das ASD com o bioma Caatinga, o Polígono das Secas e a Região Semiárida. Portanto, a ASD cobre uma área superior à Região Semiárida.

CENTRO de Gestão e Estudos Estratégicos – CGEE. *Desertificação, degradação da terra e secas no Brasil*. Brasília: CGEE, 2016. p. 42-43.

1. Com mais três colegas, façam uma pesquisa sobre a desertificação em uma Unidade da Federação no Brasil.

2. Identifiquem programas de combate à desertificação e façam a relação entre as condições citadas no texto. Depois, compartilhem com a classe os resultados na forma de painel.

Gado morto em Mauriti, 2017, em decorrência da falta de chuvas desde 2012, sendo considerada a pior seca do estado do Ceará.

Delfim Martins/Pulsar Imagens

Texto 2

Procrastinação da política nacional de resíduos sólidos: catadores, governos e empresas na governança urbana

No contexto brasileiro, as empresas passaram a ser responsabilizadas pela destinação e reaproveitamento dos resíduos derivados de seus produtos fabricados. Isto exige das empresas mais do que ações pontuais para atender à legislação pois, dentro desse novo cenário que se desenha, ficam claras as vantagens, inclusive econômicas, da reversão de materiais e/ou da reciclagem nas diferentes áreas e funções organizacionais. Do design e projeto de produtos e serviços, passando pela produção, distribuição, coleta, triagem e reversão na cadeia produtiva, distintos saberes, qualificações, profissionais e áreas precisam estar integrados em novas estratégias corporativas. Além disso, tal realidade aumenta significativamente a dependência empresarial em relação aos atores externos às empresas. No caso da reciclagem no Brasil, e em vários países em desenvolvimento, há principalmente a necessidade de parcerias com coletivos de catadores [...].

A aproximação entre empresas e catadores se dá em um contexto marcado por relações de poder e de ressignificação de papéis e expectativas [...]. Essa compreensão é essencial para se entender mais profundamente as novas complexidades inerentes à governança dos resíduos sólidos urbanos e a procrastinação da PNRS.

Além da permanência de visões estereotipadas e preconceituosas quanto aos catadores e também quanto à capacidade organizacional das associações de catadores – remetendo a eles sempre um papel de fragilidade, baixa efetividade no trabalho, inconstância e incompetência gerencial, e incapacidade de trabalhar em grande escala na gestão de resíduos sólidos urbanos –, outros elementos dificultam o diálogo mais equilibrado entre atores do Estado, das empresas e da sociedade civil, incluindo-se aí os catadores e o Movimento Nacional de Catadores de Materiais Recicláveis (MNCR).

A visão de senso comum – de que os catadores não conseguem atuar de forma qualificada, efetiva e eficiente em diferentes etapas da gestão de resíduos urbanos – está presente entre diferentes profissionais com formação superior nas distintas áreas de conhecimento que estão relacionadas à reciclagem, indo desde a medicina e segurança do trabalho, passando pelas engenharias e chegando aos profissionais de gestão [...]. Essa concepção equivocada sobre o papel e a efetiva capacidade dos catadores na gestão de resíduos sólidos está alinhada aos interesses das grandes corporações prestadoras de serviços de limpeza urbana, várias delas sempre ávidas em permanecer monopolizando essa atividade, sob o pretexto da escala, da desorganização das cooperativas de catadores e da baixa qualificação formal desses trabalhadores. Também o *lobby* empresarial a favor da incineração avança pelo mesmo caminho.

No entanto, quando se estuda mais a fundo o mercado de reciclagem e o papel dos catadores na gestão de resíduos sólidos urbanos, vários desses mitos vêm ao chão. Capazes de detectar e reinserir materiais recicláveis dificilmente localizáveis pelos grandes operadores de limpeza urbana, os catadores também cumprem uma função educativa e simbólica essencial no contexto urbano, ao conferir cara, rosto, personalidade e história para a reciclagem. Ao contatar o morador de porta em porta, acabam por gerar uma aprendizagem ambiental na separação de materiais descartados dentro das residências muito mais significativa do que as campanhas midiatizadas de educação ambiental. Além disso, servem para relembrar diariamente que a cidade, suas ruas e sua infraestrutura pertencem a todos e não apenas aos detentores de meios e recursos para viver e se locomover mais rapidamente. Esses são serviços ambientais de natureza simbólica difíceis de serem transformados em variáveis econômico-financeiras e de serem levados em conta na tomada de decisão sobre a governança de resíduos sólidos urbanos. [...]

TEODOSIO, Armindo S. S.; DIAS, Sylmara F. L. G. e SANTOS, Maria C. L. dos. Procrastinação da política nacional de resíduos sólidos: catadores, governos e empresas na governança urbana. *Ciência e Cultura*, v. 68, n. 4, 2016. p. 30-33.

3. Com mais três colegas, discutam as diferentes visões que existem sobre os catadores e suas associações.

4. Pesquisem uma associação de catadores para conhecer mais o trabalho desenvolvido por eles. Busquem os seguintes dados: ano de fundação, forma de organização, volume do material coletado, quantidade de associados, município em que atua, setores que atende, para quem vendem os materiais.

5. Por fim, elaborem um painel e exponham as informações coletadas para os colegas da classe.

Enem e vestibulares

1. (Enem)

O Mar de Aral, localizado entre o Cazaquistão e o Uzbequistão, era até 1960 o quarto maior lago do mundo, cobrindo uma área de 66 mil quilômetros quadrados, com um volume estimado de mais de 1 000 quilômetros cúbicos. O Aral e toda a bacia do lago ganharam notoriedade mundial comc uma das maiores degradações ambientais do século XX causadas pelo homem. É referida como a "Chernobyl Calada", uma catástrofe silenciosa que evoluiu lentamente, de forma quase imperceptível, ao longo das últimas décadas. O futuro do Aral é incerto. A única certeza é que o lago é agora cenário de uma catástrofe ambiental à medida que o nível de água declina e o ecossistema degrada-se, provocando um ambiente de deterioração e condições de vida e de saúde precárias para os povos que vivem às margens do lago.

SANTIAGO, E. Disponível em: <www.infoescola.com>. Acesso em: 12 dez. 2012. Adaptado.

Os impactos ambientais no Mar de Aral são diretamente resultantes da

a) exploração de petróleo em águas profundas desse mar para atender à demanda centro-asiática.

b) aplicação de pesticidas nas lavouras de seu entorno para aumentar a produtividade.

c) construção de edificações em suas margens para desenvolver a atividade turística.

d) utilização de suas águas para atender às necessidades da indústria pesqueira.

e) extração das águas de seus afluentes para a irrigação de lavouras.

2. (Fuvest)

Segundo relatório do Painel Intergovernamental de Mudanças Climáticas (IPCC), inúmeras gigatoneladas de gases do efeito estufa de origem antropogênica (oriundos de atividades humanas) vêm sendo lançadas na atmosfera há séculos. A figura mostra as emissões em 2010 por setor econômico.

Com base na figura e em seus conhecimentos, aponte a afirmação correta.

a) Os setores econômicos de Construção e Produção de outras energias, juntos, possuem menores emissões de gases do efeito estufa antropogênicos do que o setor de Transporte, tendo como principal exemplo ocorrências no Sudeste Asiático.

b) As maiores emissões de CH_4 de origem antropogênica devem-se ao setor econômico da Agricultura e outros usos da terra, em razão das queimadas, principalmente no Brasil e em países africanos.

c) As maiores emissões de gases do efeito estufa de origem antropogênica vinculadas à Produção de eletricidade e calor ocorrem nos países de baixo IDH, pois estes não possuem políticas ambientais definidas.

d) Um quarto do conjunto de gases do efeito estufa de origem antropogênica lançados na atmosfera é proveniente do setor econômico de produção de eletricidade e calor, em que predomina a emissão do CO_2, ocorrendo com grande intensidade nos EUA e na China.

e) A indústria possui parcela significativa na emissão de gases do efeito estufa de origem antropogênica, na qual o N_2O é o componente majoritário na produção em refinarias de petróleo do Oriente Médio e da Rússia.

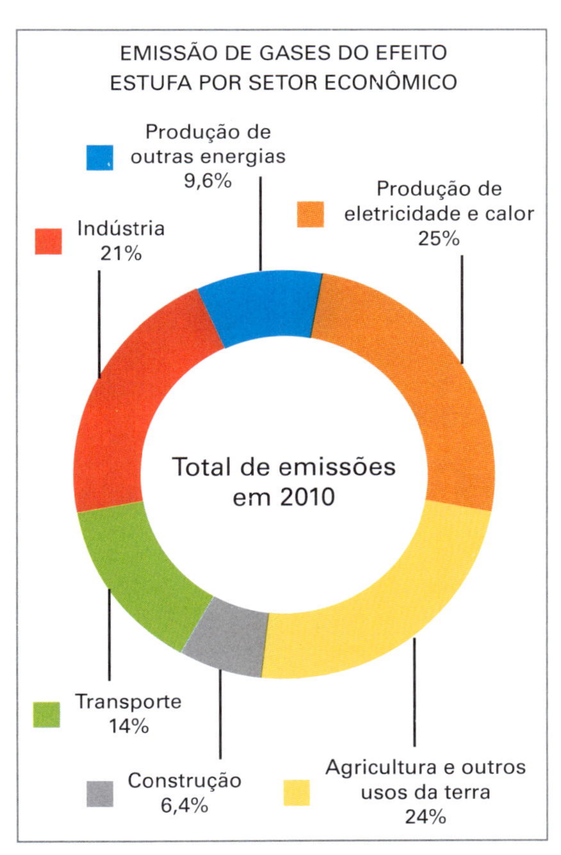

IPCC. Climate Change, 2014. *Synthesis Report*. Adaptado.

UNIDADE

4

Urbanização e desigualdades sociais

Katrin Sauerwein/EyeEm/Getty Images

As cidades são o reflexo das formas de organização de vida. Nelas, encontram-se os maiores contingentes populacionais. Verificam-se diferentes estilos de cidades ao redor do mundo, com técnicas para construir edifícios e ruas do passado e do presente. Essas formas urbanas do passado ainda estão presentes hoje, porém com uso alterado. Todo esse processo indica diferenças sociais na ocupação do espaço urbano.

Foto aérea da cidade do Cairo, capital do Egito, 2017. Ao fundo, as pirâmides de Gizé revelam como eram as técnicas de construção no passado.

CAPÍTULO 10

Metrópoles, megalópoles e megacidades

A origem das cidades remonta a milhares de anos. Desde o início, constituem produto das relações estabelecidas entre seus agentes sociais. Especialmente a partir do desenvolvimento industrial, o fenômeno da urbanização tem se intensificado no mundo.

Cada cidade desempenha um papel nas diferentes redes urbanas que se integram em função de suas características políticas, econômicas e socioculturais. Verifica-se a existência de cidades pequenas, com importância restrita à sua localidade; de cidades médias, com influência regional; até grandes centros de relevância global, que atraem os principais fluxos econômicos, financeiros, de informação e populacionais.

As paisagens urbanas modificam-se a todo momento. São reflexos das relações sociais e das técnicas disponíveis em cada época. Suas feições variam conforme os lugares e podem apresentar grandes contrastes.

Alexander Spatari/Moment/Getty Images

Coliseu, na cidade de Roma, Itália, 2015.

EM FOCO

Uma cidade mais próxima

Desde meados dos anos oitenta do século XX sabemos que estamos consumindo mais do que o planeta é capaz de nos dar. Também que cerca de 54% dos habitantes da Terra vivem nas cidades. E acontece que elas, apesar de ocuparem perto de 3% da superfície do planeta, consomem dois terços da energia e emitem 80% do CO_2, que é um dos gases responsáveis pelas mudanças climáticas. Portanto, a estrutura, funcionamento e organização das cidades são determinantes se quisermos resolver o problema básico que o século XXI enfrenta: ter ultrapassado a biocapacidade do planeta. [...]

Até meados dos anos cinquenta as cidades cresciam de forma mais ou menos radioconcêntrica, apoiadas nas vias de comunicação e com adensamento razoavelmente alto. A partir desse momento, e por causa da popularização dos carros, a cidade começou a crescer de outra maneira: colocando pedaços urbanizados, em geral de baixa densidade, à maior ou menor distância da cidade contínua, com estradas de ligação entre todas as partes. Foi assim que se mudou o conceito de distância em quilômetros pelo de distância em minutos. Com a vantagem para o urbanizador de que o terreno era muito mais barato. [...]

TOJO, José Fariña. Uma cidade mais próxima. *El País*, 27 jun. 2015. Disponível em: <https://brasil.elpais.com/brasil/2015/06/25/internacional/1435226184_302194.html?>. Acesso em: 21 maio 2018.

1. Para ir da sua moradia à escola, você considera a distância em quilômetros ou em minutos? Explique.

1. O surgimento das cidades

Mesmo durante o Paleolítico (anterior a 10 000 a.C.), caracterizado pelo nomadismo, os agrupamentos humanos de caçadores e coletores necessitavam de grande conhecimento dos ambientes em que viviam, como o clima e os tipos de alimentos disponíveis nas diferentes épocas do ano. Além disso, ainda que de maneira temporária, necessitavam de abrigos e tinham grande preocupação com a localização de seus mortos. As relações da humanidade com os lugares se intensificaram desde aquela época, sobretudo quando houve a diminuição da mobilidade por causa da estocagem de alimentos, o que permitiu a fixação de pequenos povoamentos.

Radioconcêntrico: formação urbanística com um centro a partir do qual partem várias vias de circulação, com círculos concêntricos.

SEDENTARISMO

A partir do Neolítico, homens e mulheres passaram a se fixar nos lugares, deixando de ser nômades para se tornar sedentários. Também tiveram início o cultivo da terra e a domesticação de animais. As pessoas trabalhavam em conjunto e as tarefas eram divididas de acordo com o gênero, a força e a idade.

Elaborado com base em: SOL90 Images. Neolítico. Disponível em: <www.sol90images.com/product.php?id_product=354>. Acesso em: 21 maio 2018.

MORADIA
Construídas próximas a cursos de água e campos férteis, eram feitas de madeira, palha e junco.
© Sol 90 Images/Arquivo da editora
vaca
porco
ovelha
ÁREA DE PESCA
PRINCIPAIS ANIMAIS DOMESTICADOS
PEDRA POLIDA
Era obtida ao esfregar a pedra com areia úmida ou com pedras mais duras. Levou à melhora da qualidade dos utensílios.
cachorro
cabra
cavalo
TECIDOS
Sua produção foi assegurada pela matéria-prima advinda dos ovinos domesticados e das plantas colhidas.
MOENDA
Com o auxílio de uma pedra plana e outra arredondada, os grãos eram moídos.
ÁREA DE CULTIVOS
AGRICULTURA
Permitiu a independência em relação à disponibilidade de recursos naturais, pois, com o tempo, a colheita era maior que o consumo.

Porém, os fatores efetivos para a origem das cidades surgiram no período seguinte, o Neolítico (10000 a.C. a 5000 a.C.). O desenvolvimento da agricultura conduziu lentamente a um processo de sedentarização, marcado pelo plantio de um número cada vez maior de alimentos. Aos poucos, a vida nas aldeias tornou-se mais estável, à medida que se garantiam melhores condições de nutrição e proteção para uma população crescente.

O excedente alimentar decorrente do avanço das técnicas de seleção de sementes e de cultivo foi fundamental para que as sociedades se tornassem mais complexas, com a intensificação da divisão do trabalho. Parte da população pôde se afastar das atividades primárias para desenvolver outras, como as ligadas à proteção, à construção de artefatos (cerâmicas, ferramentas) e às moradias.

As cidades na Antiguidade

Muitos pesquisadores apontam Jericó, na atual Cisjordânia, como a cidade mais antiga do mundo. Localizada às margens do rio Jordão, estima-se que tenha surgido há pelo menos 8 mil anos e que tenha abrigado uma população de cerca de 3 mil habitantes. No entanto, pela dificuldade em se definir precisamente a idade das cidades milenares e pela sua conservação, é provável que outras cidades possam ter surgido no mesmo período, como Damasco, capital da Síria, e Biblos, localizada atualmente no território do Líbano.

É interessante observar que as primeiras cidades do mundo se originaram em regiões de climas semiáridos, marcadas pela necessidade – diante das técnicas disponíveis – de fixação nas proximidades dos corpos de água, com aproveitamento das planícies inundáveis para a prática da agricultura. Destacam-se cidades como Ur e Babilônia, com mais de 50 mil habitantes cada uma, entre os rios Tigre e Eufrates, na Mesopotâmia; Mênfis e Tebas, no vale do rio Nilo (África); e outras nos vales do rio Amarelo (atual China) e do rio Indo (Índia).

Ruínas da antiga cidade de Jericó, na atual Cisjordânia, 2016.

Ben185/iStockphoto/Getty Images

Diálogo com História

Primeiras cidades do vale do Indo

O vale [do Indo] foi colonizado por migrações de fazendeiros, que possivelmente avançavam para o leste vindos do sudoeste da Ásia, por volta de 3500 a.C., que cultivavam o trigo e a cevada no clima comparativamente seco da região e criando ovelhas e cabras domesticadas, juntamente com algum gado. Como no Egito, o sistema de controle da água era em escala essencialmente pequena, mas a apropriação do excedente de alimentos para os não produtores levou ao surgimento de uma sociedade altamente estratificada por volta de 2300 a.C. A principal característica da sociedade do vale [do Indo] era sua uniformidade cultural sobre uma região muito extensa. Existe muito pouca evidência do tipo de crescimento orgânico das colonizações e da evolução das cidades, como aconteceu na Mesopotâmia. As duas cidades principais – Harappa e Mohenjo-Daro – apesar de estarem distantes uns 65 quilômetros uma da outra, foram construídas segundo planificações semelhantes, sendo dominadas por cidadelas enormes (de 400 metros de comprimento e 200 de largura, construídas sobre plataformas artificiais, de 13 metros acima do nível das enchentes), onde ficavam situados todos os edifícios públicos importantes. Todas as cidades possuíam espaçosos celeiros centrais para estocagem e redistribuição de alimentos. Não temos conhecimento se a autoridade central da sociedade era religiosa ou secular, mas sabemos com certeza que ela era autoritária e capaz de mobilizar uma grande quantidade de trabalho e impor uma uniformidade mais rígida dentro de uma região maior do que as duas primeiras sociedades mais complexas a surgir no mundo [a mesopotâmica e a egípcia].

PONTING, Clive. *Uma história verde do mundo*. São Paulo: Civilização Brasileira, 1995, p. 112.

1. Como é descrito o cotidiano das antigas civilizações do vale do rio Indo? Que tipo de infraestruturas urbanas já existiam naquele período?
2. Como a estrutura social estava organizada?

Na Antiguidade clássica, as cidades-estado gregas desempenharam um papel central entre as civilizações do período e na formação da cultura ocidental. Entre elas, destacam-se Esparta, na península do Peloponeso, e Atenas, na região da Ática. Na primeira, oligárquica, a estrutura social era essencialmente militar. Na segunda, valorizavam-se a filosofia e as expressões artísticas e também foi onde se originou a democracia, ainda que com diferenças da democracia praticada nos dias de hoje. Os cidadãos (cerca de 10% da população) debatiam e decidiam os problemas de interesse comum em praça pública, a ágora.

Roma, situada na península Itálica, foi a maior cidade da Antiguidade. Chegou a abrigar mais de 1 milhão de habitantes. O Império Romano exerceu papel importante no aumento do número de cidades à medida que constituía bases para a manutenção do poder sobre regiões conquistadas. Além disso, configurou uma rede urbana com certa divisão territorial do trabalho e maior relacionamento entre as diferentes localidades, submetidas a um governo centralizado.

Luisa Ricciarini/Leemage/AFP

Maquete da Roma antiga, desenvolvida pelo Museu de Roma. Foto de 2016.

Cidades pré-industriais

Com a queda do Império Romano, a população deixou as cidades em direção ao campo. O sistema escravista da Antiguidade foi substituído pelo feudalismo, com base na economia agrária, não comercial, autossuficiente e com uso limitado da moeda. Nesse sistema, formado por senhores feudais (alto clero e nobreza) e servos (camponeses), a rede urbana desarticulou-se em razão da inexistência de um poder central. Ainda que algumas cidades tenham resistido, seus papéis se reduziam à medida que se assumiam um caráter essencialmente agrícola servil e a valorização da posse da terra como a única fonte de riqueza.

No período medieval, sobreviveram apenas dois tipos de aglomerados: as **cidades episcopais** e os **burgos**. As primeiras eram os centros administrativos da Igreja. Quase não apresentavam funções urbanas (por exemplo, mercado) e sobreviviam com os impostos recolhidos pela nobreza e pelo trabalho servil nos latifúndios pertencentes ao clero. Os burgos, por sua vez, constituíam cidades, em sua maior parte fortificadas, muradas e com fossos, para garantir a proteção de seus moradores, os burgueses. Localizavam-se, geralmente, em antigas vilas e cidades, em pontos de confluência de estradas ou em foz de rio, junto a abadias, castelos ou locais de feiras. São característicos da Baixa Idade Média (séculos X ao XV). Nos burgos desenvolveram-se o comércio e o artesanato e, se num primeiro momento seus moradores dependiam da autoridade dos senhores feudais, com o tempo passaram a reivindicar sua independência.

Joel Morin/Alamy/Fotoarena

Burgo de Carcassone, no sul da França, construído no século XIII e mantido até os dias atuais. Foto de 2016.

As cidades medievais, cada vez mais populosas, apresentavam péssimas condições de vida. As edificações aglomeravam-se em ambientes úmidos, pouco iluminados, frios, estreitos e malcheirosos. A inexistência de normas de saneamento favoreceu a disseminação de doenças e pestes, com rápida transmissão de um habitante a outro. Incêndios também eram muito frequentes, em virtude dos materiais usados nas construções. O alto clero, assim como a nobreza, não se sujeitava a tais condições, residindo em ambientes amplos e fortificados, como os castelos.

2. Cidades industriais

Durante a Primeira Revolução Industrial (século XVIII), cujos avanços tecnológicos transformaram os meios de produção e de deslocamento – com destaque para as máquinas a vapor –, surgiram as **cidades industriais**. Elas estavam localizadas próximas a recursos minerais e fontes de energia, em locais com facilidade de transporte e disposição de mão de obra.

Algumas delas cresceram tão rapidamente que formaram verdadeiros centros industriais, com número elevado de habitantes, entre elas, Londres, Manchester, Leicester, Nottingham, Birmingham e Liverpool, na Inglaterra; Dublin, na Irlanda; Glasgow, na Escócia; Paris, na França; e Nova York, nos Estados Unidos.

À medida que diversas indústrias eram instaladas, as paisagens dessas cidades iam se alterando radicalmente. Mais uma vez, surgiram ambientes extremamente insalubres e poluídos. Assim como no período medieval, doenças se propagavam pela ausência de condições sanitárias, como grandes epidemias de cólera, varíola, tuberculose e difteria. Essa situação afetava, sobretudo, a classe trabalhadora, que vivia em moradias precárias.

Diálogo com História e Arte

A situação da classe trabalhadora na Inglaterra no século XIX

Examinemos alguns desses bairros miseráveis. Primeiramente, Londres e, em Londres, o famigerado ninho dos corvos (*rookery*), St. Giles, que deverá ser destruído pela abertura de vias largas. St. Giles fica no meio da parte mais populosa da cidade, rodeado de ruas amplas e iluminadas por onde circula o "grande mundo" londrino – vizinho imediato de Oxford Street, de Regent Street, de Trafalgar Square e do Strand. É uma massa desordenada de casas de três ou quatro andares, com ruas estreitas, tortuosas e sujas, onde reina uma agitação tão intensa como aquela que se registra nas principais ruas da cidade – com a diferença de que, em St. Giles, vê-se unicamente pessoas da classe operária. Os mercados são as próprias ruas: cestos de legumes e frutas, todos naturalmente de péssima qualidade e dificilmente comestíveis, complicam o trânsito dos pedestres e enchem o ar de mau cheiro, o mesmo que emana dos açougues. As casas são habitadas dos porões aos desvãos, sujas por dentro e por fora e têm um aspecto tal que ninguém desejaria morar nelas. Mas isso não é nada, se comparado às moradias dos becos e vielas transversais, aonde se chega através de passagens cobertas e onde a sujeira e o barulho superam a imaginação: aqui é difícil encontrar um vidro intacto, as paredes estão em ruínas, os batentes das portas e os caixilhos das janelas estão quebrados ou descolados, as portas – quando as há – são velhas pranchas pregadas umas às outras; mas, nesse bairro de ladrões, as portas são inúteis: nada há para roubar. Por todas as partes, há montes de detritos e cinzas e as águas servidas, diante das portas, formam charcos nauseabundos. Aqui vivem os mais pobres entre os pobres, os trabalhadores mais mal pagos, todos misturados com ladrões, escroques e vítimas da prostituição. A maior parte deles são irlandeses, ou seus descendentes, e aqueles que ainda não submergiram completamente no turbilhão da degradação moral que os rodeia a cada dia mais se aproximam dela, perdendo a força para resistir aos influxos aviltantes da miséria, da sujeira e do ambiente malsão.

ENGELS, Friedrich. *A situação da classe trabalhadora na Inglaterra*. São Paulo: Boitempo, 2010. p. 70-71.

Bianchetti/Leemage/AFP

Rua Wentworth, de Gustave Doré, 1872 (gravura de dimensões desconhecidas). A obra retrata a situação precária das moradias populares em Londres durante a Primeira Revolução Industrial.

1. A partir do texto e da obra de arte, descreva a estrutura dos bairros operários da Inglaterra durante a Revolução Industrial. Quais eram as condições de vida da população que lá residia?
2. É possível comparar a realidade das cidades daquele contexto com a de outras existentes atualmente? Por quê? Cite exemplos.

Com o tempo e em função da forte pressão popular, o poder público passou a promover melhorias nas cidades, com investimentos em saneamento, transporte e energia. No entanto, as reformas urbanas, em geral, reprimiram os movimentos sociais e ampliaram o controle governamental sobre as pessoas, a partir do planejamento territorial. Com diferentes estratégias, o Estado organiza o espaço urbano, criando zonas com diferentes funções, que, muitas vezes, não condizem com as necessidades de grande parte da população, principalmente a de baixa renda. É comum dificultar a mobilização social, como a escolha de localizações de difícil acesso para o estabelecimento de instituições governamentais.

Na construção dos espaços urbanos, a industrialização demandou o surgimento de outros estabelecimentos, como instituições bancárias, assim como o desenvolvimento dos meios de transporte, como bondes e ferrovias, que possibilitaram o aumento da mobilidade intra e interurbana. Por conta da valorização da terra urbana, porém, os trabalhadores das fábricas tiveram de morar em áreas cada vez mais distantes dos centros, que se modernizavam.

3. Cidades atuais

Para compreender as cidades atuais, é preciso entender que o espaço urbano reflete as relações sociais estabelecidas em cada momento histórico, uma vez que ele está em constante reorganização, determinada por agentes distintos, que produzem um espaço fragmentado e articulado, segundo seus interesses. Entre esses agentes, destacam-se os proprietários dos meios de produção, os proprietários fundiários, os promotores imobiliários, o Estado e os grupos sociais excluídos.

O fenômeno da urbanização estendeu-se amplamente pelo mundo. As cidades atuais não estão mais necessariamente ligadas à atividade industrial, sobretudo com o aprimoramento das redes de circulação de informações e mercadorias, e agora podem se desenvolver em função de outros elementos, como circulação e consumo. A tendência atual é a especialização dos lugares, de acordo com a capacidade rentável deles.

Elaborado pelos autores.

4. Metrópoles

Estima-se que as maiores cidades da Antiguidade, como Atenas, Siracusa e Cartago, chegaram, em seu apogeu, a apresentar de 120 mil a 180 mil habitantes. A Roma antiga teve mais de um milhão de habitantes, número que só foi alcançado por Londres, em 1810, com a Revolução Industrial.

Se no início do século XIX registravam-se menos de 50 cidades com mais de 100 mil habitantes no mundo, por volta de 1950, 900 cidades apresentavam essa população. Já em 2016, segundo a Organização das Nações Unidas (ONU), havia 512 cidades no mundo com pelo menos um milhão de habitantes. Veja, no mapa a seguir, as cidades mais populosas em 2016.

Com a intensificação da urbanização pelo mundo, surgiram as primeiras metrópoles, uma concentração urbana contínua que envolve diversos municípios conurbados. Além disso, uma metrópole exerce influência sobre determinada área geográfica, mais ou menos extensa – além de sua própria unidade político-administrativa, ou seja, de seus limites territoriais. Ali se encontram sedes de companhias, de instituições públicas e uma diversidade de oferta de bens e serviços.

Paris, por exemplo, apresenta mais de 2 milhões de habitantes. Com sua região metropolitana, forma um dos maiores centros urbanos da Europa, com mais de 12 milhões de habitantes. Lá estão localizadas sedes de importantes empresas transnacionais.

Conurbação: aglomerado urbano formado por cidades vizinhas, sem zonas rurais entre elas, cujos limites são identificáveis essencialmente pela sinalização.

Planisfério: cidades mais populosas – 2016

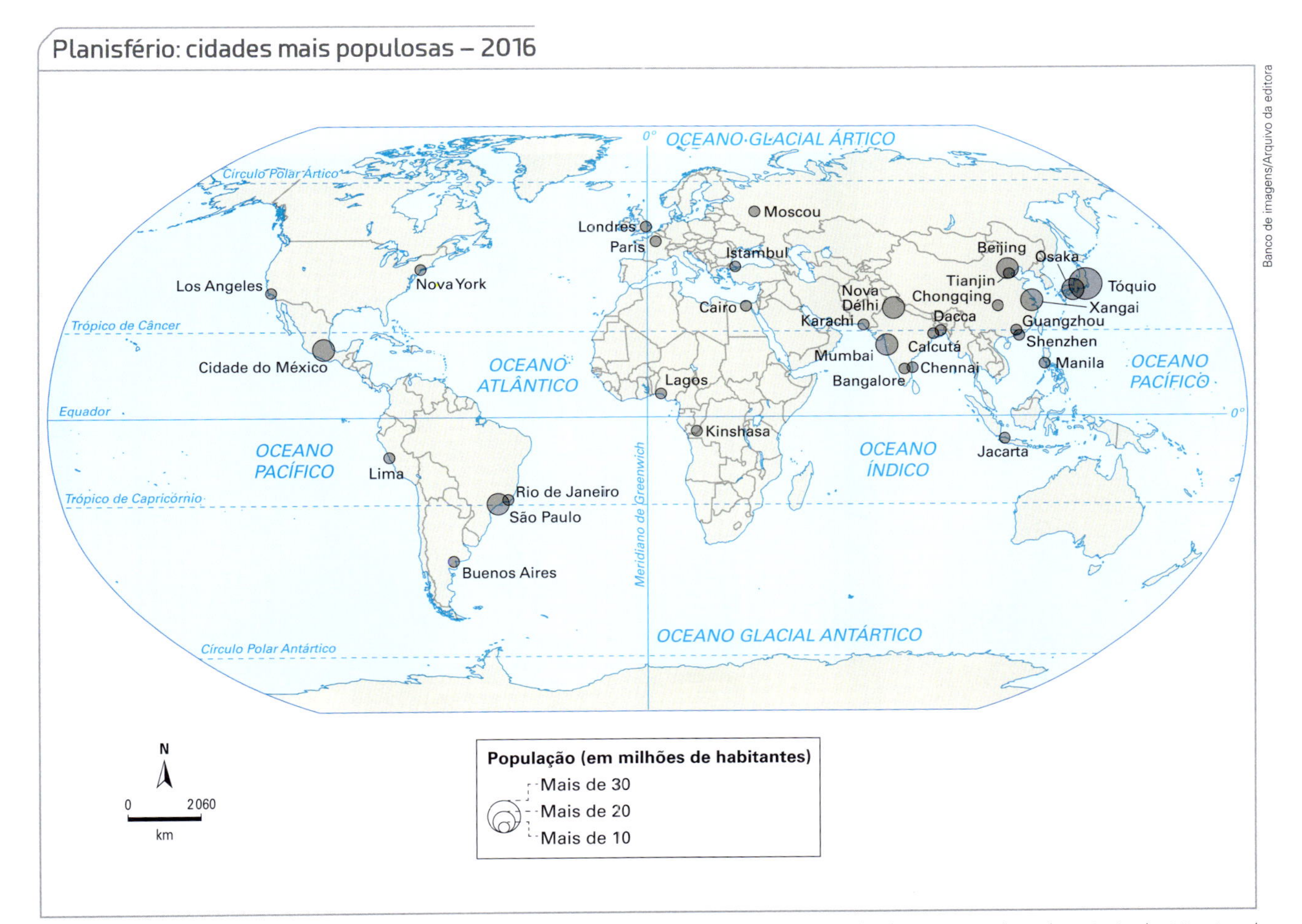

Elaborado com base em dados de: ONU. The World's Cities in 2016. Disponível em: <www.un.org/en/development/desa/population/publications/pdf/urbanization/the_worlds_cities_in_2016_data_booklet.pdf>. Acesso em: 21 maio 2018.

5. Megalópoles

Quando duas ou mais metrópoles se interligam em um imenso conjunto urbano, com intensa circulação de mercadorias, pessoas, informações e capital, forma-se uma megalópole.

A primeira megalópole da história formou-se na costa leste dos Estados Unidos. Chamada **Boswash**, estende-se por mais de mil quilômetros e abrange grandes centros administrativos, econômicos e culturais, como Boston (Massachusetts), Nova York, Filadélfia (Pensilvânia), Baltimore (Maryland) e Washington (DC). Em 2017, a população dessa região chegava a cerca de 50 milhões de pessoas.

O termo megalópole foi criado pelo geógrafo francês Jean Gottmann (1915-1994) para designar essa aglomeração, que funcionava como uma cidade unificada. Além de Boswash, existem outras megalópoles no território estadunidense, como **Chipitts**, ou Megalópole dos Grandes Lagos (que inclui cidades como Chicago, Detroit, Pittsburgh, Cleveland, além de Toronto, no Canadá), e **Sansan** (que se estende de São Francisco a San Diego).

No Japão, encontra-se a maior megalópole do mundo, **Tokkaido**, formada por importantes metrópoles como Tóquio, Kawasaki, Nagoya, Kyoto, Kobe, Nagasaki e Osaka. Juntas, possuem mais de 80 milhões de habitantes e concentram a maior parte da população japonesa.

Outra megalópole em formação abrange a região de **Xangai**, na China. Ainda sem limites claramente definidos, estende-se por Nanjing, Hangzhou, Suzhou e Wuxi, além de outras grandes cidades do sudeste do território chinês, e está programada para se tornar o motor econômico da China, com grande concentração de investimentos em infraestrutura para atrair investimentos nacionais e internacionais.

Xangai, que é cortada pelo rio Yang-tsé, é uma das maiores cidades da China. Foto de 2018.

jejim/Shutterstock

Ainda na China, a região de Beijing e Tianjin também faz parte de um projeto ambicioso para a formação de uma megalópole com mais de 130 milhões de pessoas, a chamada **Jing-Jin-Ji**, cujas metrópoles devem exercer diferentes papéis.

Para constituir uma megalópole, não é necessário haver conurbação total entre as cidades, pois também podem envolver práticas agropecuárias nos espaços não caracterizados por atividades essencialmente urbanas. O importante é que haja um grau de integração entre as metrópoles que a compõem – hoje facilitada pelas redes de circulação de informações, mercadorias e pessoas, assim como o poder de polarização delas em relação a outros espaços.

Jean Gottmann e a megalópole

O dr. Jean Gottmann, geógrafo francês [...] examinou o corredor nordeste dos Estados Unidos e o definiu como uma nova entidade social, econômica e política e o chamou de megalópole [...]

Durante a década de 1950, o dr. Gottmann realizou um estudo histórico de quatro anos sobre o nordeste [dos Estados Unidos]. [...]

Sua primeira visão do futuro da área foi otimista.

No estudo, publicado em 1961 como "Megalópole: o litoral nordestino urbanizado dos Estados Unidos", o dr. Gottmann concluiu que a área "era o berço de uma nova ordem na organização do espaço habitado". Tinha quase 600 milhas de comprimento e 30 milhões de habitantes então.

Na época, ele disse que a megalópole se estendia do norte de Boston até o sul de Washington, ganhou muitas características de uma única cidade e se tornou preeminente nas políticas, nas artes, na comunicação e na economia dos Estados Unidos.

Apesar dos medos sobre o futuro da megalópole expressados por urbanistas, o dr. Gottmann disse que o futuro da área seria brilhante, em parte porque tinha uma "população extremamente distinta" que era "o grupo mais rico, bem-educado, mais bem alojado e bem servido, de tamanho similar no mundo".

O dr. Gottmann usou o termo megalópole na definição da região, uma palavra que ele creditou aos antigos gregos que o cunharam para uma cidade recém-fundada destinada a ser a maior delas. A cidade nunca cumpriu essas aspirações, mas o dr. Gottmann recuperou a palavra para o uso moderno, que estava em desuso por muito tempo.

A análise de quatro anos do dr. Gottmann foi fruto de vinte anos de pensamento e estudo da geografia humana e econômica, o que levou à sua visão inicial, em geral otimista, da região.

Mas em 1975, em uma retrospectiva, o dr. Gottmann acabou sendo mais cauteloso. Disse que muitas das grandes cidades americanas e estrangeiras que estavam crescendo enfrentavam desafios que não tinham sido previstos. Entre eles estavam a demanda inesperada por serviços sociais em meio a perspectivas de emprego cada vez menores e o aumento do estresse humano.

"Os poderes do governo local e a teoria do planejamento em geral não estão adaptados para lidar com os emaranhados da nova situação", escreveu. "A cidade se torna um mosaico de peças diversas, mas mal ajustadas, oferecendo mais contrastes do que harmonia. A mutação atual das cidades americanas reflete a dinâmica de uma sociedade em busca de novas estruturas e uma nova ética." [...]

LYONS, Richard D. Jean Gottmann, 78, a geographer who saw a Northeast megalopolis. *The New York Times*, 2 mar. 1994. Disponível em: <www.nytimes.com/1994/03/02/obituaries/jean-gottman-78-a-geographer-who-saw-a-northeast-megalopolis.html>. Acesso em: 21 maio 2018. (Texto traduzido pelos autores.)

Reprodução/Arquivo da editora

O geógrafo Jean Gottmann, em foto da década de 1980.

Cartografando

Observe a imagem de satélite a seguir e responda às questões.

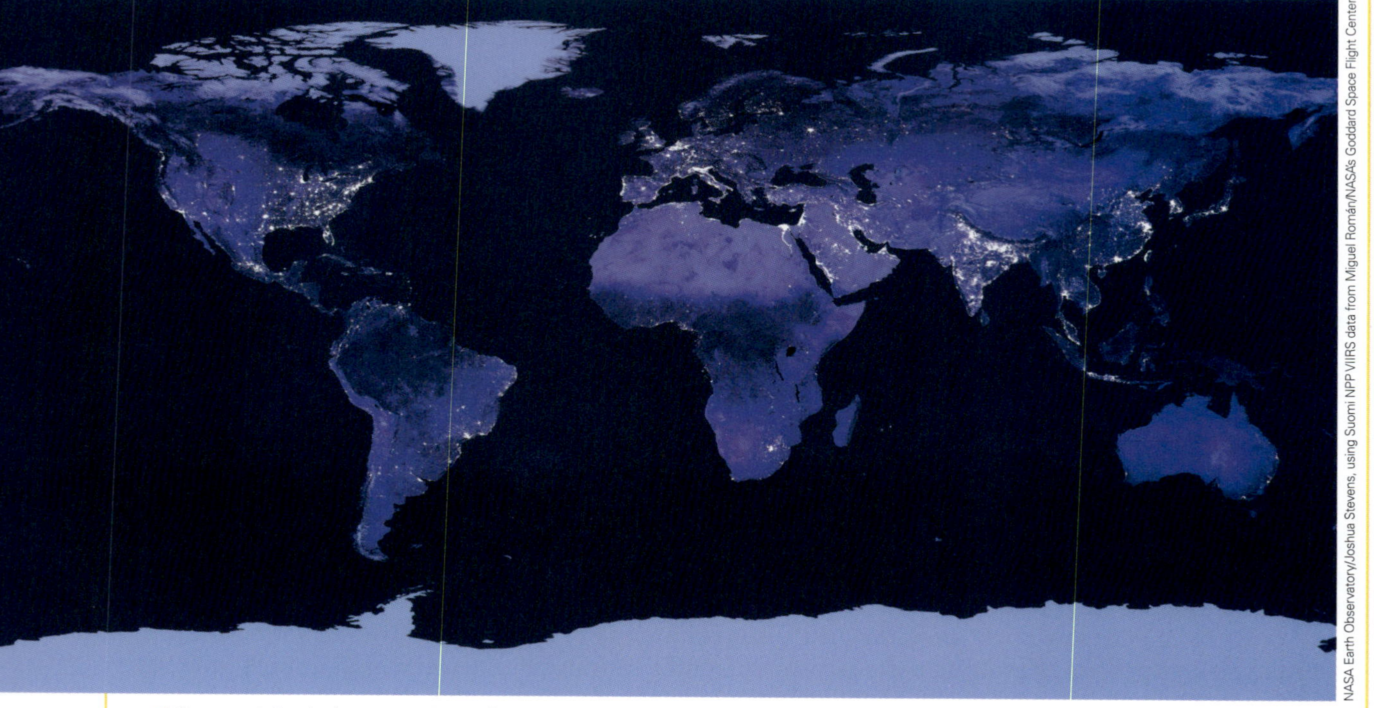

NASA Earth Observatory/Joshua Stevens, using Suomi NPP VIIRS data from Miguel Román/NASA's Goddard Space Flight Center

Composição de imagens de satélites do mundo à noite, em 2016.

1. A partir da observação das áreas mais iluminadas, faça uma análise comparativa em relação à distribuição espacial dos grandes centros urbanos pelos continentes.
2. Em dupla, identifiquem na composição de imagens de satélites duas megalópoles citadas no texto e pesquisem suas principais características (extensão territorial, número de habitantes, principais atividades econômicas e socioculturais, entre outras).

6. Megacidades

A urbanização em ritmo intenso em diferentes regiões do mundo fez muitas cidades ultrapassarem a marca dos 10 milhões de habitantes, sendo chamadas de megacidades. Destaca-se também a existência de hipercidades, que chegam a impressionantes 20 milhões de habitantes. Em 2016, a Organização das Nações Unidas (ONU) contabilizou 31 megacidades no mundo, três quartos delas localizadas em países em desenvolvimento.

Além disso, a ONU projetou o surgimento de pelo menos outras dez até 2030, todas em países de rápido crescimento urbano. Proporcionalmente, as maiores concentrações populacionais em megacidades localizam-se na América Latina e no Caribe (cerca de 13% das pessoas concentradas em apenas cinco cidades).

Na África e na Ásia, ainda que mais da metade da população ainda viva em áreas rurais, estima-se que nos próximos anos o número de cidades com mais de 500 mil habitantes cresça cerca de 80% na África e 30% na Ásia até 2030. Nesses continentes também já existem diversas megacidades.

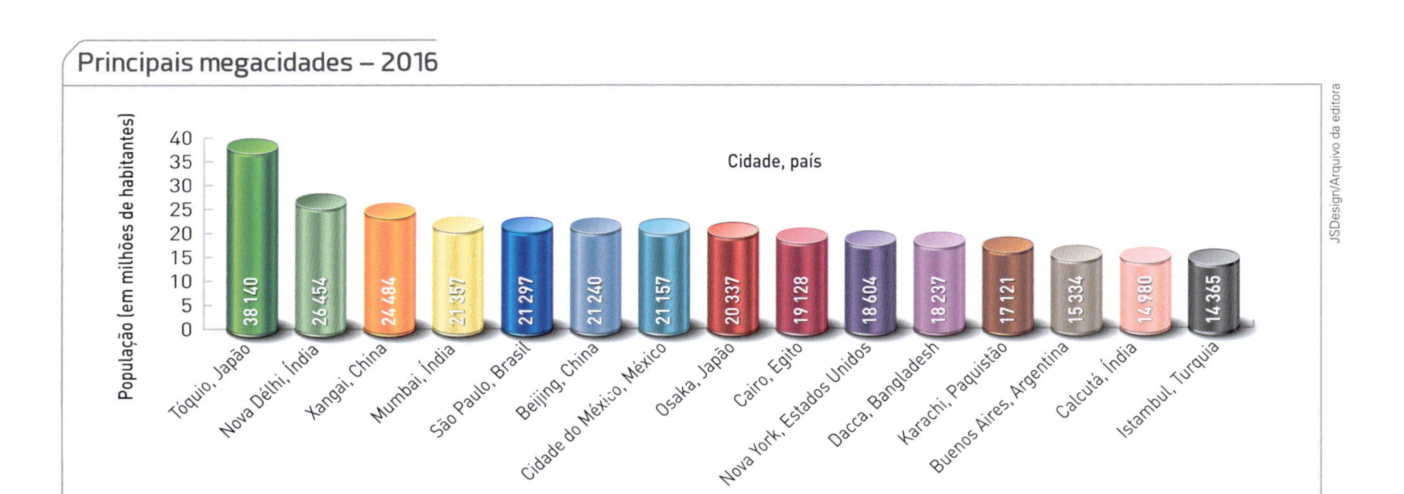

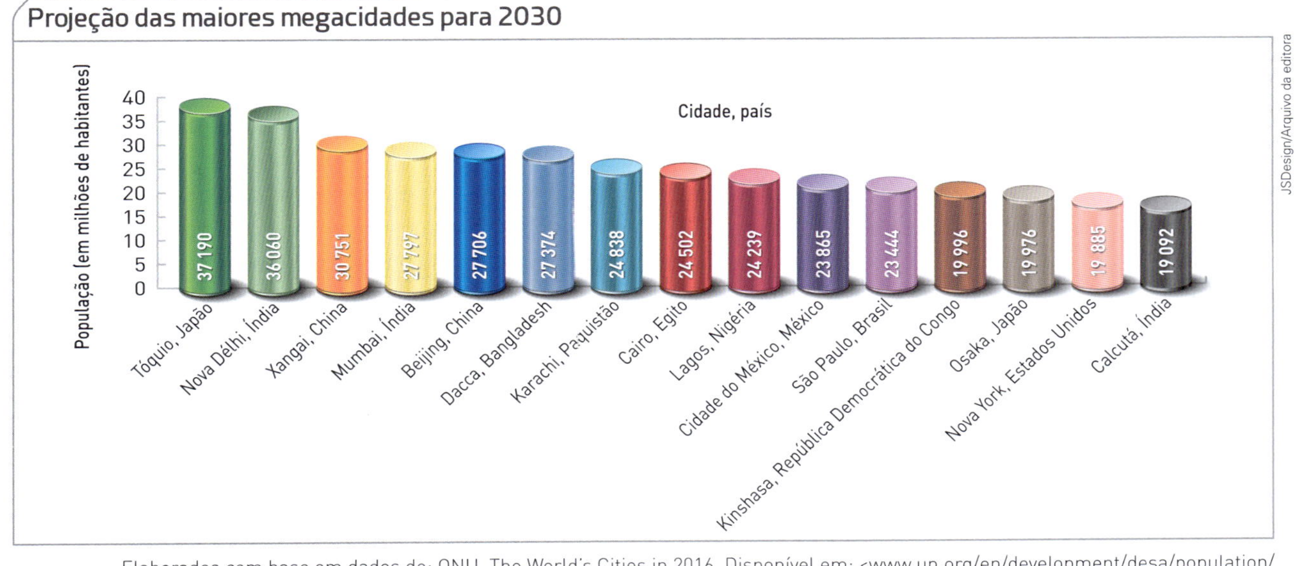

Elaborados com base em dados de: ONU. The World's Cities in 2016. Disponível em: <www.un.org/en/development/desa/population/publications/pdf/urbanization/the_worlds_cities_in_2016_data_booklet.pdf>. Acesso em: 21 maio 2018.

A rápida urbanização nos países mais pobres acentua as desigualdades sociais, materializadas no espaço urbano e observáveis em suas paisagens. Embora as megacidades despertem atenção sobre o fenômeno urbano, sabe-se que no futuro a maior parte do crescimento populacional ocorrerá em cidades médias.

No entanto, as grandes cidades continuam a atrair muitas pessoas. O desemprego no campo e em outras cidades menores, eventos naturais extremos e situações de conflito provocam fluxos migratórios para os grandes centros urbanos, que não conseguem absorver a massa de novos habitantes. Esses novos habitantes, em sua maioria, inserem-se no mercado de trabalho em postos com baixa remuneração ou na informalidade e passam a viver em condições precárias de moradia e saneamento básico, em áreas de maior segregação socioespacial.

bodom/Shutterstock

Moradias precárias em Mumbai, na Índia, contrastam com os prédios modernos ao fundo. Foto de 2018.

De acordo com o Programa das Nações Unidas para Assentamentos Humanos (ONU-Habitat), no início do século XXI mais de 30% da população urbana mundial vivia em favelas, majoritariamente em regiões menos desenvolvidas. Projeta-se que em 30 anos cerca de 2 bilhões de pessoas passem a viver em favelas.

7. Redes urbanas

As cidades são como nós entrelaçados de uma rede, que fazem conexões que envolvem fluxos de mercadorias, pessoas, informações e capitais entre os lugares. Atualmente, com o desenvolvimento de novas tecnologias, redes urbanas são construídas de maneira cada vez mais planejada, para atender, sobretudo, aos interesses políticos e econômicos hegemônicos.

As redes configuram espaços de conectividade. Diversas redes se sobrepõem pelo uso desigual de distintos agentes sociais. Uma praça, por exemplo, pode ser palco de diferentes manifestações culturais ou políticas. Cada uma delas expressa uma rede de relações sociais diferentes. O mesmo vale para um edifício que sedia diferentes firmas. Cada uma pode estar participando em uma rede diferente, como o setor de seguros, de financiamento para investimentos, ou de acolhimento de imigrantes.

As cidades são complexas porque permitem uma série de relações sociais distintas e integram redes urbanas, um sistema articulado de cidades, que assumem diferentes funções entre si.

Na configuração das redes existe uma hierarquia urbana, ou seja, há cidades que exercem diferentes níveis de influência política, econômica e social. Enquanto algumas influenciam para além dos limites nacionais, outras têm funções centrais apenas para a população local.

Na hierarquia das redes urbanas, é possível identificar cidades globais, metrópoles nacionais e regionais, centros regionais e sub-regionais, além de centros locais. É importante compreender a dinâmica estabelecida entre elas para que as políticas que visam à organização dos territórios, como as de saúde e educação, tenham resultados efetivos.

É comum haver confusão entre os significados de megacidade e de cidade global. Como visto anteriormente, as megacidades referem-se a centros urbanos com mais de 10 milhões de habitantes. Já as **cidades globais** são os principais "nós" da rede urbana mundializada. Ainda que tenham população numerosa, são definidas pelas funções que exercem sobre as demais.

Mauricio Fernandes/Shutterstock

Foto aérea de São Paulo (SP), 2016. São Paulo é considerada cidade global por ser a base de subsedes de empresas globais.

Uma cidade global geralmente promove grandes eventos políticos, econômicos, sociais, culturais e ambientais; possui aeroportos de grande porte e sistema de transporte diversificado e eficiente; é sede de grandes empresas multinacionais; tem universidades e outros centros de pesquisa reconhecidos internacionalmente; possui importantes instituições financeiras, infraestrutura de telecomunicações e uma diversidade de centros culturais, como museus, entre outras características. Uma cidade global pode ser uma megacidade, mas não é regra geral.

Poucas cidades no mundo conseguem alcançar tamanha influência a ponto de se tornar um centro mundial. Podemos destacar algumas, como Nova York, Londres, Paris, Tóquio, Madri e Amsterdã. Países em desenvolvimento também possuem cidades globais, por exemplo, Cidade do México, Beijing, Seul, Hong Kong e São Paulo – embora não haja consenso sobre a importância relativa dessas cidades.

8. Planejamento urbano

Com o avanço da urbanização, surgiu a necessidade de planejar o crescimento das cidades de modo que houvesse um melhor aproveitamento dos espaços.

A partir do século XIX, muitos países criaram políticas urbanísticas com diferentes finalidades, com destaque para as que visavam resolver problemas de saneamento. Os governos passaram a determinar zonas com usos específicos (residencial, comercial, industrial), além de definir o traçado de vias que facilitassem a circulação, bem como a criação de áreas verdes.

Cidades planejadas europeias e estadunidenses foram vistas como modelo de planejamento em muitas outras localidades. No Brasil, um exemplo é Brasília, que teve influência direta do que foi feito em Washington.

Nesse processo, intensificou-se a segregação socioespacial nas cidades. Muitas pessoas foram "expulsas" de suas moradias e a especulação imobiliária restringiu a vida dessa população nos melhores espaços da cidade em razão do alto valor da terra e dos impostos a pagar.

gregobagel/iStockphoto/Getty Images

Rosalba Matta-Machado/Shutterstock

Fotos aéreas das esplanadas de Washington (DC), nos Estados Unidos (acima), e de Brasília (DF), no Brasil, em 2014 e 2018, respectivamente. Observe a semelhança entre as esplanadas.

Mesmo com a existência de instrumentos de planejamento, ocorrem processos de segregação socioespacial no espaço urbano. Em muitos lugares são realizadas revitalizações de áreas antigas e degradadas sem considerar as necessidades das populações que habitam esses espaços.

Outro processo de segregação socioespacial é a **gentrificação**, que se refere à valorização recente de áreas centrais que, ao serem remodeladas em espaços mais nobres, seja pelo Estado ou pela iniciativa privada, favorecem a especulação imobiliária e, logo, a expulsão de antigos moradores para áreas distantes e sem infraestrutura.

Formas das cidades

As áreas urbanas, planejadas ou não, apresentam diferentes configurações espaciais de acordo com as relações estabelecidas internamente e com outros territórios em diferentes momentos históricos.

Muitas cidades europeias foram organizadas seguindo um padrão radial, no qual as ruas se expandem a partir de um centro, como as antigas cidades medievais. Há ainda outras cidades na Europa e na América do Norte que têm um padrão de tabuleiro de xadrez, com distribuição relativamente uniforme de quarteirões e ruas paralelas. Nas cidades árabes mais antigas, o porte das habitações se sobrepõe ao traçado das ruas, marcadas por becos e vias sinuosas. Isso significa que não existe um padrão claro no arruamento, pois a prioridade era a construção de residências e de outras edificações imponentes.

O conceito de **cidade-jardim** foi primeiramente pensado no fim do século XIX pelo urbanista inglês Ebenezer Howard. Ele pretendia conciliar as vantagens dos meios rural e urbano a partir de uma cidade construída em esquema radioconcêntrico, no qual a vegetação permeasse todos os espaços públicos. Tal cidade apresentaria zonas com diferentes usos e se articularia rapidamente com as zonas rurais próximas e outros centros urbanos.

Esse modelo foi parcialmente considerado na criação de outras cidades e bairros, em vários países, como no Brasil. Nas cidades de São Paulo, Belo Horizonte, Rio de Janeiro e Curitiba, encontram-se bairros-jardins.

Atualmente, os traçados urbanos apontam o uso misto de padrões, resultado dos acúmulos de diferentes épocas, que seguiam interesses sociais vigentes.

Padrões de arruamento de Paris (França) e São Francisco (EUA)

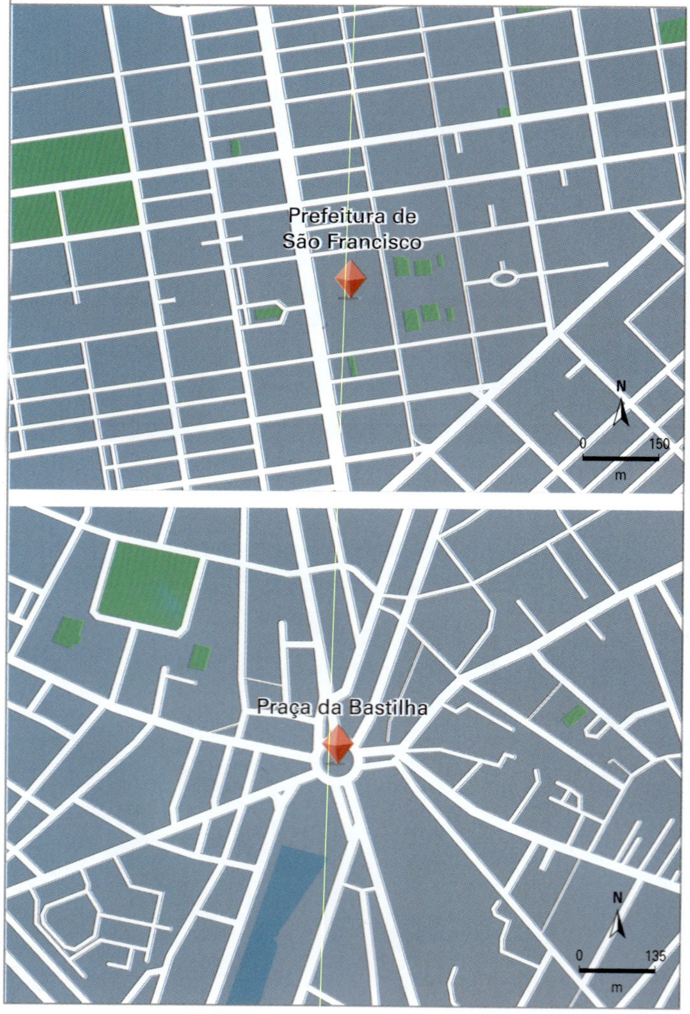

Banco de Imagens/Arquivo da editora

Elaborado com base em: GOOGLE Maps. Disponível em: <www.google.com.br/maps>. Acesso em: 21 maio 2018.

Padrões de arruamento de São Francisco, nos Estados Unidos, e Paris, na França.

Reconecte

Revisão

1. Que fator foi determinante para o surgimento das cidades? Como as primeiras cidades se organizavam?
2. Qual era o papel das cidades durante o feudalismo? Como eram as condições de vida de seus habitantes?
3. Quais eram as características das primeiras cidades industriais?
4. Quais são os elementos necessários para se configurar uma metrópole? Cite exemplos de metrópoles encontradas nos diferentes continentes.
5. Qual é a diferença entre metrópole e megacidade?
6. Defina megalópole.
7. Qual a importância do planejamento urbano?
8. Em que consistem as redes urbanas?
9. De que maneira a pobreza se relaciona ao fenômeno da urbanização?
10. Por que a gentrificação configura um processo de segregação socioespacial urbana?

Análise de infográfico

11. Reveja o infográfico "Principais agentes da produção do espaço urbano" (página 242) e responda:
    a) O que é o espaço urbano? Quais são seus principais agentes e que papéis desempenham na (re)construção das cidades atuais?
    b) Cite exemplos da atuação desses agentes em seu município.

Análise comparativa de gráficos e mapa

12. Volte aos gráficos "Principais megacidades – 2016" e "Projeção das maiores megacidades para 2030" (página 247) e ao mapa "Planisfério: cidades mais populosas – 2016" (página 243). Compare os dados apresentados e faça uma análise da distribuição da população entre as regiões do mundo.

Debate e produção textual

13. Leia o texto a seguir.

Assim, as cidades do futuro, em vez de feitas de vidro e de aço, como fora previsto por gerações anteriores de urbanistas, serão construídas em grande parte de tijolo aparente, palha, plástico reciclado, blocos de cimento e restos de madeira. Em vez das cidades de luz arrojando-se aos céus, boa parte do mundo urbano do século XXI instala-se na miséria, cercada de poluição, excrementos e deterioração. Na verdade, o bilhão de habitantes urbanos que moram nas favelas pós-modernas podem mesmo olhar com inveja as ruínas das robustas casas de barro de Çatal Hüyük, na Anatólia, construídas no alvorecer da vida urbana há 9 mil anos.

DAVIS, Mike. *Planeta favela*. São Paulo: Boitempo, 2006. p. 28-29.

Com base no trecho lido, debata com mais três colegas sobre a organização das cidades e a qualidade de vida de seus diferentes grupos sociais. Em seguida, elaborem um texto sintetizando as principais questões levantadas.

Pesquisa e produção textual

14. Navegue por algum programa de mapas *on-line* na internet e pesquise algumas informações sobre uma das metrópoles mundiais estudadas. Sistematize sua análise em um texto dissertativo.

Interpretação de letra de música e debate

15. Leia a letra da música "A cidade", de Chico Science & Nação Zumbi e procure a música na internet para ouvi-la. Em seguida, realizem uma discussão em grupo sobre as dinâmicas de desigualdade social verificadas no espaço urbano.

A cidade

O Sol nasce e ilumina as pedras evoluídas,
Que cresceram com a força de pedreiros
suicidas.
Cavaleiros circulam vigiando as pessoas,
Não importa se são ruins, nem importa
se são boas.

E a cidade se apresenta centro das ambições,
Para mendigos ou ricos, e outras armações.
Coletivos, automóveis, motos e metrôs,
Trabalhadores, patrões, policiais, camelôs.

A cidade não para, a cidade só cresce
O de cima sobe e o de baixo desce.
A cidade não para, a cidade só cresce
O de cima sobe e o de baixo desce.

A cidade se encontra prostituída,
Por aqueles que a usaram em busca de saída.
Ilusora de pessoas e outros lugares,
A cidade e sua fama vai além dos mares.

No meio da esperteza internacional,
A cidade até que não está tão mal.
E a situação sempre mais ou menos,
Sempre uns com mais e outros com menos.

A cidade não para, a cidade só cresce
O de cima sobe e o de baixo desce.
A cidade não para, a cidade só cresce
O de cima sobe e o de baixo desce.

Eu vou fazer uma embolada, um samba,
um maracatu
Tudo bem envenenado, bom pra mim e bom pra tu.
Pra gente sair da lama e enfrentar os urubus. (haha)
Eu vou fazer uma embolada, um samba,
um maracatu
Tudo bem envenenado, bom pra mim e bom pra tu.
Pra gente sair da lama e enfrentar os urubus. (ê)
Num dia de Sol, Recife acordou
Com a mesma fedentina do dia anterior.

SCIENCE, Chico & Nação Zumbi. A cidade. In: *Da lama ao caos*. Sony Music, 1994. 1 CD. Faixa 4.

Análise comparativa

16. Observe as imagens e responda:

Delfim Martins/Pulsar Imagens

Fortaleza (CE), 2013.

Gregorio Koji/Shutterstock

Gramado (RS), 2018.

João Prudente/Pulsar Imagens

Sorocaba (SP), 2016.

Luciano Queiroz/Pulsar Imagens

Lençóis (BA), 2018.

a) O lugar onde você vive se assemelha mais a qual paisagem apresentada?
b) Que elementos uma cidade deve ter para configurar um grande centro urbano?
c) Que tipo de contrastes você identifica nas paisagens urbanas?

EXPLORANDO

17. Reúna-se com mais três colegas e, com o auxílio de um aplicativo de geolocalização de celular, determinem um percurso entre dois pontos em seu município com uma boa distância entre eles. Em campo, observem e registrem com a câmera fotográfica os seguintes elementos:

- Diferentes atividades econômicas e culturais e, de modo geral, a atuação dos agentes sociais na produção do espaço urbano.
- As redes de circulação, áreas verdes e infraestruturas disponíveis.
- Os indicadores de segregação socioespacial verificados na paisagem, por exemplo, o perfil das moradias e outras situações que sinalizem desigualdades.
- Elementos que indicam a existência ou não do planejamento urbano.

Com base nas informações coletadas, selecionem as imagens mais representativas e organizem uma exposição, que pode ser montada nas áreas comuns da escola. Elaborem também legendas que acompanharão cada fotografia.

Resumo

- No período Neolítico, o desenvolvimento da agricultura deu início ao processo de sedentarização dos seres humanos. A segurança e o excedente alimentar possibilitaram a fixação das pessoas e também a formação de sociedades mais complexas, com divisão de trabalho.
- As cidades mais antigas do mundo surgiram em regiões semiáridas da Ásia.
- As cidades-estado gregas, da Antiguidade Clássica, como Esparta e Atenas, apresentavam estruturas sociais bastante organizadas. Muitas de suas contribuições (políticas, artísticas, entre outras) permanecem nos dias atuais.
- Roma foi a maior cidade da Antiguidade. Em seu auge, possuía mais de 1 milhão de habitantes.
- Com a Primeira Revolução Industrial (século XVIII), surgiram as cidades industriais, localizadas sobretudo próximas às fontes de matérias-primas e energia.
- O mundo torna-se cada vez mais urbano. A conurbação de municípios leva à formação de muitas metrópoles, que apresentam maior influência dentro da rede urbana por suas funções diversificadas.
- Quando metrópoles se fundem, surge uma megalópole. Existem mais de 30 megalópoles no mundo.
- O planejamento territorial é fundamental para organizar o espaço urbano e deve levar em consideração as necessidades de todos os cidadãos.

CAPÍTULO 11

Problemas ambientais urbanos

Jason Lee/TPX Images of the Day/Reuters/Fotoarena

Pessoas usam máscaras de proteção durante alerta vermelho de poluição em Beijing, China, 2016.

A concentração populacional urbana nas grandes cidades amplia os problemas ambientais. Como a maior parte da população mundial vive em cidades, é preciso discutir os problemas ambientais urbanos, como destinação do lixo, saneamento básico precário e diferentes formas de poluição, e, então, refletir sobre maneiras de solucioná-los.

EM FOCO

Lixo eletrônico: um mercado com potencial milionário [...]

Com que periodicidade você troca de telefone celular? Em 2018, os latino-americanos devem jogar no lixo 4800 toneladas de lixo eletrônico ou *e-waste*, 10% do total global, segundo pesquisa [...] para o Estudo Avançado da Sustentabilidade (UNU-IAS). [...]

Entram nessa conta não só os celulares, computadores e eletrodomésticos, mas também equipamentos cuja existência mal se nota no dia a dia, como os medidores de energia. Eles podem causar riscos ambientais e à saúde a partir do momento em que são jogados de qualquer forma em lixões ou aterros sanitários.

Em compensação, são totalmente reaproveitáveis e têm potencial lucrativo se descartados corretamente e reciclados, em um esquema denominado logística reversa. Assim foi feito no Brasil, país latino-americano que mais produz lixo eletrônico: 1400 toneladas em 2014, de acordo com a GSMA e o UNU-IAS.

Um trabalho do Banco Mundial e da Eletrobras em seis Estados (Acre, Alagoas, Amazonas, Piauí, Roraima e Rondônia) tornou possível leiloar medidores obsoletos, transformadores, cabos e outros equipamentos a empresas de reciclagem. Com a venda, as operadoras locais de energia arrecadaram 5,4 milhões de reais, a serem revertidos a projetos sociais.

Nos países em desenvolvimento, a coleta e a reciclagem de resíduos sólidos emprega mais de 64 milhões de pessoas [...]. É uma atividade econômica que não só gera renda como ajuda a preservar o meio ambiente [...].

Dos 21 países da região, Argentina, Brasil, Colômbia, Costa Rica, Equador, México e Peru contam com marcos regulatórios para o descarte e tratamento adequado desses resíduos. No entanto, só Costa Rica, México e Brasil dispõem de empresas de reciclagem no padrão internacional [...], que busca proporcionar maior segurança ao ambiente e à saúde dos trabalhadores. [...]

CERATTI, Mariana K. Lixo eletrônico: um mercado com potencial milionário. *El País*, 18 fev. 2017. Disponível em: <https://brasil.elpais.com/brasil/2017/02/18/politica/1487418470_101918.html>. Acesso em: 22 maio 2018.

1. Com que frequência você troca de celular? O que fez com os aparelhos antigos?

2. Quais aparelhos eletrônicos você ou alguém de sua família trocou nos últimos três anos? Por que isso aconteceu? Para onde os aparelhos antigos foram levados?

1. Lixo: problemas e soluções

Todo material descartado após o consumo é considerado lixo. Seu descarte deve ser feito com responsabilidade, para diminuir possíveis impactos ambientais.

Há diversos tipos de lixo: residencial, industrial, hospitalar, agrícola e tecnológico. Ele também pode ser classificado como seco (papéis, vidros, latas, plásticos) e molhado (restos de alimento). Uma parte do lixo é considerada perigosa à saúde humana.

Há formas de tratar o lixo, dependendo de sua origem. O lixo seco pode ser reutilizado ou reciclado. Já o lixo molhado pode ser transformado em composto orgânico e usado como adubo na agricultura. Para que os resíduos possam ser encaminhados a uma **usina de reciclagem ou compostagem**, é preciso separá-los. Muitas cidades do Brasil e do mundo já adotaram a coleta seletiva de lixo.

No Japão, a separação por categoria de lixo é bastante detalhada e obrigatória. Por ser uma tarefa complexa para os moradores, as prefeituras das cidades produziram um manual com regras de separação que todos devem seguir. Existem dias da semana e horários específicos para a coleta de cada tipo de resíduo e quem não cumpre as regras está sujeito a multas.

Anirut Rassameesritrakool/Alamy/Fotoarena

Recipientes de coleta seletiva em estação de metrô em Shinjuku, Japão, 2016. Os recipientes são para copos de papelão e embalagens de papel; livros e jornais; garrafas PET e de vidro e latas de alumínio.

Coleta seletiva

Plásticos, vidros, metais e papéis podem ter um destino diferente dos lixões com a coleta seletiva, ou seja, a prática de separação de materiais que podem ser reutilizados ou reciclados. Muitos países classificam o material por cores. O papel é acondicionado em cestos de cor azul; os metais, como o alumínio e o ferro, em cestos de cor amarela; os vidros, em cestos verdes; e os plásticos, em cestos vermelhos.

No Brasil, separa-se o lixo em resíduos secos e resíduos orgânicos. Os resíduos secos são depositados em um único cesto, para posterior separação, que é feita por empresas ou cooperativas de catadores de lixo, que os enviam para a reciclagem. Apesar de prevista na Política Nacional de Resíduos Sólidos, a coleta seletiva ainda não foi aplicada em todos os municípios do país.

Trata-se de uma alternativa importante, mas vale ressaltar que a coleta seletiva de lixo para reciclagem é limitada, pois cada material pode ser reciclado determinada quantidade de vezes. O plástico, por exemplo, pode ser reciclado menos vezes que o vidro. A melhor saída continua sendo tentar evitar produzir tanto lixo.

O **aterro sanitário** é um espaço destinado à deposição do lixo não reciclável sobre uma manta impermeabilizante, que evita que o chorume penetre no solo. Depois, o lixo é compactado e recebe uma camada de terra, e assim sucessivamente. Um aterro deve possuir sistemas de drenagem e tratamento do chorume, além de dutos para transportar o gás que se forma da degradação do lixo. Em alguns países, como a Suécia, esse gás é aproveitado para gerar energia.

Outra forma de gerar energia elétrica com o lixo é com sua **queima**. No entanto, essa forma de lidar com o lixo é criticada por catadores de lixo, que perdem a possibilidade de coletar material reciclável, e por especialistas em saúde, que alertam para a produção de gases altamente nocivos à saúde humana, em especial os que resultam da queima de produtos plásticos.

Delfim Martins/Tyba

Catadores em lixão a céu aberto em Barbalha (CE), 2017.

Já a **logística reversa** é uma maneira de diminuir o volume de material descartado. Em alguns países, como a Alemanha, fabricantes recebem de volta produtos que já foram utilizados e dão um destino adequado a eles. Muitas vezes, esses itens são desmontados para que o material seja reciclado e reutilizado na fabricação de um novo. No Brasil, a logística reversa está prevista em lei.

Infelizmente é comum, inclusive no Brasil, a deposição inadequada do lixo. Os **lixões**, ou depósitos de lixo a céu aberto, são formados em terrenos sem nenhum controle, causando problemas de saúde na população do entorno, além de poluírem as águas subterrâneas por causa da penetração do chorume no solo.

Reutilização

Além de diminuir o consumo, principalmente de bens supérfluos, é necessário estimular o **reúso** do material descartado. Potes de plástico, por exemplo, podem servir para acondicionar alimentos em geladeira ou como recipiente para guardar pequenos objetos. Garrafas de vidro podem ser usadas para servir bebidas. A principal vantagem do reúso é poupar recursos naturais, energia e trabalho utilizados na produção dos bens de consumo.

Nem todos os materiais descartados, porém, podem ser reutilizados. É o caso do lixo produzido pelos serviços de saúde, como clínicas, laboratórios de análises e hospitais. O lixo hospitalar pode transmitir doenças, por isso, antes de ir para aterros sanitários, esse tipo de lixo é queimado ou passa por tratamentos sofisticados que eliminam ou diminuem os patógenos.

: agente causador de doenças, como, por exemplo, sangue contaminado por bactérias e vírus.

Consumo consciente

Cresce a cada dia a quantidade de resíduos sólidos nos centros urbanos em decorrência do atual estilo de vida, no qual se verifica um consumo intensivo. O poder de compra de determinada população é um bom indicador do volume de lixo produzido. Quanto maior a renda, mais lixo é produzido. Esse fator também está ligado à taxa de urbanização, pois as pessoas que vivem em cidades produzem mais lixo do que as que vivem em áreas rurais.

Podem ser citados, como exemplos, aparelhos eletrodomésticos em plenas condições de uso que são descartados para dar lugar a modelos mais novos. Não é preciso comprar um modelo mais novo se o antigo ainda funciona, é isso que dever ser questionado quando se trata de produção de lixo. No atual panorama, faz-se necessário, antes de tudo, reduzir o consumo de produtos e embalagens.

Lixo, charge de Gilmar, de 2017, disponível em: <http://gilmaronline.blogspot.com/2017/05/lixo.html?q=lixo>. Acesso em: 18 jun. 2018. O consumo desenfreado aumenta a produção de lixo.

Diálogo com Sociologia

Sabe por que não é dia do Catador?

Hoje não é dia nacional do Catador porque ainda não temos o que comemorar. Nosso objetivo de ter nossa categoria reconhecida e valorizada ainda está distante da realidade. As Prefeituras e empresas querem fazer homenagens e celebrar o nosso profissionalismo, mas são poucos os que pagam corretamente pelo serviço que prestamos. A grande maioria dos nossos companheiros e companheiras se encontra nas ruas e nos lixões, sem direitos e esperança.

Foi no dia 7 de junho de 2001 que 3 mil pessoas tomaram as ruas, a Esplanada dos Ministérios em Brasília reivindicando os direitos dos catadores de materiais recicláveis.

Foi na rua, fazendo barulho, que o Movimento Nacional dos Catadores de Materiais Recicláveis (MNCR) surgiu cravando com luta a semente de um novo mundo mais justo e sustentável. Por isso, o dia 7 de junho é DIA NACIONAL DE LUTA DOS CATADORES DE MATERIAIS RECICLÁVEIS, é dia de mobilização nacional. [...]

Nossa categoria é historicamente excluída da sociedade e muitos catadores ainda sobrevivem de forma precária em lixões e nas ruas. Desde o surgimento do MNCR ampliou-se a luta dos catadores por dignidade, considerando que o trabalho de coleta de materiais recicláveis significa garantir alimentação, moradia e condições mínimas de sobrevivência para uma parcela significativa da população brasileira, que vive à margem da sociedade de consumo. Um povo que apesar das dificuldades, que são imensas, resiste e luta dia a dia pela vida. Pelo direito de sobreviver.

MOVIMENTO Nacional dos Catadores de Materiais Recicláveis – MNCR. Dia Nacional de Luta do MNCR, 7 jun. 2017. Disponível em: <www.mncr.org.br/noticias/noticias-regionais/dia-nacional-de-luta-do-mncr>. Acesso em: 22 maio 2018.

1. Em seu município existem cooperativas de catadores? Há catadores que recolhem material reciclável no seu bairro?

2. Qual o destino que você dá ao material reciclável?

3. Por que o texto afirma que não há o que comemorar?

Dica de *sites*

Movimento Nacional dos Catadores de Material Reciclável
Disponível em: <www.mncr.org.br/>. Acesso em: 22 maio 2018. A página do movimento traz notícias, publicações, legislações e esclarece dúvidas a respeito do universo da reciclagem e dos catadores.

Compromisso Empresarial para Reciclagem
Disponível em: <www.cempre.org.br/>. Acesso em: 22 maio 2018. O *site* busca conscientizar a sociedade sobre a importância da redução, reutilização e reciclagem de lixo. Disponibiliza publicações, pesquisas e banco de dados, além de um mapa da reciclagem interativo.

2. Saneamento básico

A falta de saneamento básico também causa impactos ambientais. O lançamento direto, *in natura*, de dejetos orgânicos humanos em corpos de água polui a água e pode levar à perda de biodiversidade nos rios pela morte de microrganismos, peixes e outras espécies. Muitas cidades litorâneas, por exemplo, ainda enviam seu esgoto ao mar, sem tratamento. As consequências são nefastas: contaminação de estuários, baías, praias e manguezais, que resulta em perda de vidas marinhas da base da cadeia alimentar. Além disso, a ingestão de água, peixes ou crustáceos contaminados pode causar doenças que podem levar pessoas e outros seres vivos à morte.

De acordo com o Relatório Mundial das Nações Unidas sobre o Desenvolvimento dos Recursos Hídricos, de 2017, cerca de dois terços da população mundial sofre com escassez de água ao menos um mês por ano. Além disso, afirma que 2,4 bilhões de pessoas não têm banheiro adequado, dos quais cerca de 1 bilhão ainda faz suas necessidades ao ar livre. Estima-se que cerca de 840 mil mortes foram causadas em 2012 por essas formas inadequadas de destino dos dejetos humanos.

A quantidade de pessoas atendidas por sistemas de saneamento básico varia muito. Nos países da América do Norte, por exemplo, 79% da população tem esgoto coletado, enquanto no sul da África esse percentual chega a apenas 7%.

Tratar o esgoto é uma maneira de economizar água. Por processos de separação física e química, é possível retirar água do lodo formado pelos resíduos orgânicos e reaproveitar a água, que é tratada e filtrada, recebendo o nome de água renovada. Atualmente, como a água tornou-se rara em algumas localidades, seu reúso e tratamento acabaram se tornando importantes fontes de abastecimento.

População atendida por tipos de sistemas de saneamento – 2014

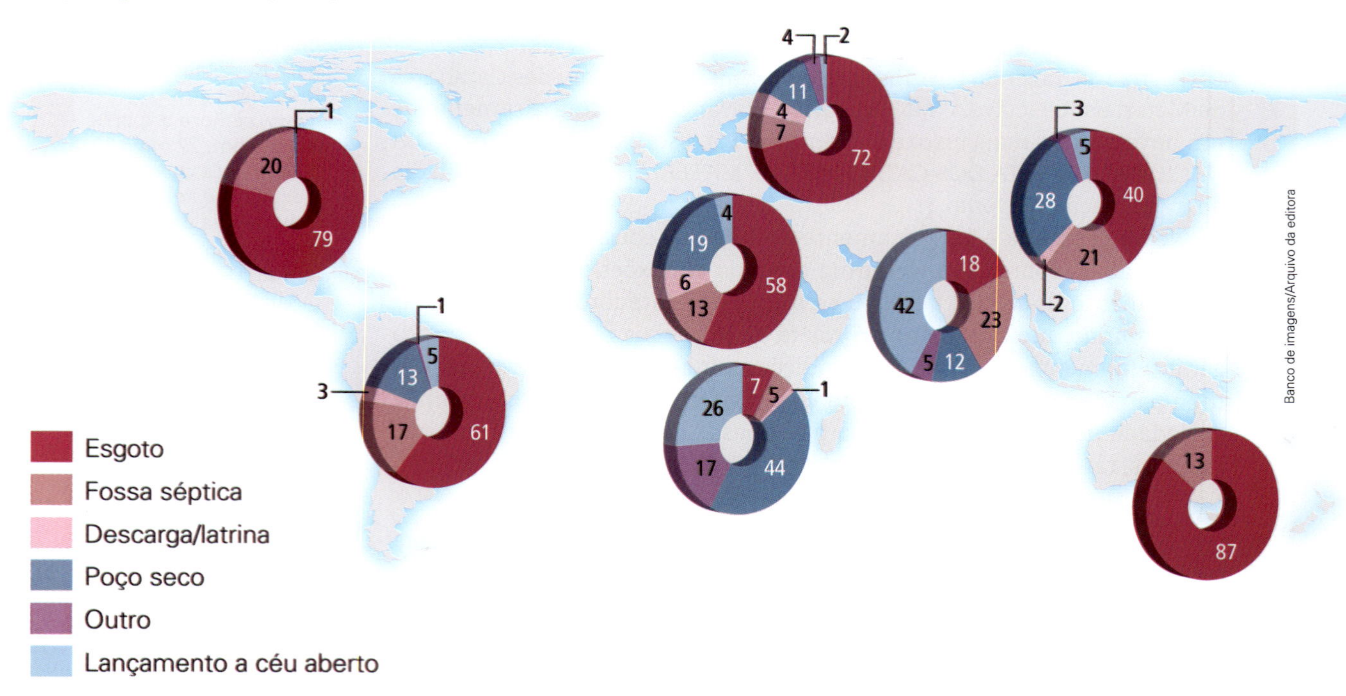

Elaborado com base em: UN Water. *Relatório Mundial das Nações Unidas sobre o Desenvolvimento dos Recursos Hídricos 2017*: fatos e números. Disponível em: <http://unesdoc.unesco.org/images/0024/002475/247553por.pdf>. Acesso em: 22 maio 2018.

A água renovada é usada para tarefas como lavagem de pisos. Nos últimos anos, porém, tem aumentado seu uso em indústrias e na agricultura em países como Austrália e Israel, que a empregam para consumo de animais e no cultivo de alimentos.

Apesar da resistência da população, em alguns países a água renovada é usada também para o abastecimento humano, como ocorre na Namíbia e em Cingapura. Em Cingapura, o governo lançou a campanha *Salve Minha Água* para informar a população que essa água não traz riscos à saúde.

Transformação de água de esgoto em água própria para consumo humano

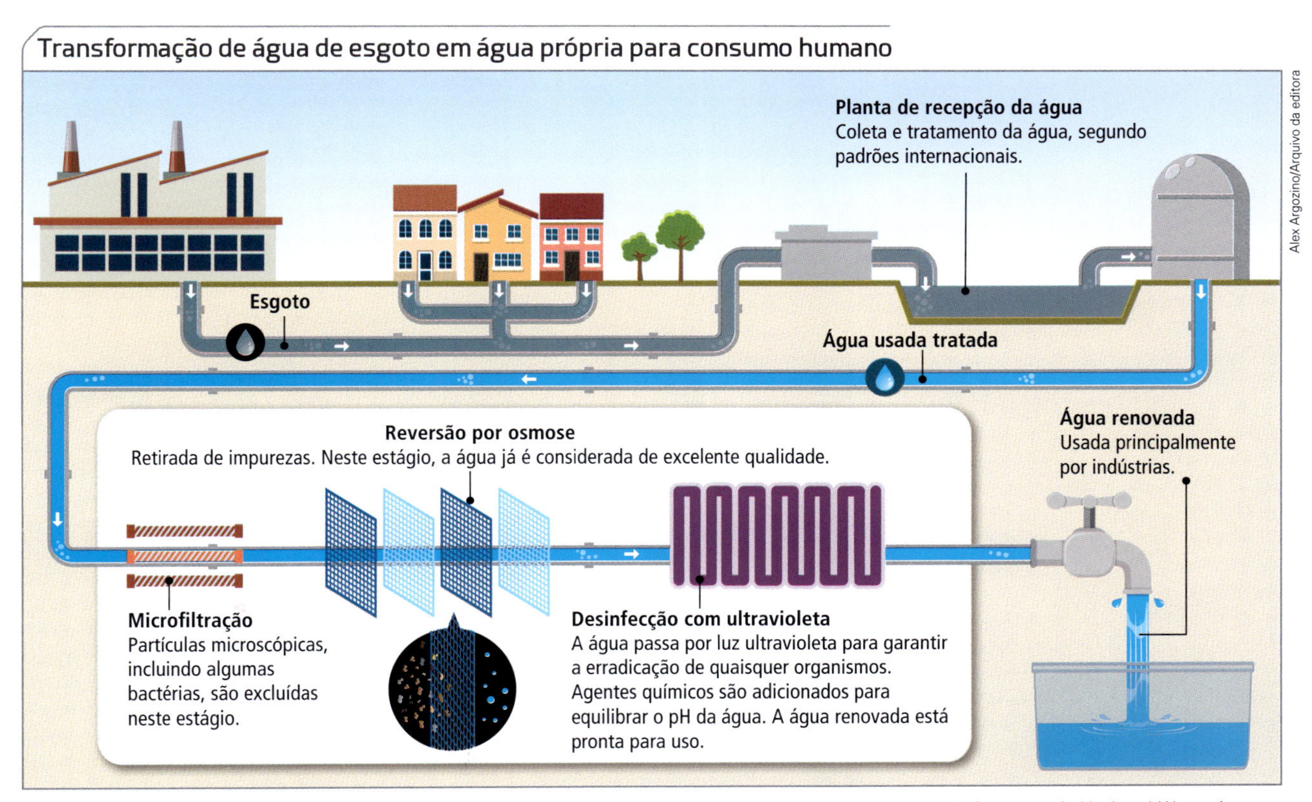

Elaborado com base em: PUB Singapore's National Water Agency. Disponível em: <www.pub.gov.sg/PublishingImages/NEWaterDemographics.jpg>. Acesso em: 22 maio 2018.

3. Áreas de risco ambiental e desastres

Áreas de risco ambiental são aquelas que estão em situação de equilíbrio ambiental precário e que podem causar danos aos seres humanos que vivem ou atuam nelas. Em outras palavras, são áreas que naturalmente tendem ao desequilíbrio, que pode ser provocado pela ação humana ou por um evento natural.

A várzea, por exemplo, é na verdade a área de expansão do rio. Ou seja, é a área que vai receber água em períodos de cheia e, portanto, faz parte do canal de escoamento do rio, mesmo quando está seca.

Como ela está naturalmente sujeita a alagamentos, os terrenos junto aos rios são mais baratos, levando a população de baixa renda a ocupá-los. Quando chove, o rio espraia-se e ocupa a várzea, atingindo moradias construídas nesse terreno. O alagamento é inevitável, causando prejuízos e até morte de pessoas, por isso a várzea é considerada área de risco ambiental e não deve ser ocupada. Para minimizar os alagamentos deve-se barrar a água da chuva antes que ela chegue ao fundo de vale, o que nem sempre ocorre.

As enchentes não ocorrem apenas nas várzeas das cidades. Com a impermeabilização do solo, a água pluvial escoa mais rapidamente, provocando alagamentos. Por isso é necessário manter áreas sem asfalto ou calçamento para que a água possa penetrar no solo e, assim, evitar as cheias.

Encostas íngremes também são consideradas áreas de risco ambiental. Quando se retira a cobertura vegetal dessas encostas, a água das chuvas chega com mais intensidade ao solo, saturando-o. Com o peso da água, a terra se desloca para baixo, arrastando o que estiver na frente. A presença de moradias nas encostas de morros costuma causar danos e até mortes em épocas de chuvas.

Manika Kamara/AP Photo/Glow Images

Após forte chuva, a terra arrastou casas e causou mortes em Freetown, Serra Leoa, 2017.

Os desastres

No passado, costumava-se associar desastres a causas naturais. Por exemplo, chuvas intensas, períodos de seca prolongada, erupções vulcânicas ou terremotos. O desastre era entendido como resultado de uma força natural que alterava a normalidade da comunidade de maneira intensa, por exemplo, destruindo a infraestrutura e moradias, além de deixar pessoas desabrigadas e causar mortes.

Atualmente, no entanto, reconhece-se que a principal causa de um desastre não está na natureza, mas na capacidade dos grupos sociais afetados resistirem a um evento natural intenso.

Um dos fatores centrais para ampliar a capacidade de resistência a eventos naturais é a renda. Um país de renda elevada, como Japão ou Estados Unidos, está mais bem preparado para suportar um terremoto mais intenso que um país de renda mais baixa, como o Haiti, que não tem condições de suportar um terremoto mais fraco. No caso de terremotos, a renda define a tecnologia empregada na construção de edificações para suportar abalos sísmicos.

Lars Nicholaysen/dpa/Alamy/Fotoarena

Steve Lindridge/Alamy/Fotoarena

Destruição causada por terremotos em Namie, Japão, em 2014 (à esquerda), e em Porto Príncipe, Haiti, em 2010 (à direita). Observe que as edificações resistiram ao terremoto no Japão. Já o terremoto no Haiti causou grande destruição e muitas mortes.

Observe o gráfico a seguir. Veja que as enchentes predominam entre os desastres. Elas costumam ocorrer em áreas de várzeas de rios que são ocupadas, em geral, por população de baixa renda. Essa situação é frequente em países populosos, como Índia e Bangladesh, mas também é recorrente no Brasil, infelizmente. As chuvas intensas assolam diretamente a população mais pobre, que perde vidas e bens materiais.

Desastres naturais, por tipo de ocorrência – 1970 a 2014

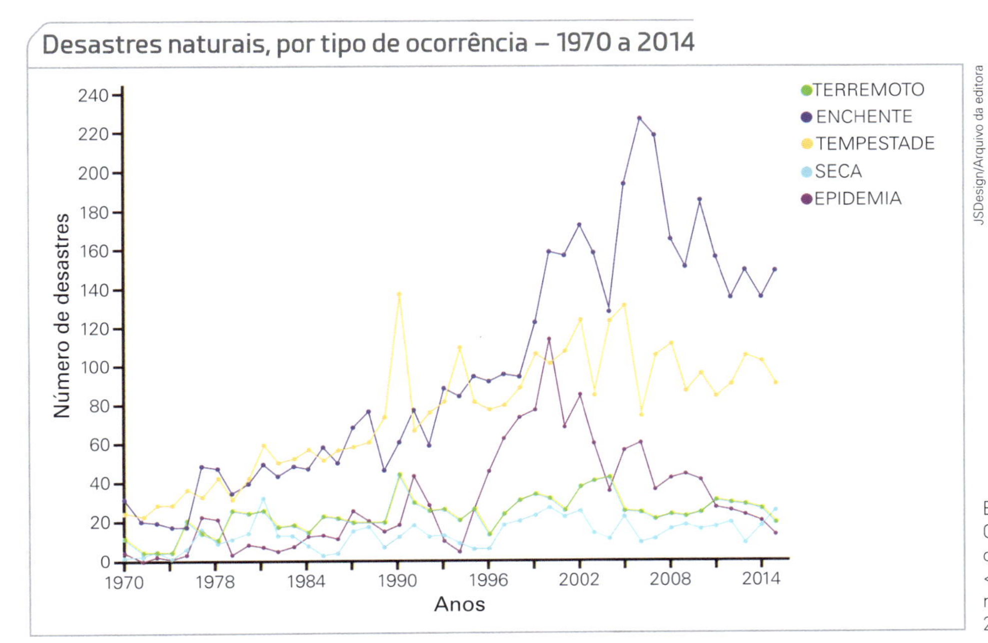

JSDesign/Arquivo da editora

Elaborado com base em dados de: OUR World in Data. Natural catastrophes. Disponível em: <https://ourworldindata.org/natural-catastrophes>. Acesso em: 22 maio 2018.

Um desastre ambiental pode ocorrer de um momento para outro, algumas vezes sem aviso prévio. Os mais afetados por esses desastres são as crianças e os idosos. As primeiras podem ficar órfãs e ter de mudar de moradia, escola e do lugar de convivência social. Já os idosos enfrentam maior dificuldade para deixar as áreas em situação de risco, pois, em geral, têm sua mobilidade reduzida ou, em muitos casos, vivem sozinhos e não conseguem sair de suas residências prontamente em uma emergência.

Cartografando

A Defesa Civil é um órgão que atua nos municípios para prevenir situações de risco e, quando os eventos ocorrem, socorrer as populações atingidas. Os desastres estão associados a alagamentos, escorregamento de solos em áreas de risco, contatos com produtos químicos, entre outros fatores.

Observe o mapa e o gráfico a seguir referentes a populações afetadas por desastres.

Brasil: pessoas afetadas por desastres – 2007 a 2009

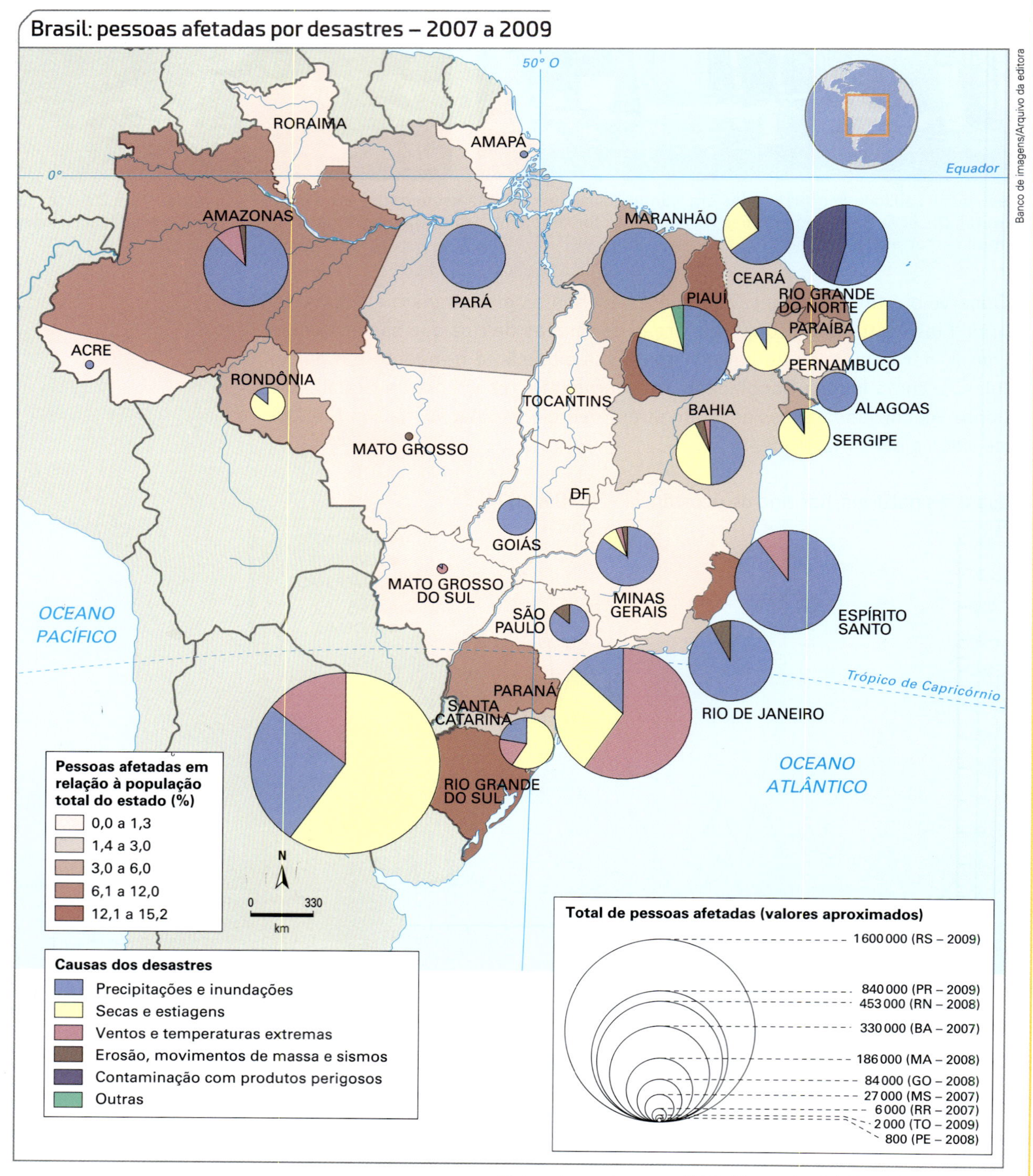

Elaborado com base em: IBGE. *Atlas nacional do Brasil*: Milton Santos. Rio de Janeiro: IBGE, 2010. p.112.

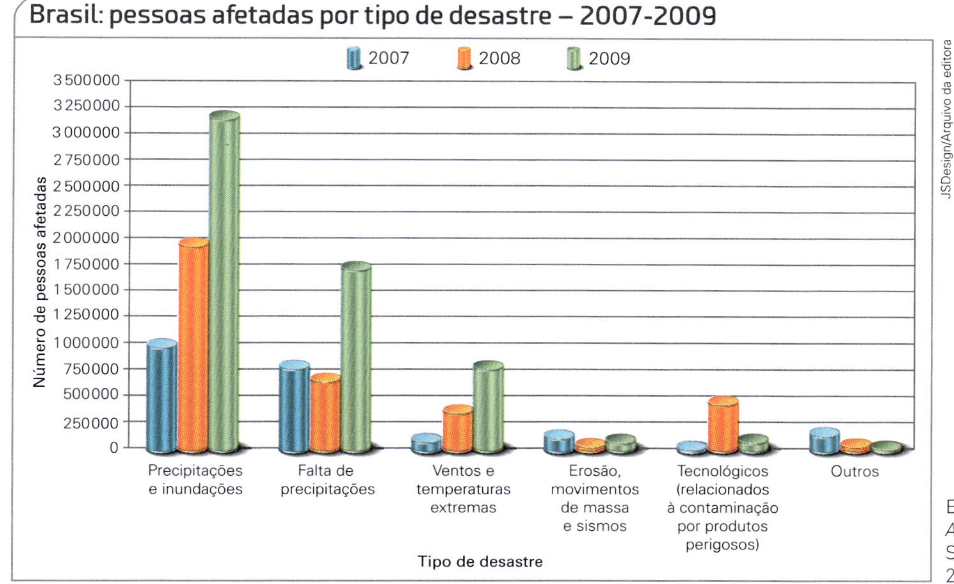

Elaborado com base em: IBGE. *Atlas nacional do Brasil*: Milton Santos. Rio de Janeiro: IBGE, 2010. p.112.

1. Reúna-se com três colegas e analisem as imagens. Depois, escrevam um texto no caderno seguindo o roteiro:
   a) Quantas pessoas são afetadas por desastres na Unidade da Federação em que vocês vivem?
   b) Com base no gráfico, comparem quantas pessoas foram afetadas por cada tipo de desastre nos anos indicados.
   c) Comparem a Unidade da Federação em que vivem com outras duas, uma das quais vizinha, e respondam: Quantas pessoas foram afetadas e qual é o tipo de desastre mais frequente?

4. Formas de poluição e impactos sociais

Existem diversas formas de poluição, cada qual com sérias consequências sociais. Poluição é toda forma de degradação física ou química de um ambiente que resulta da agregação ou da retirada de substâncias. Ela também pode ser definida pela alteração sonora e visual de um ambiente.

Poluição sonora

A poluição sonora resulta de uma ação humana e ocorre quando o nível de ruído incomoda os ouvintes.

Especialistas indicam que o ser humano suporta ruídos de cerca de 80 decibéis sem sofrer danos, porém, passando desse limite, é frequente o surgimento de sintomas como irritação e dor de cabeça. Em vias de trânsito intenso, em zonas industriais, aeroportos e estações de trem e metrô, é comum o nível de ruído ultrapassar o limite suportável pela espécie humana, gerando gradual perda auditiva que só é percebida com o passar dos anos.

Casas de *shows*, casas noturnas, bares e até escolas também ultrapassam os 80 decibéis com frequência. Além disso, o uso de fones de ouvido para ouvir música em alto volume também pode causar problemas de audição.

Muitas cidades incluíram o direito ao silêncio em seus planos de controle ambiental por meio do Estatuto da Cidade, aprovado em 2001. Ou seja, um morador não pode produzir ruído em excesso a ponto de incomodar os vizinhos.

Estatuto da cidade

O Estatuto da Cidade foi estabelecido pela Lei n. 10.257, de julho de 2001. De acordo com seus princípios, as cidades devem ser organizadas de modo a garantir as diferentes funções urbanas, como abrigar atividades econômicas, além da população. Um dos itens do Estatuto trata do cuidado ambiental, que deve estar presente no planejamento urbano e que prevê instrumentos como o Estudo de Impacto de Vizinhança para garantir o melhor uso da cidade por todos.

Poluição visual

A poluição visual é causada pela concentração de cartazes, placas e faixas, enfim, de objetos que saturam um ambiente, atraindo o olhar das pessoas. Quando um cartaz é colocado no entroncamento de uma via importante, por exemplo, os transeuntes são obrigados a olhar para ele, já que ele tapa o horizonte.

A sofisticação eletrônica atual chega a permitir que imagens e luzes sejam projetadas em cruzamentos durante o tempo de fechamento do semáforo, desviando o olhar do motorista. Não é raro, portanto, que aconteçam acidentes por uma simples distração do condutor levado por algum tipo de poluição visual.

f11photo/Shutterstock

Poluição visual no bairro de Akihabara, em Tóquio, Japão, 2017.

Poluição da água

A poluição da água pode decorrer do vazamento de sobras industriais sem tratamento em corpos de água, da penetração de chorume no lençol freático, da chuva ácida, entre outras causas.

O lançamento de esgoto sem tratamento em rios também polui a água. Em algumas cidades esse problema é tão intenso que a população não pode consumir a água que corre em seus rios. Muitas vezes, isso é percebido pela morte de peixes em larga escala, indicando que os níveis de poluição chegaram ao extremo.

Poluição do ar

A poluição do ar resulta do lançamento de gases que sobram da queima de combustíveis associados aos que saem sem tratamento de indústrias. Um dos mais graves distúrbios de saúde ocorre em virtude da formação de ozônio nas baixas camadas da atmosfera, causado por reações químicas com gases expelidos por motores de automóveis.

Nessas situações, forma-se uma camada de cerca de 1,60 metro de altura, que fica ao alcance das narinas das pessoas, agravando rinites alérgicas e causando irritação nos olhos. A poeira também é somada ao ar, causando mais problemas respiratórios à população.

Chuva ácida

A chuva ácida é decorrência da concentração, na atmosfera, de dióxido de enxofre (SO_2) e óxidos de nitrogênio (NO, NO_2 e N_2O_5), compostos liberados na combustão de materiais de origem fóssil, como o petróleo e o carvão mineral, que reagem com a água precipitada (de chuva, neve) resultando em ácidos sulfúrico ou nítrico.

Ela ocorre com mais frequência em grandes concentrações urbanas e afeta o entorno da fonte de emissão, geralmente uma indústria que não emprega filtros ao lançar as sobras do processo industrial na atmosfera. Porém, esse ar poluído pode ser transportado por correntes de ar para outras áreas, provocando chuvas ácidas em locais muitas vezes distantes de onde foram gerados.

Isso é verificado, por exemplo, em países europeus que recebem a poluição gerada em nações vizinhas, transformando o mármore ($CaCO_3$) de construções antigas, como o Parthenon, em Atenas, e o Coliseu, em Roma, em gesso ($CaSO_4$), ou contaminando a água dos lagos, como na Suécia, e causando danos em reservas florestais, como na Alemanha.

A chuva ácida também pode desfolhar as árvores em ambientes naturais. Isso pode gerar um aumento da erosão no local, já que as chuvas atingem o solo com mais força por não encontrarem obstáculos como as folhas das árvores, que servem também para diminuir a velocidade da água antes que ela atinja o solo. Na faixa litorânea, os ácidos devastam a biodiversidade local, composta de microrganismos fundamentais para a manutenção da cadeia biológica.

Planisfério: principais ocorrências de chuva ácida – 2011

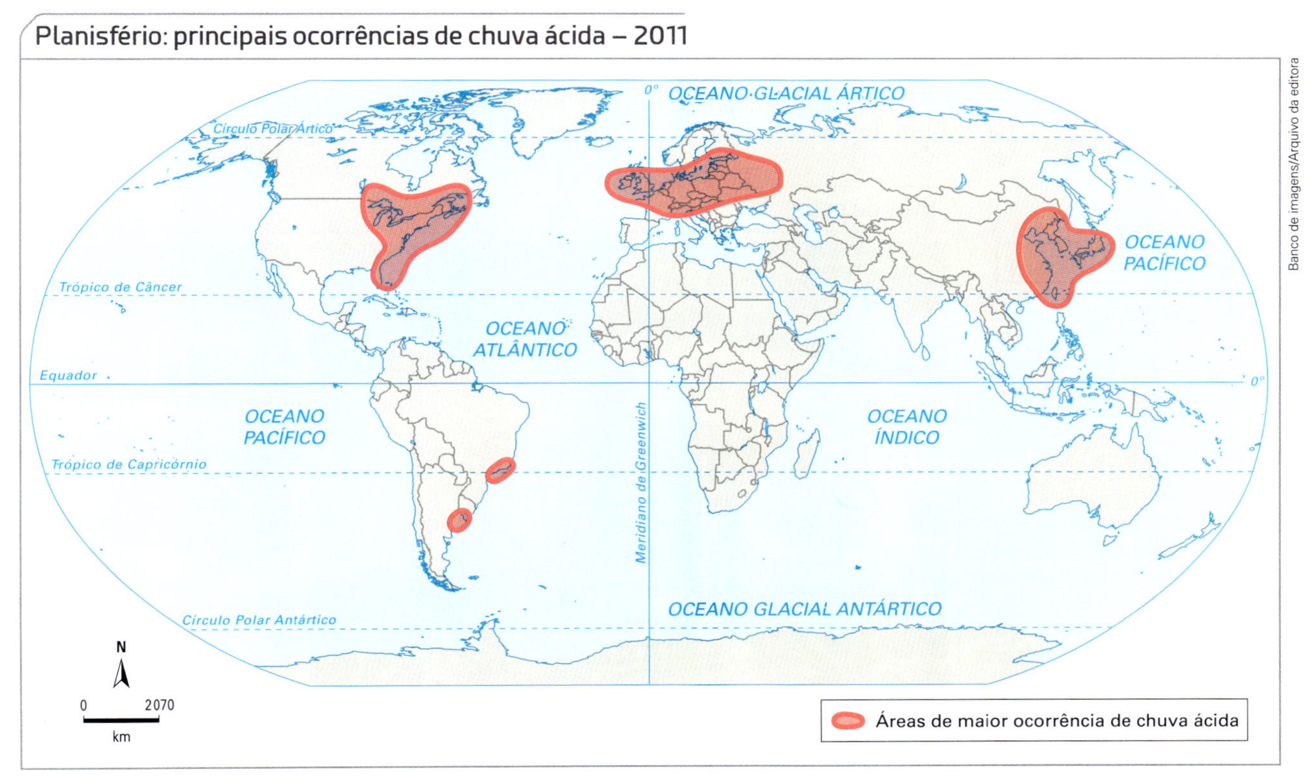

Elaborado com base em: SIMIELLI, Maria Elena. *Geoatlas*. São Paulo: Ática, 2013. p. 29.

Ilha de calor urbana

Ilha de calor urbana é o nome dado a uma área da cidade que apresenta temperaturas mais elevadas que seu entorno. Isso é muito frequente em grandes áreas metropolitanas, como Paris, Los Angeles, Tóquio e São Paulo. As temperaturas mais quentes das cidades influenciam na dinâmica das chuvas, que passam a ser mais intensas.

A temperatura do ar aumenta em função de diversos fatores, que podem estar associados ou não. Quanto mais densa for a urbanização, mais quente será o ar. Ou seja, uma área com muitos prédios, por exemplo, tende a apresentar temperaturas mais elevadas que uma outra ocupada com casas. Os edifícios funcionam como uma barreira para os ventos frios, que acabam esquentando em contato com a superfície aquecida.

O calor emitido pelos motores de veículos também contribui para a elevação da temperatura. Isso se agrava nos grandes congestionamentos em razão da quantidade de veículos. Avenidas congestionadas cercadas de prédios formam verdadeiros corredores aquecidos. O calor que sai dos motores não se dispersa em razão da presença dos edifícios e acaba concentrando-se ao longo da via.

Além disso, os veículos emitem gases que poluem o ar, substâncias químicas que dificultam a perda de calor e também aquecem o ambiente.

Outro fator que contribui para uma área tornar-se mais quente que seu entorno é a impermeabilização do solo. Quem já andou descalço em uma rua asfaltada em um dia quente sabe o que isso significa. Esse tipo de revestimento retém mais calor e reflete os raios solares com mais intensidade que uma via com paralelepípedos ou de terra.

A presença de indústrias também é responsável pelo aquecimento de uma parte da cidade. Elas podem emitir calor de caldeiras, por exemplo, além de gases e água quente que sobram do processo industrial.

Parques urbanos, como o Jardim Botânico, no Rio de Janeiro, e bairros arborizados, como o Pacaembu, em São Paulo, possibilitam um fenômeno inverso à ilha de calor. Eles formam as **ilhas de frescor**, pois possuem árvores e cobertura vegetal que absorvem menos calor que as vias asfaltadas. Um lago urbano, como o Paranoá, em Brasília, também ajuda a manter a temperatura mais baixa por conta de sua umidade.

Ilhas de calor

Alguns fatores que causam o fenômeno das ilhas de calor são reflexão da luz solar pelas construções (A), lançamento de gases por indústrias e veículos (B) e diminuição da circulação de ar, que é barrado pelos prédios (C).

Elaborado com base em: ROSS, Jurandyr L. S. (Org.). *Geografia do Brasil*. 7. ed. São Paulo: Edusp, 2005.

Muitas vezes a cidade é uma ilha de calor ou de frescor, se comparada ao seu entorno. Se há áreas rurais cultivadas ao redor das cidades, como cinturões hortifrutigranjeiros, elas são mais quentes em relação a essas áreas. Mas, quando há distritos industriais nos limites do município próximo às áreas rurais, a cidade pode apresentar temperaturas mais amenas, no caso de ser arborizada.

O importante é ter claro que tanto uma ilha de calor urbano como uma ilha de frescor urbano são **microclimas urbanos**, isto é, áreas que apresentam temperatura diferente de seu entorno por causa de um ou mais elementos apontados.

Inversão térmica

Na dinâmica natural dos ventos, o ar quente, mais leve que o frio, sobe levando consigo os poluentes que ficam nas baixas camadas da atmosfera e junto da superfície terrestre. Quando camadas de ar frias se instalam sobre a camada de ar mais quente, impedindo a circulação natural ascendente do vento, ocorre a chamada inversão térmica.

Embora ocorra em qualquer parte da superfície terrestre, as áreas urbanas são mais sujeitas à inversão térmica que as áreas rurais. Isso porque as cidades absorvem mais calor durante o dia, mas perdem à noite, fazendo com que as camadas de ar próximas ao solo estejam frias pela manhã. Com o passar das horas do dia, a cidade recebe insolação, produzindo uma camada de ar mais quente que a que está abaixo. Ao entrar em contato com a camada fria junto da superfície, a camada quente perde calor e se resfria, deixando de realizar seu movimento ascendente.

Para piorar as coisas, nas grandes cidades existe o acúmulo de poluentes, como o monóxido de carbono e a poeira, também chamado **material particulado em suspensão**. Com a inversão térmica, eles ficam mais concentrados e prejudicam a saúde humana, causando problemas respiratórios.

Embora ocorra ao longo do ano, o fenômeno da inversão térmica é mais frequente no inverno. A maior concentração de poluentes associada às baixas temperaturas do inverno leva os dirigentes a decretarem **estado de alerta** quando os índices de poluição se elevam. Quando isso acontece, é proibida a circulação de veículos automotores para diminuir a emissão de monóxido de carbono. Essa estratégia é empregada em diversas cidades, como em Santiago, no Chile, e na Cidade do México, no México. No Brasil, foi aplicada algumas vezes em São Paulo e em Cubatão, ambas no estado de São Paulo.

Uesiei Marcelino/TPX Images of Day/Reuters/Fotoarena

Inversão térmica em Santiago, Chile, 2015. A cidade de Santiago decretou estado de alerta de 24 horas por causa dos níveis de poluição nesse ano.

E no Brasil?

Desastres hidrológicos

País de clima tropical em sua maior parte, o Brasil enfrenta desastres com frequência. Em geral, eles estão associados a enchentes, deslizamentos e períodos de estiagem prolongada. Veja os gráficos a seguir sobre desastres hidrológicos.

Brasil: desastres hidrológicos e danos – 1995 a 2014

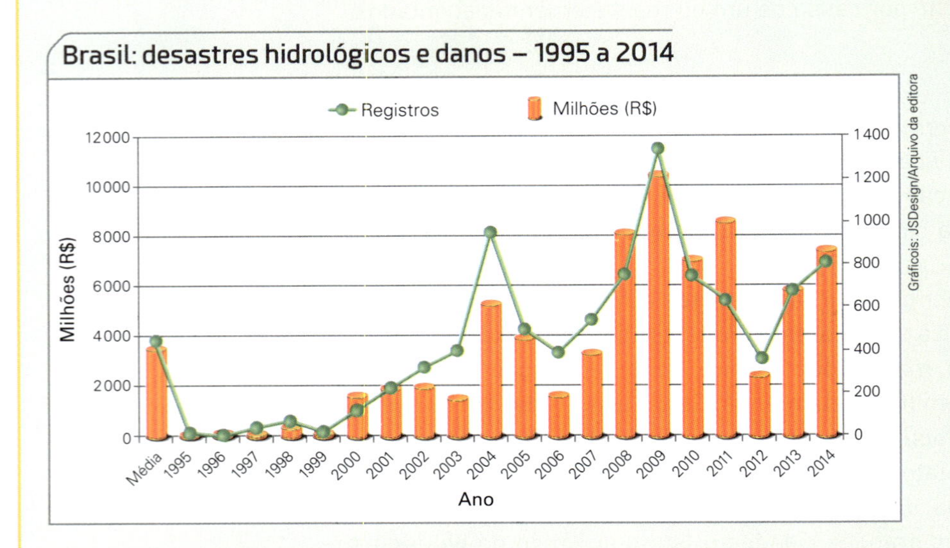

Dica de site

Mapa interativo do Cemaden
Disponível em: <www.cemaden.gov.br/mapainterativo/>. Acesso em: 15 maio 2018.
Apresenta um mapa interativo disponibilizando a quantidade de pluviômetros presentes em cada Unidade da Federação e seus dados. Com isso, é possível saber o volume de chuvas em uma localidade ao longo do tempo para prever enchentes ou escorregamento de vertentes.

Brasil: desastres hidrológicos e danos por Unidade de Federação – 2014

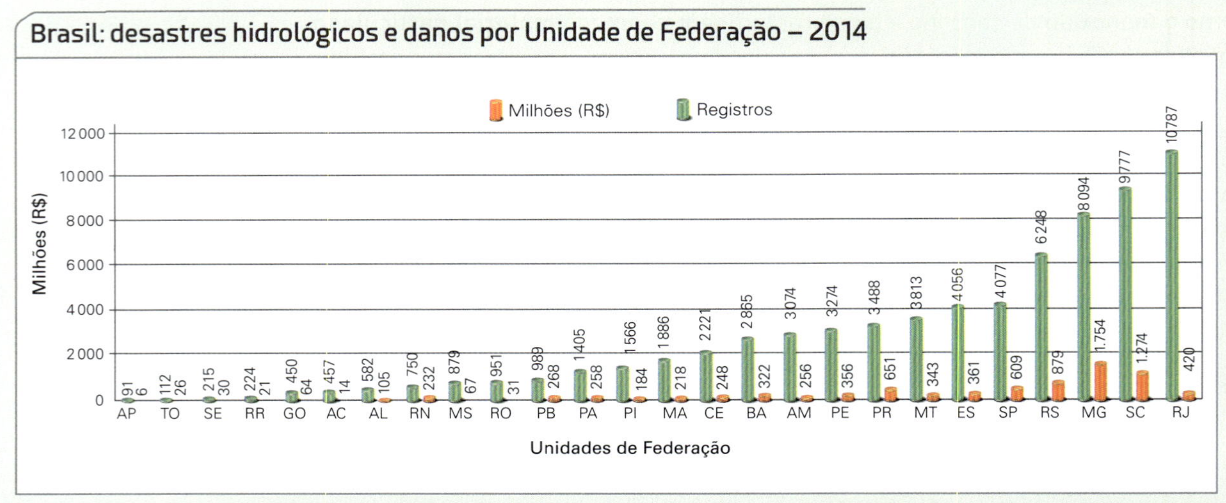

Elaborados com base em: CENTRO Universitário de Estudos e Pesquisas sobre Desastres – Universidade Federal de Santa Catarina. *Relatório de danos materiais e prejuízos decorrentes de desastres naturais no Brasil:* 1995–2014. Florianópolis: Ceped-UFSC, 2016. p. 202.

Em uma tentativa de enfrentar esses problemas, o governo federal criou o Centro Nacional de Monitoramento e Alerta de Desastres Naturais (Cemaden), em 2011, depois de um grave desastre que atingiu diversas cidades na região serrana do estado do Rio de Janeiro. Essa instituição desenvolve estudos para prever a ocorrência de desastres naturais, além de capacitar a população para enfrentar situações de risco.

1. Quais anos resultaram em mais prejuízos financeiros à população?
2. Observe os dados da Unidade da Federação em que você vive. Quantos desastres ocorreram em 2014? Qual foi o total de prejuízos causados? Relacione a situação de sua Unidade da Federação com as de maior e menor quantidade de desastres.

Reconecte

Debate

1. Reúna-se com três colegas e discutam formas de diminuir o impacto do lixo no ambiente. Qual delas é mais fácil de implementar? E a mais difícil?

Revisão

2. A falta de saneamento básico pode ser relacionada a quais problemas de saúde?
3. Defina áreas de risco. Quem é mais afetado por esse problema? Explique.
4. O que é poluição? Dê dois exemplos que ocorrem na cidade e explique-os.
5. O que é chuva ácida?
6. Relacione:
   a) Ilha de calor urbano e qualidade de vida;
   b) Inversão térmica e problemas de saúde.

Análise comparativa

7. Reveja o infográfico "População atendida por tipos de sistemas de saneamento – 2014" (página 258) e relacione o acesso ao saneamento básico à renda dos países.
8. Com base nos dados apresentados no *site* Waste Atlas, escolha duas cidades no Brasil e duas cidades europeias e compare o volume de lixo gerado e reciclado.

Dica de *site*

Waste Atlas
Disponível em: <www.atlas.d-waste.com/>. Acesso em: 15 maio 2018.
O *site* apresenta dados, mapas e gráficos relacionados à questão do lixo em diversos países e cidades do mundo.
Em inglês.

Leitura, interpretação de texto e debate

9. Relacione o texto a seguir com três impactos ambientais estudados no capítulo. Em seguida, reúna-se com três colegas para discutir essa questão.

A crise ecológica e os pobres

É quase universalmente certo que as pessoas pobres vivem no pior meio ambiente. De fato, uma das vantagens de ter maiores receitas é que isso permite ter entornos mais prazerosos. As pessoas endinheiradas vivem em frondosos bairros residenciais ou no campo. As pessoas pobres conseguem casas em bairros marginais e em lugares carentes de vegetação. Os lugares mais contaminados do mundo são os bairros humildes dos centros urbanos de México e Brasil, à sombra de enormes complexos industriais. Quando a fábrica Union Carbide em Bopal, na Índia, deixou escapar gás venenoso em 1984, foram os pobres que viviam ali que morreram; os ricos, que viviam fora do entorno, escaparam com danos menos sérios.

JACOBS, Michael. *La economía verde*: medio ambiente, desarrollo sostenible y la política del futuro. Barcelona: Icaria/Fuhem, 1997. p. 66-67. (Texto traduzido pelos autores.)

EXPLORANDO

10. Em grupos, pesquisem experiências de coleta seletiva na Unidade da Federação em que vocês vivem. Procurem conhecer:
    a) Quantos municípios participam desse tipo de ação?
    b) Quando elas começaram?
    c) Existe a participação de cooperativas de catadores? Se sim, quais?
    d) Qual é o volume de material coletado, por tipos?
    Por fim, organizem um mural com os resultados.

Resumo

- Lixo é todo material descartado após o consumo.
- Há diversos tipos de lixo, como os residenciais, os industriais, os hospitalares e os tecnológicos. Cada tipo de lixo tem um destino: podem ser reciclados, reutilizados ou descartados.
- A falta de saneamento básico acarreta muitos danos ao ambiente.
- A ocupação de áreas de risco ambiental, como as encostas e as várzeas, pode causar diversos desastres e impacto ambiental.
- Há muitas formas de poluição a serem observadas e evitadas.
- Entre essas formas estão a poluição sonora, a poluição visual, a poluição da água e a poluição do ar, além da chuva ácida, das ilhas de calor urbanas e da inversão térmica.

CAPÍTULO 12

Urbanização brasileira e desigualdades sociais

A urbanização brasileira ocorreu tardiamente se comparada a outros países do mundo e, por muito tempo, as poucas cidades existentes não estabeleciam relações significativas entre si, pois não existia uma rede urbana. Entre o fim do século XIX e o começo do século XX, verificou-se o aumento de cidades, mas de maneira bastante desigual entre as regiões, com predominância no Sudeste, principalmente em função da atração provocada pelo crescimento econômico de São Paulo.

Foi somente na década de 1970 que a população urbana ultrapassou a população rural a partir do avanço da urbanização pelo interior do território. Algumas cidades se tornaram metrópoles regionais, com a contribuição do Estado brasileiro na criação de cidades planejadas ou na localização estratégica de atividades econômicas longe dos grandes centros, cujo objetivo era alavancar o desenvolvimento de outras partes do Brasil.

Constituiu-se, então, uma rede urbana brasileira cada vez mais complexa em função das relações estabelecidas entre as cidades. Porém, essa urbanização tardia e acelerada tem provocado, ao longo desse processo, crescentes vulnerabilidades, principalmente nos grandes centros urbanos, marcadas pelas desigualdades sociais e pela luta pelo direito à moradia com qualidade de vida.

Arquivo/Estadão Conteúdo

Migrantes provenientes da região Nordeste chegam a São Paulo (SP) em pau-de-arara, em 1960, atraídos pelo crescimento da cidade e em busca de oportunidades de trabalho.

EM FOCO

Taboão da Serra é a cidade mais povoada do Brasil

O município de Taboão da Serra, na região metropolitana de São Paulo, é a cidade com maior densidade demográfica do país, segundo dados do Instituto Brasileiro de Geografia e Estatística (IBGE) divulgados no final do mês de agosto [de 2017]. A cidade de 20,38 km² alcançou a marca de 279 634 habitantes, um total de 13,71 mil habitantes por quilômetro quadrado. Até o ano de 2010, Taboão era o terceiro município do *ranking*, ficando atrás de Diadema, também na Grande São Paulo, e São João de Meriti (RJ).

Em 2010, o censo do IBGE apontava que a cidade carioca era a mais populosa do país, com 458 673 habitantes, distribuídos em uma área de 35,2 km², o que representava 13 024 hab/km². Nos últimos anos São João de Meriti ficou conhecido como o "Formigueiro das Américas".

Já a cidade de Diadema, no ABC Paulista, em 2010 aparecia como a segunda no *ranking*, com uma população de 386 089 habitantes em um território de 30,8 km², cerca de 12 519 hab/km².

Em 2010, Taboão em terceiro lugar já demonstrava crescimento acelerado, segundo estimativas do IBGE. Eram 244 528 habitantes, em uma área de 20,3 km², ou 12 049 hab/km².

Agora com os dados atualizados, Taboão da Serra assumiu a liderança com 13,71 mil habitantes por quilômetro quadrado. O município de São João do Meriti caiu para a terceira posição este ano com uma população estimada em 460 461 habitantes, ou 13,07 mil hab/km². A cidade de Diadema, de acordo com a nova pesquisa, se manteve em segundo lugar, com 417 869 habitantes, o que representa cerca de 13,59 mil hab/km². [...]

TABOÃO da Serra é a cidade mais povoada do Brasil. *Gazeta de São Paulo*, 8 set. 2017. Disponível em: <www.gazetasp.com.br/grande-sao-paulo/31855-taboao-da-serra-e-a-cidade-mais-povoada-do-brasil>. Acesso em: 16 maio 2018.

Dica de *site*

IBGE Cidades
Disponível em: <https://cidades.ibge.gov.br/>. Acesso em: 16 maio 2018.
Nessa página do IBGE é possível encontrar diversos dados referentes à população dos estados e municípios brasileiros, além de mapas e infográficos.

Reprodução/Acervo da Prefeitura Municipal de Taboão da Serra, SP.

Taboão da Serra (SP) na década de 1960, quando era chamado de Vila Poá. Em cerca de um século, o antigo vilarejo transformou-se na cidade mais povoada do Brasil.

1. Compare o contexto populacional de Taboão da Serra em 2010 e em 2017.
2. Verifique a densidade demográfica do seu município na página do IBGE Cidades. Em seguida, escolha um município vizinho e faça uma comparação entre eles. Ele é mais ou menos populoso que o seu município?

1. Urbanização brasileira

Urbanização pode ser definida como um processo em que ocorre o avanço das cidades sobre as áreas rurais em razão do crescimento causado, por exemplo, pela mudança das pessoas do campo para essas localidades.

No Brasil, as primeiras cidades datam do período colonial. No entanto, no período imperial e no início do republicano, as cidades não mantinham relações significativas e funcionavam de modo desarticulado. A industrialização e a diversificação das atividades econômicas, principalmente depois da segunda metade do século XX, alavancaram o fenômeno urbano no Brasil, porém de maneira tardia se comparada a muitos países.

O crescimento acelerado das cidades brasileiras levou ao aparecimento de grandes centros, como as metrópoles. Também surgiram cidades planejadas, como Salvador e Belo Horizonte, mas a dinâmica de crescimento populacional levou à descaracterização de muitas de suas áreas. Como resultado, as cidades brasileiras expressam, atualmente, a desigualdade social do país.

Cidades coloniais

Bahia, Minas Gerais, São Paulo e Rio de Janeiro são Unidades da Federação que reúnem cidades que remontam ao período colonial, importantes centros da época. Suas paisagens mostram elementos arquitetônicos bem diferentes dos estilos predominantes na atualidade.

Os colonizadores portugueses estabeleciam igrejas, praças, presídios, fortes e mercados em locais estratégicos, com o objetivo de controlar a vida nas cidades. Ao mesmo tempo, conseguiam cada vez mais dominar o território brasileiro em função dos interesses da Coroa.

Ouro Preto, em Minas Gerais, é um bom exemplo de cidade colonial no estilo arquitetônico barroco mineiro. Em sua zona central, há igrejas desse período, além de um conjunto de casas compactas, parte das quais está preservada. Com o desenvolvimento da exploração de ouro e o enriquecimento da população, foram investidos na cidade empreendimentos urbanos sofisticados para a época, como chafarizes, pontes e edifícios públicos. Em 1933, foi declarada Monumento Nacional e, em 1980, a Organização das Nações Unidas para a Educação, a Ciência e a Cultura (Unesco) reconheceu esse conjunto arquitetônico como Patrimônio Cultural da Humanidade.

São Luiz do Paraitinga, no estado de São Paulo, é outra cidade colonial. Localizada junto à serra do Mar, funcionava como um posto de apoio para quem vinha pelo litoral, fazendo parte da rota do café paulista e do ouro mineiro, que seguia para o porto de Paraty, no Rio de Janeiro, e por fim para a Europa. Tal como Ouro Preto, mantém uma paisagem típica da época colonial, com casas sem recuo lateral que formam um importante conjunto arquitetônico.

Roberto Oliveira/Folhapress

Praça no centro de São Luiz do Paraitinga (SP), 2015.

Salvador, capital da Bahia, tem uma característica semelhante a de Lisboa, em Portugal: a cidade alta e a cidade baixa. Na cidade alta de Salvador, os colonizadores construíram as igrejas e os prédios mais importantes de sua administração. Essa posição facilitava a defesa, já que permitia observar o mar, por onde vinham os invasores. Na cidade baixa ficavam os fortes e a guarda costeira, além de concentrar as atividades comerciais e portuárias.

Olinda, em Pernambuco, também tem uma cidade alta e uma cidade baixa. A cidade alta era um excelente ponto de observação do mar. Nessa área foram construídas várias igrejas, dentre elas a atual catedral do município. Na cidade baixa, ficavam o porto e as fortificações e, mesmo com esse aparato de defesa, ela foi saqueada e incendiada pelos holandeses em 1631, ficando em ruínas. A primeira capital de Pernambuco passou por uma reconstrução e hoje é uma das principais cidades históricas do país, reconhecida como Monumento Nacional em 1980 e como Patrimônio Cultural da Humanidade em 1982, pela Unesco.

Marcio Jose Bastos Silva/Shutterstock

Casas coloniais de Olinda (PE), 2018. Antiga capital de Pernambuco, foi incendiada pelos holandeses e seu processo de reconstrução foi lento, levando cerca de um século.

Outra cidade importante do período colonial é Paraty, no litoral do Rio de Janeiro. Ela se destacava, na época, por seu porto e também em razão de ter muitos engenhos e um sistema de canais que permitia a entrada da água do mar de acordo com a oscilação da maré. Entretanto, quando a Estrada Real – que ia de Vila Rica (atual Ouro Preto) a Paraty – teve seu percurso alterado, passando a fazer ligação direta com o Rio de Janeiro, Paraty acabou perdendo importância, pois o ouro passou a ser escoado por essa nova via. Atualmente, é um polo turístico por causa do seu casario colonial preservado e por suas manifestações culturais. Seu conjunto arquitetônico também foi declarado Patrimônio Histórico Nacional.

elisabono/iStockphoto/Getty Images

Maré alta em Paraty (RJ), 2016. Paraty tem um desenho urbano preparado para resistir à oscilação das marés. A água circula por canais formados sem danificar as edificações.

Até o primeiro quarto do século XVIII havia menos de uma centena de vilas e pouquíssimas cidades no Brasil, como Salvador, Rio de Janeiro, Paraíba (atual João Pessoa), São Cristóvão (atual Sergipe), Natal, São Luís do Maranhão, Belém, Recife e São Paulo. No final do século XIX, muitos fazendeiros começaram a se mudar para as cidades, e as casas do campo tornaram-se a segunda residência. Mas ainda levou muito tempo para que a urbanização predominasse no Brasil.

Cidades planejadas

A maioria das cidades planejadas brasileiras resulta da ação de governos, mas, em alguns casos, como o de Maringá, no Paraná, foi fruto da iniciativa privada.

Essas cidades são projetadas por arquitetos, urbanistas e engenheiros antes de serem construídas, com o objetivo de distribuir a população e os serviços urbanos e facilitar o acesso a eles. Entretanto, nem sempre isso ocorre: há casos em que o planejamento é abandonado; em outros, algumas diretrizes são burladas ou alteradas.

Brasília é, sem dúvida, símbolo do planejamento urbanístico promovido pelo Estado no Brasil. É resultado de um plano desenvolvido pelo presidente Juscelino Kubitschek (1902-1976), que governou o país entre 1956 e 1961.

A transferência da capital para o interior do território foi idealizada por muitos políticos nos períodos colonial, imperial e da república. Por isso, quando JK incluiu a chamada meta-síntese em seu Plano de Metas, que determinava a construção de Brasília e a transferência da capital federal em somente quatro anos – com inauguração em 1960 –, não foram poucos os que duvidaram dessa empreitada. Alguns pesquisadores afirmam que esse projeto não foi barrado pela oposição porque tinham "certeza" de seu fracasso. Afinal, falava-se da construção de uma cidade moderna no Cerrado, até então com pouca presença do Estado.

Para prosseguir com esse plano, o governo delimitou o novo Distrito Federal no estado de Goiás e criou a Companhia Urbanizadora da Nova Capital. Para selecionar o melhor projeto arquitetônico e urbanístico da nova cidade, instituiu um concurso, vencido pelo urbanista Lucio Costa (1902-1998). Seu plano-piloto dispunha de linhas simples e cruzamento de dois eixos em ângulo reto, que conformam uma cruz – para muitos, com formato de avião. Por sua vez, o arquiteto Oscar Niemeyer (1907-2012) projetou grande parte das edificações mais importantes da cidade.

Além das estruturas administrativas ligadas às necessidades de uma capital nacional, outras foram criadas para que a cidade funcionasse de maneira ideal. Em sua inauguração em 1960, foram entregues o Congresso Nacional, o Palácio do Planalto, o Palácio da Alvorada e prédios destinados a abrigar ministérios, moradias, hospitais, hotéis, aeroporto, escolas, clube, igreja, barragem do rio Paranoá, além da estação e do eixo rodoviário.

A transferência da capital do país, do Rio de Janeiro para o interior, deve ser analisada no contexto da época. Essa nova localização representava os objetivos de um projeto integracionista, ou seja, de uma cidade que tivesse um papel importante na articulação das regiões brasileiras, ainda bastante desconexas, principalmente em razão da ausência de ligações terrestres.

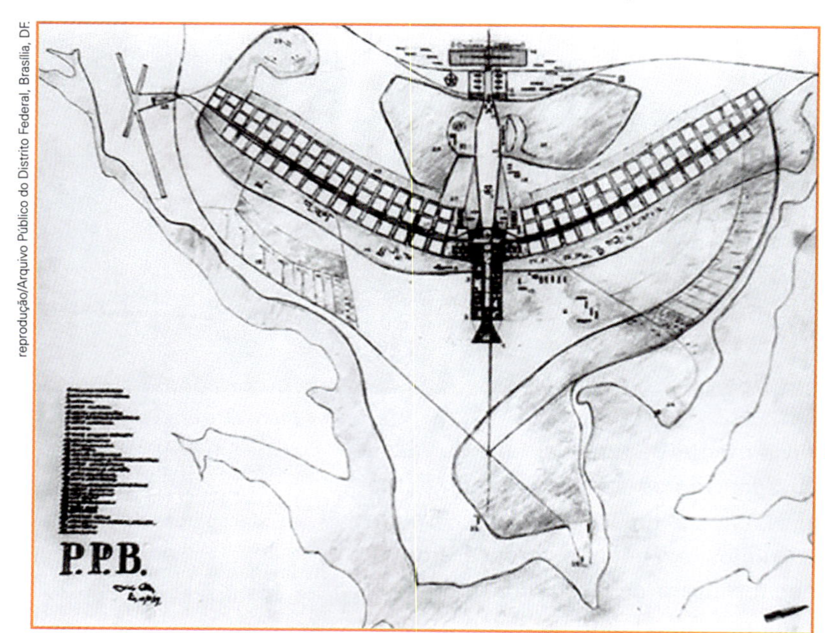

Plano-piloto de Lucio Costa, que venceu o concurso promovido para a escolha do projeto de construção de Brasília, em 1956. O plano-piloto, porém, foi suplantado pelas cidades-satélites, que abrigam o maior contingente populacional do Distrito Federal.

A nova capital foi pensada e construída para simbolizar um novo momento do Brasil, marcado pela modernidade e superação do passado, surgindo como uma esperança para o futuro da nação. Reflete o projeto nacional-desenvolvimentista do período.

Outro aspecto que resultou da mudança da capital para o interior do país foi o afastamento do governo federal dos grandes centros urbanos brasileiros. Desse modo, eventuais pressões sociais deixaram de ocorrer por um tempo, já que o acesso à Brasília era difícil e oneroso.

Durante a construção de Brasília, um grande contingente de trabalhadores, sobretudo das regiões Norte e Nordeste, deslocou-se em busca de melhores condições de vida. Após a inauguração, muitos desses "candangos" – como eram chamados esses trabalhadores – permaneceram na região, porém sem condições financeiras para viver na área do plano-piloto. Como alternativa, instalaram-se em outras localidades do Distrito Federal que não haviam sido planejadas. Marcadas por diversas vulnerabilidades socioeconômicas, as construções posteriores começaram a contrastar com a Brasília planejada.

Dida Sampaio/Estadão Conteúdo

Foto aérea da comunidade Sol Nascente, Ceilândia, no Distrito Federal, 2016.

Fundada em 1897, Belo Horizonte substituiu a antiga capital de Minas Gerais, Ouro Preto. No fim do século XIX, Minas Gerais tinha a presença da agricultura na porção sul e na Zona da Mata e a pecuária ao norte. O centro do estado não se destacava por nenhuma atividade. Sendo assim, a nova capital foi pensada como ponto estratégico para reorientar a economia mineira e deveria ser o símbolo de um novo momento histórico, o período republicano.

Em sua concepção original, o centro abrigava os serviços e a área administrativa da cidade e, nas áreas rurais ao redor, estava localizado um cinturão verde com fácil acesso ao centro para abastecê-lo. Com um traçado geométrico, apresentava uma infraestrutura moderna para a época. Em seu zoneamento urbano já se destacavam áreas para as distintas classes sociais, nas quais as classes mais ricas dispunham dos melhores equipamentos e serviços da cidade.

Porém, desde o seu início, Belo Horizonte não conseguia absorver os migrantes que vinham trabalhar em sua construção, que acabavam residindo principalmente em cortiços. Nas décadas posteriores, com o crescimento econômico e populacional, diversos problemas sociais foram se agravando, como a oferta de moradia, serviços básicos, segurança, entre outros.

Outro exemplo de cidade planejada é Goiânia, também projetada para ser a nova capital do estado de Goiás, em substituição à Cidade de Goiás (ou Goiás Velho), que surgiu com a exploração de ouro no século XVIII. A reorientação da economia regional, sobretudo para a agricultura e a pecuária a partir do fim do século XIX, levou os governantes goianos a desenvolver a ideia de transferir a sede do governo, o que começou a se concretizar após 1932.

Assim como Brasília, a construção de Goiânia também se enquadrava nas políticas desenvolvimentistas. O objetivo era dotar Goiás para as necessidades capitalistas, que marcou a "marcha para o Oeste". Especialistas de diferentes ramos do conhecimento realizaram pesquisas sobre condições de relevo, clima e hidrografia para selecionar a melhor localidade.

Em 1935, Goiânia tornou-se a nova capital, projetada pelo arquiteto Attílio Corrêa Lima (1901-1943), que atendia aos interesses da elite goiana, ligando o estado aos fluxos do capital. Em sua concepção, valorizou a praça central, as avenidas principais e as áreas verdes, bem como a topografia e o zoneamento. A cidade foi dividida em zonas com diferentes usos: setores administrativo, comercial, residencial e rural, com o objetivo de criar a imponência necessária de uma capital.

Mayra Rodrigues/Tyba

Praça Cívica em Goiânia (GO), 2018.

Durante algumas décadas, o estado de Goiás conseguiu realizar o controle social no novo espaço urbano para seguir o plano-piloto. Porém, a partir da década de 1950, quando o governo permitiu o parcelamento privado do solo, o acesso a ele tornou-se desigual. Ou seja, as classes sociais menos favorecidas foram sendo cada vez mais deslocadas para as periferias, sem infraestrutura adequada e distantes do centro, que estava em processo de valorização. Planejada para uma população de 50 mil habitantes, Goiânia já tinha, no censo de 2010, cerca de 1,3 milhão de habitantes e muitos problemas sociais.

CIDADANIA E O PLANEJAMENTO URBANO DE SUA CIDADE

1. Pesquise na internet ou na prefeitura de sua cidade documentos, artigos de jornais e de revistas sobre políticas ou outros elementos ligados ao planejamento do município. Em seguida, em grupos de quatro alunos, produzam cartazes, maquetes ou outro meio de expressão que aponte:
   a) o início do processo de planejamento urbano;
   b) a implementação de políticas públicas para a concretização desse planejamento.

Cartografando

No Brasil, cabe ao Instituto do Patrimônio Histórico e Artístico Nacional (Iphan) reconhecer o patrimônio nacional a ser conservado por suas características. Observe no mapa a seguir os conjuntos urbanos tombados do Brasil.

Brasil: conjuntos urbanos tombados pelo Iphan – 2017

Elaborado com base em dados de: INSTITUTO do Patrimônio Histórico e Artístico Nacional – IPHAN. Conjuntos urbanos tombados (cidades históricas). Disponível em: <http://portal.iphan.gov.br/pagina/detalhes/123>. Acesso em: 19 jun. 2018.

1. Com três colegas, selecionem um conjunto urbano do mapa e organizem uma apresentação para a turma. O trabalho deve conter:
   a) as características que levaram o Iphan a incluir essa cidade na lista de conjuntos urbanos tombados;
   b) o ano em que a cidade entrou para a lista do Iphan, e quais benefícios e dificuldades essa condição gerou para o município e seus habitantes;
   c) imagens para ilustrar a apresentação.

2. Urbanização tardia e acelerada

As cidades brasileiras levaram bastante tempo para criar uma rede que as integrasse, como ocorreu em outros países do mundo. Segundo o geógrafo Milton Santos (1926-2001), durante muitos séculos, o Brasil foi um grande "arquipélago", em que as cidades comandavam a economia de seu entorno sem se relacionar com as demais cidades do país.

Ele aponta que, em 1900, somente quatro cidades do país tinham mais de 100 mil habitantes (Rio de Janeiro, São Paulo, Salvador e Recife) e outras seis tinham mais de 50 mil ou perto disso (Belém, Porto Alegre, Niterói, Manaus, Curitiba e Fortaleza). No total, representavam quase 10% da população do país.

Com o processo de industrialização entre o fim do século XIX e o início do século XX, a urbanização brasileira ganhou um grande impulso. As áreas industriais, como as de São Paulo, receberam grandes fluxos de migrantes, e a população passou a crescer em ritmo acelerado.

Reprodução/Coleção particular

Vista da praia de Botafogo tomada do sopé do morro do Pasmado, de Nicolao Antonio Facchinetti, 1868 (óleo sobre tela, 56 cm x 80 cm). Até 1904, a iluminação pública no Rio de Janeiro era a gás. A partir dessa data, iniciou-se a implantação implantação do serviço de luz elétrica, que acelerou o processo de urbanização da cidade.

Nesse processo, houve investimentos em infraestrutura (energia, telefonia, vias e meios de transporte), e as cidades passaram a dispor de serviços cada vez mais diversificados, como bancos, estabelecimentos de ensino, armazéns, postos de gasolina, entre outros. Quando o estado de São Paulo se tornou o centro da economia brasileira, com base nas exportações de café, verificou-se o início de uma integração entre as regiões brasileiras, ainda que bastante limitada.

Entre 1940 e 1980, enquanto a população total do país triplicou, a população urbana multiplicou-se sete vezes. O crescimento urbano ocorreu em todas as grandes regiões brasileiras, mas com ritmos diferentes. Foi muito mais intenso na região Sudeste, onde a população urbana, já na década de 1960, ultrapassou a rural. Além disso, as demais regiões complementavam a dinâmica do Sudeste, que comandava as atividades econômicas do país, principalmente pela concentração industrial.

Grande parte desse adensamento populacional urbano ocorreu em razão do processo de modernização do campo, que envolveu a utilização de máquinas e equipamentos e técnicas para elevar a produtividade, como correção de solos, produção de sementes especiais e utilização de produtos químicos. No entanto, esse conjunto de ações ampliou o desemprego e a pobreza no campo, que, combinada com o aumento da concentração de terras nas mãos de grandes fazendeiros, levou muitos trabalhadores rurais a buscar melhores condições de vida nas cidades.

Outro aspecto que promoveu o crescimento da urbanização no Brasil foi o crescimento vegetativo, que era muito elevado, especialmente nas camadas de renda mais baixa. Hoje, os indicadores mostram alta redução da taxa de natalidade no país.

Brasil: taxa de urbanização – 2010

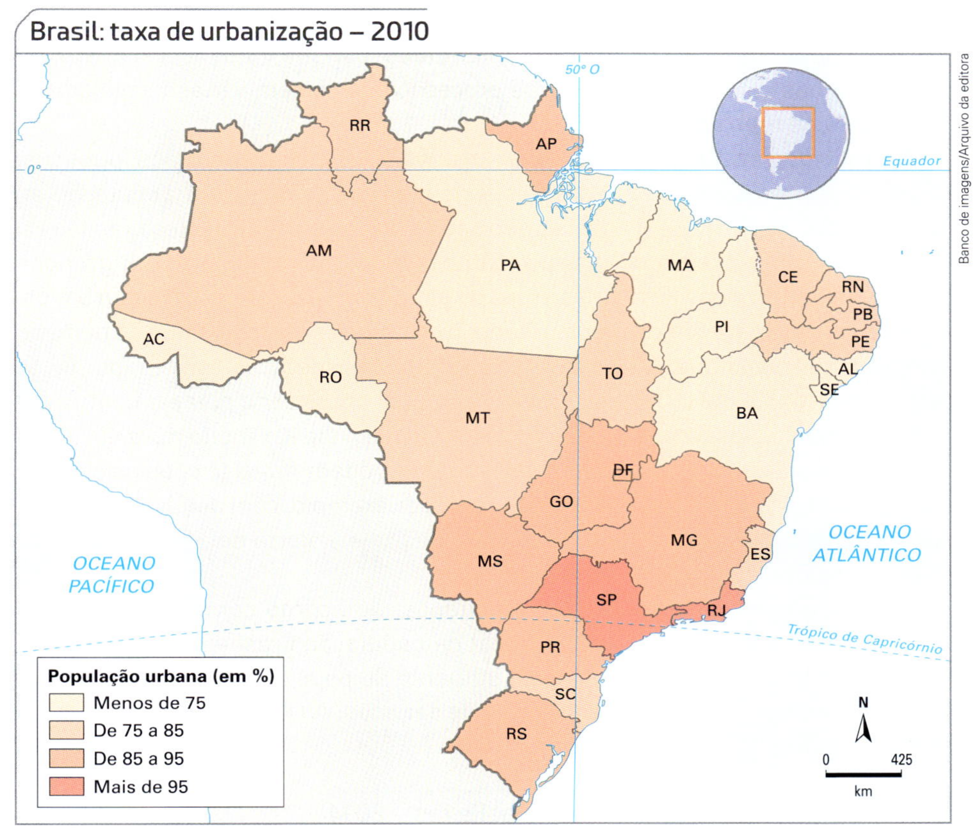

Elaborado com base em: GIRARDI, Gisele; ROSA, Jussara V. *Atlas geográfico do estudante*. São Paulo: FTD, 2016. p. 51.

A especulação urbana também contribuiu para o avanço da urbanização. Por exemplo, quando um empreendimento imobiliário, fora do limite da área urbana, recebe infraestrutura após o seu lançamento – transporte, iluminação pública e redes de coleta de esgoto e de abastecimento de água – provoca o povoamento e a valorização da área. Já as zonas mais centrais têm alto valor de mercado, pois já contam com esses serviços.

Para a geógrafa Ana Fani Carlos, da Universidade de São Paulo, um novo processo redefine a produção do espaço urbano: a **financeirização do espaço**. De acordo com ela, os investidores constroem novos edifícios e ainda os exploram comercialmente, por meio da locação para o setor de serviços ou para a moradia de executivos ou trabalhadores temporários que não se fixam nas cidades. Desse modo, alimentam o sistema financeiro, pois a renda obtida é reaplicada nesse sistema e, eventualmente, em novos investimentos.

Nas últimas décadas, a urbanização brasileira refletiu as transformações espaciais ligadas à economia do país, como seu papel na Divisão Internacional do Trabalho, e ainda ocorre de maneira bastante diversa pelo território nacional. No geral, observa-se a intensificação da interiorização das cidades, a urbanização de áreas de fronteira econômica, o crescimento das cidades médias, o aumento da periferização dos centros urbanos, além da formação de aglomerados urbanos, como as metrópoles.

3. Metropolização, megalópole e megacidades no Brasil

O crescimento acelerado de algumas cidades brasileiras as distinguiu das demais pelo tamanho da população e, sobretudo, por sua influência sobre as cidades vizinhas e o resto do país. Esse processo ocorreu em várias localidades e é chamado de **metropolização**.

As metrópoles têm grande concentração de hospitais, órgãos públicos, comércio, serviços além de outras especialidades que atraem a população de outros locais. São Paulo e Rio de Janeiro são as principais metrópoles brasileiras.

Ao longo do processo de urbanização ocorrido no Brasil surgiram grandes concentrações urbanas. Em várias áreas do país, os municípios estão **conurbados**. Quando eles formam um contínuo urbano, muitas vezes esse contínuo é chamado de região metropolitana. No Brasil, as Unidades da Federação definem por lei as regiões metropolitanas. Cabe ao governo estadual organizar o planejamento conjunto dos municípios da região metropolitana, o que pode ser muito mais eficiente.

Os municípios de uma região metropolitana podem realizar cooperações de acordo com os interesses que compartilham, por exemplo, com políticas de transporte interurbano e serviços, como a coleta de lixo e a oferta de água. Atualmente há 66 regiões metropolitanas no país.

Nesse conjunto de regiões metropolitanas, de acordo com dados do IBGE de 2017, encontra-se quase 40% do total da população brasileira, com mais de 77 milhões de pessoas. É a área mais influente do país, com ampla diversidade de indústrias e todo o tipo de comércio e de serviços. As maiores dessas regiões são apresentadas no mapa a seguir.

Principais regiões metropolitanas brasileiras – 2014

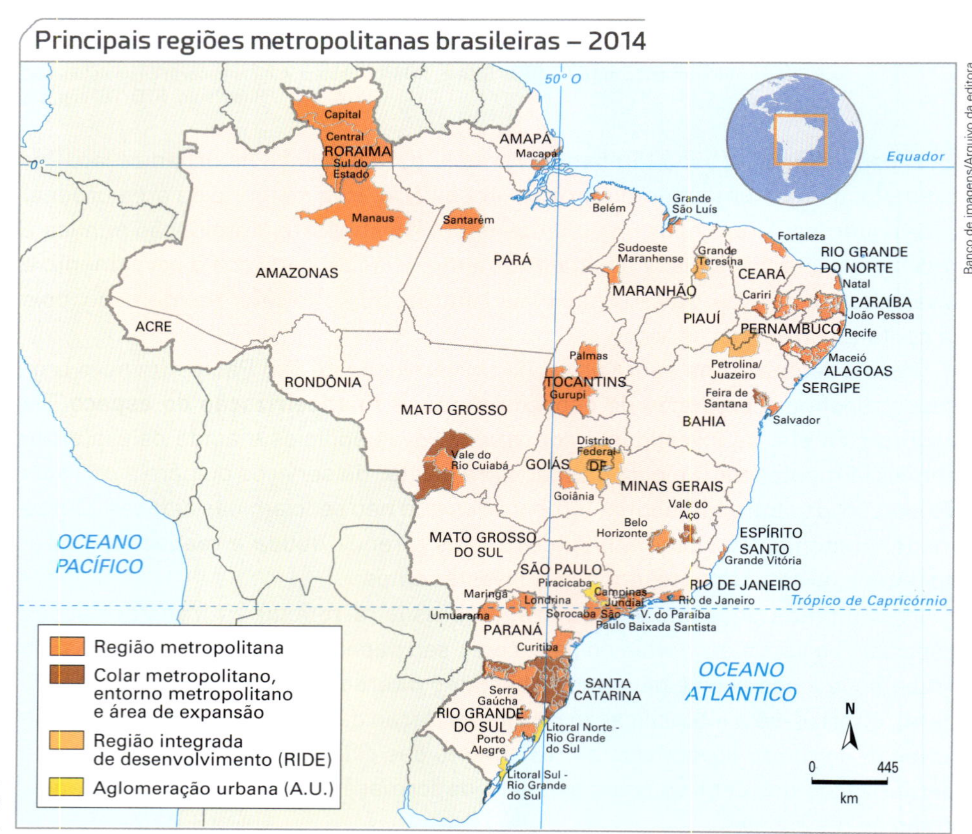

Elaborado com base em: IBGE. *Atlas geográfico escolar*. 7. ed. Rio de Janeiro: IBGE, 2016. p. 147.

Megalópole em formação?

No Brasil, muitos pesquisadores afirmam que as duas maiores regiões metropolitanas do país, São Paulo e Rio de Janeiro, estariam no processo de formação de megalópole. Ela poderia envolver outras grandes regiões metropolitanas paulistas, como as de Campinas, do Vale do Paraíba, de Sorocaba e da Baixada Santista.

Brasil: megalópole em formação – 2013

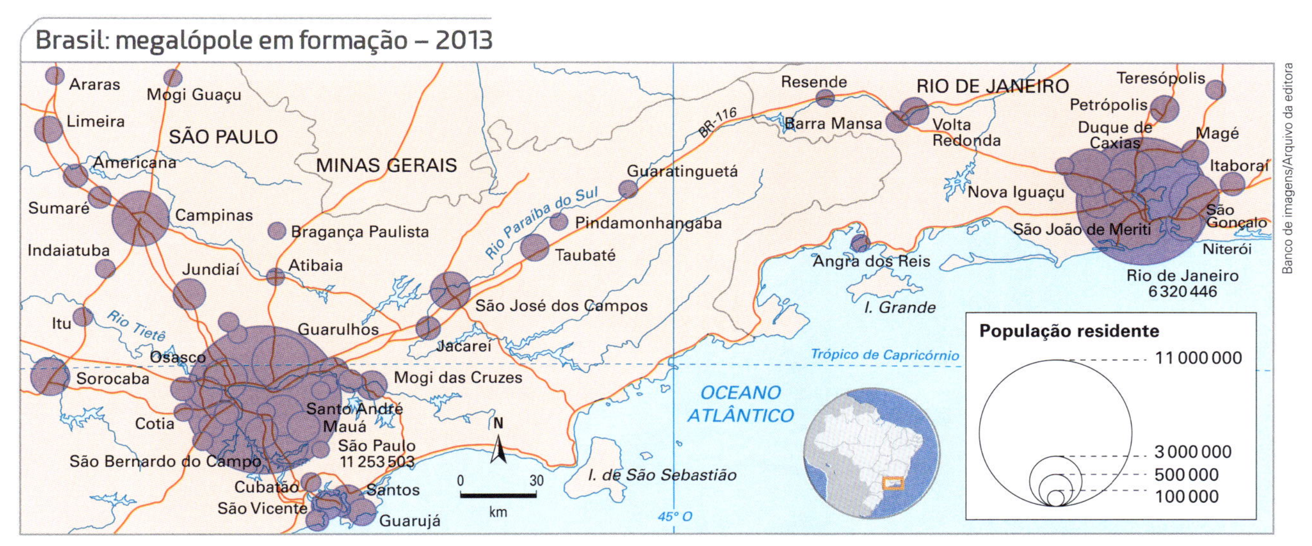

Elaborado com base em: FERREIRA, Graça M. L. *Atlas geográfico:* espaço mundial. 4. ed. São Paulo: Moderna, 2013, p. 151.

Pesquisas também apontam a formação, no futuro, de outra megalópole no Centro-Oeste, com o encontro das áreas urbanas de Brasília e de Goiânia. Ainda se discute muito a formação de megalópoles no Brasil e não existe consenso entre os estudiosos sobre o tema.

Porém, quando se analisa a distribuição da população em cidades no Brasil, não há controvérsias. Dezessete municípios ultrapassam a marca de 1 milhão de habitantes e correspondem a cerca de 22% de toda a população do país. Segundo o IBGE, em 2017, São Paulo tinha mais de 12 milhões de pessoas, quase o dobro do segundo maior município do país, Rio de Janeiro, com cerca de 6,5 milhões.

Municípios brasileiros com mais de 1 milhão de habitantes – 2017

Município	População	Município	População
São Paulo (SP)	12 106 920	Porto Alegre (RS)	1 484 941
Rio de Janeiro (RJ)	6 520 266	Goiânia (GO)	1 466 105
Brasília (DF)	3 039 444	Belém (PA)	1 452 275
Salvador (BA)	2 953 986	Guarulhos (SP)	1 349 113
Fortaleza (CE)	2 627 482	Campinas (SP)	1 182 429
Belo Horizonte (MG)	2 523 794	São Luís (MA)	1 091 868
Manaus (AM)	2 130 264	São Gonçalo (RJ)	1 049 826
Curitiba (PR)	1 908 359	Maceió (AL)	1 029 129
Recife (PE)	1 633 697	**Porcentagem em relação ao total do país**	**21,9%**

Elaborado com base em: AGÊNCIA IBGE Notícias. IBGE divulga as estimativas populacionais dos municípios para 2017, 31 ago. 2017. Disponível em: <https://agenciadenoticias.ibge.gov.br/agencia-sala-de-imprensa/2013-agencia-de-noticias/releases/16131-ibge-divulga-as-estimativas-populacionais-dos-municipios-para-2017.html>. Acesso em: 21 maio 2018.

Megacidade

Municípios com mais de 10 milhões de habitantes são chamados de **megacidades** e, assim sendo, São Paulo é a única megacidade do Brasil. Em 2016, a Organização das Nações Unidas (ONU) identificou a existência de 31 megacidades em todo o mundo. Considerando o total da população da região metropolitana e não apenas a de um único município, São Paulo e Rio de Janeiro estão entre as maiores aglomerações urbanas do mundo.

Daniel Cymbalista/Pulsar Imagens

Rua 25 de Março no centro de São Paulo (SP), 2017. A cidade de São Paulo apresentava população de 12,1 milhões de pessoas em 2017.

Rio de Janeiro foi a capital do Brasil por um longo período, de 1763 até 1960, o que ainda repercute em sua importância na hierarquia urbana do país. Mesmo após a transferência da capital para Brasília, as sedes de diversas grandes empresas estatais e privadas de diferentes setores, como de energia, siderurgia, metalurgia, mineração e construção civil, continuaram no município. Além disso, muitas matrizes de empresas de telecomunicações também estão localizadas na capital carioca, o que amplia seu peso cultural nas demais áreas e para além delas.

O comércio e os serviços são bastante diversificados e o turismo continua sendo muito forte na cidade, com diferentes modalidades, como o turismo cultural, o ecológico e o de eventos. O carnaval e o *réveillon* carioca são conhecidos mundialmente e, em 2016, a paisagem cultural carioca foi elevada a Patrimônio Mundial pela Unesco. Segundo o Instituto Brasileiro de Turismo (Embratur), cerca de 2 milhões de turistas estrangeiros e de 5 milhões de turistas domésticos são atraídos para a cidade todos os anos.

Já o crescimento mais intenso de São Paulo começou com a economia cafeeira, entre o século XIX e o início do século XX, e coincide com o princípio da industrialização. Principal centro econômico-financeiro do país, é a sede de muitos bancos e de grupos empresariais nacionais e internacionais, o que a torna o principal elo de articulação do Brasil com a economia globalizada. Apesar do processo de desconcentração industrial das últimas décadas, tem indústrias importantes e diversificadas.

Em São Paulo está a maior bolsa de valores da América Latina e uma das cinco mais importantes do mundo, pela qual passa grande parte dos investimentos externos no país, ainda que parte deles seja especulativo. Além disso, oferece os serviços mais diversificados, dos tradicionais aos mais inovadores, ligados à área tecnológica. Também é uma das cidades que mais recebem turistas no Brasil, com destaque para o turismo de negócios e de lazer.

4. A rede urbana no Brasil

Para entender melhor as relações entre as cidades brasileiras, como o nível de influência que umas exercem sobre as outras, o IBGE elaborou uma maneira de classificar os centros urbanos do país com base em uma hierarquia de dez níveis. Inicia-se com a Grande Metrópole Nacional – São Paulo –, que forma o maior conjunto urbano brasileiro. Em seguida, divide outras metrópoles em dois níveis: as Metrópoles Nacionais – que correspondem a Rio de Janeiro e Brasília – e as Metrópoles – como Recife, Salvador, Belo Horizonte, Curitiba e Porto Alegre.

No nível hierárquico seguinte estão as Capitais Regionais, que, apesar de não constituírem metrópoles, têm grande área de influência onde estão localizadas. O IBGE classificou-as em três tipos, de acordo com o número de habitantes e a intensidade dos relacionamentos com seu entorno. São 11 Capitais Regionais A, como Teresina (PI), Vitória (ES) e Cuiabá (MT); 20 Capitais Regionais B, como Feira de Santana (BA), Joinville (SC) e Palmas (TO); e 39 Capitais Regionais C, como Criciúma (SC), Uberaba (MG) e Mossoró (RN).

Em seguida, estão os Centros Sub-regionais, que correspondem a mais de 150 municípios brasileiros e influenciam uma área menor que as Metrópoles e que as Capitais Regionais. Distribuem-se principalmente nas áreas mais ocupadas do Nordeste e do Centro-Sul. Já os Centros de Zona envolvem mais de 500 municípios de menor porte, que exercem influência apenas no entorno próximo.

Ponte Estaiada Mestre João Isidoro França em Teresina (PI), 2015. Teresina é uma capital regional.

Delfim Martins/Pulsar Imagens

Observe a hierarquia dos centros urbanos do país e suas áreas de influência no mapa a seguir.

Brasil: rede urbana – 2007

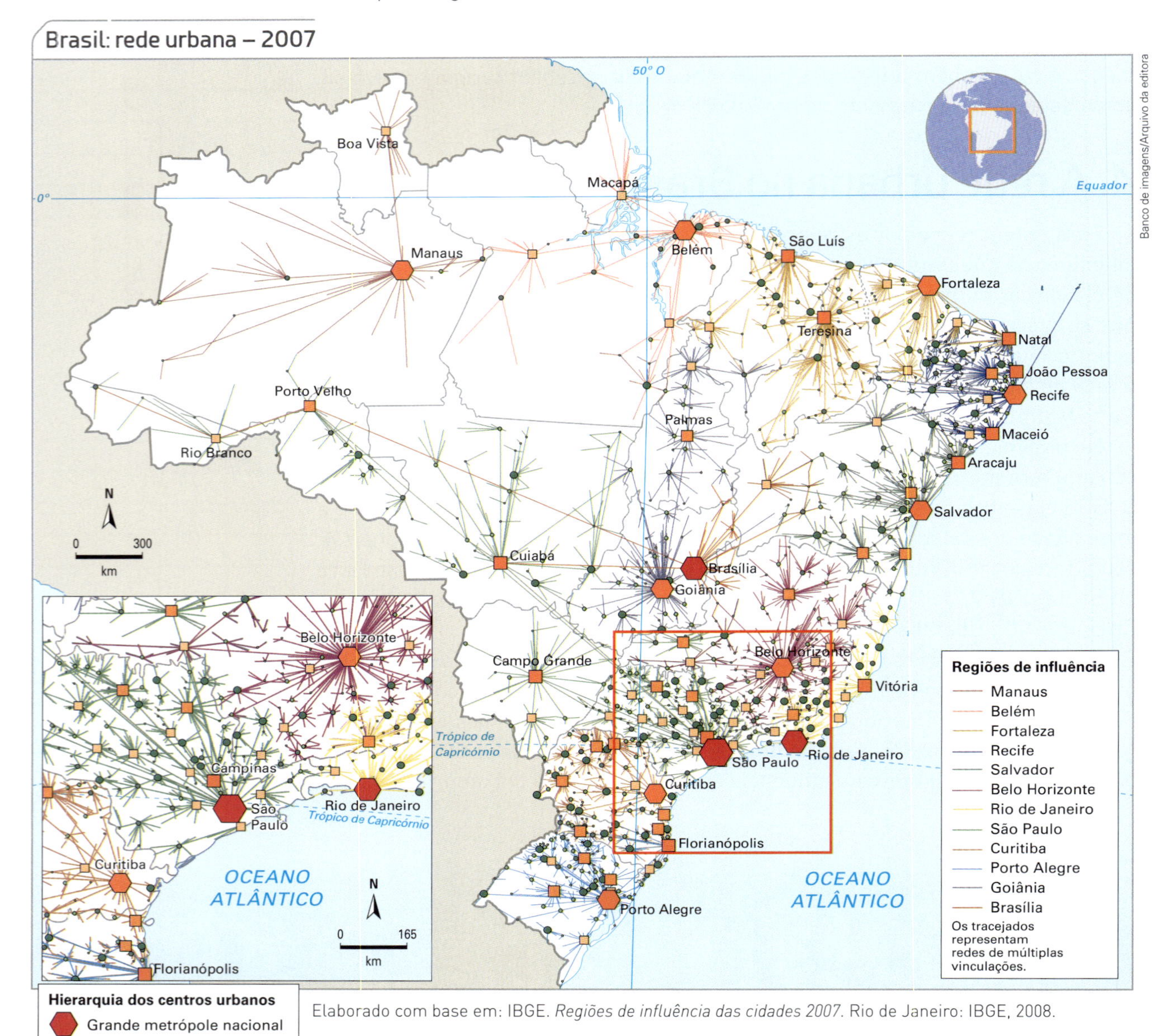

Elaborado com base em: IBGE. *Regiões de influência das cidades 2007*. Rio de Janeiro: IBGE, 2008.

Até os anos 1970, a análise da rede e da hierarquia urbana brasileira apontava forte concentração econômica em grandes centros do país, principalmente nas metrópoles nacionais como São Paulo e Rio de Janeiro. A partir dessa década, têm-se observado uma diminuição do ritmo de crescimento dessas cidades e um espraiamento da urbanização em direção a cidades com outros níveis hierárquicos, com a modificação de papéis e o aumento da complexidade da rede urbana nacional.

Após os anos 1980, uma severa crise do setor industrial no Brasil conduziu a um processo relativo de **desmetropolização** da economia. Cidades de pequeno e médio portes localizadas fora dos centros metropolitanos cresceram significativamente em razão do melhor desempenho nas atividades agropecuárias e de mineração. A rede urbana, em conjunto, passou a ter mais importância ao se desconcentrar um pouco – principalmente para áreas do interior de São Paulo, capitais regionais do Norte, Nordeste e Centro-Oeste, além de outras cidades médias e grandes áreas não metropolitanas do país.

Além disso, destaca-se a ida de indústrias para fora das regiões metropolitanas por causa das chamadas **deseconomias de aglomeração**, que são desvantagens ligadas a problemas como dificuldades na mobilidade (transporte de pessoas e de mercadorias), preço dos imóveis, impostos altos, violência, atuação de organizações sindicais, leis ambientais rígidas, entre outros aspectos. Porém, justamente em nome da eficiência e da competitividade, nota-se um processo de **desconcentração concentrada**, já que o espraiamento industrial ocorre dentro de um limite espacial que não prejudique os níveis de produtividade dos grandes centros urbanos no Centro-Sul do país.

Paulo Fridman/Pulsar Imagens

Grandes indústrias foram instaladas no interior do país, como essa indústria de colheitadeiras em Sorocaba (SP), 2013.

Em relação à desconcentração das atividades econômicas, destaca-se a ação direta do Estado brasileiro, que investiu em vários setores, como agricultura, indústria e mineração. Por exemplo, foram instituídas políticas de modernização da agricultura nordestina com a implantação de estruturas de irrigação em regiões como o Vale do Açu, no Rio Grande do Norte, e com a criação do complexo agroindustrial de Petrolina, em Pernambuco, e de Juazeiro, na Bahia. Também podem ser ressaltadas as ações ligadas à criação do Polo Industrial de Camaçari, no Recôncavo Baiano.

Na região Centro-Oeste, as políticas de desenvolvimento – como os projetos de colonização e de estímulo à agricultura nos Cerrados – levaram à instalação de grandes complexos agroindustriais. Na região Norte, diversos programas com atuação do Estado conduziram ao aumento do fenômeno urbano, como aqueles ligados à geração de energia e à indústria extrativa mineral.

Contudo, ainda que as cidades médias continuem a crescer em ritmo mais acelerado que o das grandes cidades, estas têm papel central dentro da hierarquia urbana e são o foco de atração e de crescimento populacional brasileiro.

Rubens Chaves/Pulsar Imagens

O Polo Industrial de Camaçari (BA) foi instalado em 1978 com o objetivo de atrair investimentos para a região do Recôncavo Baiano. Foto de 2017.

5. Desigualdade social e produção do espaço urbano

Grande parte da população que vive nos grandes centros urbanos do país é migrante ou descendente de pessoas que abandonaram, em diferentes momentos, as áreas rurais em busca de melhores condições de vida. Esse deslocamento tem causas diversas.

A ampliação da pobreza nas zonas rurais teve como consequência os fluxos migratórios em direção às cidades. Inicialmente, essa migração se dava para as cidades do Sul e do Sudeste. Depois, foram as capitais nordestinas que passaram a receber um grande contingente populacional e, por fim, vieram outras cidades menores.

Geralmente, esses migrantes acabam se estabelecendo em empregos que exigem menor qualificação e que têm baixa remuneração, ou, ainda, no mercado informal. Na questão da moradia, o alto preço dos imóveis e os impostos nas áreas mais centrais afugentam essa população para áreas de risco, como encostas de morros e várzeas dos rios, e zonas mais periféricas. Assim, ela precisa fazer grandes deslocamentos diários para chegar ao trabalho ou para utilizar algum serviço, como bancos ou hospitais.

Além desses problemas enfrentados, em geral, essas localidades não contam com a infraestrutura mínima para uma boa qualidade de vida, como a coleta de esgoto e de lixo. A análise dos indicadores de saneamento básico das capitais dos estados brasileiros revela grandes desigualdades. Em vinte delas, mais de 90% da população recebe água encanada, entretanto, na região Norte, a oferta desse serviço é muito menor, como em Porto Velho (33,96%), Macapá (36,39%) e Rio Branco (54,60%), de acordo com o Instituto Trata Brasil.

A situação da coleta de esgoto é ainda pior. Somente sete capitais têm rede de esgoto que atende mais de 80% de sua população. Os dados do Trata Brasil mostram que se em Curitiba a cobertura chega a 100%, em diversas capitais – sobretudo no Norte, Nordeste e Centro-Oeste – esse número não chega a 50%, como Porto Velho (3,71%), Macapá (5,44%), Manaus (10,40%), Teresina (19,96%), Maceió (34,97%) e Cuiabá (49,76%). Mesmo a cidade de São Paulo, a maior e mais rica do país, não coleta o esgoto de toda a população. Observe, na tabela a seguir, que a falta desses serviços é evidente nas periferias dos mais importantes centros urbanos.

Márcio Fernandes/Estadão Conteúdo

// Lançamento de fossa em lagoa na cidade de Macapá (AP), 2013. Macapá é a capital com o segundo menor índice de tratamento de esgoto sobre o total de população.

Principais indicadores de saneamento das capitais brasileiras – 2017				
Município	População total (IBGE)	Indicador de atendimento total de água (%)	Indicador de atendimento total de esgoto (%)	Investimento em 5 anos (milhões R$/ano)
Curitiba (PR)	1 879 355	99,99	100,00	605,75
São Paulo (SP)	11 967 825	99,20	96,34	7 121,71
Porto Alegre (RS)	1 476 867	100,00	89,70	730,14
Goiânia (GO)	1 430 697	99,62	88,44	704,27
Campo Grande (MS)	853 622	99,87	76,04	533,02
Brasília (DF)	2 914 830	98,98	84,51	819,23
Belo Horizonte (MG)	2 502 557	94,88	91,32	1 053,81
Vitória (ES)	355 875	95,22	67,36	479,17
João Pessoa (PB)	791 438	100,00	75,71	179,32
Salvador (BA)	2 921 087	92,19	79,78	570,31
Florianópolis (SC)	469 690	100,00	57,49	277,76
Boa Vista (RR)	320 714	97,24	56,67	400,21
Rio de Janeiro (RJ)	6 476 631	98,30	83,08	1 583,34
Aracaju (SE)	632 744	99,21	39,93	360,03
Cuiabá (MT)	580 489	98,13	48,83	501,63
Fortaleza (CE)	2 591 188	84,32	49,04	795,77
Rio Branco (AC)	370 550	54,60	22,55	87,76
Recife (PE)	1 617 183	84,71	39,95	1 466,63
Natal (RN)	869 954	94,88	37,58	135,43
São Luís (MA)	1 073 893	85,31	48,35	183,79
Maceió (AL)	1 013 773	96,62	34,97	84,49
Teresina (PI)	844 245	97,72	19,96	76,66
Belém (PA)	1 439 561	97,44	12,80	240,23
Manaus (AM)	2 057 711	85,42	10,40	272,96
Macapá (AP)	456 171	36,39	5,44	54,36
Porto Velho (RO)	502 748	33,96	3,71	121,29
Palmas (TO)	272 726	99,99	71,08	252,29

Elaborado com base em: INSTITUTO Trata Brasil. *Ranking do saneamento 2017*. São Paulo: Instituto Trata Brasil, 2017. p. 93.

Além disso, a Política Nacional de Resíduos Sólidos (PNRS), criada em 2010 com o objetivo de solucionar problemas ligados à disposição inadequada do lixo em todo o território nacional, não é cumprida por grande parte dos municípios brasileiros. A lei determinou a universalização da coleta e a disposição do lixo em locais adequados, como os aterros sanitários, criando metas para a extinção dos lixões, que, em geral, estão localizados nas periferias, habitadas pela população de baixa renda. Porém, são poucos os avanços nesse campo, já que os municípios não assumiram plenamente essa ação social e ambiental.

As desigualdades sociais aparecem de forma mais evidente nas grandes cidades brasileiras, onde a segregação socioespacial, ou seja, a separação de camadas sociais mais ricas das mais pobres, é visível e crescente.

O poder público, com poucas exceções, não consegue encontrar soluções para os problemas que afetam a população de baixa renda. Diante dessa realidade, muitos grupos lutam para despertar a atenção da sociedade e dos governos e diminuir a desigualdade social. Podem ser destacados vários movimentos sociais por moradia no país, como a Frente de Luta por Moradia (FLM) e o Movimento dos Trabalhadores Sem-Teto (MTST).

CIDADANIA E MOVIMENTOS SOCIAIS URBANOS

Relatora da ONU pede solução para pessoas sem-teto

A relatora especial das Nações Unidas para o direito à moradia, Leilani Farha, pediu que os governos reconheçam o problema dos sem-teto como uma crise de direitos humanos e se comprometam a uma solução para a questão até 2030, em linha com os novos Objetivos do Desenvolvimento Sustentável.

Apresentando seu relatório no Conselho de Direitos Humanos das Nações Unidas em Genebra [...], Farha disse que existem sem-teto em diversos países do mundo, independentemente do grau de desenvolvimento de sistemas de governo e economias.

"O aumento do número de sem-teto é evidência da falha dos Estados em proteger e garantir os direitos humanos das populações mais vulneráveis", disse Farha, citando estigma social, discriminação, violência e criminalização enfrentadas por pessoas em situação de rua.

Ela culpou a "persistente desigualdade, a distribuição desigual de terra e propriedades e a pobreza em escala global" entre os fatores que contribuem para o aumento dos sem-teto, afirmando que o consentimento dos Estados em relação à especulação imobiliária e mercados desregulados são "resultado do tratamento das moradias como uma 'commodity' mais do que um direito humano".

O relatório pediu que os governos se comprometam a solucionar o problema dos sem-teto até 2030, prazo dos Objetivos do Desenvolvimento Sustentável, que buscam eliminar a pobreza, a fome e uma série de problemas sociais.

ONUBR – Nações Unidas do Brasil. Relatora da ONU pede solução para pessoas sem-teto, 7 mar. 2016. Disponível em: <https://nacoesunidas.org/relatora-da-onu-pede-solucao-para-pessoas-sem-teto/>. Acesso em: 22 maio 2018.

1. Após a leitura do texto, com três colegas, pesquisem um movimento social urbano no Brasil que lute por moradia. Organizem o trabalho com base nos seguintes itens:
   a) O ano de criação.
   b) Formas de atuação.
   c) Distribuição no território brasileiro.
   d) Atuação ou não na capital da Unidade da Federação em que a escola se localiza.

Rivaldo Gomes/Folhapress

Cerca de 6 500 famílias em acampamento do Movimento dos Trabalhadores Sem-Teto (MTST) em São Bernardo do Campo (SP), 2017.

Reconecte

Revisão

1. Como eram as cidades coloniais?
2. Descreva os objetivos que levaram à criação das cidades planejadas.
3. Quais são as implicações da formação de uma megalópole no Brasil?

Produção textual

4. Redija um texto relacionando o processo de urbanização do Brasil com a segregação social verificada em muitas cidades. Depois, ilustre-o com fotos ou outras imagens e crie legendas.
5. Em duplas, busquem informações e escrevam um texto dissertativo sobre a importância dos dois principais centros urbanos brasileiros e seu papel no mundo globalizado.

Debate

6. Em grupos, analisem novamente a tabela "Municípios brasileiros com mais de 1 milhão de habitantes – 2017" (página 281). Com base nesses dados, discutam o processo de urbanização brasileira.
7. Reúna-se com três colegas e debatam quem é mais afetado por enchentes, alagamentos e escorregamento de massa. Justifique.

Análise de mapa e produção de infográfico

8. Observe novamente o mapa "Brasil: rede urbana – 2007" (página 284).
   a) Faça uma análise das relações hierárquicas das cidades da grande região em que você mora.
   b) Produza um infográfico com base em sua análise.

Análise de texto e debate

9. Leia o texto a seguir.

Sítio Histórico de Olinda ganha manual para incentivar conservação de casarios tombados

Sítio Histórico de Olinda ganhou [...] um manual para preservar os imóveis tombados e prevenir a degradação do casario da Cidade Patrimônio da Humanidade. Lançado pela prefeitura do município, o "1º Guia Básico de Zeladoria" é destinado aos moradores da Cidade Alta e busca incentivar a prática de ações de conservação e preservação dos imóveis. [...]

Segundo a administração municipal, o guia foi elaborado pelo Núcleo de Educação Patrimonial de Olinda (Nepo) e busca evitar reformas a partir do estímulo à manutenção dos imóveis [...]. As instruções seguem um roteiro que passa por segmentos como solo, base da residência, piso, instalações elétricas, telhados, acabamentos e pintura.

O material será distribuído para os moradores de residências tombadas, mas também fica à disposição de qualquer habitante da cidade na Secretaria de Patrimônio e Cultura [...].

Sítio Histórico de Olinda ganha manual para incentivar conservação de casarios tombados. *G1 PE*, 15 dez. 2017. Disponível em: <https://g1.globo.com/pe/pernambuco/noticia/sitio-historico-de-olinda-ganha-manual-para-incentivar-conservacao-de-casarios-tombados.ghtml>. Acesso em: 22 maio 2018.

Com base no texto, realizem um debate na sala de aula sobre a importância da preservação de imóveis tombados em cidades coloniais como Olinda.

Análise de charge e produção textual

Dálcio/Acervo do cartunista

Pinheirinho, charge de Dalcio, publicada no *Correio Popular*, em 2012.

10. Analise a charge ao lado em relação ao que foi exposto no capítulo e escreva um texto dissertativo. Não se esqueça de dar um título.

Pesquisa e produção de linha do tempo

11. Com três colegas, pesquisem em textos jornalísticos cinco desastres socioambientais em áreas de risco urbanas. Em seguida, organizem uma linha do tempo com as informações obtidas, destacando suas causas e impactos. Ilustrem a linha do tempo com fotos ou outras imagens.

EXPLORANDO

12. Em trios, obtenham dados e outras informações sobre os serviços de saneamento existentes no município onde fica a escola. A partir do material levantado e analisado:

a) saiam a campo e observem as condições de oferta de água, de coleta de lixo e de esgoto;

b) façam registros fotográficos e escritos que apontem a disponibilidade ou a insuficiência desses serviços;

c) observem os impactos sociais positivos ou negativos da situação verificada e entrevistem pessoas afetadas;

d) organizem uma exposição com textos, fotos e legendas explicativas. Não se esqueçam do título.

Resumo

- No Brasil, as cidades coloniais foram construídas para dar suporte à colonização e à presença europeia no território.
- Muitas cidades planejadas brasileiras foram estabelecidas em localidades fora dos grandes centros urbanos, com o objetivo de desenvolver outras áreas, como Belo Horizonte e Goiânia. Brasília, no entanto, é o exemplo de maior destaque.
- A rede urbana brasileira congrega metrópoles nacionais, metrópoles regionais e cidades menores.
- As Unidades da Federação são responsáveis por definir as metrópoles no país.
- A urbanização no Brasil é caracterizada por ter ocorrido tardiamente em comparação a outros países industrializados e também pela segregação socioespacial.
- As áreas de risco no Brasil afetam, na maior parte dos casos, a população de renda mais baixa, que não tem dinheiro suficiente para viver em áreas mais centrais e valorizadas.

Globalização e cidadania

As atividades de congraçamento social que as cidades englobam acabam por defini-las, como as atividades laborais, de lazer e até as manifestações culturais e políticas. Ou seja, as cidades são lugares de encontro.

Em tempos de globalização, as cidades se tornaram o principal vetor de difusão de ideias e conhecimentos, mas também de manifestações públicas. Portanto, por essa razão é que nas cidades ocorrem desde reuniões de empresários até manifestações antiglobalização.

O processo de intensificação da urbanização no mundo todo fez surgir grandes concentrações urbanas. Esse movimento foi se alterando ao longo do século XX. No início daquele século, as maiores cidades estavam localizadas em países ricos, situação diferente da atual, em que as maiores concentrações populacionais urbanas estão em países de renda mais baixa.

Por isso, as cidades globalizadas espelham os contrastes desse modo de conduzir a economia e as finanças mundiais. Elas mostram os efeitos deletérios no ambiente, com suas múltiplas formas de poluição, assim como as áreas de risco e a injustiça social expressa na segregação socioespacial.

No Brasil, esse quadro complexo também se reproduz. Afinal, o país tem duas megacidades, uma série de metrópoles, elevada segregação socioespacial e diversos problemas ambientais urbanos. Um dos desafios do século XXI é combater as diferenças sociais e amenizar os problemas ambientais causados pelo mundo globalizado que atingem a população e o ambiente.

Tales Azzi/Pulsar Imagens

Favela de Paraisópolis no bairro do Morumbi, em São Paulo (SP), 2016. A megacidade brasileira é a mais rica do país, mas apresenta grandes contrastes sociais e problemas ambientais.

Repercutindo

Texto 1

Controlar o preço dos aluguéis pode ajudar Barcelona a sair da crise habitacional

A crise de moradia que atinge principalmente as grandes cidades não é um problema apenas do Brasil. Hoje, ela aparece em lugares onde até pouco tempo atrás não existia. Recentemente, visitei Barcelona, na Espanha, uma das cidades onde essa crise está mais explosiva. Nesta cidade a crise é decorrente de vários processos que se sobrepõem.

Na Espanha em geral, e em Barcelona, em particular, verificou-se uma super bolha imobiliária, com muita disponibilidade de crédito para compra da casa própria e uma produção massiva de novos empreendimentos, principalmente nos bairros operários e periferias. Depois, com o estouro da bolha e a saída dos fundos de investimento das construtoras, provocados pela crise financeira, assistiu-se a processos de execução hipotecária muito grandes, a partir da elevação de taxas de inadimplência. Quem perdeu a moradia hipotecada começou a procurar alternativas de moradia no mercado existente de aluguel. Junto a isso, houve ainda uma "turistificação" da cidade , com uma parte dos aluguéis que seriam destinados para moradia regular migrando para plataformas de turismo de curta permanência [...].

Agravando a situação, o governo lança uma política chamada *Golden Visa*, ou Visto de Ouro: uma lei que permite a investidores no mercado imobiliário ganhar a cidadania espanhola, e assim se forma mais uma concorrência no mercado residencial, com milionários comprando, investindo e transformando Barcelona numa cidade de segunda residência. Soma-se a isto ainda o fato de que fundos de investimentos financeiros, os mesmos que participaram do financiamento da bolha na etapa anterior, começam a comprar o estoque de apartamentos hipotecados que estavam na mão dos bancos e investir na moradia de aluguel. Alguns fundos passam também a comprar prédios inteiros – e ocupados com inquilinos antigos – e pressionar de todas as formas para colocá-los para fora, reformando e vendendo os apartamentos para aluguel de curta permanência ou segunda residência, com preços muito mais altos.

Toda essa lógica gerou uma enorme quantidade de pessoas sem casa e a emergência de fortes movimentos sociais em torno da moradia e da proteção do aluguel em Barcelona. [...]

ROLNIK, Raquel. Controlar os preços dos aluguéis pode ajudar Barcelona a sair da crise habitacional, 11 abr. 2018. Disponível em: <https://raquelrolnik.wordpress.com/2018/04/11/controlar-o-preco-dos-alugueis-pode-ajudar-barcelona-a-sair-da-crise-habitacional/>. Acesso em: 24 maio 2018.

1. Reúna-se com três colegas e leiam o texto. Em seguida, relacionem os seguintes aspectos: globalização, produção do espaço urbano e segregação espacial.

Texto 2

Naturalizar megalópoles. Cheonggyecheon, rio urbano no coração de Seul

Seul, a capital da Coreia do Sul, é na atualidade uma das maiores megalópoles mundiais. Com mais de 20 milhões de pessoas, é uma das grandes aglomerações humanas do planeta. Apesar de seu tamanho, quem chega a Seul se depara com mais de um motivo positivo de espanto. O primeiro: o aeroporto internacional de Incheon, considerado durante anos um dos melhores do mundo; em segundo lugar, uma rede de metrô muito grande, eficiente, limpa e moderna, que começou a ser construída em meados da década de 1970 e se tornou uma das mais valorizadas do planeta. Outros elementos positivos para o viajante são a sensação de segurança e a amabilidade das pessoas.

[...] Seul, nos últimos 50 anos, deixou de ser uma cidade pequena, desconhecida e com gente pobre para se tornar uma metrópole global, bem conectada e conhecida no mundo todo. [...]

A celebração dos Jogos Olímpicos de 1988 e a construção de infraestrutura provocaram a mudança de parte das elites para Gangnam, bairro ao sul do rio Han, com apartamentos em arranha-céus para gente rica. Apesar disso, a área em torno do rio Cheonggyecheon e sua estrada chegou a abrigar mais de 100 mil empresas comerciais e industriais. As condições de trabalho desses trabalhadores eram miseráveis, com ruídos, mau cheiro e gases tóxicos. Os bairros próximos de Cheonggyecheon começaram a se degradar, em parte consequência da instalação de armazéns comerciais em outros lugares [...].

No começo do século [XXI], o governo metropolitano de Seul iniciou um projeto de revitalização de Cheonggyecheon, a fim de criar um espaço urbano com um entorno ambiental regenerado, restaurar a identidade histórica e cultural de um emblema da cidade, reorganizar e dar vigor aos negócios da zona que estava em decadência. Os trabalhos começaram em 2003 e em 27 meses completou-se o desmantelamento da estrada e construíram-se caminhos nos novos taludes do rio, canalizaram-se as águas, construíram-se pontes [...] e recuperou-se a paisagem.

Em razão da intermitência de suas águas, Cheonggyecheon é abastecida principalmente, e graças a avançadas tecnologias, pelo rio Han e pelas águas canalizadas de montanhas do entorno. A profundidade média do rio é de 40 cm e a cada dia fluem cerca de 120 mil toneladas de água. Um total de 22 pontes atravessam o Cheonggyecheon, quatro delas exclusivas para pedestres. A restauração paisagística criou um espaço verde contínuo de quase 6 quilômetros que atravessa a cidade de oeste a leste. Em algumas partes do rio foram reintroduzidas espécies aquáticas e de aves.

Cheonggyecheon não é um espaço isolado de Seul, pois faz parte de uma rede verde que une diversos espaços da metrópole. Porém, por ocupar um espaço histórico e cultural central, sua renovação e o significado da revitalização do coração da cidade provocaram mudanças radicais no imaginário da cidade, especialmente no renovado centro financeiro e comercial em solo coreano.

BUJ BUJ, Antonio. Naturalizar megalópolis. Cheonggyecheon, río urbano en el corazón de Seúl. *GeocritiQ*, 15 mar. 2018. Disponível em: <www.geocritiq.com/2018/03/naturalizar-megalopolis-cheonggyecheon-rio-urbano-en-el-corazon-de-seul/>. Acesso em: 24 maio 2018. (Texto traduzido pelos autores.)

2. Reúna-se com três colegas e discutam as estratégias adotadas pelo governo metropolitano de Seul para revitalizar o rio Cheonggyecheon.

3. Depois, analisem se seria possível usar as mesmas estratégias de Seul em uma metrópole brasileira.

Patcharakorn Pemwattana/Shutterstock

Região revitalizada ao longo do rio Cheonggyecheon, Seul, Coreia do Sul, 2018.

Enem e vestibulares

1. (Enem)

Os gargalos rodoviários do Brasil e o caótico trânsito das suas metrópoles forçam os governos estaduais e federal a retomar os planos de implantação dos trens regionais. Durante as últimas quatro décadas, a malha ferroviária foi esquecida e sucateada, tanto que hoje, em todo o país, apenas duas linhas de passageiros estão em funcionamento. Transportam 1,5 milhão de pessoas entre Belo Horizonte (MG) e Vitória (ES) e entre São Luís (MA) e Carajás (PA) – as duas operadas pela mineradora Vale. Nos anos 1960, mais de 100 milhões de passageiros utilizavam trens interurbanos no território nacional.

Disponível em: <www.estadao.com.br>. Acesso em: 2 set. 2010.

O sucateamento do meio de transporte descrito foi provocado pela

a) redução da demanda populacional por trens interurbanos.
b) inadequação dos trajetos em função da extensão do país.
c) precarização tecnológica frente a outros meios de deslocamento.
d) priorização da malha rodoviária no período de modernização do espaço.
e) ampliação dos problemas ambientais associados à conservação das ferrovias.

2. (Fuvest)

Leia o texto e observe a ilustração.

O Programa de Despoluição da Baía de Guanabara – PDBG – foi concebido para melhorar as condições sanitárias e ambientais da Região Metropolitana do Rio de Janeiro. Verifique a distribuição, a situação e as fases de operação das Estações de Tratamento de Esgoto (ETEs) do PDBG.

Considerando essas informações, é correto afirmar:

a) A área mais atendida em relação à mitigação da poluição encontra-se no sudeste da Baía de Guanabara, pois possui maior número de estações que atuam em todos os níveis de tratamento de esgoto.
b) O tratamento do esgoto objetiva a diminuição da poluição das águas, poluição essa causada pela introdução de substâncias artificiais ou pelo aumento da concentração de substâncias naturais no ambiente aquático existente.
c) A Baía de Guanabara encontra-se ainda poluída, em razão de as ETEs existentes reciclarem apenas o lodo proveniente dos dejetos, sendo os materiais do nível primário despejados sem tratamento no mar.
d) A elevada concentração de resíduos sólidos despejados na Baía de Guanabara, tais como plásticos, latas e óleos, acaba por provocar intensa eutrofização das águas, aumentando a taxa de oxigênio dissolvido na água.
e) O tratamento de esgoto existente concentra-se na eliminação dos fungos lançados no mar, principalmente aqueles gerados pelos dejetos de origem industrial.

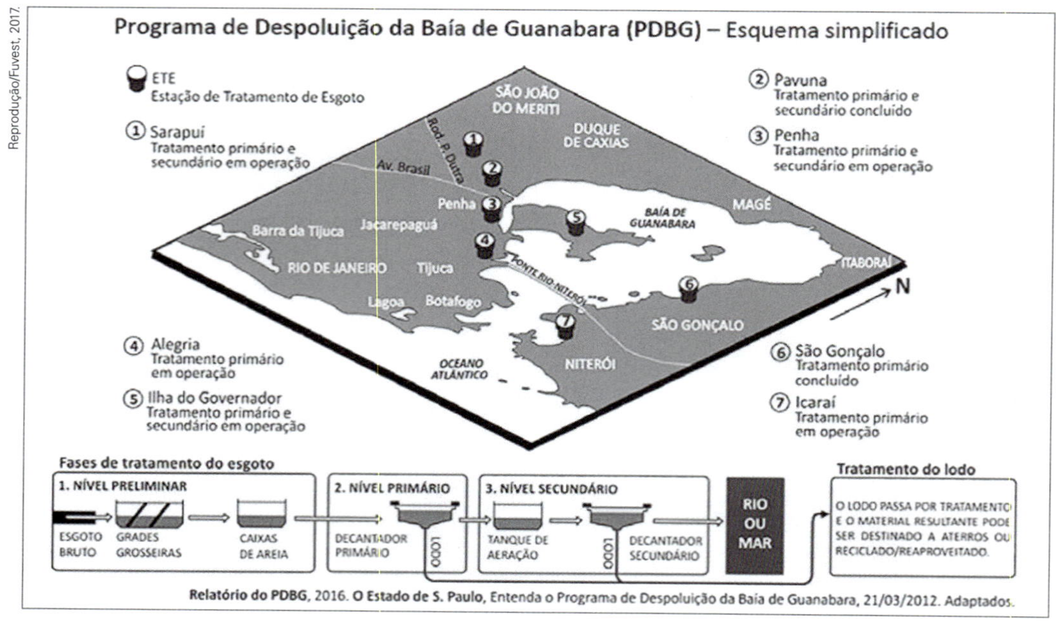

Relatório do PDBG, 2016. *O Estado de S. Paulo*. Entenda o Programa de Despoluição da Baía de Guanabara, 21 mar. 2012. Adaptado.

Bibliografia

AB'SÁBER, Aziz N. Domínios morfoclimáticos e províncias fitogeográficas no Brasil. *Orientação*, São Paulo, n. 3, p. 45-48, 1967.

______. *Os domínios de natureza no Brasil:* potencialidades paisagísticas. São Paulo: Ateliê Editorial, 2003.

AGNEW, John. *Globalization and sovereignty:* beyond the territorial trap. Washington: Rowman & Littlefield, 2017.

BARLOW, Maude; CLARKE, Tony. *Ouro azul:* como as grandes corporações estão se apoderando da água doce do nosso planeta. São Paulo: M. Books, 2003.

BRASIL. Biblioteca Nacional. Cartografia. Disponível em: <www.bn.gov.br/explore/acervos/cartografia>. Acesso em: 26 mar. 2018.

______. Departamento Nacional de Produção Mineral. *Anuário mineral brasileiro:* principais substâncias metálicas. Brasília: DNPM, 2016.

______. Ministério da Educação. *Base Nacional Comum Curricular.* Disponível em: <http://portal.mec.gov.br/index.php?option=com_docman&view=download&alias=79601-anexo-texto-bncc-reexportado-pdf-2&category_slug=dezembro-2017-pdf&Itemid=30192>. Acesso em: 17 maio 2018.

______. Ministério do Meio Ambiente. *Atlas das áreas susceptíveis à desertificação do Brasil.* Brasília: MMA, 2007.

BROTTON, Jerry. *A história do mundo em 12 mapas.* Rio de Janeiro: Zahar, 2014.

CALDINI, Vera; ÍSOLA, Leda. *Atlas geográfico Saraiva.* São Paulo: Saraiva, 2013.

CAPEL, Horacio. *Filosofía y ciencia en la Geografía contemporánea:* una introducción a la Geografía. Barcelona: Barcanova, 1981.

CARLOS, Ana F. A. *A condição espacial.* São Paulo: Contexto, 2011.

______. *Espaço-tempo da vida cotidiana na metrópole.* São Paulo: FFLCH-USP, 2017.

CENTRO Universitário de Estudos e Pesquisas sobre Desastres – Universidade Federal de Santa Catarina. *Relatório de danos materiais e prejuízos decorrentes de desastres naturais no Brasil*: 1995-2014. Florianópolis: Ceped-UFSC, 2016.

CHERNICOFF, Stanley; WHITNEY, Donna. *Geology*: an introduction to Physical Geology. Boston: Houghton Mifflin Harcourt, 2012.

CLAVAL, Paul. *Éléments du géographie humaine*. Paris: Edition Génin et Librairies Techniques, 1974.

COLTRINARI, Lylian Z. D. A pesquisa acadêmica, a pesquisa didática e a formação do professor de Geografia. In: PONTUSCHKA, Nídia Nacib; OLIVEIRA, Arioaldo Umbelino de (Org.). *Geografia em perspectiva:* ensino e pesquisa. São Paulo: Contexto, 2002.

DAVIS, Mike. *Planeta favela.* São Paulo: Boitempo, 2006.

DEMILLO, Rob. *Como funciona o clima.* São Paulo: Quark Books, 1998.

ENGELS, Friedrich. *A situação da classe trabalhadora na Inglaterra.* São Paulo: Boitempo, 2010.

FERREIRA, Graça Maria Lemos. *Atlas geográfico:* espaço mundial. 4. ed. São Paulo: Moderna, 2013.

FLORENZANO, Teresa Gallotti. *Iniciação em sensoriamento remoto.* São Paulo: Oficina de Textos, 2007.

GIDDENS, Anthony. *A política da mudança climática.* Rio de Janeiro: Zahar, 2010. p. 45.

GIRARDI, Gisele; ROSA, Jussara V. *Atlas geográfico do estudante.* São Paulo: FTD, 2016.

GROTZINGER, John; JORDAN, Tom. *Para entender a Terra.* 6. ed. Porto Alegre: Bookman, 2013.

HAESBAERT, Rogerio. *Viver no limite:* território e multi/transterritorialidade em tempos de in-segurança e contenção. Rio de Janeiro: Bertrand Brasil, 2014.

IBGE. *Atlas geográfico escolar.* 7. ed. Rio de Janeiro: IBGE, 2016.

______. *Indicadores de desenvolvimento sustentável:* Brasil 2015. Rio de Janeiro: IBGE, 2015.

______. *Regiões de influência das cidades 2007.* Rio de Janeiro: IBGE, 2008.

INEP. *Indicadores educacionais.* Disponível em: <http://portal.inep.gov.br/indicadores-educacionais>. Acesso em: 13 abr. 2018.

ISTITUTO Geografico De Agostini. *Atlante geografico metodico De Agostini.* Novara: De Agostini, 2002.

JACOBS, Michael. *La economía verde:* medio ambiente, desarrollo sostenible y la política del futuro. Barcelona: Icaria/Fuhem, 1997.

KHANNA, Parag. *Conectografia:* mapear o futuro da civilização mundial. Barcelona: Espasa Libros, 2017.

LÉVY, Jacques. *L'espace légitime*: sur la dimension géographique de la fonction politique. Paris: Presses de la Fondation Nationale des Sciences Politiques, 1994.

MARTIN, Encarnita S. Política Nacional de Resíduos Sólidos: formas de destinação final. In: AMARO, Aurélio Bandeira; VERDUM, Roberto (Org.). *Política Nacional de Resíduos Sólidos e suas interfaces com o espaço geográfico:* entre conquistas e desafios. Porto Alegre: Letra1, 2016.

MARTINELLI, Marcelo. *Mapas da Geografia e cartografia temática.* São Paulo: Contexto, 2009.

MENDONÇA, Francisco; DANNI-OLIVEIRA, Inês Moresco. *Climatologia:* noções básicas e climas do Brasil. São Paulo: Oficina de Textos, 2007.

MONTEIRO, Carlos A. de F. *Geossistemas:* a história de uma procura. São Paulo: Contexto, 2000.

MORAES, Antonio C. R. *Geografia*: pequena história crítica. São Paulo: Hucitec, 1986.

MOREIRA, R. *Geografia e práxis:* a presença do espaço na teoria e na prática geográficas. São Paulo: Contexto, 2012.

OLIVEIRA, Deborah. Técnicas de Pedologia. In: BITTAR, Luis. *Geografia:* práticas de campo, laboratório e sala de aula. São Paulo: Sarandi, 2011.

ONU. The World's Cities in 2016. Disponível em: <www.un.org/en/development/desa/population/publications/pdf/urbanization/the_worlds_cities_in_2016_data_booklet.pdf>. Acesso em: 21 maio 2018.

PETRELLA, Ricardo. *O manifesto da água:* argumentos para um contrato mundial. Petrópolis: Vozes, 2002.

PINTO FILHO, Jorge Luís de Oliveira; PETTA, Reinaldo Antônio; SOUZA, Raquel Franco de. Caracterização socioeconômica e ambiental da população do campo petrolífero Canto do Amaro, RN, Brasil. *Sustentabilidade em Debate*, Brasília, v. 7, n. 2, maio/ago. 2016.

PNUMA. *Protected Planet Report 2016.* Disponível em: <http://wdpa.s3.amazonaws.com/Protected_Planet_Reports/2508%20Global%20Protected%20Planet%202016_ES.pdf>. Acesso em: 23 abr. 2018.

PONTING, Clive. *Uma história verde do mundo*. São Paulo: Civilização Brasileira, 1995.

RATZEL, Friedrich. O solo, a sociedade e o Estado. *Revista do Departamento de Geografia*, v. 2, p. 93-101, 1983.

ROSS, Jurandyr L. S. Relevo brasileiro: uma nova proposta de classificação. *Revista do Departamento de Geografia*, USP, n. 4, 1990.

______. (Org.). *Geografia do Brasil*. 7. ed. São Paulo: Edusp, 2005.

SANTOS, Milton. *A urbanização brasileira*. São Paulo: Hucitec, 1993.

______. *Por uma Geografia nova:* da crítica da Geografia a uma Geografia crítica. São Paulo: Hucitec/Edusp, 1978.

SASSEN, Saskia. *As cidades na economia mundial*. São Paulo: Studio Nobel, 1998.

______. *Sociologia da globalização*. Porto Alegre: Artmed, 2010.

SHIVA, Vandana. *Guerras por água:* privatização, poluição e lucro. São Paulo: Radical Livros, 2006.

SILVA, Armando C. da. *Geografia e lugar social*. São Paulo: Contexto, 1991.

SILVA, Danielle L. da; FERREIRA, Matteus C.; SCOTTI, Maria R. O maior desastre ambiental brasileiro: de Mariana (MG) a Regência (ES). In: *Arquivos do Museu de História Natural e Jardim Botânico*. Belo Horizonte: UFMG, 2015. v. 24, n.1. p.136 e 146.

SIMIELLI, Maria Elena. *Geoatlas*. São Paulo: Ática, 2013.

SINGER, Paul. *Economia política da urbanização*. São Paulo: Brasiliense, 1973.

SOUZA, Maria A. A. de. *A identidade da metrópole:* a verticalização em São Paulo. São Paulo: Edusp/Hucitec, 1994.

SPOSITO, Maria E. B. *Cidades médias:* espaços em transição. São Paulo: Expressão Popular, 2007.

SUGUIO, Kenitiro. *Dicionário de geologia marinha*. São Paulo: T. A. Queiroz, 1992.

TEIXEIRA, Wilson et al. *Decifrando a Terra*. São Paulo: Oficina de Textos, 2000.

TEODOSIO, Armindo S. S.; DIAS, Sylmara F. L. G.; SANTOS, Maria C. L. dos. Procrastinação da política nacional de resíduos sólidos: catadores, governos e empresas na governança urbana. *Ciência e Cultura*, v. 68, n. 4, 2016.

THE INTERGOVERNMENTAL Panel on Climate Change. *Climate change 2007:* impacts, adaptation and vulnerability. Disponível em: <www.ipcc.ch/pdf/assessment-report/ar4/wg2/ar4_wg2_full_report.pdf>. Acesso em: 9 maio 2018.

UN Water. *Relatório Mundial das Nações Unidas sobre o Desenvolvimento dos Recursos Hídricos 2017:* fatos e números. Disponível em: <http://unesdoc.unesco.org/images/0024/002475/247553por.pdf>. Acesso em: 22 maio 2018.

UNITED Nations Conference on Trade and Development. *Handbook of statistics 2017*. New York: United Nations Publications, 2018.

VENTURI, Luis Antonio Bittar. *Geografia:* práticas de campo, laboratório e sala de aula. São Paulo: Sarandi, 2011.

Sugestões de leitura

BARLOW, Maude. *Água – futuro azul:* como proteger a água potável para o futuro das pessoas e do planeta para sempre. São Paulo: M. Books, 2014.

BRASIL. Ministério da Justiça e Cidadania. *Municípios de fronteira:* mobilidade transfronteiriça, migração, vulnerabilidades e inserção laboral. Disponível em: <www.justica.gov.br/sua-protecao/trafico-de-pessoas/publicacoes/anexos-pesquisas/mtbrasil_act-1-3-1-4_relatorio_final.pdf>. Acesso em: 7 jun. 2018.

______. Ministério do Meio Ambiente. *Educação Ambiental e mudanças climáticas:* diálogo necessário num mundo em transição. Disponível em: <www.mma.gov.br/images/arquivo/80062/Livro%20EA%20e%20Mudancas%20Climaticas_WEB.pdf>. Acesso em: 7 jun. 2018.

CANTO, Eduardo L. do. *Minerais, minérios e metais:* de onde vêm? Para onde vão? São Paulo: Moderna, 2010.

CHIAVENATO, Júlio J. *Ética globalizada & sociedade de consumo*. São Paulo: Moderna, 2004.

DREGUER, Ricardo; CANER, Roberto. *Quais as mudanças tecnológicas, econômicas e sociais da globalização?* São Paulo: Moderna, 2014.

EIGENHEER, Emílio M. *A história do lixo:* a limpeza urbana através dos tempos. Rio de Janeiro: Campus, 2009.

GANERI, Anita. *Vulcões violentos*. São Paulo: Melhoramentos, 2013.

GROTZINGER, John. *Para entender a Terra*. 6. ed. Porto Alegre: Bookman, 2013.

HAESBAERT, Rogério; PORTO-GONÇALVES, Carlos W. *A nova des-ordem mundial*. São Paulo: Unesp, 2006.

LEMOS, Carlos A. C. *Como nasceram as cidades brasileiras*. São Paulo: Studio Nobel, 2015.

MARENGO, José A. O futuro clima do Brasil. *Revista USP*, 2014. Disponível em: <www.revistas.usp.br/revusp/article/view/99280>. Acesso em: 7 jun. 2018.

MARTINS, Dora; VANALLI, Sônia. *Migrantes*. São Paulo: Contexto, 1994.

MENDONÇA, Francisco. *Climatologia:* noções básicas e climas do Brasil. São Paulo: Oficina de Textos, 2007.

MOREIRA, Ruy. *O que é Geografia?* São Paulo: Brasiliense, 1981.

NANI, Everton L. *Meio ambiente e reciclagem:* um caminho a ser seguido. Curitiba: Juruá, 2007.

PIROLI, Edson Luís. *Água:* por uma nova relação. Jundiaí: Paco Editorial, 2016.

RAMOS, Graciliano. *Vidas secas*. Rio de Janeiro: Record, 2003.

RODRIGUES, Franscico L.; CAVINATTO, Vilma M. *Lixo:* de onde vem? Para onde vai? São Paulo: Moderna, 2003.

ROLNIK, Raquel. *O que é cidade?* São Paulo: Brasiliense, 2017.

SANTOS, Regina B. dos. *Movimentos sociais urbanos*. São Paulo: Unesp, 2008.

SOUZA, Marcelo L. de; RODRIGUES, Glauco B. *Planejamento urbano e ativismos sociais*. São Paulo: Unesp, 2004.

STEINKE, Ercília T. *Climatologia fácil*. São Paulo: Oficina de Textos, 2012.

Siglas de vestibulares

Enem: Exame Nacional do Ensino Médio

Fuvest (SP): Fundação Universitária para o Vestibular (vestibular da Universidade de São Paulo)

Unifenas (MG): Universidade José do Rosário Vellano

UPF (RS): Universidade de Passo Fundo

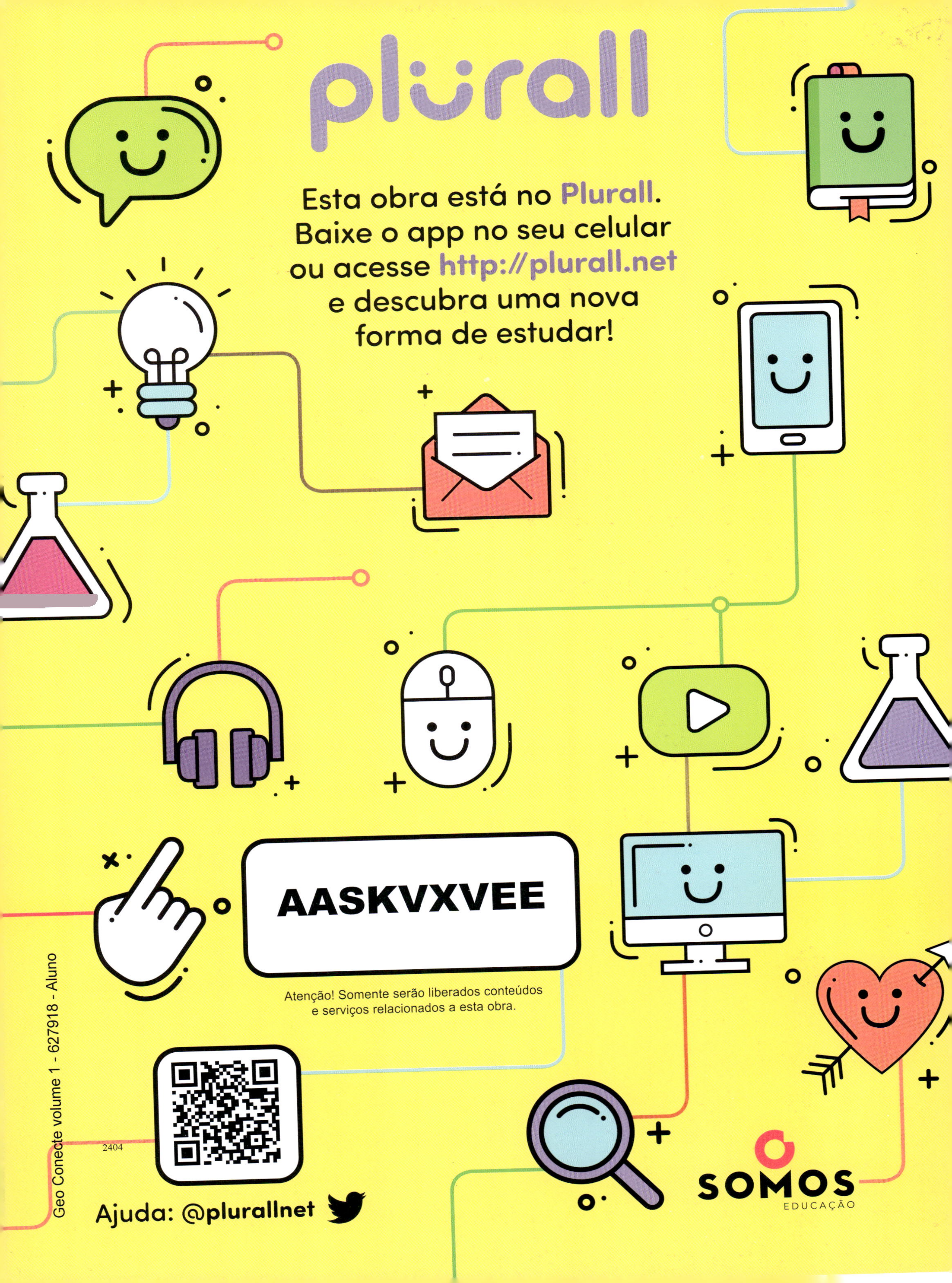
plurall
Esta obra está no Plurall.
Baixe o app no seu celular
ou acesse http://plurall.net
e descubra uma nova
forma de estudar!
AASKVXVEE
Atenção! Somente serão liberados conteúdos
e serviços relacionados a esta obra.
2404
Geo Conecte volume 1 - 627918 - Aluno
Ajuda: @plurallnet
SOMOS
EDUCAÇÃO

Geo

WAGNER RIBEIRO

Bacharel e licenciado em Geografia pela Universidade de São Paulo (USP).

Doutor em Geografia Humana pela Universidade de São Paulo (USP).

Professor Titular do Departamento de Geografia e dos programas de pós-graduação em Geografia Humana e em Ciência Ambiental da Universidade de São Paulo (USP).

CAROLINA GAMBA

Bacharel e licenciada em Geografia pela Universidade de São Paulo (USP).

Doutora em Geografia Humana pela Universidade de São Paulo (USP).

Docente e coordenadora do curso de bacharelado e licenciatura em Geografia em faculdade particular.

Professora do Ensino Fundamental II e Ensino Médio em escolas particulares.

LUCIANA ZIGLIO

Bacharel e licenciada em Geografia pela Universidade de São Paulo (USP).

Doutora em Geografia Humana pela Universidade de São Paulo (USP).

Pós-Doutoranda em Organizações e Sustentabilidade pela Escola de Artes, Ciências e Humanidades da Universidade de São Paulo (EACH/USP).

Professora do Ensino Médio na rede pública e em escolas particulares.

Direção geral: Guilherme Luz
Direção editorial: Luiz Tonolli e Renata Mascarenhas
Gestão de projeto editorial: Viviane Carpegiani
Gestão e coordenação de área: Wagner Nicaretta (ger.) e Brunna Paulussi (coord.)
Edição: Caren Midori Inoue, Lívia Navarro de Mendonça e Orlinda Teruya
Gerência de produção editorial: Ricardo de Gan Braga
Planejamento e controle de produção: Paula Godo, Roseli Said e Marcos Toledo
Revisão: Hélia de Jesus Gonsaga (ger.), Kátia Scaff Marques (coord.), Rosângela Muricy (coord.), Ana Curci, Arali Gomes, Carlos Eduardo Sigrist, Célia Carvalho, Celina I. Fugyama, Claudia Virgilio, Daniela Lima, Diego Carbone, Heloísa Schiavo, Hires Heglan, Luciana B. Azevedo, Luiz Gustavo Bazana, Patricia Cordeiro, Patrícia Travanca e Sueli Bossi
Arte: Daniela Amaral (ger.), Claudio Faustino (coord.), Yong Lee Kim (edição de arte)
Diagramação: JS Design
Iconografia: Sílvio Kligin (ger.), Denise Durand Kremer (coord.), Thaisi Albarracin Lima (pesquisa iconográfica)
Licenciamento de conteúdos de terceiros: Thiago Fontana (coord.), Luciana Sposito e Angra Marques (licenciamento de textos), Erika Ramires, Luciana Pedrosa Bierbauer, Luciana Cardoso Sousa e Claudia Rodrigues (analistas adm.)
Tratamento de imagem: Cesar Wolf, Fernanda Crevin
Ilustrações: Adilson Secco, Alex Argozino, Carlos Bourdiel, Luís Moura e Osni de Oliveira
Cartografia: Eric Fuzii (coord.), Robson Rosendo da Rocha (edit. arte) e Portal de Mapas
Design: Gláucia Correa Koller (ger.), Erika Yamauchi Asato, Filipe Dias (proj. gráfico) e Adilson Casarotti (capa)
Composição de capa: Segue Pro
Foto de capa: vaalaa/Shutterstock, Samuel Borges Photography/ Shutterstock, Zoom Team/Shutterstock, elRoce/Shutterstock

Avenida das Nações Unidas, 7221, 1º andar, Setor A – Espaço 2 – Pinheiros – SP – CEP 05425-902
SAC 0800 011 7875
www.editorasaraiva.com.br

Dados Internacionais de Catalogação na Publicação (CIP)
(Câmara Brasileira do Livro, SP, Brasil)

Ribeiro, Wagner
Geo 1 : conecte live / Wagner Ribeiro, Carolina Gamba, Luciana Ziglio. -- 1. ed. -- São Paulo : Saraiva, 2018.

Suplementado pelo manual do professor.
Bibliografia.
ISBN 978-85-472-3376-1 (aluno)
ISBN 978-85-472-3378-5 (professor)

1. Geografia (Ensino médio) I. Gamba, Carolina. II. Ziglio, Luciana. III. Título.

18-16986 CDD-910.712

Índices para catálogo sistemático:

1. Geografia : Ensino médio 910.712

Maria Alice Ferreira - Bibliotecária - CRB - 8/7964

2018
Código da obra CL 800869
CAE 627918 (AL) / 627919 (PR)
1ª edição
1ª impressão

Impressão e acabamento: Brasilform Editora e Ind. Gráfica

Uma publicação

Apresentação

Nos dias atuais, os termos **Geografia**, **globalização** e **cidadania** estão profundamente articulados. Ter em mãos um aparelho eletrônico conectado à internet sintetiza a relação entre eles.

Com um *smartphone*, acessa-se a rede mundial de computadores, que veicula informações fundamentais ao exercício da cidadania, a qual, por sua vez, expressa-se de maneira desigual nos países do mundo. A Geografia apresenta-se como instrumento fundamental para desvendar essas diferenças.

A análise dos processos de produção do espaço geográfico e a representação desses processos por meio de mapas estão entre as missões da Geografia. Ela vai ainda além ao oferecer uma interpretação combinada de processos sociais e naturais, tão necessária no complexo cenário atual, o que a torna uma ciência com muita aplicação no cotidiano.

O mundo globalizado, no qual se encontram redes e fluxos intensos e crescentes de produtos, pessoas e informações, envolve muitos lugares, que têm suas composições sociais e naturais alteradas em razão da dinâmica das relações econômicas e financeiras entre países e empresas transnacionais. Essa dinâmica deixa marcas no ambiente e no espaço geográfico e causa profundas alterações no tecido social, acirrando ainda mais as desigualdades no planeta.

A cidadania é um direito que se expressa em uma determinada unidade territorial. Estudar os cenários social, produtivo e ambiental do Brasil e relacionar essas informações ao conhecimento de como os processos globais afetam o país nos ajuda a compreender e agir conscientemente diante das diversas situações-problema que se apresentam nas distintas escalas geográficas, atitudes esperadas para o exercício pleno da cidadania.

Boa leitura!

Os autores

Conheça seu livro

Abertura de unidade

Apresenta texto e uma ou duas imagens que contextualizam os principais assuntos da unidade.

Abertura de capítulo

O capítulo é iniciado com textos e imagens que explicam o tema a ser estudado. A seção **Em foco** apresenta reportagens ou artigos que trazem assuntos do cotidiano relacionados ao conteúdo do capítulo.

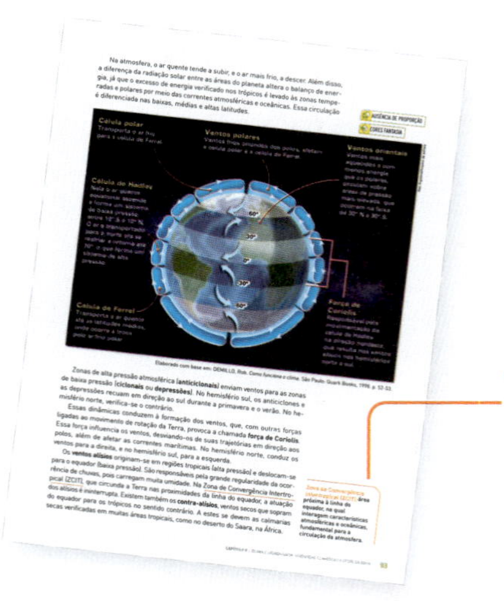

Glossário

Traz definições de termos ou conceitos utilizados no texto.

Dicas

Sugestões de filmes, livros e *sites* relacionados ao assunto do item.

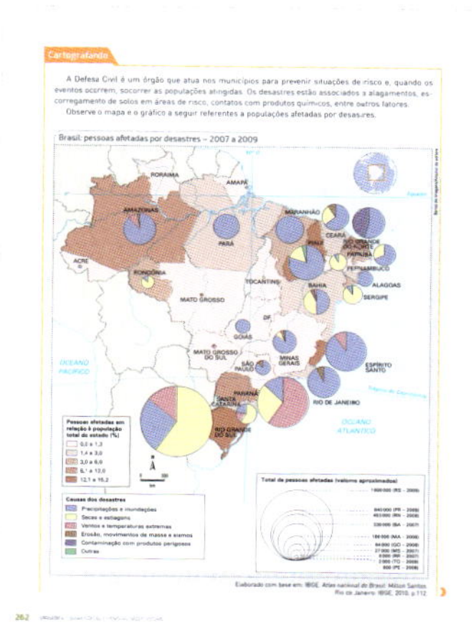

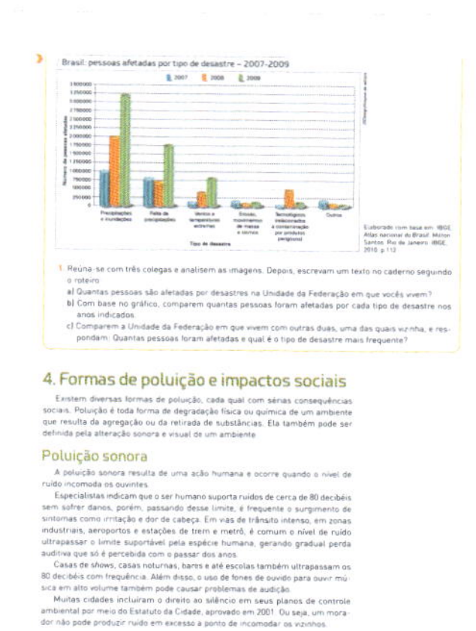

4. Formas de poluição e impactos sociais

Poluição sonora

Cartografando

Seção de atividades que trabalham com diferentes tipos de representações cartográficas, como mapas, imagens de satélite, etc.

Boxes

Apresentam algumas curiosidades ou textos complementares que se relacionam com o assunto tratado no item.

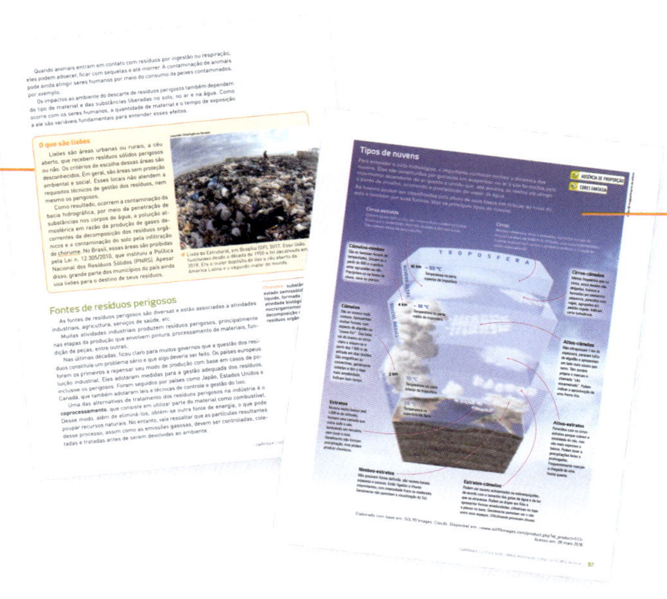

Fontes de resíduos perigosos

Tipos de nuvens

Infográficos

Permeiam a obra e trabalham os assuntos abordados de forma integrada ao unir informações textuais e visuais, facilitando o processo de assimilação do conhecimento.

Diálogo com

Seção interdisciplinar que relaciona o assunto do item às outras áreas do conhecimento, com textos, imagens e atividades.

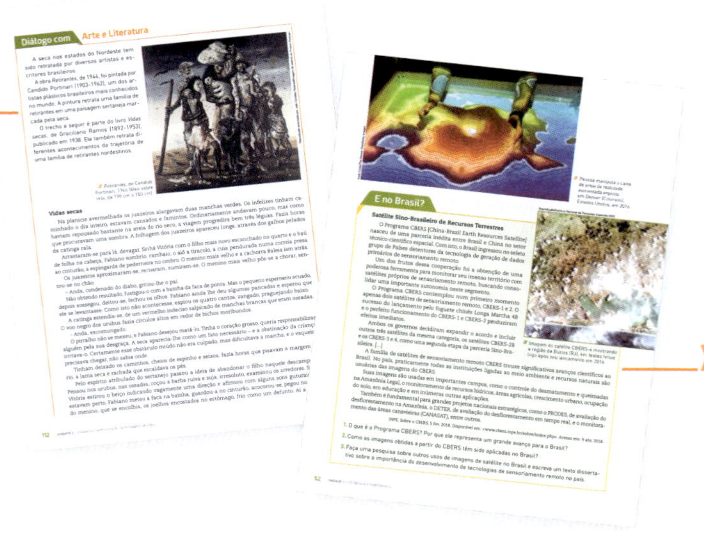

Diálogo com Arte e Literatura

E no Brasil?

E no Brasil?

Seção que destaca a situação do Brasil no contexto do assunto tratado no item.

Reconecte

Seção de atividades que abordam de diversas formas o que foi estudado. Termina com um resumo dos principais destaques do capítulo.

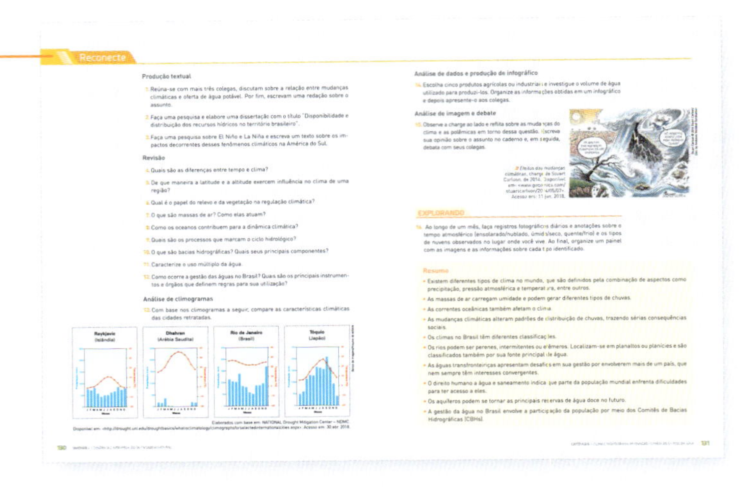

Repercutindo

Seção que apresenta um ou mais textos citados para ampliar o tema ou mostrar diferentes pontos de vista sobre os assuntos tratados na unidade.

Globalização e cidadania

Finalizando a unidade, a seção amplia a correspondência dos temas estudados com os conceitos de globalização e cidadania.

Enem e vestibulares

No fim de cada unidade, questões recentes do Enem e de vestibulares do Brasil.

Sumário geral

Parte 1

UNIDADE 1 – Geografia e Cartografia 10

CAPÍTULO 1 – Geografia: para que e para quem? 12

CAPÍTULO 2 – Representações cartográficas 28

CAPÍTULO 3 – Cartografia: novas tecnologias 42

UNIDADE 2 – Dinâmica e apropriação da paisagem natural 58

CAPÍTULO 4 – Estrutura geológica, relevo e solos 60

CAPÍTULO 5 – Clima e hidrografia: mudanças climáticas e crise da água 90

CAPÍTULO 6 – Biomas e conservação da biodiversidade 132

Parte 2

UNIDADE 3 – Ordem ambiental internacional 172

CAPÍTULO 7 – Grandes reuniões internacionais sobre o ambiente 174

CAPÍTULO 8 – Mudanças climáticas e conservação da biodiversidade 192

CAPÍTULO 9 – Resíduos perigosos e desertificação 216

UNIDADE 4 – Urbanização e desigualdades sociais 234

CAPÍTULO 10 – Metrópoles, megalópoles e megacidades 236

CAPÍTULO 11 – Problemas ambientais urbanos 254

CAPÍTULO 12 – Urbanização brasileira e desigualdades sociais 270

Sumário Parte 1

UNIDADE 1 – Geografia e Cartografia 10

CAPÍTULO 1 – Geografia: para que e para quem? 12
1. Os primórdios da Geografia 14
2. A Geografia como ciência 17
3. Geografia no Brasil 18
4. Lugar 19
5. Espaço geográfico 20
6. Paisagem 22
7. Território 24
8. Geossistema 25
Reconecte 26

CAPÍTULO 2 – Representações cartográficas 28
1. Cronologia das representações cartográficas 30
2. Linguagem cartográfica 32
3. Os fusos horários e a linha internacional de data 35
4. Classificação dos mapas 37
5. Projeções cartográficas 38
Reconecte 41

CAPÍTULO 3 – Cartografia: novas tecnologias 42
1. Sensoriamento remoto 43
2. Sistema de Informações Geográficas (SIG) 49
3. Maquetes e simulações de relevo em 3D 50
Reconecte 53
Globalização e cidadania 54
Repercutindo 55
Enem e vestibulares 57

Andy Cross/The Denver Post/Getty Images

UNIDADE 2 – Dinâmica e apropriação da paisagem natural

UNIDADE 2 – Dinâmica e apropriação da paisagem natural 58

CAPÍTULO 4 – Estrutura geológica, relevo e solos 60

1. Formação da Terra 61
2. Eras geológicas 63
3. Estrutura interna da Terra 65
4. Tipos de rocha 71
5. Uso social dos minerais 72
6. Características geológicas do Brasil 73
7. Relevo 76
8. Classificações do relevo brasileiro 81
9. O solo 83

Reconecte 88

CAPÍTULO 5 – Clima e hidrografia: mudanças climáticas e crise da água 90

1. A circulação geral da atmosfera 92
2. Tempo e clima 94
3. O que define um clima? 99
4. Paleoclima e mudanças climáticas 104
5. Tipos de clima 106
6. Classificações dos climas no Brasil 108
7. Hidrografia 117
8. Direito humano à água 121
9. Hidrografia do Brasil 125
10. Gestão da água no Brasil 127
11. Aquíferos no Brasil 129

Reconecte 130

CAPÍTULO 6 – Biomas e conservação da biodiversidade 132

1. Conceitos básicos de Ecologia e Biogeografia 134
2. Biomas 138
3. Biomas no Brasil 140
4. Biogeografia e as teorias de dispersão das espécies 149
5. Teorias da distribuição de espécies no Brasil 153
6. Uso social da biodiversidade 156
7. Biodiversidade brasileira: potencial e desafios 158
8. Sistema Nacional de Unidades de Conservação da Natureza 160

Reconecte 163
Globalização e cidadania 166
Repercutindo 167
Enem e vestibulares 168

UNIDADE

1 Geografia e Cartografia

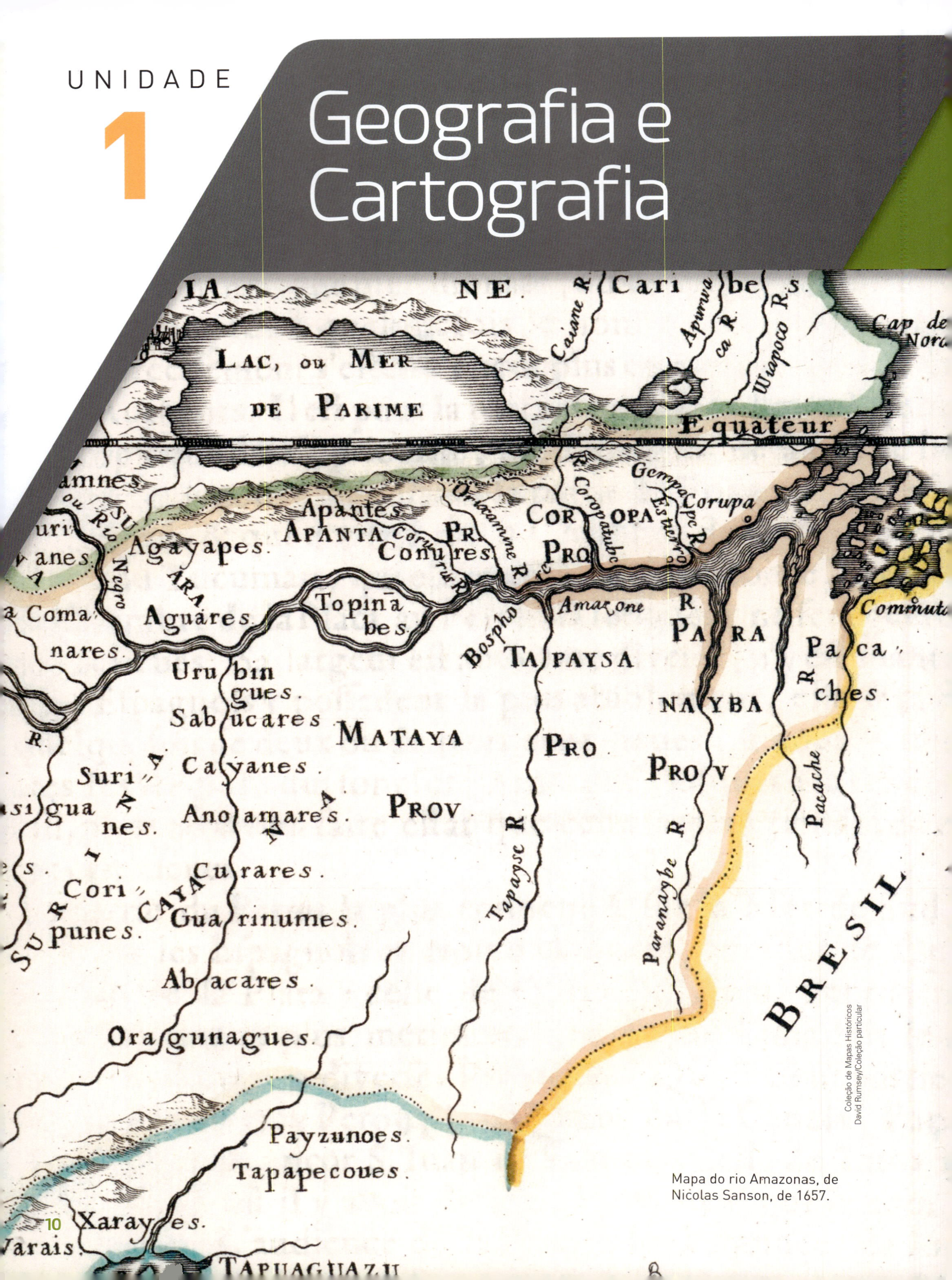

Coleção de Mapas Históricos David Rumsey/Coleção particular

Mapa do rio Amazonas, de Nicolas Sanson, de 1657.

No mundo globalizado, as ações humanas transcendem o lugar no qual elas ocorrem. O fluxo intenso de pessoas, informações e produtos indica a relevância do estudo da Geografia, que analisa elementos da sociedade e da natureza em diferentes escalas. A Cartografia, por sua vez, mais do que simplesmente espacializar processos, constitui um instrumento de poder para quem a domina, pois permite conhecer o território, seus recursos e formas de utilizá-los, fato que gera tensões entre grupos sociais.

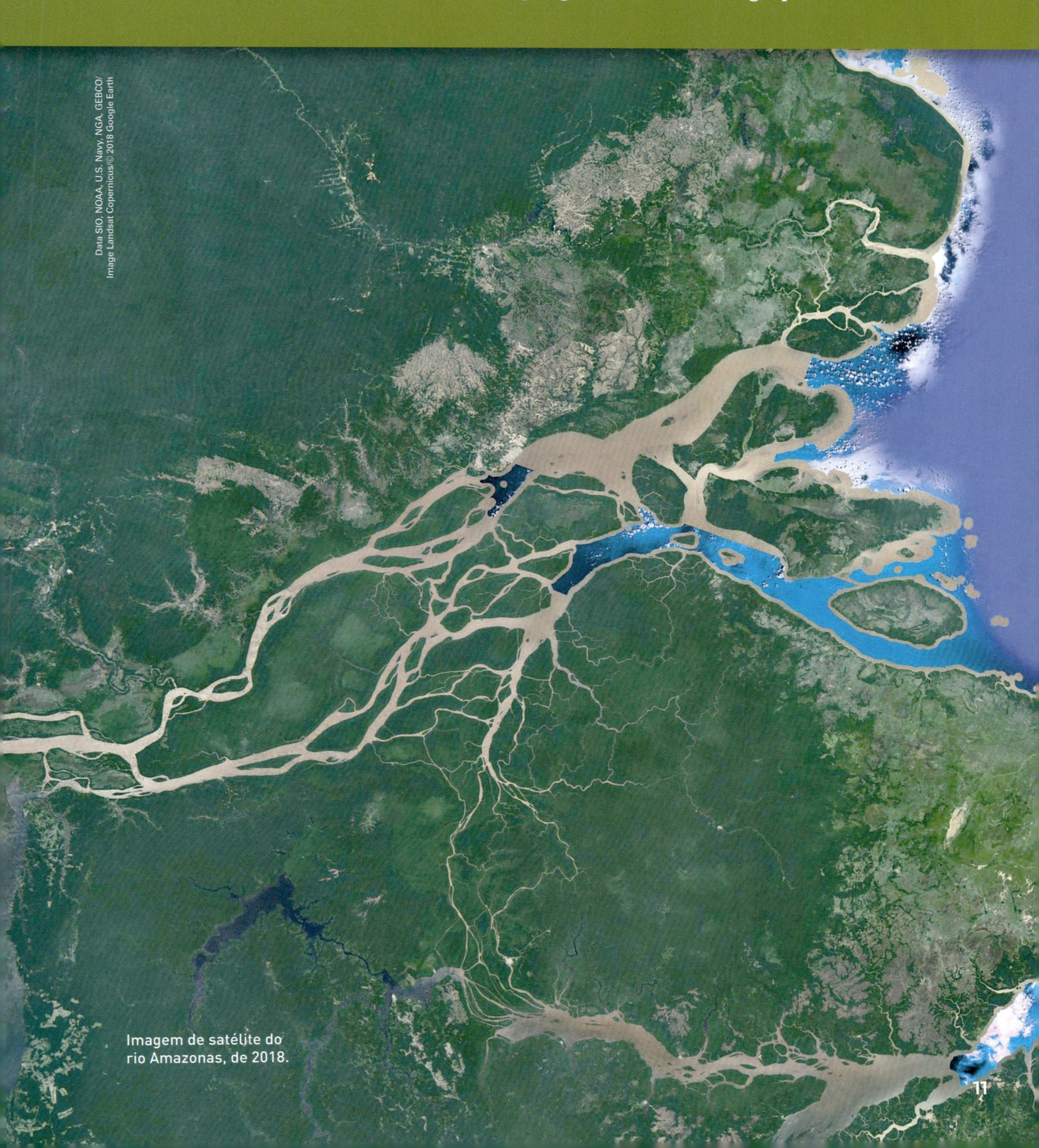

Imagem de satélite do rio Amazonas, de 2018.

CAPÍTULO 1

Geografia: para que e para quem?

A Geografia constitui uma ciência dinâmica, pois tem de acompanhar as transformações sociais do mundo atual. Ela permite observar o mundo sob diferentes perspectivas, combinando elementos da sociedade – tanto culturais como políticos – e da natureza.

Ela exerce papel muito importante na compreensão dos problemas ambientais da atualidade. Os tipos de poluição do ambiente, a perda de biodiversidade, as mudanças em padrões de chuvas, etc. apresentam uma dimensão que repercute na vida de todas as pessoas. A Geografia permite estudar esses fenômenos em diferentes níveis de análise espacial por meio da escala – local, nacional e internacional – demonstrando como um lugar transcende o país no qual está inserido e torna-se parte do global.

Essa habilidade de relacionar informações em diferentes escalas confere à ciência geográfica certo poder, pois esse tipo de conhecimento é uma ferramenta imprescindível na globalização. Conhecer as relações entre processos de distintas escalas e suas repercussões no local e no mundo é fundamental para definir planos políticos em todas as esferas.

Ed Fairburn/Coleção particular

Innsbruck, de Ed Fairburn, 2013 (tinta sobre mapa, de 52 cm x 52 cm). O artista utilizou o mapa de Innsbruck, Áustria, para compor a obra de arte.

EM FOCO

Diga-me de onde vem e eu direi quem você é [...]

Numerosos livros de viagem, da mais remota Antiguidade clássica até os dias de hoje, trazem em abundância explicações sobre a vida social e econômica e sobre a história dos países visitados por meio de alguns traços marcantes do seu relevo ou do seu clima, em descrições relativamente fantasiosas. A indolência dos povos que habitam as zonas tropicais ou os climas suaves e quentes em geral, como no caso do Mediterrâneo; a espiritualidade dos castelhanos diante do imenso céu em suas planícies infinitas; a dedicação ao trabalho das sociedades nórdicas forçadas pelo frio dominante a concentrar suas atividades agrícolas, o que favorece o trabalho em comum e a vida social ao redor do lar. Estes e muitos outros preconceitos e estereótipos sobrevivem no imaginário coletivo da sociedade contemporânea, apesar de haver mais informação e conhecimento disponíveis.

Foi na geografia regional francesa, seguida em parte pela geografia cultural norte-americana, que o ambientalismo [...] foi desqualificado e reduzido à qualificação do determinismo. Tratava-se de diferenciar e, acima de tudo, [...] afirmar a liberdade do homem e suas diversas possibilidades de adaptação e superação das condições naturais.

Contra o desprezo silencioso da maioria da comunidade de geógrafos acadêmicos [...], talvez a atitude mais inteligente seja aproveitar essa onda de popularidade. Se a opinião pública acredita no poder explicativo do que se entende por geografia, com maior ou menor precisão, o papel de geógrafos profissionais deve ser o de mostrar as implicações intelectuais e ideológicas das explicações demasiadamente simplistas e analisar exemplos de determinações e adaptações, de superações e de exceções diversas. [...]

CARRERAS, Carles. Dime de dónde eres y te diré cómo eres. *El País*, 20 maio 2017. Disponível em: <https://elpais.com/internacional/2017/05/19/actualidad/1495195190_634914.html>. Acesso em: 16 abr. 2018. (Texto traduzido pelos autores.)

Bridgeman Images/Glow Images/Coleção particular

Vista de Puri Cabin no Brasil, do pintor italiano Gallo Gallina, de cerca de 1820 (litografia colorida, de dimensões desconhecidas). Os colonizadores acreditavam que os indígenas eram indolentes, mas o fato é que eles apenas trabalham quando é necessário. Esse estereótipo da época da colonização permanece até os dias atuais.

1. De acordo com o autor, o que os geógrafos profissionais devem fazer em relação aos estereótipos? Na sua opinião, essa tarefa se aplica somente ao trabalho de geógrafos? Explique.
2. Reúna-se com mais três colegas e discutam se a Geografia pode ou não reforçar estereótipos.

1. Os primórdios da Geografia

Anaximandro em detalhe de *Escola de Atenas*, de Raphael Sanzio de Urbino, 1510-1511 (afresco, com base de 770 cm).

O termo **Geografia** remonta à Antiguidade clássica com os estudiosos gregos, como Anaximandro, Heródoto, Eratóstenes, Estrabão, entre outros. No entanto, vale ressaltar que antes deles já existiam povos que faziam registros em pinturas, que, para muitos pesquisadores, podem ser interpretados como mapas dessas épocas.

Anaximandro (610 a.C.-546 a.C.) foi um filósofo que cartografou os mapas celeste e terrestre. Estudou diversos campos do conhecimento tal como conhecemos hoje, como Matemática, Geografia e Astronomia. Para muitos estudiosos, Anaximandro elaborou o primeiro mapa-múndi.

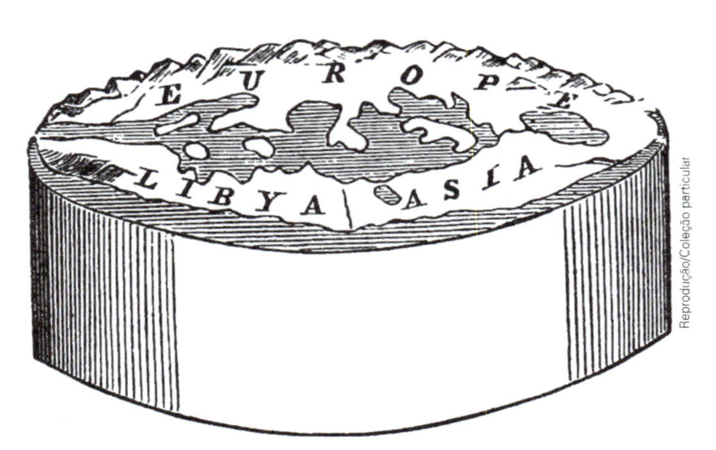

Representação feita com base no mapa de Anaximandro, publicado em *História do céu*, de Camille Flammarion, em 1872. Para ele, a Terra era um cilindro circundado de água.

Outro grego que ajudou a desenvolver a Geografia foi Heródoto (485 a.C.-425 a.C.). Ele também buscou interpretar o mundo e o expressou em um mapa.

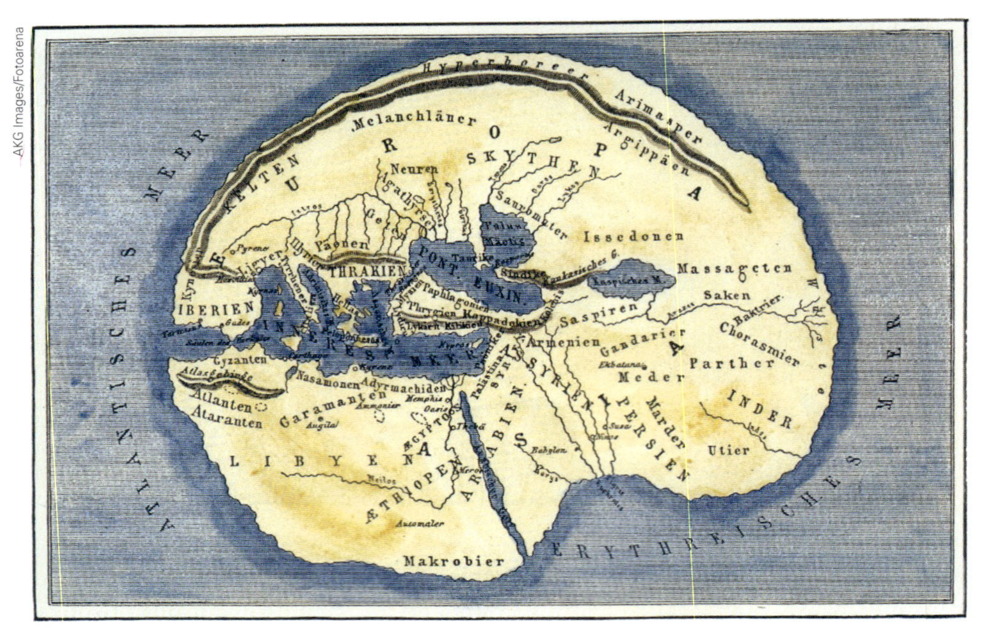

Mapa de Heródoto, publicado em *Grécia: terra e população na Grécia antiga*, de Wilhelm von Wägner, em 1867. Observe que neste mapa a Europa se localizava no centro do mundo.

Diálogo com História

Heródoto

Heródoto foi um grande pensador em sua época. Sua obra *Histórias*, provavelmente de 445 a.C., relata o avanço do Império persa e o enfrentamento com os gregos.

Dividido em nove livros, descreve com precisão a situação do período, os embates e os vencedores. Há ainda descrições do Egito e de cidades-Estados, como Esparta e Atenas. Muitos cientistas encaram os volumes da obra como fontes de fatos históricos e consideram Heródoto um dos fundadores da História.

A obra não se restringe à História, mas avança para outros campos do conhecimento, como análises políticas, geopolíticas e modos de vida dos povos, o que a aproximaria também da Antropologia atual.

1. Na Antiguidade, os pensadores não eram especialistas em áreas como grande parte dos cientistas atuais, mais especializados em áreas específicas. Reúna-se com mais três colegas e discutam sobre as vantagens e as desvantagens de cada modo de buscar conhecimento.

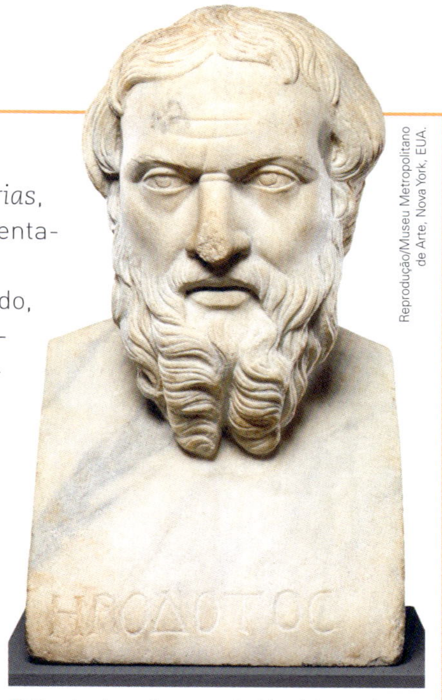

Reprodução/Museu Metropolitano de Arte, Nova York, EUA.

Busto de mármore de Heródoto, do século II d.C.

Hipócrates (460 a.C.-377 a.C.) também contribuiu para os estudos geográficos. No livro *Tratado dos ares, mares e lugares*, discutiu as influências do ambiente sobre a saúde humana, como os fatores climáticos, por exemplo.

Ptolomeu (100 d.C.-168 d.C.), em sua obra *Sintaxis Matemática*, fixou em seu mapa-múndi uma linha de meridiano, o atual meridiano de Greenwich.

A. Dagli Orti/De Agostini/Getty Images

Busto de mármore de Hipócrates, feito a partir de um original grego do século IV a.C.

AKG Images/Fotoarena

Representação de Ptolomeu.

Já o astrônomo e matemático Eratóstenes (275 a.C.-194 a.C.) chegou a um cálculo bem aproximado da atual superfície terrestre. Ele também contribuiu para a definição das coordenadas geográficas.

Coordenada geográfica: localização de um ponto na superfície terrestre determinado pela intersecção de linhas imaginárias (latitude e longitude), medida em graus.

Como Eratóstenes calculou a circunferência da Terra

A grande realização de Eratóstenes foi inventar um método para calcular a circunferência da Terra que unia a observação astronômica com o conhecimento prático. Com um gnômon, versão primitiva de um relógio de sol, Eratóstenes fez uma série de observações em Syene (a moderna Assuã), que estimou que estava 5 mil estádios ao sul de Alexandria. Ele observou que ao meio-dia, no solstício de verão, os raios do Sol não provocavam sombra, e, portanto, estavam diretamente acima da cabeça. Fazendo o mesmo cálculo em Alexandria, Eratóstenes mediu o ângulo lançado pelo gnômon exatamente no mesmo momento e viu que era um quinquagésimo de um círculo. Supondo que Alexandria e Syene estavam no mesmo meridiano, ele calculou que os 5 mil estádios entre os dois lugares representavam um quinquagésimo da circunferência da Terra. A multiplicação dos dois números deu a Eratóstenes um valor total para a circunferência da Terra, que ele estimou em 252 mil estádios. Embora o tamanho exato de seu *stadion* seja desconhecido, a medição final de Eratóstenes corresponde provavelmente a algo entre 39 mil e 46 mil quilômetros (a maioria dos estudiosos acredita que esteja mais próximo do último número). Considerando-se que a circunferência real da Terra medida no equador é de 40.075 quilômetros, o cálculo de Eratóstenes foi extraordinariamente preciso. [...]

BROTTON, Jerry. *A história do mundo em 12 mapas*. Rio de Janeiro: Zahar, 2014. p. 45.

Ancient Art and Architecture/Alamy/Fotoarena

Busto de pedra de Eratóstenes.

O filósofo Estrabão (64 a.C.-24 d.C.) escreveu *Geografia*, obra composta de 17 volumes. Essa coleção é considerada o principal documento do mundo grego para a ciência, pois os livros relatam suas viagens pela África (Egito e Líbia), Ásia Menor e Europa.

Pode-se dizer que o conhecimento geográfico estava disperso, mas os embriões da ciência já estavam delimitados. Para muitos estudiosos, os gregos são os responsáveis pelo nascimento da Geografia.

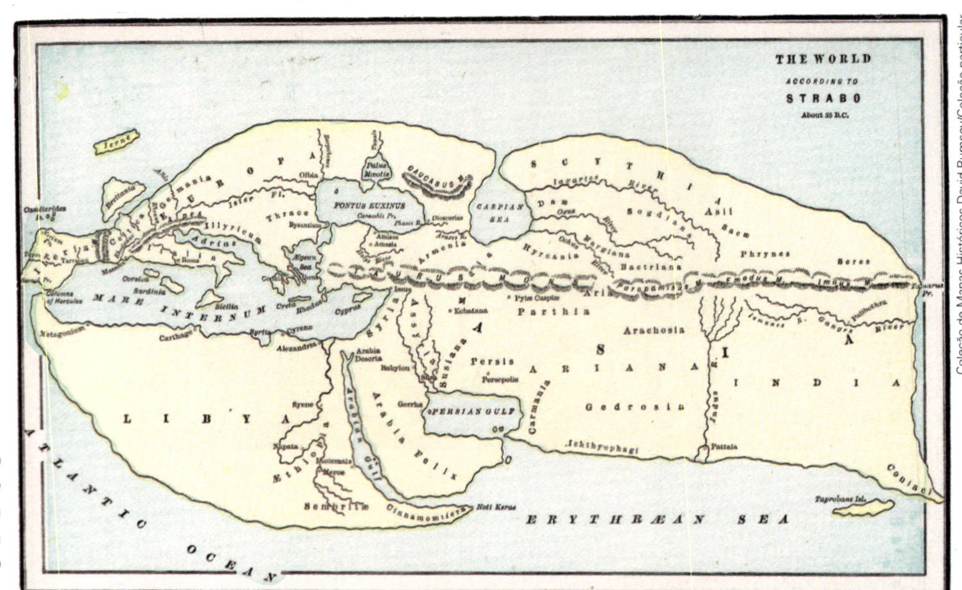

Coleção de Mapas Históricos David Rumsey/Coleção particular

Mapa reconstruído no século XIX. Observe como Estrabão mostra com precisão a península Ibérica e o contorno da atual Itália.

2. A Geografia como ciência

Com Alexandre von Humboldt (1769-1859) e Carl Ritter (1779-1859) concretizou-se a sistematização da Geografia como ciência. De origem alemã, ambos foram importantes para a difusão da ciência geográfica no século XIX.

Em *Cosmos* (1845-1858), uma obra de cinco volumes, Humboldt mostrou que os processos naturais estão relacionados uns aos outros. Para ele, o ambiente seria um grande organismo vivo e a espécie humana faria parte desse sistema. Caberia ao geógrafo estudar as relações entre os seres vivos e a superfície inorgânica da Terra.

Nicku/Shutterstock

// Alexandre von Humboldt foi um dos primeiros exploradores a viajar para muitas localidades com objetivos de estudo.

Ritter definiu seu objeto de pesquisa a partir das relações entre a superfície terrestre e as atividades humanas. Em sua concepção, a Terra era o palco das ações da sociedade. Em 1817, ele publicou *Geografia*, com informações sobre as sociedades africanas.

Nicku/Shutterstock

// Carl Ritter ocupou a primeira cátedra de Geografia na Universidade de Berlim, em 1825.

Várias outras contribuições de estudiosos levaram ao desenvolvimento dos estudos de Geografia. Na Alemanha, Friedrich Ratzel (1844-1904) também contribuiu para a sistematização da ciência geográfica. Para ele, as populações necessitavam de uma área para estabelecer suas tradições culturais e históricas. Portanto, uma sociedade não existiria sem o solo, a base sobre a qual se desenvolve a agricultura e a habitação, dois aspectos centrais para a reprodução da vida. Ele criou o conceito de "espaço vital", definido como a área necessária para a preservação das tradições culturais, históricas e políticas dos povos.

Ratzel também foi o precursor do **determinismo geográfico**, que afirma que os processos naturais determinam as ações humanas. Para o geógrafo alemão, as condições naturais determinam como a sociedade se organiza. Embora reconheça a capacidade humana de se adaptar a situações naturais adversas, como áreas desérticas ou sujeitas a baixas temperaturas, tais ações seriam resultado de necessidades impostas pelo ambiente natural.

Oprea Nicolae/Alamy/Fotoarena

// Friedrich Ratzel, precursor do determinismo geográfico e criador do conceito de espaço vital.

Paul Vidal de la Blache (1845-1918) pertencia à escola francesa. Em sua teoria, ele defendia a existência dos "gêneros de vida", que correspondem à maneira pela qual a humanidade se organiza para prover sua base material da existência e estão associados diretamente à capacidade técnica que dispõem.

La Blache é o criador do **possibilismo geográfico**, corrente que admite que a ação humana pode se adaptar aos processos naturais. Em seus estudos, o geógrafo francês analisou como diferentes povos conseguiam ou não se adaptar às condições geográficas dos lugares onde viviam. Para ele, alguns povos do Mediterrâneo, por exemplo, conseguiram se deslocar e fazer circular suas mercadorias, enquanto outros ficaram isolados. Por isso afirmou que existiria uma hierarquia entre gêneros de vida, pela qual foi muito criticado anos mais tarde.

Rene Dazy/Rue des Archives/Latinstock

// Paul Vidal de la Blache, criador do possibilismo geográfico, opunha-se à teoria preconizada por Ratzel.

3. Geografia no Brasil

No Brasil, a Geografia também ganhou destaque com intelectuais e líderes do país. O Instituto Histórico e Geográfico Brasileiro (IHGB), fundado em 1838 no Rio de Janeiro, tinha por objetivo publicar, estudar e arquivar documentos que retratassem a História e a Geografia brasileiras. O IHGB iniciou a publicação da *Revista do Instituto Histórico e Geográfico Brasileiro* em 1839, que é publicada até os dias atuais.

Outro marco importante na história da Geografia brasileira foi a criação do Instituto Brasileiro de Geografia e Estatística (IBGE), em 1938, no Rio de Janeiro.

Durante a ditadura do Estado Novo (1937-1945), o então presidente Getúlio Vargas entendia como fundamental conhecer o território nacional para a manutenção do poder político. Uma das primeiras realizações de destaque do IBGE ocorreu em 29 de maio de 1940, ano no qual apresentou a cartografia de municípios brasileiros na Exposição Nacional dos Mapas Municipais.

O objetivo do IBGE é produzir informações estatísticas e geográficas, além de mapas e documentos para mostrar a realidade social, política, econômica e ambiental brasileira.

Dica de *site*

Instituto Histórico e Geográfico Brasileiro (IHGB)
Disponível em: <https://ihgb.org.br/>. Acesso em: 29 mar. 2018. No *site* do IHGB, é possível conhecer a história do Instituto e a história da revista, além de acessar todo o acervo.

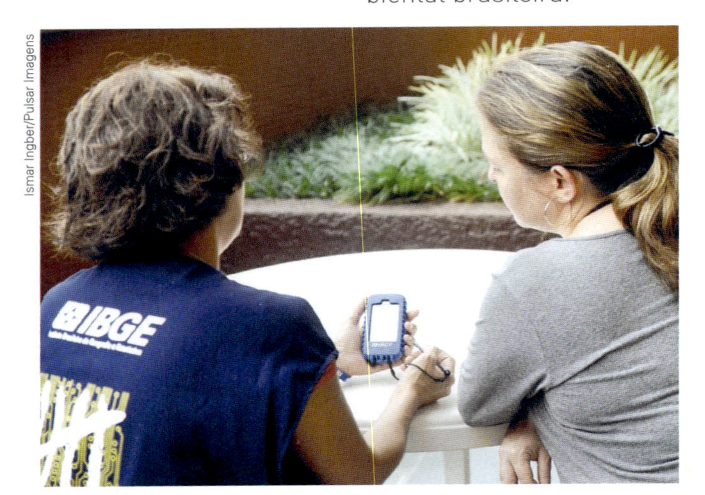

Ismar Ingber/Pulsar Imagens

Recenseadora realiza entrevista no Rio de Janeiro (RJ), em 2010. O IBGE realiza censos demográficos do país a cada 10 anos. O censo é fundamental para conhecer o perfil populacional do país.

Em 1934, foi criado o primeiro curso de Geografia, na Universidade de São Paulo (USP). Ele também passou a ser oferecido a partir de 1935, na Universidade do Distrito Federal no Rio de Janeiro, atual Universidade Federal do Rio de Janeiro.

Essas duas instituições tiveram a colaboração de geógrafos franceses na estruturação dos cursos. Pierre Mombeig (1908-1987) e Pierre Deffontaines (1894-1978) atuaram, respectivamente, em São Paulo e no Rio de Janeiro. Assim, a Geografia brasileira registrou em seu início a influência da escola francesa.

Reprodução/Associação dos Geógrafos Brasileiros, São Paulo, SP.

Pierre Deffontaines (ao centro) e Pierre Mombeig (à direita), fotografados no II Congresso Brasileiro de Geógrafos, realizado no Rio de Janeiro, em 1965.

Cursos atuais de Geografia no Brasil

Os cursos de graduação e pós-graduação de Geografia espalhados pelo Brasil preparam profissionais para desenvolver estudos ambientais e planejamentos urbano, rural e regional, produzir representações cartográficas, além de outras atividades.

Os estudantes dos cursos de Geografia desenvolvem pesquisas que contribuem para o entendimento das dinâmicas local, regional e global. Eles tanto podem analisar aspectos sociais e naturais de determinadas localidades como analisar processos maiores, como globalização ou mudanças climáticas. Algumas dessas pesquisas permitem analisar as transformações que afetam a população que vive na área onde a universidade está inserida, criando assim um vínculo entre a universidade e a comunidade local.

No mundo atual, é muito importante formar cientistas dedicados à análise das relações sociais e como elas transformam, constroem e reconstroem o espaço geográfico, em uma complexa interação entre ambiente e sociedade.

4. Lugar

Para o geógrafo Armando Correa da Silva (1931-2000), o conceito **lugar** é definido pela relação social desenvolvida entre ao menos duas pessoas. Assim, temos o lugar de nascimento, de comer, de trabalhar, enfim, lugares para cada etapa da vida.

O conceito de identidade remete a um grupo que desenvolve ações coletivas em um determinado lugar. Por isso todas as pessoas pertencem a um lugar, pois atribuem a ele um significado pelas relações que ali estabeleceram: a residência, a vizinhança do bairro, a escola, o trabalho. Todos esses lugares fazem parte do nosso cotidiano e envolvem interações com outras pessoas e instituições – sejam elas positivas ou marcadas por tensões. Neles, expressamos afetividade e criamos identidade.

Portanto, lugar pode ser definido por uma ação social mediada por regras de convivência. Elas podem ter caráter geral, como as leis de um país, e um caráter mais local, como os costumes de um determinado grupo social. Por isso a dimensão cultural é sempre importante nos lugares, pois os costumes estão diretamente ligados às ações humanas.

Paulo Whitaker/Reuters/Fotoarena

Moradores jogam futebol em campo de comunidade em São Paulo (SP), 2014.

Os elementos que caracterizam um lugar, como convivência social, afetividade, familiaridade, referências, memórias, práticas sociais diárias, podem ocorrer em uma área natural ou em um ambiente urbano, e são definidos pelos grupos sociais. Uma comunidade tradicional indígena, por exemplo, pode definir um rio para realizar um rito de passagem, como a chegada da adolescência. Um grupo social urbano pode escolher uma praça para realizar uma manifestação cultural. Para a primeira situação, o rio é o lugar do rito de passagem; ao mesmo tempo, para outros grupos sociais, o rio pode ser o lugar de pescar. No segundo exemplo, a praça da manifestação cultural pode ser o lugar de passeio para outras pessoas.

Vale ressaltar que os lugares estão sujeitos a sofrer influências dos processos externos, como os resultados das decisões políticas e econômicas, por exemplo. Desse modo, é possível perceber que o lugar não se refere apenas à sua localização, mas também à maneira pela qual as pessoas experimentam e vivem neles.

5. Espaço geográfico

Nikolaos Tamvakis/Shutterstock

Ruínas de Ágora, em Atenas, Grécia, 2017. Na Antiguidade, a Ágora era usada para reunir pessoas para tomar decisões.

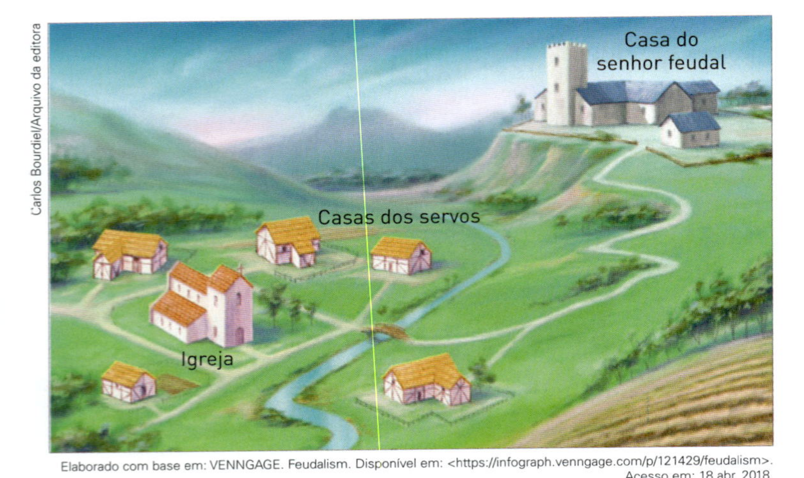

Carlos Bourdiel/Arquivo da editora

Elaborado com base em: VENNGAGE. Feudalism. Disponível em: <https://infograph.venngage.com/p/121429/feudalism>. Acesso em: 18 abr. 2018.

Na Idade Média, o feudo tinha uma organização espacial que refletia o controle do senhor feudal sobre os servos.

IamDoctorEgg/Shutterstock

Tóquio, Japão, 2017. Já no mundo atual, a concentração populacional resulta em áreas urbanas com características muito distintas das anteriores.

Ao longo da história, as diferentes sociedades humanas transformaram o ambiente em que viviam. Modificaram a natureza para cultivar alimentos e construir moradias, além de vias de circulação. Com a industrialização, esse processo de transformação da natureza tornou-se mais intenso.

Essas mudanças ocorreram conforme as técnicas existentes em cada época. Por exemplo, as alterações realizadas na Antiguidade (cerca de 4000 a.C. a 476 d.C.) eram muito diferentes das que foram feitas durante a Idade Média (séculos V a XV), assim como ambas são extremamente diferentes das transformações verificadas nos dias atuais. Com mais de 7 bilhões de pessoas no mundo, as alterações são bem mais impactantes atualmente.

Esse conjunto de transformações resulta no **espaço geográfico**, que pode ser definido como a transformação da natureza pelo trabalho humano ao longo do tempo. Trata-se da materialização das relações sociais verificadas em cada momento histórico à luz da capacidade técnica do grupo social que o produz.

Nas transformações do espaço geográfico, novas formas substituem as antigas. Com as mudanças nas relações sociais e nas técnicas utilizadas surgem outras necessidades que repercutem no espaço geográfico.

Em muitos lugares, é possível observar **rugosidades espaciais**, ou seja, construções representativas de tempos passados que trazem consigo toda a sua história, como definiu Milton Santos (1926-2001), geógrafo e um dos maiores pensadores brasileiros. Muitas vezes essas formas apresentam novas funções. Por exemplo: uma casa que servia de moradia para uma família e que depois foi transformada em imóvel comercial, mas que mantém a fachada original. A história da construção como casa permanece na fachada, que expressa a época de sua construção. No entanto, é possível que as divisões internas tenham sido reformuladas para abrigar novas atividades.

E no Brasil?

Rugosidades espaciais

Em muitas cidades brasileiras encontram-se rugosidades espaciais. Elas podem ter usos diferentes do original, apesar de manterem parte de suas características. São vestígios do passado que são requalificados para o uso atual.

Uma etapa fundamental para a requalificação de um imóvel é o levantamento de sua situação. É preciso verificar se ele está em condições de uso, se apresenta alguma corrente arquitetônica, para definir pela sua conservação ou não.

A presença de um conjunto de imóveis do passado pode ser muito interessante para uma cidade, pois conserva um momento de sua história e pode servir de ponto turístico, por exemplo. No entanto, em alguns casos, interesses econômicos levam à derrubada de antigos imóveis para a construção de modernos edifícios. Essa disputa recorrente entre moderno e antigo é uma das tensões da produção do espaço geográfico.

Prefeitura faz inventário de imóveis sem uso em áreas do Centro

Basta andar pelo Centro do Rio com o olhar mais atento para notar que [...], apesar de valorizada — a área abriga o coração de negócios da cidade —, tem vários endereços fechados. São muitos sobrados abandonados, sem nenhum tipo de uso, principalmente em ruas mais internas. A real dimensão destes vazios urbanos, porém, nem mesmo a prefeitura conhece. Para tentar traçar um mapa atualizado das propriedades vazias no Centro Histórico, equipes do Instituto Rio Patrimônio da Humanidade (IRPH), com apoio do Instituto Pereira Passos (IPP) e da Procuradoria Geral do Município (PGM), começaram a sair às ruas [...]

Entre os imóveis sem moradores, estão belíssimos sobrados e antigos galpões que permanecem com janelas e portas lacradas. Muitos têm fachadas em péssimo estado e um aspecto de abandono. [...]

[...] o levantamento faz parte do projeto Centro para Todos, lançado em 2015 pela prefeitura com o objetivo de tornar a região central da cidade mais ordenada e conservada. [...] mapear os vazios urbanos vai facilitar a expansão de negócios, moradia e turismo da região. [...]

CÂNDIDA, Simone. Prefeitura faz inventário de imóveis sem uso em áreas do Centro, *O Globo*, 5 dez. 2016. Disponível em: <https://oglobo.globo.com/rio/prefeitura-faz-inventario-de-imoveis-sem-uso-em-areas-do-centro-20589208>. Acesso em: 8 maio 2018.

1. Quais rugosidades espaciais são verificadas no centro do município do Rio de Janeiro?
2. Reúna-se com mais três colegas e discutam como o poder público pode modificar o centro do Rio de Janeiro.
3. Ainda com o mesmo grupo, pesquisem as rugosidades espaciais existentes em seu município. Procurem moradores antigos e façam um *podcast* com os depoimentos deles contando um pouco da história das antigas construções, assim como a história da construção do espaço geográfico que eles eventualmente tenham vivenciado.

Nayra Halm/Fotoarena

Prédios abandonados no centro histórico do Rio de Janeiro (RJ), 2018.

6. Paisagem

Tudo que nossa vista alcança refere-se à paisagem. Apesar de a visão ser o sentido humano mais associado à percepção dela, essa definição também envolve olfato, audição e outros sentidos.

Frequentemente registram-se paisagens em fotografias para ressaltar algum elemento ou conjunto: formações de relevo, florestas, rios e oceanos, construções urbanas, áreas cultivadas, entre outros aspectos. Porém, se uma mesma paisagem for observada por várias pessoas, provavelmente cada uma ressaltará uma característica diferente. Por isso, a paisagem depende da percepção individual do observador.

Existem paisagens formadas somente por elementos naturais, como florestas, montanhas, corpos de água, etc. As paisagens culturais, por sua vez, apresentam um ou mais elementos resultantes da ação humana, como plantações, construções, estradas, etc.

É preciso ter cuidado e atenção uma vez que a aparência pode gerar enganos. Uma área reflorestada não é uma paisagem natural, mas sim o resultado do trabalho humano. Trata-se, portanto, de uma paisagem cultural.

As paisagens apresentam formas de diferentes épocas e estão em constante transformação, evidenciando os processos naturais e de construção do espaço geográfico. São registros de um momento.

Flower_Garden/Shutterstock

Paisagem natural no Parque Ruskeala, em Sortavala, Rússia, 2017.

Candice Willmore/Shutterstock

Paisagem da cidade de Johannesburgo, na África do Sul, 2017.

Diálogo com Arte

Diferentes paisagens

Observe as representações de paisagens a seguir. A paisagem à direita é de autoria de Utagawa Hiroshige (1797-1858), um dos mestres da xilogravura japonesa. Suas composições retratam paisagens com lirismo e inspiraram artistas impressionistas e pós-impressionistas do mundo ocidental. A foto abaixo mostra uma cena na cidade de Tóquio, no Japão.

1. Como o artista e o fotógrafo expressam as paisagens?
2. Como a chuva aparece em cada representação de paisagem? E as pessoas?

Reprodução/Museu de Arte do Brooklyn, Nova York, EUA.

Chuva repentina sobre a ponte de Shin Ohashi e Atake, de Utagawa Hiroshige, 1857 (xilogravura, de 33,7 cm x 22,2 cm).

Tom Bonaventure/Photographer's Choice/Getty Images

Shibuya, bairro de Tóquio, em 2015.

7. Território

Os lugares onde vivemos se inserem no município, estado e país, ou seja, entre fronteiras que definem a atuação de governos. Território é a área definida no interior de fronteiras políticas, independentemente da escala, que, no caso brasileiro, são três: municipal, estadual e federal. Essa é a visão clássica desse conceito, que associa poder do Estado sobre uma determinada área.

Há outras visões para o conceito. Para o geógrafo Rogério Haesbaert, da Universidade Federal Fluminense, associam-se três dimensões ao conceito de território: econômica, definida pela possibilidade de uso dos recursos inseridos na área delimitada; política, associada ao poder de explorar e/ou dominar a área; cultural, estabelecida por meio da vivência de grupos humanos em determinada área.

Por sua vez, o geógrafo Milton Santos define duas dimensões do território: a das forças hegemônicas, associada ao poder do Estado em suas múltiplas escalas, e a dos agentes hegemonizados, ou seja, aqueles que trabalham no território usado, de onde retiram sua base material de existência.

Uma articulação das ideias de Haesbaert e de Santos permite analisar como grupos sociais se organizam territorialmente, inclusive no Brasil. Povos tradicionais, como indígenas e quilombolas, definem seus territórios a partir da cultura, isto é, a partir de sua vivência em determinada área.

No entanto, nem sempre as distintas visões de território são aceitas. Os conflitos pela delimitação de terras indígenas e de territórios quilombolas é um exemplo dessa situação. Apesar de a Constituição Federal de 1988 reconhecer o direito à terra desses povos, seus territórios usados, há resistência de outros grupos sociais para que isso não ocorra.

Dica de *site*

EBC: reportagem "Você sabe o que são cidades-gêmeas?"
Disponível em: <www.ebc.com.br/noticias/brasil/galeria/videos/2014/03/voce-sabe-o-que-sao-cidades-gemeas>. Acesso em: 4 abr. 2018.

CIDADANIA E TERRITÓRIOS FRONTEIRIÇOS

Leia o texto abaixo e assista à reportagem no *site* da Empresa Brasil de Comunicação (EBC).

> Cidades-gêmeas são aquelas com mais de 2 mil habitantes e que ficam uma ao lado da outra, mas em países diferentes. No Brasil, há 29 municípios reconhecidos como cidades-gêmeas. Dez das cidades-gêmeas brasileiras estão no Rio Grande Sul, entre elas Santana do Livramento, no Rio Grande do Sul, e Rivera, no Uruguai.
>
> EBC. Você sabe o que são cidades-gêmeas?, 28 jan. 2015. Disponível em: <www.ebc.com.br/noticias/brasil/galeria/videos/2014/03/voce-sabe-o-que-sao-cidades-gemeas>. Acesso em: 4 abr. 2018.

Marco Antonio Sá/Pulsar Imagens

Obelisco na Praça Internacional que mostra a fronteira de Brasil e Uruguai, entre os municípios de Santana do Livramento, no Rio Grande do Sul, e Rivera, em foto de 2016.

1. Na sua opinião, qual é o significado de "território" em cidades-gêmeas?
2. Que tipos de fluxo populacional podem ser encontrados em cidades-gêmeas? Discuta com seus colegas as vantagens e as dificuldades que eles podem oferecer à população dessas cidades.

8. Geossistema

Em uma determinada área, clima, relevo, hidrografia, entre outros aspectos naturais, interagem entre si e sofrem influências das atividades humanas. Esse conjunto de fatores e sua dinâmica formam um **geossistema**.

O geossistema resulta da interação da atmosfera, biosfera, litosfera e hidrosfera. Esses conjuntos formam um sistema que está em constante movimento, que muitos autores chamam de sistema terra ou sistema terrestre.

Entender a dinâmica dos geossistemas pode evitar desequilíbrios que possam comprometer a vida no planeta. Como os processos naturais estão relacionados, alterar um deles desencadeia reações em outros processos. Por exemplo: a oscilação do ritmo natural de chuvas, para mais ou para menos, afeta a vegetação. Muita chuva pode saturar o solo e causar a lixiviação (lavagem do solo e consequente perda de nutrientes), deixando o solo menos fértil. Já a escassez de água dificulta o desenvolvimento das plantas.

No caso de ações humanas, desmatar uma determinada área afeta outros processos naturais, pois provoca erosão e perda de nutrientes do solo, inviabilizando seu uso agrícola. Além disso, a retirada da cobertura vegetal original pode ocasionar uma elevação da temperatura local, o que afeta a evapotranspiração e altera a ocorrência de chuvas locais.

Céu.
Sunny Forest/Shutterstock
Atmosfera: camada de ar que envolve a Terra. É composta de Troposfera, Estratosfera e Ionosfera.
Mar.
Joseph Sohm/Shutterstock
Hidrosfera: conjunto de formas de ocorrência da água na Terra. Inclui lagos, rios, córregos, mares, oceanos, água congelada, água subterrânea e vapor de água.
Solo.
casadaphoto/Shutterstock
Litosfera: camada externa da Terra, na qual estão a crosta terrestre e parte do manto superior onde se encontram minerais e rochas.
Rio Uaca, Oiapoque (AP), 2015.
Haroldo Palo Jr/Kino.com.br
Biosfera: faixa terrestre na qual é possível haver formas de vida de modo permanente.

Esquema dos sistemas terrestres.

Produção textual

1. Escreva uma redação dissertativa e argumentativa sobre a seguinte frase: "A Geografia é um instrumento de poder".

Debate e produção textual

2. Reúna-se com mais três colegas e discutam dois conceitos listados abaixo:

a) lugar;
b) espaço geográfico;
c) paisagem;
d) território;
e) geossistema.

Em seguida, escrevam uma redação sobre o lugar onde moram utilizando esses conceitos.

Análise de fotografias

3. Observe as fotografias a seguir e verifique as transformações da paisagem na segunda imagem. Quais são os elementos naturais e os elementos culturais? Quais processos marcaram a transformação desse espaço geográfico?

Sorge/Agencja Fotograficzna Caro/AlamyFotoarena

Frédéric Soltan/Getty Images

Avenida Sheikh Zayed, em Dubai, Emirados Árabes Unidos, em 1989 e 2016.

Pesquisa

4. Reúna-se com mais três colegas e realizem uma pesquisa na internet ou na biblioteca da escola sobre um dos geógrafos citados no capítulo. Organizem a pesquisa do seguinte modo:
   a) Identificação da principal obra;
   b) Apresentação do resumo dessa obra;
   c) Explicação do contexto histórico da época na qual a obra foi escrita.

Pesquisa e linha do tempo

5. Faça uma linha do tempo de sua vida, desde o nascimento até os dias atuais. Indique momentos e lugares marcantes, além de explicar por que considera as ações vivenciadas importantes.

EXPLORANDO

6. Saia a campo e tire fotografias de paisagens de seu município. Procure registrar paisagens que destaquem elementos diferentes, tanto naturais como culturais. Imprima as imagens e monte um cartaz com elas. Ao lado do cartaz, deixe uma folha em branco para que os colegas da classe anotem suas impressões.

   Em classe, cada aluno deve explicar quais aspectos quis evidenciar nas imagens, observando se sua percepção coincide com as observações dos colegas.

Resumo

- A Geografia é uma ciência que combina elementos dos grupos sociais e da natureza.
- Uma das contribuições da Geografia é a análise feita com diferentes escalas, como a local, a nacional e a internacional.
- O determinismo geográfico e o possibilismo geográfico foram importantes correntes do pensamento geográfico, que promoveram o debate sobre as relações entre sociedade e natureza.
- O lugar é definido pelas relações sociais que ocorrem em uma determinada área.
- O espaço geográfico resulta da transformação da natureza pelo trabalho humano ao longo do tempo. Nele, encontram-se rugosidades que mostram elementos do passado e sua reapropriação atual.
- A paisagem é composta de elementos naturais e sociais e reflete um momento delimitado pelo olhar do observador.
- O território pode ser definido pelo exercício do poder sobre determinada área, mas também pela área usada por um grupo social para garantir sua sobrevivência.
- O geossistema é o resultado da interação de diversos processos naturais.

CAPÍTULO 2

Representações cartográficas

O ser humano sempre buscou representar o lugar onde vive. Na Antiguidade, grupos humanos desenhavam nas paredes das cavernas animais, pessoas, montanhas e rios. No início, acreditava-se que eram simples expressões artísticas do cotidiano desses grupos. Mais tarde, no entanto, foi provado que muitos desses registros indicavam áreas de caça de animais, além de rotas e caminhos.

Dos registros antigos aos mapas digitais muito tempo se passou. Hoje em dia, a cartografia chegou ao cotidiano das pessoas por meio de *smartphones*, *tablets* e computadores. As tecnologias de informação aplicadas à Cartografia, ou seja, a combinação de mapas com um grande volume de dados processados em computadores, permitem usos antes inimagináveis.

Atualmente, é comum utilizar aplicativos de celulares para realizar deslocamentos próximos, por exemplo. Esses aplicativos associam mapas a informações processadas em tempo real por meio da captação por satélites. Porém, vale destacar que, no papel ou na tela de computadores ou celulares, as convenções cartográficas para produzir mapas são as mesmas.

SPL/Latinstock/Museu de História Natutal, Londres, Inglaterra.

Este mapa foi descoberto em 1962, em Pavlov, na República Tcheca, e tem cerca de 25 mil anos. Feito em uma presa de mamute, mostra áreas de caça e alguns elementos da paisagem como morros e rio.

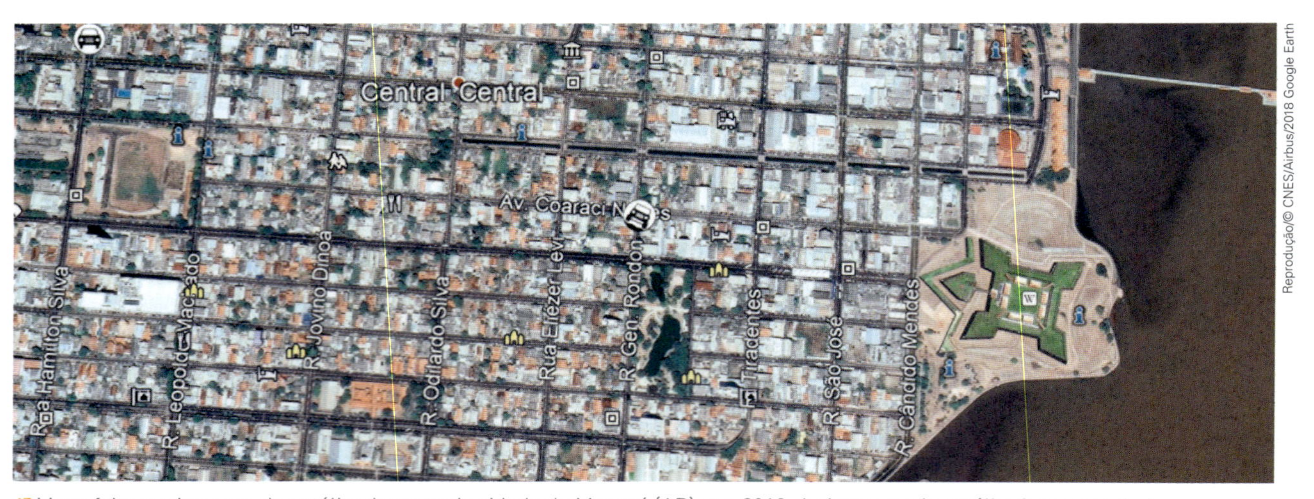

Reprodução/© CNES/Airbus/2018 Google Earth

Mapa feito em imagem de satélite de parte da cidade de Macapá (AP), em 2018. As imagens de satélite fornecem dados precisos para a confecção dos mapas atuais.

EM FOCO

Direitos individuais no século da geolocalização

Vivemos em uma era em que latitude e longitude têm importância econômica, cuja consequência imediata é a corrida internacional pelo domínio da infraestrutura geográfica global. A Agenda 21, fruto da Rio 92, foi pródiga ao realizar essa análise, ao afirmar que a infraestrutura geográfica terá no século 21 a mesma importância que a energia elétrica teve no século 20 [...].

A globalização se retroalimenta do *Big Data* e das ferramentas geoespaciais. Pessoas se georreferenciam voluntariamente em redes sociais; [...] chega-se ao ponto de se criar a expressão *geoslavery* [geoescravidão, em tradução livre] para alertar sobre invasões de privacidade devido à expansão desenfreada de serviços baseados em geolocalização. A massificação do acesso à tecnologia geográfica, impulsionada pela proliferação de *smartphones*, nos dá rápido acesso a diversas formas de mapas, e todos estes elementos em conjunto moldam o estilo de vida deste início de século. [...]

[...] Essa "civilização cibernética" baseia-se em um paradigma informacional, no qual a geração, o processamento e a transformação da informação de uma determinada sociedade se convertem em fontes fundamentais de produtividade. Nesse cenário, a informação é matéria-prima do poder, e as geotecnologias o meio para se atuar sobre ela. [...]

Caberá aos estados, no século 21, buscar mecanismos de proteção de seus cidadãos em um meio no qual os dados pessoais passam a ser globais e dispostos como *commodities* em um mercado privado. [...]

UGEDA, Luiz. Direitos individuais no século da globalização. *Le Monde Diplomatique Brasil*, 17 jul. 2017. Disponível em: <https://diplomatique.org.br/direitos-individuais-no-seculo-da-geolocalizacao/>. Acesso em: 12 abr. 2018.

Agenda 21: documento assinado por 179 países com as resoluções da Rio 92 (a Conferência das Nações Unidas sobre o Meio Ambiente e o Desenvolvimento), no qual os países participantes se comprometem a executar planos de curto, médio e longo prazos para promover o desenvolvimento sustentável.

***Commodities*:** produtos de origem primária, como recursos minerais e vegetais. No texto, tem o significado de "produto".

Charge de Jerry Holbert, publicada em *The Boston Herald*, em 2012.

1. De acordo com o autor do texto, latitude e longitude têm importância econômica. Explique.
2. Quais dados de localização você compartilha por meio de aplicativos de seu celular? De acordo com o texto, como são tratadas essas informações? Com mais dois colegas, discutam a questão.

1. Cronologia das representações cartográficas

Patrick Aventurier/Getty Images

Na trajetória humana na Terra, encontram-se diversas formas de representação da superfície terrestre. Inicialmente por meio de desenhos, que hoje podem ser considerados simples, até chegar aos sofisticados mapas acessíveis em dispositivos móveis, inúmeras técnicas foram sendo incorporadas. A Geografia usa parte dessas técnicas para mostrar informações geográficas sobre determinada localidade, como deslocamento de pessoas e mercadorias, além de processos naturais, como correntes marítimas e massas de ar.

Reprodução da pintura rupestre de Chauvet, na França, de cerca de 36000 anos, que mostra o vulcão em erupção no lugar onde vivia esse grupo humano.

Pinturas rupestres (40000 a 5000 a.C.)

Nos períodos Paleolítico e Neolítico, grupos humanos retratavam cenas do cotidiano, caminhos e indicações de áreas de caça e pesca em artefatos ou rochas ao ar livre ou em cavernas.

Mapa de Ga-Sur (2400 a.C.)

Science Source/Fotoarena

Mapa de Ga-Sur, uma placa de barro cozido de cerca de 7 cm × 8 cm.

Descoberto nas escavações das minas da Ga-Sur, a 300 km ao norte da Babilônia, no atual Iraque, este mapa feito em uma pequena placa de barro cozido representa o vale de um rio, provavelmente o Eufrates.

Mapa portulano de Angelino Dulcert (séc. XIV)

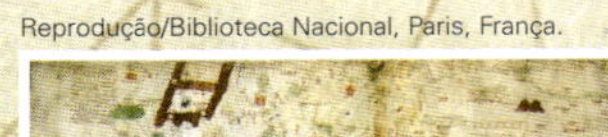

Reprodução/Biblioteca Nacional, Paris, França.

Mapa portulano de Angelino Dulcert, 1339.

Os mapas portulanos são a grande contribuição da época medieval para a Cartografia. A partir do século XIII, os cartógrafos passaram a introduzir linhas geométricas nos mapas, além da rosa dos ventos, que, combinados, permitiam localizar com mais precisão a distância entre dois pontos, facilitando a navegação.

Projeção de Mercator (1569)

Reprodução/Coleção particular

Mapa-múndi de Rumold Mercator, de 1587. O mapa foi feito com base no mapa de seu pai, de 1569.

O geógrafo e cartógrafo Mercator representou o mundo em um conjunto de dezoito folhas, em 1569. Ele usou uma tela na qual meridianos e paralelos se cruzam em ângulos retos, mas cuja diferença entre paralelos aumenta com as latitudes crescentes. Observe como o continente europeu tem destaque nesta projeção.

***Theatrum orbis terrarum*, atlas de Abraham Ortelius (1570)**

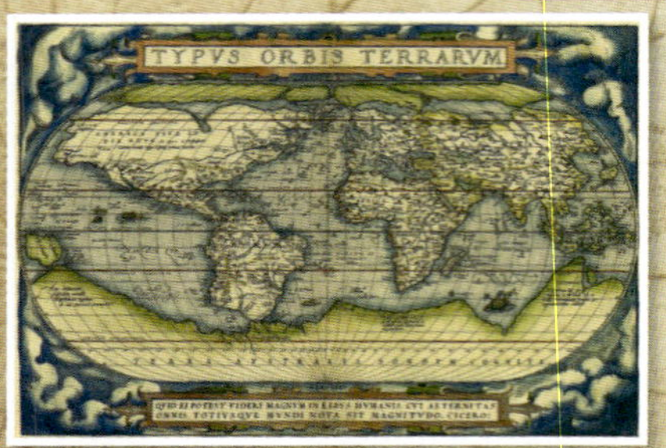

Reprodução/Biblioteca do Congresso, Washington, D.C.

Abraham Ortelius publicou, em 1570, o *Theatrum orbis terrarum*. Composto de 53 pranchas com 70 mapas, é considerado o primeiro grande atlas universal.

Mapa-múndi de *Theatrum orbis terrarum*, de Abraham Ortelius, de 1570.

Projeção de Peters-Gall (1973)

Trata-se de uma representação cartográfica cilíndrica e equivalente. Como resultado, partes da superfície terrestre assumem novos tamanhos, como, por exemplo, a Groenlândia e o continente africano.

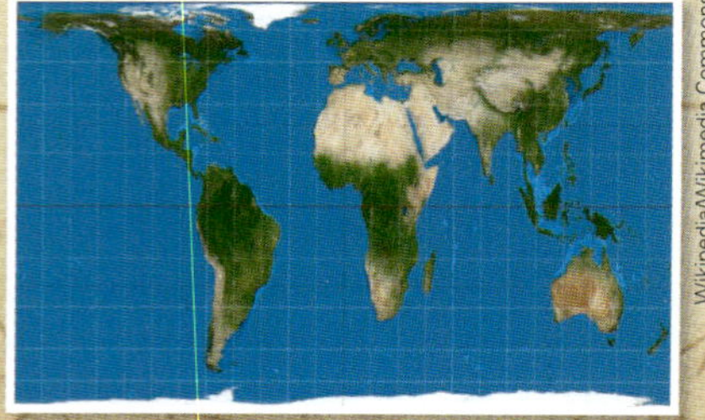

Wikipedia/Wikimedia Commons

Mapa de 2011 feito com a projeção de Peters-Gall.

Representação de como seria o mapa de Anaximandro, do século VI a.C.

Wikipedia/Wikimedia Commons

Anaximandro, filósofo e geógrafo grego, criou o que muitos estudiosos consideram o primeiro mapa do mundo. Para ele, a Terra era circular com mundos habitados e desabitados cercados pelo oceano.

Mapa de Anaximandro (séc. VI a.C.)

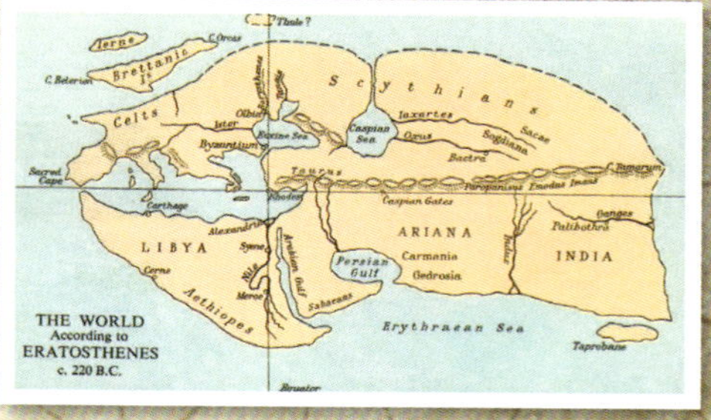

Reprodução/Coleção particular

Mapa de Eratóstenes, de cerca de 220 a.C.

Eratóstenes descobriu o tamanho da circunferência da Terra (cerca de 45 mil quilômetros) observando os raios do Sol e o tamanho das sombras de varetas.

Mapa de Eratóstenes (220 a.C.)

Reprodução/Museu Marítimo Nacional, Greenwich, Inglaterra.

Mapa de Ptolomeu, publicado em 1486, com base no original, feito no século II a.C.

Todo o conhecimento grego é traduzido nos mapas de Ptolomeu. Para ele, apenas um quarto do globo estava habitado, isolado por um oceano intransponível. Ptolomeu determinou por cálculo a latitude e a longitude de oito mil pontos.

Mapa de Ptolomeu (séc. II a.C.)

Reprodução/Universidade do Texas, Arlington, EUA.

Mapa T-O de Isidoro, publicado em 1472. O "O" é o oceano, enquanto o "T" remete ao mar Mediterrâneo, que separa Europa e África.

Esses mapas são conhecidos como os mapas T-O. Neles, os oceanos circundam as terras continentais, e os rios dividem os continentes. A maior parte desses mapas representa Jerusalém, a Terra Prometida, como o centro do mundo.

Mapa dos bispos (séc. IV até séc. XIII)

Imagens de satélite do sul da Europa à noite, 2007.

ESA/NASA

Os satélites artificiais são equipamentos que orbitam ao redor da Terra e que, periodicamente, capturam imagens do planeta. A imagem é o resultado da combinação de várias imagens de satélite.

Imagens de satélite (década de 1950)

O GPS (do inglês *Global Position System*) ou Sistema de Posicionamento Global é um sistema de navegação que utiliza sinais de, no mínimo, 24 satélites. Ele gera imagens em tempo real e pode ajudar as pessoas em deslocamentos cotidianos, como no trânsito de grandes cidades, por exemplo.

Léo Burgos/Pulsar Imagens

GPS em aparelho celular, 2017.

GPS (década de 1960)

Google Street View/© 2018 Google

Imagem de aplicativo de mapa mostrando o Memorial da Cultura Indígena em Campo Grande (MS), 2017.

Esse tipo de recurso permite ao usuário encontrar caminhos e verificar distâncias e rotas mais curtas, além de conseguir visualizar o destino para encontrá-lo mais facilmente.

Aplicativos de mapas (década de 2000)

Gustavo Frazao/Shutterstock

Imagem obtida por *drone* da praia de Boa Viagem, Recife (PE), 2016.

Os *drones* são equipamentos aéreos não tripulados que capturam imagens que podem ser usadas na confecção de mapas.

***Drones* (década de 2000)**

E no Brasil?

A Biblioteca Nacional dispõe de um importante acervo de mapas do Brasil, com destaque para a presença portuguesa no período colonial, mas também de outras partes do mundo. Leia o texto a seguir.

Cartografia

O acervo cartográfico da Biblioteca Nacional é composto por mais de 22 mil mapas, entre manuscritos e impressos, e aproximadamente 2 500 atlas, além de diversas monografias e tratados sobre o tema.

A coleção engloba peças de expressivo valor artístico e histórico, não apenas do Brasil, como também do império ultramarino português e de outras partes do mundo. O conjunto cartográfico – que inclui mapas e atlas – é de especial valor porque permite o estudo da técnica cartográfica, bem como de suas mudanças e evolução ao longo dos séculos.

Destacam-se, por exemplo, o planisfério de Sebastian Münster, de 1552, a que pertence a obra "Cosmographia universalis", e as sucessivas edições da Geografia de Cláudio Ptolomeu, com mapas xilogravados, gravados em metal e aquarelados. A mais antiga, de 1486, abrange o mundo conhecido no século XV (Europa, África e Ásia) e descreve o Oceano Índico como um mar fechado, seguindo a teoria ptolomaica de que ao sul do continente africano os oceanos não estabeleciam qualquer ligação. Embora a Geografia de 1486 seja uma reedição da de 1482, publicada em Ulm, difere com dois textos suplementares *Registrum Alphabeticum* (Registro alfabético) e *De locis ac mirabilus mundi* (um tratado anônimo sobre as maravilhas do mundo).

O acervo possui ainda o "atlas e o mapa mural de Miguel Antônio Ciera", astrônomo italiano contratado pela coroa portuguesa para participar nos levantamentos das fronteiras na Região Sul do Brasil com o objetivo de estabelecer as demarcações do Tratado de Madri de 1750. [...]

BRASIL – Biblioteca Nacional. Cartografia. Disponível em: <www.bn.gov.br/explore/acervos/cartografia>. Acesso em: 26 mar. 2018.

1. Reveja a linha do tempo do infográfico das páginas anteriores. Em quais momentos os mapas do acervo da Biblioteca Nacional podem ser incluídos?

Dica de *site*

Acervo digital da Biblioteca Nacional
Disponível em: <http://bndigital.bn.gov.br/acervodigital/>. Acesso em: 26 mar. 2018.
Em seu acervo digital, a Biblioteca Nacional disponibiliza mapas históricos do Brasil, além de representações cartográficas antigas. Basta digitar o tipo de mapa na seção de busca rápida.

2. Linguagem cartográfica

Os mapas apresentam uma expressão própria, a **linguagem cartográfica**. Essa linguagem utiliza símbolos como linhas, pontos, zonas e cores, que constituem convenções cartográficas adotadas internacionalmente e proporcionam ao leitor o entendimento do tema representado.

Esses símbolos podem destacar uma determinada localização com precisão, mas também indicar aspectos quantitativos e qualitativos do fenômeno estudado.

Entre esses símbolos, os **pontos** representam localizações precisas, também conhecidas como coordenadas geográficas. Eles ocupam pequenas áreas em um mapa e podem ter formas geométricas.

As **linhas** são usadas em representações de rodovias, rios, limites territoriais, etc. Elas devem ser precisas para mostrar o comprimento do fenômeno cartografado.

Por fim, as **áreas** ou **zonas** expressam fenômenos e sua extensão pela superfície de uma determinada área. Plantações agrícolas, tipos de clima e zonas urbanas são alguns temas que podem ser representados por áreas.

Brasil: comércio, serviços e indústrias – 2012

Comércio, serviços e indústrias
Comércio muito diversificado, serviços especializados e alta tecnologia industrial
Capital federal
Capitais estaduais
Limite internacional
Limite estadual
Rio

OCEANO ATLÂNTICO
Equador
Trópico de Capricórnio
50° O
0 430 km

Elaborado com base em: CALDINI, Vera; ÍSOLA, Leda. *Atlas geográfico Saraiva*. São Paulo: Saraiva, 2013. p. 54.

Banco de imagens/Arquivo da editora

/// Observe que a indicação de capitais estaduais e da capital federal do Brasil foi feita com quadradinhos (a capital federal foi representada com um quadradinho maior). As linhas foram utilizadas para representar rios e limites internacionais e estaduais. Já as zonas indicam onde ocorrem as maiores concentrações de comércio, serviços e indústrias no território brasileiro.

A **representação quantitativa** apresenta a dimensão dos eventos de uma determinada área por meio de um sistema de classes, que é definido a partir de critérios matemáticos e estatísticos. Essa ordenação também pode ser feita por cores para mostrar maior ou menor intensidade do fenômeno. Entre os exemplos de representações quantitativas estão mapas populacionais, mapas de investimento direto internacional e mapas pluviométricos ou de índices de chuva.

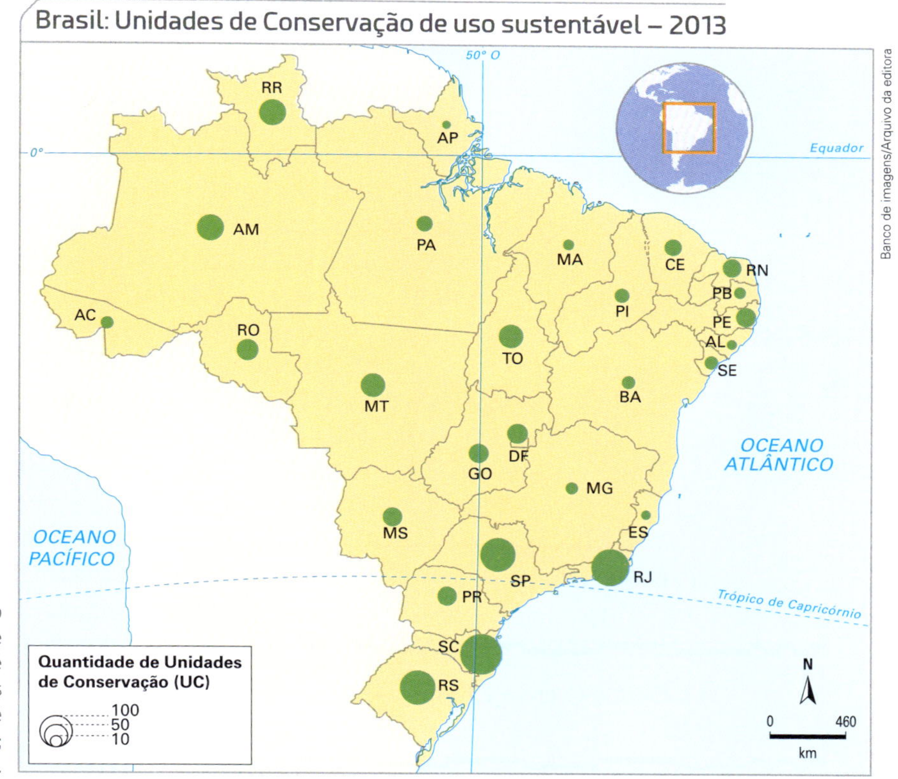

Elaborado com base em: IBGE. *Indicadores de desenvolvimento sustentável*: Brasil 2015. Rio de Janeiro: IBGE, 2015.

/// Exemplo de representação quantitativa. A quantidade de Unidades de Conservação é expressa pelo tamanho dos círculos. O menor indica até 10 Unidades de Conservação; o maior, até 100.

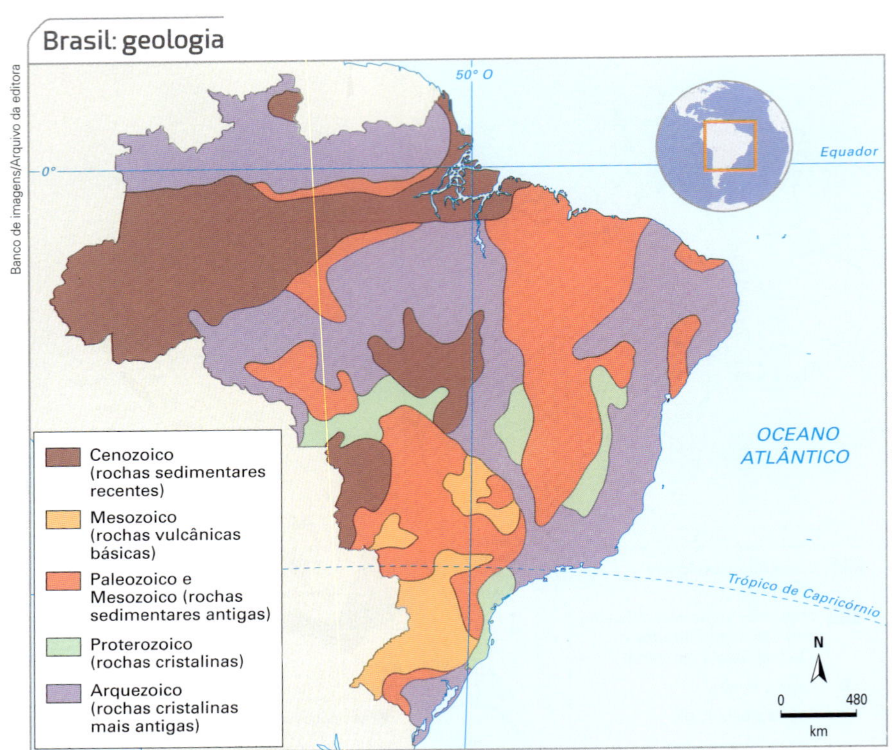

Elaborado com base em: MARTINELLI, Marcelo. *Mapas da Geografia e cartografia temática*. São Paulo: Contexto, 2009. p. 42.

A **representação qualitativa**, por sua vez, mostra dois ou mais tipos de zona com o objetivo de apresentar diferentes características da área estudada. Entre os exemplos de representações qualitativas estão os mapas de zoneamento de uma cidade, de tipologia de vegetação e de atividade industrial dos estados de um país.

// Exemplo de representação qualitativa: mapa de formação geológica mostrando cinco zonas diferentes no território brasileiro.

Todos os mapas devem apresentar título, orientação, escala, legenda, fonte e coordenadas geográficas.

A escolha do **título** é de extrema importância para a compreensão das informações contidas em um mapa. Ele deve indicar o tema que será apresentado de forma clara e objetiva.

A **orientação** do mapa indica sua direção. Os mapas estão convencionalmente orientados para o norte geográfico, representado por uma seta e pela letra **N** (abreviatura da palavra Norte).

A **escala** indica a redução do tamanho real da área representada no mapa. Quanto menor a escala, maior será a área representada; quanto maior a escala, menor a área representada. O tamanho da escala depende do tamanho do mapa, do nível de detalhamento e da quantidade de informações que se quer representar.

A escala cartográfica pode ser numérica ou gráfica. A **escala numérica** é apresentada por uma fração, com um numerador e um denominador. O numerador indica a medida no mapa e o denominador, a medida real na superfície. Assim, uma escala numérica de 1:50 000 equivale a dizer que 1 centímetro do mapa corresponde a 50 000 centímetros ou 500 metros na área real representada.

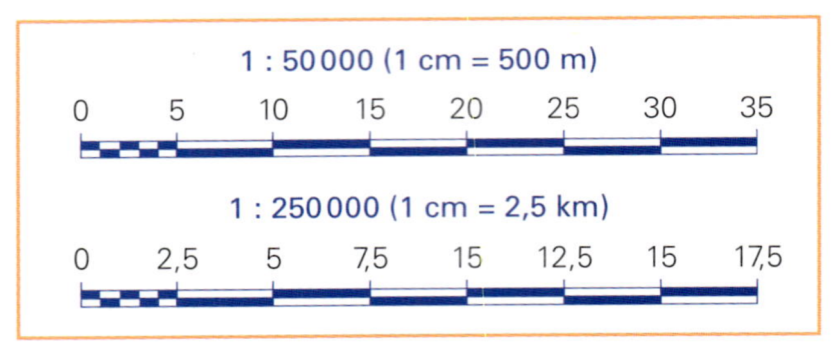

// Exemplos de escalas gráfica e numérica.

A **escala gráfica** utiliza um segmento de reta, cujas medidas informam a redução do mapa. Para calcular a distância real, anote com uma régua a medida do segmento e verifique quantos metros ou quilômetros correspondem a cada centímetro.

A **legenda do mapa** permite detalhar o fenômeno representado. Por meio dela, é possível compreender aspectos qualitativos e quantitativos dos mapas. No planisfério que mostra as temperaturas entre dezembro e fevereiro, as cores em tons de azul representam baixas temperaturas (0 a –30 °C) e se tornam mais escuras à medida que as temperaturas vão abaixando. Já o tom amarelo tendendo à cor laranja mostra temperaturas positivas (0 a 38 °C), e o tom mais escuro indica temperaturas mais elevadas.

A **fonte** do mapa mostra a referência da qual ele foi extraído ou que forneceu os dados para criá-lo. As fontes podem ser atlas, livros, revistas, *sites*, etc. Os mapas do Instituto Brasileiro de Geografia e Estatística (IBGE) são uma das fontes oficiais de cartografia do Brasil.

Por fim, as **coordenadas geográficas** servem para determinar a posição dos locais e dos objetos que estão na superfície terrestre. São também chamadas de linhas imaginárias, pois não existem fisicamente, foram criadas apenas para fins de representação cartográfica.

As coordenadas geográficas subdividem-se em paralelos e meridianos. Os **paralelos** são linhas horizontais, cuja linha inicial (ou latitude zero) é a linha do equador, dividindo o planeta em hemisfério norte (também chamado de boreal e setentrional) e hemisfério sul (também chamado de austral e meridional).

Os **meridianos** são linhas verticais, cuja linha inicial (ou longitude zero) é o meridiano de Greenwich. A linha imaginária que atravessa Londres foi escolhida para ser o meridiano principal, que é também o marco zero na medição dos fusos horários.

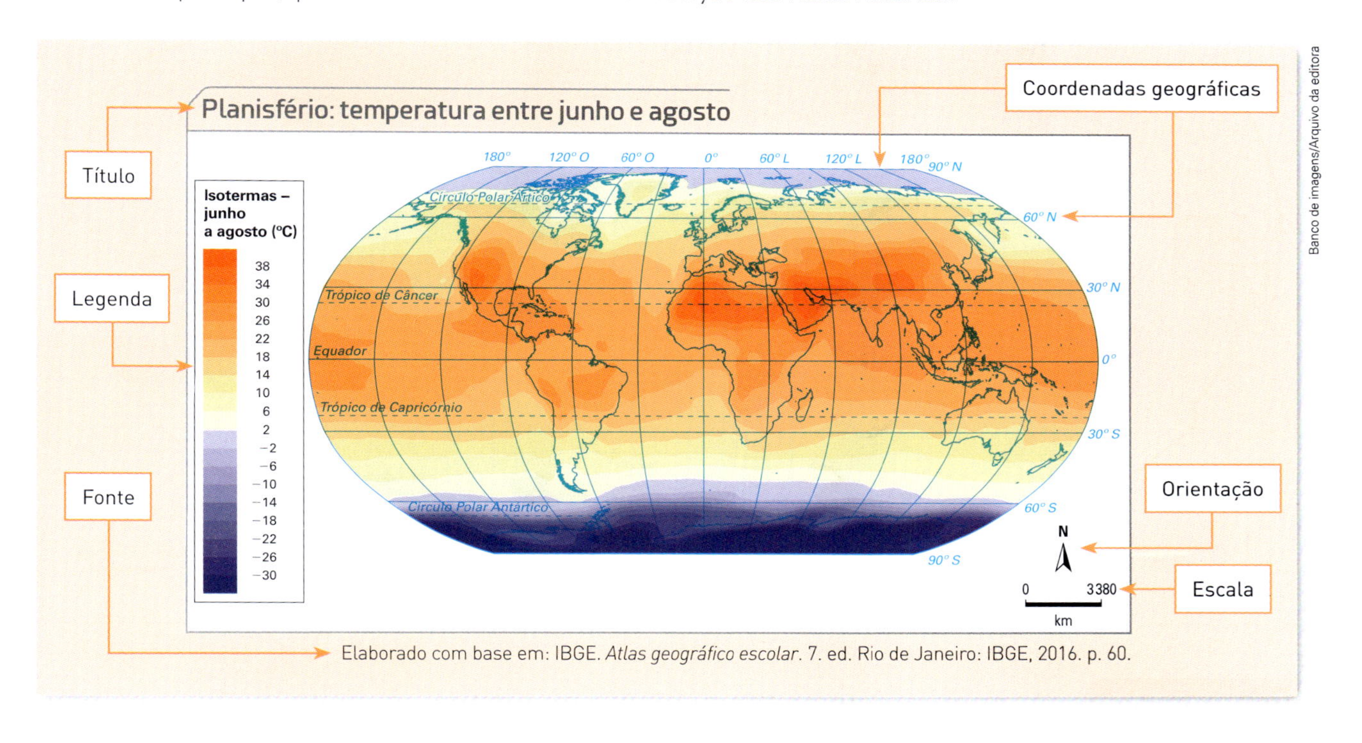

Elaborado com base em: IBGE. *Atlas geográfico escolar*. 7. ed. Rio de Janeiro: IBGE, 2016. p. 60.

3. Os fusos horários e a linha internacional de data

Em 1884, na Conferência do Meridiano Internacional, que aconteceu em Washington, nos Estados Unidos, diversos países se reuniram para definir o meridiano de Greenwich como marco zero das medidas de tempo no mundo. A Inglaterra, muito poderosa na época, conseguiu atrair para seu território esse marco temporal. Com base nesse meridiano, foram criados os **fusos horários**.

Os fusos auxiliam na organização dos horários em todo o mundo. Eles foram importantes para organizar o comércio mundial, já que, enquanto é dia em uma parte do mundo, na outra parte já é noite.

No fenômeno de rotação, a Terra gira em torno de si mesma em aproximadamente 24 horas. É assim que temos a percepção dos dias e das noites. Cada hora equivale a 15 graus, pois a Terra possui 360 graus e, ao dividir 360 por 24, chega-se a esse número.

Localizada no meridiano 180°, ou seja, oposta ao meridiano de Greenwich, a **linha internacional de data** representa a mudança de data quando é transposta. Essa linha imaginária tem a função de marcar o início de um dia. Por convenção, a partir do meridiano 180°, em direção oeste, começa um novo dia. Observe no mapa a seguir que a linha não é reta, pois tentou-se evitar que um mesmo país tivesse dois dias diferentes em seu território, mas mesmo assim não se evitou que países relativamente próximos tenham dias diferentes.

// Observe que a definição dos fusos horários apontada no mapa indica que países que deveriam estar em determinada hora mundial preferiram adotar outra hora. Essa escolha é política e não tem relação com a rotação.

Planisfério: fusos horários e linha internacional de data – 2015

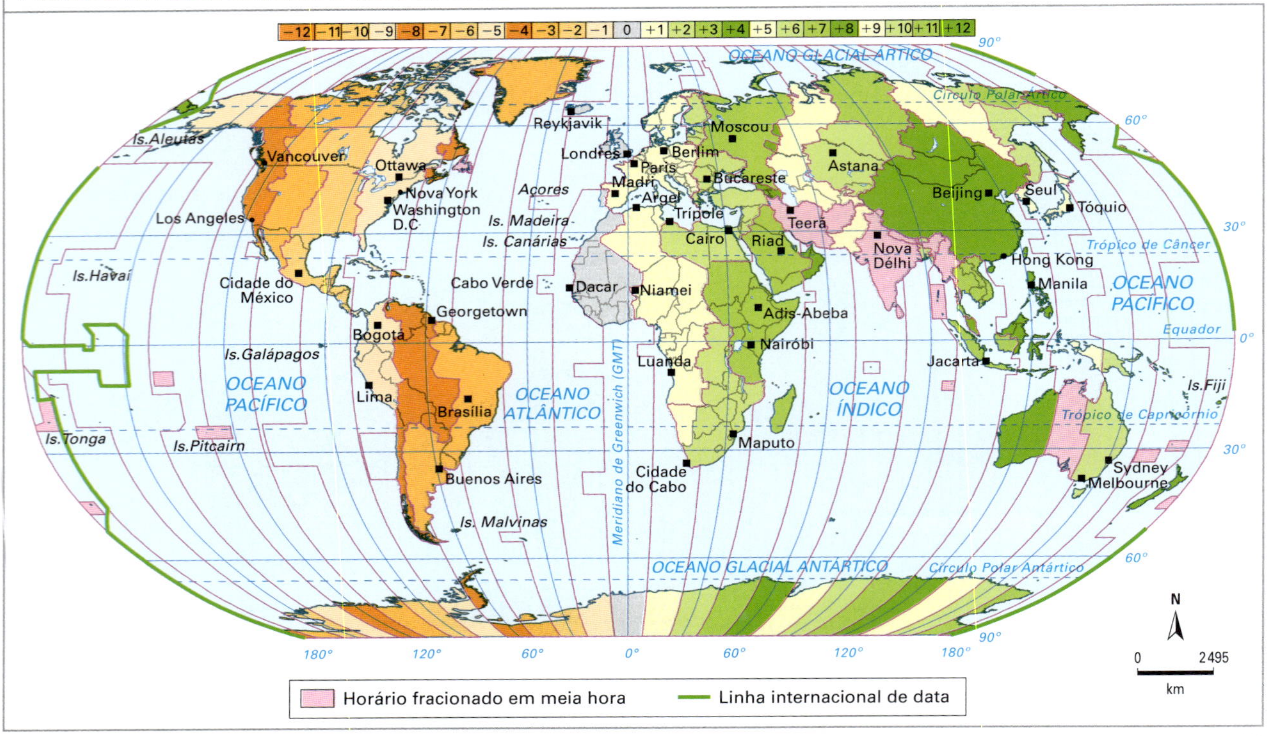

Banco de imagens/Arquivo da editora

Elaborado com base em: IBGE. *Atlas geográfico escolar*. 7. ed. Rio de Janeiro: IBGE, 2016. p. 35.

Cartografando

1. Com o auxílio do mapa acima, calcule a hora de cada localidade apresentada a seguir, considerando que são 14 horas em Brasília.

a) Nova Délhi (Índia).

b) Seul (Coreia do Sul).

c) Cidade do México (México).

d) Londres (Reino Unido).

2. Imagine que uma pessoa que trabalha em uma empresa multinacional em Manaus precise fazer uma videoconferência com outros funcionários da empresa, mas que vivem em outros países. O primeiro está em Lisboa (Portugal); o segundo, em Sydney (Austrália). Qual seria o horário em cada localidade se a reunião começasse às 11 horas, no horário de Brasília?

4. Classificação dos mapas

Os mapas podem ser classificados de acordo com seu uso e com as informações que apresentam.

Os **mapas físicos** representam as características de uma determinada área com informações de altimetria, cobertura vegetal, hidrografia e clima. A altimetria identifica áreas mais elevadas e mais baixas, o que permite decidir melhor o planejamento da ocupação humana. A hidrografia, associada ao tipo de clima (úmido, árido, semiárido), aponta a oferta maior ou menor de água.

Os **mapas políticos** apresentam nomes e limites de países e limites de estados ou regiões de um determinado país. Eles são úteis para o governo de um país monitorar suas fronteiras, por exemplo. Combinado com o sistema viário e a hidrografia, um mapa político permite identificar pontos de maior ou menor fragilidade da fronteira.

Esses mapas são feitos com precisão, já que são elaborados com sofisticadas tecnologias que envolvem o uso de satélites e o processamento de imagens em computadores. No entanto, há representações cartográficas sem precisão, como os croquis de localização e as plantas de lançamentos imobiliários, por exemplo.

Atualmente, os mapas digitais, ou seja, aqueles que são produzidos em programas de computador, estão disponíveis em arquivos digitais na internet ou em aplicativos de celulares. Alguns aplicativos permitem ao usuário gerar mapas de acordo com suas necessidades, definindo critérios para a geração do mapa.

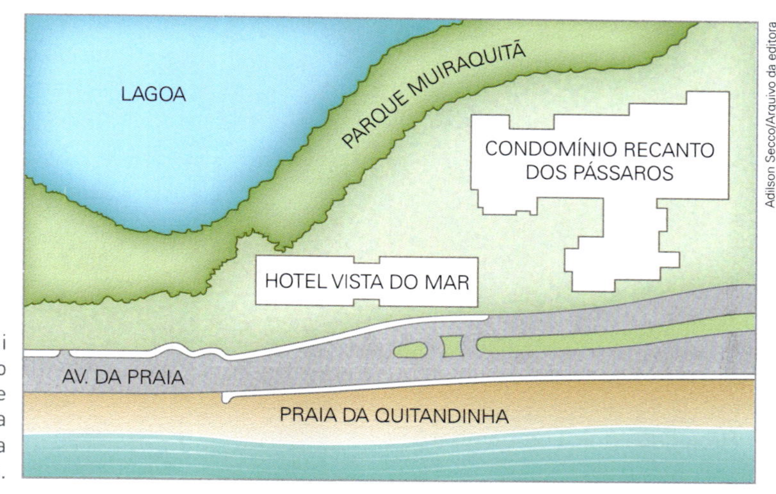

Exemplo de croqui mostrando a localização de um condomínio e de um hotel, mas sem a precisão de um mapa com escala.

Exemplo de planta imobiliária. Nessa planta, indica-se a direção com a rosa dos ventos, mas não há escala.

5. Projeções cartográficas

No processo de representação da superfície terrestre em um mapa, ou seja, representar uma superfície curva em um plano, ocorrem perda de informações e deformações de área, distância e ângulo. Para minimizar essas deformações, foram desenvolvidas as projeções cartográficas.

As projeções cartográficas apresentam paralelos, meridianos e diferentes angulações em suas representações. São classificadas de acordo com o modo de construção e a geometria.

Pelo modo de construção, podem ser cilíndricas, cônicas ou planas. Pela geometria, conformes, equivalentes e equidistantes. A escolha da projeção cartográfica para um mapa dependerá da sua finalidade. Uma projeção pode alterar a proporção entre países, mas manter seus limites. Outras, centradas em um ponto da Terra, permitem identificar a posição de um país no mundo, bem como suas eventuais áreas de influência.

Projeção cilíndrica de Mercator

Banco de imagens/Arquivo da editora

Elaborado com base em: IBGE. *Atlas geográfico escolar*. 7. ed. Rio de Janeiro: IBGE, 2016. p. 23.

Projeção cônica de Lambert

Banco de imagens/Arquivo da editora

Elaborado com base em: U.S. Geological Survey. Disponível em: <https://mcmcweb.er.usgs.gov/DSS/ImgHTML/LambConfCon.html>. Acesso em: 26 mar. 2018.

As **projeções cilíndricas** representam a superfície terrestre, parcial ou totalmente, por um cilindro tangente. Os paralelos e os meridianos são posicionados de dentro para fora da Terra. Quando o cilindro é transferido para o plano, surge um retângulo com paralelos e meridianos retos e perpendiculares. A projeção cilíndrica mais conhecida é a de Mercator.

As **projeções cônicas** apresentam a superfície terrestre por um cone tangente a um paralelo secante ou dois paralelos determinados pelo cartógrafo. Na transposição para a forma planisférica, os meridianos são retas convergentes e os paralelos estão em curvas concêntricas. A projeção cônica mais conhecida é a de Lambert (1728-1777).

As **projeções planas** (ou **azimutais**) são muito utilizadas para as projeções dos polos da Terra, mas podem ser aplicadas em qualquer outro ponto. São a tangência de um plano na superfície terrestre. O ponto de contato da tangência torna-se o centro da projeção cartográfica. Quando é aplicada nos polos, é também chamada de normal ou polar.

Projeção plana polar

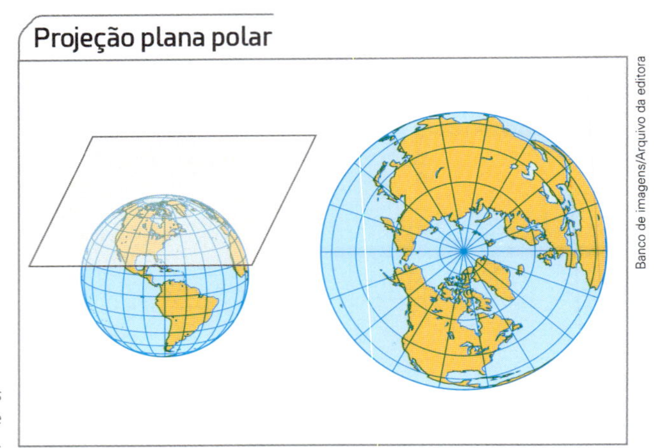

Banco de imagens/Arquivo da editora

Elaborado com base em: IBGE. *Atlas geográfico escolar*. 7. ed. Rio de Janeiro: IBGE, 2016. p. 21.

As projeções **conformes**, **equivalentes** e **equidistantes** são classificadas de acordo com os ângulos. Nas projeções conformes, os ângulos mantêm-se idênticos em todos os pontos. Nas projeções equivalentes, as áreas não são alteradas, mas os ângulos são deformados. Nas projeções equidistantes, áreas e ângulos não apresentam conformidade e equivalência.

Projeções conforme, equivalente e equidistante

Elaborado com base em: IBGE. *Atlas geográfico escolar*. 7. ed. Rio de Janeiro: IBGE, 2016. p. 22.

A **anamorfose** é uma representação sem precisão que deforma a área e o tamanho dos países de acordo com a escala do fenômeno. Ela é utilizada, por exemplo, para comparar dados numéricos.

Planisfério: total de mercadorias exportadas – 2016

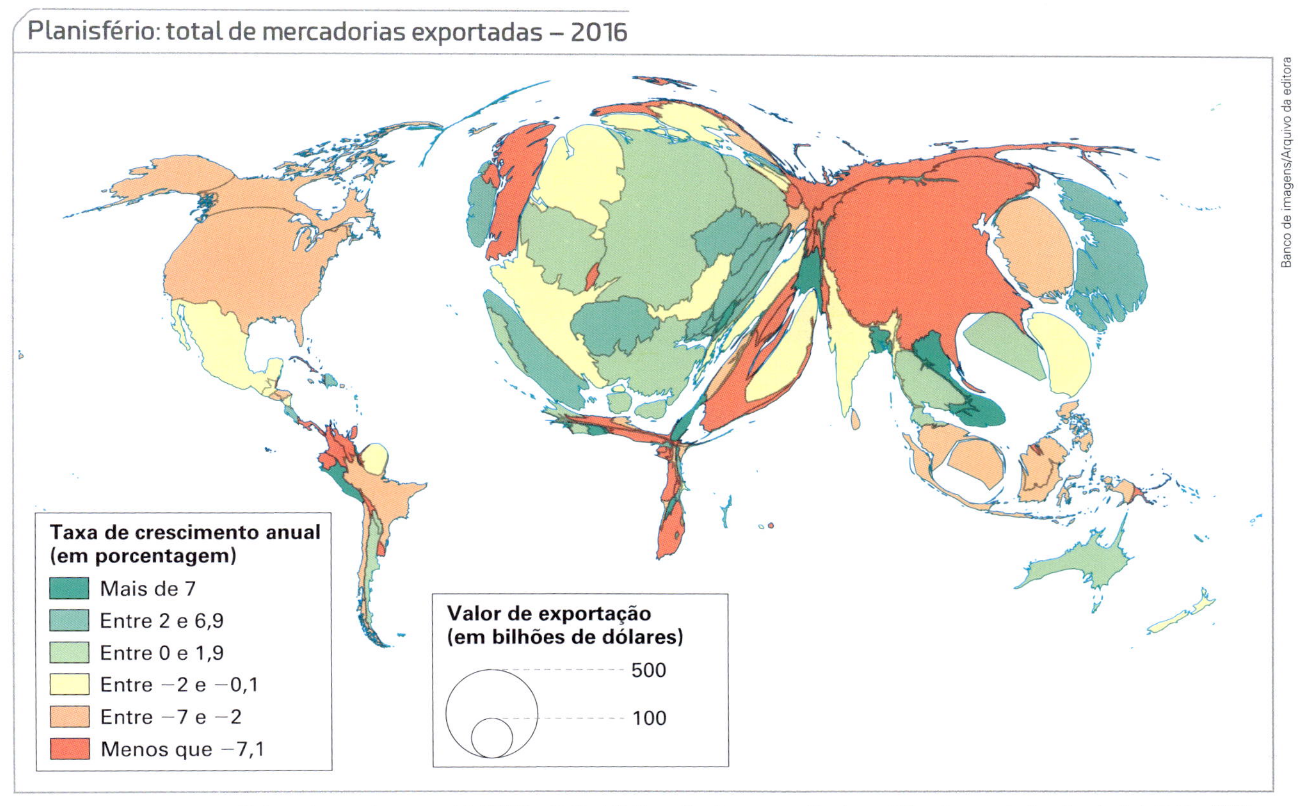

Elaborado com base em: UNCTAD – United Nations Conference on Trade and Development. *Handbook of statistics 2017*. New York: United Nations Publications, 2018. p. 16.

Diálogo com Arte

Quando a cartografia se transforma em arte

Matthew Rangel é um artista do Vale de San Joaquin, na Califórnia, perto das montanhas de Sierra Nevada. Suas impressões digitais e analógicas mostram as explorações reflexivas pelos territórios montanhosos que ele faz caminhando, entrevistando pessoas e fotografando. A obra de Matthew revela como os seres humanos percebem a paisagem (formas, sentimentos, etc.), que mostra o contraste entre a segmentação de um território em diferentes propriedades e características naturais. [...]

A obra de Rangel mistura características cartográficas tradicionais, na maioria, seções e planos, com anotações, fotografias e outros desenhos para produzir documentos narrativos com múltiplas camadas. [...]

TYS Magazine. Cuando la cartografía se convierte en arte. Disponível em: <www.tysmagazine.com/cartografia-se-convierte-en-arte-mattew-rangel/>. Acesso em: 13 abr. 2018. (Texto traduzido pelos autores.)

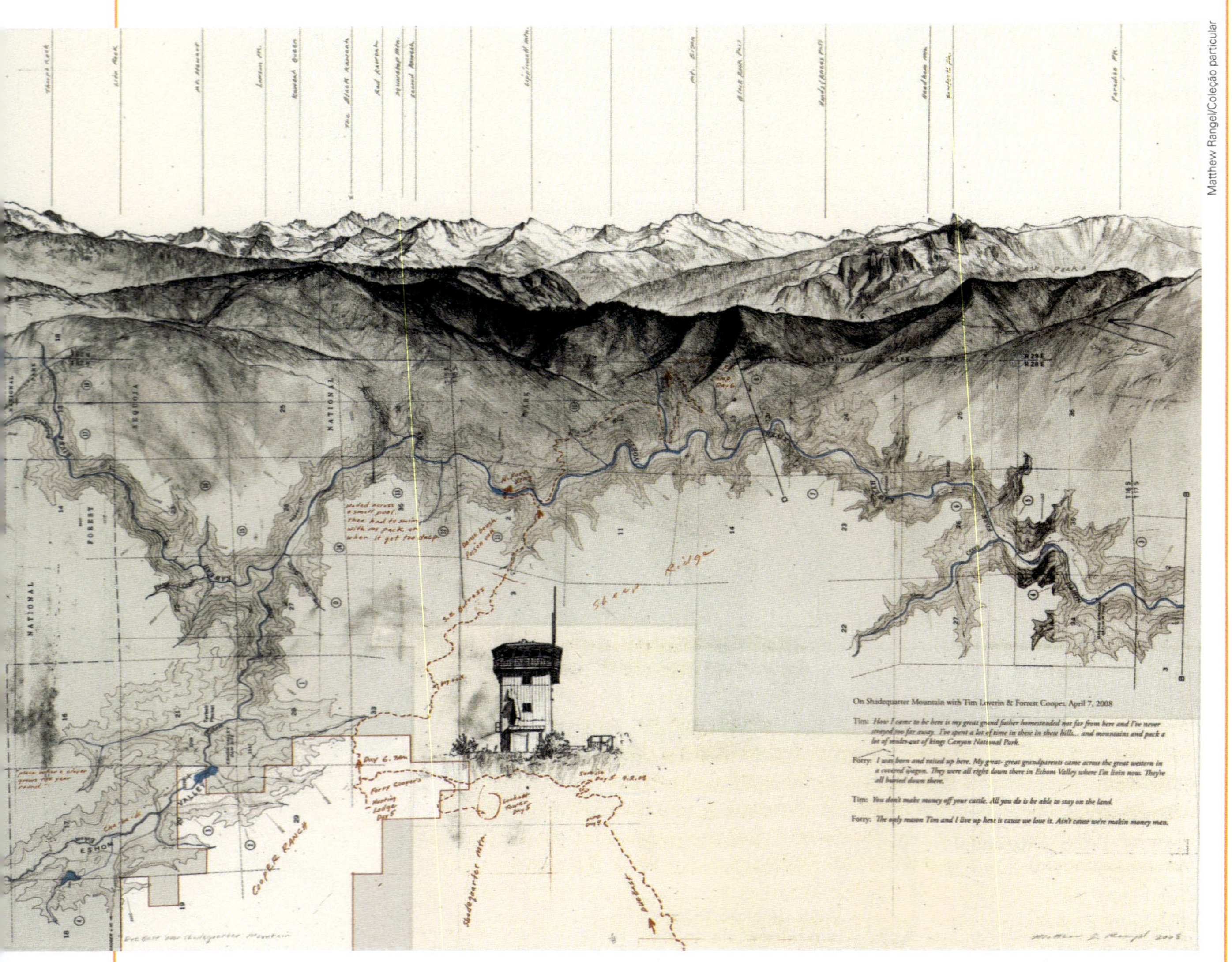

Matthew Rangel/Coleção particular

A leste da montanha Shadequarter, de Matthew Rangel (litografia de data e dimensões desconhecidas).

1. Observe a obra do artista Matthew Rangel. Quais conteúdos de Cartografia estudados neste capítulo podem ser observados no trabalho do artista?

Reconecte

Produção textual

1. Redija um texto relacionando fuso horário e comércio internacional.

Revisão

2. Qual projeção cartográfica é a mais adequada para mostrar áreas? Justifique.

Análise de mapa

3. Com mais três colegas, analisem o mapa "Planisfério: temperatura entre junho e agosto" (página 35). Por fim, descrevam a linguagem cartográfica utilizada.

Entrevista e produção de *podcast*

4. Com dois colegas, entrevistem duas pessoas e perguntem sobre os trajetos que realizam no dia a dia. Produzam um *podcast* ou um vídeo das entrevistas.

Análise de mapa

5. Selecione as seguintes representações cartográficas:
   a) da via da escola;
   b) do município onde se localiza a escola;
   c) do estado onde você vive;
   d) do Brasil.

   Classifique as escalas de acordo com os tipos de mapa apresentados no capítulo.

Produção de mapa temático

6. Com base nas informações da tabela a seguir, elabore um mapa temático sobre o número médio de alunos no Ensino Médio por turma, por Unidade de Federação. Agrupe os dados de modo a criar intervalos sem grandes diferenças entre cada classe. Depois, escolha uma cor para cada grupo. Por fim, produza um mapa do Brasil, pintando cada UF com a cor referente a seus dados.

Brasil: média de alunos por turma no Ensino Médio, por Unidade da Federação – 2016	
Rondônia	26,3
Acre	28,5
Amazonas	29,3
Roraima	22,2
Pará	32,1
Amapá	29,2
Tocantins	25,8
Maranhão	32,5
Piauí	29,4
Ceará	34,9
Rio Grande do Norte	32,2
Paraíba	28,2
Pernambuco	33,7
Alagoas	35,5
Sergipe	31,0
Bahia	29,5
Minas Gerais	32,0
Espírito Santo	30,3
Rio de Janeiro	28,5
São Paulo	32,3
Paraná	28,8
Santa Catarina	27,0
Rio Grande do Sul	25,6
Mato Grosso do Sul	28,5
Mato Grosso	25,8
Goiás	28,2
Distrito Federal	33,8

Elaborado com base em: INEP. Indicadores educacionais. Disponível em: <http://portal.inep.gov.br/indicadores-educacionais>. Acesso em: 13 abr. 2018.

Resumo

- Cronologia e marcos das representações cartográficas.
- Linguagem cartográfica: símbolos, legenda, escala (gráfica e numérica), título, orientação, fonte e coordenadas geográficas.
- Fusos horários e linha internacional de data.
- Classificação dos mapas: físicos e políticos (precisos) e croquis e plantas (imprecisos).
- Projeções cartográficas: cilíndricas, cônicas e planas (azimutais); conforme, equivalente e equidistamte; anamorfose.

CAPÍTULO 3

Cartografia: novas tecnologias

Novas tecnologias têm contribuído nas diversas representações cartográficas com informações mais precisas. Um exemplo é o sensoriamento remoto, que constitui um importante instrumento na observação de paisagens e de como essa tecnologia permite facilitar o dia a dia das pessoas no que se refere a localização, previsão do tempo, entre outros usos.

Das fotografias aéreas às imagens de satélites acessíveis por aplicativos de celulares, poucas décadas se passaram. Os avanços foram rápidos e cresceram à medida que mais satélites eram lançados ao espaço, contribuindo para o levantamento de informações da superfície terrestre.

Atualmente, os aplicativos de geolocalização, que combinam localização precisa com ações humanas, constituem um dos vetores da chamada economia 4.0, impulsionada por tecnologia de ponta, com ampla utilização de internet e robótica, por exemplo.

Economia 4.0: termo atrelado a **Indústria 4.0**, projeto alemão lançado no início da década de 2010, cujo objetivo é tornar as indústrias mais competitivas com uso de tecnologia de ponta e automatização de processos, no que se pretende ser a Quarta Revolução Industrial.

EM FOCO

Em um ano, o aplicativo "Meu Ônibus" atinge a marca de 145 mil *downloads*

[...] Com a ferramenta, o passageiro consegue verificar a hora em que o ônibus vai passar e, ainda, a parada mais próxima de onde ele está. O aplicativo permite, ainda, que o usuário pesquise a linha mais indicada para chegar ao seu destino. No mapa aparecem a linha aguardada, as paradas e os trajetos. O moderno sistema é o mesmo utilizado em cidades como Rio de Janeiro, Palmas e Fortaleza. [...]

A. Baeta/Agência São Luís

Pessoa usa o aplicativo em São Luís (MA), 2018.

A universitária Júlia Brancher, 18 anos, também contou como o uso do aplicativo favorece a sua rotina, otimizando o tempo antes usado para ficar esperando o ônibus na parada. "Eu uso bastante. Ele me ajuda muito porque eu fico na faculdade aqui perto monitorando e não preciso ficar muito tempo esperando o ônibus na parada, venho só na hora que ele está chegando", afirmou a jovem. [...]

SÃO LUÍS Agência de Notícias. Em um ano, aplicativo "Meu Ônibus" atinge a marca de 145 mil *downloads*, 12 mar. 2018. Disponível em: <http://agenciasaoluis.com.br/noticia/21285/>. Acesso em: 14 maio 2018.

1. Você já utilizou algum programa ou aplicativo de trânsito e navegação para se locomover?
2. Que vantagens e desvantagens estão associadas ao uso desse tipo de aplicativo?
3. Na sua opinião, como as pessoas faziam para se deslocar por áreas desconhecidas antes do surgimento dessas tecnologias?

1. Sensoriamento remoto

O desenvolvimento científico-tecnológico, que vem ocorrendo desde a segunda metade do século XIX, tem possibilitado a obtenção de informações mais detalhadas da superfície terrestre.

O sensoriamento remoto é uma tecnologia capaz de realizar observações da superfície terrestre sem que haja contato entre o sensor e o objeto de estudo. Isso quer dizer que é possível coletar dados de qualquer ambiente do planeta Terra usando sensores que estão acima do solo. Esses sensores são usados em *drones* (ou VANT – Veículo Aéreo Não Tripulado), aviões e satélites de modo a obter imagens nos níveis terrestre, aéreo e orbital, respectivamente.

O sensoriamento remoto é feito por meio da radiação eletromagnética emitida pelo Sol e pela Terra. Ao atingir um objeto, a radiação eletromagnética interage com ele de diferentes maneiras. A absorção e reflexão dessa energia incidente gera uma onda, cujo comprimento define um **comportamento espectral**. Cada elemento da superfície terrestre apresenta um comportamento espectral próprio.

Na faixa da luz visível, a vegetação absorve muita energia eletromagnética. Já o comportamento espectral de rochas e solos depende da capacidade de absorção da radiação solar dos minerais que os compõem, da matéria orgânica, da umidade, da textura e da sua estrutura. Sua variação é menor que a da vegetação. A água pura reflete pouca energia na faixa do visível; já a água turva reflete mais energia.

Comportamento espectral de alvos

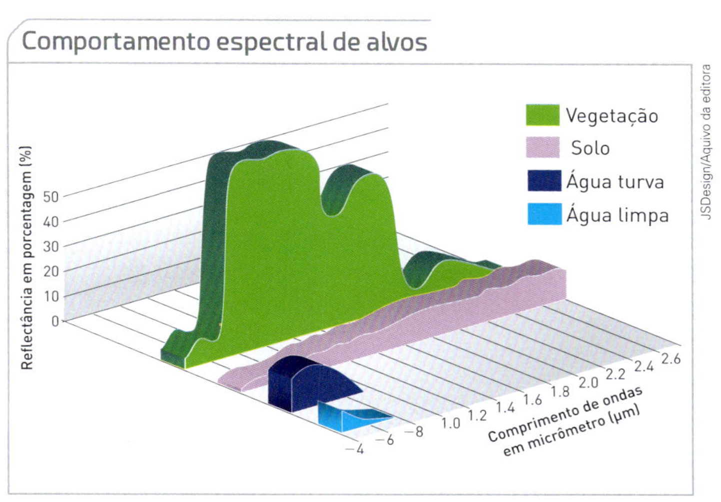

Elaborado com base em: SAUSEN, Tania Maria. Relação entre as bandas espectrais dos sensores remotos a bordo de satélites e a reflectância de objetos (alvos) na superfície terrestre. Disponível em: <www3.inpe.br/unidades/cep/atividadescep/educasere/apostila.htm#tania>. Acesso em: 6 abr. 2018.

Diálogo com Biologia

Sensoriamento remoto e recursos naturais

Os dados de sensoriamento remoto têm se mostrado extremamente úteis para estudos e levantamentos de recursos naturais, principalmente por:

- sua visão sinótica, que permite ver grandes extensões de área em uma mesma imagem;
- sua resolução temporal, que permite a coleta de informações em diferentes épocas do ano e em anos distintos, o que facilita os estudos dinâmicos de uma região;
- sua resolução espectral, que permite a obtenção de informações sobre um alvo na natureza em distintas regiões do espectro, acrescentando assim uma infinidade de informações sobre o estado dele;
- sua resolução espacial, que possibilita a obtenção de informações em diferentes escalas, desde as regionais até locais, sendo este um grande recurso para estudos abrangendo desde escalas continentais, regiões até um quarteirão.

Desde o lançamento do primeiro satélite de recursos terrestres, o LANDSAT em junho de 1972, grandes progressos e várias pesquisas foram feitas na área de meio ambiente e levantamento de recursos naturais fazendo uso de imagens de satélite.

Após o advento destes satélites os estudos ambientais deram um salto enorme em termos de qualidade, agilidade e número de informações. Principalmente os países em desenvolvimento foram os grandes beneficiados desta tecnologia, pois através de seu uso é possível:

- atualizar a cartografia existente; [...]
- monitorar desastres ambientais tais como enchentes, poluição de rios e reservatórios, erosão, deslizamentos de terras, secas;
- monitorar desmatamentos; [...]
- [fazer] levantamento de áreas favoráveis para exploração de mananciais hídricos subterrâneos;
- [fazer] monitoramento de mananciais e corpos hídricos superficiais; [...]

SAUSEN, Tania Maria. Sensoriamento remoto e suas aplicações para recursos naturais. Disponível em: <www3.inpe.br/unidades/cep/atividadescep/educasere/apostila.htm#tania>. Acesso em: 6 abr. 2018.

1. Com mais três colegas, discutam o texto e deem um exemplo de utilização do sensoriamento remoto com as vantagens oferecidas pela visão sinótica e pelas resoluções temporal, espectral e espacial.
2. Na sua opinião, quais países foram os grandes beneficiados pelo uso de imagens de satélite para monitorar os recursos naturais?

Kathryn Hansen/Joshua Stevens/Serviço Geológico dos Estados Unidos/Observatório da Terra/NASA

Imagem do satélite Landsat 8 mostra a extensão do maior desastre ambiental do Brasil, provocado pelo rompimento das barragens de uma empresa de mineração, que lançou lama no rio Doce e em municípios da sua bacia, em novembro de 2015.

Cartografando

Leia o texto e observe as imagens a seguir. Depois, responda às questões.

Falsa-cor

Com um filme colorido, sensível à faixa do visível, são obtidas fotografias coloridas, também denominadas normais ou naturais; nelas os objetos são representados com as mesmas cores vistas pelo olho humano [...]. Com um filme infravermelho colorido, sensível à faixa do infravermelho próximo, são obtidas fotografias coloridas infravermelhas, também denominadas falsa-cor [...].

Os filmes infravermelhos coloridos foram denominados falsa-cor porque a cena registrada por esse tipo de filme não é reproduzida com suas cores verdadeiras, isto é, como vistas pelo olho humano. Esses filmes foram desenvolvidos durante a Segunda Guerra Mundial, com o objetivo de detectar camuflagens de alvos pintados de verde que imitavam vegetação. Essa detecção é possível porque a vegetação [...] reflete mais intensamente energia na região do infravermelho. Desta forma, enquanto nas fotografias falsa-cor a vegetação aparece em vermelho, objetos verdes ou vegetação artificial geralmente aparecem em azul/verde. [...]

[...] As fotografias obtidas com filmes infravermelhos são as que fornecem mais informações sobre vegetação, fitossanidade das culturas (permitem diferenciar plantas sadias de plantas doentes) e umidade do solo [...].

FLORENZANO, Teresa Gallotti. *Iniciação em sensoriamento remoto*. São Paulo: Oficina de Textos, 2007. p. 18-20.

Coordenação Geral de Observação da Terra/INPE

Coordenação Geral de Observação da Terra/INPE

Imagens de satélite de Foz do Iguaçu (PR), 2017. A imagem de satélite à direita está em falsa-cor. Observe que os corpos de água estão mais evidenciados na segunda imagem.

1. Que elementos você consegue identificar na primeira imagem? De que maneira estão representados?
2. Como os mesmos elementos aparecem na segunda imagem?
3. Em que imagem foi mais fácil identificar esses elementos?
4. Reúna-se com um colega e, juntos, pesquisem imagens de satélite (no Brasil ou no mundo). Identifiquem o tipo de filme utilizado (preto e branco, colorido ou falsa-cor), os objetos e a forma como são identificados. Se possível, procurem saber informações sobre o satélite que obteve a imagem e a data da captura da imagem.

Fotografias aéreas e *drones*

Desenvolvida no início do século XX, a aerofotogrametria possibilitou a captura aérea de imagens da superfície terrestre. Aviões munidos de câmeras fotográficas passaram a sobrevoar uma área de estudo em linhas de voo paralelas (em faixas) para tirar fotografias em diversas escalas geográficas. Esse tipo de sensoriamento remoto ainda é muito utilizado, especialmente para o levantamento da topografia de uma região.

A definição da escala varia de acordo com o objetivo do levantamento aerofotogramétrico. Por exemplo, em áreas rurais os voos realizados são mais altos para conseguir imagens com escalas menores (entre 1:15 000 e 1:40 000). Para análises mais detalhadas, como cadastramento urbano, os voos são mais baixos e as imagens apresentam escalas grandes (entre 1:4 000 e 1:10 000).

Após a correção dos fatores que podem distorcer a imagem (variação da topografia do terreno, curvatura da Terra, mudanças de altitude de voo da aeronave, distorções das lentes da câmera fotográfica e sistema de projeção do processo fotográfico), obtém-se a **ortofoto**. Em outras palavras, a imagem é esticada, achatada e comprimida até chegar à posição e à escala corretas.

Dica de *sites*

Instituto Nacional de Pesquisas Espaciais (INPE)
Disponível em: <www.dgi.inpe.br/CDSR/>. Acesso em: 6 abr. 2018.
A página do INPE disponibiliza um acervo de imagens de satélites. Em inglês.

Earth Explorer
Disponível em: <https://earthexplorer.usgs.gov/>. Acesso em: 6 abr. 2018.
A página do Serviço Geológico dos Estados Unidos também oferece um acervo de imagens de satélite. Em inglês.

Uma ortofotocarta digital apresenta todos os detalhes de uma fotografia associados aos vetores (linhas, pontos e polígonos), símbolos e textos de uma carta sobrepostos à imagem, para mostrar os elementos da parte da superfície terrestre retratada.

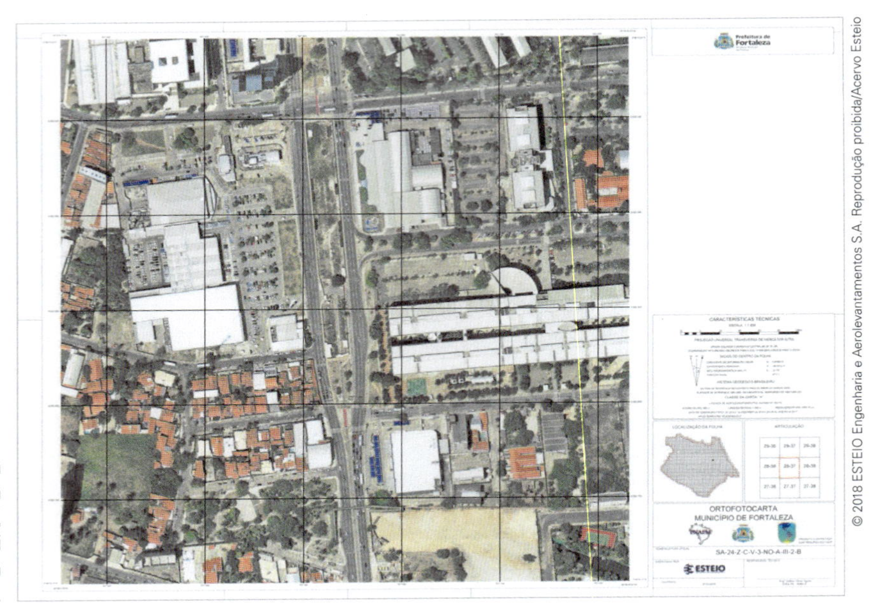

Exemplo de ortofotocarta digital de parte de um bairro de Fortaleza (CE), 2017. A imagem foi ajustada para atingir a escala correta de 1: 100.

Nos últimos anos, desenvolveu-se outro tipo de tecnologia que auxilia o sensoriamento remoto: o **VANT** (Veículo Aéreo Não Tripulado) ou, como é mais conhecido, o ***drone***. Esse termo é usado para denominar qualquer aeronave pilotada a distância, seja um aeromodelo usado apenas para lazer, seja uma Aeronave Remotamente Pilotada (ARP).

O uso de aeronave ARP para obter informações sobre a superfície terrestre é de grande utilidade, pois, como ela opera na baixa atmosfera, praticamente elimina a interferência gerada pelas nuvens nas imagens. Além disso, é uma tecnologia muito mais barata que as demais e possibilita a obtenção de imagens e vídeos em altíssima resolução, muitas vezes em locais de difícil acesso.

Criados para propósitos militares, atualmente os *drones* têm sido usados para outros fins. No Brasil, destaca-se sua aplicação comercial na agricultura (análise da plantação, demarcação de plantio, acompanhamento da safra, pulverização) e na pecuária (análise de pastagem, contagem do rebanho e localização de animais perdidos), por exemplo. A aquisição crescente desses equipamentos levou a Agência Nacional de Aviação Civil (Anac) em conjunto com outros órgãos a criar regras específicas para a operação de *drones* no Brasil.

Mauro Zafalon/Folhapress

Drone utilizado em monitoramento de plantação de trigo em Carambeí (PR), 2017.

Satélites artificiais

O aprimoramento das tecnologias proporcionou o aparecimento dos satélites artificiais – equipamentos que giram em torno da Terra e de outros corpos celestes. Atualmente, existem satélites para diferentes finalidades, tais como observação da Terra (sensoriamento remoto), observação de planetas e do espaço sideral, telecomunicação, uso militar, meteorologia, navegação, etc.

Os satélites de sensoriamento remoto realizam uma órbita circular, quase polar e em sincronia com o Sol, para garantir condições de iluminação e a passagem sobre os diferentes pontos da Terra.

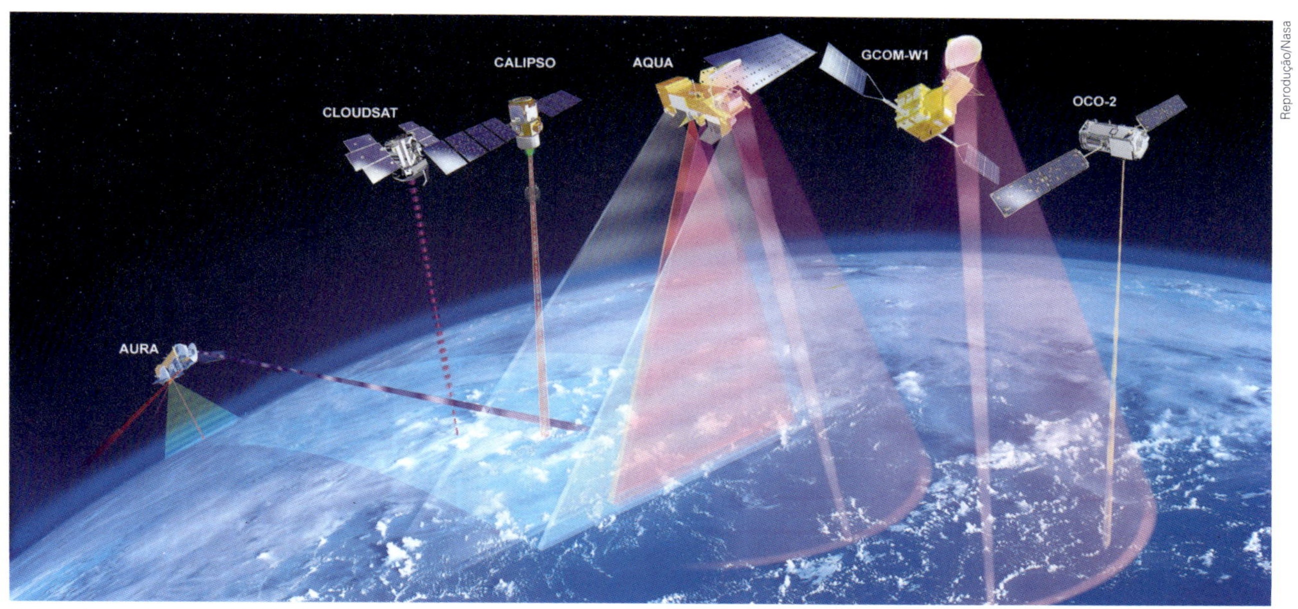

Reprodução/Nasa

Elaborado com base em: NASA. The Afternoon Constellation. Disponível em: <https://atrain.nasa.gov/index.php>. Acesso em: 5 abr. 2018.

Constelação Afternoon ou A-Train, formada por seis satélites, em 2018.

O início do desenvolvimento dessa tecnologia aconteceu em 1972, com o lançamento do primeiro satélite estadunidense Landsat, uma parceria entre o Serviço Geológico dos Estados Unidos (U.S. Geological Survey – USGS) e a Nasa, a agência espacial do mesmo país. A série Landsat representa a maior coleção de dados de sensoriamento remoto terrestre de resolução moderada em todo o mundo. O último satélite, o Landsat 8, foi lançado em maio de 2013.

A agência espacial francesa também desenvolve e opera uma importante série de satélites, a Spot (sigla em francês para Satélite Probatório de Observação da Terra). Desde o lançamento do Spot 1 em 1986 até o Spot 7 em 2014, formou-se uma rede global de centros de controle, estações de recepção, centros de processamento e de distribuição de dados que atende a muitos países. Outros satélites de sensoriamento remoto de alta resolução são: Ikonos e Quickbird (Estados Unidos), Eros (Israel) e IRS (Índia).

O Brasil recebe imagens de todos esses satélites apresentados, e também de outros, como o Noaa, Aqua, Terra, Goes-12, Meteosar, GMS e CBERS.

O programa espacial internacional EOS (sigla em inglês para Sistema de Observação da Terra) envolve uma ação coordenada de satélites em órbita polar para observações globais de longo prazo da superfície terrestre – biosfera, litosfera, atmosfera e hidrosfera – muito importante para ações socioambientais integradas.

Criado no fim da década de 1970 pelo governo dos Estados Unidos, inicialmente com propósitos militares, o GPS (sigla em inglês para Sistema de Posicionamento Global) foi o primeiro sistema de radionavegação mundial. Nesse sistema, 24 satélites com órbitas circulares de 12 horas enviam sinais de rádio para receptores GPS e permitem a obtenção de dados precisos sobre a localização geográfica (latitude, longitude e altitude) de um ponto de grande parte da superfície terrestre, a qualquer momento. O GPS é hoje o principal sistema de navegação no mundo e é utilizado para múltiplas finalidades.

Satélites em órbita, por país – 2018

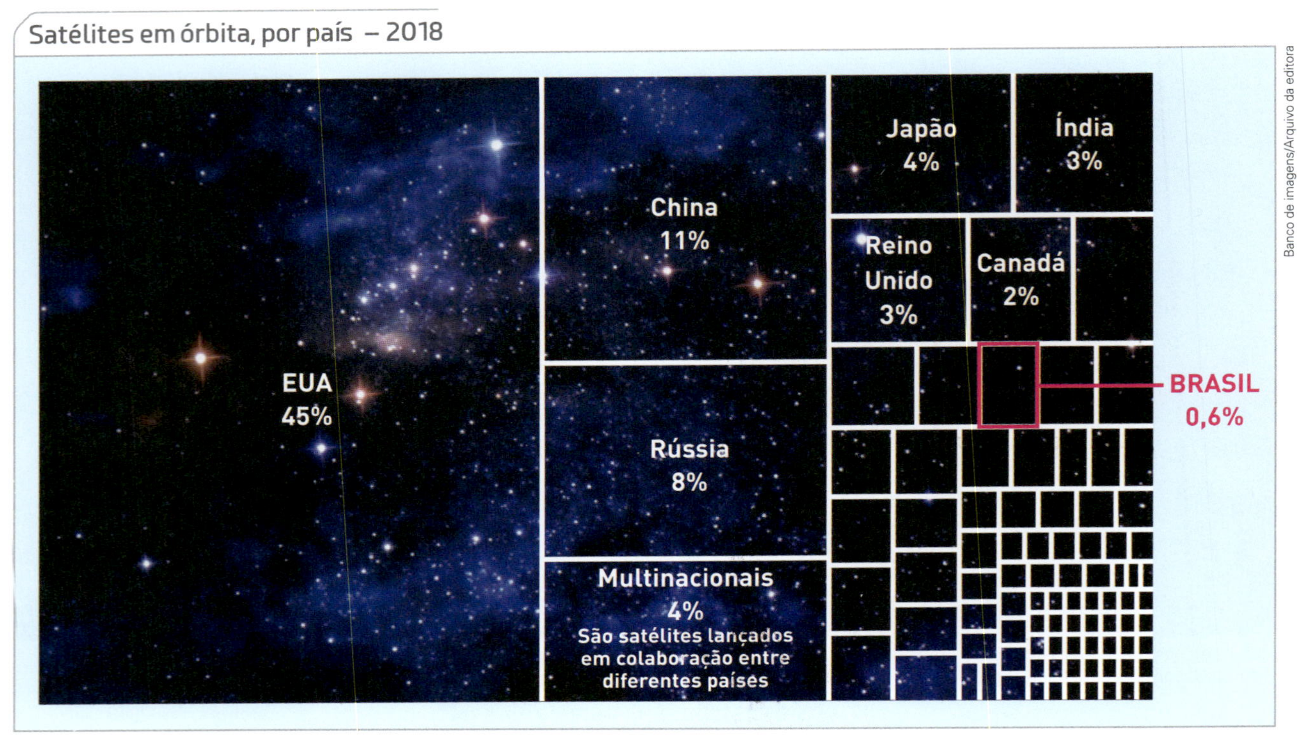

Elaborado com base em: ALMEIDA, Rodolfo; MAIA, Gabriel. Os satélites na órbita da Terra: tipo, altitude, idade e nacionalidade. *Nexo*, 13 mar. 2018. Disponível em: <www.nexojornal.com.br/grafico/2018/03/09/Os-sat%C3%A9lites-na-%C3%B3rbita-da-Terra-tipo-altitude-idade-e-nacionalidade>. Acesso em: 8 abr. 2018.

No início da década de 1980, a antiga União Soviética também desenvolveu seu próprio sistema de navegação por satélite, o Glonass (sigla para Sistema para Navegação de Satélite Global). Além de apresentar cobertura global e grande precisão, principalmente em latitudes altas por causa de suas órbitas, esse sistema ampliou a quantidade de satélites disponíveis, contribuindo para a correção de posição em áreas onde o sinal GPS apresenta problema. Muitos dispositivos, como *smartphones*, recebem sinal tanto do GPS quanto do Glonass, o que amplia a rapidez e a precisão das informações.

A China, desde o início da década de 2000, está aprimorando seu sistema de satélites de posicionamento: o Compass ou Beidou, que ao todo contará com 35 satélites para aplicações na China e em países parceiros. Espera-se que o Compass atenda aos sistemas de navegação de milhões de carros nesse país asiático.

A tecnologia dos sistemas de navegação por satélite é muito utilizada pelas pessoas por meio de aplicativos em seus celulares, para traçar rotas pelo GPS, por exemplo. Além do uso cotidiano, com o auxílio dessa tecnologia também é possível realizar levantamentos de informações sobre recursos naturais, planejamentos urbano e rural, segurança e controle do território, saúde pública, entre outras aplicações.

2. Sistema de Informações Geográficas (SIG)

Com o avanço das tecnologias da informação, houve uma verdadeira revolução também no tratamento dos dados espaciais. Atualmente, a elaboração de mapas e outros instrumentos cartográficos é feita quase toda digitalmente, por meio de programas de computador que integram uma diversidade de informações, configurando os Sistemas de Informações Geográficas (SIGs).

Os SIGs ampliaram as possibilidades de realização de estudos complexos que requerem a manipulação de muitos dados. São ferramentas que facilitam a aquisição, o armazenamento, a recuperação, a transformação e a visualização de informações sobre o espaço geográfico.

Em um SIG, os dados gráficos (imagens de satélite, cartas topográficas, mapas temáticos, entre outros) são armazenados na forma de vetores (pontos, linhas e polígonos) e/ou no formato matricial (estrutura de grade de células e *pixels*), dependendo do objetivo traçado. Já os dados alfanuméricos (de recenseamentos e cadastros, por exemplo) são registrados em tabelas e planilhas.

As camadas de informações (*layers*) são todas georreferenciadas, ou seja, possuem coordenadas geográficas, assim como banco de dados. Todas essas informações são editadas com precisão para que possam ser combinadas de inúmeras maneiras e visualizadas em mapas digitais.

Os SIGs combinam informações de localização com outras temáticas, para a produção de diferentes mapas de caráter político, econômico, socioambiental, ou uma síntese dessas dimensões. Nos dias de hoje, ainda que não totalmente explorados, esses sistemas atendem a muitas finalidades, como no planejamento de áreas urbanas e rurais, na proteção da natureza, na observação da dinâmica espacial de epidemias e no *marketing*.

Existem inúmeros programas que conformam verdadeiros sistemas de informações geográficas. Porém, o SIG mais completo do mundo, desenvolvido e aprimorado no fim da década de 1990 pelo Environmental Systems Research Institute (ESRI), dos Estados Unidos, tem uma licença cujo alto valor impede seu uso em muitas instituições, como centros de pesquisa, escolas, universidades e empresas.

Camadas de informação de um SIG

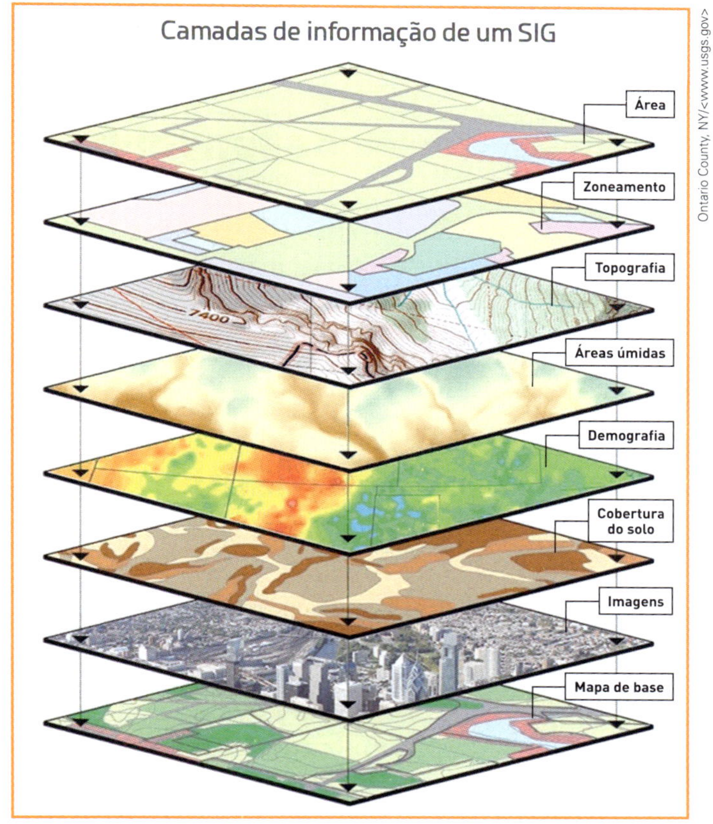

Diferentes informações podem ser integradas em um SIG, como topografia, demografia, cobertura do solo, etc., como no exemplo ao lado. Quando essas informações são cruzadas, aspectos antes invisíveis emergem, fornecendo características relevantes da área estudada.

Elaborado com base em: USGS. GIS data layer visualization. Disponível em: <www.usgs.gov/media/images/gis-data-layers-visualization>. Acesso em: 9 abr. 2018.

CIDADANIA E *SOFTWARES* LIVRES

Cidadania inclui o exercício da livre expressão de valores culturais, religiosos e políticos. Os *softwares* livres são associados à cidadania, pois, diferente dos *softwares* pagos, permitem aos usuários modificá-los e compartilhar livremente soluções para problemas que possam surgir porque seus códigos de operação são abertos a quem quiser conhecê-los. Além disso, permitem que o usuário saiba quais informações pessoais são coletadas pelo desenvolvedor do programa. Ou seja, quem usa um *software* livre pode se tornar mais do que um usuário; ele pode participar ativamente do desenvolvimento do aplicativo.

A grande maioria dos programas usados em Sistemas de Informações Geográficas é paga e muito cara. Por isso muitas instituições utilizam programas gratuitos, como o Quantum GIS (QGIS), um SIG desenvolvido em 2002 pela Open Source Geospatial Foundation (OSGeo), organização sem fins lucrativos que busca promover a adoção global da tecnologia geoespacial aberta e participativa.

O QGIS é uma alternativa interessante aos principais *softwares* privados de geoprocessamento, pois funciona na maioria dos sistemas operacionais, suporta vários formatos de dados e apresenta múltiplas ferramentas.

No Brasil, diferentes instituições de pesquisa realizaram esforços importantes para desenvolver SIGs, com destaque para o Spring, sistema gratuito desenvolvido pelo Instituto Nacional de Pesquisas Espaciais (INPE), com aplicações diversas, como planejamento urbano e ambiental.

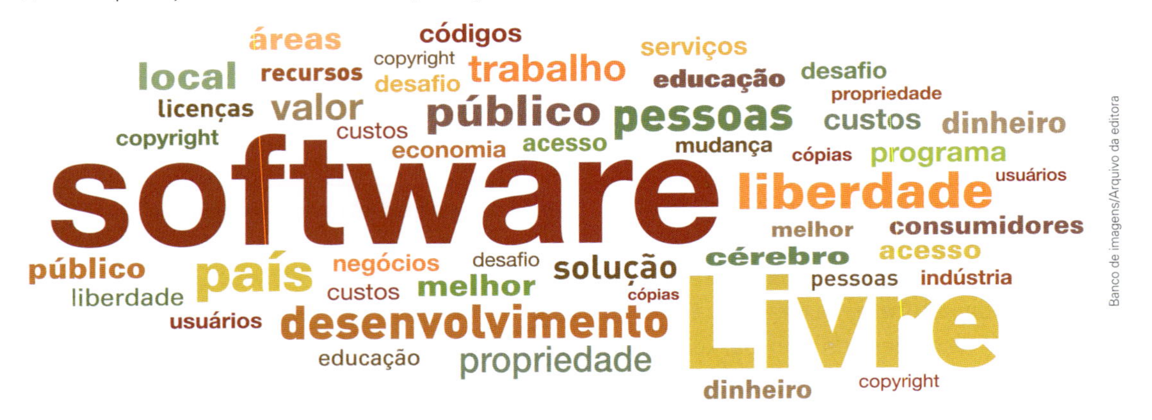

Banco de imagens/Arquivo da editora

1. Pesquise, com três colegas, mais informações sobre *softwares* livres. Em seguida, busquem esse tipo de *software* para fazer um cartaz ou um *folder* sobre o assunto. Exponham os resultados para a turma.

3. Maquetes e simulações de relevo em 3D

A maquete é outra ferramenta cartográfica bastante importante para a visualização de informações geográficas. Essa representação tridimensional de determinado "recorte" do espaço geográfico é construída com materiais cartográficos bidimensionais, como as cartas topográficas.

Nas maquetes, é possível associar diferentes informações do meio físico (topografia, geologia, hidrografia) com dados socioespaciais (economia, cultura, urbanização, entre outros).

Uma maquete possui dois tipos de escala: a escala horizontal, que aponta a relação entre as medidas planas (escala do mapa base), e a escala vertical, que se refere à relação entre as altitudes reais e as da maquete. Também é preciso selecionar os dados do mapa que serão representados na maquete.

Apesar das inovações cartográficas, as maquetes continuam sendo um instrumento interessante para a representação de diferentes elementos e fenômenos geográficos. São baratas e relativamente simples de confeccionar, além de despertarem grande interesse das pessoas em geral.

Atualmente existem maquetes simples, feitas com placas de isopor, e outras complexas, que resultam da impressão de camadas de madeira para mostrar curvas de nível em impressoras 3D. Sobre essas maquetes, bastante precisas, pode-se realizar outras formas de representação de fenômenos histórico-espaciais, como a projeção de vídeos que representam processos como a urbanização de determinada região e a degradação do meio ambiente.

Curva de nível: representação da topografia de um terreno por meio de linhas, que representam as cotas altimétricas, ou seja, as marcas de nível ou de altitude dele.

Fotos: Estúdio Laborg/Acervo do cedente

Maquete interativa da exposição *Rios Des.Cobertos*, que ocorreu na cidade de São Paulo (SP), em 2016. O intuito da exposição era mostrar os rios que foram encobertos por vias pavimentadas na cidade de São Paulo com o avanço da urbanização. À esquerda, a maquete topográfica da cidade; à direita, todos os rios que a cidade encobriu.

A produção de maquetes é especialmente interessante para portadores de deficiência visual, que podem interpretar informações espaciais produzidas com materiais que valorizam a linguagem tátil (tamanho, textura, legenda em braile). Um mapa tátil não pode apresentar excesso de dados que compliquem a obtenção de informações, mas sim uma combinação adequada de símbolos, texturas e elementos para transmitir a mensagem.

Dica de vídeo

Rios Des.Cobertos – O resgate das águas da cidade
Disponível em: <www.estudiolaborg.com.br/portfolio/rios-des-cobertos-o-resgate-das-aguas-da-cidade/>. Acesso em: 9 abr. 2018.
Criada e desenvolvida pelo Estúdio Laborg em parceria com a Iniciativa Rios e Ruas, a exposição conquistou o público com suas maquetes interativas. Veja alguns trechos no *site* do estúdio.

Caixa de areia de realidade aumentada

Além das maquetes, um projeto inovador de simulação de relevo em 3D é a caixa de areia de realidade aumentada. Acompanhada de um programa de computador, um sensor de profundidade de *videogame* e um projetor digital, ela permite que as pessoas criem, em tempo real, modelos topográficos em uma superfície.

A movimentação da areia na caixa permite a projeção de um mapa de cores de elevação, linhas de contorno da topografia e simulações da distribuição da água (até mesmo chuva). É possível também simular muitas situações e processos socioambientais, desde dinâmicas geomorfológicas (ligadas à estruturação e à escultura do relevo) até político-econômicas (por exemplo, elementos da legislação ambiental, como a representação de áreas de proteção como topos de morros, margens de rios, nascentes e encostas).

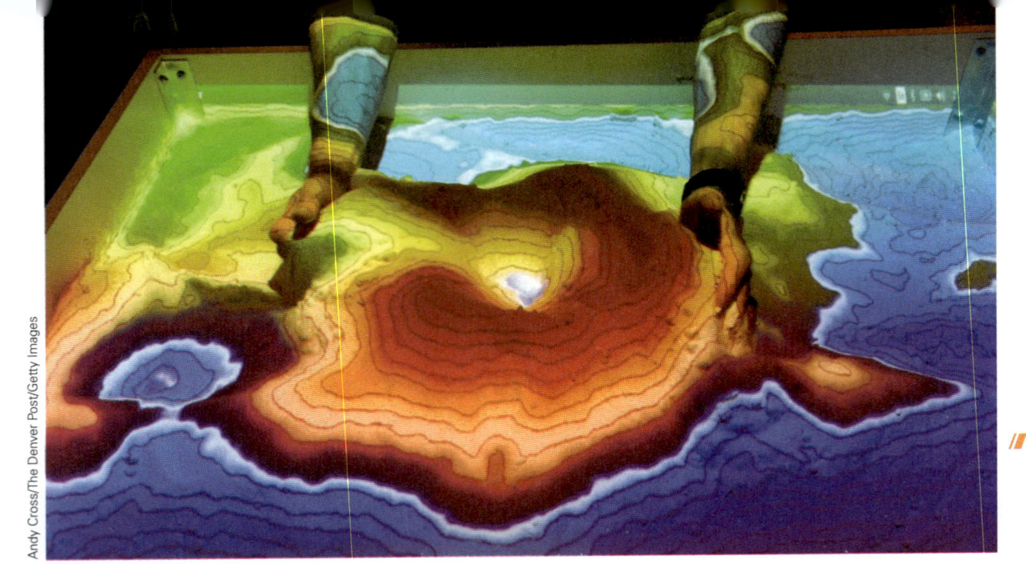

Andy Cross/The Denver Post/Getty Images

Pessoa manipula a caixa de areia de realidade aumentada exposta em Denver (Colorado), Estados Unidos, em 2016.

E no Brasil?

Satélite Sino-Brasileiro de Recursos Terrestres

O Programa CBERS [China-Brazil Earth Resources Satellite] nasceu de uma parceria inédita entre Brasil e China no setor técnico-científico espacial. Com isto, o Brasil ingressou no seleto grupo de Países detentores da tecnologia de geração de dados primários de sensoriamento remoto.

Um dos frutos dessa cooperação foi a obtenção de uma poderosa ferramenta para monitorar seu imenso território com satélites próprios de sensoriamento remoto, buscando consolidar uma importante autonomia neste segmento.

O Programa CBERS contemplou num primeiro momento apenas dois satélites de sensoriamento remoto, CBERS-1 e 2. O sucesso do lançamento pelo foguete chinês Longa Marcha 4B e o perfeito funcionamento do CBERS-1 e CBERS-2 produziram efeitos imediatos.

Ambos os governos decidiram expandir o acordo e incluir outros três satélites da mesma categoria, os satélites CBERS-2B e os CBERS-3 e 4, como uma segunda etapa da parceria Sino-Brasileira. [...]

Reprodução/Instituto Nacional de Pesquisas Espaciais-INPE

Imagem do satélite CBERS-4 mostrando a região de Búzios (RJ), em testes feitos logo após seu lançamento em 2014.

A família de satélites de sensoriamento remoto CBERS trouxe significativos avanços científicos ao Brasil. No país, praticamente todas as instituições ligadas ao meio ambiente e recursos naturais são usuárias das imagens do CBERS.

Suas imagens são usadas em importantes campos, como o controle do desmatamento e queimadas na Amazônia Legal, o monitoramento de recursos hídricos, áreas agrícolas, crescimento urbano, ocupação do solo, em educação e em inúmeras outras aplicações.

Também é fundamental para grandes projetos nacionais estratégicos, como o PRODES, de avaliação do desflorestamento na Amazônia, o DETER, de avaliação do desflorestamento em tempo real, e o monitoramento das áreas canavieiras (CANASAT), entre outros.

INPE. Sobre o CBERS, 5 fev. 2018. Disponível em: <www.cbers.inpe.br/sobre/index.php>. Acesso em: 9 abr. 2018.

1. O que é o Programa CBERS? Por que ele representa um grande avanço para o Brasil?
2. Como as imagens obtidas a partir do CBERS têm sido aplicadas no Brasil?
3. Faça uma pesquisa sobre outros usos de imagens de satélite no Brasil e escreva um texto dissertativo sobre a importância do desenvolvimento de tecnologias de sensoriamento remoto no país.

Reconecte

Produção textual

1. Escreva um texto com estilo jornalístico apontando os possíveis usos do GPS na vida cotidiana de um jovem do Brasil.

Pesquisa e produção textual

2. Com mais três colegas, façam uma pesquisa sobre como são produzidos os mapas com imagens captadas por *drones*. Em seguida, escrevam um texto, elencando e explicando as etapas.

Revisão

3. Defina sensoriamento remoto e cite exemplos desse tipo de tecnologia e suas aplicações.
4. O que é um Sistema de Informações Geográficas? Que tipos de aplicações ele tem?

Análise e reflexão

5. Na sua opinião, a utilização de *drones* representa uma revolução nas tecnologias de sensoriamento remoto? Por quê?

Debate

6. Reúna-se com mais três colegas e discutam sobre o funcionamento dos sistemas de navegação por satélite, citando exemplos de uso no mundo atual.

Leitura, interpretação de charge e debate

7. Muitas tecnologias ligadas ao sensoriamento remoto foram desenvolvidas para serem utilizadas em estratégias militares, mas hoje atendem a inúmeras finalidades civis. Com base nessas informações e na leitura da charge a seguir, investigue, debata e escreva um texto sobre a diversidade de sua utilização e sua importância ao longo do tempo.

Carpem diem, charge de Niklas Eriksson, de 2016. Disponível em: <www.bullspress.se/produkter-tjanster/karaktarer/carpe-diem/>. Acesso em: 6 jun. 2018.

EXPLORANDO

8. Com base em cartas, mapas e imagens de sensoriamento remoto – como fotografias aéreas, imagens de satélite e aplicativos ou programas de geolocalização – que retratem o município onde a escola está situada, faça uma análise com mais três colegas dos diferentes elementos observados (símbolos, escala utilizada, etc.). Depois, descrevam a imagem e apresentem para a turma um dos aspectos retratados que mais chamou a atenção do grupo.

Resumo

- Computadores e satélites combinados aprimoram muito a produção de mapas. Eles permitem às pessoas ter acesso a mapas em diversas situações cotidianas.
- O sensoriamento remoto é uma das maneiras de coletar dados e gerar informações da superfície terrestre. Trata-se de um registro de imagens que pode ser feito de aviões, satélites e *drones*.
- Os sistemas de navegação por satélite permitem a obtenção de dados precisos sobre a localização geográfica (latitude, longitude e altitude) de um ponto de grande parte da superfície terrestre.
- O Sistema de Informações Geográficas (SIG) facilita a aquisição, o armazenamento, a recuperação, a transformação e a visualização de informações sobre o espaço geográfico.
- A maquete é uma ferramenta cartográfica importante para a visualização de informações geográficas. Nessa representação tridimensional, é possível associar diferentes informações do meio físico com dados socioespaciais.

Globalização e cidadania

Geografia é uma ciência complexa porque combina elementos de processos sociais com processos naturais. Mas ela vai além: ao localizar esses eventos, desvenda etapas da globalização, o processo econômico e social predominante nos dias atuais.

Assim, conceitos como espaço geográfico, lugar e território ganham mais importância. O primeiro por materializar o passado e o presente da história humana. O segundo por focar as relações sociais como centro da análise, sejam elas hegemônicas ou hegemonizadas. O território tem sua importância pela relação direta com o poder.

Essa tríade – espaço geográfico, lugar e território – revela alguns aspectos do processo de globalização, que, muitas vezes, não são observados em sua totalidade. O espaço geográfico mostra a concentração de riqueza no decorrer do tempo, inclusive de países, assim como o acesso desigual aos recursos naturais.

Assim como há lugares cheios de tensões, com grupos apartados da globalização e distantes da cidadania plena, como os refugiados que, por razões políticas, econômicas, religiosas ou até por conta de catástrofes naturais, são obrigados a deixar seus lugares de origem.

O território, por sua vez, assume múltiplas dimensões: ele serve como porta de entrada e de saída de fluxos de capitais, ao mesmo tempo que se mantém fechado à penetração de pessoas, ou seja, sua apropriação é cada vez mais seletiva.

Todos esses movimentos e momentos indicam fluxos intensos de pessoas e produtos. Nesse sentido, os mapas constituem a ferramenta perfeita para decodificar esses fluxos, além de expressar os impactos sociais e na natureza dos processos da globalização.

Philippe Huguen/AFP

Grafite de criança com uma mala observando o território com uma luneta, na qual pousa um abutre. Tributo do artista Bansky aos imigrantes do campo de refugiados improvisado em Calais, na França, o qual foi desmantelado pelo governo em 2016. Foto de 2015.

Repercutindo

Leia os textos a seguir e responda às questões.

Texto 1

Uma nova legenda dos mapas

Todos os mapas têm um quadro, chamado de legenda, em que encontramos símbolos, cores, setas, linhas, pontos e outros signos que nos ajudam a decifrar distintas marcas da paisagem. Se queremos elaborar um atlas para o mundo das cadeias produtivas, no entanto, necessitamos de um glossário de poder muito mais sofisticado.

O primeiro passo é cartografar a autoridade e as conexões em vez de nos limitarmos aos Estados e suas divisões internas. Deveríamos destacar as unidades mais coerentes, as conexões mais concretas e os centros gravitacionais de maior influência. [...]

KHANNA, Parag. *Conectografia*: mapear o futuro da civilização mundial. Barcelona: Espasa Libros. 2017. p. 66. (Texto traduzido pelos autores.)

1. Observe o mapa político a seguir. Como você faria a reelaboração da legenda nos termos propostos pelo pesquisador indiano Parag Khanna?

Planisfério: continentes – 2016

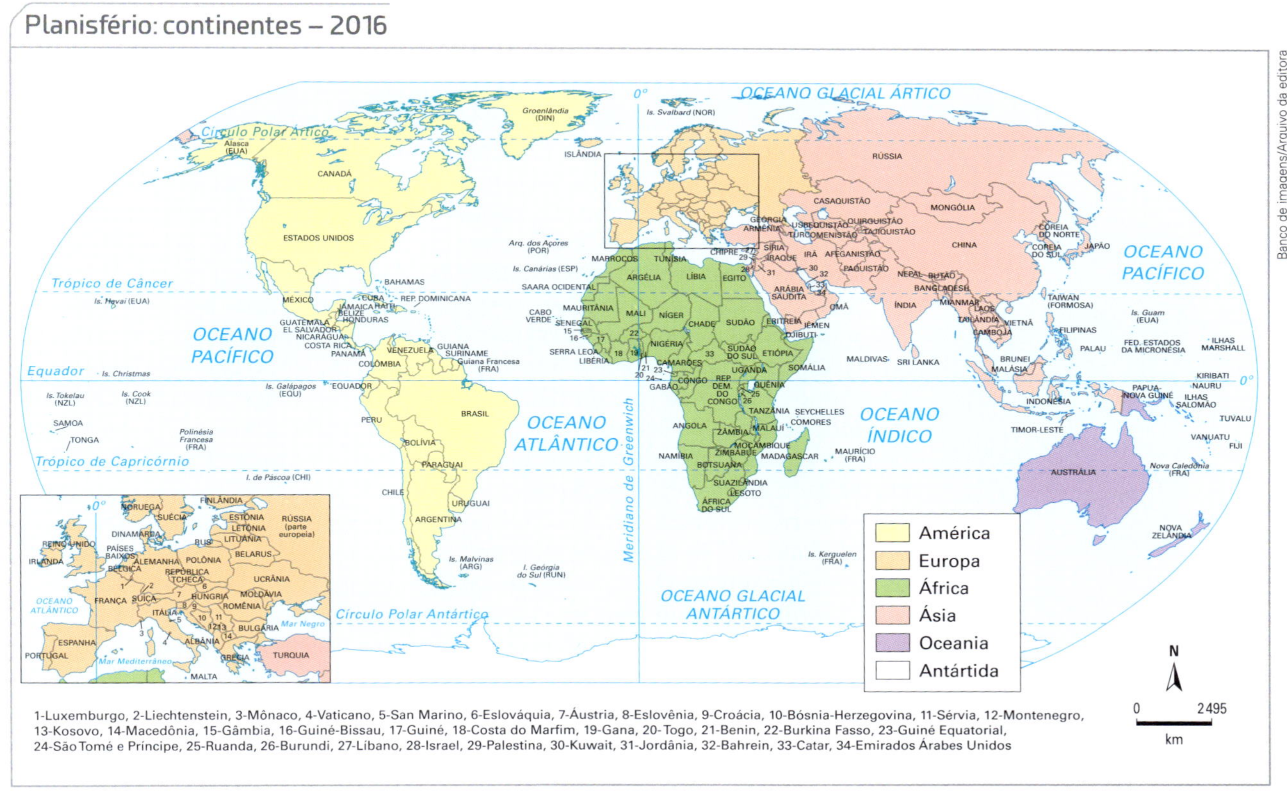

Elaborado com base em: IBGE. *Atlas geográfico escolar*. Rio de Janeiro: IBGE, 2016. p. 32.

2. O que as legendas cartográficas expressam nos mapas?

3. Quais países você destacaria do mapa como líderes da globalização? Dê três exemplos e justifique sua escolha.

Texto 2

A cidadania pelos mapas públicos – pela reinvenção da política pública de geoinformação no Brasil

O território brasileiro deve ser um espaço do cidadão, e mapas públicos têm uma função central nesta realidade, uma vez que informam sobre o espaço que nos cerca. Para garantir o direito de ir e vir, temos que saber para onde; para que o cidadão exerça melhor o seu papel, ele precisa estar ciente dos produtos, serviços, equipamentos e sociedade que o cercam. Além disso, os mapas públicos permitem que a população tenha condições objetivas de mediar conflitos entre lotes, áreas, propriedades, reservas ambientais, ocupações urbanísticas, direitos indígenas, quilombolas, entre outros.

Topógrafo trabalhando em Itaberaba (BA), 2014.

Segundo informações coletadas no Comitê Geoespacial da ONU, o setor de geoinformação mundo afora chega a movimentar, em média, de 1,5 a 2% do PIB de cada país. No século XXI, a geoinformação será tão essencial quanto a energia elétrica foi no século XX, o que tem justificado os bilionários investimentos realizados por empresas [...].

Estamos em um momento de intensificação da Revolução Tecnológica nesta frente em todo o mundo. Criações como a internet, o GPS, o sensoriamento remoto, as imagens de satélites e os *drones* têm transformado, de forma irreversível, os meios que o Estado brasileiro pode utilizar para gerir seu território.

Todavia, os esforços já despendidos na aplicação de técnicas como o censo, os mapas cartográficos e os sistemas de informação geográfica têm se mostrado insuficientes perante os desafios existentes, de maneira que o Estado brasileiro não tem dado respostas à altura para uma melhor gestão de seu território. [...]

A Constituição Federal de 1988 prevê que o país deve ter uma Geografia e uma Cartografia oficial, mas o tema jamais foi devidamente regulamentado. A legislação vigente data de 1967 e precisa urgentemente ser atualizada para contemplar novas tecnologias e demandas da sociedade. [...]

Como exemplos, em que pese haver quase 65 mil mapas no país que traduzem 8,5 milhões de km² por enfoques diversos, estima-se que o Brasil, nos cartórios, é 600.000 km² maior do que o Brasil real – pouco maior do que dois "Estados de São Paulo" a mais do que a realidade. O Cadastro Ambiental Rural (CAR) tem encontrado dificuldades para fomentar uma melhor política de gestão ambiental; os municípios, com raras exceções, não conseguem produzir e atualizar suas cartas geotécnicas e planos diretores. [...]

Neste rico contexto, em que a geoinformação ganha rapidamente ares de essencialidade enquanto bem de domínio público, os profissionais deste setor, notadamente agrimensores, engenheiros cartógrafos, geógrafos, topógrafos e muitas outras formações, vêm a público para defender uma bandeira em comum, que é a construção do setor de geoinformação brasileiro, por meio de uma renovação do modelo existente com o objetivo a busca de uma política pública setorial adequada, interoperável, moderna e acessível, trazendo elementos supraprofissionais à sociedade que buscará, cada vez mais, a justiça e cidadania projetada no território, com mapas e normas adequados às demandas da sociedade brasileira.

MEDEIROS, Anderson et al. A cidadania pelos mapas públicos – pela reinvenção da política pública de geoinformação no Brasil. *Estadão*, 24 ago. 2017. Disponível em: <http://politica.estadao.com.br/blogs/gestao-politica-e-sociedade/a-cidadania-pelos-mapas-publicos-pela-reinvencao-da-politica-publica-de-geoinformacao-no-brasil/>. Acesso em: 10 abr. 2018.

4. Qual a importância de uma política pública que produza mapas?

5. Na sua opinião, por que grandes empresas investem na geração de mapas disponibilizados gratuitamente?

1. (Enem)

A imagem apresenta um exemplo de croqui de síntese sobre o turismo na França.

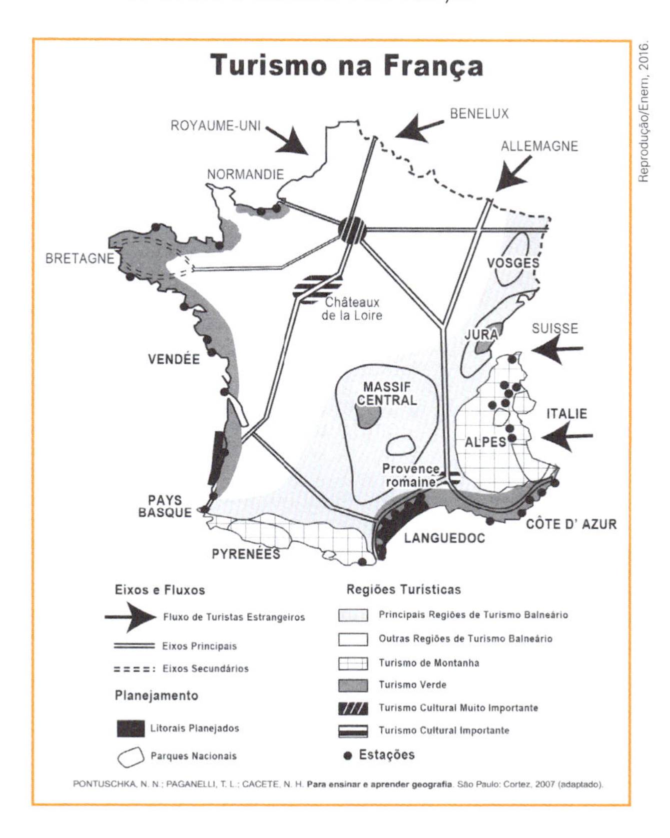

PONTUSCHKA, N. N.; PAGANELLI, T. I.; CACETE, N. H. **Para ensinar e aprender geografia**. São Paulo: Cortez, 2007 (adaptado).

Os croquis são esquemas gráficos que

a) têm as medidas representadas em escala uniforme.

b) ressaltam a distribuição espacial dos fenômenos e os fatores de localização.

c) têm a representação gráfica de distâncias do terreno feita sobre uma linha reta graduada.

d) indicam a relação entre a dimensão do espaço real e a do espaço representado, por meio de uma proporção numérica.

e) proporcionam a obtenção de informações acerca de um objeto, área ou fenômeno localizado na Terra, sem que haja contato físico.

2. (Unifenas)

Considere no quadro uma representação hipotética da distribuição dos 4 fusos horários atuais do Brasil, para responder à sua questão.

Um avião transportando um grupo de artistas britânicos decola de Londres às 8 horas da manhã com destino a Manaus (AM) para uma apresentação musical no Teatro Municipal de Manaus. Considerando que o tempo total de viagem foi de 14 horas, o horário de chegada ao aeroporto de Manaus será

FUSOS HORÁRIOS DO BRASIL, SEGUNDO SEUS LIMITES PRÁTICOS			
4º FUSO	**3º FUSO**	**2º FUSO**	**1º FUSO**
Engloba o AC e o extremo oeste do Amazonas	Envolve parte das regiões: Norte (os estados de Roraima, Rondônia, e quase a totalidade do estado do Amazonas) e Centro-Oeste (os estados do Mato Grosso e Mato Grosso do Sul).	Abrange todos os Estados das Regiões Nordeste, Sudeste e Sul e partes das regiões Norte (apenas estados Tocantins, Amapá, Pará) e Centro-Oeste (apenas o estado de Goiás e o Distrito Federal).	Corresponde às Ilhas brasileiras como Fernando de Noronha, entre outras.
GMT -5 HORAS	**GMT -4 HORAS**	**GMT -3 HORAS**	**GMT -2 HORAS**

a) 16h.

b) 17h.

c) 18h.

d) 19h.

e) 20h.

3. (UFC)

A linguagem cartográfica é essencial à geografia. Neste âmbito, CONSIDERE as afirmações adiante.

I. O mapa é uma reprodução idêntica da realidade.

II. São elementos que compõem os mapas: escala, projeção cartográfica, símbolo ou convenção e título.

III. A escala é a relação entre a distância ou comprimento no mapa e a distância real correspondente à área mapeada.

Considerando as três assertivas, PODE-SE AFIRMAR CORRETAMENTE que:

a) apenas I é verdadeira.

b) apenas II é verdadeira.

c) apenas III é verdadeira.

d) apenas I e III são verdadeiras.

e) apenas II e III são verdadeiras.

UNIDADE

2

Dinâmica e apropriação da paisagem natural

Myron Standret/Alamy/Fotoarena

Montanha Kirkjufell, Islândia, 2016.

A paisagem natural é resultado de processos do passado que combinam aspectos geológicos e climáticos e que deram origem às formações vegetais. A vida no planeta depende de vários fatores, como solo e relevo, que são o suporte da agricultura e da ocupação humana; ventos e chuvas, responsáveis pelo transporte da umidade, etc. Sem água, todas as formas de vida enfrentam dificuldades para sobreviver. Esses elementos da paisagem natural são, portanto, a base para a organização material da vida, e seu uso desmedido gera problemas em escala global.

Myron Standret/Alamy/Fotoarena

CAPÍTULO 4

Estrutura geológica, relevo e solos

Processos naturais deixam suas marcas ao longo do tempo. Mesmo que tenham ocorrido em épocas distantes, se comparados à duração da presença humana na Terra, ainda podem ser identificados por meio de técnicas sofisticadas. Elas permitem identificar os períodos nos quais ocorreram esses processos e ajudam a conhecer melhor o funcionamento da Terra, assim como as formas de vida que já habitaram o planeta.

Esse conjunto de fatores é estudado pelas Ciências da Terra, com destaque para a Geologia, que se dedica a conhecer processos internos que repercutem na formação da crosta terrestre, e para a Geomorfologia, que estuda as formas de relevo. A Pedologia, a ciência que estuda o solo, permite conhecer como as camadas superficiais sustentam plantas e podem ser úteis para a agricultura.

Todas essas ciências têm o objetivo de estudar as transformações da Terra, os registros dessas ocorrências e também a maneira como a espécie humana atuou nesses processos.

Stephen Lux/Cultura Creative/AFP

Salar do Uyuni, Bolívia, 2017. Há mais de 40 mil anos, o deserto de sal foi um enorme lago. No último período glacial, o clima tornou-se seco e toda a água do lago evaporou, restando apenas o sal. O salar é um registro das mudanças climáticas que ocorreram no planeta em um passado distante.

EM FOCO

Forte terremoto sacode a costa sul do México [...]

Um terremoto de magnitude entre 8,1 e 8,2 foi registrado na costa sul do México às 23h49 (hora local, 04h49 GMT) desta quinta-feira [7/9/2017]. Os residentes foram ordenados a evacuar suas casas após um alerta de tsunami ser emitido para a região mexicana e países vizinhos. Segundo autoridades, ao menos 58 pessoas morreram e mais de 250 ficaram feridas. [...]

Logo após o tremor, o Centro de Alerta de Tsunami do Pacífico (PTWC) chegou a emitir um alerta de ondas gigantes para México, El Salvador, Costa Rica, Nicarágua, Panamá, Honduras e Equador. Várias ilhas do Pacífico e também países da Ásia e Oceania, como Indonésia, Japão, China, Austrália e Nova Zelândia também poderiam ser afetados com ondas menores. [...]

Este está sendo considerado o pior tremor no México em mais de 100 anos, tendo sido mais forte que o terremoto de 19 de setembro de 1985, que deixou milhares de mortos na capital mexicana. [...]

DW Brasil. Forte terremoto sacode a costa sul do México, 8 set. 2017. Disponível em: <www.dw.com/pt-br/forte-terremoto-sacode-a-costa-sul-do-m%C3%A9xico/a-40409934>. Acesso em: 10 abr. 2018.

1. Você sabe o que significa um terremoto de magnitude entre 8,1 e 8,2?

2. Existem terremotos no Brasil? Justifique sua resposta.

1. Formação da Terra

O tempo da Terra difere do tempo dos seres humanos. Algumas mudanças que ocorrem no planeta são rapidamente percebidas, como terremotos, atividades vulcânicas e *tsunamis*; outras, porém, são quase impossíveis de identificar, como o afastamento dos continentes e o processo de formação das rochas.

Essas mudanças vêm ocorrendo ao longo de bilhões de anos de evolução do planeta, por isso diz-se que o tempo da Terra, o **tempo geológico**, difere do tempo dos seres humanos, que é o **tempo histórico**, contado em anos, décadas e séculos.

Estima-se que o tempo geológico da Terra remonte a 4,6 bilhões de anos. Ele foi dimensionado a partir do surgimento do planeta, que é considerado uma "data de nascimento". Foi ao estudar os fósseis que os seres humanos puderam criar a escala do tempo geológico. O método de datação radioativa foi muito importante para determinar a idade da Terra.

O surgimento da Terra está associado ao aparecimento do Universo. De acordo com a teoria do *big-bang*, uma "explosão", ou seja, uma grande liberação de energia ocorrida há cerca de 10 a 15 bilhões de anos, foi responsável pela origem do Universo. A partir daí, o Universo passou a se expandir, processo que alterou sua temperatura e seu tamanho, possibilitando o surgimento de novas partículas, que se contraíram e formaram o Sol e os planetas, incluindo a Terra, e que teriam surgido por volta de 4,6 bilhões de anos atrás.

Após esses eventos, ocorreu a formação das galáxias Via Láctea e Andrômeda e do sistema Alpha Centauri, associado à expansão cósmica, às mudanças de temperatura (resfriamento) e à formação de matéria escura. No entanto, ainda há muito a descobrir.

Em seus primeiros 20 milhões de anos, a Terra era basicamente um ponto de ferro que colidia com corpos planetários. Essas colisões geravam um acúmulo de energia que permitiu a evolução do planeta. Acredita-se que outros elementos foram incorporados à Terra em um fenômeno chamado **acreção**, que consiste na agregação de asteroides, meteoros e poeira estelar atraídos por planetas maiores.

Datação radioativa: método utilizado para calcular a idade dos fósseis pela análise de carbono-14, presente na atmosfera e captado pela fotossíntese das plantas. Ao ingerirem vegetais, os seres vivos armazenam carbono-14. Após a morte desses organismos, é possível encontrar esse elemento mesmo depois de muitos anos.

Matéria escura: sabe-se de sua existência porque apresenta força gravitacional; no entanto, como não emite luz, não pode ser visualizada.

A etapa da diferenciação, em que ocorre a separação dos materiais que constituem o planeta, iniciou-se com a separação do ferro e do níquel dos demais elementos para a formação do núcleo. Ao mesmo tempo, na superfície, flutuavam rochas quentes em um meio aquoso, como se fossem oceanos.

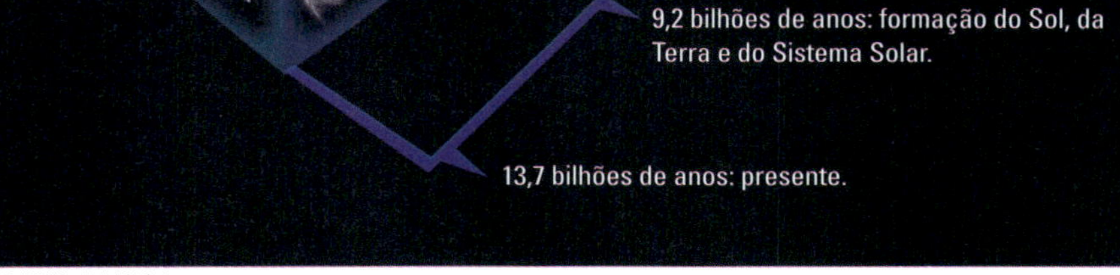

A evolução das galáxias, em ilustração feita pela Nasa, o programa espacial estadunidense.

NASA/ESA/A. Feild/STScI

Diálogo com Química

A crosta terrestre

A crosta terrestre se desenvolveu através de uma série de pulsações vinculadas a grandes episódios de fusão ocorridos no manto [...]

A pesquisa se baseia no estudo realizado por Graham Pearson, da Universidade de Durham (Inglaterra). Ele utilizou diferentes isótopos químicos para documentar os processos de fusão em toda a história geológica do planeta.

A origem da crosta continental e o momento em que ela se formou a partir do manto é um motivo de disputa entre os cientistas. Eles debatem se a crosta se formou de repente, de forma gradual ou em sucessivas fases.

O manto é a camada de 2 870 km de espessura entre a crosta e o núcleo do planeta. A dificuldade para chegar a uma conclusão definitiva se deve à destruição das provas químicas desses processos na reciclagem da crosta, originada pelas correntes de convecção do manto.

Pearson descobriu que podia utilizar o sistema de isótopos de rênio e ósmio para documentar o processo de crescimento continental ao longo de milhões de anos, já que eles conservam o registro dos processos de fusão.

A equipe analisou numerosos grãos de ligas metálicas de ósmio para determinar exatamente em que momento da formação da Terra o metal fundido saiu de seu manto. E chegou à conclusão de que não havia uma distribuição equilibrada que apontasse para uma formação gradual da crosta.

Segundo as pesquisas, o processo aconteceu em diversas fases, há 1,2, 1,9 e 2,7 bilhões de anos, coincidindo com os picos nas idades da crosta continental.

Os autores do estudo apontam uma relação muito estreita entre os episódios de fusão mais importantes no interior da Terra e a formação da crosta continental, que teria surgido em forma de pulsações.

AGÊNCIA EFE. Estudo: crosta terrestre se formou por pulsações. *Terra*, 13 set. 2007. Disponível em: <http://noticias.terra.com.br/ciencia/interna/0,,OI1903796-EI8147,00-Estudo+crosta+terrestre+se+formou+por+pulsacoes.html>. Acesso em: 11 abr. 2018.

1. De acordo com o texto, como teria ocorrido a formação do manto terrestre?

A crosta terrestre é resultado do processo de diferenciação e é composta de silício, oxigênio, entre outros elementos. As rochas em estado de metamorfismo emitiram gases suficientes para produzir um aquecimento que permitiu a ocorrência constante de chuvas por mais de 100 milhões de anos. Esses gases foram os responsáveis pela formação atmosférica e oceânica; as chuvas levaram à mudança da temperatura da Terra e, consequentemente, à criação de zonas com acumulação de água (os primeiros oceanos) e outra composição atmosférica.

Ilustração feita pela Nasa do que seria a Terra há 4 bilhões de anos.

2. Eras geológicas

A datação do tempo geológico pode ser feita pela análise de fósseis. A comparação entre restos de seres vivos ou rochas com diferentes tempos de evolução permitiu o estabelecimento das eras geológicas e sua classificação com base nos principais eventos.

ÉON HADEANO 4,6 bilhões de anos

Formação do mundo.

ÉON ARQUEANO 3,8 bilhões de anos

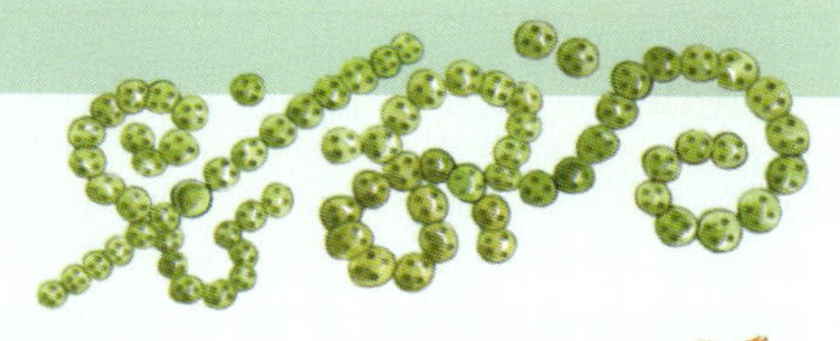

Formação de depósitos sedimentares no fundo de lagos e mares rasos. Esse ambiente com iluminação solar possibilitou a origem de aminoácidos, bactérias e cianobactérias.

ÉON PROTEROZOICO 2,5 bilhões de anos

Aumento da oferta de oxigênio na atmosfera, que possibilitou o desenvolvimento de organismos eucariontes, ou seja, organismos cujas células apresentam núcleos, como algas e fungos.

ÉON FANEROZOICO

Dividido em três eras: Paleozoica, Mesozoica e Cenozoica

Era Paleozoica
545 milhões de anos

Dividida em sete períodos (Cambriano, Ordoviciano, Siluriano, Devoniano, Mississipiano, Pensilvaniano e Permiano). Nessa era surgiram esponjas e crustáceos, além de formas de vida mais complexas, como peixes, artrópodes, anfíbios, répteis e plantas como samambaias gigantes.

Era Mesozoica
245 milhões de anos

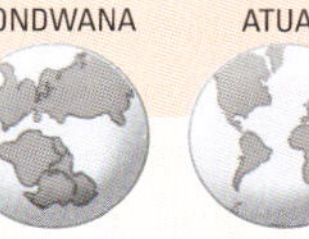

Dividida em três períodos. No Triássico, inicia-se a modificação de Pangeia, o continente único que acaba se dividindo. Do período Jurássico, há registros fósseis de grandes dinossauros. O Cretáceo é a transição da era Mesozoica para a era Cenozoica, no qual a Pangeia divide-se em dois blocos continentais, Gondwana e Laurásia. Também nesse período, ocorre a extinção de dinossauros e a formação de cadeias montanhosas.

Era Cenozoica
66,4 milhões de anos

Ilustrações: Osni de Oliveira/Arquivo da editora

Dividida em dois períodos. No Terciário, as cadeias montanhosas acabam de se formar por completo; ocorre a diversificação das espécies de mamíferos, e o oceano Atlântico tem sua área ampliada. O Quaternário tem como marca principal o aparecimento da espécie humana no planeta. As formações florestais desse período existem até hoje. As glaciações e a presença humana constituem elementos que definem duas épocas desse período: Pleistoceno e Holoceno.

Elaborado com base em: GROTZINGER, John; JORDAN, Tom. *Para entender a Terra*. 6. ed. Porto Alegre: Bookman, 2013. p. 210.

Para alguns pesquisadores, a ação humana na Terra já ganhou a proporção de outras mudanças geológicas causadas por processos naturais no passado. Por isso, afirmam que vivemos em uma nova era geológica, chamada de Antropoceno. A Comissão Internacional de Estratigrafia, que realiza estudos sobre o tempo da natureza, ainda não confirmou esse novo período. Além da polêmica em reconhecer a ação humana como um vetor tão potente quanto os geológicos e climáticos do passado, a própria escolha do nome de tal período gera controvérsia. Existem correntes que afirmam estarmos em um Capitaloceno ou no Plantationoceno.

Diálogo com História

Antropoceno e Capitaloceno

Texto 1

Antropoceno

[...] O antropoceno é um conceito novo, proposto pela primeira vez pelo químico holandês Paul Crutzen. Especialista em química atmosférica – ele ganhou o Nobel em 1995 pelos seus estudos sobre a camada de ozônio –, Crutzen estava familiarizado com a forma como a atividade humana estava mudando a composição da atmosfera. Ao lançar fumaça de automóveis, chaminés e queimadas, a humanidade mudou a composição do carbono na atmosfera, provocando um aumento de temperatura de 1 °C, o derretimento das geleiras e o aumento do nível do mar em, até o momento, 20 centímetros. Isso sem falar em como a humanidade alterou fisicamente o planeta, com concreto e aço. Um exemplo claro são os rios: nas últimas décadas, transformamos os cursos de rios de todas as bacias hidrográficas do mundo construindo 40 mil barragens. [...]

O impacto humano no meio ambiente é evidente. Mas será que essas mudanças são realmente intensas e duradouras a ponto de ficar gravadas nas rochas? É isso que os geólogos discutem. [...]

CALIXTO, Bruno. O que é antropoceno, a época em que os humanos tomam controle do planeta. *Época*, 1º nov. 2016. Disponível em: <https://epoca.globo.com/colunas-e-blogs/blog-do-planeta/noticia/2015/12/o-que-e-o-antropoceno-epoca-em-que-os-humanos-tomam-controle-do-planeta.html>. Acesso em: 11 abr. 2018.

Texto 2

Capitaloceno

[...] Acredito que há duas almas no argumento do Antropoceno. Uma é o argumento geológico [...]. O outro argumento, o que ganhou tanta popularidade, consiste em reconfigurar a história do mundo moderno como a Idade do Homem, "o Antropoceno". Esse é um velho truque capitalista: dizer que os problemas do mundo são problemas criados por todos, quando na realidade foram criados pelo capital. E é por isso que acho que devemos falar sobre o Capitaloceno, como uma era histórica dominada pelo capital. Se nos fixamos no período entre 1450 e 1750, vemos uma revolução da produção do meio ambiente [...] sem precedentes desde a revolução neolítica, com o alvorecer das primeiras cidades. Essa revolução foi marcada (e incrementada em escala, alcance e velocidade) pela mudança ambiental que emanou do capitalismo centro-atlântico. Uma transformação de paisagens e ambientes muito rápida que afetou uma região do planeta após a outra. Nestes séculos vemos não somente um novo domínio de produção e troca de bens na transformação do ambiente global, mas também novas formas de ver e compreender a natureza [...]. O Capitaloceno, em um sentido amplo, vai além da máquina a vapor e entende que o primeiro passo nessa industrialização radical do mundo começou com a transformação do ambiente global em uma força de produção para criar algo que chamamos de economia moderna, que é muito maior do que pode conter o termo economia. [...]

ECOLOGÍA Política. Entrevista a Jason Moore: del Capitaloceno a una nueva política ontológica, 10 jul. 2017. Disponível em: <www.ecologiapolitica.info/?p=9795www.ecologiapolitica.info/?p=9795>. Acesso em: 25 abr. 2018. (Texto traduzido pelos autores.)

1. Com mais três colegas, discutam as seguintes questões:
   a) É possível pensar em uma era chamada Capitaloceno? Por quê?
   b) É possível pensar em uma era chamada Antropoceno ou ainda estaríamos no Holoceno?
   c) Como suas ações cotidianas poderiam contribuir para reafirmar o Antropoceno ou o Capitaloceno?

3. Estrutura interna da Terra

A estrutura interna da Terra foi formada após as diversas transformações que o planeta sofreu durante as eras geológicas.

Estrutura interna da Terra

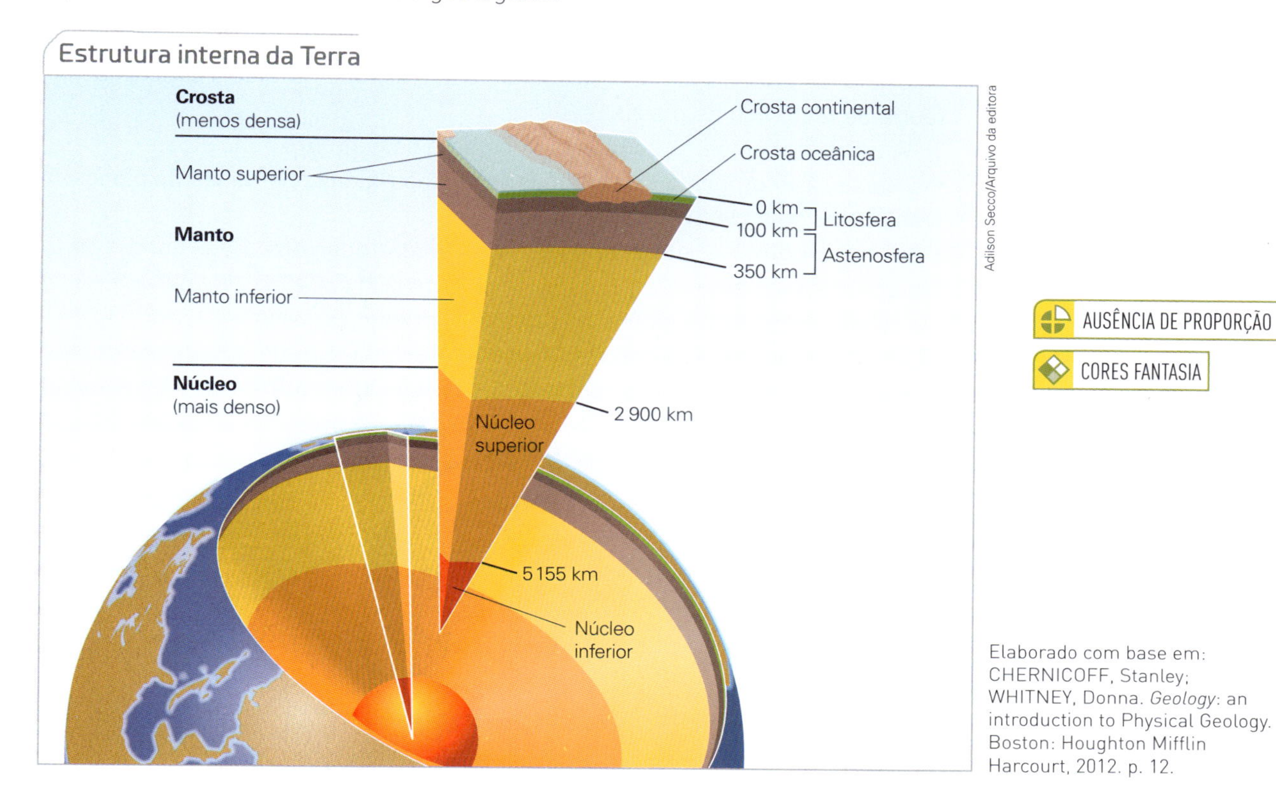

AUSÊNCIA DE PROPORÇÃO

CORES FANTASIA

Elaborado com base em: CHERNICOFF, Stanley; WHITNEY, Donna. *Geology*: an introduction to Physical Geology. Boston: Houghton Mifflin Harcourt, 2012. p. 12.

O **núcleo** é formado basicamente por ferro e níquel, fruto da origem da formação da Terra.

O **manto** acumula o magma, um material pastoso, denso e em alta temperatura. O magma é um dos responsáveis pela formação de novas rochas e também um dos materiais expelidos nas erupções vulcânicas. O manto superior é composto de duas divisões: a litosfera e a astenosfera. A litosfera é a última camada da Terra, constituída das rochas e do solo. Ela é muito importante para o desenvolvimento da vegetação. Já a astenosfera é a camada situada imediatamente depois da litosfera, com temperatura elevada que a deixa mais maleável a pressão tectônica.

A **crosta terrestre** é a parte mais externa das camadas que formam o planeta, composta de minerais e rochas. Ela está em constante transformação, sofrendo ação de agentes internos, como o vulcanismo, e externos, como a erosão provocada pelas chuvas.

Erosão em Cavalcante (GO), 2015.

A deriva continental e a tectônica de placas

A teoria da deriva continental foi apresentada por Alfred Wegener (1880--1930). De acordo com essa teoria, os continentes estão posicionados sobre placas de rocha que se movimentam.

O desenvolvimento de novas tecnologias e os avanços científicos permitiram o aprimoramento da teoria de Wegener, o que acabou levando à concepção da teoria da tectônica de placas.

A teoria da tectônica de placas tem como base quatro conceitos:

- a litosfera é composta de camadas rochosas rígidas chamadas de placas;
- as placas se movem lentamente;
- os terremotos e as erupções vulcânicas ocorrem nas bordas das placas tectônicas;
- o interior das placas são rochas geologicamente estáveis.

Os movimentos das placas tectônicas podem ser divergentes, convergentes ou conservativos. Deles resultam terremotos, erupções vulcânicas (vulcanismo) e *tsunamis*, por exemplo.

Ilustrações: Adilson Secco/ Arquivo da editora

530 milhões de anos (Cambriano)

422 milhões de anos (Siluriano)

374 milhões de anos (Devoniano)

260 milhões de anos (Permiano)

Movimento das massas continentais da América do Sul e da África a partir de 530 milhões de anos atrás.

Elaborado com base em: TASSINARI, Colombo. Tectônica global. In: TEIXEIRA, Wilson et al. *Decifrando a Terra*. 1. ed. São Paulo: Oficina de Textos, 2000. p. 112.

Os **movimentos divergentes** ocorrem na superfície oceânica, com as placas tectônicas se afastando umas das outras, expandindo os oceanos e levando o material do manto até a crosta terrestre. Com esse movimento, o magma é expelido no fundo do mar e transforma-se em rocha, aumentando o tamanho da borda e formando as cordilheiras oceânicas ou o relevo oceânico. Também provoca o afastamento dos continentes, estimado em cerca de 1 centímetro por ano. O mar Vermelho foi formado pelo movimento divergente das placas Africana e Arábica.

Movimento divergente

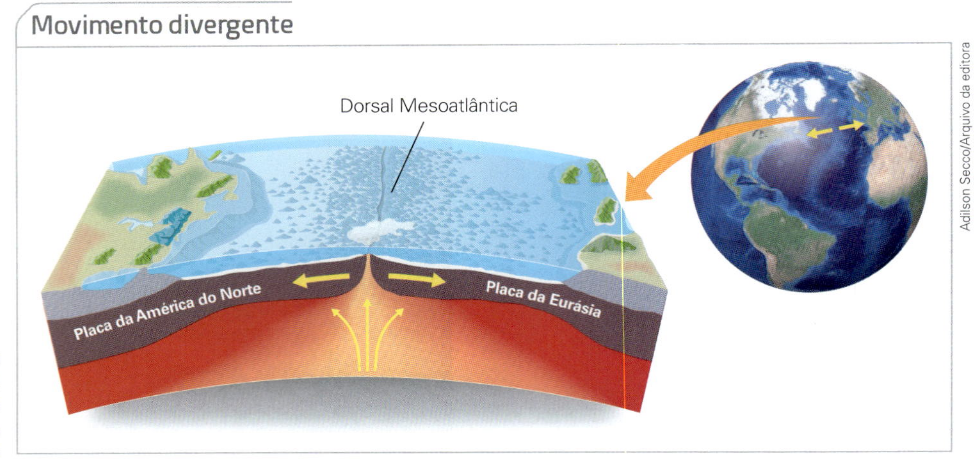

Adilson Secco/Arquivo da editora

Elaborado com base em: GROTZINGER, John; JORDAN, Tom. *Para entender a Terra*. 6. ed. Porto Alegre: Bookman, 2013. p. 32.

Os **movimentos convergentes** resultam do choque de duas placas. Nesse processo, verifica-se a subducção, ou seja, uma placa desliza sobre a outra. Quando a subducção ocorre nos oceanos, formam-se fossas oceânicas; no continente, surgem novas formas de relevo e podem ocorrer terremotos. A cordilheira dos Andes, por exemplo, é resultado desse processo.

Movimentos convergentes nos oceanos e nos continentes

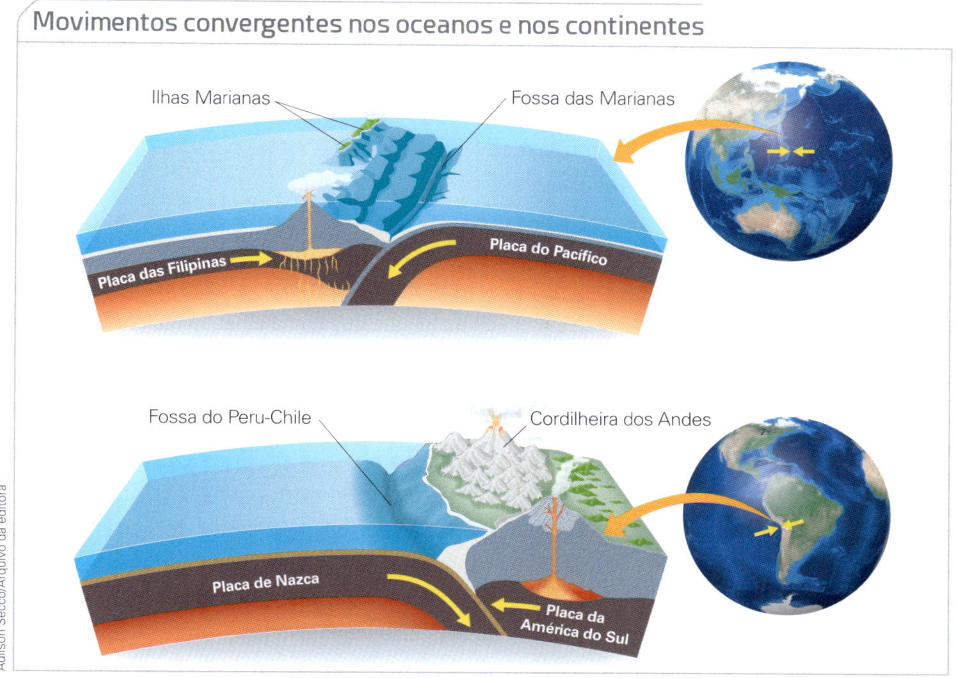

Elaborado com base em: GROTZINGER, John; JORDAN, Tom. *Para entender a Terra*. 6. ed. Porto Alegre: Bookman, 2013. p. 32-33.

Dica de vídeo

***Como nasceu nosso planeta:* a falha de San Andreas**. Direção: Robert Strange. Estados Unidos: History Channel, 2009. (45 min).
O documentário mostra como a falha de San Andreas, na Califórnia (EUA), com extensão de cerca de 1 300 km, e os tremores causados pelos movimentos das placas causarão uma catástrofe na região de Los Angeles no futuro.

Os **movimentos conservativos** ou de **falhas transformantes** ocorrem quando as placas se movem em paralelo, em sentido contrário, sem que uma afete a outra de modo relevante, produzindo uma falha e gerando terremotos frequentes. É o que se verifica na falha de San Andreas, localizada na Califórnia, nos Estados Unidos.

Movimentos conservativos ou de falhas transformantes

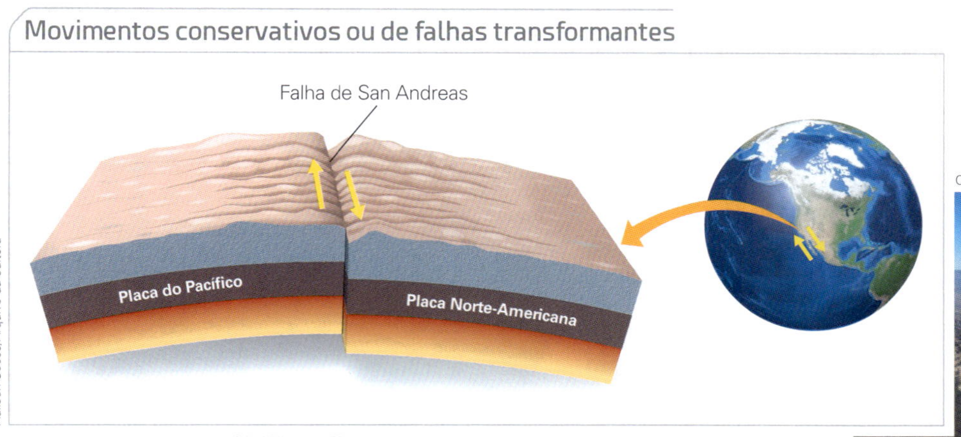

Elaborado com base em: GROTZINGER, John; JORDAN, Tom. *Para entender a Terra*. 6. ed. Porto Alegre: Bookman, 2013. p. 33.

AUSÊNCIA DE PROPORÇÃO

CORES FANTASIA

Carol M. Highsmith/Buyenlarge/Getty Images

Foto aérea da falha de San Andreas, Califórnia, Estados Unidos, 2013.

Tectonismo

Diversas manifestações tectônicas são registradas todos os anos. Elas incluem terremotos, *tsunamis* e erupções vulcânicas.

Os **terremotos** resultam do choque de duas placas. As consequências desse choque dependem de sua intensidade e do local onde ocorrem. Por exemplo, países como Japão e Estados Unidos estão mais bem preparados para enfrentar terremotos de alta intensidade. Boa parte de suas edificações e seu sistema viário foram projetados para suportar uma movimentação da superfície.

Em contrapartida, países como Índia e Paquistão, onde também ocorrem terremotos com frequência, estão mais suscetíveis a seus efeitos, pois as construções em geral não foram produzidas para assimilar um tremor. Por isso, um terremoto de intensidade elevada em um país rico pode gerar menos impactos que um terremoto de menor intensidade em um país com menos recursos.

Os ***tsunamis*** são ondas imensas que podem chegar a mais de 30 metros de altura, resultantes de tremores no fundo do mar, com capacidade de atingir a costa oceânica, causando devastação. Eles ocorrem pelo choque de duas placas tectônicas, que libera energia e movimenta de forma ascendente a água do oceano, formando ondas. A velocidade de propagação das ondas e sua altura podem provocar desastres na superfície terrestre.

O *tsunami* mais destrutivo da história ocorreu em 2004, na ilha de Sumatra, na Indonésia. Resultado de um forte terremoto submarino, cujo epicentro foi na costa oeste do país, o *tsunami* atingiu mais de uma dezena de países, além de causar cerca de 230 mil mortes.

Edgard Garrido/Reuters/Fotoarena

Escombros de casa destruída pelo terremoto ocorrido na Cidade do México, México, em setembro de 2017. O terremoto atingiu 8,2 na escala Richter, o maior já registrado no país. Por coincidência, ele ocorreu no mesmo dia 19 de setembro, data em que, 30 anos antes, um outro evento deixou mais de 10 mil mortos no país. No episódio de 2017, registraram-se 224 mortes.

Dita Alangkara/AP Photo/Glow Images

Destruição em Banda Aceh, Indonésia, 2004. A cidade, capital da província de Aceh, foi a área mais afetada pelo *tsunami*.

Em março de 2011, um terremoto no Japão iniciou uma série de ondas com mais de 10 metros de altura, sendo considerado um dos piores desastres naturais do país. Estima-se em quase 20 mil o número de mortos ou desaparecidos e prejuízos em diversas áreas costeiras, principalmente no nordeste do Japão. Além disso, o *tsunami* atingiu a usina nuclear de Fukushima, ocasionando um grande acidente nuclear, levando à desativação da usina e à evacuação de uma área de 20 quilômetros ao seu redor. Os restos radioativos estão previstos para serem retirados somente em 2021.

Os vulcões ativos produzem **erupções vulcânicas** pelas quais são emitidos gases e materiais na forma de lava, liberando o calor interno da Terra acumulado por milhares de anos. O calor liberado altera a superfície terrestre por meio do metamorfismo de rochas por temperatura. O material incandescente liberado, ao se resfriar, também gera novas rochas e minerais.

Os vulcões são de grande importância para pesquisas sobre a formação interna da Terra e também sobre a composição de minerais usados em atividades humanas. Com a lava, é possível coletar informações sobre a composição química do manto e das rochas que se formam após uma erupção. Durante a erupção e a fase de pré-erupção, ou mesmo em episódios regulares sem ameaça de erupção, os vulcões emitem gases que podem indicar a presença de elementos químicos no interior do planeta.

AUSÊNCIA DE PROPORÇÃO

CORES FANTASIA

Estrutura de um vulcão

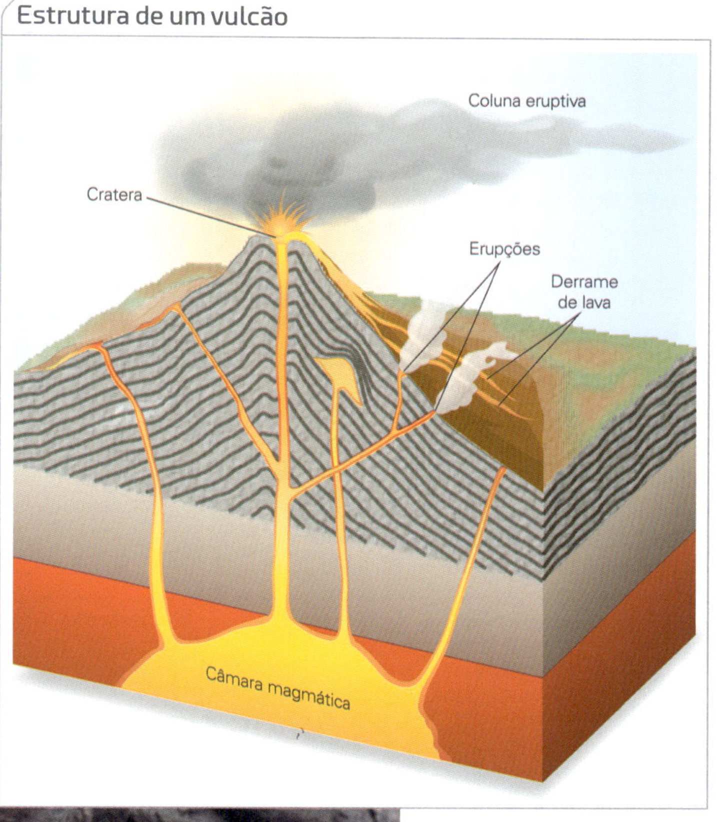

Magma expelido na erupção do vulcão Kilauea, Havaí, Estados Unidos, 2016. Após esfriar, o magma se transforma em rochas, como pode ser observado na imagem.

Vulcões, *tsunamis* e terremotos possuem grande potencial de destruição. Na maioria das vezes, o avanço da tecnologia permite perceber sua aproximação com alguma antecedência. Além disso, para diminuir os efeitos catastróficos que esses fenômenos naturais podem causar, muitos governos realizam treinamentos com a população para que as pessoas conheçam os procedimentos de segurança e evacuem as zonas de ocorrência de forma segura e organizada.

A distribuição dos vulcões pelo planeta coincide com os limites das placas tectônicas. A maior parte deles está presente em placas convergentes. Estima-se que cerca de 15% dos vulcões ocorrem em placas divergentes, além dos que estão presentes no interior de uma placa, como os encontrados nos Andes e o famoso Vesúvio, que fica na Itália.

Planisfério: zonas sísmicas e ocorrência de vulcões

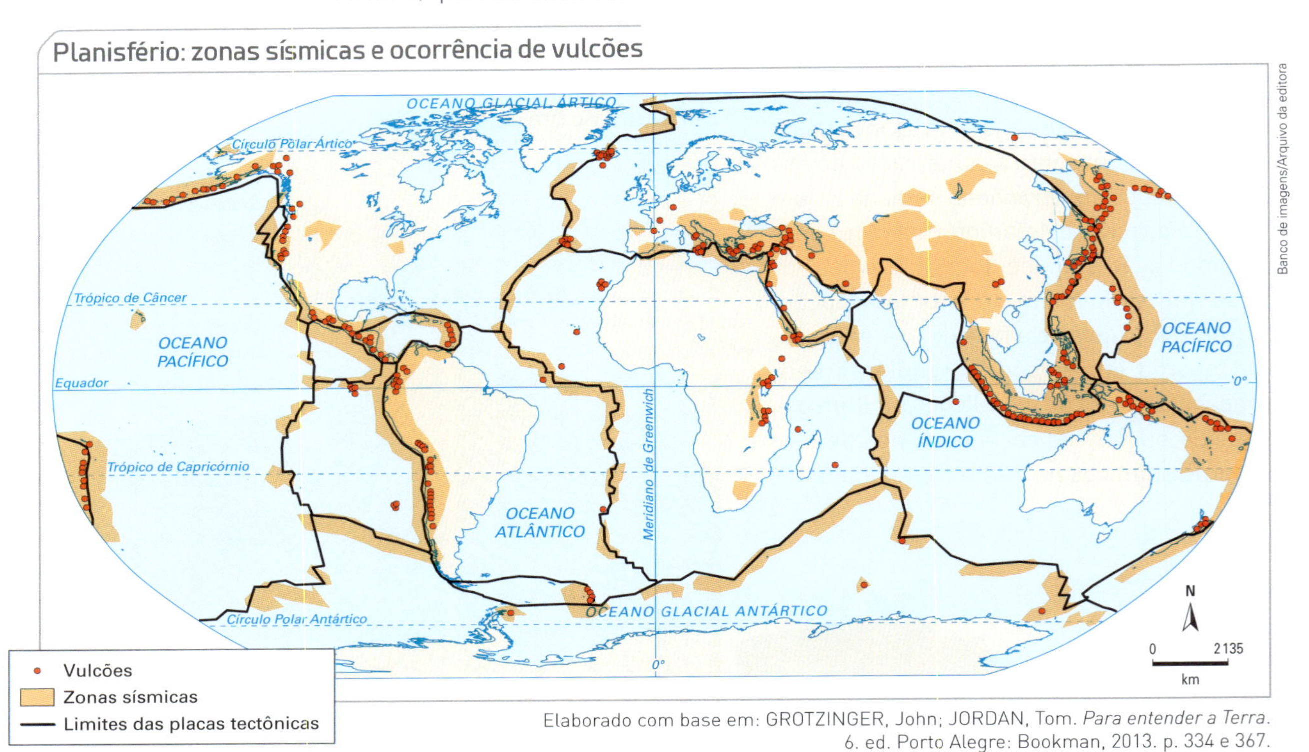

Elaborado com base em: GROTZINGER, John; JORDAN, Tom. *Para entender a Terra*. 6. ed. Porto Alegre: Bookman, 2013. p. 334 e 367.

As atividades sísmicas ocorrem com maior frequência nos limites das placas tectônicas.

Escudos cristalinos, dobramentos e bacias sedimentares

Na Terra predominam três estruturas geológicas: os escudos cristalinos, os dobramentos e as bacias sedimentares.

Os **escudos cristalinos**, também chamados de **maciços antigos**, são as formações mais antigas do planeta e constituem os planaltos. Em razão de sua estrutura geológica, eles são ricos em minérios. Os **dobramentos** podem ser antigos ou modernos **(cinturões orogênicos)** e estão situados próximos às áreas de contato entre as placas tectônicas. Nas **bacias sedimentares** pode ocorrer a formação de combustíveis fósseis, que resultam de depósitos de restos de animais, vegetais e rochas nas depressões.

Além dos movimentos tectônicos, também chamados de forças endógenas por sua origem estar no interior da Terra, a superfície do planeta sofre a ação de forças exógenas, que desgastam as rochas e as erodem. Esses processos podem ser causados pela ação dos ventos, da água e de geleiras.

Planisfério: estrutura geológica

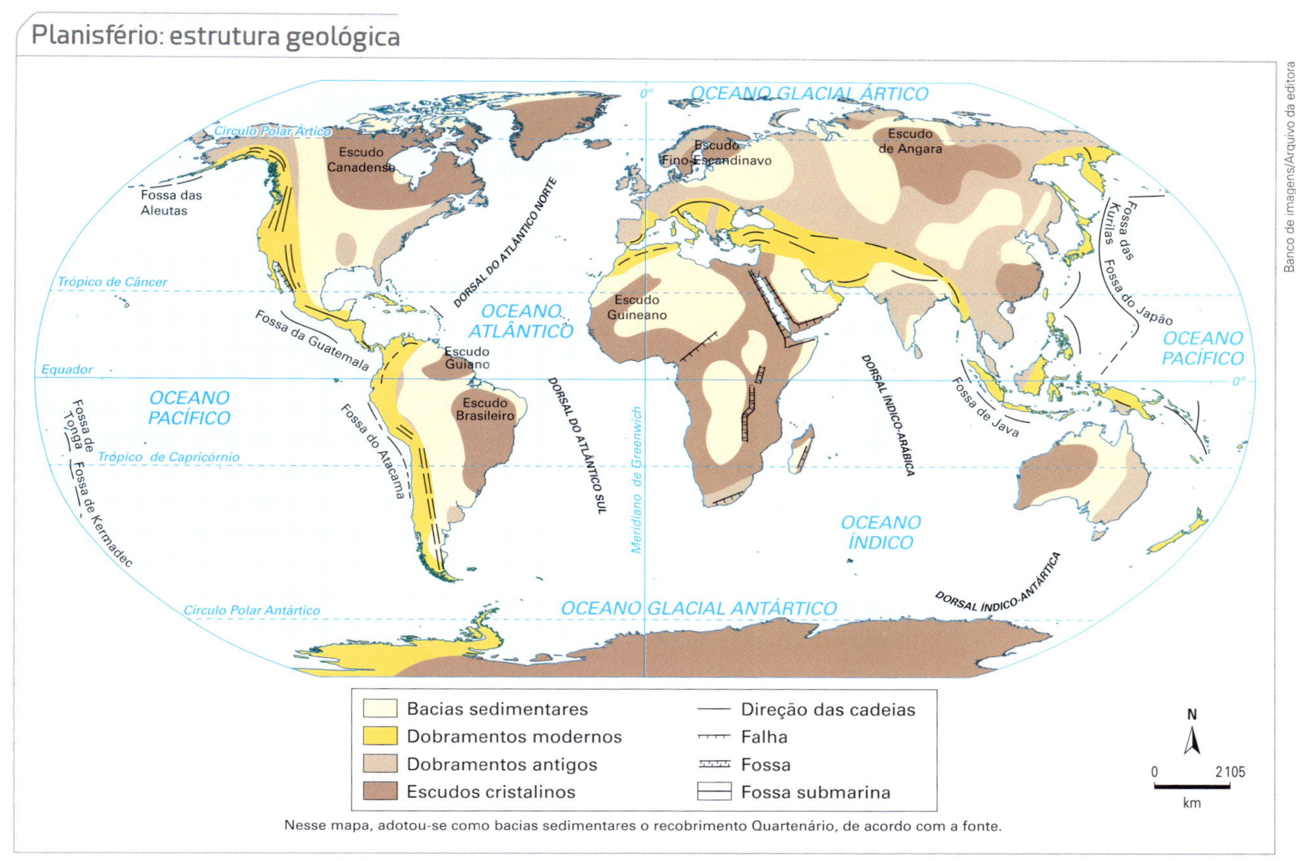

Elaborado com base em: IBGE. *Atlas geográfico escolar*. Rio de Janeiro: IBGE, 2016. p. 57.

4. Tipos de rocha

As rochas são formadas por um conjunto de minerais. As rochas **ígneas** ou **magmáticas** são resultantes da solidificação da lava dos vulcões. São formadas por processos intrusivos (solidificação lenta da rocha e no interior da crosta terrestre) e extrusivos (solidificação rápida da rocha e na superfície da crosta terrestre).

As **rochas sedimentares** são formadas na crosta terrestre, geralmente em fundo de rios e oceanos, e são compostas de sedimentos. Esses sedimentos são fragmentos de rochas ígneas ou metamórficas, mas também podem conter conchas, esqueletos e restos de vegetação. As mudanças de temperatura e pressão levam à compactação dos sedimentos, transformando-os em rochas.

As **rochas metamórficas** são formadas pelas transformações de rochas ígneas ou sedimentares. As rochas ígneas, em condições de temperatura e pressão diferenciadas da sua formação inicial, podem se metamorfosear, ou seja, transformar-se em metamórficas. Isso ocorre quando elas são sujeitas a elevada pressão ou altas temperaturas.

O basalto é uma rocha ígnea extrusiva, formada pelo rápido esfriamento do magma que chegou à superfície após uma erupção.

O arenito é uma rocha sedimentar, que resulta da compactação de fragmentos de rochas e minerais.

O mármore é uma rocha metamórfica proveniente do calcário, uma rocha sedimentar.

Uma rocha ígnea ou sedimentar pode se transformar em metamórfica, mas uma rocha metamórfica não pode ser ígnea. Esta pode sofrer erosão e se transformar em uma rocha sedimentar.

Existem múltiplos usos para as rochas. Elas estão presentes em nosso dia a dia, em moradias, estradas e ruas. Muitas vezes as pessoas não percebem sua importância social e econômica.

5. Uso social dos minerais

Os minerais fazem parte do cotidiano de todos, com inúmeras aplicações, o que os torna recursos vitais para as atividades humanas. Eles estão presentes ao longo da história da humanidade de diferentes formas.

Alguns minerais levaram milhões de anos para ser formados na Terra e correm o risco de ser esgotados pela ação humana. Isso porque a maioria dos recursos minerais não é renovável, ou seja, é finita. Portanto, é necessário repensar, por exemplo, o uso de minério de ferro, bauxita e ouro, principalmente na produção industrial, para que isso não aconteça.

O minério de ferro é a principal matéria-prima do aço, que é amplamente utilizado em muitos setores, como indústrias automobilísticas e de bens de consumo, como eletrodomésticos.

Planisfério: minério de ferro – 2013

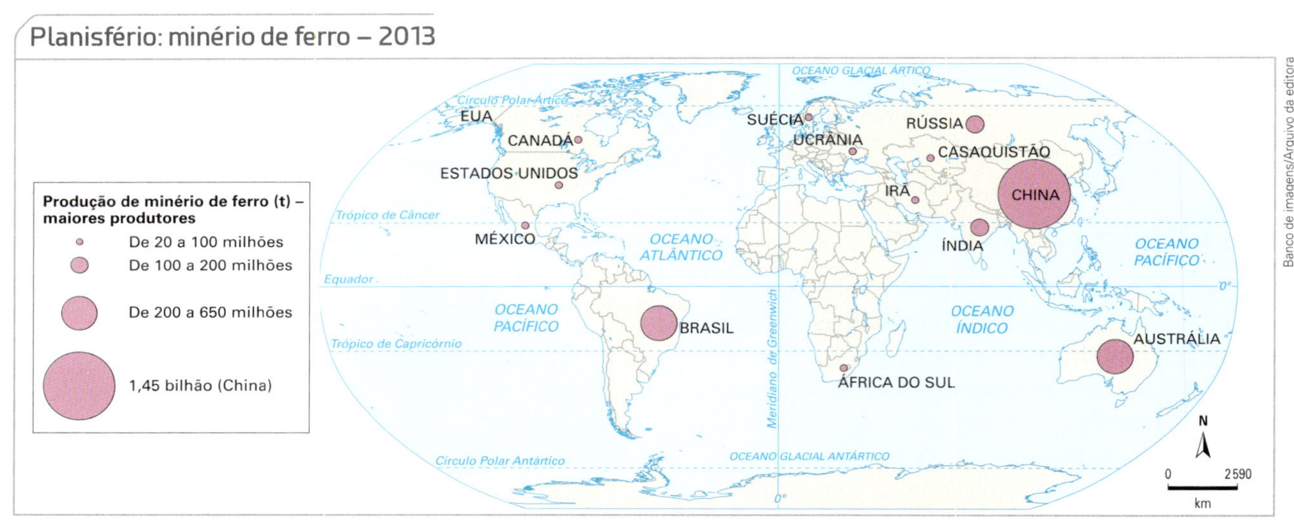

Elaborado com base em: IBGE. *Atlas geográfico escolar*. Rio de Janeiro: IBGE, 2016. p. 67.

DigitalGlobe/Getty Images

A bauxita é a matéria-prima do alumínio, muito utilizado na indústria. A indústria de bebidas, por exemplo, faz uso do alumínio para a produção de latas. Na área de transportes, o alumínio é utilizado na confecção de aeronaves, em razão da durabilidade e da leveza desse material.

O ouro é o mineral historicamente mais conhecido por seus múltiplos recursos. Está presente em componentes de celulares e computadores, é usado como reserva monetária e até em tratamentos dentários. Por causa de sua versatilidade, é um mineral bastante cobiçado e com alto valor financeiro.

Imagem de satélite da mina a céu aberto na região de Pilbara, na Austrália, 2017. A Austrália está entre os maiores exportadores de minério de ferro do mundo, com o Brasil.

6. Características geológicas do Brasil

No Brasil existem três grandes estruturas geológicas: os escudos cristalinos, os dobramentos antigos (cinturões orogênicos) e as bacias sedimentares.

Os **escudos cristalinos** (crátons e plataformas) são formações geológicas antigas que ocupam cerca de 36% do território brasileiro. São considerados antigos por causa de sua origem, que se relaciona com o surgimento da crosta terrestre. Predominam nos escudos cristalinos as **rochas magmáticas**, como o granito. Porém é possível encontrar **rochas metamórficas**, como o gnaisse, e **rochas sedimentares**, como o arenito.

Brasil: estrutura geológica

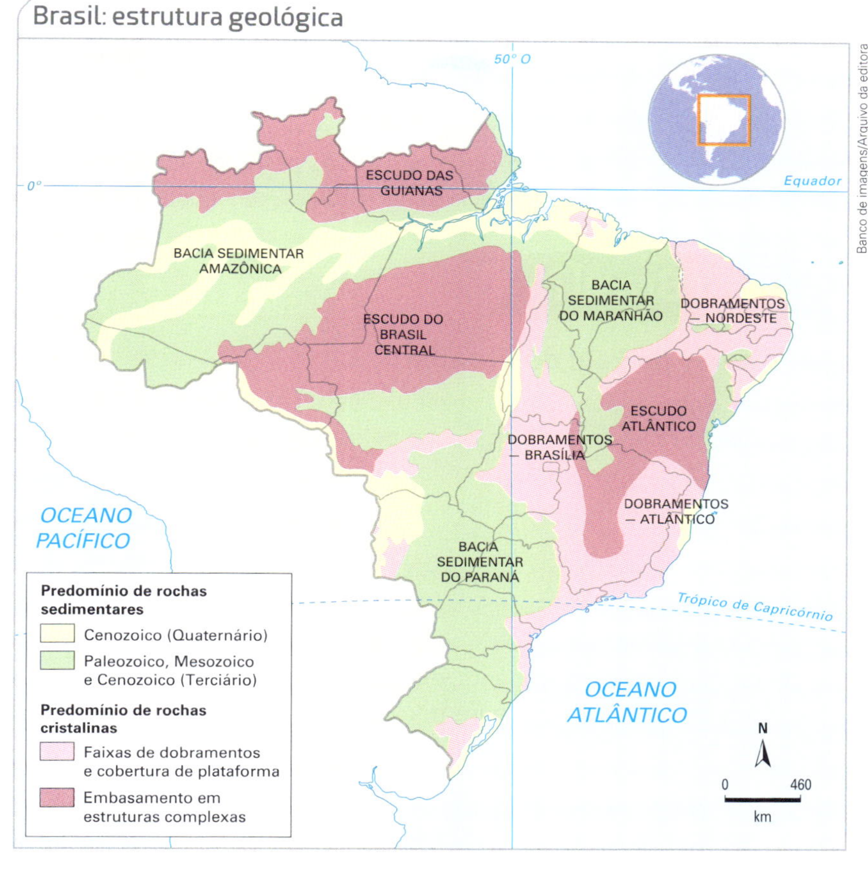

Elaborado com base em: SIMIELLI, Maria Elena. *Geoatlas*. São Paulo: Ática, 2013. p. 116.

Nos escudos cristalinos ocorrem minerais como ferro, ouro e cobre, com grande valor comercial. Minas Gerais e Pará apresentam grandes jazidas desses minerais.

Imagem de satélite de Carajás, no Pará, em 2017. Carajás é considerada a maior mina de minério de ferro do mundo.

Os cinturões orogênicos resultam de dobramentos antigos que ocorreram no Pré-Cambriano. São encontrados na área central do território brasileiro e também ao longo da costa, desde o nordeste até o sul do Brasil. Eles foram muito desgastados por processos erosivos, por isso apresentam altitudes que em poucos pontos ultrapassam os mil metros.

Por fim, as bacias sedimentares são **depressões** do relevo que receberam sedimentos e que, ao longo da história geológica, tornaram-se propícias à ocorrência de reservas petrolíferas. Cerca de 64% do território do país é formado por bacias sedimentares, das quais se destacam a bacia Amazônica e a do Paraná.

E no Brasil?

Rift valley do Vale do Paraíba

O Vale do Paraíba está localizado entre os estados de São Paulo e Rio de Janeiro. A bacia hidrográfica do rio Paraíba do Sul se estende pelos estados de Minas Gerais, Rio de Janeiro e São Paulo.

O Vale do Paraíba ganhou importância no século XVIII pelo cultivo do café e, mais tarde, pela criação e implantação da Companhia Siderúrgica Nacional (CSN), em 1946, que foi um marco na industrialização brasileira.

Mas o Vale do Paraíba também se destaca pelos processos naturais, pois é uma rara combinação no mundo, chamada de *rift valley*, resultado do afastamento de duas placas tectônicas divergentes.

A serra da Mantiqueira situa-se na placa divergente em direção noroeste, enquanto a serra do Mar está em outra placa divergente, em direção sudeste. Esse movimento é resultado de uma falha tectônica. Para alguns geólogos, porém, existe outra explicação para esse fenômeno natural: o *rift* do vale do Paraíba do Sul seria decorrente do processo de erosão das serras do Mar e da Mantiqueira.

Perfil do Vale do Paraíba

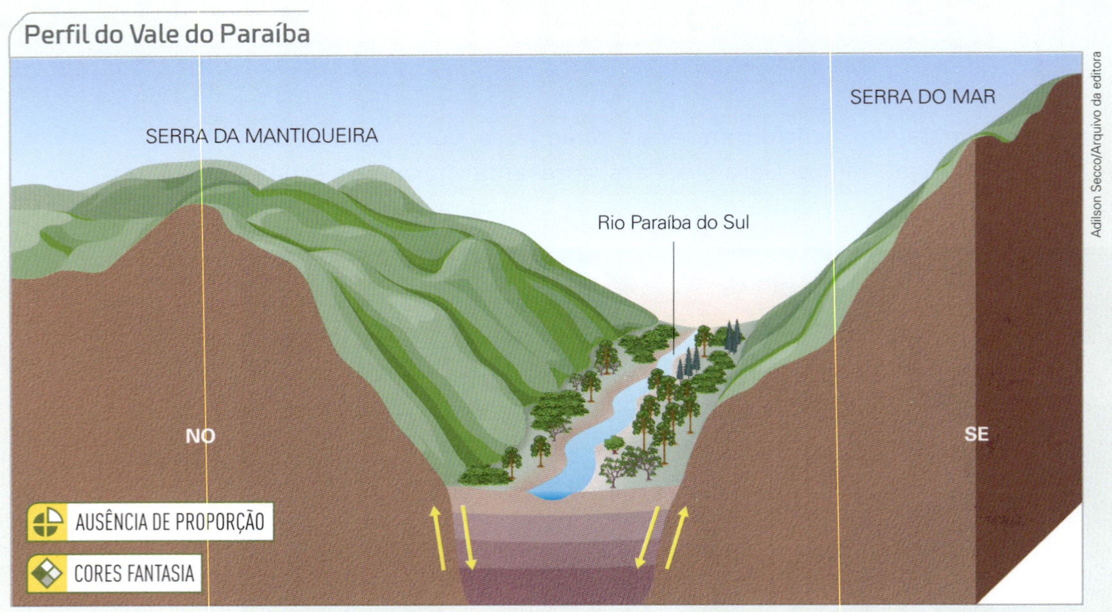

Elaborado com base em: ELETROBRAS. Figura 20. Disponível em: <www.eletronuclear.gov.br/Portals/0/RIMAdeAngra3/figura20.html>. Acesso em: 17 abr. 2018.

1. Classifique o Vale do Paraíba de acordo com as estruturas geológicas presentes no Brasil. Justifique sua resposta.
2. Reúna-se com mais três colegas e façam uma pesquisa sobre placas tectônicas divergentes, associando-as às falhas tectônicas.

Ocorrência mineral no Brasil

No território brasileiro há grande diversidade de minerais metálicos, minerais não metálicos e minerais energéticos. Pará e Minas Gerais concentram jazidas, o que torna esses estados os maiores produtores minerais do país.

A produção mineral é um dos setores mais importantes da economia do Brasil, um dos maiores exportadores de minerais do mundo. Os principais compradores da produção brasileira são China, Japão e Países Baixos. Os principais minerais explorados no país são minério de ferro, ouro, cobre e bauxita.

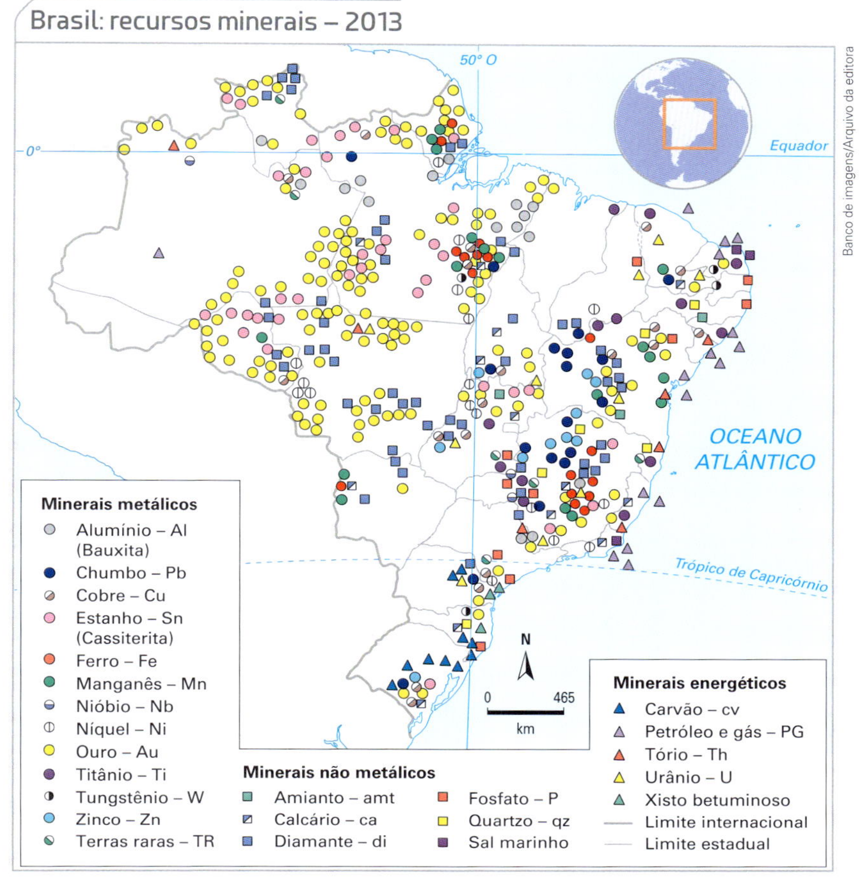

Elaborado com base em: SIMIELLI, Maria Elena. *Geoatlas*. São Paulo: Ática, 2013. p. 117.

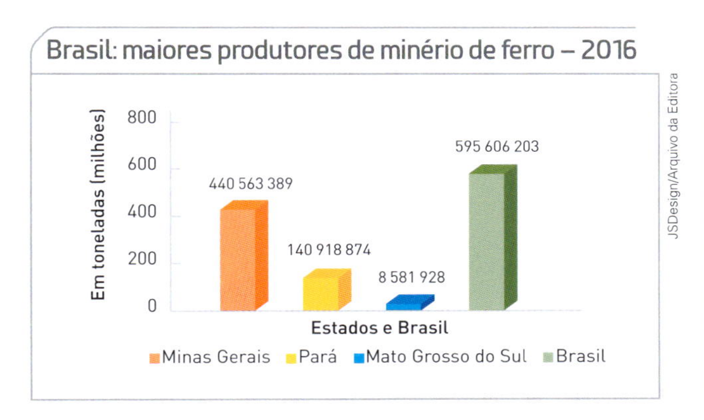

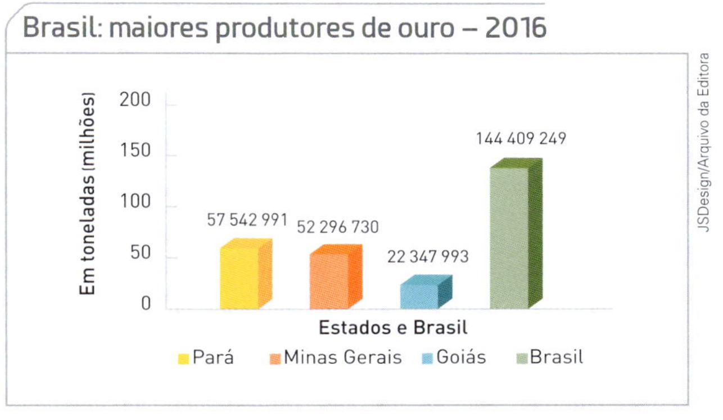

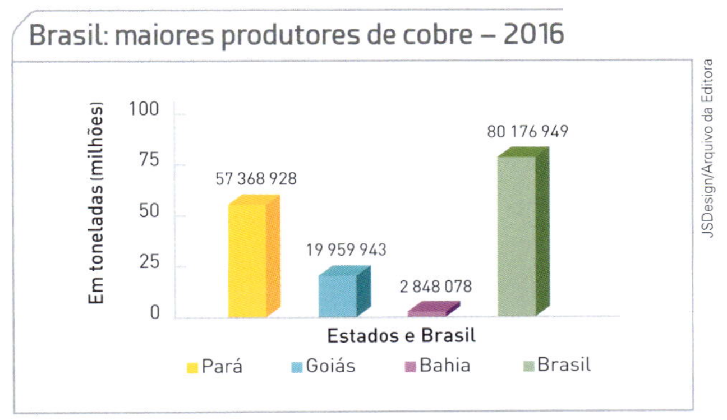

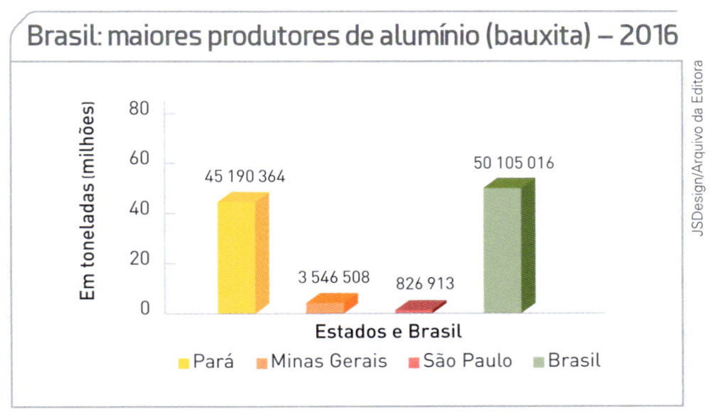

Elaborado com base em dados de: BRASIL – Departamento Nacional de Produção Mineral. *Anuário mineral brasileiro*: principais substâncias metálicas. Brasília: DNPM, 2016. p. 3-4.

7. Relevo

A superfície terrestre não é homogênea. Ela apresenta diferenças de altitude e uma grande variedade de formas, como montanhas, planícies e depressões. A esse conjunto de formas presentes na crosta terrestre dá-se o nome de **relevo**.

O relevo atual é resultado de forças que atuam desde o início da formação do planeta. Existem diversos agentes endógenos (estruturais) e exógenos (esculturais) que, combinados, produzem diferentes irregularidades na superfície da Terra.

Agentes morfoestruturais do relevo

Existem importantes agentes endógenos (internos) que determinam grandes estruturas do relevo observado no mundo. Os agentes morfoestruturais do relevo podem ser ativos, ou seja, decorrentes das dinâmicas verificadas no interior da Terra, ou passivos, de acordo com a resistência oferecida pelos diferentes tipos de rocha e sua disposição na superfície terrestre.

Entre os processos endógenos ativos, destacam-se os relacionados à deriva continental e ao choque entre as placas tectônicas. Os processos tectônicos intensos e de compressão que geram deformações e elevações da crosta terrestre são chamados de **orogênese**. Eles estão ligados a enrugamentos ou dobramentos de camadas de rochas que margeiam bordas de continentes em locais de encontros de placas tectônicas.

Há formações orogênicas com diferentes tamanhos, origens e idades, mas todas já foram, um dia, terrenos bastante montanhosos. Atualmente, apenas as formações mais recentes conservam esse aspecto. Isso ocorre porque as mais antigas foram profundamente erodidas, ou seja, sofreram a ação de agentes erosivos, como água, vento e geleiras.

Existem outros processos estruturais do relevo ligados à orogênese. O vulcanismo permite a liberação do calor interno da Terra e tem papel central na criação e na modificação da crosta terrestre. A consolidação das lavas origina rochas vulcânicas, dispostas como montanhas, depósitos continentais e piso de oceanos. Os terremotos, ligados ao alívio de tensões geradas pela movimentação das placas tectônicas, também são muito importantes na evolução geológica e, por consequência, na formação do relevo.

Foto aérea da cordilheira do Himalaia, Nepal, 2017. O Himalaia é a cordilheira mais alta do mundo e resulta do processo de orogênese. Na foto, é possível observar o enrugamento do relevo.

David Jallaud/Alamy/Fotoarena

O segundo grande processo morfoestrutural ativo do planeta, chamado de **epirogênese**, envolve movimentos lentos e verticais de vastas áreas da crosta terrestre. Ele é responsável por soerguimentos ou rebaixamentos da crosta e, se comparado aos processos orogenéticos, perturba bem menos a disposição e a estrutura das rochas.

Os movimentos epirogênicos acontecem em função de acomodações isostáticas, ou seja, do equilíbrio gravitacional entre litosfera e astenosfera. Ao formar arqueamentos ou abaciamentos, associam-se a recuos ou avanços dos oceanos sobre os continentes.

Estruturas como falhamentos e fraturas do relevo têm origem tanto em processos orogenéticos como epirogenéticos.

Aquecimento da litosfera

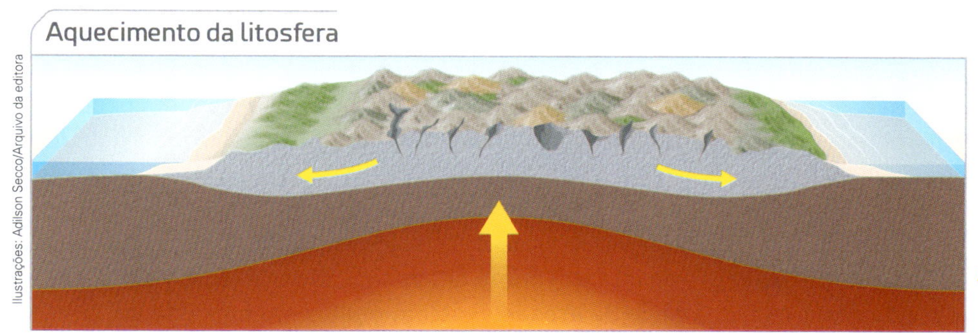

Ilustrações: Adilson Secco/Arquivo da editora

O aquecimento da litosfera leva ao soerguimento da crosta.

Resfriamento da litosfera

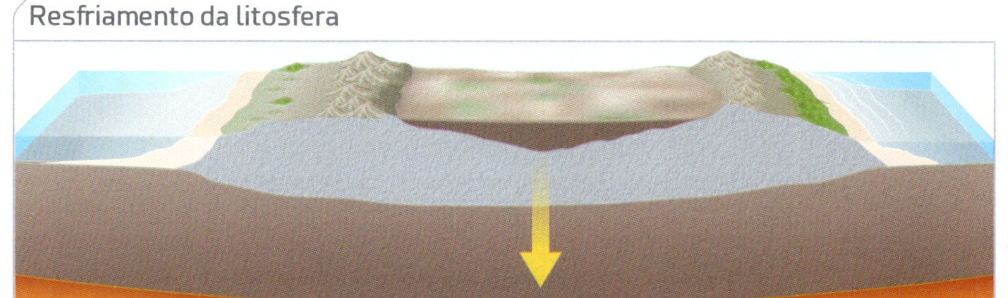

O resfriamento e a contração da litosfera no interior do continente propiciam o rebaixamento da crosta.

Elaborado com base em: GROTZINGER, John; JORDAN, Tom. *Para entender a Terra*. 6. ed. Porto Alegre: Bookman, 2013. p. 277.

Os agentes morfoestruturais passivos são relacionados aos tipos e à disposição das diferentes rochas no planeta. São agentes endógenos da formação do relevo em razão da resistência que oferecem aos processos externos que conduzem ao seu desgaste ou erosão. As rochas magmáticas, sedimentares e metamórficas apresentam diferentes características e, portanto, diferentes níveis de resistência.

Agentes morfoesculturais do relevo

Os agentes exógenos (externos) responsáveis pela modelagem do relevo estão ligados ao intemperismo, que são os processos físicos, químicos e biológicos sofridos pelas rochas e que atuam conjuntamente.

O **intemperismo físico** está relacionado às forças que desagregam as rochas, ou seja, à fragmentação dos grãos minerais em um material descontínuo e mais frágil. Pode ocorrer por causa da amplitude térmica, que é a variação da temperatura diária e sazonal que leva à expansão e contração de algumas rochas, provocando fragmentações em diversos tamanhos. Mudanças de umidade e descompressão da rocha próxima à superfície também podem ter o mesmo resultado. Por sua vez, a água existente em fraturas e poros de rochas ao congelar e descongelar também pode desagregar a rocha.

O **intemperismo químico** envolve, principalmente, a ação das águas sobre as rochas. A água da chuva torna-se ácida quando reage com o gás carbônico (CO_2) e com outros gases presentes na atmosfera. Ela também interage com os materiais orgânicos existentes no solo. A acidez das águas pluviais favorece a decomposição e o transporte dos minerais primários das rochas e também a formação de minerais secundários, por meio de algumas reações químicas.

O **intemperismo biológico** está ligado à contribuição dos seres vivos nos processos de alteração das rochas. A ação das raízes de muitas árvores em fraturas de rochas leva à sua fragmentação e pode, por meio da produção de ácidos orgânicos, intensificar a dissolução de minerais. Além disso, bactérias, algas e liquens liberam substâncias químicas que quebram minerais existentes nas rochas, a fim de obter nutrientes para sua sobrevivência e, com isso, intensificam os processos de intemperismo. Por outro lado, animais podem penetrar em rochas em busca de proteção e deslocar grãos ou secretar líquidos que as dissolvem.

Todos os processos de intemperismo atuam em conjunto na formação do relevo e, de maneira geral, estão na origem dos solos existentes em todo o mundo.

O conjunto das fases de intemperismo das rochas, do transporte e da deposição do material é chamado de **erosão**. Existem muitos agentes ligados à erosão das rochas e dos solos. A erosão provocada pela ação da água (pluvial e fluvial) é importante em áreas de climas tropicais úmidos. Em regiões semiáridas ou desérticas, como no Saara africano, a erosão mecânica decorrente da ação dos ventos (eólica) é preponderante. Nas altas latitudes, destaca-se a erosão pela ação do gelo (glacial) na alteração das rochas e no transporte dos materiais. No litoral, ocorre a erosão costeira pela ação das correntes e das ondas do mar, bem como pela alteração do nível das marés.

Egmont Strigl/Image Broker/Getty Images

Erosão provocada pela ação dos ventos no deserto do Saara, na Argélia, 2015.

Além dos fatores naturais, a ação humana interfere profundamente nos processos erosivos. A retirada de vegetação e as práticas agrícolas inadequadas aceleram o processo erosivo, com muitos prejuízos para o ambiente natural e para a população, como perda de nutrientes do solo e decorrente redução de área para cultivo. A emissão de poluentes, por outro lado, pode alterar a composição das águas que realizam o intemperismo das rochas. Nas cidades, a impermeabilização do solo e a ocupação indiscriminada das vertentes alteram a dinâmica das águas, gerando deslizamentos, enchentes e outros problemas.

Formas do relevo

Como resultado da ação de agentes morfoestruturais e morfoesculturais, é possível identificar muitas feições no relevo.

Planaltos apresentam superfície relativamente elevada (acima de 300 metros) e com topo quase plano. Existem planaltos de origem vulcânica (basálticos), magmática/metamórfica (cristalinos) e sedimentar. Geralmente estão cercados por áreas deprimidas (depressões).

É possível identificar facilmente as bordas de um planalto. Quando marcadas por um grande declive, são denominadas escarpas – modeladas pelo tectonismo ou pela erosão. A forma de relevo que apresenta todas as encostas escarpadas é chamada de **chapada** (planalto tabular).

Um relevo que possui um lado com uma escarpa bem marcada e outra borda com declive suave é chamado de ***cuesta***, uma formação intermediária entre o planalto e outras formações mais irregulares. Essa diferença entre uma borda e outra ocorre devido à atuação do intemperismo sobre rochas com resistências variadas. Por isso a erosão atua de forma mais intensa nas vertentes escarpadas da *cuesta*, que podem apresentar até uma regressão lateral.

Fabio Colombini/Acervo do fotógrafo

Cuesta de Botucatu (SP), 2013.

Montanhas possuem altitudes elevadas e resultam de atividades vulcânicas, do movimento de placas tectônicas – que formam dobramentos na superfície terrestre –, da erosão lenta das áreas do entorno ou mesmo de falhamentos de blocos de rochas. Uma cadeia de montanhas constitui uma cordilheira.

As maiores montanhas do mundo resultam de dobramentos, como a cordilheira do Himalaia, na Ásia, onde fica o monte Everest, o ponto mais alto da Terra, com 8 850 metros. No Havaí (EUA) e no Japão, existem grandes montanhas vulcânicas, respectivamente, Mauna Kea e o monte Fuji. Montanhas originadas por falhamentos são encontradas na Alemanha, como a montanha Harz, e também em Sierra Nevada, nos estados da Califórnia e Nevada, Estados Unidos.

Não existe uma diferenciação precisa entre montanha e morro; por isso, muitas pessoas identificam como montanha qualquer elevação significativa do terreno. Porém, por convenção, chamam-se morros ou colinas as elevações que apresentam menores alturas. Segundo o IBGE, os morros referem-se a relevos com altura de até 300 metros. O Sudeste brasileiro tem seu relevo marcado por uma grande sucessão de morros, dispostos, como dizia o geógrafo brasileiro Aziz Ab'Sáber (1924-2012), como um "mar". O termo "serra" também é usado, sem muita precisão, para nomear conjuntos de formações diversificadas do relevo (planaltos, *cuestas*, dobramentos, etc.).

Uma formação que se destaca nas paisagens de ambientes áridos e semiáridos é o ***inselberg***, que constitui uma rocha isolada residual, ou seja, que ofereceu maior resistência ao intemperismo e à erosão e se destaca em áreas planas de menor altitude. O Pão de Açúcar, no Rio de Janeiro, é um exemplo famoso de *inselberg* no território brasileiro.

Áreas mais baixas e planas, com pouca variação de altitude, são chamadas de **planícies**. Nelas predomina a sedimentação, deposição de material retirado pelos agentes erosivos. Existem três tipos de sedimentação: marinha, lacustre e fluvial. As planícies são encontradas em todas as regiões do mundo, de ambientes úmidos a desérticos, em climas quentes ou frios e nos mais variados tamanhos, de alguns hectares a centenas de milhares de quilômetros quadrados. Existem grandes planícies na porção central da Austrália. Na América do Norte, as Grandes Planícies se estendem por mais de 2,9 milhões de quilômetros quadrados, entre os Estados Unidos e o Canadá. O deserto do Saara, na África, também apresenta vastas planícies.

As depressões são formações de relevo que estão mais rebaixadas que o entorno que as cerca. Elas podem ser encontradas tanto em rochas cristalinas como em sedimentares. Uma depressão pode resultar de diversos processos, como erosão, impacto de meteoros que atingem a Terra, tectonismo e vulcanismo. Nas depressões os processos erosivos ligados à ação da água e dos ventos podem ser intensos. As depressões fazem parte da paisagem de muitos países. Em vários deles, inclusive, existem depressões absolutas, ou seja, cuja elevação está abaixo do nível dos oceanos, como em Israel, Síria e Jordânia.

Leonid Andronov/Alamy/Fotoarena

A depressão do mar Morto, na Jordânia, está a 413 metros abaixo do nível do mar. Foto de 2016.

Uso social do relevo

As primeiras civilizações, surgidas durante o Neolítico (10 000 a 3 000 a.C.), desenvolveram-se em planícies de grandes rios asiáticos e africanos, como as dos rios Tigre e Eufrates (Mesopotâmia), do Nilo (África), do Amarelo (atual China) e do Indo (Índia). Nelas estavam as melhores condições para a prática da agricultura nas várzeas dos rios, que eram alimentadas por sedimentos na época das cheias.

Civilizações pré-colombianas ocuparam regiões montanhosas da América do Sul, como Machu Picchu, emblemática do império inca. Construída acima dos 2 400 metros de altitude, apresenta uma área urbana e outra dedicada à agricultura, além de locais para armazenamento de alimentos. O cultivo na forma de terraços mostrava que os povos pré-colombianos conseguiam superar as dificuldades do relevo.

À medida que as técnicas de construção eram aprimoradas, algumas formas de relevo deixavam de ser uma barreira à ocupação humana. Contudo, em muitas situações, a ocupação não é adequada à dinâmica natural da forma de relevo, o que gera graves problemas.

As diferenças sociais, verificadas tanto em áreas urbanas como em áreas rurais, acabam levando as populações de baixa renda a habitar locais mais vulneráveis, como vertentes íngremes e várzeas de rios. Esse tipo de ocupação favorece catástrofes causadas por desastres naturais. Por exemplo, uma chuva um pouco mais forte pode causar enchentes nas áreas ocupadas próximas às várzeas de rios, prejudicando as pessoas, que podem perder seus pertences e até mesmo a vida.

A retirada da cobertura vegetal de encostas e a impermeabilização do solo, de maneira geral, alteram as dinâmicas do ciclo hidrológico e potencializam os efeitos das chuvas e da erosão. As várzeas são sujeitas a receber águas em períodos de chuva.

A modificação das características naturais de encostas por motivos variados (retirada da vegetação, construção de moradias, modificação da drenagem, confecção de aterros, etc.) intensifica a ocorrência de diversos tipos de movimentos de massa, como queda, tombamento ou rolamento de blocos rochosos; deslizamentos ou escorregamentos (movimentos de solo e rocha); corridas de massa (fluxos de lama e detritos); e subsidências ou colapsos (afundamento rápido ou gradual do terreno).

Luiz Cláudio Barbosa/Estadão Conteúdo

Deslizamento de terra na comunidade Beira Rio, na cidade de São Paulo (SP), em 2017. Após uma forte chuva, quatro moradias deslizaram com a terra.

8. Classificações do relevo brasileiro

Desde os anos 1940, o relevo brasileiro tem sido objeto de estudo de diversos geógrafos, que apresentaram distintas classificações.

Aroldo de Azevedo (1910-1974) dividiu o relevo brasileiro em planaltos e planícies. Segundo suas pesquisas, predominam no relevo brasileiro altitudes com mais de 200 metros, que ele definiu como planaltos. Planícies apresentam altitudes inferiores a 200 metros. Assim, o Brasil compreenderia em oito unidades de relevo: planície Amazônica, planície do Pantanal, planície do Pampa e planície Costeira, planalto das Guianas, planalto Central, planalto Meridional e planalto Atlântico.

Brasil: relevo (classificação de Aroldo Azevedo, de 1949)

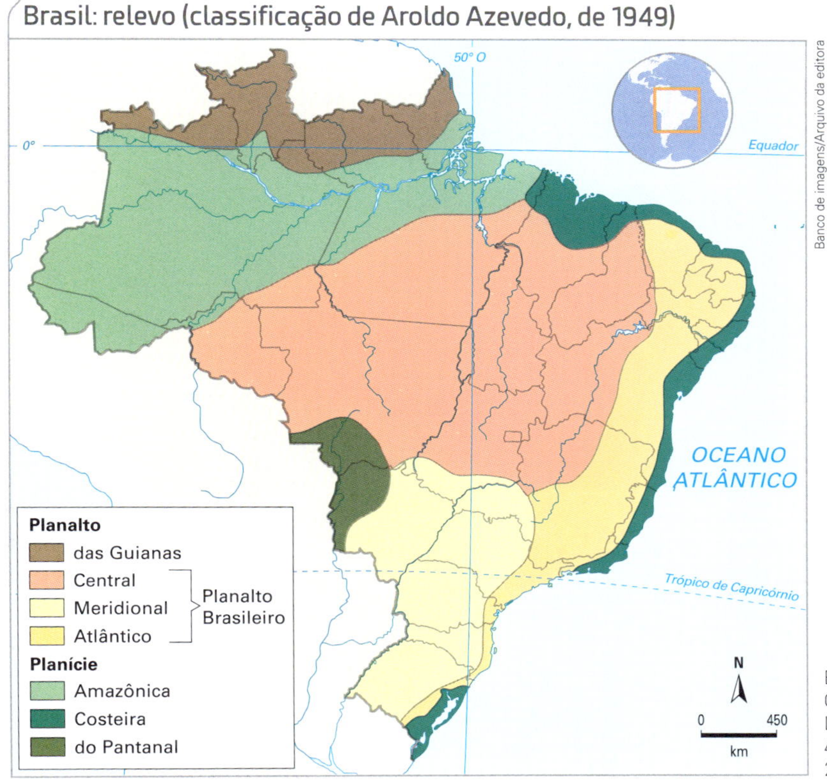

Banco de imagens/Arquivo da editora

Elaborado com base em: CALDINI, Vera L. de M.; ÍSOLA, Leda. *Atlas geográfico Saraiva*. 4. ed. São Paulo: Saraiva, 2013. p. 32.

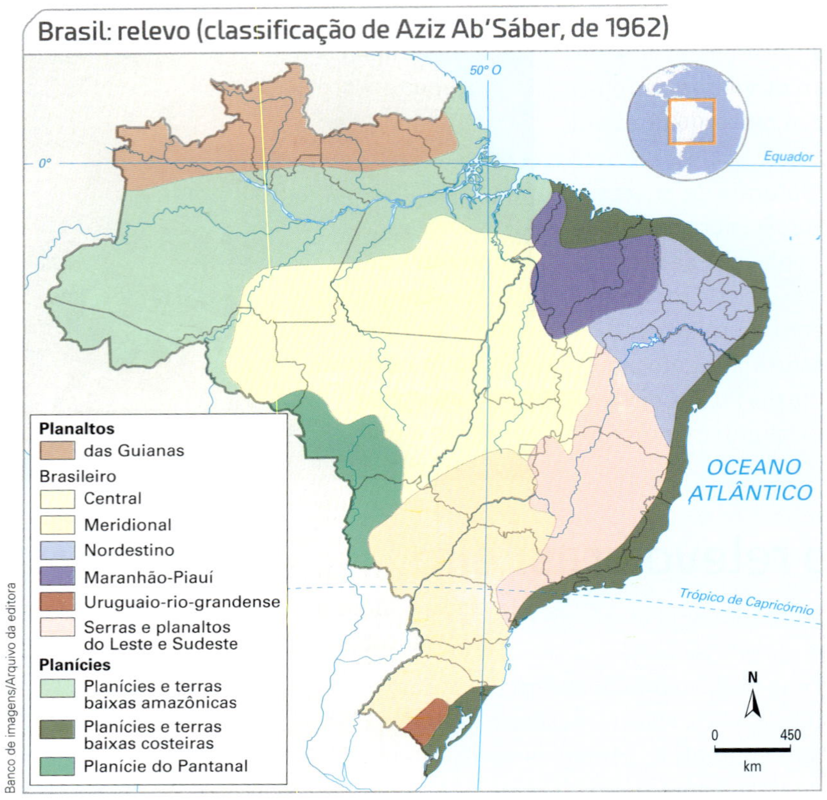

Elaborado com base em: CALDINI, Vera L. de M.; ÍSOLA, Leda. *Atlas geográfico Saraiva*. 4. ed. São Paulo: Saraiva, 2013. p. 32.

Aziz Ab'Sáber apresentou outra classificação para o relevo do Brasil. Ele definiu duas categorias, planaltos e planícies, que foram subdivididas. Embora tenha como base as mesmas categorias de Aroldo de Azevedo, essa classificação é mais detalhada e chega a dez unidades de relevo. Observe que o Nordeste brasileiro foi redefinido por Ab'Sáber, assim como a planície do Pantanal.

Jurandyr Ross (1947-), que como os anteriores também foi professor da Universidade de São Paulo, utilizou imagens de radar do Projeto Radambrasil para propor outra classificação do relevo brasileiro. Além disso, o geógrafo apresentou uma nova divisão: as **depressões**, áreas rebaixadas em relação ao seu entorno por processos erosivos.

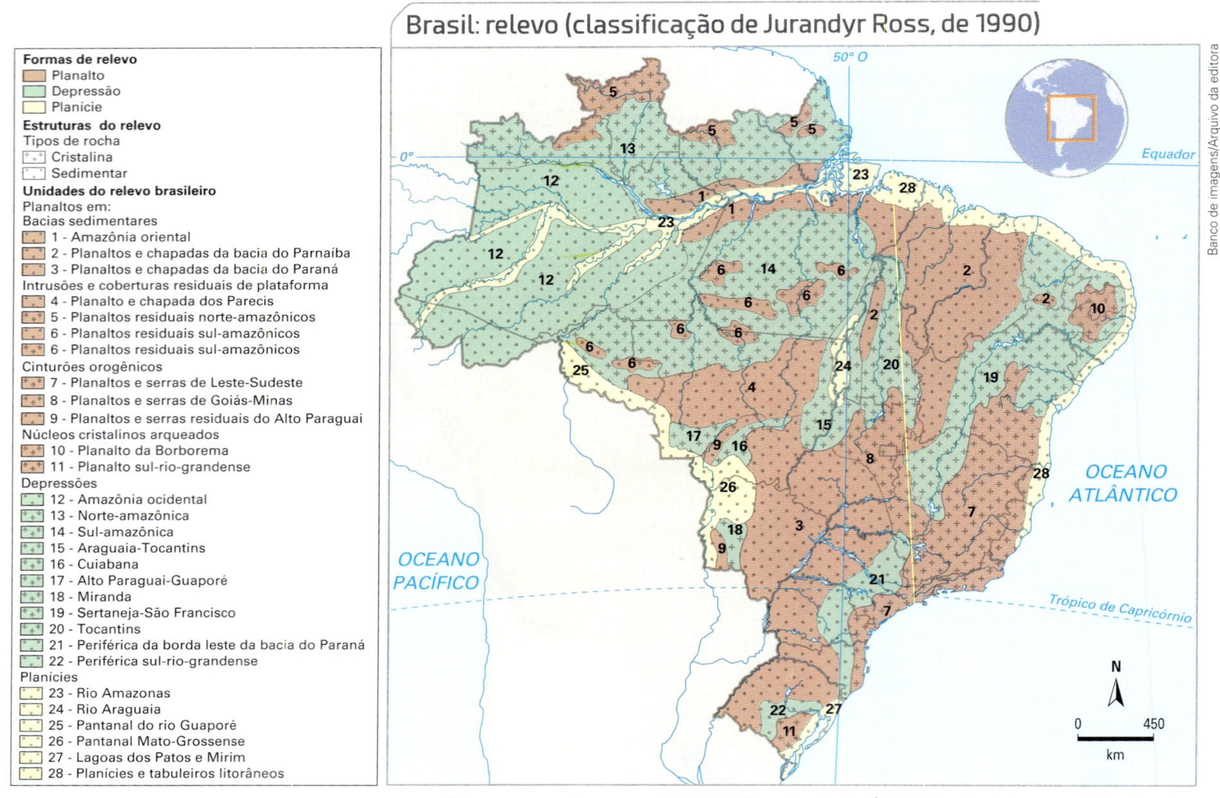

Elaborado com base em: CALDINI, Vera L. de M.; ÍSOLA, Leda. *Atlas geográfico Saraiva*. 4. ed. São Paulo: Saraiva, 2013. p. 33.

9. O solo

O material resultante do intemperismo das rochas, dinâmico e composto de partículas mais finas e que se fragmentam facilmente é chamado de solo. Os solos recobrem quase toda a superfície do planeta, oferecem suporte ao desenvolvimento de plantas e são fundamentais à sobrevivência dos seres vivos. O conjunto de processos (físicos, químicos e biológicos) de formação de solos é denominado **pedogênese**.

Os horizontes dos solos

Para entender as características dos solos, é preciso estudá-los desde a superfície até sua dimensão mais profunda, ou seja, analisar seu perfil vertical. Da rocha-mãe à porção mais externa, a estrutura de um solo apresenta características diversas de textura, composição, coloração, consistência, entre outras, observadas em camadas ou horizontes mais ou menos nítidos. Quanto mais distante da rocha originária, mais antigo é o processo de pedogênese e, logo, o solo.

Perfil do solo com horizontes

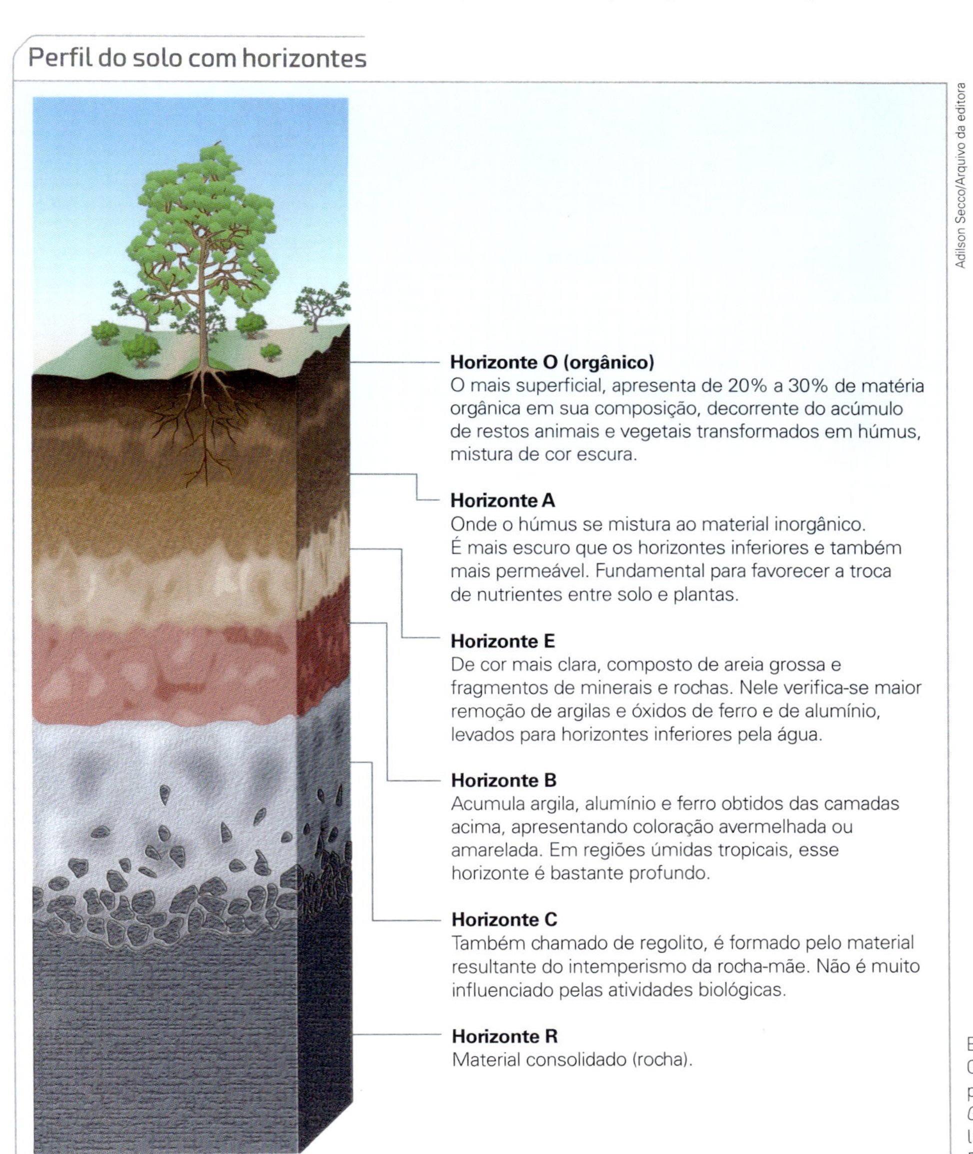

Horizonte O (orgânico)
O mais superficial, apresenta de 20% a 30% de matéria orgânica em sua composição, decorrente do acúmulo de restos animais e vegetais transformados em húmus, mistura de cor escura.
Horizonte A
Onde o húmus se mistura ao material inorgânico. É mais escuro que os horizontes inferiores e também mais permeável. Fundamental para favorecer a troca de nutrientes entre solo e plantas.
Horizonte E
De cor mais clara, composto de areia grossa e fragmentos de minerais e rochas. Nele verifica-se maior remoção de argilas e óxidos de ferro e de alumínio, levados para horizontes inferiores pela água.
Horizonte B
Acumula argila, alumínio e ferro obtidos das camadas acima, apresentando coloração avermelhada ou amarelada. Em regiões úmidas tropicais, esse horizonte é bastante profundo.
Horizonte C
Também chamado de regolito, é formado pelo material resultante do intemperismo da rocha-mãe. Não é muito influenciado pelas atividades biológicas.
Horizonte R
Material consolidado (rocha).

Adilson Secco/Arquivo da editora

AUSÊNCIA DE PROPORÇÃO

CORES FANTASIA

Elaborado com base em: OLIVEIRA, Deborah. Técnicas de pedologia. In: BITTAR, Luis. *Geografia*: práticas de campo, laboratório e sala de aula. São Paulo: Sarandi, 2011. p. 87.

Classificação dos solos

Classificar solos não é tarefa simples, pois a passagem de um tipo de solo para outro é bastante gradativa. Além disso, as combinações das muitas propriedades que levam à sua formação são tantas que é possível afirmar a existência de mais de 15 mil variedades em todo o planeta.

Há diferentes maneiras de classificar os solos. Em geral, cada país desenvolve seu próprio sistema de classificação, com base nas características específicas de clima e geologia observadas em seu território.

As características climáticas, o embasamento rochoso, o relevo e a presença da biodiversidade conferem propriedades específicas ao solo ao longo do tempo, ligadas a coloração, textura, estrutura, consistência, porosidade, umidade, composição química, nível de acidez, etc.

Planisfério: tipos de solo

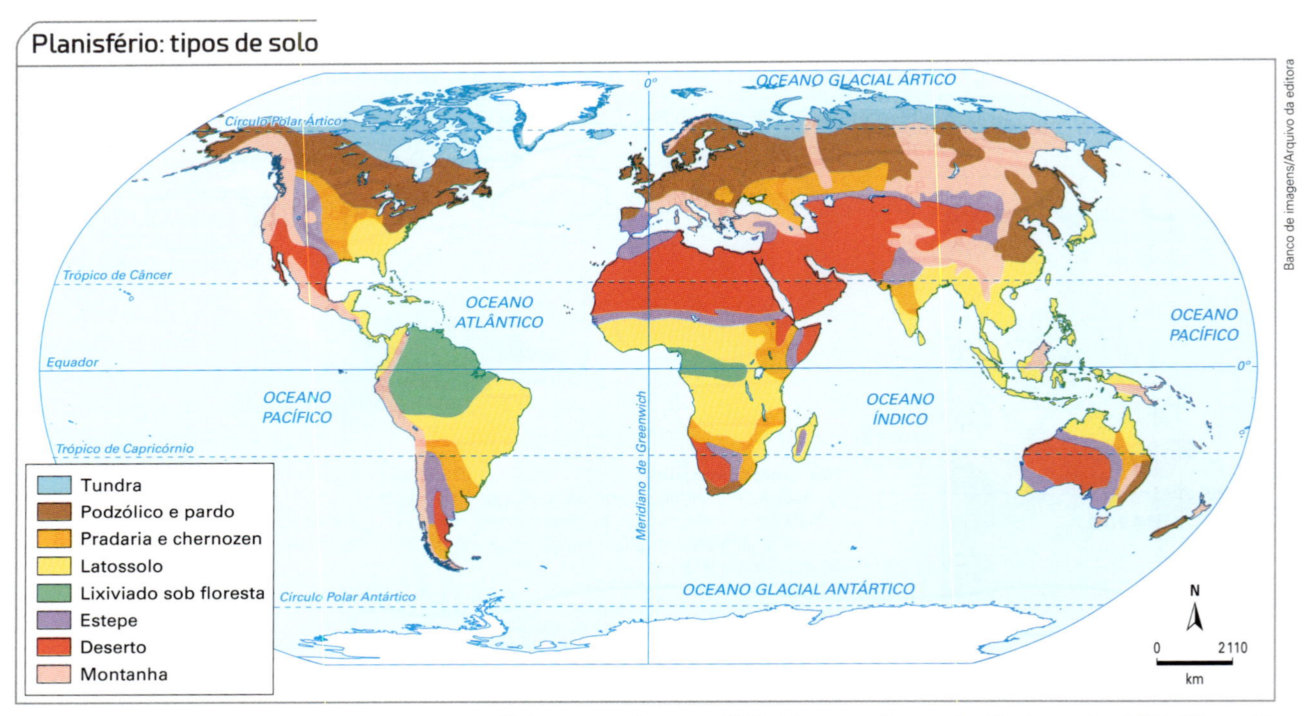

Elaborado com base em: IBGE. *Atlas geográfico escolar*. Rio de Janeiro: IBGE, 2016. p. 62.

Uso social do solo

Além de sustentar plantas, os solos têm a função de permitir, no ciclo hídrico, o escoamento, a infiltração e a estocagem da água das chuvas. Nesse processo, os solos contribuem para filtrar e proteger a água de impurezas. Por possuírem muito carbono, os solos também são importantes na regulação do carbono atmosférico (CO_2), funcionando como reserva de carbono.

São ainda substratos básicos ao crescimento dos vegetais e, portanto, fundamentais na produção de alimentos para animais e seres humanos. Ao dar suporte às raízes das plantas, os solos servem de fonte de água para o desenvolvimento delas, além de lhes fornecer nutrientes.

Nas últimas décadas, verificou-se o aumento do uso do solo em áreas até então consideradas impróprias à agricultura. Solos pobres em nutrientes puderam ser corrigidos pela introdução de componentes químicos, permitindo um aumento da produtividade agrícola.

Os solos também são vastamente explorados como matéria-prima para a construção de moradias, edifícios, vias de circulação (estradas, rodovias, etc.), barragens e todo tipo de edificação. A matéria-prima para a produção de cerâmica e porcelana, usadas em utensílios e artesanato, também vem do solo.

Apesar desse papel central nas atividades humanas, os solos estão sendo sistematicamente degradados em todas as partes do mundo, principalmente por técnicas inadequadas de manejo.

Conservação dos solos

Fatores naturais e humanos que levam à formação dos solos atuam de maneira coordenada. A ação natural da água, intensificada pela interferência humana, é determinante na modelagem do relevo e, logo, nas dinâmicas dos solos. Ela exerce grande papel erosivo, de acordo com a concentração dos fluxos de escoamento na superfície, e pode originar **sulcos** (pequenas incisões de até 0,5 metro de profundidade), **ravinas** (mais profundas que 0,5 metro, com alteração de horizontes inferiores, até chegar à rocha) ou mesmo **voçorocas** ou **boçorocas** (fendas de grandes profundidades e difícil controle, que podem atingir o nível freático).

Esses processos somam-se a outros fatores e provocam grandes alterações na formação e na disposição dos solos em todo o mundo. A cobertura vegetal natural ajuda a proteger o solo, pois a chuva é parcialmente absorvida pelas folhas e pelos troncos, chegando mais lentamente ao solo.

Luciano Queiroz/Pulsar Imagens

Voçoroca em São Roque de Minas (MG), 2018.

No entanto, a mais grave ameaça aos solos vem de seu uso na agricultura e na pecuária. A produção cada vez maior de alimentos e a consequente incorporação de novas áreas para a prática da agricultura e da pecuária nem sempre utilizam adequadamente os solos. Grandes máquinas agrícolas (tratores, colheitadeiras, plantadeiras, pulverizadores, entre outras), assim como o pisoteio do gado, provocam a compactação dos solos, ou seja, a perda da porosidade, o que altera o movimento das águas (infiltração) e prejudica o desenvolvimento vegetal.

O uso indiscriminado de agrotóxicos e fertilizantes para aumentar a produção contamina os solos e a própria plantação, gerando danos ao solo e ao seu entorno. Parte dessa poluição atinge os cursos de água, o que compromete todo o abastecimento. Nas cidades, a retirada da vegetação para a construção em encostas pode levar ao escorregamento do solo, também chamado de movimento de massa, e pode trazer grandes danos materiais e até mortes.

A disposição inadequada de lixo residencial e de resíduos industriais é outro fator gerador de contaminação do solo. Além disso, a falta de saneamento básico faz o esgoto chegar aos cursos de água e ao solo, contaminando-os. Vazamentos em postos de combustíveis e cemitérios são outras fontes de contaminação.

Cuidar do solo significa também cuidar da água, garantindo a qualidade do alimento do futuro. Por isso é preciso estimular práticas agrícolas que mantenham as características do solo, em vez de esgotar seus elementos naturais em poucos anos.

Classificação dos solos brasileiros

A Empresa Brasileira de Pesquisas Agropecuárias (Embrapa) classificou o solo brasileiro em treze tipos. Os critérios utilizados levaram em conta a presença de elementos químicos (como fósforo, sódio e potássio), a porosidade (capacidade de infiltração da água), a cor, entre outros.

Como resultado, criou-se o Sistema Brasileiro de Classificação de Solos (SiBCS). Por esse sistema, os solos foram divididos em seis níveis: ordem, subordem, grande grupo, subgrupo, família e série.

Brasil: tipos de solo

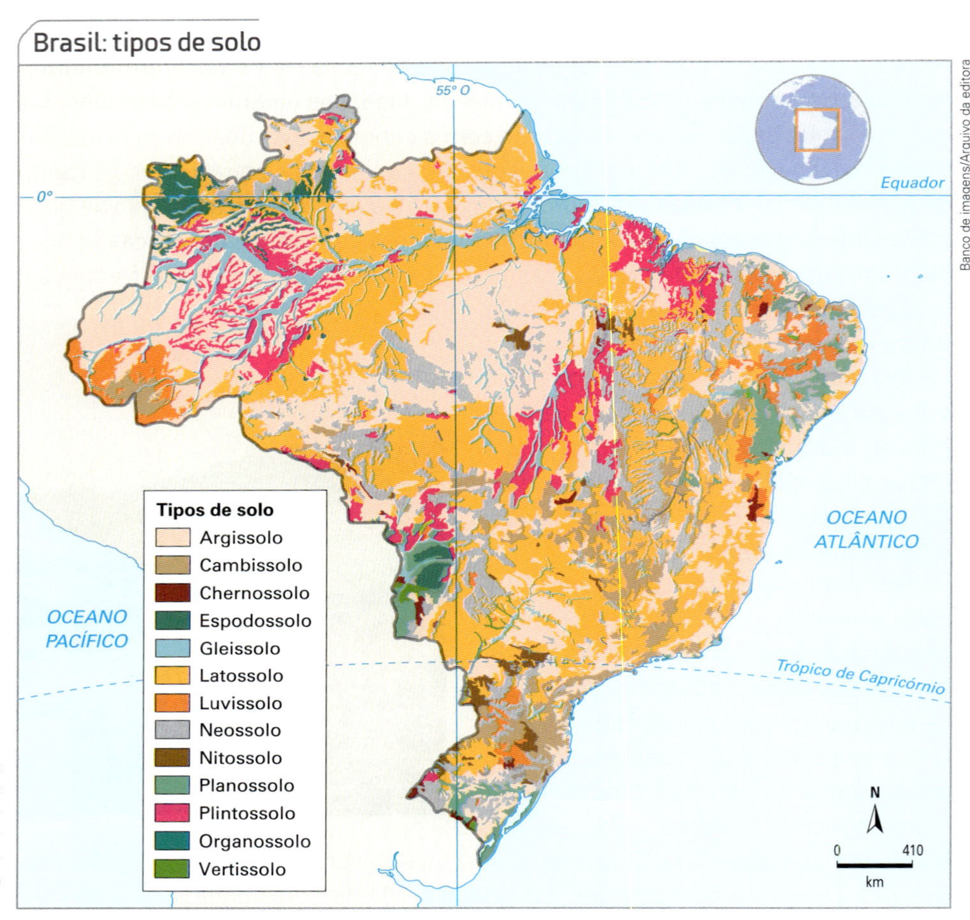

Elaborado com base em: EMBRAPA. Disponível em: <www.embrapa.br/busca-de-noticias/-/noticia/2062813/solo-brasileiro-agora-tem-mapeamento-digital>. Acesso em: 17 abr. 2018.

Uso do solo no Brasil

Nas últimas décadas, houve a expansão do uso dos solos brasileiros, em especial na Amazônia. Áreas onde antes existia apenas vegetação nativa foram transformadas com práticas de agricultura e pecuária.

A produção de alimentos terá produtividade maior ou menor de acordo com o solo em que está instalada. Para tentar corrigir eventuais ausências de elementos químicos na terra, utilizam-se fertilizantes artificiais.

O acúmulo de agrotóxicos no solo impede que muitas formas de vida sobrevivam, o que, ao longo do tempo, diminui sua fertilidade natural e aumenta a necessidade de correção com mais produtos químicos. Com a ação da água das chuvas, esse conjunto de elementos externos (agrotóxicos e fertilizantes artificiais) é carregado para o lençol freático e rios, contaminando a água. Estudos indicam que o consumo de alimentos com grande quantidade de agrotóxicos e fertilizantes é prejudicial à saúde, em especial para os órgãos do sistema digestório.

CIDADANIA E USO DO SOLO

Agricultura orgânica

Crescem no Brasil e no mundo o plantio e o consumo de alimentos orgânicos, aqueles produzidos sem agrotóxicos.

Na agricultura orgânica são usadas técnicas que protegem o solo. O resultado é a produção de alimentos com diferentes sabores e cores e muito mais saudáveis ao consumo humano.

Nesse tipo de produção ocorre o rodízio de culturas para não esgotar o solo, com o uso de adubos orgânicos produzidos de esterco animal, restos vegetais ou húmus de minhoca. Os agricultores ainda utilizam técnicas como o controle biológico, ou seja, plantar outras espécies ao longo da plantação principal para protegê-la de eventuais pragas.

1. Pesquise na internet um alimento de produção orgânica cultivado no estado onde você vive. Como ele é produzido? Como é comercializado?

2. Entreviste um consumidor de alimentos orgânicos. Pergunte:
   a) Como você adquire os alimentos orgânicos?
   b) Por que você consome alimentos orgânicos?
   c) O orgânico é mais caro ou mais barato que o alimento convencional?
   d) O preparo do alimento orgânico é diferente?

Desertificação e arenização

A desertificação e a arenização são resultados de atividades humanas no solo como agricultura, pecuária e desmatamento.

Desertificação é a perda de produtividade e vida do solo exposto pela retirada da cobertura vegetal original, agravada pela ausência de água, já que a desertificação ocorre na faixa de clima semiárido, árido e semiúmido, onde a evaporação é muito elevada, o que impede o acúmulo de água no solo.

Arenização é a formação de bancos de areia como resultado da extração da vegetação dos solos arenosos em climas subtropicais. Nesse caso, ao contrário do anterior, as chuvas ocorrem, mas, como não existe vegetação, os sedimentos se movimentam e ampliam os depósitos de areia.

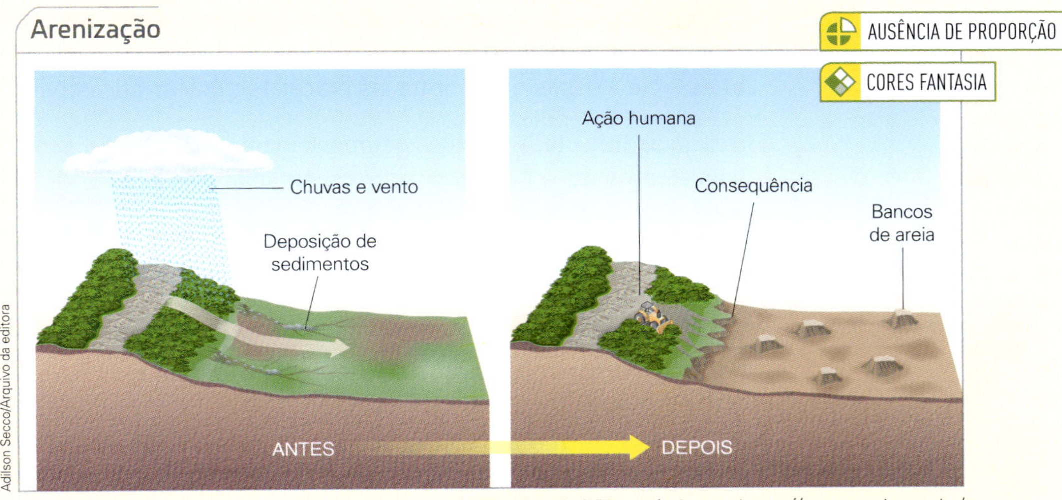

Elaborado com base em: NOVA Escola. O que é a arenização? Disponível em: <https://novaescola.org.br/conteudo/2308/o-que-e-a-arenizacao>. Acesso em: 26 abr. 2018.

Processo de arenização em decorrência da ação humana.

Reconecte

Produção de texto

1. Escreva um texto no caderno associando agentes morfoesculturais do relevo e erosão, em suas distintas causas.

Ivan Cabral/Acervo do cartunista

Cidadania, charge de Ivan Cabral, de 2014. Disponível em: <www.ivancabral.com/2014/06/>. Acesso em: 25 maio 2018.

Leitura de charge, interpretação e debate

2. Com base na charge, converse com seus colegas sobre os fatores naturais e humanos na ocupação de áreas de risco, sujeitas às movimentações de massa estudadas no capítulo.

Dica de *site*

Instituto Português do Mar e Atmosfera (IPMA)
Disponível em: <www.ipma.pt/pt/geofisica/sismicidade/>. Acesso em: 26 abr. 2018.

Pesquisa de imagens

3. Pesquise na internet uma imagem, com localização geográfica no Brasil, de:
   a) um dobramento moderno;
   b) um escudo cristalino;
   c) uma bacia sedimentar.

Análise e comparação de mapas

4. O Instituto Português do Mar e Atmosfera (IPMA) realiza em tempo real o acompanhamento das atividades sísmicas do mundo. Acesse o *site* e:
   a) localize dois pontos de abalos sísmicos em continentes diferentes;
   b) associe a esses dois pontos as placas tectônicas correspondentes.

5. Reveja as três classificações geomorfológicas do Brasil. Escolha uma área do país e compare-a nas divisões apresentadas pelos geógrafos Aroldo de Azevedo, Aziz Ab'Sáber e Jurandyr Ross.

Leitura e compreensão de texto

6. Leia o texto a seguir.

Por que fortes terremotos são menos mortais no Chile do que em outros países?

Um forte terremoto voltou a atingir o Chile na última quarta-feira e, assim como no tremor de 2014, o número de mortos e os danos materiais foram relativamente pequenos em comparação com eventos sísmicos recentes no Nepal e no Haiti, por exemplo. [...]

Em abril do ano passado, um tremor de magnitude 8,2 deixou seis vítimas e danificou 2,5 mil residências.

Em ambos os casos, as consequências foram muito menos graves do que os terremotos que atingiram neste ano o Nepal, em 25 de abril e em 12 de maio. Juntos, eles custaram a vida de 8 mil pessoas, e povoados inteiros ficaram em ruínas.

Também chama a atenção que estes dois tremores tiveram uma magnitude menor que os do Chile: o primeiro foi de 7,8 e o segundo, de 7,3. [...]

Mas por que os terremotos no Chile são menos mortais do que nestes outros países? [...]

BBC Brasil. Por que fortes terremotos são menos mortais no Chile do que em outros países?, 17 set. 2015. Disponível em: <www.bbc.com/portuguese/noticias/2015/09/150916_terremotos_chile_menos_mortais_rb>. Acesso em: 26 abr. 2018.

Em grupos, respondam à questão levantada no último parágrafo do texto. Pesquisem quais medidas o Chile toma para evitar maiores tragédias em casos de terremoto. Depois, produzam um infográfico e compartilhem o trabalho com a turma.

EXPLORANDO

7. Reúna-se com seus colegas para procurar no bairro onde se localiza a escola um barranco para fazer um perfil de solo. Observe os horizontes de solo existentes. Em seguida, colete cerca de 500 gramas de solo de cada camada e coloque as amostras em saquinhos plásticos etiquetados com a letra indicativa (O, A, B, C, R).

   No laboratório da escola, disponha as amostras colhidas sobre folhas de papel e observe as características de cada camada de solo (coloração, presença de material orgânico, umidade, textura, porosidade e consistência, composição química, etc.).

   Em seguida, reorganize o perfil do solo em uma garrafa PET (cortada na parte superior). Coloque as amostras dos horizontes conforme a disposição observada no perfil (barranco), com identificação de cada horizonte na parte externa do recipiente.

8. Em grupo, realize um trabalho de campo para observar as principais formações de relevo existentes em seu município. Faça registros fotográficos e anotações das paisagens, com destaque para a ocupação e os níveis de degradação ou de conservação das feições naturais. Com base nas informações obtidas em campo, monte um painel para expor na escola.

Resumo

- A história do planeta Terra é contada por meio de suas eras geológicas.
- Há agentes morfoestruturais e morfoesculturais que determinam as características de um relevo.
- Pode-se classificar as rochas em ígneas ou magmáticas, sedimentares e metamórficas.
- Solo é o material resultante do intemperismo das rochas e recobre quase toda a superfície do planeta.
- No Brasil encontram-se escudos cristalinos, cadeias orogênicas e bacias sedimentares, com grande quantidade de minérios, que são exportados em larga escala.

CAPÍTULO

5

Clima e hidrografia: mudanças climáticas e crise da água

A água é uma substância fundamental para a sobrevivência dos seres vivos. As chuvas abastecem mananciais e permitem a reposição dos estoques de água. Por isso é preciso entender como é o clima no planeta, sua diversidade e as variáveis que se somam às particularidades de cada lugar. No entanto, estudos das últimas décadas apontam que os padrões conhecidos de chuva podem se alterar em função das mudanças climáticas.

Conhecer os processos de ocorrência de chuvas, sua frequência e intensidade deveria ser a base do planejamento da ocupação da superfície terrestre, uma vez que se trata de uma fonte essencial para o reabastecimento de água em rios, aquíferos e também reservatórios artificiais.

A água possui múltiplos usos, como produção agrícola e industrial, geração de energia, pesca e lazer. A função mais importante, porém, é saciar a sede de seres vivos, além de ser vital para o crescimento de plantas. Por isso ela foi reconhecida como um Direito Humano pela ONU, em 2010. Apesar disso, cerca de 2 bilhões de pessoas não têm acesso a água de qualidade, o que torna essa questão de suma importância para o mundo. Esse quadro pode se agravar diante das mudanças climáticas, que podem aumentar ou diminuir a oferta natural de água em determinadas localidades.

Espantalho na tempestade, de Candido Portinari, 1943 (guache e grafite sobre papel, de aproximadamente 28,5 cm × 42,5 cm).

EM FOCO

Donald Trump enterra esforço global para deter mudança climática

Os Estados Unidos deixaram de ser um aliado do planeta. Donald Trump deu rédea solta hoje aos seus impulsos mais radicais e decidiu romper com o "debilitante, desvantajoso e injusto" Acordo de Paris contra as alterações climáticas. A saída do pacto assinado por 195 países assinala uma linha divisória histórica. Com o ato, o presidente da nação mais poderosa do mundo não apenas vira as costas à ciência, aprofunda a fratura com a Europa e menospreza sua própria liderança como também, diante de um dos desafios mais inquietantes da humanidade, abandona a luta. [...]

A ruptura é decisiva, mas não é uma surpresa. Embora os EUA sejam o segundo emissor global de gases de efeito estufa, Trump sempre mostrou resistência em relação ao Acordo de Paris. Em diversas ocasiões negou que o aumento das temperaturas se deva à mão do homem. Chegou mesmo a zombar disso. "Admito que a mudança climática esteja causando alguns problemas: ela nos faz gastar bilhões de dólares no desenvolvimento de tecnologias que não precisamos", escreveu em *América Debilitada*, seu livro programático.

Mas mais do que a rejeição ao consenso científico, o que realmente motivou Trump foi o cálculo econômico. [...]

Tomada a decisão, a saída é fácil, embora tecnicamente lenta. Ao contrário do Protocolo de Quioto, que George W. Bush abandonou em 2001, o Acordo de Paris não é vinculante. Não foi ratificado pelo Senado e não tem penalidades. Seu elemento aglutinador é o compromisso. Nesse quadro, cada país é livre para decidir seu próprio caminho na hora de reduzir as emissões de gases de efeito estufa. O importante é evitar que no fim do século a temperatura global seja dois graus superior àquela do nível pré-industrial (até agora já subiu 1,1 °C). [...]

[...] Não é apenas que Washington incentive a deserção de outros países ou golpeie a ciência no fígado, mas que diante de um dos maiores desafios do planeta jogue a toalha e vire as costas ao resto da humanidade. Com Trump, o mundo está mais só. [...]

AHRENS, Jan Martínez. Donald Trump enterra esforço global para deter mudança climática. *El País*, 2 jun. 2017. Disponível em: <https://brasil.elpais.com/brasil/2017/06/01/internacional/1496334641_201201.html>. Acesso em: 27 abr. 2018.

The State, charge de Robert Ariail, 2017. Disponível em: <www.gocomics.com/robert-ariail/2017/06/02>. Acesso em: 11 jun. 2018.

1. De que fenômeno climático o texto trata? O que você já ouviu sobre o assunto?

2. Em sua opinião, por que é preciso chegar a um acordo internacional sobre o tema? Por que os governantes de diversos países se preocuparam com a atitude dos Estados Unidos?

3. Investigue outras informações sobre os acordos internacionais citados no texto e debata com os colegas.

1. A circulação geral da atmosfera

A **atmosfera** é composta de um conjunto de gases que envolve a superfície terrestre, principalmente nitrogênio (78%) e oxigênio (21%). Também apresenta partículas sólidas ou líquidas em suspensão, como poeira, fuligem e substâncias químicas, conhecidas como aerossóis.

A atmosfera é dividida em camadas, conforme a temperatura e a pressão encontradas em diferentes altitudes. Quanto mais distante da superfície terrestre, menos densa é a atmosfera.

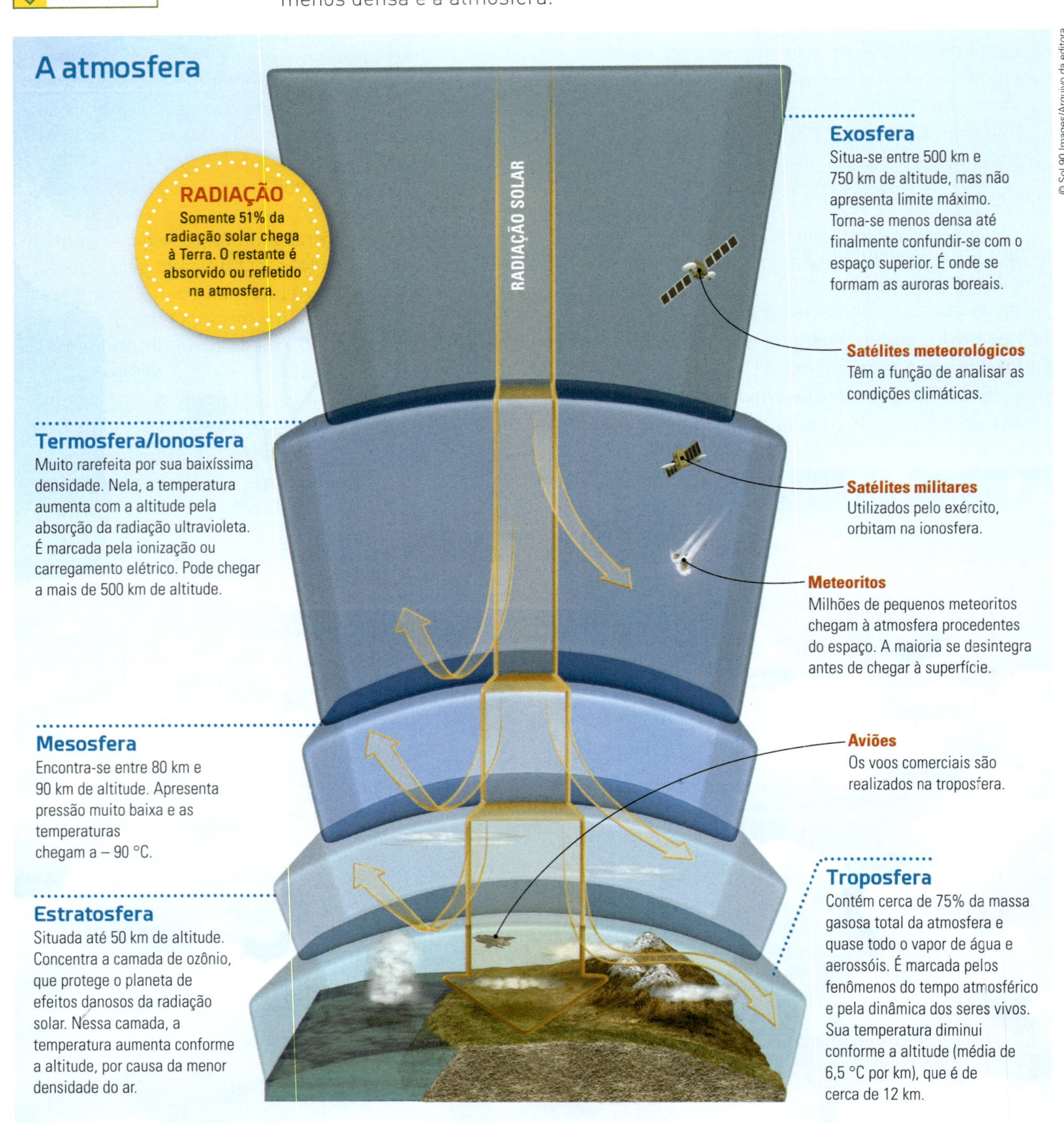

A atmosfera
RADIAÇÃO
Somente 51% da radiação solar chega à Terra. O restante é absorvido ou refletido na atmosfera.
RADIAÇÃO SOLAR
Exosfera
Situa-se entre 500 km e 750 km de altitude, mas não apresenta limite máximo. Torna-se menos densa até finalmente confundir-se com o espaço superior. É onde se formam as auroras boreais.
Satélites meteorológicos
Têm a função de analisar as condições climáticas.
Termosfera/Ionosfera
Muito rarefeita por sua baixíssima densidade. Nela, a temperatura aumenta com a altitude pela absorção da radiação ultravioleta. É marcada pela ionização ou carregamento elétrico. Pode chegar a mais de 500 km de altitude.
Satélites militares
Utilizados pelo exército, orbitam na ionosfera.
Meteoritos
Milhões de pequenos meteoritos chegam à atmosfera procedentes do espaço. A maioria se desintegra antes de chegar à superfície.
Mesosfera
Encontra-se entre 80 km e 90 km de altitude. Apresenta pressão muito baixa e as temperaturas chegam a – 90 °C.
Aviões
Os voos comerciais são realizados na troposfera.
Estratosfera
Situada até 50 km de altitude. Concentra a camada de ozônio, que protege o planeta de efeitos danosos da radiação solar. Nessa camada, a temperatura aumenta conforme a altitude, por causa da menor densidade do ar.
Troposfera
Contém cerca de 75% da massa gasosa total da atmosfera e quase todo o vapor de água e aerossóis. É marcada pelos fenômenos do tempo atmosférico e pela dinâmica dos seres vivos. Sua temperatura diminui conforme a altitude (média de 6,5 °C por km), que é de cerca de 12 km.

Elaborado com base em: SOL90 Images. The atmosphere. Disponível em: <www.sol90images.com/product.php?id_product=1968>. Acesso em: 28 maio 2018.

Na atmosfera, o ar quente tende a subir, e o ar mais frio, a descer. Além disso, a diferença da radiação solar entre as áreas do planeta altera o balanço de energia, já que o excesso de energia verificado nos trópicos é levado às zonas temperadas e polares por meio das correntes atmosféricas e oceânicas. Essa circulação é diferenciada nas baixas, médias e altas latitudes.

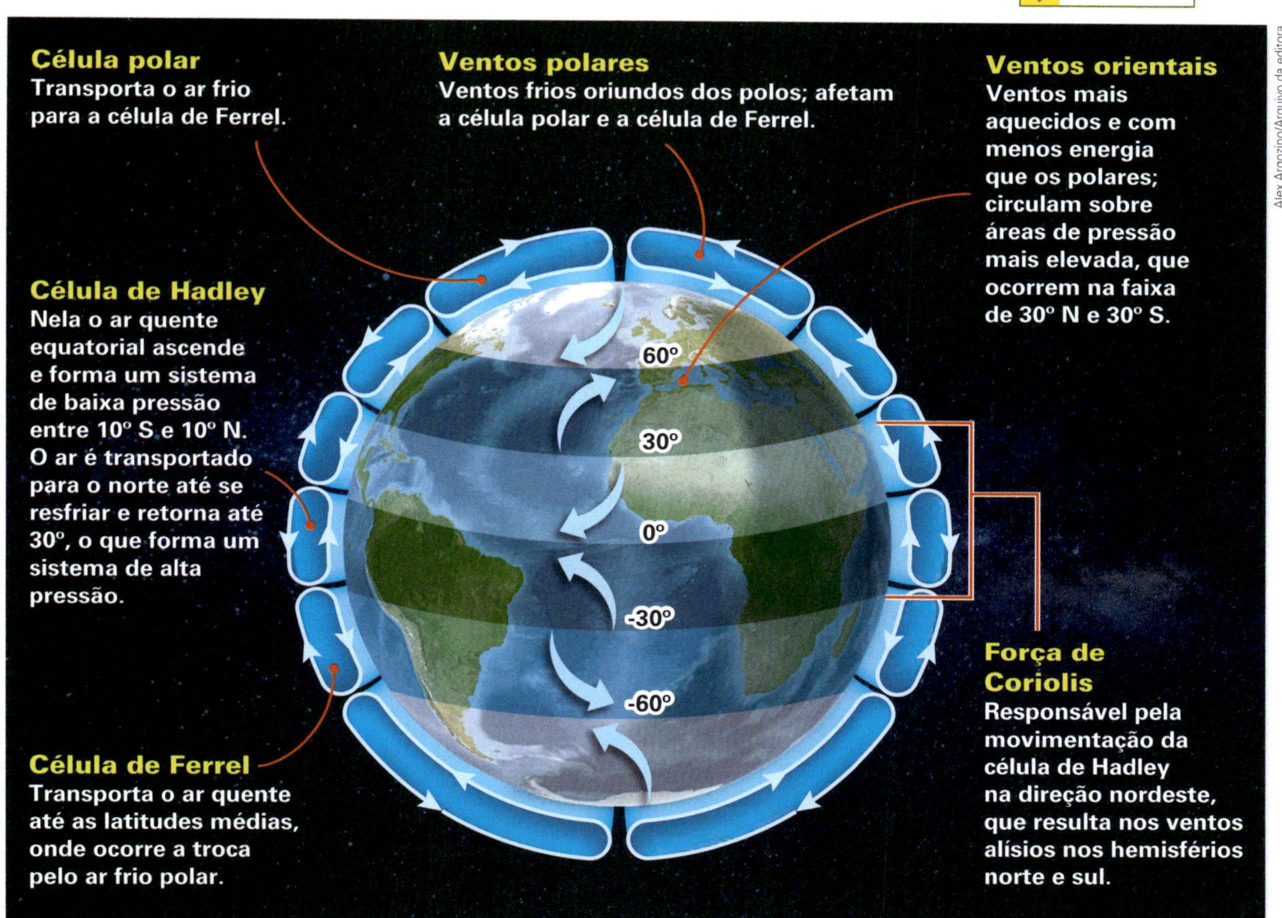

Elaborado com base em: DEMILLO, Rob. *Como funciona o clima*. São Paulo: Quark Books, 1998. p. 52-53.

Zonas de alta pressão atmosférica (**anticiclonais**) enviam ventos para as zonas de baixa pressão (**ciclonais** ou **depressões**). No hemisfério sul, os anticiclones e as depressões recuam em direção ao sul durante a primavera e o verão. No hemisfério norte, verifica-se o contrário.

Essas dinâmicas conduzem à formação dos ventos, que, com outras forças ligadas ao movimento de rotação da Terra, provoca a chamada **força de Coriolis**. Essa força influencia os ventos, desviando-os de suas trajetórias em direção aos polos, além de afetar as correntes marítimas. No hemisfério norte, conduz os ventos para a direita, e no hemisfério sul, para a esquerda.

Os **ventos alísios** originam-se em regiões tropicais (alta pressão) e deslocam-se para o equador (baixa pressão). São responsáveis pela grande regularidade da ocorrência de chuvas, pois carregam muita umidade. Na Zona de Convergência Intertropical (ZCIT), que circunda a Terra nas proximidades da linha do equador, a atuação dos alísios é ininterrupta. Existem também os **contra-alísios**, ventos secos que sopram do equador para os trópicos no sentido contrário. A estes se devem as calmarias secas verificadas em muitas áreas tropicais, como no deserto do Saara, na África.

Zona de Convergência Intertropical (ZCIT): área próxima à linha do equador, na qual interagem características atmosféricas e oceânicas, fundamental para a circulação da atmosfera.

Os **ventos de monções** apresentam um padrão sazonal e afetam principalmente algumas regiões do Sudeste Asiático e a Índia. Caracterizam-se por grandes contrastes de temperatura e pressão formados sobre continentes e oceanos. No verão, ocorre o aquecimento mais rápido dos continentes em relação aos oceanos, o que leva à formação de centros de baixa pressão e ao deslocamento do ar do mar para seu interior, caracterizando as monções de verão, com grande intensidade de chuvas. Já no inverno essa relação se inverte e o ar se desloca dos continentes para os oceanos, com queda de temperatura e estiagem.

Por fim, destacam-se ventos locais originados das diferenças de pressão pela variação da temperatura ao longo do dia e da noite, como as brisas marítimas, terrestres (continentais), de vale e de montanha.

AUSÊNCIA DE PROPORÇÃO

CORES FANTASIA

Brisas marítimas e terrestres

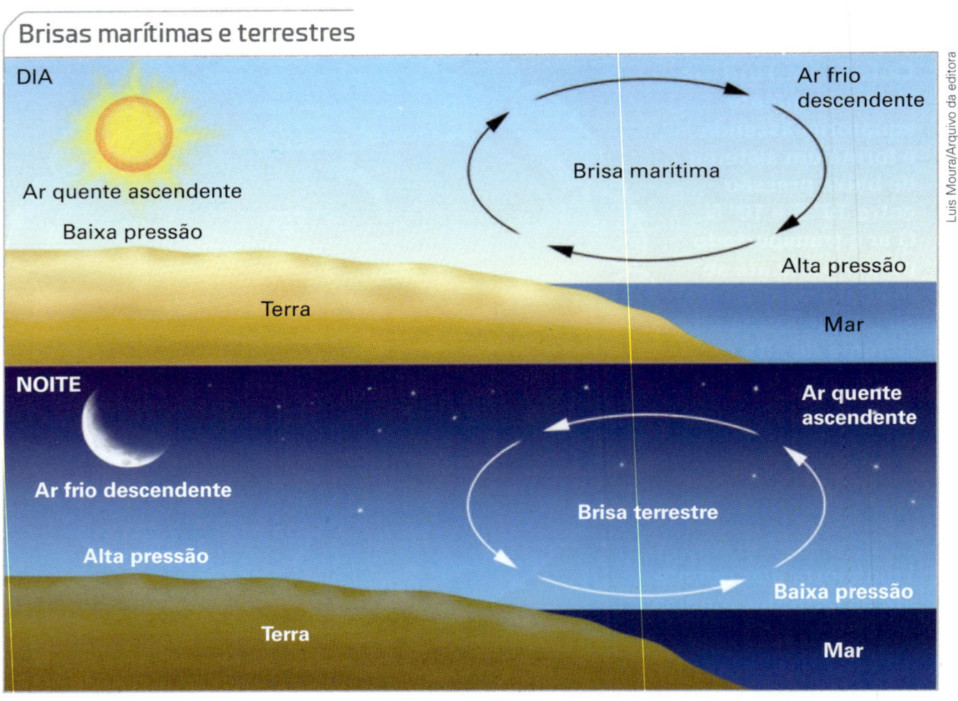

A alternância diária da direção das brisas varia conforme o aquecimento e/ou o resfriamento do ar no continente.

Elaborado com base em: SUGUIO, Kenitiro. *Dicionário de geologia marinha*. São Paulo: T. A. Queiroz, 1992. p. 30.

2. Tempo e clima

Para entender o funcionamento do planeta, é fundamental conhecer as dinâmicas climáticas que atuam no ambiente. Elas afetam a formação do relevo e dos solos e condicionam a distribuição e a sobrevivência dos seres vivos.

Dois conceitos são fundamentais para entender esse quadro: tempo atmosférico e clima. O **tempo atmosférico** expressa as condições do dia – por exemplo, um tempo chuvoso, ensolarado, quente ou frio. Os meteorologistas atuam nessa escala de tempo e podem ampliá-la, por meio de cálculos matemáticos, para prever como será o tempo nos próximos dias, semanas e até meses.

Essa informação é usada de várias formas, desde situações cotidianas até as práticas agrícolas, pois saber se vai ou não chover determina etapas da produção agrícola, como preparo da terra, cultivo e transporte da colheita.

O **clima**, por sua vez, refere-se ao conjunto de estados do tempo em uma área ao longo do ano. Para ser definido, é preciso realizar uma avaliação de dados meteorológicos e ambientais de muitos anos.

hijodeponggol/Shutterstock

Agricultor planta arroz na chuva em Banaue, Filipinas. As informações sobre o tempo podem determinar diversas etapas da produção agrícola. Neste caso, o início das chuvas de monções marcam a época da semeadura do arroz.

Alguns indicadores são muito importantes para demonstrar as características do tempo meteorológico e do clima, como a temperatura, a pressão atmosférica e a umidade.

Temperatura e pressão

A **temperatura do ar** é uma das expressões do clima mais facilmente percebida pelas pessoas. Refere-se à quantidade de calor existente na atmosfera, ou seja, ao balanço entre a radiação solar que chega ao planeta e a que sai, e pela sua transformação em calor. A temperatura do ar varia de maneira significativa entre os lugares e ao longo do tempo. A **amplitude térmica** é a diferença entre a maior e a menor temperatura. Ela pode ser medida a cada dia, semana, mês e até por alguns anos.

A **pressão atmosférica** corresponde ao peso que o ar exerce sobre uma superfície, ou seja, a força que as moléculas do ar transmitem para ela. A pressão atmosférica é condicionada pela ação da gravidade. Assim, quanto menor a altitude, maior a força exercida pelo ar sobre a superfície (o volume de gases sobre ela é maior). Portanto, nesse caso, a pressão atmosférica também é maior. Em altitudes mais elevadas, a densidade do ar é menor, assim como a pressão, pois o ar é rarefeito.

A temperatura influencia diretamente a pressão atmosférica. O ar aquecido aumenta a energia cinética de suas moléculas, que começam a se distanciar umas das outras e conduzem à sua expansão, com diminuição da pressão exercida. Formam-se áreas de baixa pressão. Por outro lado, quando o ar fica mais frio, os movimentos de suas moléculas diminuem, a densidade do ar torna-se maior e formam-se áreas de alta pressão.

Energia cinética: energia gerada pelo movimento de um corpo. Quanto maiores a velocidade e a massa do corpo, maior será sua energia cinética.

Encontram-se grandes diferenças de pressão no planeta em função da latitude. Nas altas latitudes, onde a quantidade de radiação solar recebida é menos concentrada, as temperaturas são menores e formam-se **zonas de alta pressão**. Já nas baixas latitudes, a grande concentração de radiação conduz à formação de **zonas de baixa pressão**. A umidade também se relaciona diretamente à pressão atmosférica, pois a água apresenta densidade menor que o ar seco para volumes iguais e, portanto, o ar úmido é sempre mais leve que o ar seco.

A dinâmica da pressão atmosférica é a chave para entender a existência de climas secos e chuvosos. Nas áreas de baixa pressão, o ar aquecido se eleva e, ao subir, favorece a transformação do vapor de água em nuvens e precipitação. Já nas áreas de alta pressão, ocorre a **subsidência** do ar, ou seja, a descida do ar por causa da densidade, levando o ar seco para próximo da superfície, inibindo a formação e o crescimento de nuvens. Além disso, as dinâmicas entre áreas próximas com distintas pressões fazem, segundo as leis da Física, o ar mais denso fluir para áreas de menor pressão até chegar a um equilíbrio, o que produz os ventos, cuja velocidade depende da diferença de pressão entre as duas áreas.

Umidade

A **umidade** é a quantidade de vapor de água existente na atmosfera e que dá origem a nuvens e precipitações. A **umidade absoluta** apresenta a quantidade total do vapor de água em um dado volume de ar (metros cúbicos), decorrente da evaporação ou transpiração. Já a **umidade relativa do ar** refere-se à quantidade de vapor de água que o ar contém em relação ao seu ponto de saturação, ou seja, à sua capacidade máxima de retenção da umidade antes da precipitação. É medida em porcentagem.

A previsão do tempo fornece, em geral, informações sobre a umidade relativa do ar. Quanto mais próxima a 100%, maior a probabilidade da ocorrência de chuvas. Se ela está muito baixa, gera grande desconforto nas pessoas, pela perda de líquido por transpiração e problemas respiratórios. Além disso, a água armazena calor por mais tempo que o ar, por isso ambientes mais úmidos apresentam, ao longo do tempo, menor amplitude térmica que lugares mais secos, nos quais as temperaturas variam muito mais ao longo do dia.

Xianghong Garrison/Shutterstock

Orvalho.

O vapor de água existente na atmosfera, ao se resfriar, pode retornar à superfície de diferentes maneiras, como orvalho, garoa ou geada. O **orvalho** ocorre por causa do resfriamento noturno: o vapor de água de uma superfície se condensa à noite, quando resfria e a temperatura atinge o ponto de orvalho do ar. Para a ocorrência da **garoa**, além dessas condições, é preciso que o ar esteja mais úmido e que haja vento fraco. A **geada**, por sua vez, é um fenômeno muito parecido ao da formação do orvalho. Acontece quando a temperatura do ar está abaixo do ponto de congelamento (0 °C), ou seja, o vapor de água se transforma em cristais de gelo (ponto de geada).

Quando o processo de condensação do vapor de água acontece próximo à superfície, por conta da contribuição da evaporação do solo, da vegetação e dos corpos hídricos e do bloqueio da umidade em locais de grande altitude, forma-se uma nuvem muito baixa, conhecida como **neblina**, **nevoeiro** ou **cerração**, constituída por gotículas de água.

Fabio Colombini/Acervo do fotógrafo

Geada cobre vegetação em São José dos Ausentes (RS), 2017.

Tipos de nuvens

Para entender o ciclo hidrológico, é importante conhecer melhor a dinâmica das nuvens. Elas são constituídas por gotículas em suspensão no ar e são formadas pelo movimento ascendente do ar quente e úmido que, aos poucos, se resfria até atingir o ponto de orvalho, ocorrendo a precipitação do vapor de água.

As nuvens podem ser classificadas pela altura de suas bases em relação ao nível do solo e também por suas formas. Veja os principais tipos de nuvens.

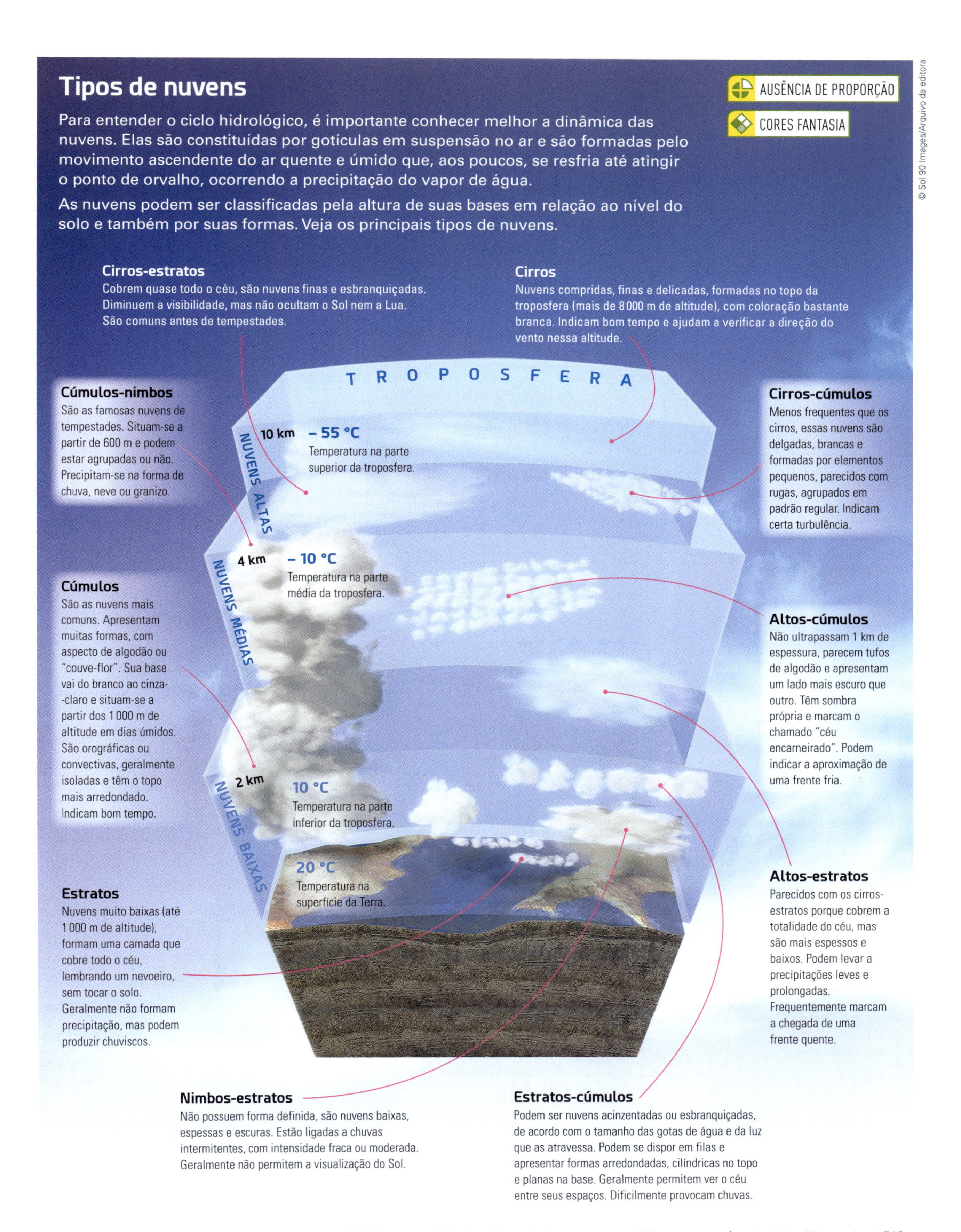

AUSÊNCIA DE PROPORÇÃO
CORES FANTASIA
Cirros-estratos
Cobrem quase todo o céu, são nuvens finas e esbranquiçadas. Diminuem a visibilidade, mas não ocultam o Sol nem a Lua. São comuns antes de tempestades.
Cirros
Nuvens compridas, finas e delicadas, formadas no topo da troposfera (mais de 8 000 m de altitude), com coloração bastante branca. Indicam bom tempo e ajudam a verificar a direção do vento nessa altitude.
TROPOSFERA
Cúmulos-nimbos
São as famosas nuvens de tempestades. Situam-se a partir de 600 m e podem estar agrupadas ou não. Precipitam-se na forma de chuva, neve ou granizo.
10 km
– 55 °C
Temperatura na parte superior da troposfera.
NUVENS ALTAS
Cirros-cúmulos
Menos frequentes que os cirros, essas nuvens são delgadas, brancas e formadas por elementos pequenos, parecidos com rugas, agrupados em padrão regular. Indicam certa turbulência.
4 km
– 10 °C
Temperatura na parte média da troposfera.
NUVENS MÉDIAS
Cúmulos
São as nuvens mais comuns. Apresentam muitas formas, com aspecto de algodão ou "couve-flor". Sua base vai do branco ao cinza--claro e situam-se a partir dos 1 000 m de altitude em dias úmidos. São orográficas ou convectivas, geralmente isoladas e têm o topo mais arredondado. Indicam bom tempo.
Altos-cúmulos
Não ultrapassam 1 km de espessura, parecem tufos de algodão e apresentam um lado mais escuro que outro. Têm sombra própria e marcam o chamado "céu encarneirado". Podem indicar a aproximação de uma frente fria.
2 km
10 °C
Temperatura na parte inferior da troposfera.
NUVENS BAIXAS
20 °C
Temperatura na superfície da Terra.
Estratos
Nuvens muito baixas (até 1 000 m de altitude), formam uma camada que cobre todo o céu, lembrando um nevoeiro, sem tocar o solo. Geralmente não formam precipitação, mas podem produzir chuviscos.
Altos-estratos
Parecidos com os cirros-estratos porque cobrem a totalidade do céu, mas são mais espessos e baixos. Podem levar a precipitações leves e prolongadas. Frequentemente marcam a chegada de uma frente quente.
Nimbos-estratos
Não possuem forma definida, são nuvens baixas, espessas e escuras. Estão ligadas a chuvas intermitentes, com intensidade fraca ou moderada. Geralmente não permitem a visualização do Sol.
Estratos-cúmulos
Podem ser nuvens acinzentadas ou esbranquiçadas, de acordo com o tamanho das gotas de água e da luz que as atravessa. Podem se dispor em filas e apresentar formas arredondadas, cilíndricas no topo e planas na base. Geralmente permitem ver o céu entre seus espaços. Dificilmente provocam chuvas.

Elaborado com base em: SOL90 Images. Clouds. Disponível em: <www.sol90images.com/product.php?id_product=513>. Acesso em: 28 maio 2018.

A **precipitação** ocorre quando o vapor de água existente na atmosfera se resfria, se condensa e cai sobre a superfície terrestre. Ela acontece de várias formas. Se a temperatura local estiver abaixo de 0 °C, formam-se cristais de gelo, o que caracteriza a **neve**. Já o **granizo** (ou **saraiva**) refere-se à precipitação de pelotas de gelo que chegam a mais de 5 mm. Sua formação se deve ao congelamento de gotas de água existentes nas nuvens, quando são conduzidas a setores da nuvem onde a temperatura está abaixo de 0 °C, ou seja, o granizo forma-se quando há uma queda rápida na temperatura.

Por fim, a **chuva** envolve a precipitação da água em forma líquida. De acordo com sua origem, ela é classificada de diversas formas.

As **chuvas de convecção** ou **convectivas** costumam ocorrer no fim do dia, quando o ar quente e úmido ascende, resfria-se e, com a condensação do vapor, causa precipitações geralmente sob a forma de chuvas rápidas e intensas. São muito comuns no verão.

As **chuvas orográficas** são aquelas associadas à ação do relevo, que atua como uma barreira ao deslocamento horizontal das massas de ar. Assim, o ar úmido e quente é obrigado a ascender junto à encosta, esfria-se e fica saturado, o que conduz à precipitação, geralmente de menor intensidade e com longa duração. Por isso, existem vertentes mais chuvosas (barlavento) e outras mais secas (sotavento). Esse tipo de chuva é frequente em regiões com escarpas, serras, montanhas, morros e outras elevações do relevo, como na serra do Mar (sudeste do Brasil).

Por fim, as **chuvas frontais** estão ligadas ao encontro de massas de ar com temperaturas distintas. Quando uma massa de ar quente e úmido proveniente dos trópicos entra em contato com uma massa de natureza polar (frentes), esta conduz a primeira para cima. Ao ganhar altitude, a massa de ar quente se resfria e condensa, formando chuva. Sua intensidade e sua duração dependem do tempo durante o qual a frente permanece em determinado local, da umidade e dos contrastes de temperatura das massas de ar envolvidas, bem como da velocidade do deslocamento dessas massas.

AUSÊNCIA DE PROPORÇÃO

CORES FANTASIA

Tipos de chuvas

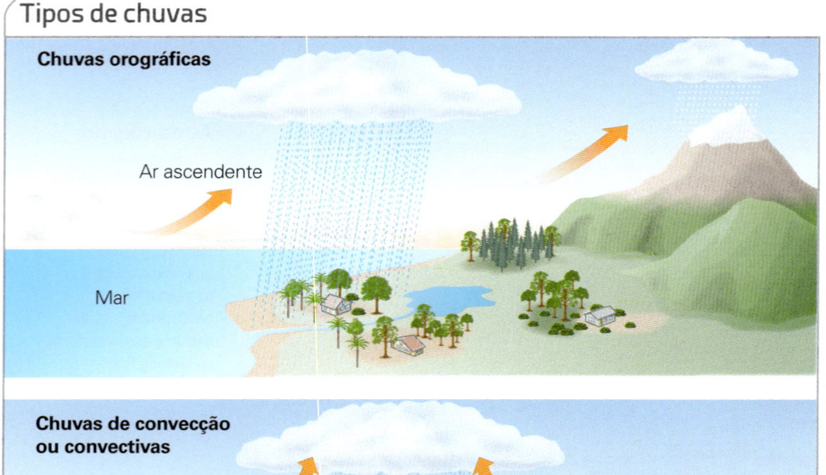

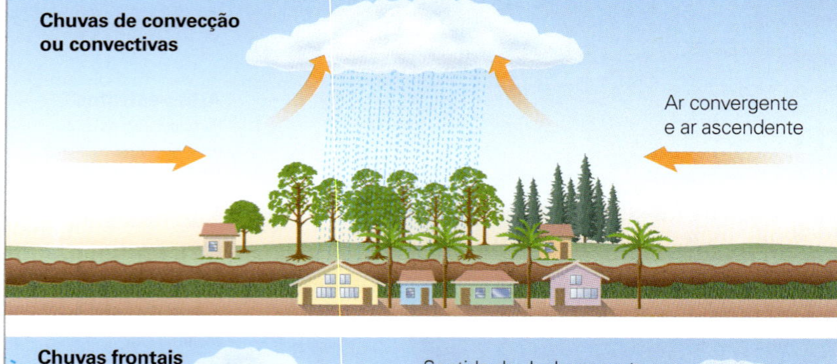

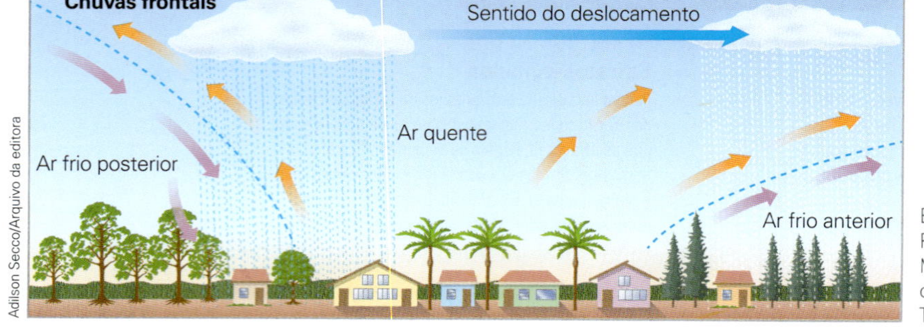

Adilson Secco/Arquivo da editora

Elaborado com base em: MENDONÇA, Francisco; DANNI-OLIVEIRA, Inês Moresco. *Climatologia*: noções básicas e climas do Brasil. São Paulo: Oficina de Textos, 2007. p. 72.

3. O que define um clima?

Clima é o resultado de uma combinação de fatores, como latitude, massas de ar, relevo, altitude, vegetação, correntes marítimas, maritimidade e continentalidade, além da ação humana.

A **latitude** relaciona-se diretamente com a quantidade de energia recebida do Sol. Os raios solares chegam com inclinações desiguais em razão do formato **geoide** da Terra, ou seja, achatado nos polos. Quanto mais próximo dos polos, maior o ângulo de inclinação dos raios solares e maior a área para distribuir a energia recebida. Dessa forma, a intensidade dos raios solares é menor, o que resulta em menor aquecimento. Nas proximidades da linha do equador, o ângulo de inclinação é menor, portanto os raios solares apresentam maior intensidade, com aumento das temperaturas.

A latitude define a existência de zonas climáticas distintas: equatorial, tropical, subtropical, temperada e polar. O ângulo de inclinação dos raios solares em um mesmo local varia de acordo com a inclinação da Terra e seu movimento de translação.

Planisfério: zonas climáticas

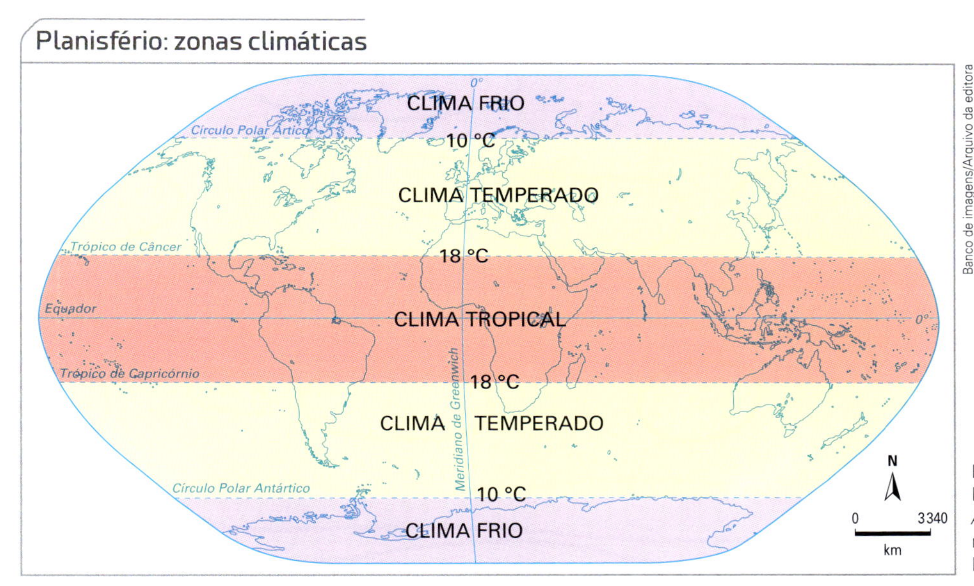

Banco de imagens/Arquivo da editora

Elaborado com base em: FERREIRA, Graça Maria Lemos. *Atlas geográfico*: espaço mundial. 4. ed. São Paulo: Moderna, 2013. p. 22

Incidência do Sol

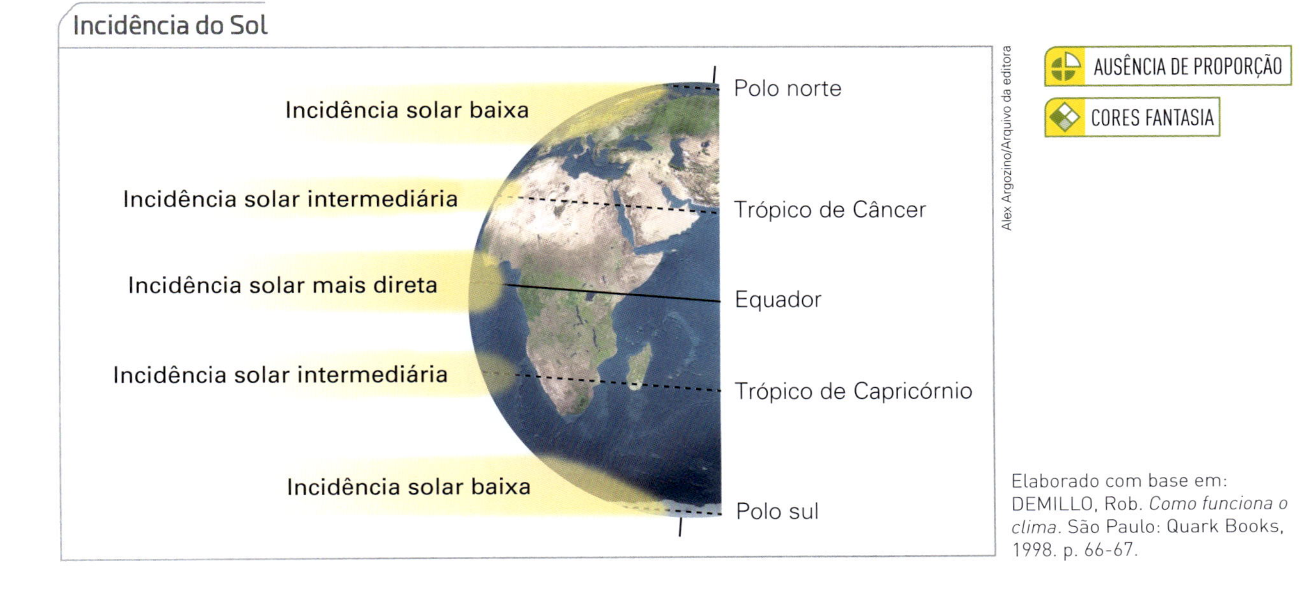

Alex Argozino/Arquivo da editora

AUSÊNCIA DE PROPORÇÃO

CORES FANTASIA

Elaborado com base em: DEMILLO, Rob. *Como funciona o clima*. São Paulo: Quark Books, 1998. p. 66-67.

A atuação das **massas de ar** também constitui um fator determinante no estudo do tempo e do clima. Uma massa de ar é uma grande porção da atmosfera com características semelhantes, como umidade, pressão e temperatura. Pode se formar em lugares com certa estagnação da circulação atmosférica e homogeneidade, cujas condições favoreçam o desenvolvimento de grandes corpos de ar, horizontais e uniformes.

Geralmente, as massas de ar originam-se sobre desertos, oceanos, interior de continentes e planícies polares. Ao se deslocar, as massas de ar têm sua características iniciais modificadas conforme os lugares por onde passam. As massas de ar diferenciam-se pela zona climática onde se originam (equatorial, tropical e polar) e por serem continentais ou oceânicas. Por isso, são quentes ou frias, secas ou úmidas. Quando duas massas de ar diferentes se encontram, formam-se **frentes frias** ou **frentes quentes**, de acordo com as características da massa de ar que predomina sobre a outra.

Planisfério: principais massas de ar

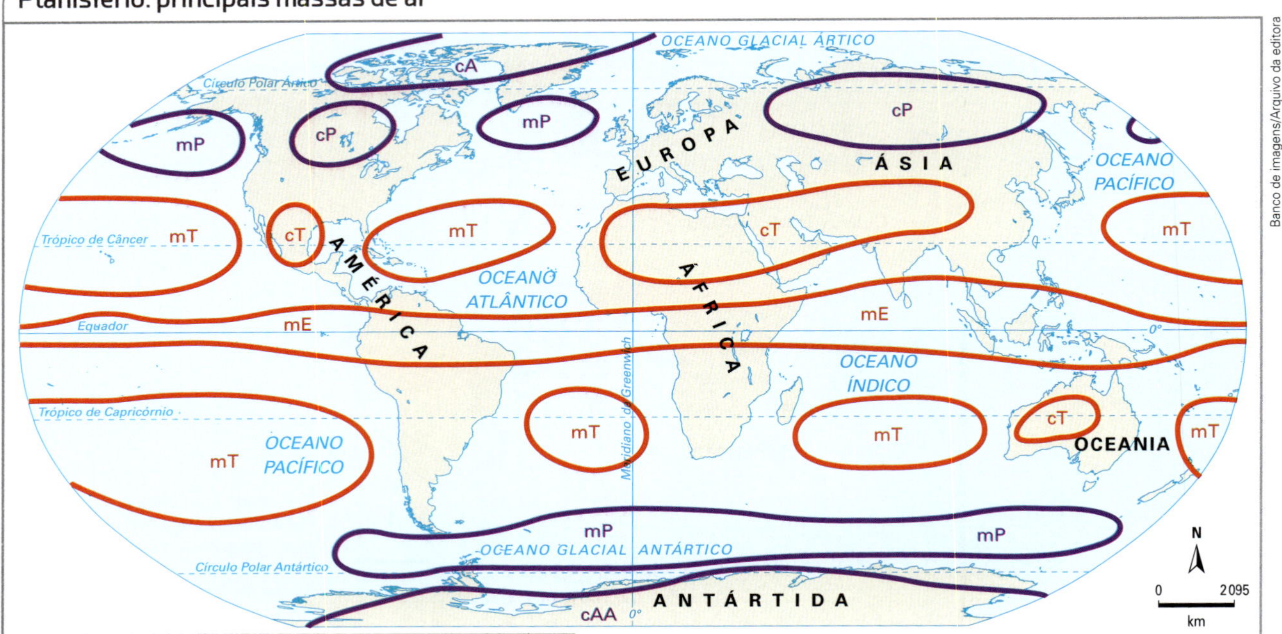

- Massas de ar quentes (úmidas e secas)
- Massas de ar frias (úmidas e secas)

Massas

mE Marítima Equatorial (quente e muito úmida)
mT Marítima Tropical (quente e úmida)
cT Continental Tropical (quente e seca)
mP Marítima Polar (fria e úmida no inverno)
cP Continental Polar (fria e seca no inverno)
cA Continental Ártica (fria e seca)
cAA Continental Antártica (muito fria e muito seca no inverno)

Elaborado com base em: BRITANNICA Kids. Principal world air masses. Disponível em: <https://kids.britannica.com/students/assembly/view/166713>. Acesso em: 27 abr. 2018.

O **relevo**, por sua vez, influencia as dinâmicas climáticas de várias maneiras. A **altitude**, ou seja, a distância vertical entre um ponto da superfície do planeta e o nível do mar, determina diferentes temperaturas. Existe uma tendência de concentração do calor na baixa atmosfera pelo fato de nela haver maior área de absorção e reflexão dos raios solares. Além disso, quanto menor a altitude, maior a concentração de gases na atmosfera em função da gravidade (maior pressão atmosférica), o que favorece o aumento das temperaturas. Nas altas altitudes o ar é mais rarefeito, a pressão atmosférica é menor e, logo, a temperatura é menor.

A atuação do relevo na definição dos climas também envolve outras variáveis, como posição, orientação de vertentes e declividade. Os fluxos de calor e umidade podem ser barrados ou fluir de acordo com a disposição do relevo. A orientação meridional da cordilheira dos Andes, por exemplo, facilita a atuação das massas de ar polares em direção ao norte do continente sul-americano, além das massas equatoriais em direção ao sul, mas, ao mesmo tempo, dificulta a entrada da umidade do oceano Pacífico pelo interior da América do Sul. A orientação das vertentes, por sua vez, determina a quantidade de energia solar recebida. Por fim, a declividade também interfere na quantidade de insolação recebida.

A **vegetação** tem um papel importante na regulação da temperatura e da umidade no planeta. As temperaturas de ambientes florestais são mais baixas em relação a outros ambientes, como áreas agrícolas ou urbanas. A disposição das árvores impede a entrada direta de grande parte da radiação do Sol, ou seja, diminui a quantidade de energia para aquecimento. Além disso, os processos de evapotranspiração contribuem para aumentar a umidade do ar, o que propicia maior incidência de chuvas. A **amplitude térmica** é menor nessas áreas, pois a umidade elevada ajuda a conservar a temperatura.

Evapotranspiração: perda simultânea de água do solo e das plantas. No caso do solo, verifica-se a evaporação, enquanto nas plantas ocorre a transpiração.

O **albedo** está diretamente relacionado à radiação solar. Ele é definido pela relação entre a quantidade de energia solar que chega à Terra e a quantidade de energia que cada objeto ou superfície reflete. O albedo médio do planeta varia de 30% a 35%, mas, em áreas nevadas, a superfície branca reflete grande parte dos raios solares, o que torna o albedo maior que 80%. Por outro lado, alterações no uso da terra, que expõem solos, podem levar a uma maior retenção de calor, o que resulta em albedo de menos de 10%. No asfalto, por exemplo, o albedo é inferior a 5%, o que causa maior desconforto térmico em relação a áreas florestadas, cujo albedo fica entre 10% e 20%. É importante notar que, quanto maior a inclinação dos raios solares, maior será também o albedo.

Sk Hasan Ali/Shutterstock

Edson Grandisoli/Pulsar Imagens

Acima, Dhaka, Bangladesh, 2017. Ao lado, Mata Atlântica no Parque Estadual Carlos Botelho, São Miguel Arcanjo (SP), 2017. O albedo varia conforme a capacidade da superfície terrestre em refletir a energia do Sol. O albedo é menor na área urbana do que nas florestas.

> **Salinidade:** quantidade de sais dissolvida em oceanos, lagos e aquíferos, medida em grama por quilograma (g/kg). A quantidade média de salinidade dos oceanos é de 35 gramas de sal por quilograma (3,5‰). A água é considerada salobra quando apresenta de 0,5‰ a 3‰ e doce quando sua salinidade não ultrapassa 0,5‰.

Os oceanos também são agentes reguladores do clima em razão das **correntes marítimas** e de sua relação com a composição das massas de ar que atuam em cada localidade. Os fluxos de água nos oceanos resultam de diferenças entre temperatura e pressão atmosféricas, da salinidade da água, do movimento de rotação da Terra e do deslocamento dos ventos.

As correntes marítimas originadas na zona equatorial, como as correntes do Brasil, do Golfo e das Guianas, são quentes, menos densas e mais superficiais, com elevadas taxas de evaporação, favorecendo, assim, a formação de nuvens. Já as correntes marítimas originadas nas regiões polares, como as correntes de Humboldt e da Califórnia, são frias, densas, lentas e profundas, o que diminui a evaporação, ou seja, a ocorrência de chuvas nas regiões influenciadas por elas.

Planisfério: correntes marítimas

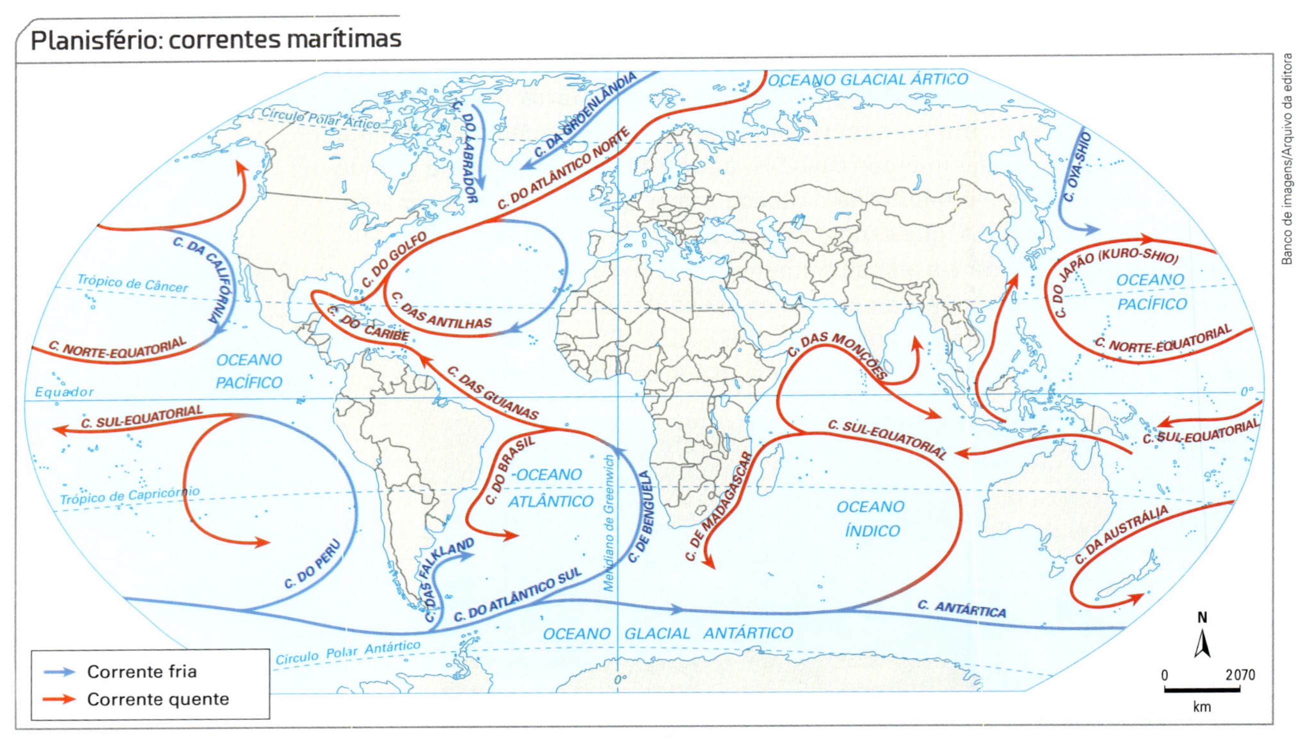

Elaborado com base em: CALDINI, Vera; ÍSOLA, Leda. *Atlas geográfico Saraiva*. São Paulo: Saraiva, 2013. p. 170.

O que é El Niño e La Niña?

El Niño e La Niña são fases opostas do que se conhece como o **ciclo El Niño-Oscilação Sul (Enos)**. O ciclo Enos é um termo científico que descreve as flutuações de temperatura entre o oceano e a atmosfera no Pacífico Equatorial do leste-centro (aproximadamente entre a Linha Internacional de Data e 120° Oeste).

Quando o oceano se resfria tem-se La Niña, a fase fria do Enos, enquanto o El Niño é a fase quente. Esses desvios das temperaturas normais do oceano podem ter impactos de grande alcance não apenas nos processos marítimos, mas também no tempo e clima globais.

Os episódios El Niño e La Niña geralmente duram de 9 a 12 meses, mas alguns eventos prolongados podem durar anos. Os eventos El Niño e La Niña ocorrem entre dois a sete anos, sem regularidade. Normalmente, o El Niño ocorre com mais frequência que o La Niña.

[...] El Niño foi reconhecido originalmente pelos pescadores da costa da América do Sul no século XVII, com o aparecimento, surpreendente, de águas quentes no oceano Pacífico. O nome foi escolhido com base na época do ano (em torno de dezembro) quando esses eventos de águas quentes tendem a ocorrer.

O termo El Niño refere-se à interação climática oceano-atmosfera em larga escala ligada a um aquecimento periódico nas temperaturas da superfície do mar em todo o Pacífico Equatorial central e leste.

[...] A presença de El Niño pode influenciar significativamente os padrões climáticos, as condições oceânicas e a pesca marítima em grandes porções do globo por um longo período.

[...] Os episódios do La Niña representam períodos de temperaturas abaixo da média na superfície do mar em todo o Pacífico Equatorial do leste-centro. Os impactos climáticos globais do La Niña tendem a ser opostos aos impactos do El Niño. Nos trópicos, as variações de temperatura do oceano no La Niña também tendem a ser contrárias às do El Niño. [...]

NATIONAL Oceanic and Atmospheric Administration (NOAA). What are El Niño and La Niña? Disponível em: <https://oceanservice.noaa.gov/facts/ninonina.html>. Acesso em: 27 abr. 2018. (Texto traduzido pelos autores.)

El Niño e La Niña

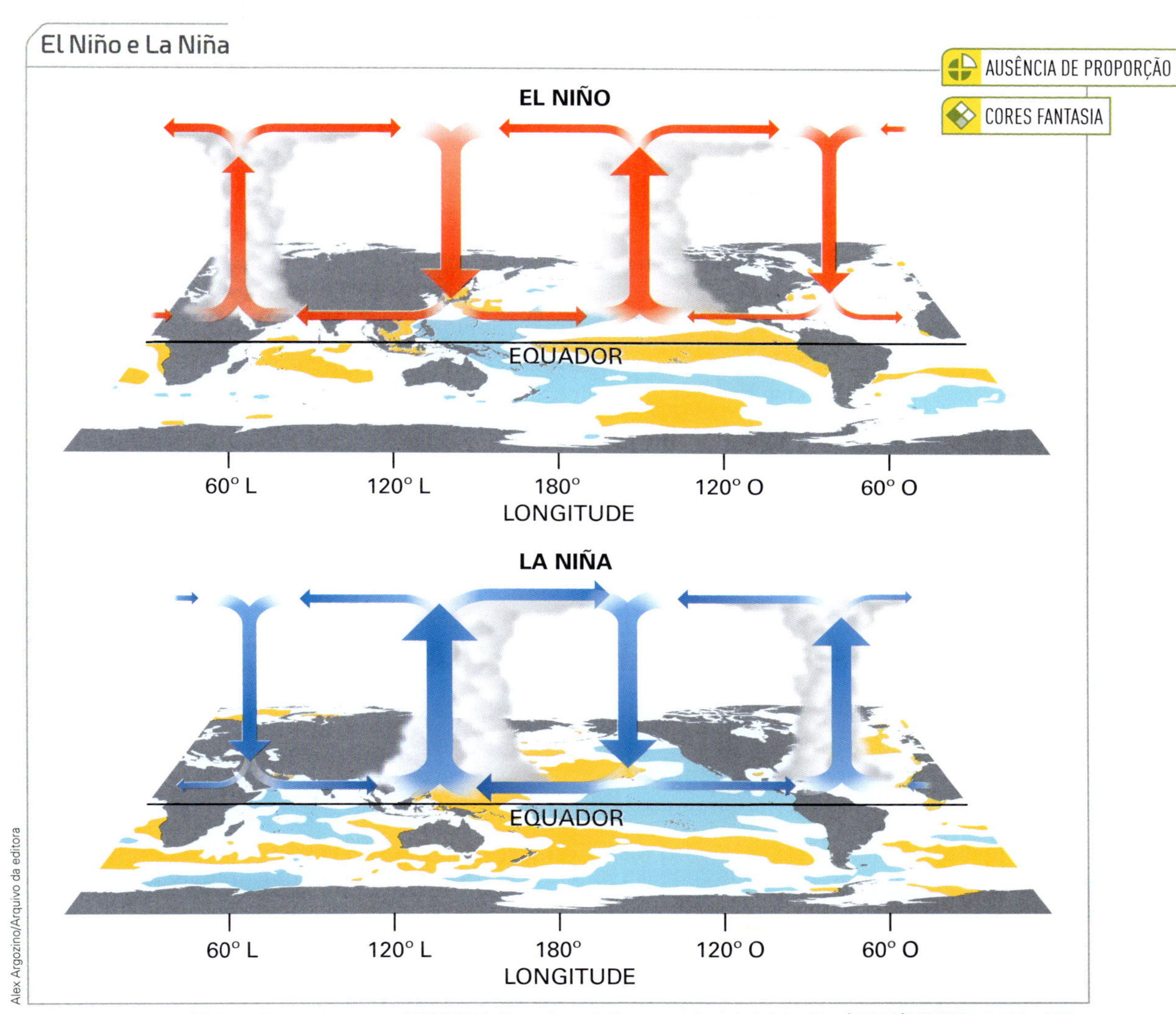

Elaborado com base em: NATIONAL Oceanic and Atmospheric Administration (NOAA). El Niño and La Niña: frequently asked questions. Disponível em: <https://www.climate.gov/news-features/understanding-climate/el-ni%C3%B1o-and-la-ni%C3%B1a-frequently-asked-questions>. Acesso em: 27 abr. 2018.

No fenômeno El Niño, observe que a temperatura do oceano Pacífico aumenta (na cor laranja), em sua porção central e a leste, o que desloca a circulação do ar para leste. Como consequência, a temperatura se eleva nas bordas do Pacífico e uma extensa área central fica sem chuva, o que altera os padrões normais de chuva em diversos continentes. Na América do Sul, observa-se uma intensificação da seca no semiárido e chuvas intensas no sudeste. No fenômeno La Niña, a temperatura superficial das águas do Pacífico diminui (na cor azul). Como resultado, observa-se o deslocamento da circulação do ar para leste de modo ainda mais intenso que no El Niño, o que acarreta mudanças no padrão de chuvas no sul da América do Norte e na faixa equatorial, que recebem menos chuvas, podendo até registrar secas mais prolongadas.

A proximidade ou a distância do mar determina, respectivamente, a maritimidade e a continentalidade. A **maritimidade** é a influência da umidade proveniente dos oceanos sobre uma localidade junto ao mar. Como a água armazena calor por mais tempo que o solo, lugares próximos ao mar tendem a apresentar menores amplitudes térmicas. Além disso, têm maiores taxas de precipitação.

A **continentalidade** afeta locais mais distantes do litoral, onde a amplitude térmica é maior por conta da velocidade mais rápida com que o solo perde calor, ou seja, não há o efeito amenizador térmico dos oceanos e o ar tende a ser mais seco. Esses fatores ajudam a explicar por que o hemisfério sul apresenta invernos menos rigorosos que o hemisfério norte, já que este possui mais terras emersas (acima do nível do mar) e, logo, sofre grande influência da continentalidade.

Microclima e ação humana

Apesar do predomínio dos tipos climáticos, existem pequenas áreas no interior da zona de ocorrência desses climas que apresentam uma situação climática diferente. Elas expressam um microclima, ou seja, um clima alterado por fatores locais, como altitude, relevo, urbanização ou cultivo agrícola, entre outros.

Uma área urbana pode apresentar temperaturas mais elevadas que seu entorno florestado. Já no interior de uma cidade, uma área com cobertura vegetal importante pode ter temperaturas mais amenas que o entorno. Nesses dois casos, a ação humana foi fundamental, pois o processo de urbanização é resultado do trabalho humano ao longo do tempo, configurando o espaço geográfico. Ou seja, a produção do espaço geográfico pode resultar em microclimas no interior de zonas climáticas.

Tal situação também pode ser encontrada em um campo cultivado. A remoção da cobertura vegetal original diminui a capacidade de sombreamento, o que aumenta a temperatura. Uma área com cultivo de soja, por exemplo, terá temperatura mais elevada do que uma reserva florestal junto a ela.

4. Paleoclima e mudanças climáticas

Camadas de rocha encontrada no Parque Geológico do Varvito, Itu (SP), 2018. As camadas mais claras e finas indicam clima mais seco.

Sidney Cardoso/Fotoarena

Ao longo de sua existência, a Terra passou por muitas transformações climáticas, que ficaram registradas nas rochas, nas camadas de gelo polares e nos fósseis. Os continentes nem sempre estiveram dispostos como nos dias atuais. As terras emersas, em razão do movimento das placas tectônicas e da deriva continental, mudaram de posição, o que modificou a influência dos oceanos e a atuação das massas de ar. Por isso, pode-se afirmar que no passado existiram muitos **paleoclimas**, que são climas específicos de um período geológico e que podem ser estudados por meio de fenômenos biológicos e geológicos.

Outra consequência do choque de placas tectônicas foi o soerguimento de partes da superfície terrestre, o que alterou a altitude. Mudanças nas superfícies terrestre e oceânica alteraram também a presença dos seres vivos no planeta.

Fenômenos astronômicos importantes determinaram profundas transformações no clima da Terra – por exemplo, mudanças na obliquidade (inclinação), no eixo, além da irregularidade da órbita do planeta, que ocorrem em períodos de dezenas de milhares de anos.

Essas dinâmicas astronômicas provocaram inúmeros períodos glaciais – quando os climas do planeta, em média, eram bem mais frios – e períodos interglaciais – mais quentes. A duração desses períodos foi bastante variada. Os eventos glaciais e interglaciais mais estudados são referentes à Era Cenozoica, principalmente a época do Pleistoceno, marcada pela ocorrência de pelo menos dez glaciações, quando a média de temperatura era de 4 °C abaixo da atual, e que influenciaram o clima, o relevo e a distribuição da vida no planeta.

Durante os períodos glaciais, em razão do resfriamento da temperatura do ar, dos continentes e dos oceanos, as geleiras se distribuíram por extensas áreas, aumentando o albedo planetário, o que contribuiu para a redução do aquecimento. A contração e o congelamento das águas dos oceanos levaram a um rebaixamento do nível médio do mar em até 70 metros do verificado atualmente, com a exposição das plataformas continentais. Em contrapartida, durante as máximas interglaciais, o nível do mar chegou dezenas de metros acima do nível de hoje, com importantes avanços das águas marinhas sobre os continentes.

Essas mudanças alteraram a influência das geleiras nos climas regionais, além de terem afetado a distribuição dos seres vivos à medida que os lugares se tornavam mais quentes ou menos quentes, secos ou úmidos.

Mudanças climáticas e ação humana

Por causa dessas alterações, o planeta foi afetado por muitas mudanças climáticas. Entretanto, nas últimas décadas, muitos pesquisadores passaram a destacar como as atividades humanas têm levado à intensificação do aquecimento do planeta pelo agravamento do chamado **efeito estufa**, processo de retenção da radiação infravermelha na baixa atmosfera, que mantém parte do calor do Sol.

Os gases lançados pelas indústrias, pela agricultura e, principalmente, pela queima de combustíveis fósseis (carvão e petróleo) em motores de veículos ou para gerar energia retêm parte da radiação infravermelha, o que amplia o aquecimento na troposfera. Essa situação pode repercutir nos ecossistemas, na oferta de alimentos, nas áreas costeiras, na distribuição da população e na oferta de água pela alteração das chuvas com sérias implicações na saúde pública.

Cientistas em todo o mundo buscam entender melhor as complexidades do sistema climático, principalmente a participação da humanidade nesse processo. Para muitos pesquisadores, as atividades humanas só podem provocar mudanças na escala geográfica local ou regional, mas não global. Porém, a ciência que estuda as mudanças climáticas avançou muito nos últimos anos e afirma que não é possível explicar o grau e a velocidade do aquecimento do planeta sem considerar o fator humano.

Diante dos impactos das mudanças climáticas, buscam-se soluções para diminuir as emissões de gases de efeito estufa, como o dióxido de carbono (CO_2) e o metano (CH_4), além de medidas para evitar que populações vulneráveis tenham de abandonar os lugares nos quais vivem por falta de água ou por excesso de chuvas, que podem inviabilizar sua forma de viver.

Como o problema envolve necessariamente uma ação conjunta de países, já que os efeitos das mudanças climáticas decorrem dos gases lançados no passado e não respeitam fronteiras políticas, os países negociam acordos internacionais para reduzir as emissões de gases que causam o efeito estufa. Porém, esses acordos são difíceis, uma vez que são necessárias grandes mudanças no modo de vida das sociedades, sobretudo dos países mais ricos – seus costumes e a comodidade, em sua maioria, levam a uma maior emissão de gases *per capita*.

Trânsito em Nova York, Estados Unidos, 2016. O tráfego de veículos contribui para a emissão de gases poluentes na atmosfera. Essa condição piora no inverno.

lazyllama/Shutterstock

5. Tipos de clima

Os tipos climáticos que ocorrem no planeta foram definidos por pesquisadores que utilizaram determinados critérios, cujos aspectos foram confirmados por evidências. O climograma é um importante recurso nesse processo, pois ele indica características sazonais de manifestações climáticas no planeta (relação entre temperatura e precipitação ao longo de determinado período). Veja nestas páginas exemplos de classificação.

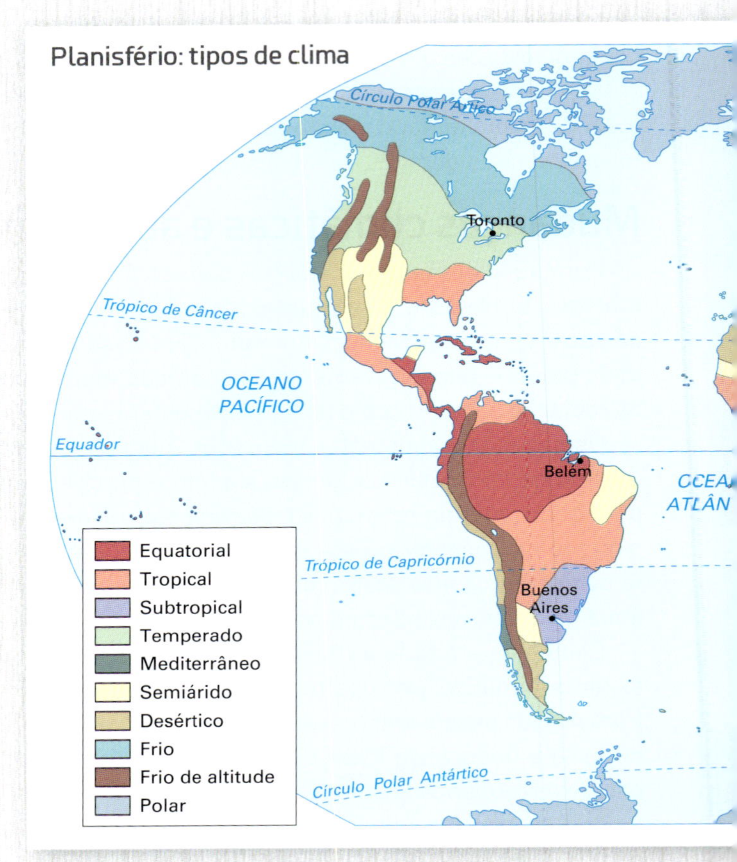

Elaborado com base em: CALDINI, Vera; ÍSOLA, Leda. *Atlas geográfico Saraiva*. São Paulo: Saraiva, 2013. p.170; IBGE. *Atlas geográfico escolar*. 7. ed. Rio de Janeiro: IBGE, 2016. p. 58.

Frio
Marcado por invernos bastante longos e rigorosos e verões amenos (até 10 °C). Apresenta grande umidade o ano todo (cerca de 70%), mas baixo volume de precipitação (até 400 mm).

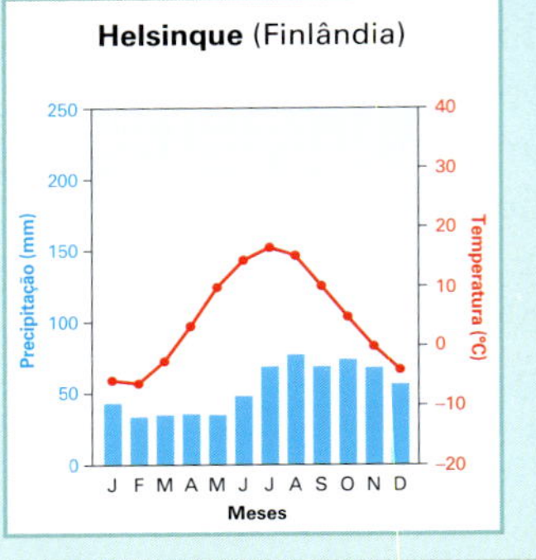
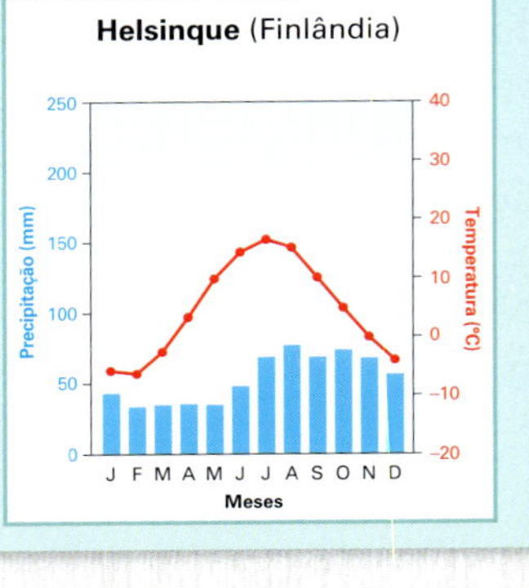

Temperado
Apresenta as quatro estações do ano bem definidas. No verão, a temperatura pode chegar a 15 °C, enquanto no inverno cai para menos de 0 °C. A amplitude térmica é maior que a do clima tropical, sobretudo em áreas mais sujeitas aos efeitos da continentalidade.

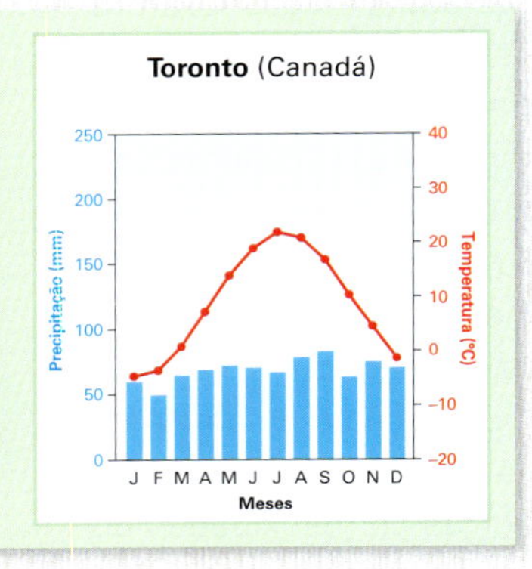

Equatorial
Apresenta temperaturas elevadas (média acima de 25 °C), baixa amplitude térmica e grande pluviosidade (média acima de 2 000 mm) ao longo de todo o ano, por conta de forte insolação, atuação das massas de ar quentes e úmidas, grande evaporação dos corpos de água e evapotranspiração da vegetação. Não apresenta estações definidas.

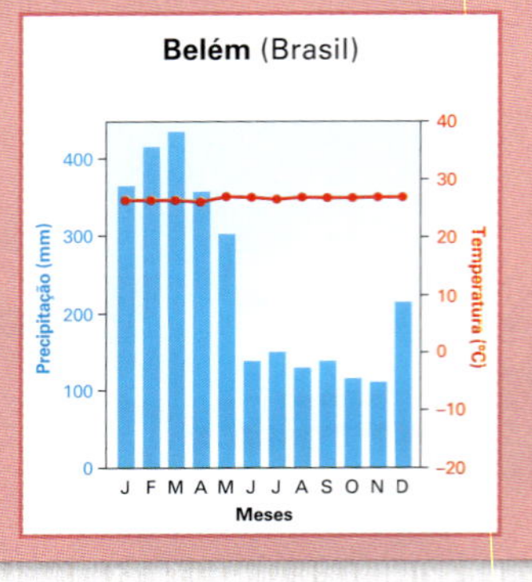

Subtropical
Situado entre as latitudes 30° e 50°, constitui uma transição entre o clima tropical e o temperado. Sua temperatura média anual situa-se abaixo de 20 °C. Apresenta verões quentes e invernos frios, sem estações secas.

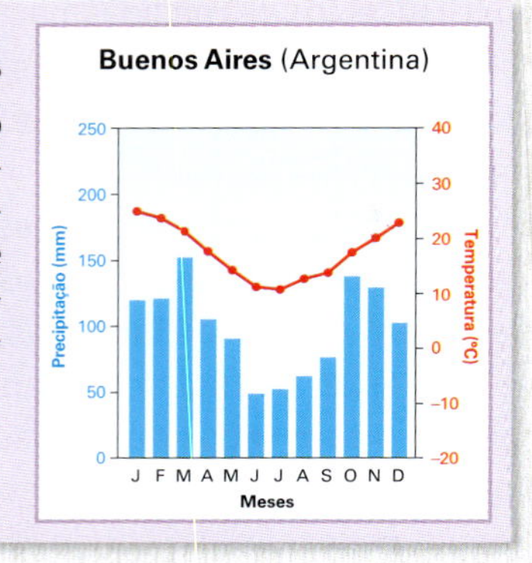

Elaborados com base em: NATIONAL Drought Mitigation Center – NDMC. Disponível em: <http://drought.unl.edu/droughtbasics/whatisclimatology/climographsforselectedinternationalcities.aspx>. Acesso em: 28 abr. 2018; YR. Himachal Pradesh. Disponível em: <www.yr.no/place/India/Himachal_Pradesh/Anandaln_The_Himalayas/statistics.html>. Acesso em: 28 abr. 2018; CLIMATE-DATA.ORG. Climate: Murmansk. Disponível em: <https://en.climate-data.org/location/3338/>. Acesso em: 28 abr. 2018.

Polar

Verificado nas proximidades dos círculos polares, caracteriza-se por temperaturas muito baixas o ano todo (entre 10 °C e abaixo de –40 °C). A baixa insolação no inverno configura uma estação que pode durar meio ano e, no verão, o albedo decorrente da neve dificulta o aquecimento de regiões que já recebem pouca insolação.

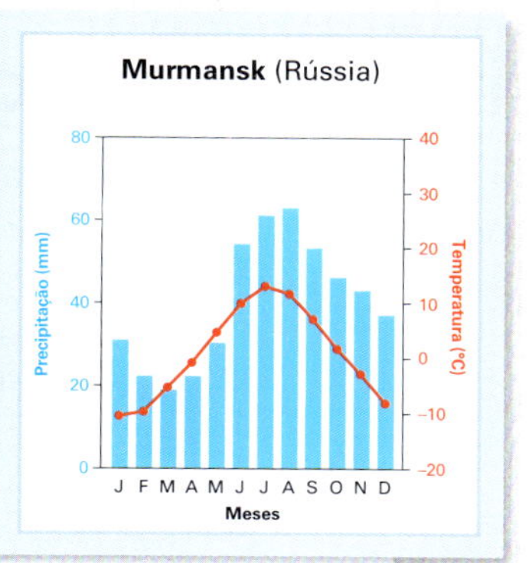

Frio de altitude

Fortemente influenciado pela altitude. Marcado por baixíssimas temperaturas ao longo do ano todo. Apresenta elevada pluviosidade, de acordo com a latitude e as características do relevo, combinada à ação dos ventos.

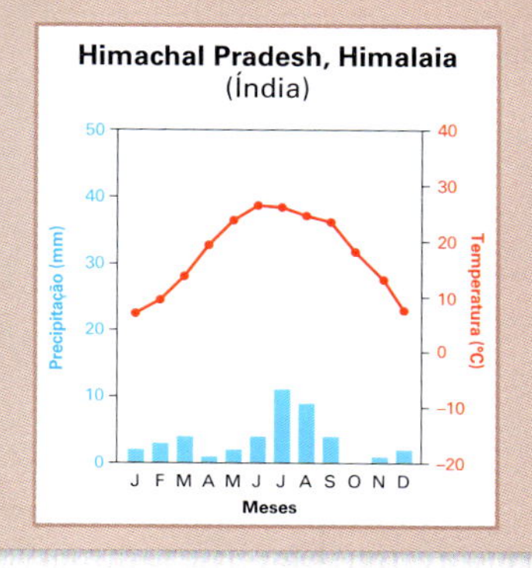

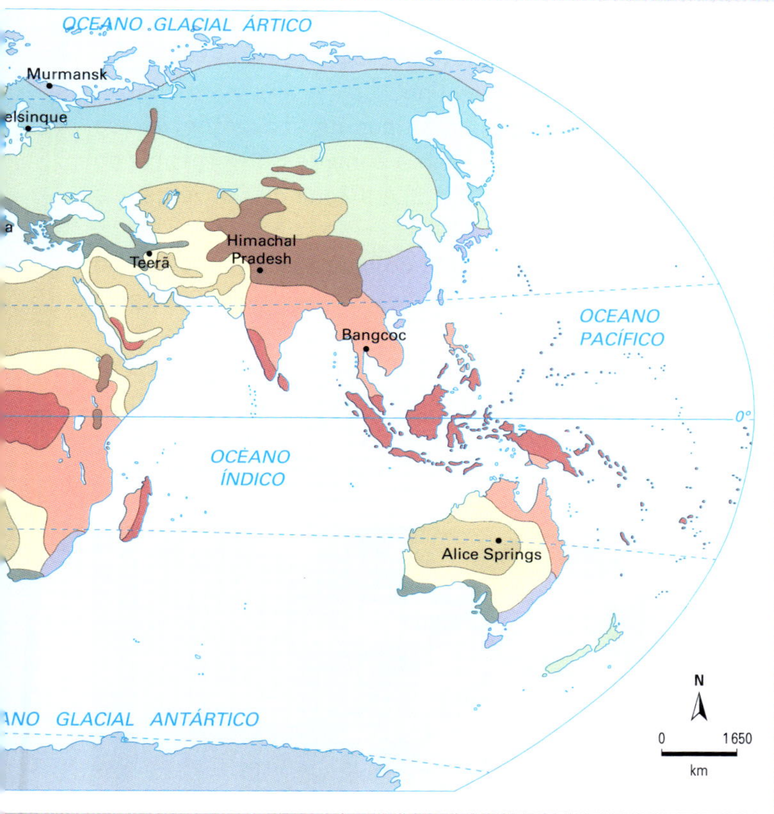

Mediterrâneo

Tipo de clima temperado que apresenta invernos úmidos e menos rigorosos e verões quentes e secos.

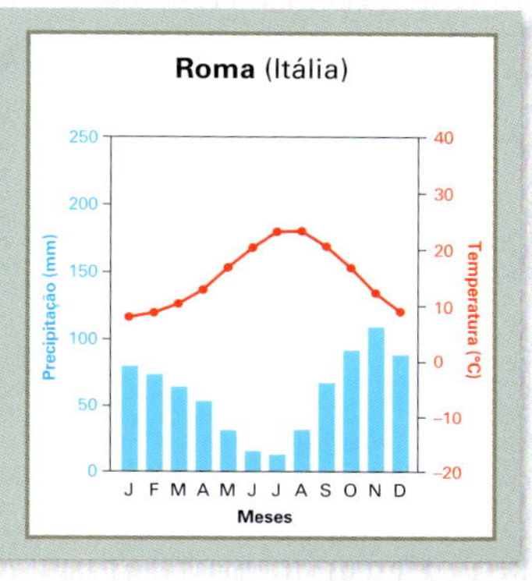

Tropical

Assim como o clima equatorial, é marcado por altas temperaturas (média acima de 18 °C), mas com amplitude térmica um pouco maior que a do clima equatorial. As estações seca e úmida são bem definidas e geralmente não ocorre estação fria.

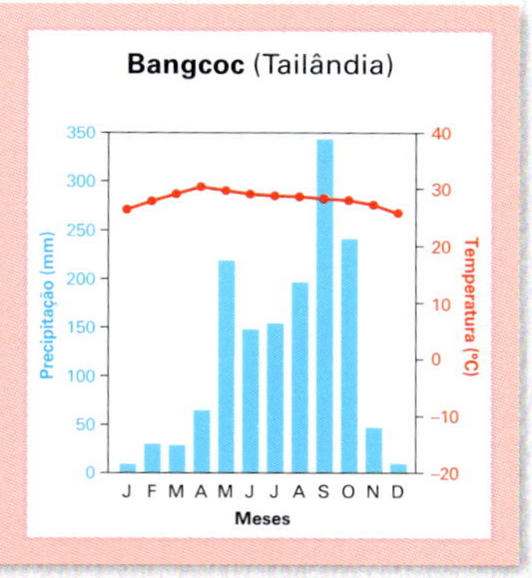

Semiárido

Definido principalmente pela baixa umidade e pelo baixo volume de precipitação (menos de 500 mm anuais), distribuído de maneira irregular ao longo do ano. Situado tanto na zona tropical como na temperada, apresenta baixa amplitude térmica anual.

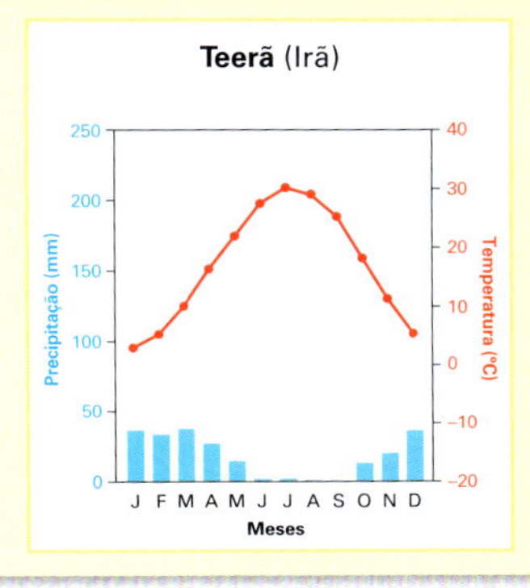

Desértico

Diferencia-se pela grande amplitude térmica diária e anual, além de baixíssima pluviosidade (inferior a 250 mm anuais). Ocorre em regiões tropicais ou temperadas. O clima desértico quente geralmente ocorre na costa ocidental dos continentes, já o clima desértico frio localiza-se em áreas no interior dos continentes, influenciadas pelo relevo.

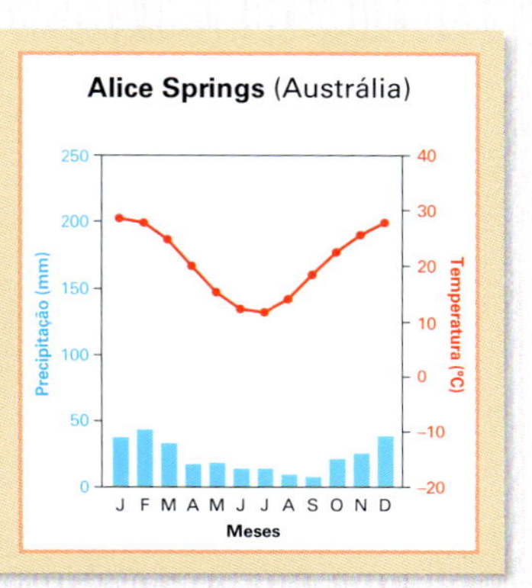

Climogramas e mapa: Banco de imagens/Arquivo da editora

6. Classificações dos climas no Brasil

Grande parte do território brasileiro está na faixa tropical, a que recebe maior insolação ao longo do ano e, consequentemente, maior exposição à energia do Sol e à ação das massas de ar.

No Brasil, a Zona de Convergência Intertropical (ZCIT) costuma ocorrer no litoral do Nordeste, em especial no período de fevereiro a maio. Quando ela penetra na superfície terrestre, leva consigo umidade e chuva ao Sertão. Mas ela também pode ficar mais afastada no litoral, e as chuvas se tornam raras, inclusive no litoral nordestino.

Há outros dois tipos de convergência que ocorrem no Brasil: a Zona de Convergência do Atlântico Sul (ZCAS) e a Zona de Convergência de Umidade (ZCOU).

A ZCAS resulta do bloqueio de uma massa de ar fria sobre o Sudeste, que é alimentada pela umidade advinda da Amazônia. Quando ela ocorre, registram-se longos períodos chuvosos. Por sua vez, a ZCOU é um fenômeno semelhante à ZCAS, porém, com duração de pelo menos quatro dias. Ambas são mais frequentes no verão.

Brasil: principais massas de ar

Banco de imagens/Arquivo da editora

Equador
50° O
0°
OCEANO ATLÂNTICO
Trópico de Capricórnio
OCEANO PACÍFICO
Ec
Ea
Tc
Ta
Pa
N
0 555 km
Equatorial Continental
Equatorial Atlântica
Tropical Continental
Tropical Atlântica
Polar Atlântica

Elaborado com base em: SIMIELLI, Maria Elena. *Geoatlas*. São Paulo: Ática, 2013. p. 119.

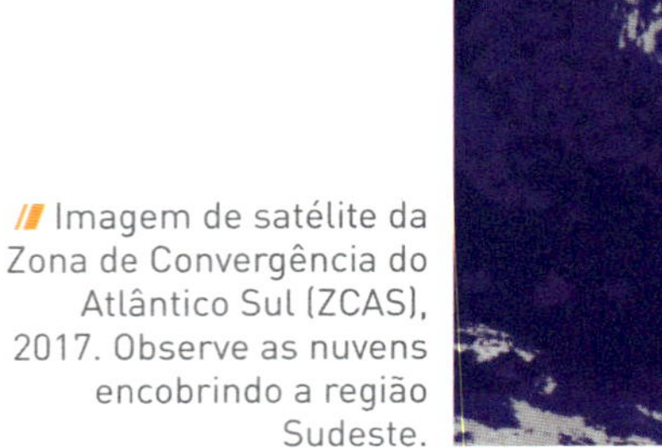

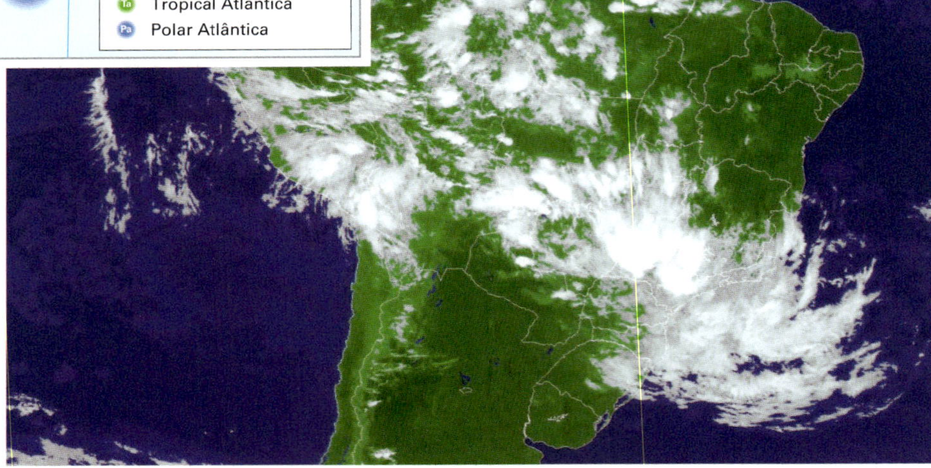

DSA/CPTEC/INPE

Imagem de satélite da Zona de Convergência do Atlântico Sul (ZCAS), 2017. Observe as nuvens encobrindo a região Sudeste.

Tipos de clima do Brasil

A classificação do clima mais utilizada é a de Arthur Strahler (1918-2002), geólogo indiano. Com base na atuação das correntes marítimas e das massas de ar, ele distinguiu cinco grandes tipos de clima atuantes no território brasileiro.

O clima **equatorial úmido** é marcado pela ação dos ventos alísios e da Massa Equatorial Continental (mEc). Apresenta temperaturas elevadas o ano todo (entre 24 °C e 27 °C) e elevada pluviosidade (acima de 1 500 mm/ano e superior a

2 500 mm/ano em muitas localidades), bem distribuídas. A amplitude térmica é baixa, por conta do papel da vegetação na regulação climática, que proporciona maior umidade do ar em função da evapotranspiração, conservando mais a radiação solar. Eventualmente, no inverno, a Massa de ar Polar Atlântica (mPa) chega à zona do clima equatorial úmido ao penetrar terras baixas interiorizadas. Esse fenômeno é conhecido como **friagem**, pois conduz à diminuição rápida da temperatura.

O clima **tropical** é o de maior atuação no país e caracterizado por duas estações definidas: uma estação quente e chuvosa; a outra, seca e com temperaturas mais amenas (ainda acima de 18 °C). Portanto, apresenta maior amplitude térmica do que o clima equatorial úmido. Essa alternância se deve à influência de diferentes massas de ar. No verão, a ação da Massa Equatorial Continental (mEc) eleva a umidade. Sobretudo no inverno, por sua vez, a influência da Massa de ar Tropical Atlântica (mTa) é maior e, ao perder a umidade em direção ao interior (continentalidade), diminui o volume de chuvas (média anual de 1 500 mm).

O clima **tropical semiárido** é marcado pela grande escassez de chuvas e significativa irregularidade pluviométrica (média inferior a 600 mm), com precipitações mal distribuídas ao longo do ano, em geral. Costumam ocorrer longos períodos de estiagem, que chegam a seis anos em alguns casos, com grande repercussão social. Como as temperaturas são bastante elevadas (média acima de 26 °C), o *deficit* hídrico é muito grande. As causas dessas condições de aridez são complexas: envolvem o relevo e a presença de uma zona de alta pressão, fatores que dificultam a ação das massas de ar úmidas (Continental, Atlântica e Polar), que poderiam provocar chuvas. A dinâmica de temperatura das águas oceânicas também pode contribuir para a formação dessas condições.

O clima **litorâneo úmido** sofre grande influência da Massa de ar Tropical Atlântica (mTa) ao longo de todo o ano, e também da Massa Polar Atlântica, em especial no inverno. As temperaturas são quentes durante o ano, mas a amplitude térmica é bem maior que em relação ao clima equatorial (médias entre 18 °C e 26 °C). A umidade é reduzida durante a estação mais fria, mas mesmo assim é significativa (entre 1 500 mm e 2 000 mm por ano). A configuração do relevo também é um fator muito importante para entender as dinâmicas das zonas de ocorrência desse tipo climático.

O clima **subtropical úmido** também é marcado pela ação da Massa Tropical Atlântica. Desse modo, a umidade faz-se presente ao longo do ano todo (entre 1 000 mm e 2 000 mm). As temperaturas médias anuais situam-se em geral entre 18 °C e 22 °C, mas a amplitude térmica é relevante (cerca de 10 °C). As quatro estações do ano são mais marcadas que no restante do país.

Brasil: tipos climáticos, segundo Strahler

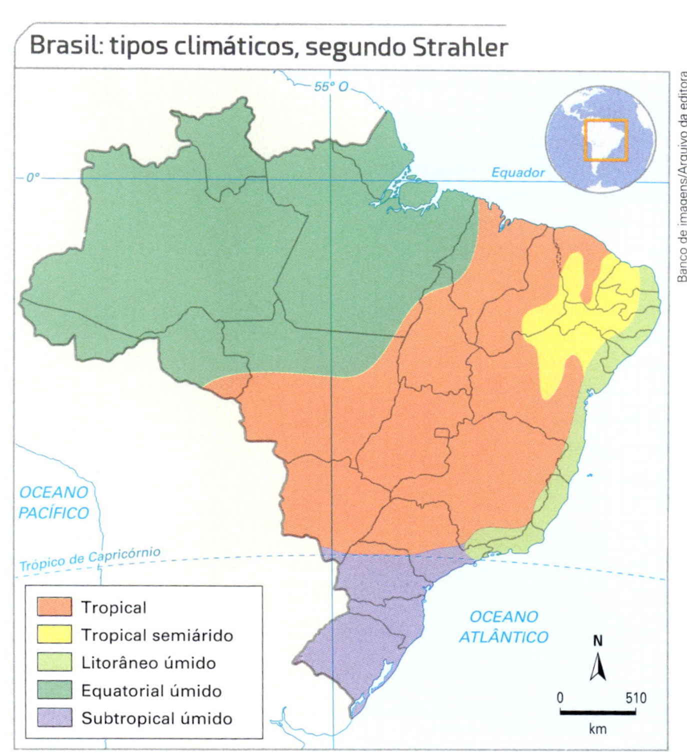

Elaborado com base em: GALVANI, Emerson. Unidades climáticas brasileiras. Disponível em: <www.geografia.fflch.usp.br/graduacao/apoio/Apoio/Apoio_Emerson/Unidades_Climaticas_Brasileiras.pdf>. Acesso em: 28 abr. 2018.

O geógrafo russo Wladimir Köppen (1846-1940), com a colaboração de Rudolf Geiger (1894-1981), distinguiu um grande conjunto de climas, identificando-os por códigos, com duas ou três letras.

A primeira letra, maiúscula, remete aos grupos climáticos principais verificados no mundo: tropicais chuvosos (A); secos (B); temperados chuvosos e moderadamente quentes (C); frios com neve e floresta (D); polares (E); e de terras altas (H).

A segunda letra aponta as características da precipitação: umidade durante o ano todo (f); de monção com estação seca e chuvas intensas em outros períodos do ano (m); chuva de verão (w); estação seca de verão (S); e estação seca de inverno (W).

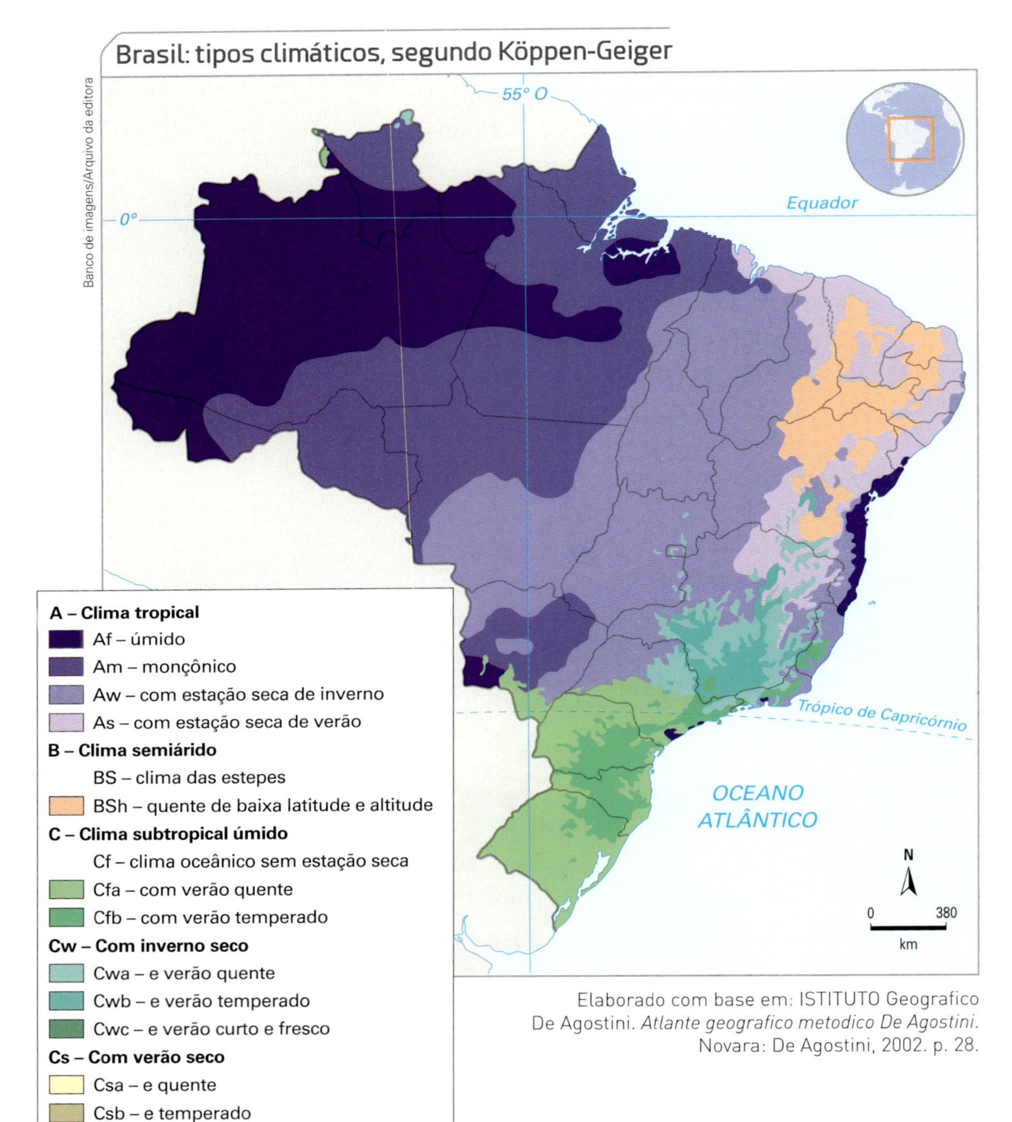

Elaborado com base em: ISTITUTO Geografico De Agostini. *Atlante geografico metodico De Agostini*. Novara: De Agostini, 2002. p. 28.

A terceira letra informa as condições de temperatura: verão quente com médias acima de 22 °C (a); verão quente moderado, com médias inferiores a 22 °C (b); verão breve e frio moderado (c); e inverno muito frio e médias inferiores a –38 °C no mês mais frio (d). Em relação a regiões áridas, a letra (h) indica clima quente, com temperatura média anual acima de 18 °C; (k) aponta clima moderadamente frio, com médias inferiores a 18 °C.

As classificações dos climas brasileiros diferem em função da escala geográfica escolhida e dos fatores climáticos considerados. A classificação de Strahler foi feita com base na movimentação das massas de ar, enquanto a de Köppen-Geiger especifica as características do clima.

Cartografando

1. Observe o mapa acima e responda: Onde ocorrem os principais tipos climáticos brasileiros?

2. Qual o tipo climático da unidade da Federação onde você mora? Faça uma investigação mais detalhada sobre os elementos e os fatores que o caracterizam.

O IBGE produziu uma interpretação própria do clima do Brasil, com base em fatores como temperatura, precipitação e sazonalidade.

Brasil: tipos climáticos, segundo o IBGE

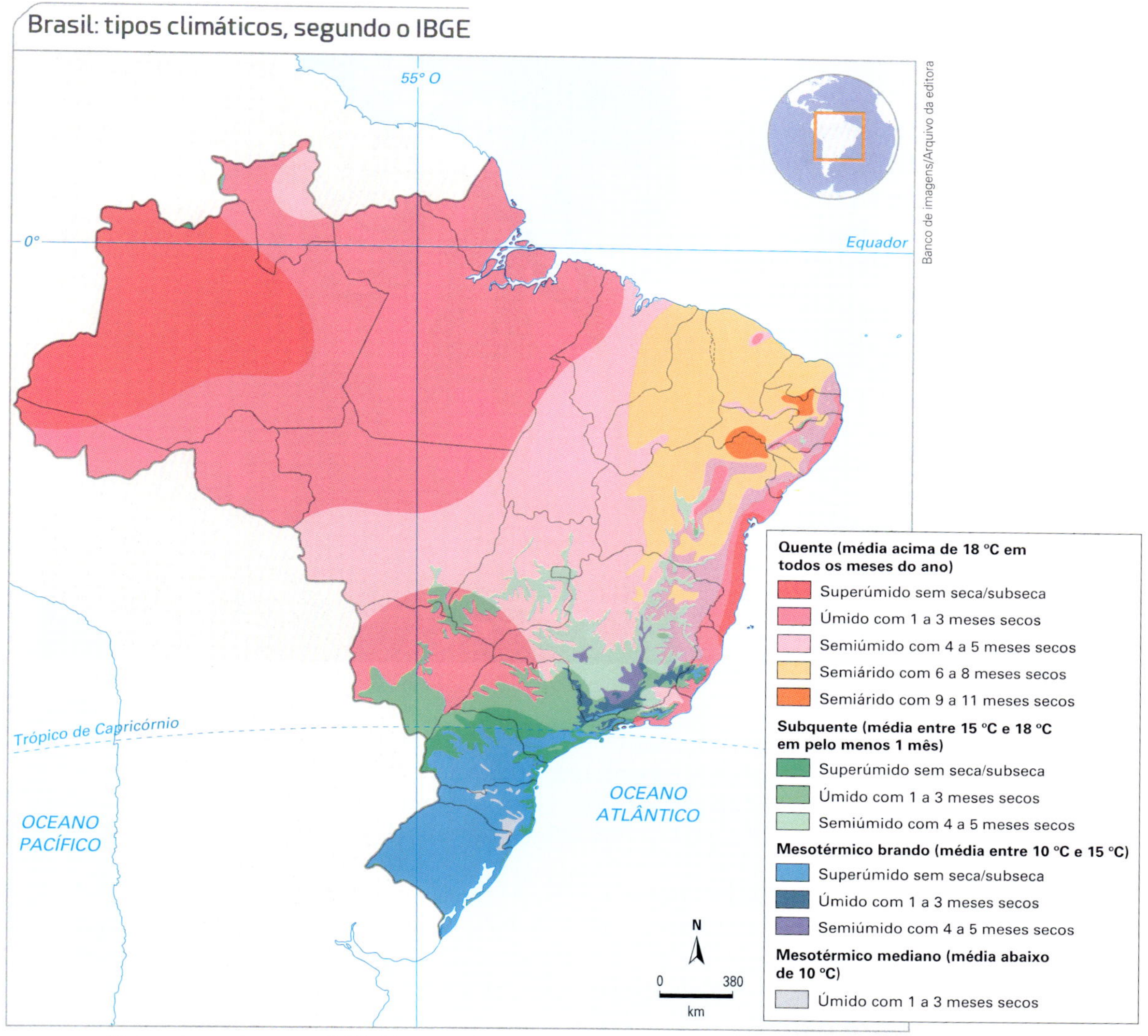

Elaborado com base em: IBGE. *Atlas geográfico escolar*. 7. ed. Rio de Janeiro: IBGE, 2016. p. 99.

Clima e sociedade no Brasil

Entender a dinâmica que caracteriza o clima de uma localidade é fundamental para sociedades e governos escolherem desde o padrão das habitações até as atividades econômicas que pretendem desenvolver.

No Brasil, as chuvas abundantes podem ser aproveitadas para gerar energia, cultivar alimentos e abastecer as cidades. Porém, as chuvas não estão distribuídas de forma igual por todo o país. Grande parte do Sertão nordestino, por exemplo, passa por longos períodos de estiagem, com pouca ou nenhuma chuva, os quais podem durar meses e até se prolongar por anos, acarretando grandes dificuldades sociais e econômicas. Nos últimos anos, obras de infraestrutura permitiram à população que vive nessa região enfrentar melhor os períodos de estiagem, como a construção de cisternas, que captam a água das chuvas e garantem o abastecimento em períodos de seca. Desse modo, as pessoas conseguem cozinhar, plantar e criar animais.

Diálogo com Arte e Literatura

A seca nos estados do Nordeste tem sido retratada por diversos artistas e escritores brasileiros.

A obra *Retirantes*, de 1944, foi pintada por Candido Portinari (1903-1962), um dos artistas plásticos brasileiros mais conhecidos no mundo. A pintura retrata uma família de retirantes em uma paisagem sertaneja marcada pela seca.

O trecho a seguir é parte do livro *Vidas secas*, de Graciliano Ramos (1892-1953), publicado em 1938. Ele também retrata diferentes acontecimentos da trajetória de uma família de retirantes nordestinos.

Retirantes, de Candido Portinari, 1944 (óleo sobre tela, de 190 cm x 180 cm).

Vidas secas

Na planície avermelhada os juazeiros alargavam duas manchas verdes. Os infelizes tinham caminhado o dia inteiro, estavam cansados e famintos. Ordinariamente andavam pouco, mas como haviam repousado bastante na areia do rio seco, a viagem progredira bem três léguas. Fazia horas que procuravam uma sombra. A folhagem dos juazeiros apareceu longe, através dos galhos pelados da catinga rala.

Arrastaram-se para lá, devagar, Sinhá Vitória com o filho mais novo escanchado no quarto e o baú de folha na cabeça, Fabiano sombrio, cambaio, o aió a tiracolo, a cuia pendurada numa correia presa ao cinturão, a espingarda de pederneira no ombro. O menino mais velho e a cachorra Baleia iam atrás.

Os juazeiros aproximaram-se, recuaram, sumiram-se. O menino mais velho pôs-se a chorar, sentou-se no chão.

– Anda, condenado do diabo, gritou-lhe o pai.

Não obtendo resultado, fustigou-o com a bainha da faca de ponta. Mas o pequeno esperneou acuado, depois sossegou, deitou-se, fechou os olhos. Fabiano ainda lhe deu algumas pancadas e esperou que ele se levantasse. Como isto não acontecesse, espiou os quatro cantos, zangado, praguejando baixo.

A catinga estendia-se, de um vermelho indeciso salpicado de manchas brancas que eram ossadas. O voo negro dos urubus fazia círculos altos em redor de bichos moribundos.

– Anda, excomungado.

O pirralho não se mexeu, e Fabiano desejou matá-lo. Tinha o coração grosso, queria responsabilizar alguém pela sua desgraça. A seca aparecia-lhe como um fato necessário – e a obstinação da criança irritava-o. Certamente esse obstáculo miúdo não era culpado, mas dificultava a marcha, e o vaqueiro precisava chegar, não sabia onde.

Tinham deixado os caminhos, cheios de espinho e seixos, fazia horas que pisavam a margem do rio, a lama seca e rachada que escaldava os pés.

Pelo espírito atribulado do sertanejo passou a ideia de abandonar o filho naquele descampado. Pensou nos urubus, nas ossadas, coçou a barba ruiva e suja, irresoluto, examinou os arredores. Sinhá Vitória estirou o beiço indicando vagamente uma direção e afirmou com alguns sons guturais que estavam perto. Fabiano meteu a faca na bainha, guardou-a no cinturão, acocorou-se, pegou no pulso do menino, que se encolhia, os joelhos encostados no estômago, frio como um defunto. Aí a cólera desapareceu e Fabiano teve pena. Impossível abandonar o anjinho aos bichos do mato. Entregou a espingarda a Sinhá Vitória, pôs o filho no cangote, levantou-se, agarrou os bracinhos que lhe caíam sobre o peito, moles, finos como cambitos. Sinhá Vitória aprovou esse arranjo, lançou de novo a interjeição gutural, designou os juazeiros invisíveis.

E a viagem prosseguiu, mais lenta, mais arrastada, num silêncio grande. [...]

RAMOS, Graciliano. *Vidas secas*. Rio de Janeiro: Record, 2010. p. 9-11.

1. Descreva as impressões que a pintura lhe provoca, considerando os diversos elementos representados pelo artista, assim como as cores predominantes e a técnica utilizada.
2. Quais são os elementos que mais chamaram a sua atenção no texto do escritor Graciliano Ramos? Comente.
3. Ao final, converse com os colegas sobre a questão da seca do Nordeste. Procure ir além dos aspectos retratados nas obras e avalie os fatores naturais e político-econômicos que marcam a relação da população dessa região com a disponibilidade e o acesso aos recursos hídricos.

Clima e agricultura no Brasil

No mapa de pluviosidade do Brasil é possível observar que as chuvas são frequentes em boa parte do território. Essa é uma das condições que levaram o país a se tornar um grande exportador de produtos agrícolas. Porém, nem todos os produtos cultivados são adequados à oferta de chuva.

É o caso do polo fruticultor do vale do Açu/Mossoró, no Rio Grande do Norte. Apesar de marcado pela escassez de chuvas, o uso de irrigação intensiva permitiu a produção de várias espécies de frutas, como melancia, melão e cítricos, que dependem de grande disponibilidade de água.

João Vital/Secretaria Extraordinária de Gestão de Projetos e Metas de Governo do Rio Grande do Norte

Plantação de melão em Mossoró (RN), 2014.

Brasil: pluviosidade média anual

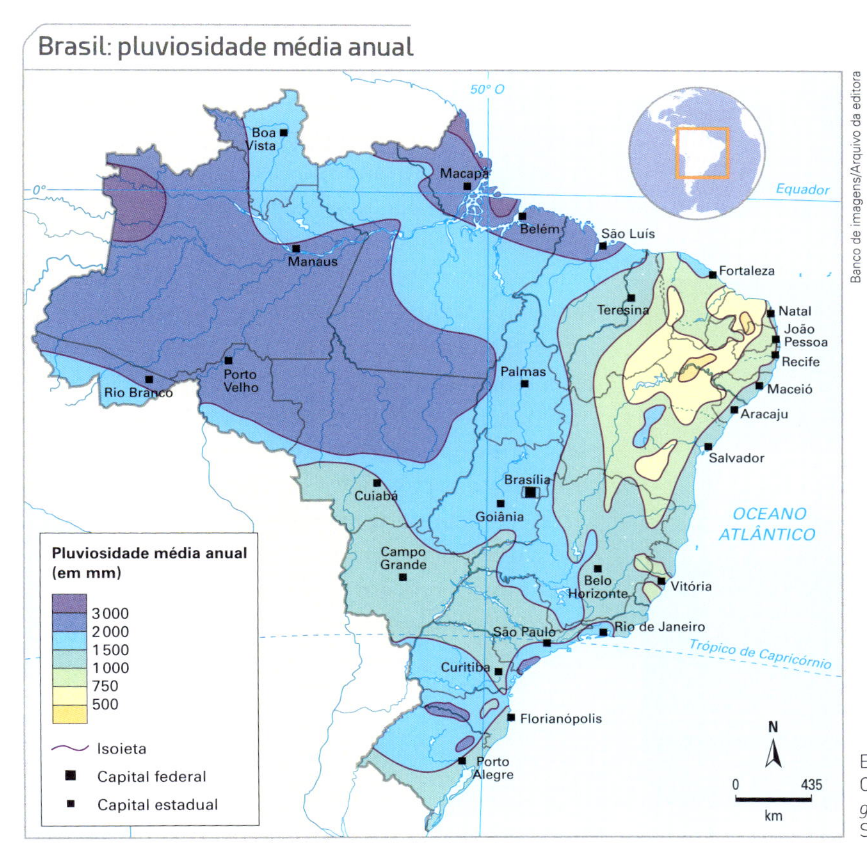

Elaborado com base em: CALDINI, Vera; ÍSOLA, Leda. *Atlas geográfico Saraiva*. São Paulo: Saraiva, 2013. p. 39.

Essa forma de produzir, porém, gera desigualdade de acesso às fontes hídricas. Também traz impactos ambientais em razão do uso intensivo da água para irrigação, como a diminuição dos cursos de água e a salinização do solo, já que a quantidade de sais aumenta em razão do volume de água retirado e do manejo inadequado desse recurso.

Em Goiás, Mato Grosso e Mato Grosso do Sul, a produção agropecuária é de grande importância para a economia do país, especialmente com a criação de gado e o cultivo de soja, milho e algodão. A agricultura é bem desenvolvida nesses estados porque as estações seca e chuvosa são definidas e não variam muito, o que facilita o planejamento da produção (preparo do solo, cultivo e colheita).

Clima e energia

A geração de energia no Brasil está associada às características climáticas do país, principalmente em relação à ocorrência de chuvas e a seu padrão. Segundo o Ministério de Minas e Energia (MME), em 2016, mais de 60% da produção de eletricidade foi proveniente de usinas hidrelétricas. Para funcionar, elas dependem da vazão dos rios e do regime das chuvas ao longo do ano para acumular água em reservatórios, que são usados para mover turbinas e produzir energia.

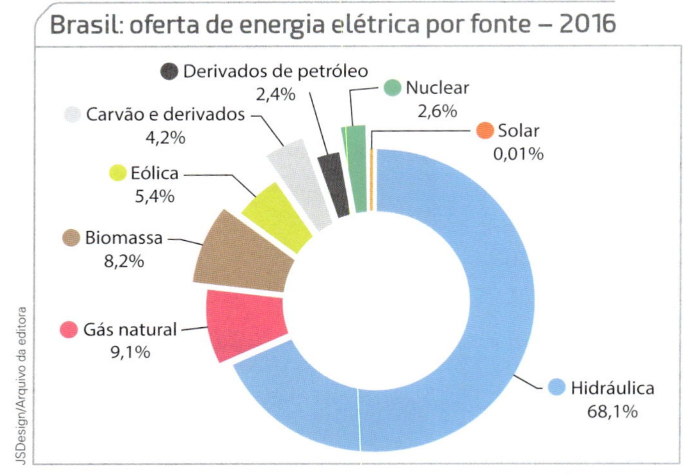

Elaborado com base em: EMPRESA de Pesquisa Energética. *Balanço Energético Nacional 2017*: ano base 2016. Rio de Janeiro: EPE, 2017. p. 16.

Outra parcela importante da energia no Brasil vem da biomassa, gerada por plantas que são transformadas em produtos energéticos, como o etanol (obtido da cana-de-açúcar, do milho e da beterraba) e o biodiesel (produzido a partir de vegetais oleaginosos, como soja, girassol, mamona, amendoim e dendê). Esses cultivos dependem das condições climáticas específicas de cada localidade, como a umidade para o desenvolvimento da planta.

A produção de energia eólica é outro exemplo da relação entre clima e sociedade. Destaca-se a produção do Rio Grande do Norte, Bahia, Rio Grande do Sul e Ceará, que recebem ventos intensos em grande parte do ano. A participação da geração eólica no Brasil tem aumentado nos últimos anos. Segundo o Ministério de Minas e Energia, em 2016 ela correspondeu a 5,4% de toda a energia elétrica gerada no país.

Ainda que o Brasil esteja situado, em sua maior parte, nos trópicos, a elevada insolação ainda é pouco aproveitada para gerar energia. Países com menor incidência de luz do Sol, como a Alemanha, produzem mais energia solar que o Brasil. O uso dessa fonte ainda é muito pequeno se comparado a outras fontes de energia.

Cadu Rolim/Fotoarena

Parque eólico em São Miguel do Gostoso (RN), 2017. O Rio Grande do Norte é o estado que lidera a produção de energia eólica no país.

Chuvas e áreas de risco

Eventos extremos relacionados à ocorrência de chuvas intensas, como enchentes e movimentos de massa provocados pelo deslizamento de material sobre rochas, são muito comuns em boa parte do território por causa das características climáticas do Brasil.

A movimentação de terra pode ocorrer com chuvas moderadas de longa duração ou com chuvas intensas. A penetração da água satura o solo, que se movimenta pela ação da gravidade, arrastando tudo que está à frente. Esses eventos são frequentes em muitos municípios do país, com sérios impactos e perda de vidas.

Chuvas e pressão social

Existe um paradoxo no Brasil: alguns sofrem com o excesso de chuvas e outros padecem pela escassez de água. E, ainda pior, algumas pessoas são afetadas pelas duas situações extremas.

Na área sob o clima semiárido, que chega a mais de 1,1 milhão de quilômetros quadrados, segundo a Superintendência de Desenvolvimento do Nordeste (Sudene), verificam-se condições naturais de excepcionalidade diante das demais áreas tropicais brasileiras. O vazio de precipitações geralmente abrange de seis a sete meses no sertão (parte do outono e o inverno todo). O volume de chuvas é de 260 mm a 800 mm, muito menor que o verificado no restante do país, sobretudo no litoral e na Amazônia (reveja o mapa de pluviosidade média anual no Brasil, na página 113).

Nessa porção do território brasileiro desenvolveu-se um conjunto de cidades importantes, como Campina Grande (PB), Feira de Santana (BA), Caruaru (PE), Picos (PI), Quixadá e Sobral (CE), entre outras. Esses centros sofrem com o agravamento de problemas urbanos, como a falta de água para abastecimento, o inchaço urbano, impermeabilização do solo, desproteção dos corpos de água existentes, etc.

Desde o século XIX, governantes locais, regionais e nacionais têm tomado uma série de medidas para amenizar os problemas causados pela seca, como a construção de reservatórios para abastecimento de água (diques e cisternas) e até mesmo a transposição de rios, como o São Francisco. Por outro lado, tais políticas sempre levantaram polêmicas sobre seus verdadeiros interesses e beneficiários.

No início do século XXI, o governo federal criou um programa de construção de cisternas, que visava construir mais de um milhão de sistemas de coleta de água da chuva. Essa água serve para uso humano, mas também para a irrigação de pequenas áreas agrícolas, o que garante a sobrevivência dos moradores e sua permanência no local de origem.

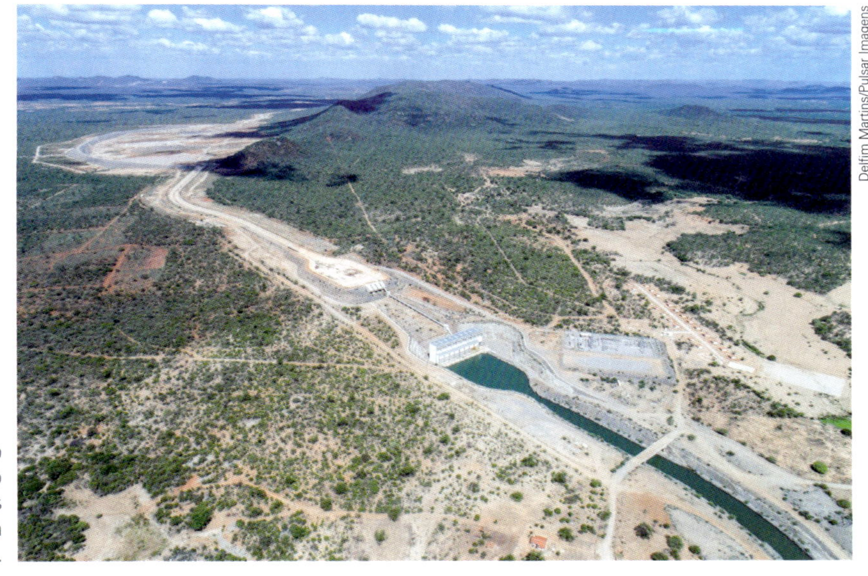
Delfim Martins/Pulsar Imagens

Obras de transposição do rio São Francisco em Salgueiro (PE), 2018. O projeto sofreu muitas críticas, entre elas, a perda irreversível de ecossistemas.

CIDADANIA E ACESSO À ÁGUA NO BRASIL

No Brasil, apesar da elevada pluviosidade, há muitos estados que enfrentam dificuldades para ter acesso à água, não somente os do Nordeste, mas também São Paulo e Brasília, a capital federal.

Texto 1

No condomínio Porto Rico, em Santa Maria, até junho, o abastecimento de água era normalizado ainda na manhã do dia seguinte ao corte. Agora, segundo o costureiro Fernando da Silva, 71 anos, a família fica até dois dias sem água. "Sempre é um sufoco, temos que encher todos os tambores e garrafas da casa para ter o que beber e tomar banho", conta o homem. O lote de 300 metros quadrados, onde o costureiro mora, abriga mais 10 pessoas. São duas casas pequenas e um estúdio de costura. "Parece descuido, mas nós nunca imaginamos viver um racionamento, então achava luxo ter uma caixa-d'água, preferia comprar o básico. Mas, pelo visto, agora vou ter que adquirir uma", relata.

Na Guariroba, em Ceilândia, o serviço também vem demorando mais a ser normalizado. "Agora, chegamos a ficar dois dias sem água. No primeiro dia, usamos os reservatórios que temos em casa, mas no segundo é um caos", conta a estudante Marisa Ribeiro, 22. Segundo ela, a situação fica ainda pior no período de seca. "Está muito quente, a vontade que tenho é de tomar dois banhos ao dia, mas como que faz quando não tem água?", questiona. [...]

GRIGORI, Pedro. Dose dupla: seca em Brasília é problema à saúde e aos reservatórios. *Correio Braziliense*, 15 ago. 2017. Disponível em: <www.correiobraziliense.com.br/app/noticia/cidades/2017/08/15/interna_cidadesdf,617697/como-amenizar-os-efeitos-da-seca-em-brasilia.shtml>. Acesso em: 14 abr. 2018.

Texto 2

Moradores de diferentes regiões da capital paulista relatam falta de água nas torneiras e a mudança de hábitos para se adaptar ao problema, informou o *Bom Dia São Paulo* desta terça-feira [26/9/2017]. A Companhia de Saneamento Básico do Estado de São Paulo (Sabesp) diz que intensificou a prática de reduzir a pressão da água durante a madrugada depois da crise hídrica.

Gentil Pereira passou a armazenar água em garrafinhas, na região da Chácara Santo Antônio, Zona Sul da cidade. "Há dois anos isso virou rotina. À noite falta água e só retorna no dia seguinte", afirma o aposentado, que também teve que reduzir o tempo nos banhos.

Uma vizinha, que mora na mesma rua, confirma que a pressão é interrompida à noite e diz que a água volta suja. "A gente fica na dúvida se é saudável porque é uma água suja. Até o tanque fica com fundo avermelhado", conta a dona de casa Maria do Carmo Moraes.

O *site* da Sabesp reconhece: há redução de pressão na Chácara Santo Antônio todos os dias, das 23 horas até as 5 horas. Nesse período, uma válvula redutora fica acionada para diminuir a pressão da água que vai para as casas.

Na Vila Galvão, Zona Norte de São Paulo, a redução da pressão também acontece. O aposentado José Antônio Massom optou por adquirir uma caixa-d'água maior. "Eu tinha uma caixa de 500 litros, mas tive que aumentar para 1 mil litros. Também me ensinaram a fechar o registro à noite", sugere.

A esposa de José Antônio também se adaptou, reutilizando a água da máquina de lavar. "Eu acumulo água na máquina. Já deixo a máquina cheia de um dia para o outro porque não sei se vai ter no dia seguinte", diz Evalice Silveira Massom. [...]

HÁ três anos Sabesp reduz pressão da água em bairros de SP; saiba se você é afetado. *G1*, 26 set. 2017. Disponível em: <https://g1.globo.com/sao-paulo/noticia/ha-tres-anos-sabesp-reduz-pressao-da-agua-em-bairros-de-sp-saiba-se-voce-e-afetado.ghtml>. Acesso em: 13 abr. 2018.

Texto 3

A cidade de Venturosa (246 km do Recife) sofre sem água nas torneiras desde fevereiro de 2013. Pior: os moradores também sofrem com uma onda de diarreia e culpam a água ofertada por carros-pipa. [...]

Na cidade, a água comprada chama atenção pela cor amarelada. Ao chegar mais perto, é possível também perceber um odor diferente. "Já tive diarreia quatro vezes desde que comecei a receber essa água. A gente bota no tanque e com dois dias já tem larva dentro. Tem que colocar bastante cloro para matar, mas aí temos problema pelo cloro", conta o feirante José Cícero Tibúrcio, 49. [...]

Tibúrcio afirma que, para beber e cozinhar, após os casos de diarreia das filhas, passou a comprar água mineral. “Pago R$ 6 por um botijão de 20 litros. É terrível ter que gastar, mas faço especialmente pelas minhas filhas, que são pequenas e inocentes”, diz. [...]

Já a prefeitura acredita que a alta no número de casos de diarreia tem outra causa também. “A questão é a seguinte: a água vem de Garanhuns, não tem como ter controle porque ela é comprada como água mineral da fonte, é registrada. Fizemos testes e nunca encontramos nada de errado nela. A questão da diarreia deve estar relacionada a esse aquecimento. Estamos entrando no sétimo ano de seca, está ficando cada ano mais quente [...]”.

MADEIRO, Carlos. Venturosa, em Pernambuco, adoece com água suja e escassa. *Uol Notícias*, 22 dez. 2016. Disponível em: <https://noticias.uol.com.br/cotidiano/ultimas-noticias/2016/12/26/venturosa-em-pernambuco-adoece-com-agua-suja-e-escassa.htm#fotoNav=3>. Acesso em: 13 abr. 2018.

1. Analise e compare os diferentes discursos presentes em cada um dos textos. Aponte semelhanças e diferenças entre eles e discuta com seus colegas. Ao final, redija um texto com as principais considerações.

7. Hidrografia

A água, por ação da energia solar, da gravidade e mesmo da rotação do planeta, circula entre a superfície terrestre e a atmosfera. Nesse **ciclo hidrológico**, cuja velocidade depende das condições de cada ambiente (temperatura, altitude, relevo, tipo de solo, geologia, cobertura vegetal, entre outras), a água passa continuamente de um estado físico para outro (líquido, sólido ou gasoso).

O ciclo hidrológico sintetiza diversos processos. A radiação solar aquece os corpos de água superficiais (rios, lagos, mares e oceanos) e, por **evaporação**, segue para a atmosfera. A ação da gravidade faz o vapor de água, resfriado, passar por **condensação** (transformação do estado gasoso para o líquido) e alcançar a superfície por **precipitação**. Parte da água precipitada é interceptada pela vegetação e pode evaporar-se diretamente ou, ao ser absorvida, retornar por meio da evapotranspiração.

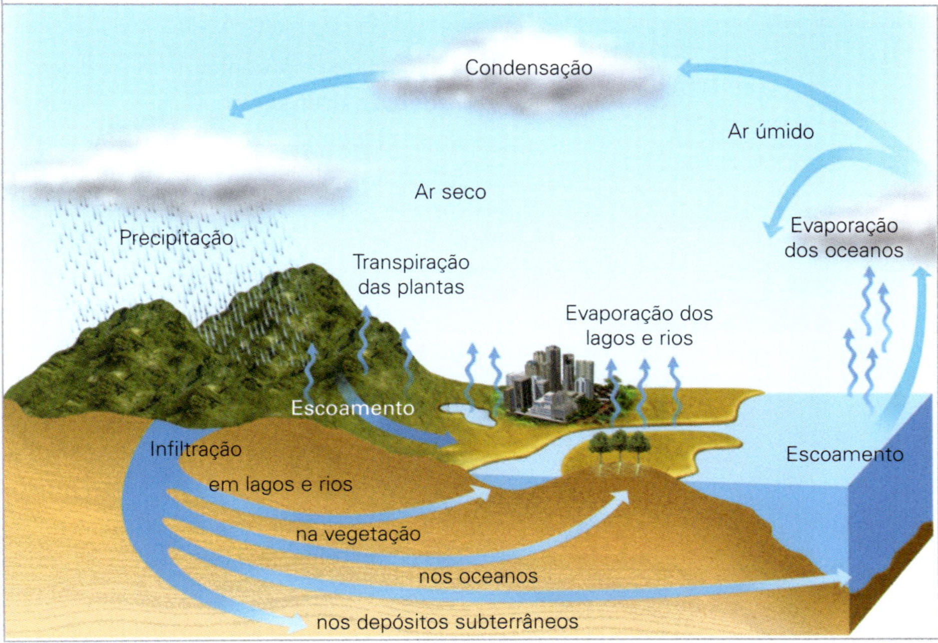

Luis Moura/Arquivo da editora

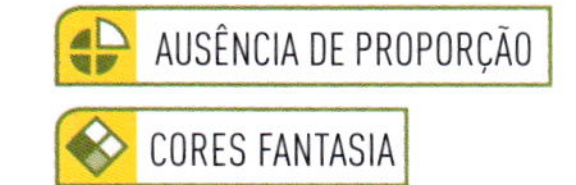

Elaborado com base em: TEIXEIRA, Wilson (Org.). *Decifrando a Terra*. 2. ed. São Paulo: Companhia Editora Nacional, 2009. p. 189.

No solo, a água também sofre evaporação direta, movimenta-se superficialmente dos rios para os oceanos por **escoamento** ou se infiltra por meio de poros, fissuras e fraturas em rochas e solos. Pela infiltração, chega ao topo da zona saturada (lençol freático) e contribui para a recarga hídrica subterrânea (aquíferos). Essa água, ao atingir a superfície emergindo das nascentes, alimenta o escoamento superficial, sujeito à evaporação. E assim segue o ciclo.

A circulação da água no planeta obedece a muitas dinâmicas naturais. Mas esse ciclo sofre grande influência das sociedades, que produzem e transformam o espaço geográfico. Por isso, muitos estudiosos afirmam que é possível falar também de um **ciclo social da água**.

O desmatamento e a impermeabilização do solo em áreas urbanas alteram os processos de infiltração, escoamento superficial e evapotranspiração, com grandes consequências socioambientais, pois a vegetação auxilia a água a penetrar no solo e o aumento da umidade. A construção de represas aumenta a evaporação sobre esses corpos de água, mas pode afetar as dinâmicas hidrológicas em outros trechos do rio represado.

A emissão de gases poluentes também altera a composição química da água e eleva o aquecimento do planeta, com repercussões sobre a distribuição da água e a ocorrência de eventos climáticos extremos, como as enchentes. Além disso, no uso em indústrias, na agricultura e até para consumo humano, é comum agregar substâncias químicas à água que alteram sua condição química, poluindo-a, caso não seja tratada. Esses são alguns dos muitos exemplos de como as atividades humanas interferem na dinâmica da água, nos processos de transferência dessa substância entre a superfície e a atmosfera.

Bacias hidrográficas

As águas das chuvas caem sobre diferentes áreas da superfície terrestre, nas chamadas **bacias hidrográficas**. Os **divisores de água** (interflúvios ou espigões), as partes mais altas do relevo, fazem a separação entre uma bacia e outra. A água escoa, por gravidade, pelas vertentes em direção às áreas mais baixas, os **fundos de vale**, de maneira a alcançar o leito dos rios. Nesse movimento, ela transporta sedimentos.

Bacia hidrográfica

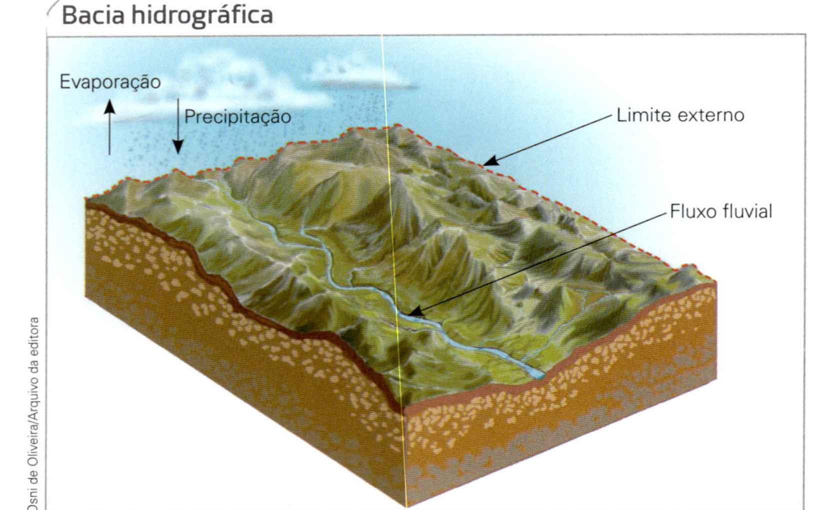

Elaborado com base em: RODRIGUES, Cleide; ADAMI, Samuel. Técnicas de hidrografia. In: VENTURI, Luis Antonio Bittar. *Geografia*: práticas de campo, laboratório e sala de aula. São Paulo: Sarandi, 2011. p. 58.

Dessa forma, configuram-se diversas **redes de drenagem**, ou seja, sistemas de captação da água compostos de rios principais, afluentes e subafluentes, por lagos e lagoas e por outros corpos hídricos naturais ou artificiais (barragens, galerias pluviais, entre outros).

Quando as águas de uma bacia hidrográfica chegam aos oceanos, dizemos que ela é **exorreica**. Quando culminam em um lago ou outro corpo de água fechado, é chamada de **endorreica**. Se as águas adentram rochas calcárias e formam lagos subterrâneos, a bacia recebe o nome de **criptorreica**, mas, se secam ao longo do caminho ou se infiltram totalmente no lençol freático, a bacia é **arreica**.

Tipos de rio

De maneira geral, os rios são divididos em três partes: o **curso superior**, em que se situam as nascentes, onde a água subterrânea chega à superfície, com declividades mais acentuadas; o **curso médio**, entre a cabeceira e a área de descarga; e o **curso inferior**, próximo ao local de deságue e marcado pela redução de velocidade das águas e pelo acúmulo de sedimentos. A foz, onde um rio deságua em outro corpo de água, apresenta formato de estuário (único canal) ou de delta (canais variados). Em termos hidrológicos, podem-se definir duas posições a partir de um ponto de referência em um rio: a montante, quando está acima desse ponto em direção à nascente; a jusante, quando está abaixo desse ponto em direção à foz.

Os rios também podem ser **perenes** (quando correm o ano todo, não secam nunca), **intermitentes** (quando secam nos períodos de estiagem) e **efêmeros**, aqueles que se manifestam temporariamente, em razão de chuvas intensas.

Estrutura de um rio

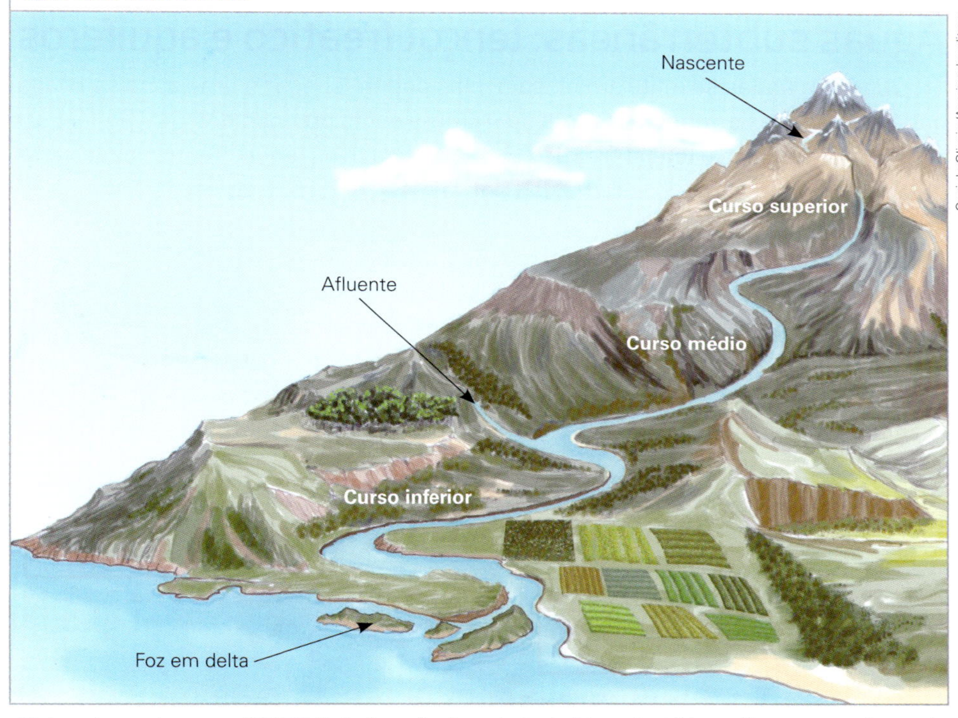

Elaborado com base em: GOVERNO do Paraná – Secretaria da Educação. Hidrografia: esquema de um rio. Disponível em: <www.geografia.seed.pr.gov.br/modules/galeria/detalhe.php?foto=1514&evento=7>. Acesso em: 29 abr. 2018.

Os rios também são diferenciados em relação ao relevo. Os **rios de planalto** têm vazão mais forte por causa da velocidade alcançada pela água ao descer pelas vertentes. Têm grande potencial de geração de energia hidrelétrica, mas podem apresentar dificuldades para a navegação. Já nos **rios de planície**, as águas são mais lentas e favoráveis à navegação, mas sua utilização hidrelétrica requer obras caras e impactantes ligadas à construção de grandes barragens.

O regime de um rio é definido com base na fonte principal de água. Ele é **pluvial** se for abastecido apenas pelas chuvas; **nival** se depender do derretimento de neve; **glacial** se a fonte principal de água for o derretimento das geleiras; e **misto** quando combina ao menos dois regimes.

Os rios são classificados em **retilíneos**, **anastomosados**, **meândricos** e **entrelaçados**. Esses padrões podem se transformar periodicamente ao longo do ano. Também existem três tipos de leito fluvial: o de estiagem, o normal e o leito de cheia.

Tipos de rio

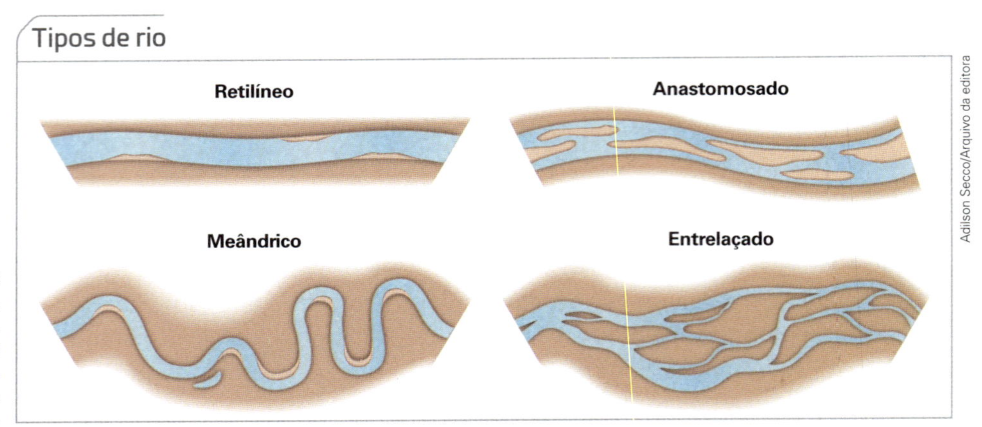

Elaborado com base em: RODRIGUES, Cleide; ADAMI, Samuel. Técnicas de hidrografia. In: VENTURI, Luis Antonio Bittar. *Geografia*: práticas de campo, laboratório e sala de aula. São Paulo: Sarandi, 2011. p. 70.

Águas subterrâneas: lençol freático e aquíferos

Quando a águas se infiltram no solo, elas podem chegar a uma zona saturada, onde quase todos os poros, fissuras ou fraturas estão preenchidos com água. Essa zona de saturação é o **lençol freático**. A profundidade do lençol freático pode variar de acordo com o clima, o volume das chuvas, as condições de escoamento, a topografia, os tipos de solo e rocha.

Os **aquíferos** referem-se às formações geológicas que armazenam água subterrânea em seus poros ou fissuras. A água penetra por meio de diferenças de pressão. Os aquíferos podem se estender por milhares de quilômetros quadrados e estar junto à superfície ou em grandes profundidades.

Planisfério: principais aquíferos – 2015

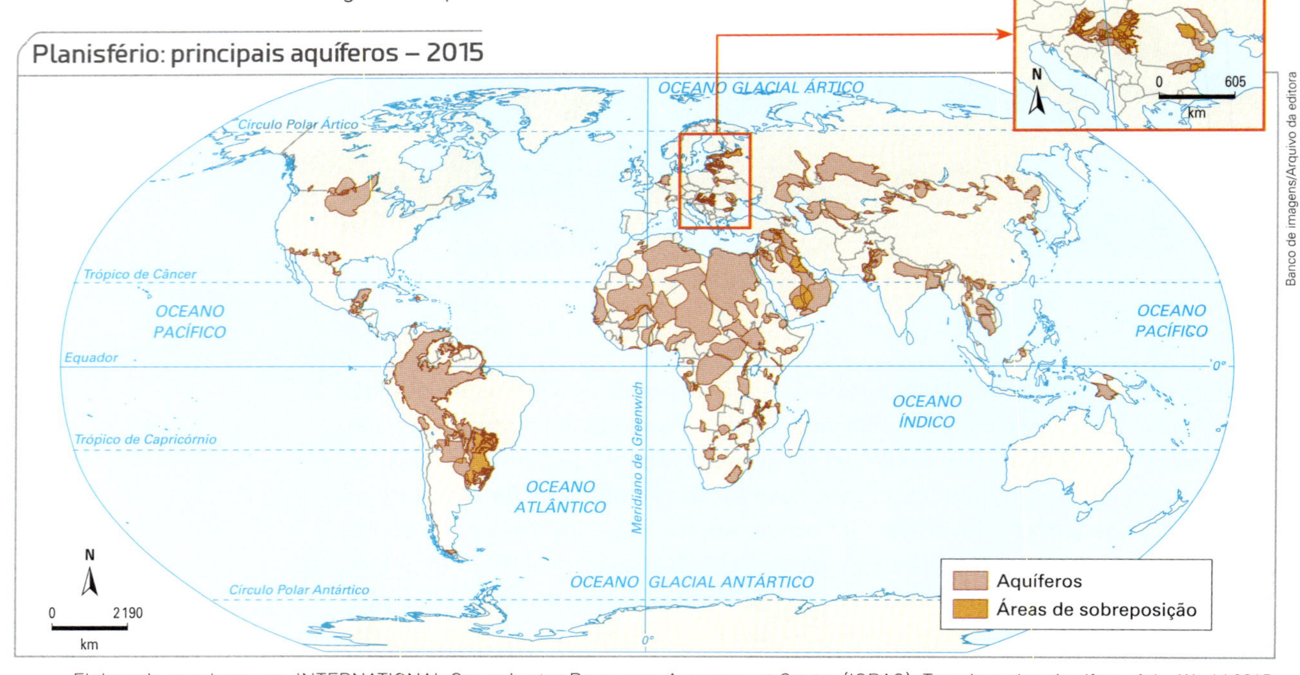

Elaborado com base em: INTERNATIONAL Groundwater Resources Assessment Centre (IGRAC). *Transboundary Aquifers of the World 2015*. Disponível em: <www.un-igrac.org/sites/default/files/resources/files/TBAmap_2015.pdf>. Acesso em: 29 abr. 2018.

Os **aquíferos livres** estão mais próximos da superfície. Formam uma camada permeável cujo topo é o lençol freático, limitada por uma base de rocha impermeável. São os mais utilizados pela população e os que estão mais sujeitos a contaminação. Já os **aquíferos confinados** envolvem uma rocha permeável saturada que está confinada entre duas camadas impermeáveis. Apresenta grande pressão em relação à da atmosfera, por isso jorra quando perfurado. Para ser abastecido, depende das áreas de recarga, geralmente rochas sedimentares profundas.

8. Direito humano à água

A água é uma substância química utilizada de inúmeras maneiras. Cerca de 70% do corpo humano é composto de água; por isso, sua função fundamental é saciar a sede. Ela é usada ainda na preparação de alimentos, na higiene pessoal e na limpeza de ambientes diversos. Considerando que somos mais de 7,6 bilhões de pessoas no planeta, a quantidade necessária de água para a sobrevivência humana é gigantesca.

A água também é fundamental para manter as demais formas de vida. Sem biodiversidade não teríamos as temperaturas atuais, por exemplo.

A agricultura utiliza cerca de 70% do total de água doce do mundo. Mesmo com o emprego de técnicas sofisticadas de irrigação em muitas localidades, o consumo de água na agricultura tende a aumentar para acompanhar a demanda crescente da população e a incorporação de novas áreas de cultivo.

O setor industrial também utiliza grandes volumes de água nas diversas etapas da produção, como no processamento da matéria-prima, na limpeza e resfriamento de equipamentos. Os países mais industrializados do mundo consomem mais água na atividade industrial do que toda a população humana. As indústrias de bebida, de papel e celulose e de têxteis estão entre as que mais consomem água em seus processos.

Além dos usos doméstico, agrícola e industrial, a água é importante para muitas outras atividades humanas: no turismo, no lazer, em atividades pesqueiras e aquicultura, na navegação e na geração de energia.

Porém, mesmo considerando a importância do uso múltiplo da água, observam-se muitos impasses. A contaminação das águas de rios, lagos, lençóis freáticos e oceanos pode ocorrer de várias formas: lançamento de esgoto sem tratamento; uso de agrotóxicos; atividade industrial que não trata seus dejetos, etc. Tudo isso pode comprometer o abastecimento. Portanto, são fundamentais o manejo e o uso adequados da água para evitar o desperdício e a contaminação, garantindo o acesso a toda a população mundial, sem privilégios.

Água usada para resfriar placas de aço em indústria siderúrgica na Pensilvânia, Estados Unidos, 2018. A produção industrial utiliza água em larga escala.

Aaron Josefczyk/Reuters/Fotoarena

Água: qualidade × quantidade

O planeta Terra tem mais de 1,3 bilhão de quilômetros cúbicos de água, mas sua distribuição obedece a muitos processos naturais. Desse total, cerca de 97,5% está em oceanos e mares, ou seja, é água salgada.

A água doce corresponde a cerca de 2,5% do volume mundial. Grande parte dela situa-se em áreas de difícil acesso e extração, como em geleiras e calotas polares (quase 69%). Outros 30% constituem as águas subterrâneas. Em relação à água doce disponível na superfície (cerca de 1%), apenas uma pequena parcela está localizada em lagos e rios (cerca de 0,266%), de onde a maior parte da humanidade retira água para o consumo.

O volume de água disponível no planeta seria suficiente para atender à demanda da população. Porém, de acordo com o ciclo hidrológico e a existência de diferentes climas pelo mundo, a distribuição da água é desigual pelos territórios. Enquanto alguns países dispõem de grandes volumes totais de recursos hídricos, como o Canadá, a Rússia e o Brasil, muitos outros vivem sob condições de extrema escassez, como no Oriente Médio e no norte da África.

A crise da água em muitas regiões do mundo deve-se não só à sua distribuição geográfica desigual, mas também a graves problemas de gestão desse recurso, incluindo a contaminação decorrente de atividades humanas.

Os níveis de estresse hídrico, ou seja, de ameaça de falta de água, são definidos de acordo com indicadores de quantidade, distribuição e volume de acesso à água.

Distribuição da água

O planeta Terra tem mais de **1,3 bilhão** de km³ de água, mas sua distribuição obedece a muitos processos naturais.

Desse total, cerca de **97,5%** encontra-se em oceanos e mares, ou seja, é salgada.

A água doce corresponde a cerca de **2,5%** do volume mundial.

Água doce em áreas subterrâneas

30%

1%
Água doce disponível na superfície

69%
Água doce situada em áreas de difícil acesso e extração, como geleiras e calotas polares.

Apenas uma pequena parcela está localizada em lagos e rios (cerca de 0,266%), de onde a maior parte da humanidade retira água para o consumo.

Alex Argozino/Arquivo da editora

Elaborado pelos autores.

Planisfério: estresse hídrico – 2013

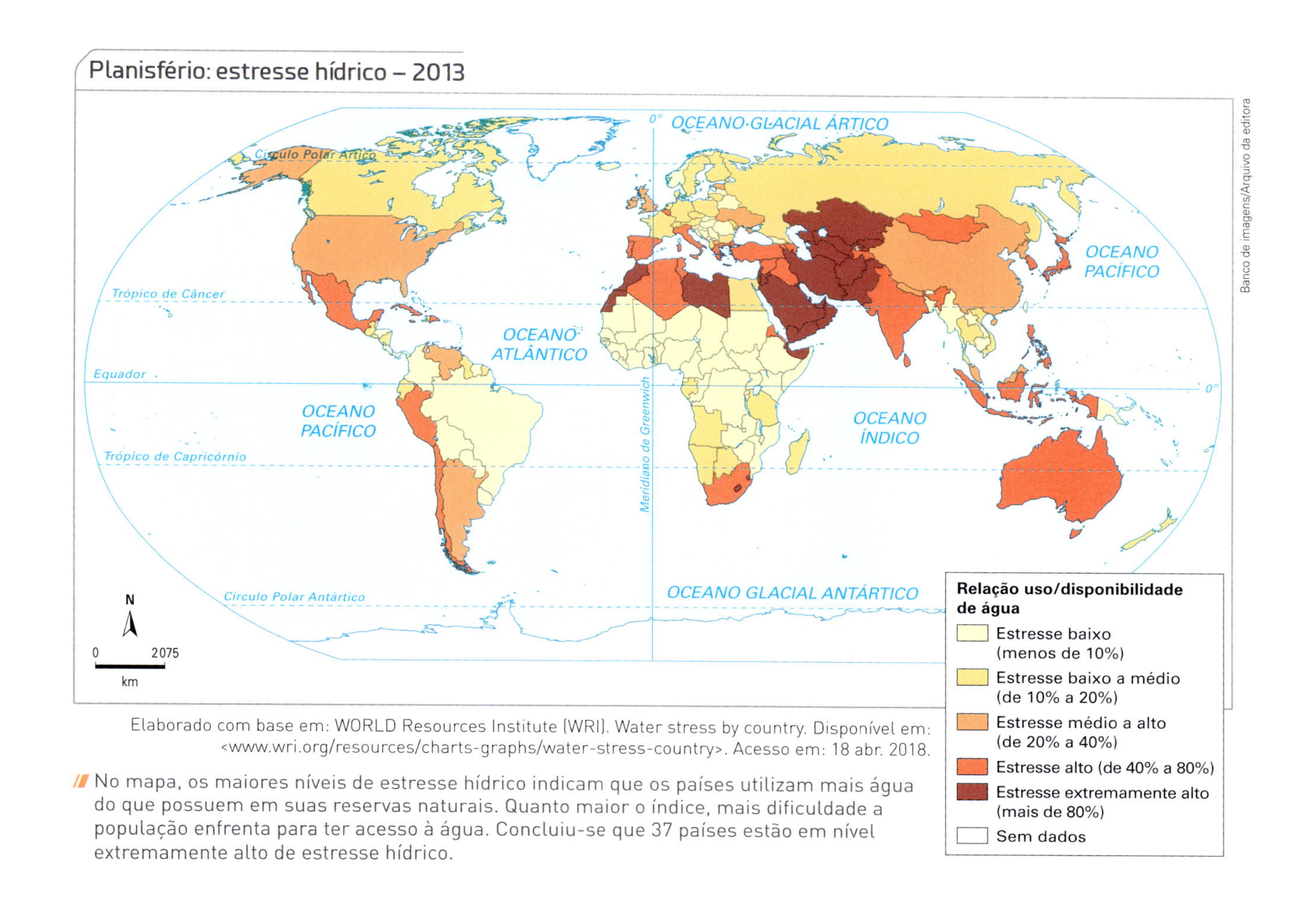

Elaborado com base em: WORLD Resources Institute (WRI). Water stress by country. Disponível em: <www.wri.org/resources/charts-graphs/water-stress-country>. Acesso em: 18 abr. 2018.

// No mapa, os maiores níveis de estresse hídrico indicam que os países utilizam mais água do que possuem em suas reservas naturais. Quanto maior o índice, mais dificuldade a população enfrenta para ter acesso à água. Concluiu-se que 37 países estão em nível extremamente alto de estresse hídrico.

Cartografando

1. Observe o mapa e faça uma análise comparativa entre um país do norte da África e um país da América do Sul.

Bacias hidrográficas transfronteiriças

Segundo a Organização das Nações Unidas para a Educação, a Ciência e a Cultura (Unesco), existem 263 bacias com rios e lagos transfronteiriços no mundo, que se estendem por quase a metade da superfície do planeta. Cerca de 145 países têm parte de seu território dentro de bacias internacionais e 21 inserem-se totalmente dentro delas. A maior parte das bacias hidrográficas é compartilhada por dois países, mas algumas envolvem um número bem maior.

A bacia do rio Amazonas engloba oito países (Brasil, Peru, Bolívia, Colômbia, Equador, Venezuela, Guiana e Suriname). As bacias do Congo, Níger, Nilo, Reno e Zambeze são compartilhadas por diversos países. Por sua vez, o rio Danúbio passa por 10 países, mas sua bacia hidrográfica está distribuída pelo território de 19 países.

Essa situação indica a necessidade de cooperação entre países que dependem de uma mesma bacia hidrográfica, com uma gestão compartilhada que considere os interesses de todos os países da bacia. Porém, frequentemente são tomadas medidas unilaterais que acirram impasses e conduzem a conflitos.

Por exemplo, mais de 1 400 novas barragens ou desvios de água estão em planejamento ou construção em várias bacias hidrográficas internacionais. Estima-se que nas próximas décadas os conflitos por água devam se intensificar no Oriente Médio, no sul da África (nas bacias de Orange e Limpopo), na Ásia Central (na bacia dos rios Ganges-Brahmaputra-Meghna) e em muitas outras regiões.

Água como direito

Como a água é uma substância vital para a sobrevivência humana, a Organização das Nações Unidas (ONU) definiu, na Assembleia Geral de 2010, o direito universal à água. De acordo com esse princípio, todos devem ter acesso a uma quantidade de água necessária a sua sobrevivência e sua higiene pessoal.

Apesar desse avanço, surgem dificuldades em estabelecer a quantidade mínima para cada grupo social. Populações de culturas distintas consomem água em padrões diferentes, por isso ainda não foi estabelecida a quantidade que deve ser garantida a cada pessoa. Porém, a Organização Mundial de Saúde (OMS) recomenda que ao menos 2 litros sejam ingeridos diariamente.

Em 2015, a ONU adotou também o direito ao saneamento, segundo o qual todos devem ter acesso a serviços sanitários e a tratamento de esgoto.

CIDADANIA E **DISPUTA PELA ÁGUA**

A "disputa" de água entre China e Índia após a suspensão da fronteira

Um dos principais rios da Ásia, o Brahmaputra, origina-se no Tibete e flui para a Índia antes de entrar em Bangladesh, onde se junta ao Ganges e desemboca na baía de Bengala.

O Brahmaputra fica severamente inundado durante a temporada de monções todos os anos, causando grandes perdas no nordeste da Índia e Bangladesh.

Os dois países têm acordos com a China para que o país compartilhe os dados hidrológicos do rio durante a estação das monções entre 15 de maio e 15 de outubro.

Os dados são principalmente sobre o nível da água do rio para alertar os países a jusante em caso de inundações.

[...] para a Índia, a China insinuou uma incerteza quanto à retomada da partilha de dados.

[...] Délhi também pediu dados para os fluxos não monçônicos do rio, porque há suspeitas na Índia de que a China poderia desviar as águas do Brahmaputra para suas regiões secas durante as estiagens.

Beijing construiu várias barragens hidrelétricas no rio, conhecido como Yarlung Zangbo no Tibete.

Dizem eles que não armazenam nem desviam água e não serão contra o interesse dos países a jusante.

Mas nos últimos anos, particularmente no nordeste da Índia, também aumentam os receios de que a China pode de repente liberar uma grande quantidade de água.

Moradores de Dibrugarh em Assam, onde o rio tem um dos seus trechos mais largos, dizem que viram os níveis de água do Brahmaputra subir e descer em períodos muito curtos.

Também aumentaram os deslizamentos de terras que bloqueiam rios e provocam inundações súbitas no Himalaia. [...]

Um ano atrás, a China bloqueou um afluente do rio Yarlung Zangbo como parte de seu projeto hidrelétrico mais caro, informou a agência de notícias estatal chinesa Xinhua. [...]

Como um país a montante para Bangladesh e Paquistão, a Índia também tem sido acusada por esses países a jusante de ignorar suas preocupações.

Especialistas dizem que essas são evidências de que a água realmente está se tornando uma questão-chave na geopolítica do sul da Ásia.

KHADKA, Navin Singh. China and India water "dispute" after border stand-off. BBC, 18 set. 2017. Disponível em: <www.bbc.com/news/world-asia-41303082>. Acesso em: 18 abr. 2018.
(Texto traduzido pelos autores.)

Biju Boro/AFP

Soldados do exército indiano evacuam pessoas durante inundação em Assam, Índia, 2017.

1. De acordo com o texto, por que a questão hídrica emerge como um tema importante na geopolítica dessa região?
2. Investigue outro impasse ou conflito por água verificado no mundo e debata com seus colegas.

9. Hidrografia do Brasil

De acordo com os dados da Agência Nacional de Águas (ANA), estima-se que cerca de 12% de toda a água doce existente no planeta esteja no Brasil. Isso se deve, em parte, à presença de chuvas tropicais. Aproximadamente 80% desse volume está concentrado nos estados do Norte, os menos populosos do país. Por outro lado, as áreas mais urbanizadas, localizadas próximas ao litoral, possuem menos de 3% dos recursos hídricos brasileiros e abrigam cerca de 26% da população brasileira.

Existem diferentes classificações das bacias hidrográficas brasileiras. O Conselho Nacional de Recursos Hídricos (CNRH) estabeleceu doze grandes regiões hidrográficas (RH), compostas de bacias, grupos de bacias ou sub-bacias próximas que compartilham características naturais, sociais e econômicas. São elas: Amazônica, Tocantins-Araguaia, Atlântico Nordeste Ocidental, Parnaíba, Atlântico Nordeste Oriental, São Francisco, Atlântico Leste, Atlântico Sudeste, Paraná, Paraguai, Uruguai e Atlântico Sul.

Delfim Martins/Pulsar Imagens

Foto aérea do rio Parnaíba, em Timon (MA), 2015. O rio Parnaíba é um dos poucos rios perenes da região Nordeste.

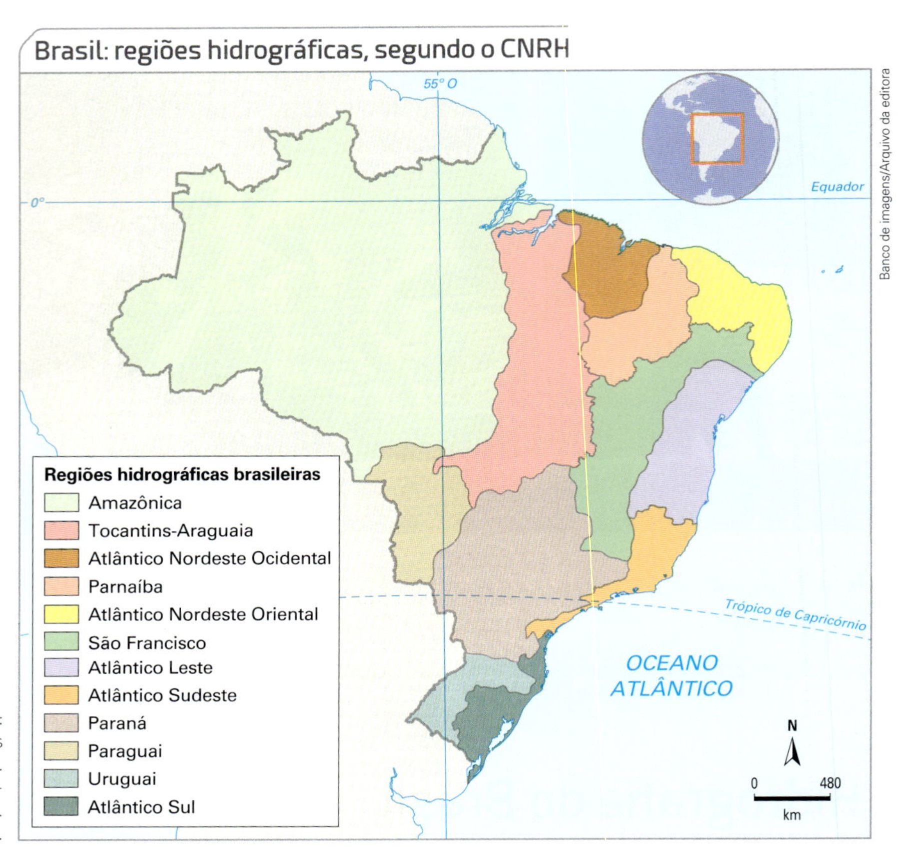

Elaborado com base em: AGÊNCIA Nacional de Águas (ANA). Disponível em: <www3.ana.gov.br/portal/ANA/panorama-das-aguas/divisoes-hidrograficas>. Acesso em: 20 abr. 2018.

- RH Amazônica (45% do território brasileiro): distribui-se por sete estados (Amazonas, Acre, Rondônia, Roraima, Pará, Amapá e Mato Grosso).
- RH Tocantins-Araguaia (10,8% do território): localiza-se nos estados de Goiás, Tocantins, Pará, Mato Grosso, Maranhão, além do Distrito Federal.
- RH Atlântico Nordeste Ocidental (3% do território): envolve Maranhão e Pará.
- RH Parnaíba (3,9% do território): distribui-se pelo Ceará, Maranhão e Piauí.
- RH Atlântico Nordeste Oriental (3,4% do território): abrange Piauí, Ceará, Rio Grande do Norte, Paraíba, Pernambuco e Alagoas.
- RH São Francisco (7,5% do território): estende-se pela Bahia, Minas Gerais, Pernambuco, Alagoas, Sergipe, Goiás e Distrito Federal.
- RH Atlântico Leste (3,9% do território): percorre porções da Bahia, Minas Gerais, Sergipe e Espírito Santo.
- RH Atlântico Sudeste (2,5% do território): passa por Minas Gerais, Espírito Santo, Rio de Janeiro, São Paulo e Paraná.
- RH Paraná (10% do território): distribui-se por São Paulo, Paraná, Mato Grosso do Sul, Minas Gerais, Goiás, Santa Catarina e Distrito Federal.
- RH Paraguai (4,3% do território): situa-se no Mato Grosso e Mato Grosso do Sul, incluindo grande parte do Pantanal.
- RH Uruguai (3% do território): distribui-se pelo Rio Grande do Sul e Santa Catarina.
- RH Atlântico Sul (2,2% do Brasil): passa pelos estados de São Paulo, Paraná, Santa Catarina e Rio Grande do Sul.

10. Gestão da água no Brasil

Imagem de satélite mostrando o rio Amazonas na tríplice fronteira de Brasil, Colômbia e Peru, entre as cidades de Leticia (Colômbia), Tabatinga (Brasil) e Santa Rosa (Peru), 2018.

A responsabilidade sobre a gestão das águas brasileiras pode ser estadual ou federal. Lagos, rios e outros corpos de água que marquem o limite e/ou se estendam por mais de um estado ou outro país constituem águas federais. As que se distribuem pelo território de apenas um estado são de administração do governo estadual.

Diante da existência de muitos conflitos sociais sobre os diferentes usos da água no Brasil, como a priorização da geração de energia prejudicando a vida das populações ribeirinhas, foram criados, no fim da década de 1980, os Comitês de Bacias Hidrográficas (CBHs). Mais tarde, em 1997, passaram a ser parte da gestão nacional da água, reconhecidos por lei.

Esses comitês representaram uma inovação no país, pois sua estrutura permite a participação de diversos agentes sociais no estabelecimento de regras para a utilização dos recursos hídricos. As decisões devem ser tomadas coletiva e democraticamente entre todos que usam as águas de determinada bacia hidrográfica.

Os CBHs, que podem ser estaduais ou interestaduais, estabelecem planos com metas para melhorar a oferta e a qualidade dos recursos hídricos, definem a concessão do direito de uso da água por um agente social (por exemplo, empresas) e decidem como os reservatórios serão operados. Também estabelecem regras para a cobrança pelo uso da água, entre outros objetivos importantes.

A Lei das Águas

Em 1997, foram definidas regras fundamentais para a utilização da água no Brasil, por meio da Política Nacional de Recursos Hídricos (PNRH), Lei n. 9 433/97, conhecida como Lei das Águas.

Essa lei estabeleceu fundamentos e objetivos muito importantes para o uso racional da água no país para garantir que esta geração e as futuras tenham acesso à água em quantidade e qualidade adequadas. Com base nela foi criado o Sistema Nacional de Gerenciamento de Recursos Hídricos.

A bacia hidrográfica foi definida como a unidade para implementar essa política. Como os rios correm por mais de um município, algumas vezes por várias unidades da Federação, adotou-se sua matriz natural para a gestão política da água.

De acordo com a PNRH, a água é um bem de domínio público, ou seja, de toda a sociedade, mas também dotada de valor econômico. Essa política aponta o uso múltiplo da água como meta a ser alcançada e define que, em situações de escassez, a prioridade é o consumo humano e dos demais animais.

Definiram-se ainda instrumentos para regular a utilização das águas, como planos de recursos hídricos para as diferentes bacias hidrográficas, classificação dos corpos de água do país de acordo com seus usos principais, regras para a concessão de direito de uso e cobrança, além de um sistema de informações sobre os recursos hídricos.

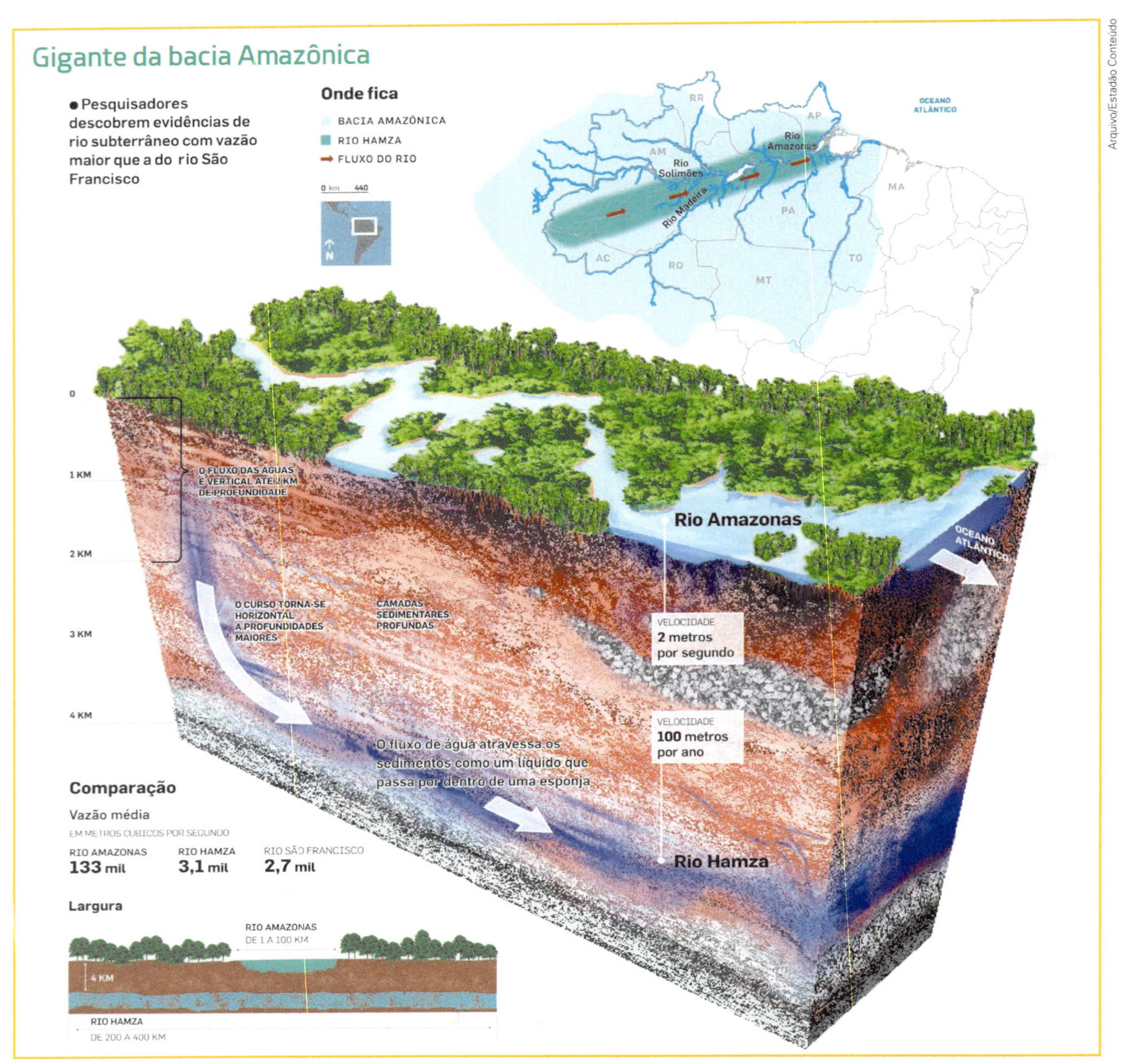

Arquivo/Estadão Conteúdo

O ESTADO de S.Paulo. Gigante da bacia Amazônica. São Paulo, 25 ago. 2011. Vida, p. A22.

Em 2011, cientistas brasileiros anunciaram a descoberta de um rio subterrâneo, o Hamza, que fica 4 quilômetros abaixo do rio Amazonas. Com a regulação do uso da água no Brasil, descobertas como essa podem seguir políticas de manejo sustentável, por exemplo.

No ano 2000, foi criada a Agência Nacional de Águas (ANA), exatamente para que os objetivos estabelecidos na Lei das Águas fossem cumpridos. A ANA controla o acesso e a utilização de todos os recursos hídricos que fazem fronteira com outros países ou que passam por mais de um estado, ou seja, as águas de domínio do governo federal.

O Sistema Nacional de Gerenciamento de Recursos Hídricos (Singreh) é formado por vários órgãos. Além da ANA e dos CBHs, fazem parte um conselho nacional, conselhos estaduais e outras instituições ligadas à gestão da água no país.

Em 2017, a Lei das Águas foi revista e um novo objetivo foi incluído, ligado ao incentivo e à promoção do aproveitamento das águas das chuvas. A revisão reflete o momento atual, marcado pela contaminação crescente dos corpos de água e por mudanças ambientais que tornam esse recurso limitado cada vez mais escasso.

Apesar de constituir uma tentativa de racionalizar o uso da água, cobrar por algo tão essencial à vida é bastante polêmico, principalmente ao considerar as desigualdades de acesso entre os diferentes grupos sociais que vivem no Brasil. Por isso, o preço é definido conjuntamente entre usuários da água, a sociedade e os governos nos CBHs.

11. Aquíferos no Brasil

Além da grande riqueza de suas águas superficiais, no território brasileiro existem grandes aquíferos, ou seja, estruturas geológicas que concentram água subterrânea em suas fissuras e poros.

Um dos mais importantes é o aquífero Guarani, que se distribui não apenas pelo território brasileiro, mas também em parte da Argentina, do Paraguai e do Uruguai. De acordo com informações do Ministério do Meio Ambiente, sua área estimada é de 1087000 km^2 e seu volume é cerca de 40000 km^3. No território brasileiro, ele se estende por oito estados: Goiás, Mato Grosso, Mato Grosso do Sul, Minas Gerais, São Paulo, Paraná, Santa Catarina e Rio Grande do Sul.

Algumas partes do aquífero foram formadas há milhões de anos. Em diversas áreas, suas águas são de ótima qualidade para o consumo humano e outras finalidades. Em municípios como Ribeirão Preto (SP), é uma fonte fundamental ao abastecimento.

No entanto, o aquífero Guarani não é o maior do Brasil. Estima-se que o Sistema Aquífero Grande Amazônia (Saga), localizado na Amazônia, seja o maior depósito de água doce subterrânea do mundo, com volume de 162520 km^3, ou seja, quatro vezes o aquífero Guarani. Diferentemente do aquífero Guarani, o Saga distribui-se apenas pelo território brasileiro, abrangendo áreas dos estados do Acre, Pará, Amazonas, Roraima e Amapá, o que pode facilitar sua gestão.

Suas águas, de ótima qualidade, abastecem cidades no oeste do Pará e no Amazonas, como Santarém e Manaus. Além do abastecimento público, atendem às atividades industriais e agrícolas desenvolvidas na região. Apesar de estar localizado na região menos populosa do país, esse aquífero também sofre com a contaminação e requer atenção sobre sua conservação. Vale ressaltar a importância da existência das florestas, que exercem papel fundamental na infiltração desse grande montante de água no solo.

América do Sul: aquífero Guarani

Elaborado com base em: PROJETO para a Proteção Ambiental e Desenvolvimento Sustentável do Sistema Aquífero Guarani. Síntese hidrogeológica do sistema aquífero Guarani. Disponível em: <www.mma.gov.br/publicacoes/agua/category/42-recursos-hidricos>. Acesso em: 19 abr. 2018.

Reconecte

Produção textual

1. Reúna-se com mais três colegas, discutam sobre a relação entre mudanças climáticas e oferta de água potável. Por fim, escrevam uma redação sobre o assunto.

2. Faça uma pesquisa e elabore uma dissertação com o título "Disponibilidade e distribuição dos recursos hídricos no território brasileiro".

3. Faça uma pesquisa sobre El Niño e La Niña e escreva um texto sobre os impactos decorrentes desses fenômenos climáticos na América do Sul.

Revisão

4. Quais são as diferenças entre tempo e clima?

5. De que maneira a latitude e a altitude exercem influência no clima de uma região?

6. Qual é o papel do relevo e da vegetação na regulação climática?

7. O que são massas de ar? Como elas atuam?

8. Como os oceanos contribuem para a dinâmica climática?

9. Quais são os processos que marcam o ciclo hidrológico?

10. O que são bacias hidrográficas? Quais seus principais componentes?

11. Caracterize o uso múltiplo da água.

12. Como ocorre a gestão das águas no Brasil? Quais são os principais instrumentos e órgãos que definem regras para sua utilização?

Análise de climogramas

13. Com base nos climogramas a seguir, compare as características climáticas das cidades retratadas.

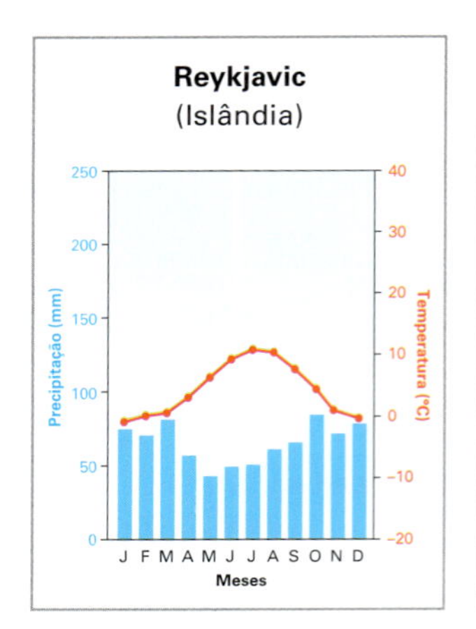

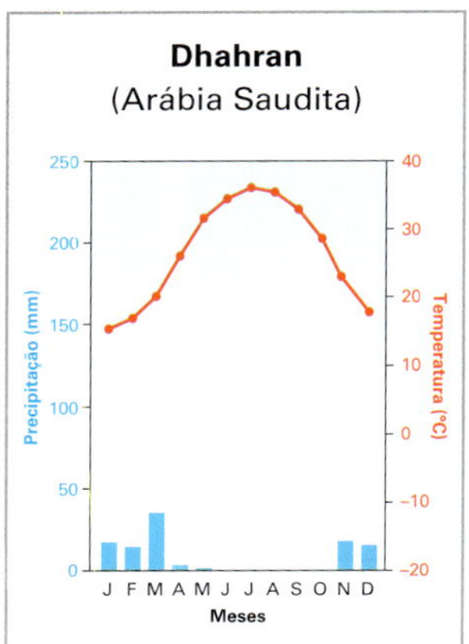

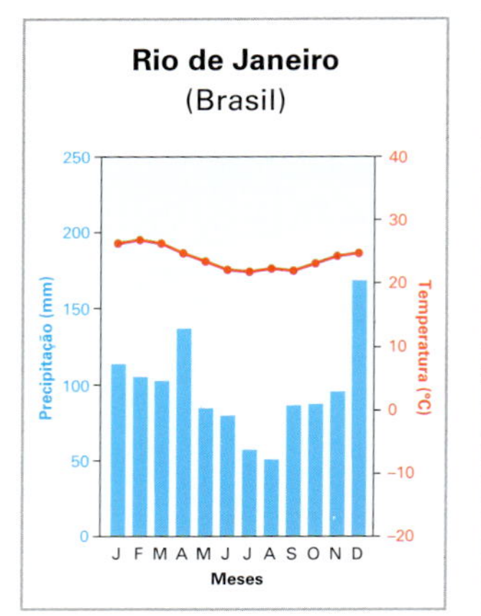

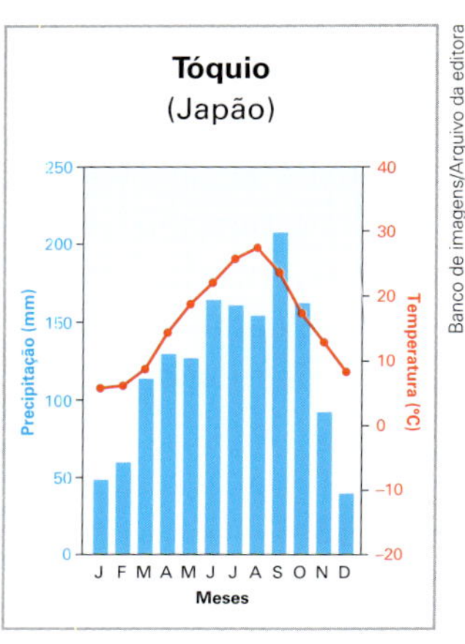

Banco de imagens/Arquivo da editora

Elaborados com base em: NATIONAL Drought Mitigation Center – NDMC. Disponível em: <http://drought.unl.edu/droughtbasics/whatisclimatology/climographsforselectedinternationalcities.aspx>. Acesso em: 30 abr. 2018.

Análise de dados e produção de infográfico

14. Escolha cinco produtos agrícolas ou industriais e investigue o volume de água utilizado para produzi-los. Organize as informações obtidas em um infográfico e depois apresente-o aos colegas.

Análise de imagem e debate

15. Observe a charge ao lado e reflita sobre as mudanças do clima e as polêmicas em torno dessa questão. Escreva sua opinião sobre o assunto no caderno e, em seguida, debata com seus colegas.

Stuart Carlson © 2014 Stuart Carlson/ Dist. by Andrews McMeel Syndication

Efeitos das mudanças climáticas, charge de Stuart Carlson, de 2014. Disponível em: <www.gocomics.com/stuartcarlson/2014/05/07>. Acesso em: 11 jun. 2018.

EXPLORANDO

16. Ao longo de um mês, faça registros fotográficos diários e anotações sobre o tempo atmosférico (ensolarado/nublado, úmido/seco, quente/frio) e os tipos de nuvens observados no lugar onde você vive. Ao final, organize um painel com as imagens e as informações sobre cada tipo identificado.

Resumo

- Existem diferentes tipos de clima no mundo, que são definidos pela combinação de aspectos como precipitação, pressão atmosférica e temperatura, entre outros.
- As massas de ar carregam umidade e podem gerar diferentes tipos de chuvas.
- As correntes oceânicas também afetam o clima.
- As mudanças climáticas alteram padrões de distribuição de chuvas, trazendo sérias consequências sociais.
- Os climas no Brasil têm diferentes classificações.
- Os rios podem ser perenes, intermitentes ou efêmeros. Localizam-se em planaltos ou planícies e são classificados também por sua fonte principal de água.
- As águas transfronteiriças apresentam desafios em sua gestão por envolverem mais de um país, que nem sempre têm interesses convergentes.
- O direito humano a água e saneamento indica que parte da população mundial enfrenta dificuldades para ter acesso a eles.
- Os aquíferos podem se tornar as principais reservas de água doce no futuro.
- A gestão da água no Brasil envolve a participação da população por meio dos Comitês de Bacias Hidrográficas (CBHs).

CAPÍTULO 6

Biomas e conservação da biodiversidade

Biodiversidade é o conjunto das formas de vida encontradas no planeta, como animais, plantas e microrganismos. Ela é fundamental para a manutenção das condições de vida na Terra. Sem vegetação, a temperatura do planeta subiria e alteraria a distribuição de chuvas, afetando diretamente a agricultura, por exemplo.

Na sociodiversidade, ou seja, o conjunto de grupos sociais que vivem em áreas naturais e possuem conhecimento acerca do uso de espécies animais e vegetais em suas atividades cotidianas (como indígenas, quilombolas, caiçaras, entre outros), os grupos humanos relacionam-se de maneira própria com outros seres vivos, como as formações vegetais, por exemplo. Alguns grupos enxergam as outras formas de vida apenas como recursos para utilizar no dia a dia; outros grupos, porém, reconhecem a importância delas na manutenção do bem-estar de todos.

Nigel Pavitt/AWL Images/Getty Images

Pescadores no lago Turkana, Quênia, 2015, utilizam método tradicional de pesca com cestos.

As formas de vida e as interações entre elas podem ser estudadas por meio de teorias biogeográficas e conceitos como *habitat*, nicho, ecossistema e bioma, que levam à compreensão da importância da conservação ambiental para garantir às futuras gerações o acesso à biodiversidade e às funções ambientais e ecológicas que ela desenvolve.

Teorias biogeográficas: conjunto de explicações que permitem analisar a ocorrência e a distribuição geográfica das formas de vida na Terra.

Nesse cenário, o Brasil pode se beneficiar da enorme biodiversidade em seu território, mas tem como desafio garantir a manutenção das espécies, uma vez que, apesar de leis rigorosas e órgãos fiscalizadores, o desmatamento não para de crescer no país.

Nos últimos anos foram descobertas novas espécies no Brasil e no mundo. Uma pesquisa realizada em 2018, no pico da Neblina (o ponto mais elevado do Brasil), permitiu identificar, em apenas 25 dias de trabalho, cerca de dez novas espécies. Muito ainda está por ser conhecido. A pesquisa de novas espécies pode levar à cura de doenças e à descoberta de alimentos mais nutritivos, por exemplo.

EM FOCO

Leia um trecho do relatório *Planeta protegido 2016*, do Programa das Nações Unidas para o Meio Ambiente.

Planeta protegido 2016

Numa época em que se intensificam as pressões humanas sobre as espécies e os ecossistemas do mundo, há também um crescente reconhecimento de que os ecossistemas naturais contribuem substancialmente para o bem-estar e a saúde. [...] Nunca antes a tese da necessidade de conservar a biodiversidade e o patrimônio cultural foi maior e mais universalmente aceita do que agora. Essa crescente conscientização levou a investimentos em novos sistemas de proteção em todo o mundo. [...]

Este relatório enfatiza a importância das áreas protegidas na manutenção das funções e dos valores dos ecossistemas naturais, bem como das necessidades da sociedade humana. Destacam-se as soluções oferecidas pelas áreas protegidas para desafios ambientais e sociais críticos, como mudanças climáticas, segurança alimentar e de água, saúde e bem-estar, além de desastres naturais. Essas funções serão cada vez mais valiosas à medida que os ecossistemas terrestres, marinhos, costeiros e de águas continentais que se encontram fora das áreas protegidas forem comprometidos pela sobre-exploração, perda de *habitat* e degradação.

[...] Isso exigirá um compromisso coordenado de todos os setores, incluindo organizações, sociedade civil, povos indígenas e comunidades locais, governos e empresas. Tal compromisso é um componente fundamental para o êxito de transformar áreas protegidas e conservadas em elementos centrais das paisagens sustentáveis.

PROGRAMA das Nações Unidas para o Meio Ambiente – Pnuma. *Protected Planet Report 2016*. Disponível em: <http://wdpa.s3.amazonaws.com/Protected_Planet_Reports/2508%20Global%20Protected%20Planet%202016_ES.pdf>. Acesso em: 23 abr. 2018. (Texto traduzido pelos autores.)

1. Na sua opinião, por que é importante conservar o ambiente?
2. Como você pode contribuir para que isso aconteça? Justifique sua resposta com alguns exemplos.

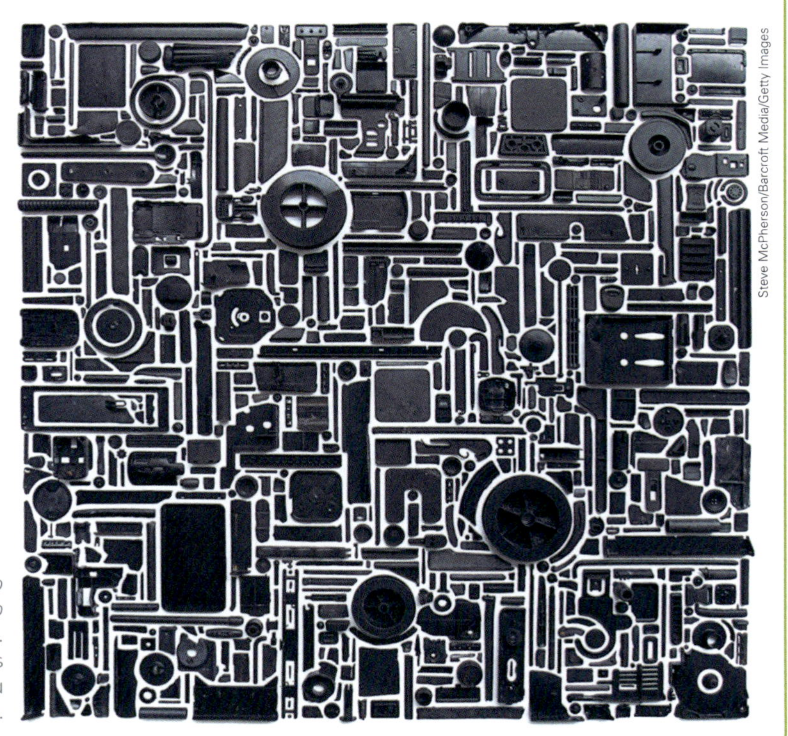

Steve McPherson/Barcroft Media/Getty Images

Obra de arte feita com plástico descartado: o lixo de um é o tesouro do outro, de Steve McPherson, 2015. O artista tirou uma fotografia dos materiais plásticos que encontrou na praia de Margate, na Inglaterra.

1. Conceitos básicos de Ecologia e Biogeografia

Espécie: conjunto de indivíduos com características em comum e capazes de gerar descendentes.
Esse conjunto deve apresentar uma identidade ancestral em relação a sua evolução que o distinga de outros conjuntos.

A Terra, em razão de sua variedade de clima, relevo e solo, propicia o surgimento de milhões de espécies. A presença delas é determinada por uma ação conjunta de diferentes fatores geográficos, como insolação, temperatura, umidade, nutrientes e solo.

Para entender como um fator pode ditar a continuidade de uma espécie, tome como exemplo a temperatura. A insolação fornece a energia necessária para que as plantas realizem a fotossíntese. No entanto, uma espécie que suporta uma temperatura elevada, como costuma ocorrer na faixa tropical, ao mudar para outras faixas por períodos longos pode ter sua reprodução inviabilizada, comprometendo a continuidade de sua espécie nessa região. A existência de água, assim como um bom solo capaz de fornecer nutrientes para o desenvolvimento de plantas, são fatores que têm muita influência no estabelecimento de espécies em determinada área.

Certas condições geográficas podem resultar em **endemismo**, que ocorre quando uma espécie é encontrada apenas em áreas específicas do planeta. Nessas situações, uma combinação de fatores possibilita o surgimento de uma espécie que se adapta às condições peculiares desse determinado ambiente.

Entretanto, podem ocorrer mudanças que levem populações de uma espécie a se diferenciar até que formem espécies diferentes. Esse processo é chamado de **especiação**, isto é, a formação de novas espécies, e pode ocorrer por isolamento geográfico e por modificações genéticas.

As alterações genéticas ocorrem ao longo do tempo e podem estar relacionadas à **adaptação** a uma nova situação geográfica. Alterações climáticas, como maior ou menor oferta de água, de sombreamento ou de incidência solar, bem como movimentos tectônicos ou a formação de uma ilha, podem levar ao isolamento de indivíduos de uma espécie. Para sobreviver, eles necessitam se adaptar, e muitas vezes isso acontece por meio de mudanças genéticas.

Quando uma espécie não encontra as condições favoráveis para a manutenção e a reprodução de seus indivíduos, pode ocorrer uma **migração**, ou seja, uma mudança em busca de um lugar que reúna as características necessárias para sua sobrevivência. Isso ocorre com grupos de seres vivos que têm capacidade de locomoção, como aves, animais terrestres e peixes. É possível que uma espécie de planta migre para outro local pelo transporte de sementes por ação de ventos, chuvas, animais e aves. Esse, porém, não é um ato voluntário, por isso as espécies vegetais merecem maior atenção quando estão ameaçadas de extinção.

Dave Watts/Gamma-Rapho/Getty Images

Assim como cangurus e coalas, os vombates são endêmicos da Austrália.

Quando uma espécie não encontra as condições adequadas para a manutenção de sua vida (se há falta de água, elevada oscilação de temperatura por períodos longos, falta de nutrientes, entre outros fatores), pode ocorrer sua **extinção**. Atualmente, o modo como as sociedades humanas estão organizadas contribui para a extinção de espécies por redirecionar a disponibilidade hídrica (por meio do desvio de rios ou da construção de grandes represas), modificar o uso dos solos (com o desmatamento e a urbanização intensa), redefinir o uso da vegetação (aproveitamento comercial de espécies nativas), etc.

Espécie de tartaruga extinta há 150 anos é recuperada em Galápagos

Um programa conjunto entre a Direção do Parque Nacional Galápagos (DPNG) e a ONG americana Galapagos Conservancy conseguiu recuperar no arquipélago equatoriano de Galápagos uma espécie de tartaruga que estava extinta há mais de 150 anos.

Segundo o diretor do projeto "Iniciativa para a Restauração das Tartarugas-Gigantes", Washington Tapia, estes animais da espécie "Chelonoidis niger" tinham desaparecido da ilha de Floreana.

Tapia lembra que, nos séculos XVI e XVII, Galápagos foi refúgio de piratas e caçadores de baleias que consumiam carne de tartaruga como fonte de alimentação.

Ho/Galapagos National Park/AFP

Tartarugas-gigantes em Galápagos, Equador, 2017.

Os registros encontrados demonstram que esses "personagens" usavam a ilha de Isabela como último reduto de descanso antes de abandonar Galápagos e que, quando queriam reduzir sua carga, jogavam ao mar as tartarugas vivas que carregavam em suas embarcações.

Foi assim que tartarugas da ilha de Floreana e de outras espécies chegaram ao vulcão Wolf, no norte da ilha de Isabela, explicou Tapia.

O projeto começou no ano 2000, quando a DPNG e a Universidade de Yale (EUA) coletaram amostras de sangue de tartarugas no vulcão e encontraram uma com genes da espécie da ilha de Pinta.

Após essa descoberta, em uma expedição em 2008 recolheu mostras de sangue de outras 1700 tartarugas, e em 2012 foi descoberto que havia não uma, mas cerca de 80 tartarugas com ascendência de Floreana e algumas de Pinta.

Várias delas agora são usadas para desenvolver o programa de reprodução e criação em cativeiro não só para recuperar a espécie de tartaruga de Floreana, mas para contribuir com a restauração ecológica da ilha. [...]

"Em Galápagos não há grandes mamíferos. Os mega-herbívoros são as tartarugas e, por Floreana ter perdido suas tartarugas, há processos ecológicos e evolutivos que estão alterados", indicou o pesquisador, que agora espera que o retorno da espécie à sua ilha permita restaurar sua "integridade ecológica". [...]

O arquipélago de Galápagos, que leva esse nome devido às grandes tartarugas que habitam suas ilhas, está situado a cerca de mil quilômetros da costa continental do Equador e foi declarado em 1978 como Patrimônio Natural da Humanidade pela Organização das Nações Unidas para a Educação, a Ciência e a Cultura (Unesco).

Suas reservas terrestres e marítima, que abrangem uma superfície de 138 mil quilômetros quadrados, contêm uma rica biodiversidade, considerada como um laboratório natural que permitiu ao cientista britânico Charles Darwin desenvolver sua teoria sobre a evolução e seleção natural das espécies.

AGÊNCIA EFE. Espécie de tartaruga extinta há 150 anos é recuperada em Galápagos, 13 set. 2017. Disponível em: <https://www.efe.com/efe/brasil/patrocinada/especie-de-tartaruga-extinta-ha-150-anos-e-recuperada-em-galapagos/50000251-3378427>. Acesso em: 24 abr. 2018.

Galápagos: ilhas – 2017

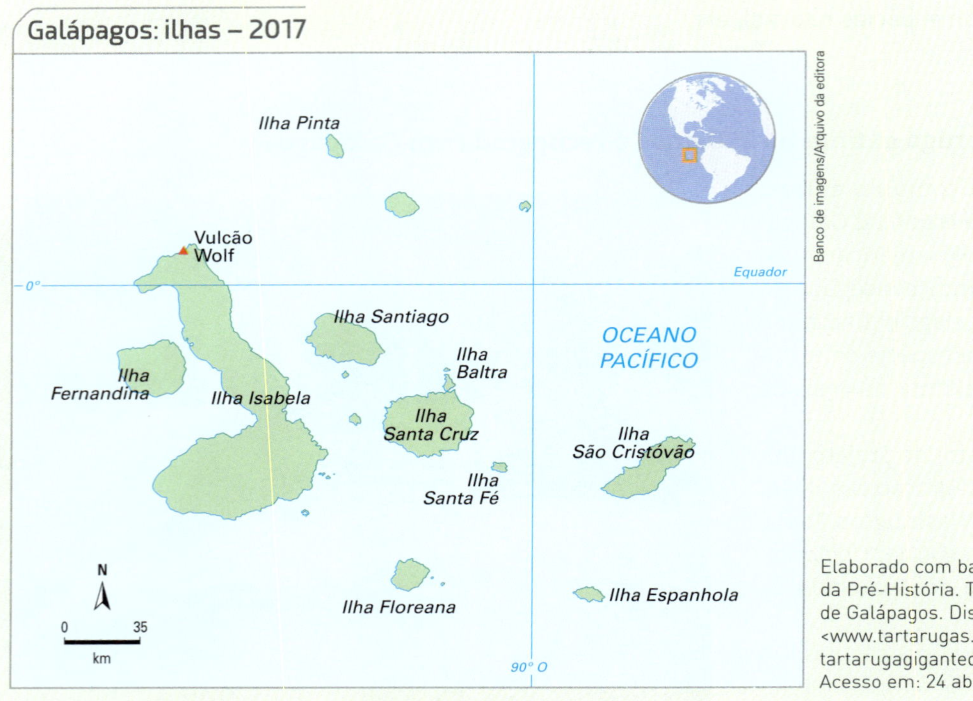

Elaborado com base em: ATLAS Virtual da Pré-História. Tartatugas-gigantes de Galápagos. Disponível em: <www.tartarugas.avph.com.br/tartarugagigantedegalapagos.php>. Acesso em: 24 abr. 2018.

Cada espécie, incluindo o ser humano, tem seu ***habitat***. Nele, os indivíduos encontram alimentos e condições para sua reprodução, como temperatura adequada a seu estágio de desenvolvimento e disponibilidade de água. O *habitat* é a localização geográfica que reúne as condições necessárias para que as espécies se desenvolvam e se reproduzam.

Existem *habitat* terrestres e *habitat* aquáticos. Os terrestres podem ser extensos, como o de um animal predador, mas também muito pequenos, como uma folha para um microrganismo. Os *habitat* aquáticos podem ser de água doce ou salgada. A água doce pode ser corrente, como rios e córregos, ou não, como lagos e pântanos e os reservatórios construídos pelo ser humano. Já os *habitat* marinhos apresentam-se em duas zonas: nerítica, as águas pouco profundas próximas à costa; e oceânica, formada pelas águas profundas mais afastadas da costa.

Quando uma espécie encontra um lugar no qual suas condições de reprodução e alimentação são garantidas, ou seja, a quantidade de nascimentos é superior à de mortes, ela está em seu **nicho**. O nicho é definido pela relação que uma espécie, ou mesmo um indivíduo, apresenta com as demais formas de vida e com o ambiente em que vive. O nicho tem duas dimensões: a fundamental, delimitada pela área que oferece condições para a reprodução de determinada espécie; e a real, ou seja, a que acaba sendo usada por essa espécie em função de restrições pela presença de predadores ou de competição com outras espécies.

As interações de espécies resultam em um **ecossistema**, zona na qual seres vivos se relacionam entre si e com os demais elementos que a compõem, como o solo, o relevo, a umidade e a insolação. Essa interação resulta em certa estabilidade, que é obtida pela reciclagem de nutrientes nas diferentes etapas de cada forma de vida. O conjunto de seres vivos é chamado de **biota** ou **biocenose**, enquanto a área na qual se encontram as condições naturais para que eles vivam é chamada de **biótopo**.

Por fim, encontram-se grandes zonas, os **biomas**, que resultam da combinação das condições de clima (temperatura, insolação e umidade) com a base geológica, formando solos que passam nutrientes para plantas, que são a base alimentar dos demais seres vivos da área.

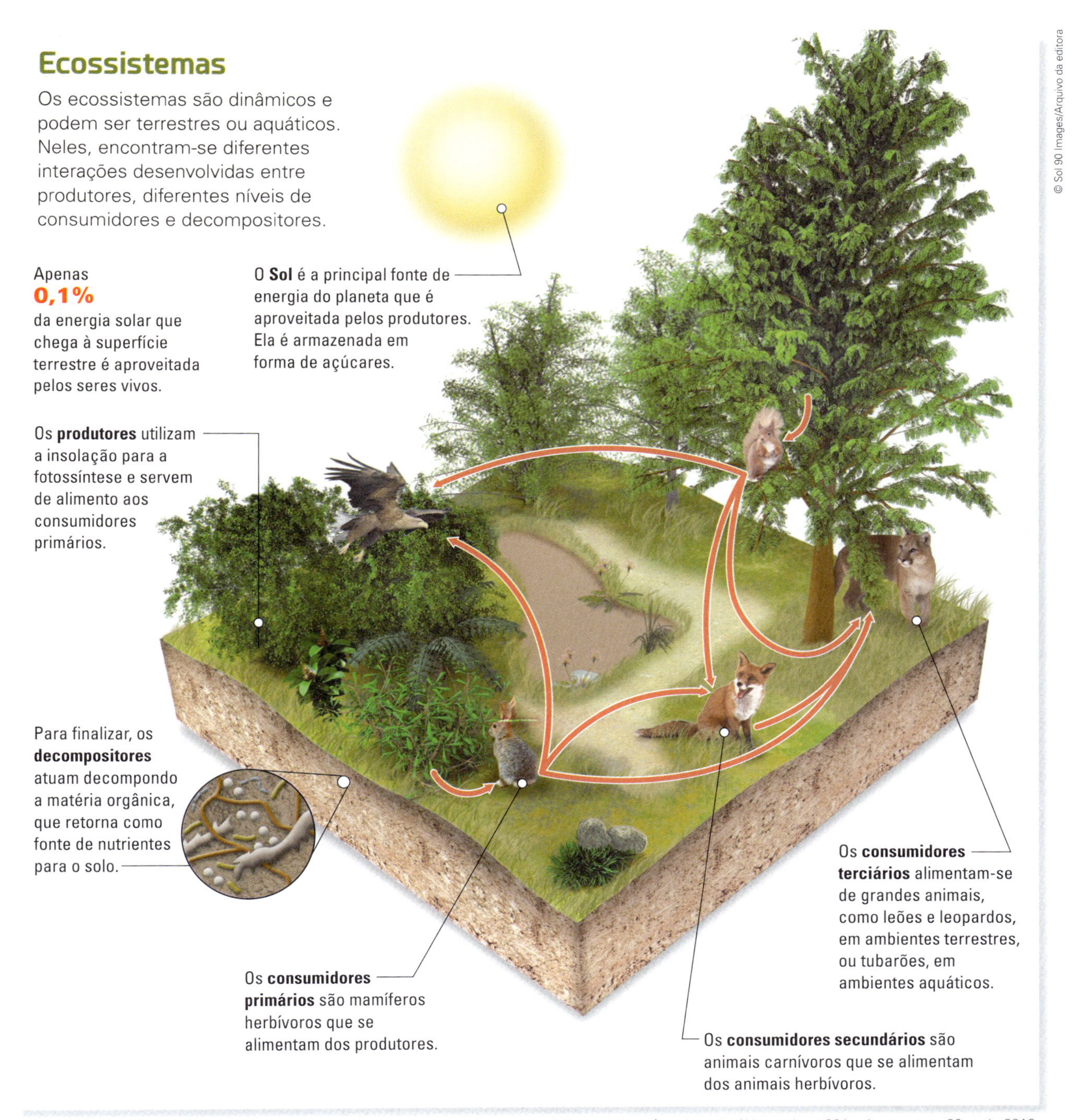

Elaborado com base em: SOL90 Images. Ecosystems. Disponível em: <www.sol90images.com/product.php?id_product=826>. Acesso em: 29 maio 2018.

Floresta tropical na Malásia, 2015.

2. Biomas

Não existe consenso entre pesquisadores sobre a quantidade de biomas da Terra. Algumas classificações apontam dezenove biomas. De todo modo, eles apresentam uma combinação de elementos naturais como temperatura, pluviosidade e formações vegetais.

Deserto gelado polar e montanhoso
Ocorrência de gelo sobre rochas, às vezes descobertas, com solos pobres e rasos, com pouca água, nos quais surgem musgos e liquens.

Floresta montanhosa
Elevada pluviosidade, associada a invernos amenos, permite o surgimento de coníferas em larga escala.

Estepe e Tundra de alto platô
Apresenta solo congelado na maior parte do ano, mas com pequena cobertura em partes isoladas, com musgos, liquens, arbustos de raízes rasas e pequenas árvores do tipo conífera.

Floresta pluvial tropical
Com precipitação elevada (2 000 a 3 000 mm/ano), associada a temperaturas elevadas (24 °C a 28 °C), apresenta árvores com folhas o ano todo, densas e com enorme biodiversidade por causa da ocorrência de espécies associadas (epífitas e cipós, por exemplo), além de mangues.

Vegetações tropicais complexas
Sujeitas a longos períodos de seca, a vegetação apresenta-se como decidual e xerófita na forma de arbustos e gramíneas altas.

Planisfério: biomas

Elaborado com base em: IBGE. *Atlas geográfico escolar*. 7. ed. Rio de Janeiro: IBGE, 2016. p. 61.

Savana em Narok, Quênia, 2016.

Estepe desértica e Vegetação arbustiva
Com baixa pluviosidade, invernos e verões intensos, apresenta gramíneas, arbustos e árvores baixas.

Savana tropical e Cerrado
Sujeitas a longas estiagens e a elevadas temperaturas, apresentam predomínio de gramíneas elevadas, arbustos e árvores tortas dispersas.

Floresta pluvial subtropical e temperada
Apresenta volume de chuva menor que as florestas tropicais; ainda assim, permite o desenvolvimento de árvores perenes, mas com menos espécies associadas.

Floresta de coníferas decidual temperada
Faixa de transição entre a floresta de coníferas e florestas mais densas, cujas árvores perdem as folhas no período de outono e inverno.

Tundra ártica
A umidade provém de neve e do degelo do *permafrost* (solo que fica congelado 10 meses por ano). No curto período de degelo, liquens, gramíneas e árvores esparsas surgem.

Floresta temperada na Austrália, 2015.

Floresta de coníferas do Norte (Taiga)
Apesar da precipitação reduzida e dos invernos rigorosos, as árvores coníferas desenvolvem uma película que retém umidade e calor durante o período mais frio e seco.

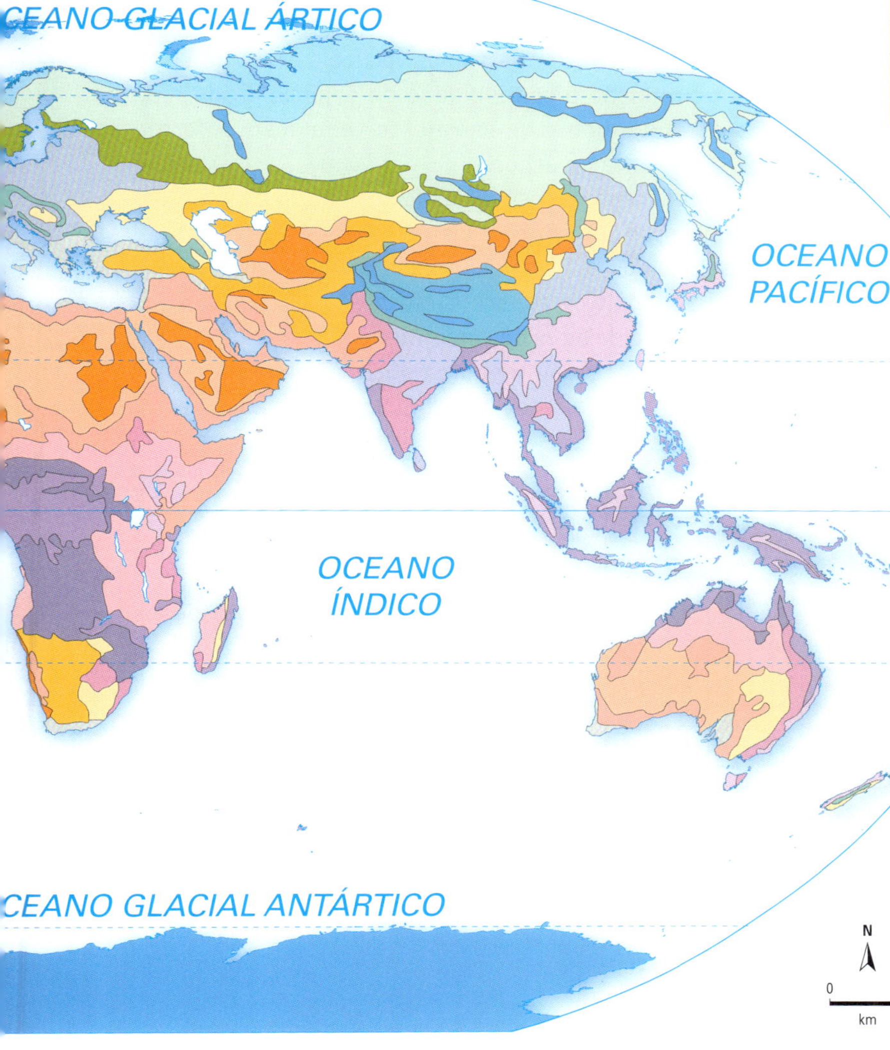

Pradarias e Estepes temperadas
Com precipitação entre 250 e 750 mm/ano, apresenta vegetação gramínea com eventuais arbustos e árvores de pequeno porte.

Floresta decidual temperada e Prado
Com boa pluviosidade e invernos amenos, apresenta árvores decíduas, mas que se tornam densas no verão.

Floresta mediterrânea e arbustos
Áreas áridas com verões intensos resultam em árvores perenes, mas baixas e esparsas.

Floresta de monções
Recebe elevada precipitação em parte do ano por causa das monções, por isso apresenta uma combinação de árvores decíduas e perenes e elevada biodiversidade.

Vegetação arbustiva desértica
Baixa pluviosidade e temperatura com elevada amplitude térmica diária que resulta em plantas xerófitas e gramíneas.

Savana africana
A baixa precipitação permite o desenvolvimento de gramíneas e árvores esparsas, que apresentam casca espessa, espinhos e folhas pequenas.

Deserto
Com pluviosidade abaixo de 250 mm/ano, a vegetação aflora dispersa na forma de arbustos e flores em meio a dunas.

Vegetação de transição da Savana para o semidesértico
Secas prolongadas, com chuvas pouco frequentes, apresenta arbustos com gramíneas e poucas árvores.

Deserto de Atacama no Chile, 2018.

Cartografando

1. Reúna-se com três colegas e escolham um dos biomas apresentados no infográfico das páginas anteriores. Em seguida, pesquisem cinco espécies vegetais que ocorrem no bioma escolhido. Identifiquem o nome científico de cada uma delas e façam cartazes com fotografias ou desenhos e textos explicativos.

Os estratos de vegetação

Os organismos vegetais ordenam-se em arranjos verticais aéreos ou subterrâneos para garantir sua reprodução e continuidade da espécie. Cada nível de crescimento das plantas recebe o nome de estrato de vegetação. A formação vegetal pode ser herbácea, arbustiva ou arbórea.

As **gramíneas** ou **herbáceas** foram as primeiras formações vegetais a aparecer na Terra. Elas fornecem condições para o processo de surgimento de outras plantas, pois protegem o solo, e por isso são chamadas colonizadoras.

A **vegetação arbustiva** é composta de espécies intermediárias e pode auxiliar, por exemplo, na dinâmica de perda de água do conjunto vegetacional. Os arbustos não apresentam um caule principal e são menores que as árvores. Por fim, as espécies **arbóreas** estão na terceira faixa da estratificação. São as espécies de grande porte e, por isso, seus troncos são esguios. Além disso, proporcionam a permanência das espécies por meio de relações biológicas, como o mutualismo. As florestas tropicais possuem a maior diversidade de estratificação e, portanto, as espécies se adaptam a essa condição, conferindo a elas uma grande diversidade biológica.

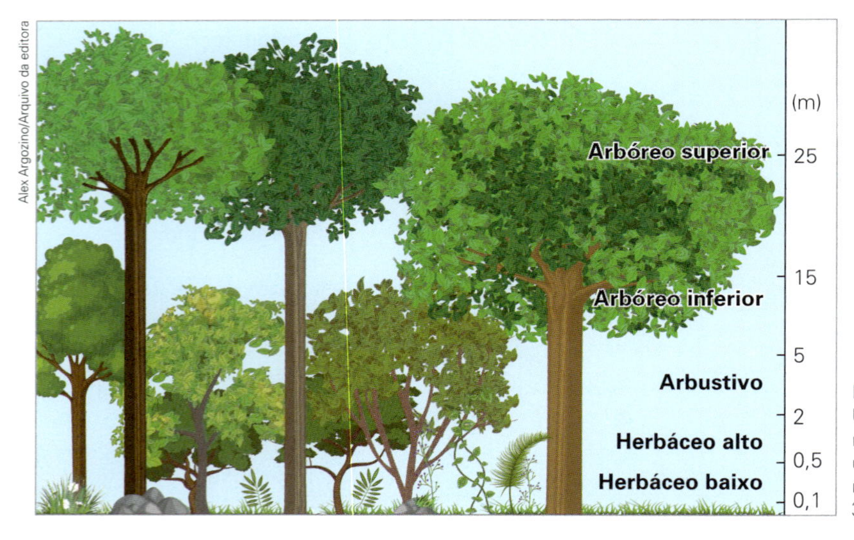

Elaborado com base em: ENCYCLOPÆDIA Universalis France. La forêt, un milieu naturel riche et diversifié. Disponível em: <www.universalis.fr/encyclopedie/forets-la-foret-un-milieu-naturel-riche-et-diversifie/>. Acesso em: 30 abr. 2018.

3. Biomas no Brasil

Segundo o Ministério do Meio Ambiente, existem seis biomas no Brasil: Amazônia, Cerrado, Mata Atlântica, Caatinga, Pampa e Pantanal.

O geógrafo brasileiro Aziz Ab'Sáber, por sua vez, estabeleceu uma classificação dos domínios morfoclimáticos do Brasil que associa clima, relevo e vegetação.

Ab'Sáber dividiu o território nacional em seis **domínios morfoclimáticos**. Três são marcados principalmente pela existência de florestas: Amazônico, Araucárias e Mares de Morros. Nos outros três, predomina a vegetação arbustiva e herbácea (rasteira): Caatinga, Cerrado e Pradarias.

Ele também definiu extensos corredores entre os domínios morfoclimáticos, que chamou de **zonas de transição**, nas quais vegetações de dois ou mais domínios se combinam e não é possível estabelecer um limite exato entre eles.

Brasil: biomas

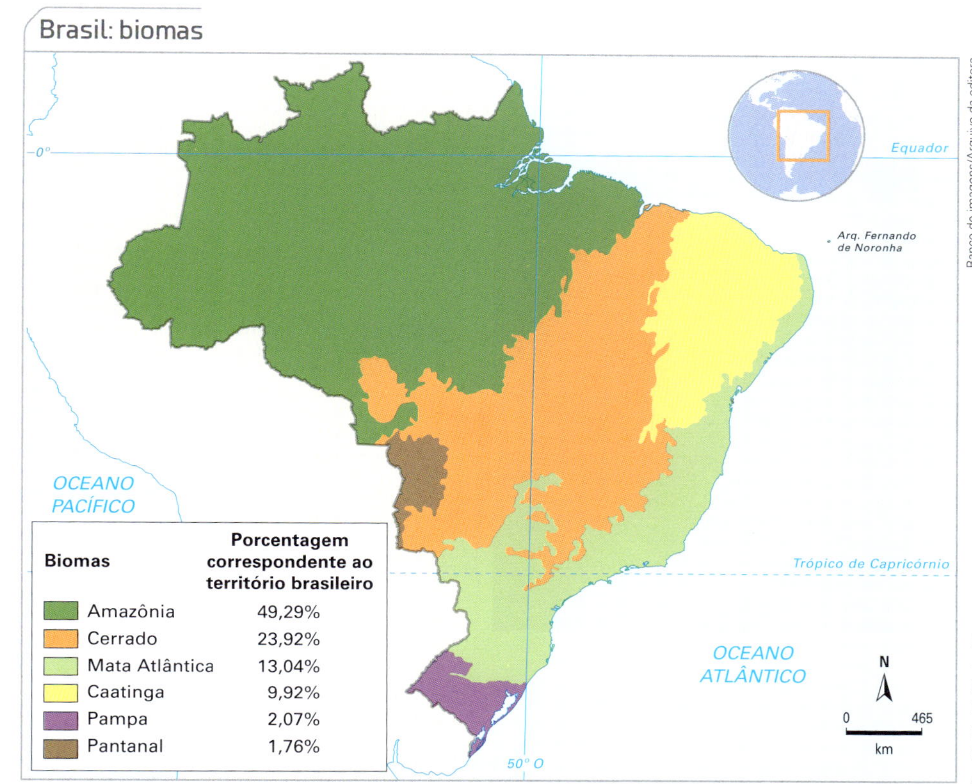

Elaborado com base em: BRASIL – Ministério do Meio Ambiente. Conheça os biomas brasileiros. Disponível em: <www.brasil.gov.br/meio-ambiente/2009/10/biomas-brasileiros/@@nitf_custom_galleria>. Acesso em: 30 abr. 2018.

Brasil: domínios morfoclimáticos, de Aziz Ab'Sáber

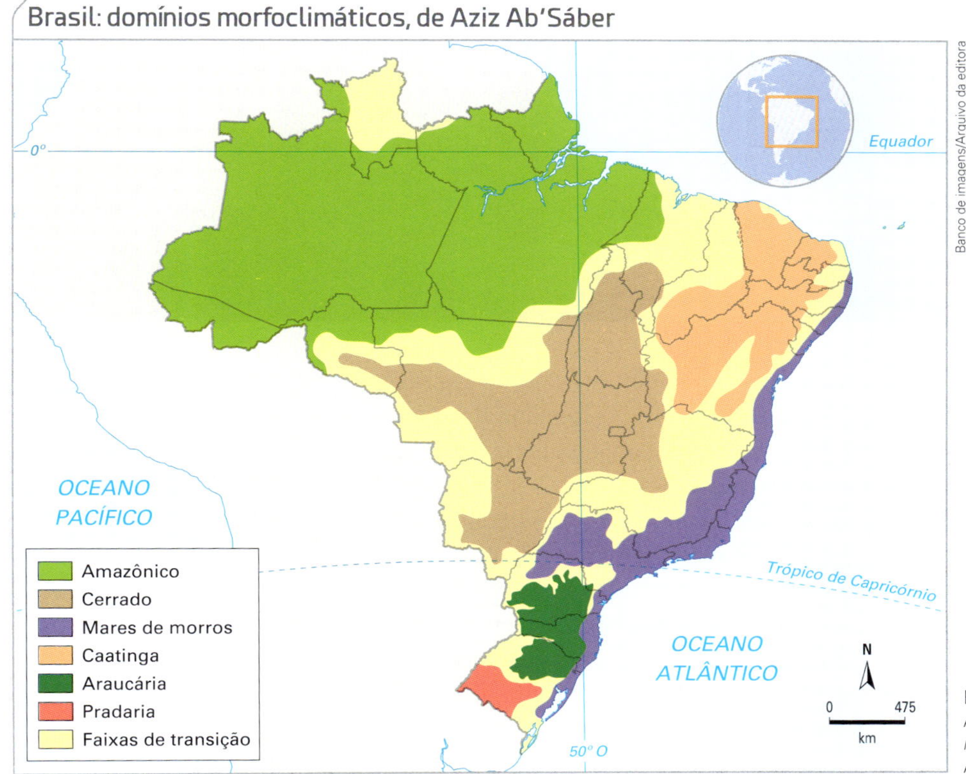

Elaborado com base em: AB'SÁBER, Aziz. *Os domínios da natureza no Brasil*. São Paulo: Ateliê, 2002. p. 17.

Domínio Amazônico

O domínio morfoclimático Amazônico é o maior do Brasil. Ele extrapola as fronteiras políticas nacionais e avança sobre Bolívia, Colômbia, Equador, Guiana, Peru, Suriname, Venezuela e Guiana Francesa, que é território ultramar da França.

Entre as características climáticas desse domínio estão altas temperaturas, grande umidade e baixa amplitude térmica anual. Combinadas, elas permitiram o desenvolvimento de uma das maiores florestas do mundo.

Luciana Whitaker/Pulsar Imagens

Floresta de igapó em Alter do Chão, Santarém (PA), 2017.

A Amazônia é muito diversa. Nela se encontram: a floresta de terra firme, em áreas não sujeitas a inundação; a floresta de várzea, que recebe inundações sazonais ou ocasionais; e as florestas de igapó, que ocorrem em locais inundados.

Andre Dib/Pulsar Imagens

Floresta de terra firme no Parque Nacional da Serra do Divisor, Cruzeiro do Sul (AC), 2017.

O domínio Amazônico detém importantes reservas de água. Porém, a partir da segunda metade do século XX, passou a sofrer crescente degradação. Projetos inadequados e malsucedidos, ligados a atividades agropecuárias, industriais, de mineração, de geração de energia por meio de usinas hidrelétricas, além da urbanização, têm gerado taxas impressionantes de desmatamento.

Essa situação é extremamente preocupante, pois as formações vegetais existentes no domínio são o resultado de milhões de anos de adaptação para alcançar esse equilíbrio dinâmico. As alterações provocadas pelas atividades humanas geram danos irreversíveis, principalmente ao considerar que o solo não é tão rico como se acreditava no passado. A principal fonte de recomposição dos solos na Amazônia é o grande volume de matéria orgânica da floresta. Se a floresta acaba, a fonte também se esvai, o que gera sérias consequências que extrapolam os limites do domínio.

No domínio Amazônico verificam-se muitos impasses e conflitos ante os diferentes interesses de seus agentes sociais: governo, indústrias, madeireiros, mineradores, agricultores, pecuaristas, povos originários e ribeirinhos. Tal contexto social indica que os diferentes projetos para se apropriar da Amazônia nem sempre são compatíveis.

Domínio das Araucárias

Esse domínio morfoclimático brasileiro é caracterizado por temperaturas mais amenas, pela umidade e também pela maior influência das estações do ano. Ocorre do norte do estado do Paraná ao estado do Rio Grande do Sul. Com cerca de 400 mil quilômetros quadrados, distribui-se por áreas de planalto, especificamente pelo Planalto Meridional brasileiro.

A paisagem desse domínio é marcada pela presença de uma espécie nativa de pinheiro: a araucária (*Araucaria angustifolia*). A Mata de Araucárias (floresta ombrófila mista) também é vista em áreas de maior altitude no domínio dos Mares de Morros, como em Campos do Jordão (SP) e Monte Verde (MG), formando enclaves, ou seja, uma "ilha" de araucárias cercada de vegetação de outros domínios – nesse caso, por Mata Atlântica.

As araucárias foram devastadas e hoje são raros os exemplares originais. A madeira dessas árvores foi utilizada para a construção de casas e a fabricação de móveis, além de ter servido de lenha para fornos, cozimento e aquecimento de ambientes. Hoje suas extensas áreas de florestas são utilizadas para o desenvolvimento de atividades agropecuárias e industriais. Esse domínio abriga grandes centros urbanos, como Curitiba, no Paraná.

Gerson Sobreira/Terrastock

Araucárias em Pinhão (PR), 2017.

Domínio dos Mares de Morros

O domínio dos Mares de Morros encontra-se distribuído ao longo de quase toda a costa brasileira e avança para o interior. É um domínio azonal, pois localiza-se em diferentes faixas de latitude.

A maior parte de seu relevo é formada por elevações que, por terem sofrido erosão ao longo de milhões de anos, apresentam aspecto arredondado e suave. Mas existem partes escarpadas, com formação mais recente. Por causa do clima úmido, os solos são geralmente bem profundos. A umidade também faz com que todos os rios sejam perenes. Na Serra do Mar, especificamente no litoral norte do estado de São Paulo, ocorrem os maiores índices de chuvas do país (até 4 000 mm) pela combinação de diferentes fatores climáticos e do relevo.

Originalmente, a Mata Atlântica estendia-se por todo esse domínio, desde os fundos de vale até os mais altos divisores de água, com grande biodiversidade, já que se distribuía em matas ciliares, terras baixas, encostas e topos de morros (floresta ombrófila ou úmida).

Nas áreas localizadas mais ao interior, menos úmidas, a floresta sofre mais os efeitos da sazonalidade, e muitas espécies perdem parte de suas folhas na estiagem (floresta estacional decidual). Na zona litorânea, há manguezais – nos quais se encontram espécies adaptadas à água salobra – e vegetação das restingas, com dunas e planícies arenosas.

Por sua localização, esse domínio foi intensamente devastado desde o período colonial. Atualmente, envolve a área mais urbanizada do país. Restam apenas pequenos trechos de um antigo domínio original muito amplo. Essas áreas precisam ser preservadas adequadamente para garantir a sobrevivência de uma das regiões que mais apresentam biodiversidade no planeta.

Ricardo Azoury/Pulsar Imagens

Foto aérea de Teresópolis (RJ), na Serra do Mar, 2016. Observe a intensa ocupação humana nesse domínio morfoclimático.

Domínio das Caatingas

O domínio das Caatingas distribui-se por cerca de 720 mil quilômetros quadrados e tem uma média de temperatura elevada (entre 25 °C e 29 °C). O relevo, em grande parte formado por depressões entre planaltos, dificulta a atuação das massas de ar úmidas, como as vindas do oceano Atlântico. Além disso, no período de inverno, uma célula de alta pressão se desloca para o Sertão nordestino e massas de ar úmido, como a Tropical Atlântica, conseguem atingir somente as regiões litorâneas (Zona da Mata).

Por isso, nesse domínio o período de escassez de chuvas chega a durar até sete meses do ano, com média de precipitação inferior a 800 milímetros. Além disso, as chuvas apresentam irregularidade ao longo dos anos. Existem registros de longas estiagens, que muitas vezes se estenderam por até seis anos.

A vegetação desse domínio é xerófita, com cascas grossas, raízes profundas, folhas estreitas com ou sem espinhos, ideais para reduzir a evapotranspiração. Durante a seca apresenta aspecto de vegetação desértica, mas logo nas primeiras chuvas se torna verdejante, mudando as paisagens do domínio. Na Caatinga, existem florestas de menor porte (árvores com menos de cinco metros de altura), e predominam arbustos e formações rasteiras.

Atualmente, nesse domínio encontra-se uma das áreas semiáridas mais populosas do mundo, distribuída em cidades grandes, como Caruaru (PE) e Campina Grande (PB).

Fotos: Fabio Colombini/Acervo do fotógrafo

Fotos da Caatinga em São Lourenço do Piauí (PI), em dois momentos: em abril de 2015, durante o inverno, quando chove; em outubro de 2015, durante o verão, na época de estiagem.

Domínio do Cerrado

O Cerrado é o segundo maior domínio brasileiro, com quase 2 milhões de quilômetros quadrados. Distribui-se pelos estados de Goiás, Mato Grosso, Mato Grosso do Sul, Tocantins e Minas Gerais. Em São Paulo, é possível encontrar fragmentos de Cerrado, assim como em Roraima, no norte do país.

O clima exerce grande influência nas formações vegetais presentes nesse domínio. As temperaturas são geralmente quentes (entre 20 °C e 26 °C), e a amplitude térmica é elevada. Em períodos de estiagem, nos três a cinco meses mais secos, a umidade relativa do ar chega a 15%, um índice muito baixo.

A variação das chuvas ao longo do ano impossibilita a perenidade de parte dos rios. Alguns cursos de água de menor porte secam e o lençol freático se aprofunda.

A vegetação, porém, está adaptada a essa variação e apresenta galhos tortuosos, troncos com cascas grossas e espinhos e folhas resistentes – que aparentam formas vegetais encontradas em ambientes semiáridos ou desérticos.

Os tipos vegetais encontrados no domínio do Cerrado são muito variados. Existe a floresta de Cerrado chamada **cerradão**, onde predomina o estrato arbóreo. O **Cerrado** mais característico combina gramíneas, arbustos e árvores espalhadas. Existem ainda os **campos sujos** (predomínio de arbustos) e os **campos limpos** (formações rasteiras).

Por fim, destacam-se áreas de **palmeirais**, marcadas pela presença de espécies de palmeiras, como gueroba, macaúba e babaçu. Há também as **veredas**, que são um tipo muito especial de mata ciliar (margens dos rios) encontrado nos cerrados próximos ao domínio das Caatingas. Nas veredas, os solos são saturados por água quase o ano todo e a vegetação é composta de arbustos, ervas e buritis (uma espécie de palmeira).

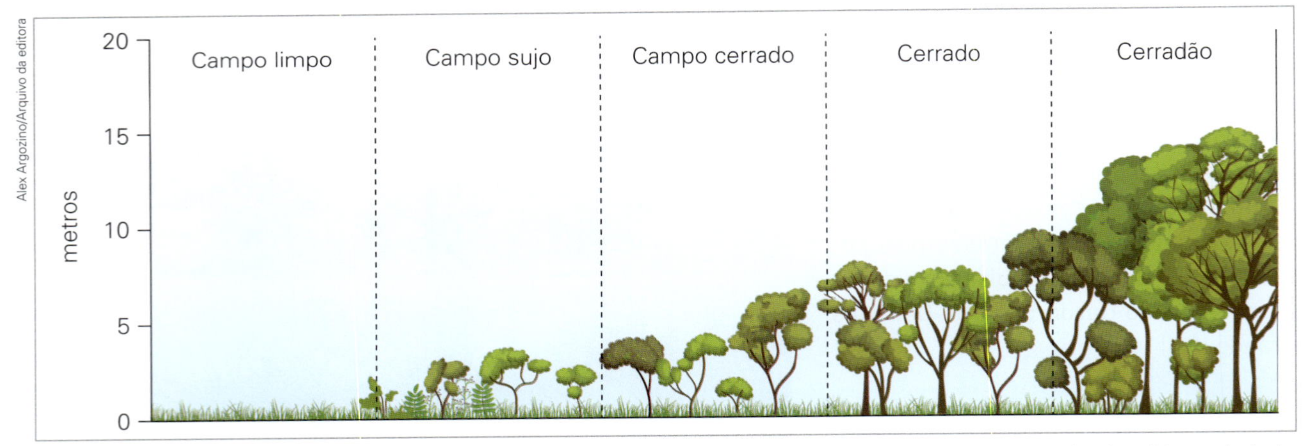

Elaborado com base em: PIVELLO, Vânia Regina; COUTINHO, Leopoldo Magno. A qualitative succesional model to assist in the management of Brazilian cerrados. *Forest Ecology and Management*, v. 87, p. 128, 1996.

Diálogo com Língua Portuguesa

As paisagens de *Grande sertão: veredas*

Guimarães Rosa (1908-1967), um dos mais importantes escritores da literatura brasileira, consagrou-se por seus contos e romances que mostram o interior do Brasil, em especial de Minas Gerais. Além de apresentar uma linguagem inovadora, repleta de invenções autorais e expressões populares, retratou em detalhes a geografia do Cerrado.

Leia os trechos a seguir, extraídos do livro *Grande sertão: veredas*, escrito por Guimarães Rosa em 1956, que se refere às reflexões do ex-jagunço Riobaldo e seu grande amor, Diadorim:

> Aí quando muito vento abriu o céu, e o tempo deu melhora, a gente estava na erva alta, no quase liso de altas terras. Se ia, aos vintes e trintas, com Zé Bebelo de bota-fogo. Assim expresso, chapadão voante. O chapadão é sozinho – a largueza. O sol. O céu de não se querer ver. O verde carteado do grameal. As duras areias. As arvorezinhas ruim-inhas de minhas. A diversos que passavam abandoados de araras – araral – conversantes. Aviavam vir os periquitos, com o canto-clim. Ali chovia? Chove – e não encharca poça, não rola enxurrada, não produz lama: a chuva inteira se soverte em minuto terra a fundo, feito um azeitezinho entrador. O chão endurecia cedo, esse rareamento de águas. O fevereiro feito. Chapadão, chapadão, chapadão.
>
> De dia, é um horror de quente, mas para a noitinha refresca, e de madrugada se escorropicha o frio, o senhor isto sabe. Para extraviar as mutucas, a gente queimava folhas de arapavaca. Aquilo bonito, quando tição acêso estala seu fim em faíscas – e labareda dalalala. Alegria minha era Diadorim. Soprávamos o fogo, juntos, ajoelhados um frenteante o ao outro. A fumaça vinha, engasgava e enlagrimava. A gente ria. Assim que fevereiro é o mês mindinho: mas é quando todos os cocos do buritizal maduram, e no céu, quando estia, a gente acha reunidas as todas estrelas do ano todo. [...]
>
> [...] O senhor estude: o buriti é das margens, ele cai seus cocos na vereda – as águas levam – em beiras, o coquinho as águas mesmas replantam; daí o buritizal, de um lado e do outro se alinhando, acompanhando, que nem que por um cálculo. [...]

GUIMARÃES ROSA, João. *Grande sertão:* veredas. Rio de Janeiro: Nova Fronteira, 2001. p. 329-330.

Andre Dib/Pulsar Imagens

Paisagem de Cerrado no Parque Nacional da Chapada dos Veadeiros, Alto Paraíso (GO), 2017.

1. Depois da leitura dos trechos selecionados e da observação da imagem, relacione os elementos das paisagens apontados por Guimarães Rosa com as características do domínio morfoclimático do Cerrado.
2. Como o autor retrata as veredas? Faça uma pesquisa sobre veredas existentes no Sertão brasileiro e sua importância.
3. Com auxílio do(a) professor(a) de Língua Portuguesa, explore as expressões citadas por Guimarães Rosa para descrever elementos naturais do Sertão brasileiro.

No domínio do Cerrado desenvolveu-se por muito tempo a pecuária extensiva, pois seus solos, com características ácidas e com poucos nutrientes, eram considerados inadequados para a agricultura. Porém, a partir da segunda metade do século XX, inovações tecnológicas para a correção desses solos e outras técnicas agrícolas, com auxílio da Embrapa, possibilitaram o desenvolvimento da agricultura no Cerrado em ritmo acelerado.

Lucas Ninno/Moment/Getty Images

Colheita de soja em Sorriso (MT), 2017.

A construção de Brasília no coração do Brasil central, de rodovias de ligação entre as regiões do país e de outras obras de infraestrutura levaram à ocupação crescente e à formação de uma rede de cidades. Nesse processo, estima-se que a vegetação do Cerrado foi degradada em mais de 50% da cobertura original. Hoje, para preservar o que resta, são necessárias muitas ações. É importante lembrar que nesse domínio estão as nascentes de rios que formam importantes bacias hidrográficas brasileiras, como São Francisco, Parnaíba, Paraná e Tocantins-Araguaia.

Domínio das Pradarias

O domínio das Pradarias corresponde à parte sul-sudoeste do estado do Rio Grande do Sul, conhecida como Campanha Gaúcha ou Pampa. Nessa porção, as formações encontradas são bem mais baixas que as do relevo planáltico e caracterizadas pela presença de coxilhas, que são pequenas elevações do terreno, como colinas.

Esse domínio possui condições de chuvas semelhantes às verificadas no domínio das Araucárias, pois também não apresenta período seco. Sua amplitude térmica, porém, é bem maior, pois sofre muito mais influência das massas de ar vindas do polo sul por conta de sua localização. Destaca-se ainda a atuação dos ventos, como o minuano, forte e frio.

Embora se verifiquem algumas formações de árvores, nesse domínio predominam arbustos e formações rasteiras (campos sujos e campos limpos), que são utilizados como pastagens para o gado. Nas paisagens das pradarias também se verificam muitos arrozais e, recentemente, o avanço da cultura da soja.

Um dos impactos ambientais mais sérios verificados nesse domínio é a **arenização**, que consiste na formação de bancos de areia infértil intensificada pelo desmatamento e pelo uso incorreto dos solos.

Pradaria em Alegrete (RS), 2014.

Gerson Gerloff/Pulsar Imagens

Diálogo com Biologia

O Complexo do Pantanal

São aproximadamente 210 000 km², incluindo terras do Brasil, da Bolívia e do Paraguai, em uma área topograficamente deprimida que tem nas inundações periódicas da bacia do rio Paraguai sua mais importante fonte de sustentação da biodiversidade. Representa a maior área úmida continental do planeta, permanecendo quase totalmente coberta de água durante o período das chuvas, de novembro a abril. Durante este período, dada a pequena declividade do relevo e a dificuldade de escoamento das águas, o nível das lagoas, chamadas regionalmente de baías, eleva-se e os rios transbordam, ocupando os campos da planície de inundação. Nesse cenário, pequenas elevações do terreno sobressaem-se na paisagem como verdadeiras ilhas cobertas de vegetação [...]. O conjunto dessas áreas é conhecido regionalmente como cordilheiras, sendo o principal abrigo para o gado durante os períodos de inundação.

O pantanal mato-grossense apresenta dois tipos distintos de lagoas, as de água doce e as de água salgada. As primeiras situam-se nas áreas mais baixas do terreno e são alimentadas diretamente pelas águas das chuvas e pela água que escoa do transbordamento dos rios. Já as segundas localizam-se nas áreas mais elevadas, dentro das cordilheiras, e são alimentadas exclusivamente pelas flutuações do lençol freático [...].

FIGUEIRÓ, Adriano. *Biogeografia*: dinâmicas e transformações da natureza. São Paulo: Oficina de Textos, 2015. p. 315-316.

Andre Dib/Pulsar Imagens

Foto aérea do Pantanal, em Corumbá (MS), em maio de 2017, na estação seca.

1. Segundo o texto, quais são as características mais marcantes do Pantanal brasileiro?
2. Faça uma pesquisa e apresente três espécies de animais e de plantas típicos do Pantanal.

4. Biogeografia e as teorias de dispersão das espécies

A **Biogeografia** consiste no estudo da distribuição dos seres vivos pela Terra. É dividida em dois ramos: Fitogeografia, que estuda a distribuição das plantas; e Zoogeografia, que analisa a distribuição dos animais.

Muitos pesquisadores da história da Geografia admitem que o primeiro biogeógrafo foi o alemão Alexander von Humboldt. Esse geógrafo percorreu terras na América do Sul, em especial os Andes, e, pela primeira vez, associou altitude com temperatura e formas de vegetação natural.

A Biogeografia é uma ferramenta importante para a preservação da biodiversidade. Ao estudar os condicionantes de dispersão das espécies, torna-se possível compreender quais áreas do mundo devem ser protegidas para evitar a extinção de espécies.

Planisfério: biodiversidade

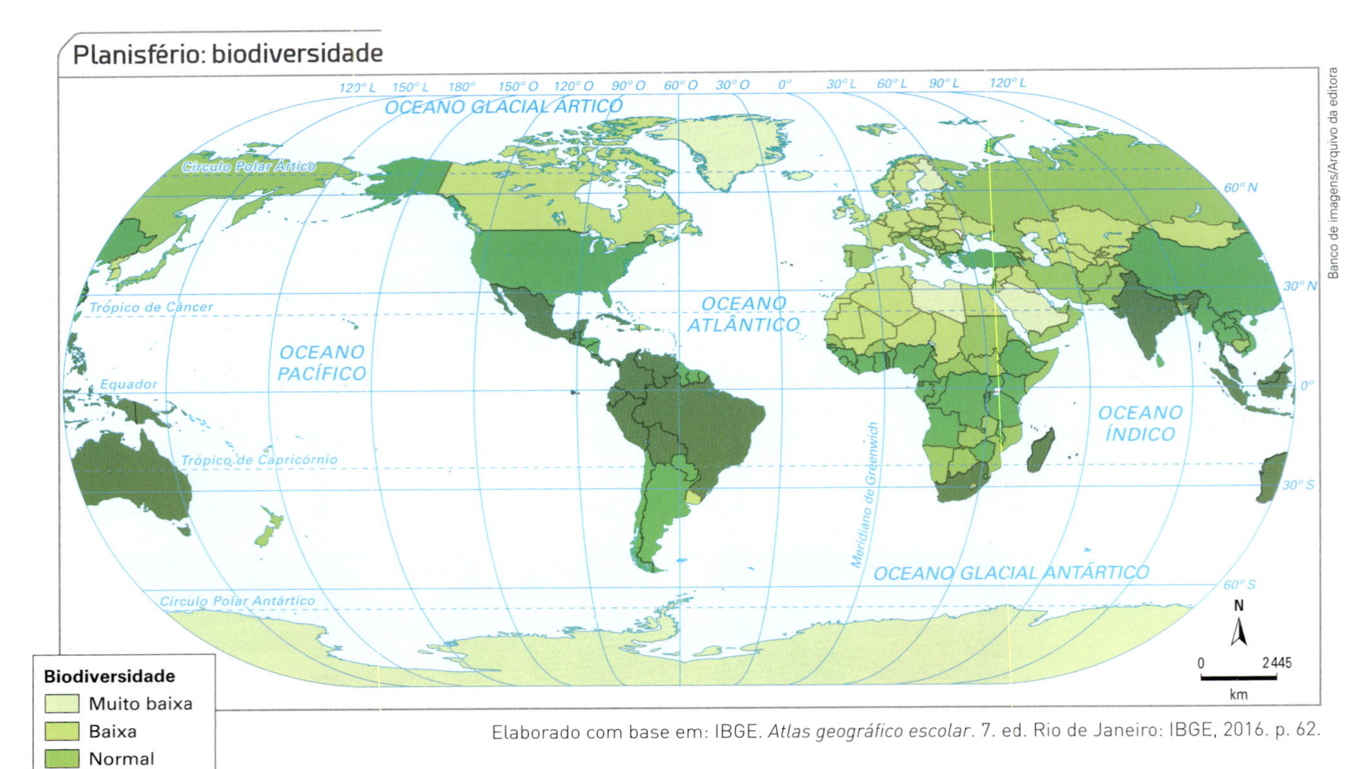

Elaborado com base em: IBGE. *Atlas geográfico escolar*. 7. ed. Rio de Janeiro: IBGE, 2016. p. 62.

As principais teorias para explicar a dispersão das espécies são: deriva continental, refúgios morfoclimáticos, ilhas e metapopulações.

A **teoria da deriva continental** está associada ao deslocamento dos continentes e dos oceanos causado pelo movimento das placas tectônicas. Esse movimento levou a uma dinâmica diferente de iluminação solar nas novas posições dos continentes, alterando a vida das populações. Além disso, a separação dos continentes levou as espécies a se deslocarem e se adaptarem a outras condições. Essa teoria explica, por exemplo, a existência de espécies semelhantes nas Savanas africanas e no Cerrado brasileiro.

A **teoria dos refúgios morfoclimáticos**, por sua vez, foi apresentada pelo biogeógrafo alemão Jurgen Haffer (1932-2010), que procurou explicar a formação da Floresta Amazônica com base na alternância de climas secos e úmidos registrados entre as épocas do Pleistoceno e do Holoceno.

As transformações sofridas pela floresta, em razão das condições climáticas, resultaram em fragmentos de vegetação sem comunicação com outras áreas. Nesse cenário, as espécies que ali estavam ficaram confinadas ou refugiadas, pois as áreas não vegetadas apresentavam condições desfavoráveis para a sobrevivência de tais espécies. No Brasil, essa teoria está associada aos estudos científicos do geógrafo Aziz Ab'Sáber.

A **teoria das ilhas** recebeu esse nome por estudar as espécies de fauna e flora em ilhas. O ecólogo Robert MacArthur (1930-1972) e o biólogo Edward Wilson (1929-) afirmaram em seus estudos, na década de 1960, que os grupos populacionais das ilhas tinham menor variedade em relação aos grupos que estabeleceram *habitat* nos continentes. Isso porque nas ilhas o espaço era reduzido, fator que dificultaria seu desenvolvimento e reprodução.

Segundo essa teoria, as ilhas com menor extensão territorial teriam populações reduzidas em quantidade e variedade, enquanto as ilhas maiores teriam mais variedade e quantidade de espécies. Com base nisso, o risco de extinção de uma espécie em uma ilha depende da extensão territorial. Para esses pesquisadores, uma espécie ameaçada de extinção pode ter dificuldade para migrar caso a ilha esteja distante do continente. A possibilidade de migração é classificada de acordo com a posição da ilha em relação ao continente. Em síntese, uma ilha pequena e afastada do continente apresenta menos espécies que outra maior e mais próxima do continente.

Na **teoria das metapopulações**, proposta pelo ecólogo estadunidense Richard Levins (1930-2016), no fim da década de 1960, a metapopulação – ou seja, o conjunto de manchas ocupadas por diversas populações de um bioma – surge de migrações, extinções e colonizações das populações que estão em fragmentos de vegetação.

Fabio Colombini/Acervo do fotógrafo

Castanheiras rodeadas por pastos de gado em Senador Guiomard (AC), 2015. A castanheira-do-pará é uma árvore que somente é encontrada na Floresta Amazônica. Por causa do desmatamento, encontra-se na lista de espécies ameaçadas de extinção.

O conjunto de populações pode ser identificado de diferentes formas. Na forma clássica, registra-se um equilíbrio entre extinção e colonização de espécies em dada área. Quando ocorre em manchas, a população pode se ampliar ao longo do tempo pelo crescimento da mancha, o que evita a extinção. Quando não ocorre a recolonização, verifica-se um desequilíbrio na população, que pode acarretar seu desaparecimento.

O estudo da interação entre as porções de vegetação permite sua conservação. O **corredor ecológico** é um exemplo da aplicação da teoria da metapopulação. Ele consiste em manter uma faixa de vegetação biodiversa para possibilitar a interação entre espécies e assim facilitar a reprodução e evitar a extinção. Além do corredor ecológico, áreas satélites permitiriam a circulação de espécies, o que também ampliaria as chances de recolonizar a área.

Distribuição geográfica das espécies

Há dois tipos de fatores que estabelecem os limites geográficos de animais e plantas. Os **fatores físicos**, como insolação, temperatura, disponibilidade de água, tipos de solo e formas de relevo; e os **fatores bióticos**, como as relações entre as espécies.

As variações climáticas são fatores físicos que resultam da insolação nas diversas latitudes do planeta e são fundamentais para a distribuição geográfica das populações de espécies. Maior insolação corresponde a uma maior presença de espécies, como ocorre na faixa tropical, já que existe uma oferta maior de fonte de energia para realizar a fotossíntese.

Áreas do planeta sujeitas a baixas **temperaturas**, por seu turno, apresentam plantas com pequena capacidade de reter água e de captá-la no solo. Já em locais com temperaturas elevadas, pode ocorrer maior evapotranspiração, com transferência de água da planta para a atmosfera.

A **água** é fundamental para todas as formas de vida do planeta. Por isso, a ocorrência de chuvas regulares ou a existência de reservatórios naturais para animais é determinante na distribuição geográfica dos seres vivos na Terra.

Existem situações em que a pluviosidade é elevada, porém concentrada, o que dificulta a armazenagem da água. Também há casos, como em áreas frias, em que a precipitação da água se dá em forma de neve, sem condição de absorção, ou seja, a planta só consegue absorver a água quando ela volta ao estado líquido nos meses mais quentes.

O **solo** é muito importante para a manutenção dos seres vivos. Por meio do húmus, camada formada da decomposição de matéria orgânica, o solo permite que os nutrientes voltem às plantas, fechando o ciclo.

Já o **relevo** afeta a temperatura e o tipo de solo. Formações mais elevadas apresentam temperaturas mais baixas por causa da menor pressão atmosférica, com consequente diminuição da densidade do ar. Por isso, há pontos do planeta com temperaturas mais baixas localizados na faixa tropical, como nos Andes. Por sua vez, uma forma de relevo com elevada declividade pode resultar em um solo raso, com pouco desenvolvimento do horizonte A, camada que contém húmus, tornando-o frágil e com pequena capacidade de devolver nutrientes às plantas.

Os fatores bióticos estão associados às relações entre os seres vivos. Em um ambiente, os indivíduos podem estabelecer relações de competição, amensalismo, mutualismo e predação, entre outras.

A **competição** entre as espécies pode ocorrer pela busca de alimento, no caso de animais. Entre as plantas, muitas vezes ela é associada à capacidade maior ou menor de disseminar sementes.

Gerson Gerloff/Pulsar Imagens

Agricultor mostra um tipo de erva daninha nas plantações, em Coronel Bicaco (RS), 2017. As ervas daninhas estabelecem uma relação de competição com as plantas do cultivo, pois ambas competem por nutrientes e água do solo, além de luz natural.

O **amensalismo** também é uma forma de competição biológica. O eucalipto, por exemplo, libera uma substância capaz de afastar outras espécies de plantas que poderiam concorrer com ele na busca por nutrientes no solo. Além disso, ao consumir muitas frações de água do solo, o eucalipto impede que outras espécies que necessitam de água permaneçam ali.

Na **predação**, indivíduos de uma espécie eliminam indivíduos de outra para que possam sobreviver. Em geral, a existência de predadores nos biomas indica a presença de outros animais em maiores quantidades nesse ecossistema para assim estabelecer-se a relação biológica.

Por fim, no **mutualismo** duas espécies precisam uma da outra para a perpetuação e manutenção de suas vidas.

Os seres vivos apresentam níveis diferentes de tolerância diante da falta de condições adequadas de fatores físicos e bióticos. Os animais de regiões desérticas, por exemplo, enfrentam a escassez de água com maior facilidade que os animais de outras áreas. Outro exemplo de tolerância são os pardais, aves encontradas em várias partes do mundo por conta de sua fácil adaptação às diferenças de clima, temperatura, água e solo.

Andrey Nekrasov/Alamy/Fotoarena

O caranguejo ermitão não possui uma carapaça resistente, por isso ele usa uma concha abandonada, geralmente com uma anêmona-do-mar grudada a ela. Ele é protegido pela anêmona, que possui células urticantes em seus tentáculos, e ela ganha mobilidade, além de aproveitar os restos de alimento do caranguejo.

5. Teorias da distribuição de espécies no Brasil

A distribuição das espécies varia de acordo com a combinação de características físicas e bióticas. As plantas e os animais foram se adaptando ao longo do tempo. Com as alterações nas condições climáticas, as espécies passaram por muitas mudanças.

Essas mudanças foram mais rápidas que a capacidade de adaptação de algumas espécies em diversos casos. Por isso, nem todas as espécies se distribuíram da mesma forma pelo mundo, principalmente nos períodos glaciais, ocorridos durante a época geológica do Pleistoceno.

Na América do Sul, durante os últimos períodos glaciais, as correntes oceânicas frias vindas do Atlântico Sul eram muitos mais atuantes. Se hoje sua influência é verificada principalmente até a porção sul do continente, durante a última glaciação do Pleistoceno, ela alcançava o atual território da Bahia. Esses e outros fatores faziam com que os climas verificados no Brasil fossem bem mais frios e secos, com características semiúmidas, semiáridas e até áridas. Alguns locais, porém, conseguiram conservar maior umidade e foram chamados de "refúgios".

Além disso, a exposição da plataforma continental por causa do rebaixamento do nível do mar criou condições para a deposição de sedimentos que, posteriormente, deram origem à formação das restingas e de outros ambientes costeiros.

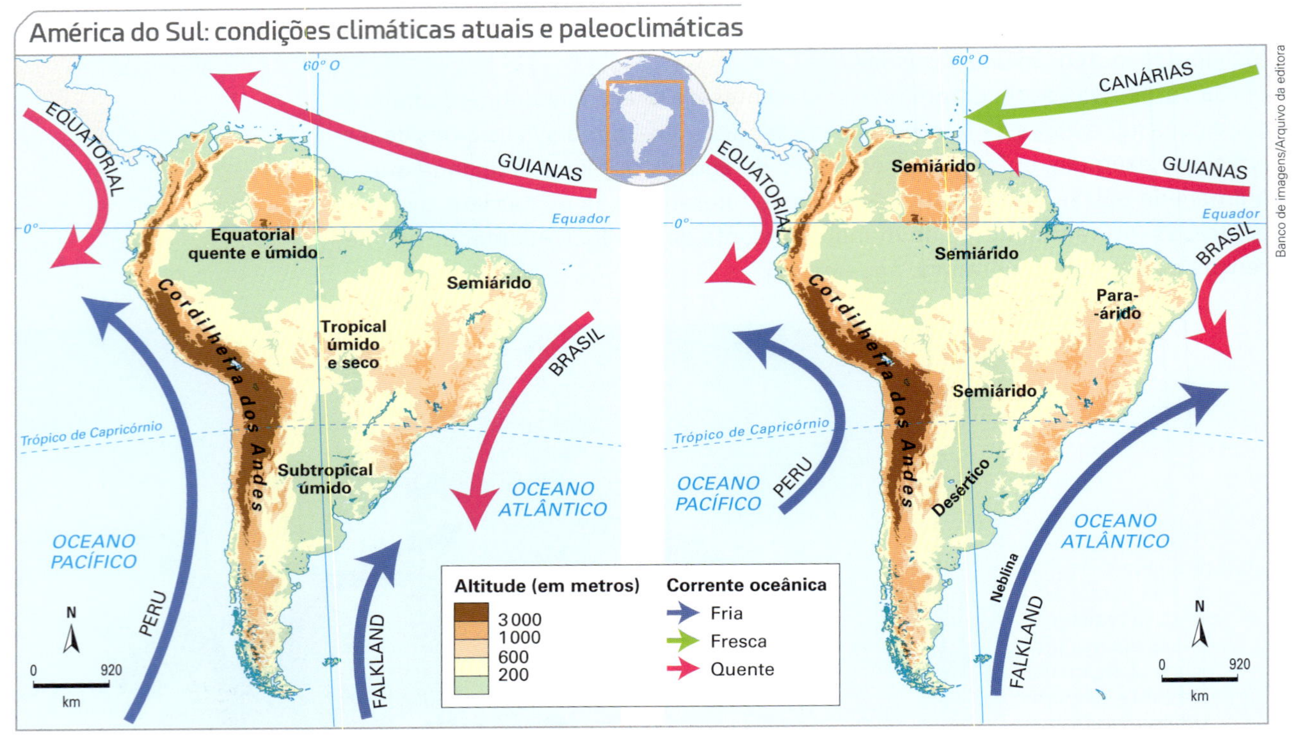

Elaborado com base em: LUZ, Leandro D. *Aspectos paleoambientais do Quaternário Superior na região de Campo Mourão, Paraná*. Dissertação (Mestrado em Geografia) – Universidade Estadual de Maringá, 2004. p. 30; VIADANA, Adler Guilherme. *A teoria dos refúgios florestais*. Rio Claro: Editora do Autor, 2002, s.p.

Nesses períodos, as rotas de dispersão, ou seja, os caminhos pelos quais as espécies migraram de um lugar para outro, também se modificaram. Mares congelados dificultaram a movimentação dos animais marinhos, mas facilitaram a dos terrestres pela formação de pontes entre os continentes – ainda que as geleiras isolassem parte das espécies.

Um exemplo disso é a região da Beríngia, que fazia a ligação no estreito de Bering (entre o Alasca, na América do Norte, e a Sibéria, no norte da Ásia). Acredita-se que, por essa rota, houve a dispersão de muitas espécies (Grande Intercâmbio Americano), e algumas chegaram às terras que hoje formam o Brasil. Todas as mudanças nas condições climáticas também exerceram grande influência nas dinâmicas entre as espécies, como padrões alimentares e outros hábitos.

Durante os períodos interglaciais, a retomada das condições tropicais úmidas determinou outros padrões de distribuição das espécies. Houve períodos em que o nível do mar chegou a ser 70 metros mais alto que o atual. Isso porque as temperaturas eram bem maiores. As águas do oceano Atlântico avançaram sobre a bacia Amazônica e, com elas, muitas espécies se dispersaram, adaptadas a ambientes costeiros.

Atualmente é possível encontrar fósseis de espécies marinhas em áreas bem interiorizadas da floresta. Pode-se encontrar também "ilhas" (enclaves) de Cerrado e de Caatinga em áreas onde hoje se distribuem florestas úmidas, um indicativo do clima mais seco do passado.

Todas essas dinâmicas climáticas foram muito importantes para que as espécies, ao longo do tempo, se dispersassem e se adaptassem. É por isso que hoje o Brasil apresenta uma biodiversidade tão rica.

Essas flutuações climáticas não foram as únicas responsáveis pela distribuição das espécies. No caso da deriva dos continentes, quando se pensa na formação da Pangeia, na fragmentação dos continentes Gondwana e Laurásia e na configuração atual dos continentes, é possível perceber que nas áreas de distribuição das espécies de animais e plantas ocorreram grandes modificações, que uniram ou fragmentaram essas espécies.

Além disso, Gondwana, que formou a América do Sul, a África, a Índia, a Arábia, a Oceania e a Antártida, flutuou pelo hemisfério sul em diferentes latitudes, gerando adaptação e extinção de espécies. Sem falar das mudanças de altitudes provocadas pelos eventos tectônicos.

A movimentação das placas também alterou a configuração dos oceanos. Durante a Pangeia havia apenas um grande oceano, chamado Panthalassa. Naquele tempo, houve grande dispersão das espécies marinhas e terrestres, pois todas as massas (continentais e oceânicas) estavam unidas. Com a fragmentação dos continentes, novos ambientes se formaram e se transformaram.

Nos últimos séculos, a maior causa de alterações nas espécies é a ação humana. Desde as Grandes Navegações, quando diferentes nações passaram a explorar terras até então desconhecidas por elas, espécies de plantas e animais foram levadas de um lugar para outro, como o café e a cana-de-açúcar, que foram trazidos da África e do sul da Ásia, respectivamente.

O processo de ocupação das "novas terras" causou diminuição das populações de diferentes espécies e extinções em todos os domínios morfoclimáticos brasileiros. Além disso, provocou o extermínio de povos tradicionais que viviam nestas terras antes da chegada dos europeus. Hoje em dia, a ação da sociedade é central na distribuição das espécies no mundo, principalmente porque a velocidade com que se alteram os biomas é superior à capacidade de reposição dos nutrientes.

Área de Cerrado no Parque Nacional do Monte Roraima, em Uiramutã (RR), 2017. Essa área de Cerrado encontra-se no domínio Amazônico, prova de que o clima era diferente em outros tempos.

Adriano Kirihara/Pulsar Imagens

6. Uso social da biodiversidade

Os grupos humanos utilizam-se da biodiversidade de muitas maneiras – na medicina, na produção de cosméticos, na alimentação e na manutenção da qualidade de vida.

Desses vários usos, destaca-se o uso medicinal de plantas que fornecem energia ao organismo ou que têm ação laxativa, calmante ou cicatrizante, como é o caso da babosa (também conhecida como aloe vera), com propriedades cicatrizantes e relaxantes.

Muitos produtos de higiene e cosméticos utilizam plantas como matéria-prima. A andiroba e o babaçu são usados para a confecção de sabonetes, óleos, esmaltes e outros diversos produtos.

Werner Rudhart/Kino.com.br

Plantação de babaçu em São Luís Gonzaga do Maranhão, 2015. O babaçu é uma espécie de palmeira encontrada principalmente no Nordeste do país. De sua semente é extraído um óleo comestível, bastante utilizado na indústria cosmética.

Na produção de alimentos, pode-se citar exemplos como guaraná e erva-mate, utilizados na produção de bebidas, além de sementes oleaginosas, como castanhas, que contêm gorduras menos saturadas, minerais e vitaminas que as tornam excelentes fontes de nutrientes.

Nas áreas urbanas, a presença de vegetação é associada ao conforto térmico (sensação de bem-estar com os índices de temperatura e umidade do ar), pois a cobertura vegetal regula a temperatura e o ciclo hidrológico, além de amenizar a poluição. Segundo a Organização Mundial de Saúde, populações que convivem com áreas verdes têm mais qualidade de vida.

Biotecnologia e engenharia genética

Nas últimas décadas, o desenvolvimento de tecnologias que permitem manipular genes de seres vivos aumentou ainda mais o potencial de uso das formações vegetais. Inicialmente, busca-se conhecer a sequência de genes que conferem certas características a um ser vivo. Depois, são introduzidos genes, muitas vezes de outros seres, para dotá-lo de determinadas funções. Como resultado, são criados seres que não existiam na natureza ou que poderiam vir a existir por meio da especiação, mas cujo surgimento foi acelerado em laboratório.

A **biotecnologia** e a **engenharia genética** ampliam enormemente o potencial de uso de espécies vivas, que podem se tornar fontes renováveis de materiais, alimentos, energia, entre outras possibilidades. No entanto, esses experimentos podem levar a uma sobrecarga nos sistemas de produção agrícola, em especial do solo e das reservas de água, já que propiciam o aumento de campos cultivados, que não fornecem apenas alimentos, como ocorria no passado, mas também matérias-primas para setores industriais.

Klaus-Dietmar Gabbert/DPA-Zentralbild/AFP

Pesquisadora observa mudas de plantas criadas em laboratório de engenharia genética em Quedlinburg, Alemanha, 2018.

Além disso, não existem ainda estudos que demonstrem os impactos do uso constante da engenharia genética e da biotecnologia, já que são tecnologias relativamente novas. Por isso, muitos pesquisadores e movimentos ambientalistas reivindicam mais cautela no uso delas, e até sua proibição, como ocorre em alguns países da Europa.

Os sistemas de produção agrícola atuais estão intimamente ligados à produção industrial. Como resultado, áreas antes ocupadas por vegetação original com ampla biodiversidade passam a abrigar poucas espécies, fenômeno conhecido como **deserto verde**.

Os desertos verdes são muito vulneráveis às oscilações de ciclos naturais e são sensíveis aos desequilíbrios nos ecossistemas. Ou seja, mudanças climáticas que alterem a oferta de água ou mesmo o período de chuvas podem deixar vastas áreas produtivas sem capacidade agrícola.

Reservas da Biosfera

A ocupação cada vez maior de áreas naturais para uso agrícola ou industrial pode resultar em um ambiente aparentemente controlado, mas frágil diante da possibilidade iminente de desequilíbrio. Qualquer fator pode desestabilizar esse ambiente e gerar uma reação que afete o bioma.

Para evitar consequências ainda mais sérias, foi amplamente difundido e aplicado um modelo criado nos Estados Unidos em 1872. Naquela época, procurava-se salvaguardar áreas naturais para visitas de turistas e de pesquisadores, diante da rápida expansão agrícola. Os naturalistas mostraram sua preocupação e passaram a defender a criação de áreas naturais protegidas de modo a conservar atributos naturais do planeta.

A primeira Unidade de Conservação da Natureza foi criada em 1872, nos Estados Unidos, e recebeu o nome de Parque Nacional de Yellowstone. Localizado no noroeste do país, nos estados de Idaho, Montana e Wyoming, abriga rochas utilizadas por seres humanos há mais de 11 mil anos, zonas intactas de biomas temperados, gêiseres e *canyons*.

Estabelecer áreas protegidas para evitar sua degradação passou a ser muito difundido pela Organização das Nações Unidas para a Educação, a Ciência e a Cultura (Unesco). Essas áreas são denominadas Reservas da Biosfera.

Planisfério: Reservas da Biosfera da Unesco – 2018

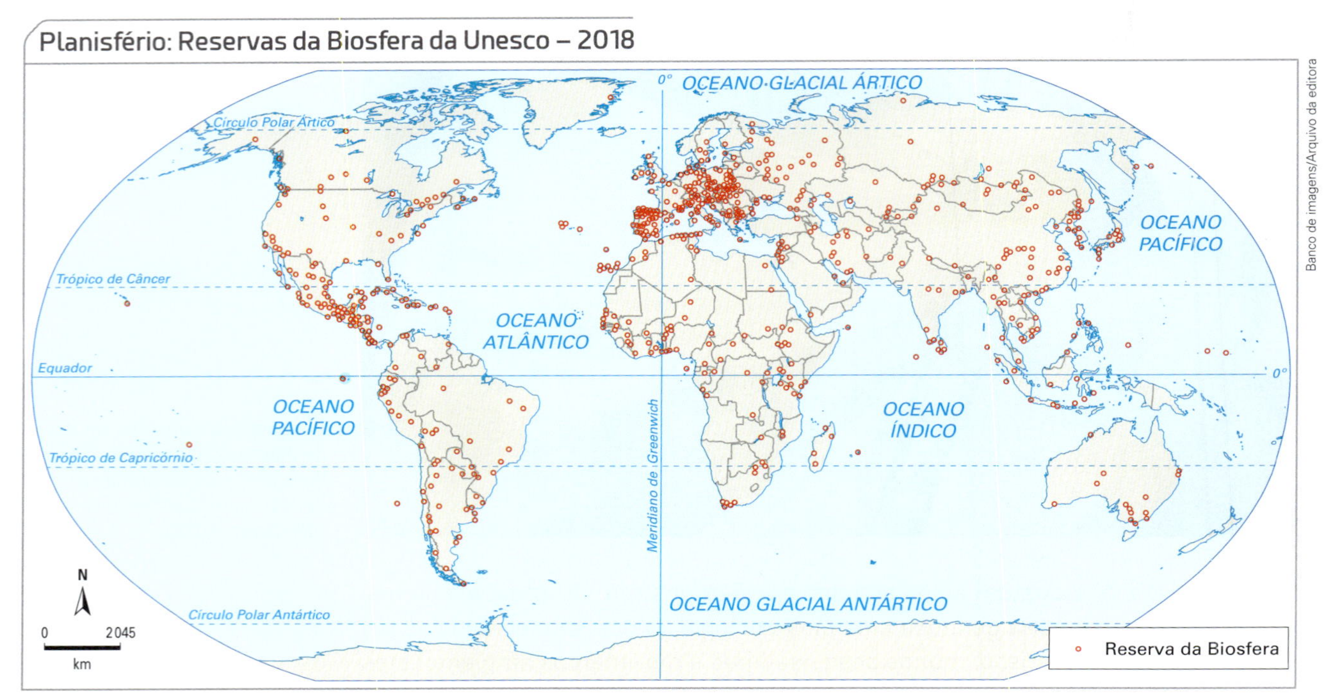

Banco de imagens/Arquivo da editora

Elaborado com base em: UNESCO. World Network of Biosphere Reserves. Disponível em: <http://unesdoc.unesco.org/images/0025/002596/259695M.pdf>. Acesso em: 23 abr. 2018.

Andre Dib/Pulsar Imagens

Pico do Itambé na Reserva da Biosfera da Serra do Espinhaço, Serro (MG), 2018.

7. Biodiversidade brasileira: potencial e desafios

Muitas espécies são conhecidas e utilizadas pelos povos originários do Brasil para alimentação, cura de doenças e até mesmo em rituais. Com a chegada dos colonizadores, alguns cientistas europeus começaram a estudar e classificar essas espécies.

Atualmente, com o avanço do conhecimento científico e tecnológico, a fauna e a flora brasileiras são exploradas para a produção de uma infinidade de produtos, como cosméticos e medicamentos. Cada vez mais, é realizada a **bioprospecção**, ou seja, a pesquisa de espécies que apresentem algum potencial econômico para o desenvolvimento de um novo produto.

Novos conhecimentos sobre a biodiversidade brasileira vêm gerando interesse de empresas multinacionais e governos estrangeiros, que podem lançar mão da **biopirataria** – a exploração ilegal de recursos da natureza e o tráfico de animais – para utilizar recursos naturais de um país sem a autorização do governo local. Por isso, é necessário estabelecer regras que regulem o acesso a essa informação.

Há relatos de pesquisadores estrangeiros que estudam espécies usadas por povos indígenas para utilizá-las para fins comerciais, sem o reconhecimento do papel dessas comunidades tanto na conservação ambiental que permitiu a sobrevivência da espécie como na sua manipulação e uso. É preciso assegurar os direitos das populações tradicionais, como indígenas, quilombolas e caiçaras, pois esse conhecimento pertence a eles.

E no Brasil?

A carta de São Luís do Maranhão

Em 2001, em São Luís do Maranhão, pajés de várias nações indígenas brasileiras elaboraram um documento exigindo proteção contra empresas multinacionais que buscavam patentear, fabricar e comercializar produtos feitos com base em seus conhecimentos tradicionais. Leia, a seguir, os principais itens dessa carta.

Nós representantes indígenas no Brasil [...] declaramos:

1. Que nossas florestas têm se mantido preservadas graças aos nossos conhecimentos milenares;
2. Como representantes indígenas, somos importantes no processo da discussão sobre o acesso à biodiversidade e dos conhecimentos tradicionais [...] Este conhecimento é coletivo e não é uma mercadoria que se pode comercializar como qualquer objeto no mercado. [...];
7. Como representantes indígenas, afirmamos nossa oposição a toda forma de patenteamento que provenha da utilização dos conhecimentos tradicionais e solicitamos a criação de mecanismos de punição para coibir o furto da nossa biodiversidade; [...]
14. Propomos aos governos que reconheçam os conhecimentos tradicionais como saber e ciência, conferindo-lhe tratamento equitativo em relação ao conhecimento científico ocidental [...];

Preocupados com o avanço da bioprospecção e o futuro da humanidade, dos nossos filhos e dos nossos netos que reafirmamos aos governos que firmemente reconhecemos que somos detentores de direitos e não simplesmente interessados. [...]

INSTITUTO Socioambiental. Pajés discutem proteção aos conhecimentos tradicionais, 11 dez. 2001. Disponível em: <https://site-antigo.socioambiental.org/noticias/nsa/detalhe?id=127>. Acesso em: 3 maio 2018.

Renato Soares/Pulsar Imagens

Pajé da etnia Pataxó colhe plantas na aldeia Barra Velha, em Porto Seguro (BA), 2014.

1. Reúna-se com mais três colegas e façam uma pesquisa sobre conhecimentos indígenas que tenham sido patenteados por indústrias estrangeiras com grande repercussão na mídia.

A flora brasileira catalogada é avaliada em mais de 46 mil espécies. Estima-se que boa parte da biodiversidade existente no país ainda seja desconhecida. Em relação à fauna, são mais de 100 mil espécies de invertebrados e quase 9 mil de vertebrados (mamíferos, aves, répteis, anfíbios e peixes). Diante da intensa exploração verificada nos diferentes domínios morfoclimáticos brasileiros, muitas espécies correm perigo de extinção. Segundo levantamento do Ministério do Meio Ambiente, até 2014, observou-se que mais de mil espécies de animais e 2 mil espécies de plantas estavam seriamente ameaçadas.

Conclui-se, portanto, que é fundamental garantir a preservação dos domínios morfoclimáticos brasileiros. Para tentar atingir esse objetivo, foi criado o Sistema Nacional de Unidades de Conservação da Natureza.

8. Sistema Nacional de Unidades de Conservação da Natureza

Desde 2000, o Brasil possui um Sistema Nacional de Unidades de Conservação da Natureza (SNUC). De acordo com a lei que o criou, existem Unidades de Conservação dispostas nas três esferas político-administrativas (federal, estadual e municipal).

O sistema considera o uso da fauna e da flora existentes nessas unidades. Para isso, definiu Unidades de Uso Sustentável e Unidades de Proteção Integral. Nas primeiras, busca-se a manutenção de comunidades que já viviam na região antes de ela ser transformada em área protegida. Assim, o SNUC definiu doze categorias de manejo das áreas protegidas, da preservação total dos sistemas naturais sem a presença humana à manutenção de estilos de vida em áreas protegidas, desde que não se coloque em risco a manutenção dos sistemas da unidade.

Para a aplicação da lei, órgãos federais, estaduais e municipais assumiram responsabilidades distintas. O Ministério do Meio Ambiente (MMA) tem a missão de coordenar todas as entidades públicas em suas tarefas.

Brasil: Unidades de Conservação federais – 2016

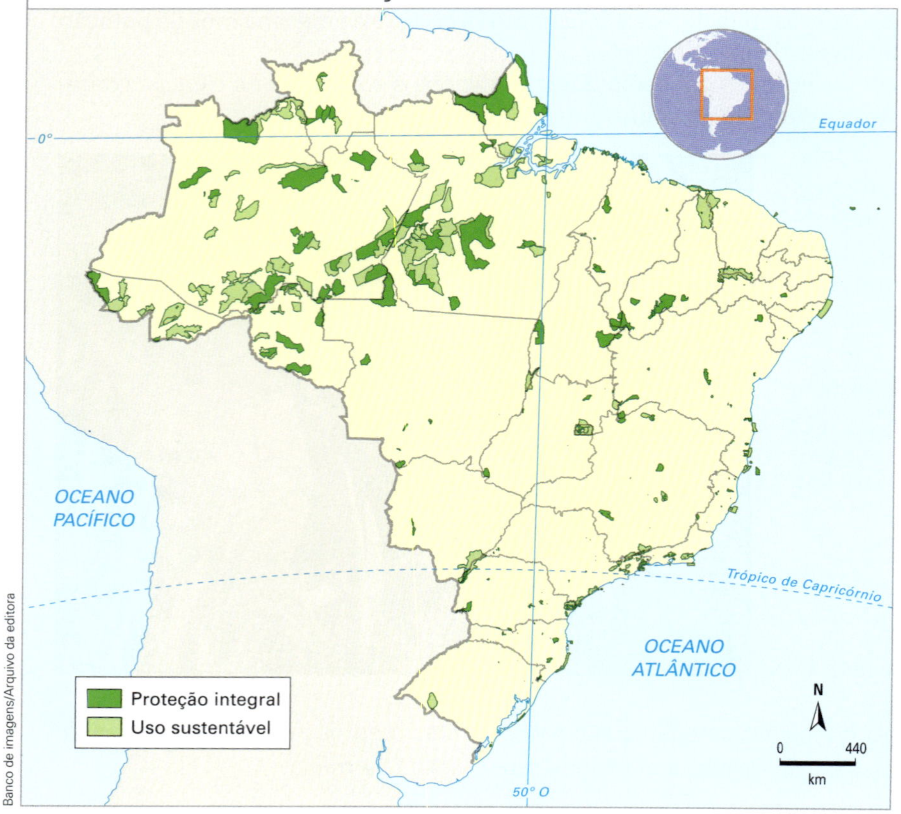

Equador
0°
OCEANO PACÍFICO
OCEANO ATLÂNTICO
Trópico de Capricórnio
50° O
Proteção integral
Uso sustentável
N
0 440
km

Banco de imagens/Arquivo da editora

Elaborado com base em: BRASIL – Ministério do Meio Ambiente. Sistema Nacional de Unidades de Conservação da Natureza – SNUC. Disponível em: <https://mmagovbr-my.sharepoint.com/personal/22240033827_mma_gov_br/Documents/CNUC/Site/A0_CNUC_PT-BR.pdf?slrid=2ba4639e-00d2-5000-559d-642078dc0cb7>. Acesso em: 3 maio 2018.

O Instituto Brasileiro de Meio Ambiente (Ibama) autoriza ou não um empreendimento em função dos impactos ambientais e sociais que ele venha a causar. Esse processo é chamado de **licenciamento ambiental**, que consiste na análise do Estudo de Impacto Ambiental da obra apresentado pelo empreendedor. Depois da análise, é emitida uma licença de autorização ou uma lista de ajustes que devem ser introduzidos no projeto para torná-lo adequado às normas ambientais.

O papel do Instituto Chico Mendes de Conservação da Biodiversidade (ICMBio) é implantar, proteger, fiscalizar e monitorar as Unidades de Conservação. Os municípios e os estados também são encarregados de administrar e proteger as áreas de biodiversidade. Mas existe ainda a possibilidade de um proprietário particular criar uma Unidade de Conservação.

Em Unidades de Proteção Integral, a ocupação humana é restrita e recursos naturais só podem ser extraídos para a pesquisa científica. Já em Unidades de Proteção Sustentável é possível haver ocupação humana e uso dos recursos naturais desde que não se comprometa a dinâmica natural.

Avanço do desmatamento

No Brasil, encontram-se importantes reservas de biodiversidade, que são vistas como fontes de informação genética a partir das quais podem ser criados produtos como remédios, alimentos e materiais. Trata-se de um privilégio, já que poucos países conseguiram manter sua biodiversidade. Nos últimos anos, porém, o desmatamento avança de modo contínuo, o que causa enorme preocupação.

Desde 1988, o Instituto Nacional de Pesquisas Espaciais (INPE), em colaboração com o MMA e o Ibama, faz o monitoramento da Floresta Amazônica brasileira por satélite, com o Programa de Monitoramento da Floresta Amazônica Brasileira por Satélite (Prodes).

Com base em imagens de satélites sino-brasileiros e estadunidenses, o INPE obtém dados que são utilizados pelo governo brasileiro para desenvolver políticas públicas. O objetivo é reduzir a degradação verificada nos ambientes da Amazônia Legal (região Norte, Mato Grosso e parte do estado do Maranhão).

Brasil: Amazônia Legal – 2007

Elaborado com base em: TERRA Brasilis. Mapa da Amazônia Legal. Disponível em: <www.terrabrasilis.org.br/ecotecadigital/index.php/estantes/mapas/597-mapa-da-amazonia-legal>. Acesso em: 3 maio 2018.

Estimativa anual de desmatamento na Amazônia Legal Brasileira – 1988-2017

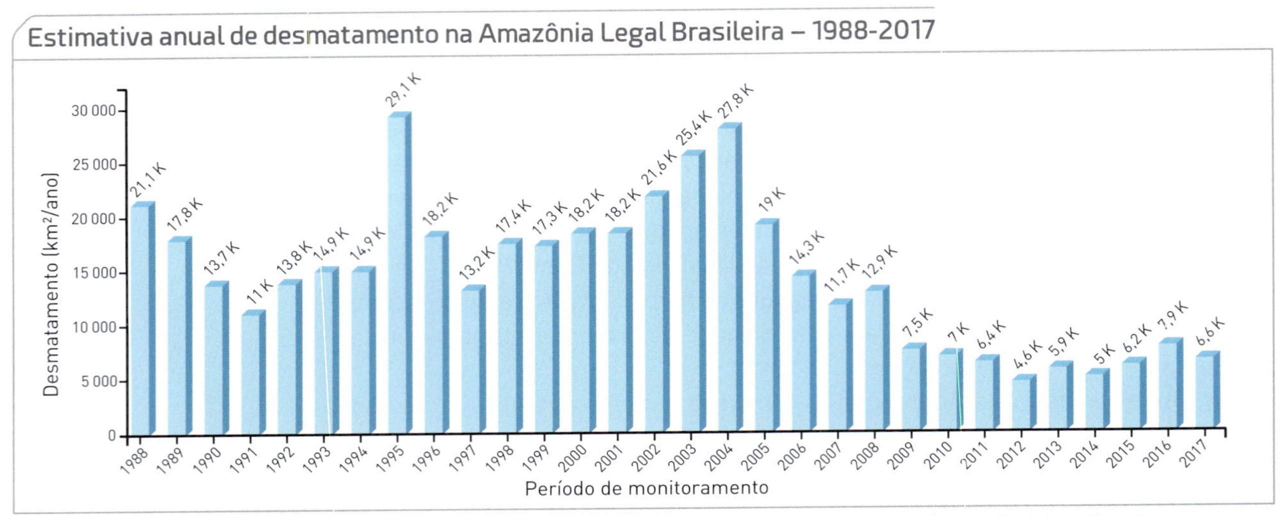

Elaborado com base em: INPE. Taxas de desmatamento. Disponível em: <www.obt.inpe.br/prodes/dashboard/prodes-rates.html>. Acesso em: 24 abr. 2018.

Estimativa anual de desmatamento na Amazônia Legal Brasileira, por estado – 1988-2017

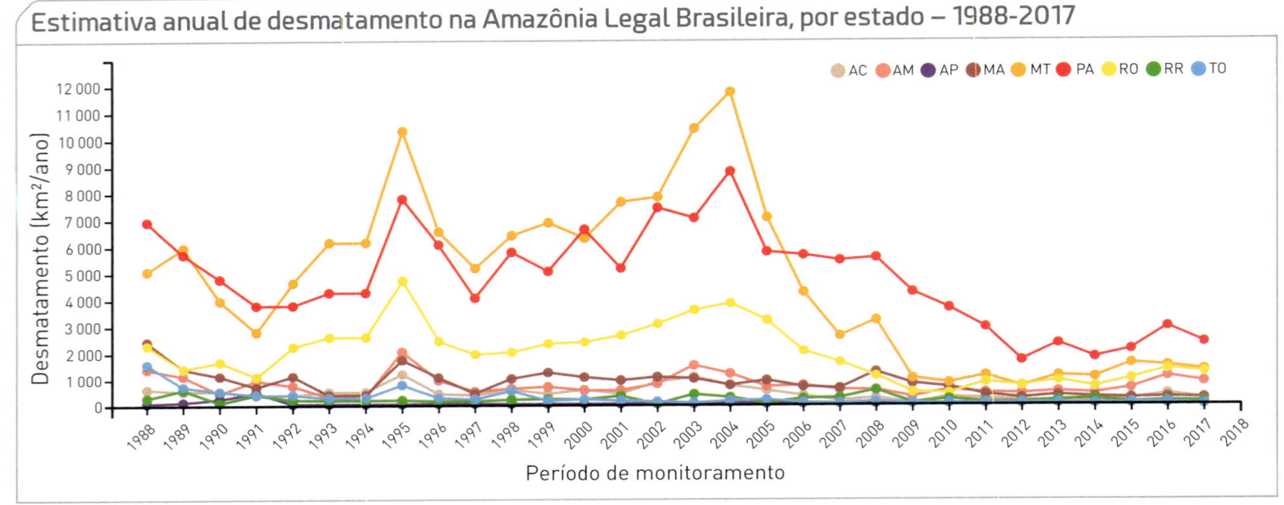

Elaborado com base em: INPE. Taxas de desmatamento. Disponível em: <www.obt.inpe.br/prodes/dashboard/prodes-rates.html>. Acesso em: 24 abr. 2018.

O desmatamento é verificado basicamente em três situações: para o aproveitamento da madeira, que nem sempre é feito corretamente, com a extração de indivíduos adultos; a retirada da floresta nativa para introduzir pastagens para o gado; retirada de cobertura vegetal para plantio de soja.

Alguns pesquisadores associam a recente seca verificada na Amazônia ao desmatamento, já que a principal fonte de água vem justamente da evapotranspiração das plantas. Ao ser removida, a vegetação deixa de fornecer à atmosfera a água, que deveria retornar em forma de vapor e chuvas.

A umidade percorre grande parte do país, de acordo com estudos do INPE. As chuvas que chegam até os estados do Centro-Oeste, Sudeste e Sul têm origem na Amazônia, já que as massas de ar carregadas de vapor de água deslocam-se até a cordilheira dos Andes. Essa umidade acaba se transformando em chuvas, ocorrendo longe de onde foi gerada. Esse fenômeno é chamado **rios voadores**.

A perda da biodiversidade é um prejuízo inimaginável. Trata-se de queimar uma biblioteca viva da qual não se conhecem todas as informações, além de comprometer a qualidade de vida de gerações futuras.

Reconecte

Produção de texto

1. Explique as teorias a seguir em um texto resumido. Caso seja necessário, utilize outras linguagens (cartográfica, *podcast*, etc.):

a) teoria da deriva continental;

b) teoria dos refúgios morfoclimáticos;

c) teoria das ilhas;

d) teoria das metapopulações.

2. Forme um grupo com mais três colegas e, juntos, façam uma pesquisa e depois redijam um texto sobre Unidades de Proteção Integral e Unidades de Uso Sustentável.

Revisão

3. O que são domínios morfoclimáticos?

4. De que maneira os climas predominantes no passado (paleoclimas) interferiram nas áreas de ocorrência dos domínios morfoclimáticos brasileiros?

5. Por que é importante considerar a deriva continental para explicar a distribuição das espécies no mundo e no Brasil?

6. O que são bioprospecção e biopirataria? Qual é a relação entre esses termos e os direitos dos povos tradicionais, como indígenas, quilombolas e caiçaras?

Análise de gráficos

7. Com base no gráfico "Estimativa anual de desmatamento na Amazônia Legal Brasileira – 1988-2017" (página 162), faça uma análise da ocorrência do desmatamento na região durante o período citado.

8. Utilize o gráfico "Estimativa anual de desmatamento na Amazônia Legal Brasileira, por estado – 1988-2017" (página 162) para comparar as taxas de desmatamento verificadas entre os estados que formam a Amazônia Legal.

9. Com base nos conteúdos estudados no capítulo, organize um infográfico com crimes ligados à biopirataria ocorridos em diferentes domínios morfoclimáticos brasileiros.

Interpretação de charge e debate

10. O desmatamento ameaça a biodiversidade brasileira. Com base nessa informação e na charge abaixo, debata com seus colegas sobre a importância do Sistema Nacional de Unidades de Conservação da Natureza.

Tirinha *Calvin e Haroldo*, de Bill Watterson, 2017, publicada em *O Estado de S. Paulo*, Caderno 2, p. 40.

Leitura de texto e pesquisa

11. Leia os textos abaixo. Em seguida, responda às questões.

Ao longo do tempo, muitas plantas e animais foram transportados de seus locais de origem para outras partes do planeta. Nos locais onde são introduzidas, essas espécies são chamadas **exóticas** e diferem das espécies nativas ou originárias.

Carlos Bourdiel/Arquivo da editora
ESPÉCIES EXÓTICAS INVASORAS
Caramujo-gigante africano: chegou ao Brasil como *escargot* e, atualmente, suspeita-se que esteja reduzindo a população de moluscos gigantes nativos.
Lebre europeia: essa espécie cruzou as fronteiras da Argentina (para onde foi levada por criadores que pretendiam produzir carne) e chegou ao Brasil. Compete com a lebre-do-mato.
Pínus: muito utilizado na indústria de celulose e papel, o pínus tem manejo deficiente e consome muita água, além de causar erosão e assoreamento.
Braquiária: capim plantado empastagens de gado, invade lavouras de soja e cana-de-açúcar.
Tilápia-do-nilo: como pode sobreviver em águas poluídas e águas residuais de esgoto, seu consumo pode ameaçar a saúde das pessoas.
Vibrião do cólera: o transporte marítimo disseminou o bacilo da Ásia para outras partes do mundo com saneamento básico precário.
Javali: trazido da Europa, a espécie ameaça a agricultura no Brasil.

Elaborado com base em: NINNI, Karina. As invasões bárbaras, *Estadão*, 23 fev. 2011. Disponível em: <www.estadao.com.br/noticias/geral,as-invasoes-barbaras-imp-,683294>. Acesso em: 4 maio 2018.

Se grande parte dessas espécies exóticas foi importante para atender às necessidades de seres humanos, outras têm gerado problemas e prejuízos. Isso porque se adaptaram tão bem às novas condições ambientais que vencem a competição com espécies nativas por espaço e nutrientes e espalham-se pelo território, sem controle. Essas espécies são chamadas de exóticas invasoras e causam muitos impactos negativos.

a) Defina espécie nativa, espécie exótica e espécie exótica invasora.

b) Pesquise outros dois exemplos de espécies invasoras encontradas no Brasil (de preferência na região onde você mora) e converse com seus colegas sobre essas espécies.

EXPLORANDO

12. Pesquise as espécies vegetais existentes em sua escola e, com auxílio do(a) professor(a) de Biologia, classifique-as. Em seguida, com os conhecimentos adquiridos neste capítulo, proponha ações de conservação dessas espécies, com base no roteiro a seguir:

a) Descreva as características das espécies vegetais encontradas.

b) Posicione-as em relação à estratificação.

c) Investigue seu eventual uso social.

13. Pesquise Unidades de Conservação sob responsabilidade da prefeitura do município onde você vive. Escolha uma e realize uma pesquisa para responder às perguntas a seguir.

a) Em qual tipo de Unidade de Conservação ela se encaixa: Proteção Integral ou Uso Sustentável?

b) Quando ela foi criada?

c) Que tipo de domínio morfoclimático ela ajuda a conservar?

d) É permitido visitá-la?

Resumo

- Espécie, endemismo, especiação, migração e extinção de espécies são alguns conceitos de Ecologia e Biogeografia.
- Existem diversas classificações de biomas no planeta. As formações vegetais são a base dos tipos de biomas.
- De acordo com Aziz Ab'Sáber, existem seis domínios morfoclimáticos brasileiros: Amazônico, Araucárias, Mares de Morros, Caatinga, Cerrado e Pradarias.
- São quatro teorias que explicam a dispersão das espécies na superfície terrestre: deriva continental, dos refúgios, das ilhas e das metapopulações.
- Há diversos usos sociais da biodiversidade.
- Há muito potencial, mas também desafios para a biodiversidade e a sociodiversidade no Brasil.
- O Sistema Nacional de Unidades de Conservação da Natureza (SNUC) tem como missão proteger a biodiversidade no Brasil.

Globalização e cidadania

Cada vez mais os problemas ambientais ganham destaque em razão dos sérios riscos que podem afetar o planeta e toda a humanidade. O modelo hegemônico de produção de mercadorias, com base na expansão da produção e do consumo, com vasto uso de materiais e energia para transformar matéria-prima em bens de consumo, é considerado a causa principal desses problemas. Do mesmo modo que a globalização da produção se espalhou por diversos países, os impactos ambientais também estão dispersos.

Nos solos, para produção intensiva de práticas agrícolas, aplicam-se cada vez mais insumos artificiais e químicos, que acabam contaminando-os. Além disso, os solos são degradados por atividades industriais e de mineração. A água, substância vital para a manutenção da vida, também é contaminada por atividades humanas. O cenário em relação a esse recurso é preocupante: um terço da humanidade já tem dificuldades de acesso à água potável. A perda de biodiversidade é tão grave como os problemas de solo e água, e avança a passos largos, o que pode afetar toda a dinâmica do planeta.

Estudar os temas relacionados a esse assunto permite identificar as tensões no espaço geográfico e na sociedade geradas pelo uso desmedido de recursos naturais no Brasil e no mundo. É fundamental conhecer os processos naturais para tomar decisões sobre como diminuir os impactos ambientais com segurança. Conhecer como se forma um solo, como ocorrem as chuvas e as formações vegetais do planeta, etc. é um passo importante para escolher caminhos a adotar no futuro. Um futuro com menos impactos ambientais e desigualdades sociais.

Ivan Alvarado/Reuters/Fotoarena

Foto aérea da mina de cobre de Andina, na região central do Chile, com os glaciares Olivares ao fundo. Foto de 2014.

Repercutindo

Leia os textos a seguir e responda às questões.

Texto 1

Água e mudanças climáticas

Alterações climáticas terão papel relevante no ciclo hidrológico e na quantidade e qualidade da água. Essas alterações podem promover inúmeras mudanças na disponibilidade de água e na saúde da população humana. De um modo geral e com alterações diversas em continentes e regiões, três problemas fundamentais devem ser estudados para promover soluções: a) *extremos hidrológicos* – extremos hidrológicos que ocorrerão em diferentes continentes e regiões deverão afetar populações humanas em razão de desastres (enchentes, deslizamentos, transbordamentos nas várzeas) ou secas intensas (aumento na semiaridez e aridez), comprometendo a saúde humana, a segurança alimentar e aumentando a vulnerabilidade dos ciclos e processos biogeoquímicos; áreas urbanas poderão ser extremamente afetadas por estes extremos hidrológicos; b) *contaminação* – os estudos desenvolvidos em muitas regiões apontam para um aumento acentuado de contaminação agravado por salinização e descontrole nos usos do solo [...] a eutrofização de águas superficiais (rios, lagos e represas) deverá aumentar em razão do aumento da temperatura da água e da resistência térmica à circulação: como consequência, espera-se maior frequência dos florescimentos de cianobactérias [...], agravando a toxicidade das nascentes e fontes naturais de abastecimento; c) *água e economias regionais e nacionais*.

Esses *extremos hidrológicos* e o *aumento da contaminação* deverão atuar nas economias regionais, tendo como consequência profundas alterações na economia dependente da disponibilidade e demanda dos recursos hídricos.

A solução para o enfrentamento das consequências dos efeitos das mudanças globais nos recursos hídricos é *adaptar-se* a essas alterações, promovendo *melhor governança* em nível de bacias hidrográficas, desenvolvendo tecnologias avançadas de *monitoramento e gestão*, ampliando a participação da comunidade – usuários e público em geral – nessa gestão e no compartilhamento dos processos tecnológicos que irão melhorar a infraestrutura do banco de dados e dar maior sustentabilidade às ações.

TUNDISI, José Galizia. Recursos hídricos no futuro: problemas e soluções. *Estudos Avançados*, São Paulo, ano 22, n. 63, p. 11, 2008.

1. Segundo o autor, quais alterações ocorrerão em nível global relacionadas às mudanças climáticas?

2. Com os conhecimentos estudados e os apresentados no texto, aponte e comente ao menos duas propostas de adaptação para as alterações climáticas.

Texto 2

Quem fica com a renda do petróleo?

O CPCA/RN [Campo Petrolífero Campo do Amaro, localizado no Rio Grande do Norte] é responsável pela maior produção de petróleo e gás em terra no Brasil, [...] causando pressão socioeconômica e ambiental, pois se encontra próximo à zona costeira, estuário e comunidades tradicionais.

Apesar da importância econômica, a região encontra-se em um cenário de restrições socioeconômicas, com baixos índices de escolaridade, elevadas taxas de população sem vínculo empregatício, níveis inferiores de empregos formais com a atividade petrolífera e reduzidos valores de rendimentos econômicos. [...]

A percepção dos moradores, questionados sobre os principais problemas a serem solucionados com maior urgência na região, revela que estes estão relacionados com a saúde pública; com viés ambiental (abastecimento de água, falta de coleta de lixo, falta de esgotamento sanitário, poluição sonora, desmatamento e desperdício de água); de cunho socioeconômico (desemprego e violência); e de âmbito estrutural (pavimentação, falta de escola, iluminação pública e energia elétrica). [...]

PINTO FILHO, Jorge Luís de Oliveira; PETTA, Reinaldo Antônio; SOUZA, Raquel Franco de. Caracterização socioeconômica e ambiental da população do campo petrolífero Canto do Amaro, RN, Brasil. *Sustentabilidade em Debate*, Brasília, v. 7, n. 2, p. 212-213, maio/ago. 2016.

3. Qual é a percepção dos moradores sobre os principais problemas que afetam suas vidas?

4. De que modo a renda obtida pela comercialização de petróleo poderia alterar a situação dos moradores?

5. Faça uma pesquisa sobre ações municipais necessárias para melhorar a vida da população.

Enem e vestibulares

1. Enem 2016

A Lei do Sistema Nacional de Unidades de Conservação surge de um conflito muito sério de interesses: de um lado a atividade ilimitada e expansiva de exploração de recursos naturais, de outro a necessidade de garantir a manutenção das bases naturais, para a existência do homem e para a própria continuidade da atividade econômica expansiva que se quer represar.

RODRIGUES, J. E. R. Sistema Nacional de Unidades de Conservação. *Revista dos Tribunais*, 2005.

A diversidade na classificação das unidades de conservação, definidas pela lei, revela a existência de um impasse, pois

a) restringe o uso da população local à função turística.
b) amplia as possibilidades do termo desenvolvimento sustentável.
c) reforça a lógica da preservação dos recursos naturais.
d) devolve a gerência desses espaços para o poder público.
e) garante a prioridade da criação de novas áreas no espaço rural.

2. UPF – Universidade de Passo Fundo (RS), 2016

As duas notícias abaixo referem-se a eventos geológicos recentes envolvendo placas tectônicas.

Notícia 1

"Um forte terremoto de 8,4 graus abalou na quarta-feira a região central do Chile, segundo o Centro Sismológico Nacional da Universidade do Chile (CSN). O tremor balançou prédios, provocou um alerta de *tsunami* e deixou a população em pânico."

Disponível em: <http://zh.clicrbs.com.br/>. Acesso em: 24 set. 2015.

Notícia 2

"O Nepal foi atingido neste sábado (25) por um terremoto de magnitude 7,8, o mais devastador no montanhoso país asiático em 81 anos, deixando o mais de 1 900 mortos e mais de 4 700 feridos no país."

Disponível em: <www1.folha.uol.com.br/>. Acesso em: 24 set. 2015.

Considerando o seu conhecimento sobre o assunto, analise as afirmativas que seguem.

I. O movimento de placas tectônicas a que se referem as notícias 1 e 2 é conhecido como convergente.

II. Na notícia 1, o movimento de placas é convergente, e, na notícia 2, é divergente.

III. Nas duas notícias, o movimento das placas é divergente.

IV. Em movimentos convergentes, as placas tectônicas se colidem (chocam), e, em divergentes, elas se afastam.

É correto apenas o que se afirma em:

a) I, II e III.
b) I e IV.
c) II e III.
d) II, III e IV.
e) I, II e IV.

3. UTFPR – Universidade Tecnológica Federal do Paraná, 2016

No Brasil, a ________________ e a ________________, juntamente com a ação ________________ em todo o território, explicam por que a maioria dos climas são ________________.

Assinale a alternativa que preenche corretamente as lacunas do texto.

a) Latitude; altitude; das massas de ar; tropicais.
b) Corrente do Golfo; latitude; das massas de ar; equatoriais.
c) Latitude; altura; das correntes marinhas; tropicais.
d) Altitude; corrente das Malvinas; da latitude; subtropicais.
e) Latitude; altitude; da corrente de Humboldt; quentes.